Immer öfter suchen Schüler (und Eltern!) nach Büchern, mit deren Hilfe die in der Schule erworbenen Kenntnisse wiederholt und vertieft werden können.

Der ›dtv-Atlas Schulmathematik‹ setzt genau hier an und stellt mit Hilfe des bewährten Prinzips von Textseiten und gegenüberliegenden Tafelseiten mit veranschaulichenden Graphiken das nicht jedem sofort zugängliche Fach verständlich und klar dar. Er umfasst den üblicherweise in den Sekundarstufen I und II behandelten Stoff vom Dreisatz und der Zinsrechnung, über Geometrie und Integralrechnung bis zur Stochastik.

Durch die farbige Hervorhebung der Sätze und Definitionen sowie durch die umfangreiche Formelsammlung ist der dtv-Atlas auch ein Nachschlagewerk zur schnellen Orientierung.

Dr. Fritz Reinhardt, geboren 1940, studierte an der FU Berlin Mathematik und Physik und unterrichtete nach seiner Promotion bis 1994 Mathematik an einem Gymnasium in Bielefeld; Autor des ›dtv-Atlas Mathematik‹ (zusammen mit *Dr. Heinrich Soeder*; 2 Bände, <u>dtv</u> 3007/3008).

Carsten Reinhardt, geboren 1967, studierte Mathematik und Sozialwissenschaften und war wiss. Hilfskraft an der Universität Bielefeld; seit 2000 an einem Gymnasium in Köln als Studienrat tätig.

Ingo Reinhardt, geboren 1969, studierte Freie Kunst an der HfK Bremen und der Kunstakademie Düsseldorf; freischaffende Tätigkeit als Lichtdesigner und Bühnenbildner, Spezialisierung auf Visualisierung (2D- & 3D-Animation).

In der Reihe ›dtv-Atlas‹ sind bisher erschienen:

Weitere dtv-Atlanten sind in Vorbereitung

Fritz Reinhardt

dtv-Atlas Schulmathematik

Mit 141 Abbildungsseiten in Farbe

Graphische Gestaltung der Abbildungen
Carsten und Ingo Reinhardt

Deutscher Taschenbuch Verlag

Originalausgabe
1. Auflage Juli 2002
2., durchgesehene und korrigierte Auflage Februar 2003
Das Werk ist urheberrechtlich geschützt. Sämtliche,
auch auszugsweise Verwertungen bleiben vorbehalten.
© 2002 Deutscher Taschenbuch Verlag GmbH & Co. KG, München
www.dtv.de
Umschlagkonzept: Balk & Brumshagen
Umschlagmotiv: unter Verwendung eines Bildmotivs von
© photonica/Hiroshi Mori
Satz: C. und I. Reinhardt
Gesamtherstellung: Appl, Wemding
Printed in Germany · ISBN 3-423-03099-2

Vorwort

Der dtv-Atlas Schulmathematik enthält die wesentlichen Bereiche der Mathematik der Sekundarstufe I und II in einem Band.
Er schließt damit die Lücke, die der dtv-Atlas Mathematik (AM) bezüglich der Schulmathematik lässt.
Die Beschränkung auf einen Band macht es notwendig, eine Stoffauswahl zu treffen. Nicht alles, was im Unterricht der beiden Stufen machbar ist, konnte berücksichtigt werden. Es finden sich aber alle grundlegenden Begriffe der Schulmathematik so abgehandelt, dass ihr Zusammenhang deutlich wird.
Aus Platzgründen musste auf manchen Beweis verzichtet werden.
Anstelle von Beweisen werden oft Beispiele und Veranschaulichungen verwendet, die ohnehin eine wichtige Rolle im Rahmen der Schulmathematik zu spielen haben.
Der Veranschaulichung von Mathematik kommt die Aufteilung in Bild- und Textseiten sehr entgegen. Dabei hat die Farbe i.A. eine besondere Funktion, sei es die blaue Markierung von Definitionen, die grüne Unterlegung von Sätzen oder wichtigen Ergebnissen auf den Textseiten oder die Farbleisten in der Geometrie. Die Farbleisten sollen aufzeigen, wie eine fertige Zeichnung entstanden bzw. wie eine Konstruktion auszuführen ist.
Der dtv-Atlas Schulmathematik erfordert Nach-Machen und Nach-Denken, insbesondere Nach-Rechnen und Nach-Zeichnen. Er will dem interessierten Leser Gelegenheit geben, sich wiederholend oder informierend mit der Schulmathematik auseinander zu setzen. Auf weiterführende Literatur wird im Literaturverzeichnis hingewiesen.

Allen, die am Entstehen des Buches Anteil hatten, möchte ich auf diesem Wege danken. Zuerst der Atlanten-Redaktion, die mit viel Verständnis das Entstehen des Buches begleitet hat. Besonders Frau Jeanette Hauger schulde ich Dank dafür, dass sie sich bereit gefunden hat, jede Seite genau durchzuarbeiten.
Auch den Herren Studiendirektoren Dr. Heinrich Soeder und Rudolf Reinhardt habe ich zu danken für die gründliche Durchsicht aller Kapitel und für ihre Verbesserungsvorschläge.
Schließlich danke ich meinen beiden Söhnen Carsten und Ingo für die gute Zusammenarbeit und die hervorragende Gestaltung der Bild- und Textseiten auf dem Computer.

Bielefeld, Frühjahr 2002   Fritz Reinhardt

Inhalt

Symbolverzeichnis

Sprache der Mengenlehre

$\neg$	nicht
$\wedge$	und
$\vee$	oder
$\rightarrow$	wenn ... , dann
$\leftrightarrow$	genau dann, wenn ...
$\Rightarrow$	folgt
$\Leftrightarrow$	äquivalent
$\bigvee\limits_{x}$	es gibt ein x, so dass gilt
$\bigwedge\limits_{x}$	für alle x gilt
$:\Leftrightarrow$	definitorisch äquivalent, S. 261
$:=$	definitorisch gleich, S. 261
$\{a_1; a_2; \dots\}$	Menge mit den Elementen $a_1, a_2, \dots$
$A = \{x \mid \dots\}$	A gleich Menge aller x, für die gilt …
$\{\ \}$	leere Menge
$a \in A$	a Element von A
$a \notin A$	a nicht Element von A
$A \subseteq B$	A Teilmenge von B
$A \subset B$	A echt enthalten in B
$A \supseteq B$	A umfasst B
$A \supset B$	A umfasst echt B
$A \setminus B$	A ohne B
$\complement A$, $\bar{A}$	Komplement von A
$A \cap B$	A geschnitten mit B
$A \cup B$	A vereinigt mit B
$\sim$	gleichmächtig, S. 23
$|M|$	Anzahl der Elemente (Mächtigkeit) von M, S. 23

Zahlenmengen

$\mathbb{N}$ ($\mathbb{N}_0$)	natürliche Zahlen (mit 0)
$\mathbb{N}^{\geq 5}$	natürliche Zahlen ab 5
$\mathbb{N}^{\neq 5}$	natürliche Zahlen ohne 5
$\mathbb{Z}$	ganze Zahlen
$\mathbb{Q}$	rationale Zahlen
$\mathbb{I}$	irrationale Zahlen
$\mathbb{R}$	reelle Zahlen
$\mathbb{C}$	komplexe Zahlen
$\mathbb{Z}^{+}$, ($\mathbb{Z}^{-}$)	positive (negative) ganze Zahlen
$\mathbb{Q}_0^{+}$	positive rationale Zahlen mit 0

e	eulersche Zahl, S. 83, 152 ($e = 2,71828\dots$)
π	Kreiszahl, S. 85 ($\pi = 3,1415926\dots$)
i	imaginäre Einheit, S. 53
$a \leq b$	a kleiner oder gleich b, S. 27, S. 35
$a < b$	a kleiner b
$a \geq b$	a größer oder gleich b
$a > b$	a größer b
$[a;b]$	abgeschlossenes Intervall von a bis b: $\{x \mid a \leq x \leq b\}$
$]a;b[$	offenes Intervall von a bis b: $\{x \mid a < x < b\}$, ohne a und b
$]a;b]$	ohne a mit b
$[a;b[$	mit a ohne b
$|a|$	Betrag von a, S. 37
$n!$	n Fakultät $= 1 \cdot 2 \cdot 3 \cdot \dots \cdot n$
$\binom{n}{k}$	Binominalkoeffizient n über k $= \dfrac{n!}{(n-k)! \cdot k!}$
$a \mid b$	a ist ein Teiler von b, a teilt b
ggT	größter gemeinsamer Teiler
kgV	kleinstes gemeinsames Vielfaches

Gleichungen und Ungleichungen

$\Leftrightarrow$	Äquivalenzumformung, S. 55
$\Rightarrow$	Folgerungsumformung, S. 57
L, L[...]	Lösungsmenge, L. von ... , S. 15
D, D_x	Definitionsmenge, D. von x, S. 15
w	wahr(e Aussage)
f	falsch(e Aussage)
$\boxed{x\,\vert\,y}$	x und y austauschen
$\underline{x = \dots}$	... für x einsetzen
$[\dots]_a^b$	setze erst b, dann a in ... ein und bilde die Differenz
$[---]_{a=\dots}$	a in --- durch ... ersetzen

Relationen und Funktionen

$f : D_f \rightarrow W$ def. durch $x \mapsto f(x)$	Funktions(Abbildungs-)schreibweise mit dem Definitionsbereich D_f und dem Wertebereich W

$\mapsto$ wird zugeordnet (Zuordnungsvorschrift)

$\mathbb{R}\text{-}\mathbb{R}\text{-}$ Funktion   reelle Funktion mit $D_f = \mathbb{R}$ und $W \subseteq \mathbb{R}$

$(x_1; x_2)$ geordnetes Paar

$A \times B$ Paarmenge, kartesisches Produkt $\{(a; b) \mid a \in A \wedge b \in B\}$

f^{-1} Umkehrfunktion zu f, S. 75

$g \circ f$ Nacheinanderausführung von g nach f (Verkettung), S. 75

Grenzwertbegriff, Differenzial- und Integralrechnung

(a_n) Folge $(a_n) = (a_1, a_2, a_3, \dots)$, S. 95

∞ unendlich

$\left[\frac{1}{\varepsilon}\right]$ ist die kleinste nat. Zahl $\geq \frac{1}{\varepsilon}$

$\lim\limits_{n \to \infty} a_n$ Grenzwert der Folge (a_n), S. 99

$\sum\limits_{0}^{n} a_i$ Summe $a_0 + a_1 + \dots + a_n$

$\lim\limits_{x \to a} f(x)$ Grenzwert der Funktion f an der Stelle a, S. 105

$\frac{f(a+h)-f(a)}{h}$ Differenzenquotient $m_S(a; h)$ (Steigung der Sekante), S. 121

$f'(a), f'$ lim des Differenzenquotienten für $h \to 0$ an der Stelle a (Steigung der Tangente), 1. Ableitung, S. 121

f'' Ableitung der 1. Ableitung, 2. Ableitung

$f^{(n)}$ n-te Ableitung, S. 120

$\int\limits_{a}^{b} f(x)\,\mathrm{d}x$ bestimmtes Integral, S. 137

$\int f(x)\,\mathrm{d}x$ unbestimmtes Integral (Stammfunktion zu f), S. 145

$[F(x)]_{a}^{b}$ $F(b) - F(a)$, S. 143

Geometrie

$g \parallel h$ g parallel zu h

$g \perp h$ g senkrecht zu h

$\cong$ kongruent zu

$\sim$ ähnlich zu

AB Strecke zwischen A und B

$\overline{AB}$ Länge der Strecke AB

$g(A, B)$ Gerade durch A und B

Analytische Geometrie und Vektorrechnung

$\vec{a}, \overrightarrow{AB}, \begin{pmatrix} a_1 \\ a_2 \end{pmatrix}$ Vektoren, S. 203, 207

$|\vec{a}|, a$ Betrag des Vektors $\vec{a}$, S. 203, 211

$\vec{a}^0$ Einheitsvektor ($|\vec{a}^0| = 1$), S. 211

$P(a_1 \mid a_2 \mid a_3)$ Punkt mit Koordinaten, S. 209

$\begin{pmatrix} a_1 \\ a_2 \\ a_3 \end{pmatrix}$ zugehöriger Ortsvektor, S. 209

$\vec{a} * \vec{b}$ Skalarprodukt, S. 211 $a_1 \cdot b_1 + a_2 \cdot b_2 + a_3 \cdot b_3$

$\vec{a} \times \vec{b}$ Vektorprodukt, S. 211

$\bullet$ Matrizenprodukt, S. 225

(1) Zugehörigkeit von Punkten zu Graphen von Funktionen

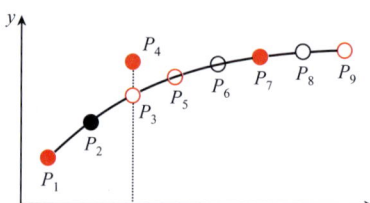

P_1, P_2, P_4, P_5, P_6, P_7 gehören zum Graphen
P_3, P_8, P_9 gehören nicht zum Graphen

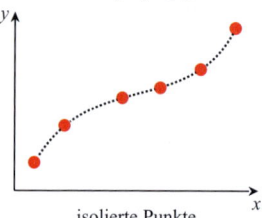

isolierte Punkte

(2) Kennzeichnung gleich langer Strecken durch Striche oder Farbe

 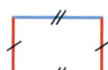   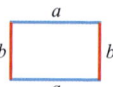

(3) Kennzeichnung paralleler Strecken oder Geraden

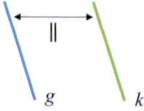

(4) Farbleisten zur »Entstehungsgeschichte« einer Zeichnung (bzw. einer Konstruktion)

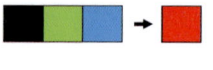

Erst die Zeichenteile in »schwarz« ausführen, dann der Reihe nach in »grün«, »blau«. Ergebnis in »rot«.

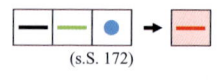
(s.S. 172)

Linien, Punkte oder Beschriftung können zusätzlich verwendet werden.

(s.S. 188)

Abkürzungsverzeichnis

Abb.	Abbildung	Mult.	Multiplikation
abh.	abhängig	nat.	natürliche
Add.	Addition	neg.	negativ
äquiv.	äquivalent	o.B.d.A.	ohne Beschränkung der Allgemeinheit
AG	Assoziativgesetz		
AM	dtv-Atlas Mathematik	obGr	obere Grenze
arithm.	arithmetisch	obSch	obere Schranke
asiat.	asiatisch	PF	Primfaktor(en)
Beh.	Behauptung	pos.	positiv
Bem.	Bemerkung	PvS	Punkt- vor Strichrechnung
bes.	besonders	q.E.	quadratische Ergänzung
Bew.	Beweis	quadr.	quadratisch(e)
bez.	bezüglich	rat.	rational(e)
Bez.	Beziehung	rechn.	rechnerisch
bin.	binomisch	rechtw.	rechtwinklig
Bsp.	Beispiel	Rel.	Relation
bzw.	beziehungsweise	s.	siehe
Def.	Definition	S.	Seite
DG	Distributivgesetz	Schj.	Schuljahr
Div.	Division	sog.	so genannt
FE	Flächeneinheit	Subtr.	Subtraktion
gAG	gemischtes Assoziativgesetz	TP	Tiefpunkt
ganzrat.	ganzrational	trig.	trigonometrisch(e)
geom.	geometrisch	unabh.	unabhängig
HN	Hauptnenner	unGr	untere Grenze
HP	Hochpunkt	unSch	untere Schranke
i. A.	im Allgemeinen	u. U.	unter Umständen
kart., kartes.	kartesisch	u.z.	und zwar
		VE	Volumeneinheit
KG	Kommutativgesetz	versch.	verschiedene
LE	Längeneinheit	Vor.	Vorgabe
LGS	lineares Gleichungssystem	VW	Vorzeichenwechsel
lin.	linear	wg.	wegen
log.	logisch	WP	Wendepunkt
lok.	lokale(s)	w.z.z.w.	was zu zeigen war
Math.	Mathematik	◄	Bemerkungsende

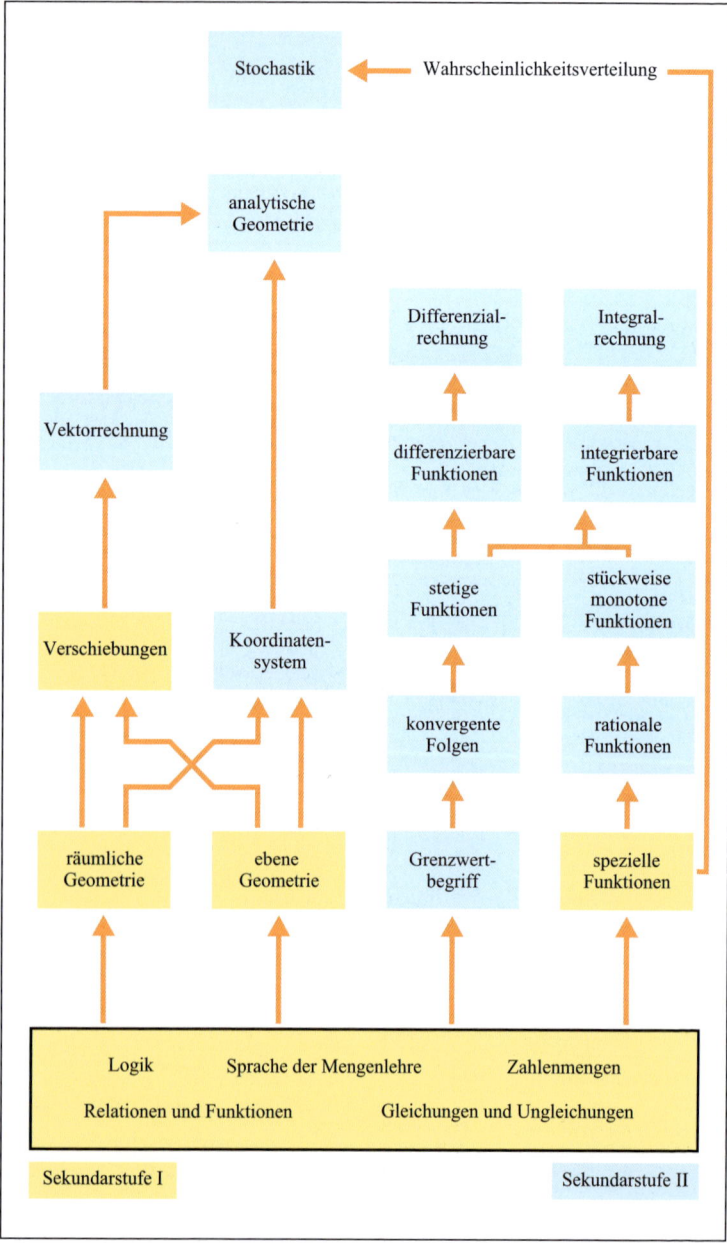

Die Mathematik in der Schule

In der Sekundarstufe I werden die Grundlagen der Geometrie und der Algebra gelegt.

Dabei ist es üblich, die **Sprache und die Schreibweisen der Mengenlehre** zu benutzen. Zentrale Begriffe sind **Aussage** und **Aussageform** sowie ihre Verknüpfungen mittels der Junktoren.

In der **Logik** werden die Junktoren und Quantoren genauer behandelt und die verschiedenen Beweisformen an Beispielen dargestellt.

Die **Zahlenmengen** werden, ausgehend von den natürlichen Zahlen über die ganzen Zahlen und die rationalen Zahlen (Brüche) bis hin zu den komplexen Zahlen schrittweise erweitert. Dabei ergeben sich die Vorzeichenregeln der ganzen Zahlen, die Rechenregeln der Bruchrechnung, die Potenzrechenregeln und die Regeln zum Rechnen mit Wurzeln. Die Einführung der nicht periodischen unendlichen Dezimalzahl über Intervallschachtelungen begründet die irrationalen Zahlen. Eine Sonderstellung nehmen die Regeln zum Rechnen mit komplexen Zahlen ein.

Mit dem **Relations- bzw. Funktionsbegriff** steht ein Grundbegriff zur Verfügung, der zu einer Fülle von speziellen Funktionen und ihren charakteristischen Graphen führt (lineare, quadratische, Hyperbel- und andere Potenzfunktionen). Die Bedeutung der trigonometrischen Funktionen für die Trigonometrie ist hervorzuheben. Daneben gibt es die in der Geometrie als **Abbildungen** bezeichneten Funktionen zwischen zwei Punktmengen.

Die wichtigste Anwendung der Aussageformen stellen **Gleichungen und Ungleichungen** dar. Um ihre Lösungsmengen mit möglichst einfachen Mitteln bestimmen zu können, werden die Aussageformen mit Hilfe von Äquivalenz- bzw. Folgerungsumformungen in einfachere überführt.

Einen Zusammenhang zwischen dem Lösen einer Gleichung und dem Funktionsbegriff stellen die Nullstellen der zu den Gleichungen gehörigen Funktionen her.

Für das Lösen von Gleichungssystemen steht das gaußsche Verfahren zur Verfügung.

In der **ebenen Geometrie** werden die Grundbegriffe der Geometrie – Punkte, Geraden, Winkel – eingeführt. Mit den Kongruenz- und den Ähnlichkeitssätzen stehen Hilfsmittel zur Untersuchung von Dreiecken und Vierecken zur Verfügung. Der Winkelsummensatz ermöglicht Aussagen über Winkelgrößen. Von besonderer Bedeutung ist die Satzgruppe des Pythagoras. Durch den Satz des Pythagoras

werden Rechnungen am rechtwinkligen Dreieck möglich, die ihren Höhepunkt in den Berechnungen an beliebigen Dreiecken mit Hilfe der trigonometrischen Funktionen findet.

Mit Näherungsverfahren gelingt es, Umfang und Flächeninhalt des Kreises zu bestimmen.

In der **räumlichen Geometrie** wird das Volumen und der Oberflächeninhalt von prismatischen Körpern berechnet und mit ihrer Hilfe auch von Zylinder, Kegel und Kugel.

In der Sekundarstufe II wird der **Grenzwertbegriff** als grundlegender Begriff für die Differenzial- und Integralrechnung eingeführt. Mit Folgen beginnend wird der Begriff auf Funktionen übertragen. Mit seiner Hilfe kann der Begriff der stetigen Funktion erklärt werden. Die Stetigkeitseigenschaft rationaler Funktionen und Untersuchungen am Rande bzw. an Lücken des Definitionsbereichs erlauben es, deren Graphen bereits recht gut zu skizzieren. Es fehlen noch Aussagen zu den Extrema der Funktion. Diese werden ermöglicht durch die **Differenzialrechnung**.

Grundbegriff der Differenzialrechnung ist der der Steigung (Ableitung) einer Funktion an einer Stelle. Aus dem Zusammenspiel von Funktion und Ableitungsfunktion ergeben sich wichtige Aussagen zum Monotonieverhalten der Funktion und damit Sätze über relative Extrema und Wendepunkte (Kurvendiskussion).

Das Problem der Flächeninhaltsmessung führt hin zum Begriff des bestimmten Integrals und weiter über Stammfunktionen und dem Hauptsatz zum Kalkül der **Integralrechnung**.

Zur näherungsweisen Berechnung von Funktionswerten und von Lösungen schwieriger Gleichungen dienen verschiedene Verfahren.

Die **analytische Geometrie** nutzt die Möglichkeit der Darstellung von Punkten bezüglich eines vorgegebenen Koordinatensystems durch Koordinaten. Geraden und Ebenen lassen sich durch Koordinatengleichungen beschreiben, deren Verknüpfung z.B. Aussagen über ihre gegenseitige Lage ermöglicht. Sehr nützlich ist dabei die Verwendung von **Vektoren**, durch die die Übertragung von geometrischen Problemen in algebraische besonders deutlich und wirksam wird.

Die **Stochastik**, ein aus Statistik und Wahrscheinlichkeitsrechnung hervorgegangenes Teilgebiet, ist der jüngste Stoffbereich der Schulmathematik. In ihm werden Aussagen über Zufallsversuche gemacht.

	sprachliches Gebilde	Aussage	Aussage-form	Erläuterung
1	5 ist eine Primzahl	ja	nein	Urteil (w) eindeutig möglich
2	5 ist kein Teiler von 100	ja	nein	Urteil (f) eindeutig möglich
3	$3 \cdot 6 < 2 \cdot 5 + 4 \cdot 2$	ja	nein	Urteil (f) eindeutig möglich
4	Auf dem Mars gibt es Leben.	ja	nein	Urteil (w) oder (f) eindeutig möglich, aber noch nicht entscheidbar
5	x ist ein Tier	nein	ja	Urteil (w) oder (f) nach dem Einsetzen von Tieren
6	$\sqrt{x} = -1$	nein	ja	(Bsp. 5) bzw. Zahlen (Bsp. 6 und 7) in die Varia-
7	$2x < 6$	nein	ja	ble x möglich
8	$3x + 2 < 5x - + 4$	nein	nein	$- +$ nicht sinnvoll
9	$3 + 7$	nein	nein	kein Urteil möglich (Term)
10	Dieses sprachliche Gebilde ist eine falsche Aussage.	nein	nein	kein Urteil möglich (das Gebilde sagt jeweils das Gegenteil vom angenommenen Urteil aus)

A   Aussagen, Aussageformen

Suchaufgabe:

Zu welcher natürlichen Zahl muss man 56 addieren, um 93 zu erhalten?

In Fachsprache:

zu welcher (na-türlichen) Zahl	Variable x $D_x = \mathbb{N}$
56 addieren	$+ 56$
93 zu erhalten	$= 93$

Als Aussageform:

$$x + 56 = 93 \mid D_x = \mathbb{N}$$

Einzige Lösung ist nach Anwendung von Äquivalenzumformungen (s. S. 55) die natürliche Zahl 37.

B₁

Zusammenfassung von Aussagen:

Auf einer schachbrettartig angelegten Fläche (64 Felder) soll im 1. Feld ein Reiskorn und auf jedem folgenden das Doppelte des vorangegangenen Feldes gelagert werden. (Bsp. aus der asiat. Math.) Wie viele Reiskörner befinden sich schließlich auf der Fläche?

Lösung:

1. und 2. Feld:	$1 + 2 = 3$	(w)
1. bis 3. Feld:	$1 + 2 + 4 = 7$	(w)
1. bis 4. Feld:	$1 + 2 + 4 + 8 = 15$	(w)
1. bis 64. Feld:	$1 + 2 + 4 + \ldots + 2^{63} = 2^{64} - 1$	(w)

Allgemeingültige Aussageform:

$$2^0 + 2^1 + \ldots + 2^{n-1} = 2^n - 1 \mid D_x = \mathbb{N}$$

Beweis mit vollständiger Induktion (S. 259f.) oder mit geometrischen Reihen (S. 97).

$\lfloor n = 64 \rfloor$ $2^{64} - 1 = 18.466.344.073.709.551.615$, also gerundet $1,8 \cdot 10^{19}$

B₂

B   Einführung einer Aussageform mit einer Variablen

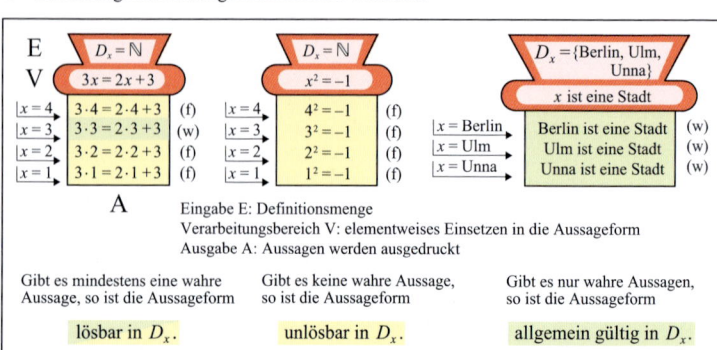

E   Eingabe E: Definitionsmenge
V   Verarbeitungsbereich V: elementweises Einsetzen in die Aussageform
A   Ausgabe A: Aussagen werden ausgedruckt

Gibt es mindestens eine wahre Aussage, so ist die Aussageform **lösbar in D_x.**

Gibt es keine wahre Aussage, so ist die Aussageform **unlösbar in D_x.**

Gibt es nur wahre Aussagen, so ist die Aussageform **allgemein gültig in D_x.**

C   Aussageform als Automat

Aussagen

Der alltägliche Sprachgebrauch ist durchsetzt mit Aussagen. Ein Zeuge macht sie vor dem Richter; man findet sie in Zeitungsmeldungen usw. Sie sind nicht immer wahr, denn es wird auch Falsches oder Halbwahres mitgeteilt.

Wenn man in der Mathematik Mitteilungen macht, soll das Halbwahre ausgeschlossen sein. Die Mitteilungen müssen entweder als wahr oder als falsch erkannt werden können. Deshalb sind Fragesätze, vage Behauptungen, subjektive Äußerungen, Ausrufe und Aufforderungen ungeeignet.

Def. 1: Sinnvolle sprachliche Gebilde aus mathematischen Zeichen und / oder Buchstaben, die eindeutig entweder als *wahr* (w) oder als *falsch* (f) zu beurteilen sind, bezeichnet man als *Aussagen*.
w und f heißen *Wahrheitswerte*.

Beispiele: Abb. A
Bem.: Statt »... ist wahr« sagt man »... gilt«

Aussageformen mit einer Variablen

Abb. A enthält Gebilde (Nr. 5, 6 und 7), die wegen des Buchstabens x keine Aussagen sein können. Ersetzt man jedoch x durch ein Tier (Bsp. 5) bzw. durch eine Zahl (Bsp. 6 und 7), so ergeben sich Aussagen.

Die Aufgabe von x ist es, für Einsetzungen aus einer zugehörigen Definitionsmenge »den Platz freizuhalten«. Weil die Einsetzungen für x variiert werden können, bezeichnet man x als Variable.

Def. 2: Ein Gebilde, das die Variable x enthält und für *jede* Einsetzung eines Elementes der Definitionsmenge in die Variable eine Aussage ergibt, heißt *Aussageform mit der Variablen x*.

Beispiele: Abb. A und B
Variable werden i.d.R. durch kleine Buchstaben – wie x, y – oder durch Zeichen – wie $\square$, Δ – gekennzeichnet.
Das Erzeugen von Aussagen mit einer Aussageform kann durch einen »*Automaten*« veranschaulicht werden (Abb. C).

Definitionsmenge einer Aussageform

Der *Umfang* der Definitionsmenge kann sich – wie bei den Beispielen in Abb. B – aus der Problemstellung ergeben. Es kann aber auch rechnerische Einschränkungen geben, z.B. wenn $\sqrt{x-1}$ auftritt (nur für $x \geq 1$ definiert). Auch Mengen, wie im Bsp. 3, Abb. C, sind wählbar.

In der Praxis gehört zu der Variablen die dem Problem angepasste, *umfangreichste* Definitionsmenge.
Sie soll neben der Aussageform angegeben werden: $A(x)|D_x$. Lies: Aussageform mit der Variablen x und der Definitionsmenge D_x.
Alternative Schreibweise: $A(x)$; $x \in \dots$
$\underline{|x = \dots}$ ist das Zeichen für die Einsetzung
$\longrightarrow$ aus der Definitionsmenge in die Variable. Lies: eingesetzt $x = \dots$, ergibt (folgt) ...

Wenn die Variable, z.B. in $3x = 2x + 3$, an mehreren Stellen auftritt, *muss* für x die *gleiche* Einsetzung an *allen* Stellen vorgenommen werden.
Wie bei der Suchaufgabe in Abb. B interessiert man sich für das »Ergebnis« einer Aussageform, d.h. für die

Lösungsmenge einer Aussageform

Def. 3: Jede Einsetzung aus D_x in die Variable einer Aussageform $A(x)$, die eine wahre Aussage erzeugt, heißt *Lösung der Aussageform*. Die Menge aller Lösungen heißt *Lösungsmenge* L der Aussageform.

Die Aussageformen in Abb. C haben der Reihe nach die Lösungsmengen: $\{3\}$, $\{\ \}$ und D_x (rechnerische Behandlung von Bsp. 1, s. S. 55).

Bem.: Anstelle der Aussage »Die Lösungsmenge der Aussageform $x^2 = 4$ mit der Definitionsmenge $\mathbb{R}$ ist gleich $\{2; -2\}$« schreibt man auch kurz:
$$\mathrm{L}[x^2 = 4 \,|\, \mathbb{R}] = \{2; -2\} \quad \prec$$
Ändert man die Definitionsmenge einer Aussageform, so ändert sich in der Regel die Lösungsmenge:
$$\mathrm{L}[x^2 = 4 \,|\, \mathbb{N}] = \{2\}, \quad \mathrm{L}[x^2 = 4 \,|\, \mathbb{I}] = \{\ \}$$
Die folgenden Schreib- und Sprechweisen sind üblich:
• $\mathrm{L} = \{\ \}$: $A(x)$ ist *unlösbar* (nicht lösbar, nicht erfüllbar) in D_x
• $\mathrm{L} \neq \{\ \}$: $A(x)$ ist *lösbar* (erfüllbar) in D_x
• $\mathrm{L} = D_x$: $A(x)$ ist *allgemein gültig* in D_x
Beispiele: Abb. C
Bem.: Wenn keine Fehlinterpretationen möglich sind, wird bei der Angabe der Lösungsmenge auf die eckigen Klammern und die Aussageform verzichtet.◁
Zu den wichtigsten elementaren Aussageformen gehören reelle Gleichungen und Ungleichungen mit einer Variablen (s. S. 55f.).

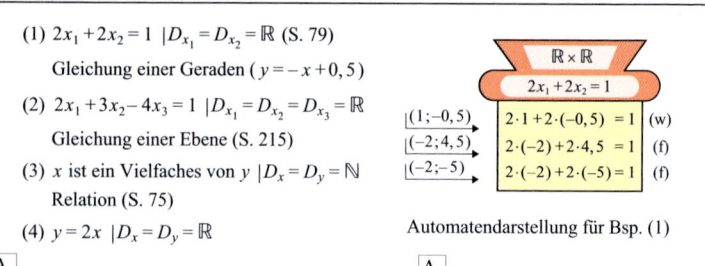

(1) $2x_1 + 2x_2 = 1$ $|D_{x_1} = D_{x_2} = \mathbb{R}$ (S. 79)

   Gleichung einer Geraden ($y = -x + 0,5$)

(2) $2x_1 + 3x_2 - 4x_3 = 1$ $|D_{x_1} = D_{x_2} = D_{x_3} = \mathbb{R}$

   Gleichung einer Ebene (S. 215)

(3) x ist ein Vielfaches von y $|D_x = D_y = \mathbb{N}$

   Relation (S. 75)

(4) $y = 2x$ $|D_x = D_y = \mathbb{R}$

A_1

	$\mathbb{R} \times \mathbb{R}$
	$2x_1 + 2x_2 = 1$
$(1;-0,5)$	$2 \cdot 1 + 2 \cdot (-0,5) = 1$ (w)
$(-2;4,5)$	$2 \cdot (-2) + 2 \cdot 4,5 = 1$ (f)
$(-2;-5)$	$2 \cdot (-2) + 2 \cdot (-5) = 1$ (f)

Automatendarstellung für Bsp. (1)

A_2

A   Aussageformen mit mehr als einer Variablen

Carla kommt am Sonntag *und* sie kommt am Montag vorbei.	nur wahr, wenn Carla sowohl am Sonntag als auch am Montag vorbeikommt
Carla kommt am Sonntag *oder* sie kommt am Montag vorbei.	nur falsch, wenn Carla weder am Sonntag noch am Montag vorbeikommt
Wenn Carla am Sonntag kommt, *dann* kommt sie auch am Montag vorbei.	nur falsch, wenn Carla zwar am Sonntag, nicht aber am Montag vorbeikommt
Genau dann, *wenn* Carla am Sonntag kommt, kommt sie auch am Montag vorbei.	nur wahr, wenn Carla an beiden Tagen oder an keinem der Tage vorbeikommt

B   Verknüpfungen von Aussagen

$A_1(x) :\Leftrightarrow x > 2$ $|D_x = \mathbb{R}$ $L_1 = \mathbb{R}^{>2}$	$A_2(x) :\Leftrightarrow x < 5$ $|D_x = \mathbb{R}$ $L_2 = \mathbb{R}^{<5}$

$\wedge$ | $A_1(x) \wedge A_2(x) \Leftrightarrow x > 2 \wedge x < 5$ $|D_x = \mathbb{R}$ $L_\wedge = ?$

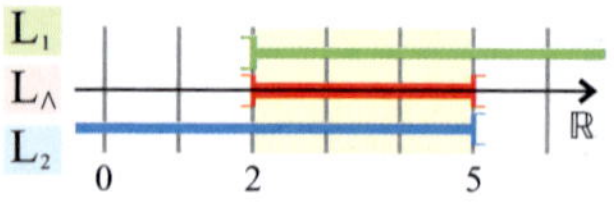

nach der *Schnittmengenregel*:

$L_\wedge = L_1 \cap L_2 = \mathbb{R}^{>2} \cap \mathbb{R}^{<5} = \,]2;5[$

$\vee$ | $A_1(x) \vee A_2(x) \Leftrightarrow x > 2 \vee x < 5$ $|D_x = \mathbb{R}$ $L_\vee = ?$

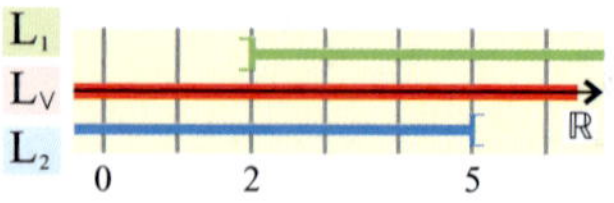

nach der *Vereinigungsregel*:

$L_\vee = L_1 \cup L_2 = \mathbb{R}^{>2} \cup \mathbb{R}^{<5} = \mathbb{R}$

| $A(x) :\Leftrightarrow x^2 = 4$ $|D_x = \mathbb{R}$ $L = \{-2;2\}$ | |

$\neg$ | $\neg A(x) \Leftrightarrow \neg(x^2 = 4)$ $L_\neg = ?$

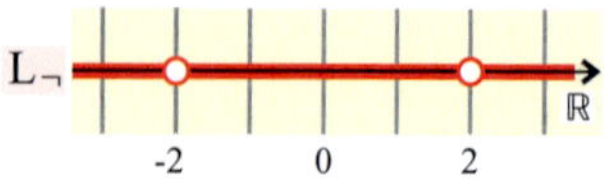

nach der *Negationsregel*:

$L_\neg = D_x \backslash L = \mathbb{R} \backslash \{-2;2\} = \mathbb{R}^{\neq \pm 2}$

C   Lösungsmengenbestimmung nach verschiedenen Regeln

Mehr als eine Variable

Gleichungen und Ungleichungen mit mindestens zwei Variablen sind neben den Relationen und Funktionen (S. 73f.) Beipiele für Aussageformen mit mehr als einer Variablen (Abb. A_1).

Def. 2 und 3 zu Aussageformen mit einer Variablen (S. 15) lassen sich leicht auf solche mit mindestens zwei Variablen übertragen. Jede Variable besitzt dann eine eigene Definitionsmenge. Die Einsetzungen in die Variablen sind *unabhängig* voneinander vorzunehmen.

Merke: Eine Aussage liegt erst vor, nachdem in *alle* Variable eingesetzt worden ist.

Beispiel: $2x_1 + 2x_2 = 1$ $|D_{x_1} = D_{x_2} = \mathbb{R}$

$|x_1 = 1$ $2 \cdot 1 + 2x_2 = 1$ (Aussageform)

$|x_2 = -0,5$ $2 \cdot 1 + 2 \cdot (-0,5) = 1$ (wahre Aussage)

Die Definitionsmengen notiert man bei zwei Variablen i.A. als Menge von geordneten Paaren (Abb. A_2), bei mehr als zwei Variablen als Teilmenge des kartes. Produkts (S. 21).

Für das Beispiel ergibt sich:

$D_{(x_1; x_2)} = D_{x_1} \times D_{x_2} = \mathbb{R} \times \mathbb{R}$

$\phantom{D_{(x_1; x_2)}} = \{(x_1; x_2) | x_1 \in \mathbb{R}; x_2 \in \mathbb{R}\}$

$L = \{(1; -0,5) \dots\}$ und $(1; -1) \notin L$

Verknüpfung und Negation von Aussagen

Nicht alle Aussagen sind von so einfacher Struktur wie die in Abb. A auf S. 14.

Abb. B zeigt, dass einfache Aussagen z.B. durch die

Verbindungselemente	*Bezeichnung: Zeichen*
»und«	Konjunktion: $\wedge$
»oder«	Disjunktion: $\vee$
»wenn ... , dann ...«	Subjunktion: $\rightarrow$
»genau dann ... , wenn ...« bzw.	
»dann und nur dann ... , wenn ...«	Bijunktion: $\leftrightarrow$

zu neuen Gebilden zusammengesetzt (*verknüpft*) werden. Die Verknüpfungszeichen nennt man *Junktoren* (S. 249f.).

Hinzutreten kann ein *negierendes Element*

»nicht«	Negation: $\neg$ (S. 249)

Für die Verknüpfungen (S. 249f.) gilt:

$\wedge$: *die Konjunktion* $A \wedge B$ zweier Aussagen ist immer nur wahr, wenn die beteiligten Aussagen A und B wahr sind.

$\vee$: *die Disjunktion* $A \vee B$ zweier Aussagen ist immer nur falsch, wenn beide beteiligten Aussagen A und B falsch sind.

$\rightarrow$: die *Subjunktion* $A \rightarrow B$ ist nur falsch, wenn die Wenn-Ausssage wahr und die Dann-Aussage falsch ist.

$\leftrightarrow$: die *Bijunktion* $A \leftrightarrow B$ ist immer wahr, wenn die beteiligten Aussagen entweder beide wahr oder beide falsch sind, die Wahrheitswerte beider Aussagen also übereinstimmen.

Verknüpfung durch $\wedge$ und $\vee$

Verknüpfungen von zwei oder mehr Aussageformen durch $\wedge$ bzw. $\vee$ sind bei gleichen Definitionsmengen stets wieder Aussageformen.

$\wedge$ drückt aus, dass Bedingungen *geichzeitig* zu erfüllen sind. Dieser Junktor verknüpft z.B. lineare Gleichungen zu einem Gleichungssystem (S. 69).

$\vee$ wird immer verwendet, wenn mehrere Möglichkeiten (z.B. *die eine oder die andere*) bestehen, etwa beim Lösen der Gleichung $(x - 1) \cdot (x - 2) \cdot (x^2 + 1) = 0$ mit Hilfe der äquivalenten disjunktiven Form (s. S. 61):

$x - 1 = 0 \;\vee\; x - 2 = 0 \;\vee\; x^2 + 1 = 0$

Sind $L_1, L_2, \dots$ die Lösungsmengen der beteiligten Aussageformen, so gelten für die Lösungsmengen $L_\wedge$ bzw. $L_\vee$ der verknüpften Aussageformen die *Schnittmengen-* bzw. die *Vereinigungsmengenregel*:

(1) $L_\wedge = L_1 \cap L_2 \cap \dots$

(2) $L_\vee = L_1 \cup L_2 \cup \dots$

Beispiele: Abb. C

Negation

Die Negation einer Aussageform hat dieselbe Definitionsmenge D wie die vorgegebene. Ist L deren Lösungsmenge, so gilt für die Lösungsmenge $L_\neg$ der negierten Aussageform die *Negationsregel*:

(3) $L_\neg = D \backslash L$

Beispiel: Abb. C

Bem.: Bei der Verknüpfung von Aussageformen durch $\rightarrow$ und $\leftrightarrow$ ergeben sich wiederum Aussageformen. Sind diese *allgemein gültig*, schreibt man $\Rightarrow$ bzw. $\Leftrightarrow$ und spricht von einer *Folgerung* bzw. von einer *Äquivalenz* (zum Verhalten der Lösungsmenge, s. S. 257), speziell bei Gleichungen und Ungleichungen von *Folgerungs-* bzw. von *Äquivalenzumformungen* (s. S. 55f.).

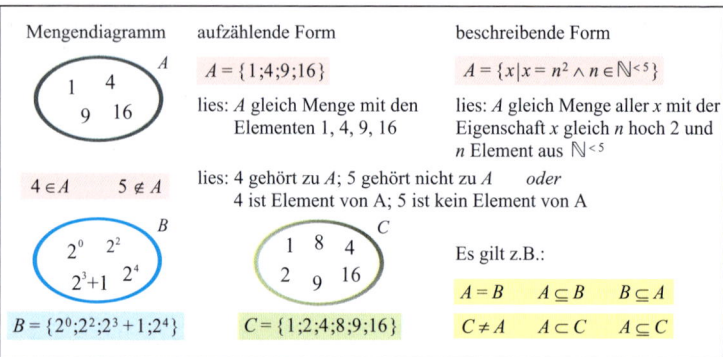

Mengendiagramm	aufzählende Form	beschreibende Form

$A = \{1;4;9;16\}$

lies: A gleich Menge mit den Elementen 1, 4, 9, 16

$A = \{x \mid x = n^2 \wedge n \in \mathbb{N}^{<5}\}$

lies: A gleich Menge aller x mit der Eigenschaft x gleich n hoch 2 und n Element aus $\mathbb{N}^{<5}$

$4 \in A \qquad 5 \notin A$

lies: 4 gehört zu A; 5 gehört nicht zu A *oder*
4 ist Element von A; 5 ist kein Element von A

Es gilt z.B.:

$A = B \qquad A \subseteq B \qquad B \subseteq A$
$C \neq A \qquad A \subset C \qquad A \subseteq C$

$B = \{2^0; 2^2; 2^3+1; 2^4\}$

$C = \{1;2;4;8;9;16\}$

A   Beispiele, Sprechweisen

vorgegebene Mengen	Schnittmenge	Vereinigungsmenge	Restmenge
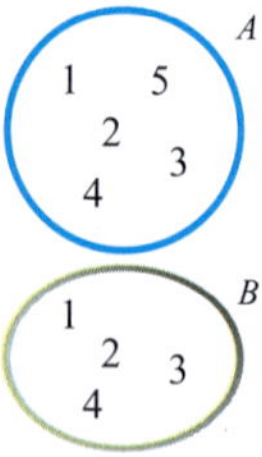 $B \subseteq A$	 $A \cap B = B$	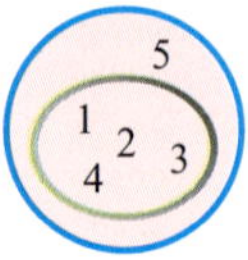 $A \cup B = A$	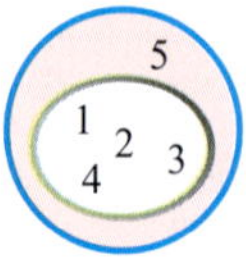 $A \backslash B = \{5\}$
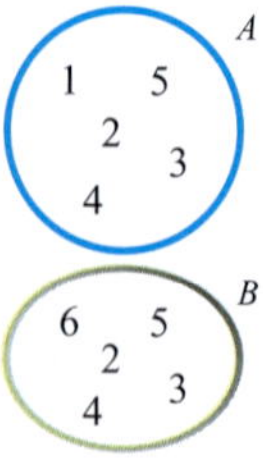	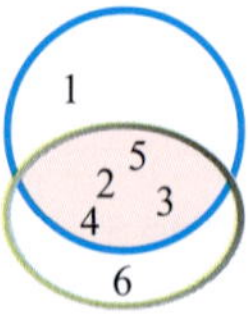 $A \cap B = \{2;3;4;5\}$	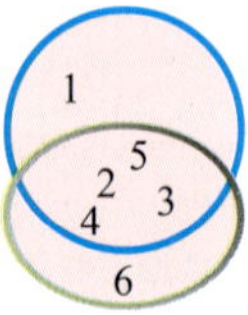 $A \cup B = \{1;2;3;4;5;6\}$	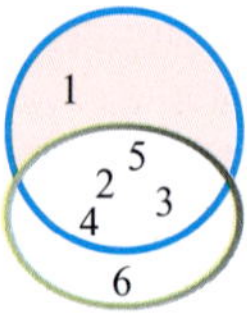 $A \backslash B = \{1\}$
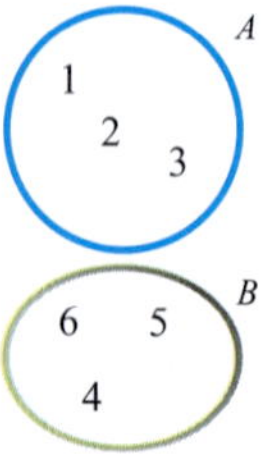 $A \cap B = \{\ \}$	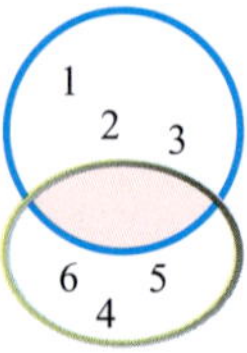 $A \cap B = \{\ \}$	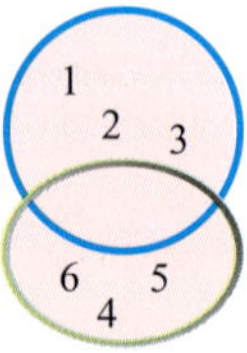 $A \cup B = \{1;2;3;4;5;6\}$	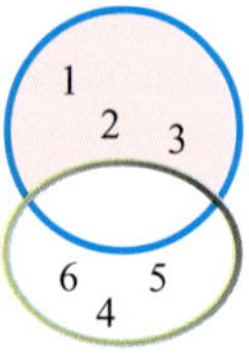 $A \backslash B = \{1;2;3\}$

B   Schnittmenge, Vereinigungsmenge, Restmenge

Mathematiker können Mengen angeben, bei denen ein echter Teil »ebenso viel« ist wie die Menge selbst. Oder auch Mengen, bei denen nach der Wegnahme einer Anzahl von Elementen noch immer »ebenso viele« wie vorher vorhanden sind. Das klingt paradox.

Wäre diese Menge eine aus Geldscheinen, könnte man damit gut leben: Man nimmt von dem Geld und der Rest enthält immer noch »ebenso viele« Geldscheine wie vorher. Leider ist die Wirklichkeit anders.

Nur für eine unendliche Menge – ein Begriff, der noch zu definieren ist – gilt nämlich die obige Aussage, und auch erst, nachdem festgelegt worden ist, was man unter »ebenso viel« verstehen will (S. 23). Die Menge aller Geldscheine ist jedoch keine unendliche Menge.

Mit G. CANTOR (1845-1918) nahm die sog. Mengenlehre ihren Anfang, eine mathemat. Disziplin, in der u.a. unendliche Mengen untersucht werden. Aus diesem sehr anspruchsvollen Gebiet stammt die in der Schulmathematik verwendete

Sprache der Mengenlehre

Man spricht von Zahlen-, Punkt- und Funktionenmengen, vom Schnitt und der Vereinigung von Mengen und anderen Operationen und verwendet eine an die Menge der natürlichen Zahlen gebundene Unendlichkeitsvorstellung. In allen Gebieten der Mathematik wird heute die Sprache der Mengenlehre benutzt.

Mengendefinition

> **Def. 1** (CANTOR): Eine *Menge* ist eine Zusammenfassung von bestimmten, wohlunterschiedenen Objekten (Dingen) unserer Anschauung oder unseres Denkens. Die Objekte heißen *Elemente* der Menge.

Die Darstellung einer Menge erfolgt in
* *aufzählender* (dazu gehört auch das *Mengendiagramm,* das sog. *Venn- oder Euler-Diagramm*), oder in
* *beschreibender* Form (Abb. A).

Kein Element einer Menge darf doppelt aufgeführt werden. Auf die Reihenfolge kommt es nicht an.

$a \in M$ bedeutet: *a ist Element von M,*
$a \notin M$ ist das Negat davon, also *a ist nicht Element von M.*

Zwei Mengen sind *gleich,* wenn sie dieselben Elemente enthalten.

Enthält eine Menge kein Element, wie z.B. $\{x \mid x^2 < 0 \wedge x \in \mathbb{R}\}$, so spricht man von der *leeren Menge* und schreibt $\{\ \}$.

Besonders wichtige Mengen erhalten einen Eigennamen, z.B. $\mathbb{N}, \mathbb{R}, \mathbb{I}, \mathbb{C}$ (s. S. 25).

Teilmenge (Abb. A)

> **Def. 2:** T heißt *Teilmenge* einer Menge M, wenn jedes Element von T zu M gehört; in Zeichen: $T \subseteq M$ (lies: T enthalten in oder gleich M).
> T heißt *echte Teilmenge* (in Zeichen: $T \subset M$), wenn zusätzlich $T \neq M$ gilt.

Bem.: Es folgt unmittelbar:

$$A = B \iff A \subseteq B \wedge B \subseteq A$$

Um die Gleichheit zweier Mengen zu beweisen, zeigt man daher (I) $A \subseteq B$ u. (II) $B \subseteq A$, um $A = B$ zu folgern.

Restmenge (Abb. B)

> **Def. 3:** Die Menge derjenigen Elemente von A, die nicht zu B gehören, heißt *Restmenge* von A bezüglich B. In Zeichen: $A \backslash B$ (lies: A ohne B).
> $A \backslash B = \{x \mid x \in A \wedge x \notin B\}$
> G sei eine vorgegebene Grundmenge. Für jedes A mit $A \subseteq G$ heißt die Restmenge $G \backslash A$ *Ergänzungsmenge (Komplement) von A in G.* In Zeichen: $\complement A$ oder $\bar{A}$.

Schnittmenge (Abb. B)

> **Def. 4:** Die Menge aller Elemente, die den Mengen *A und B* gemeinsam sind, heißt *Schnittmenge* von A und B; in Zeichen: $A \cap B$ (lies: A geschnitten mit B).
> $A \cap B = \{x \mid x \in A \wedge x \in B\}$
> A und B nennt man *disjunkt,* wenn $A \cap B = \{\ \}$ gilt.

Vereinigungsmenge (Abb. B)

> **Def. 5:** Die Menge aller Elemente, die in A *oder* in B enthalten sind, heißt *Vereinigungsmenge* von A und B; in Zeichen: $A \cup B$ (lies: A vereinigt mit B).
> $A \cup B = \{x \mid x \in A \vee x \in B\}$

Elemente, die beiden Mengen gemeinsam sind, werden nur einmal aufgeführt. Daher ist die Anzahl der Elemente der Vereinigungsmenge kleiner oder gleich der Summe der Anzahlen der Elemente in den beteiligten Mengen.

Bem.: Das Zeichen $\cup$ erinnert an einen »Topf«, in dem die Elemente aus beiden Mengen vereinigt werden. ◄

Es gilt: $\{\ \} \subseteq M$ für alle M und
$\{\ \} \subset M$ für alle $M \neq \{\ \}$.

(1a)	$A \cap B = B \cap A$	(1b)	$A \cup B = B \cup A$	kommutatives Gesetz
(2a)	$A \cap (B \cap C) = (A \cap B) \cap C$	(2b)	$A \cup (B \cup C) = (A \cup B) \cup C$	assoziatives Gesetz
(3a)	$A \cap (B \cup C) =$ $(A \cap B) \cup (A \cap C)$	(3b)	$A \cup (B \cap C) =$ $(A \cup B) \cap (A \cup C)$	distributives Gesetz
(4a)	$\complement(A \cap B) = \complement A \cup \complement B$	(4b)	$\complement(A \cup B) = \complement A \cap \complement B$	Gesetz von de Morgan
(5a)	$A \cap A = A$	(5b)	$A \cup A = A$	Gesetz der Idempotenz
(6a)	$A \cap (A \cup B) = A$	(6b)	$A \cup (A \cap B) = A$	Absorptionsgesetz
(7a)	$A \cap \complement A = \{\ \}$	(7b)	$A \cup \complement A = G$	Gesetze zur leeren Menge und zum Komplement
(8a)	$A \cap \{\ \} = \{\ \}$	(8b)	$A \cup G = G$	
(9a)	$A \cap G = A$	(9b)	$A \cup \{\ \} = A$	
	Dualität beim Austausch $\boxed{\cap\ \cup}$ bzw. $\boxed{\cup\ \cap}$ und $\boxed{G\ \{\ \}}$ bzw. $\boxed{\{\ \}\ G}$: (1a) bis (9a) geht in (1b) bis (9b) über			
(10a)	$A \subseteq M \Rightarrow A \cap M = A$	(10b)	$A \subseteq M \Rightarrow A \cup M = M$	Teilmengensetz

A   Gesetze der Mengenalgebra zur Schnitt- und Vereinigungsmenge

(I) Beweis mit Venn-Diagrammen zum Mengengesetz (3a)

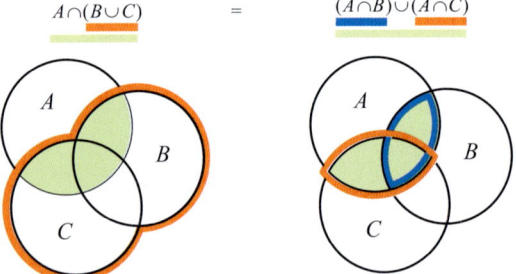

$A \cap (B \cup C)$ = $(A \cap B) \cup (A \cap C)$

(II) Beweis durch Mengenvergleich zum Mengengesetz (4a)

zu zeigen: (i) $\complement(A \cap B) \subseteq \complement A \cup \complement B$ (ii) $\complement A \cup \complement B \subseteq \complement(A \cap B)$ (vgl. Bem. zu Def. 2, S. 19)
Bew.:

(i) $x \in \complement(A \cap B) \Rightarrow x \in G \wedge x \notin A \cap B \Rightarrow x \in G \wedge (x \notin A \vee x \notin B)$
     $\Rightarrow (x \in G \wedge x \notin A) \vee (x \in G \wedge x \notin B) \Rightarrow x \in \complement A \vee x \in \complement B \Rightarrow x \in \complement A \cup \complement B$

(ii)   gilt, weil die Folgerungskette (i) in umgekehrter Reihenfolge ($\Leftarrow$ statt $\Rightarrow$) auch gültig ist.

(III) Beweis mit Zugehörigkeitstabelle zum Mengengesetz (4b)

A	B	$A \cup B$	$\complement(A \cup B)$	$\complement A$	$\complement B$	$\complement A \cap \complement B$
$\in$	$\in$	$\in$	$\notin$	$\notin$	$\notin$	$\notin$
$\in$	$\notin$	$\in$	$\notin$	$\notin$	$\in$	$\notin$
$\notin$	$\in$	$\in$	$\notin$	$\in$	$\notin$	$\notin$
$\notin$	$\notin$	$\notin$	$\in$	$\in$	$\in$	$\in$

                         └——— übereinstimmender Verlauf ———┘

B   Verschiedene Beweismethoden bei Mengengesetzen

Mengenbegriffe bei Ungleichungen

Vorgegeben: $\left|\frac{1}{x-1}\right| > 1$

- Definitions*menge* $D_x = \mathbb{R} \setminus \{1\}$ (Rest*menge*)
- Suche nach denjenigen *Elementen* aus D_x, bei deren Einsetzen wahre Aussagen entstehen; äquivalente Umformung dazu:

$$\left|\frac{1}{x-1}\right| > 1 \iff \frac{1}{|x-1|} > 1 \iff 1 > |x-1|$$

$$\iff [\, x-1 > 0 \;\land\; 1 > x-1 \,] \;\lor$$

$$[\, x-1 < 0 \;\land\; 1 > -(x-1) \,]$$

$$\iff [\, x > 1 \land x < 2 \,] \;\lor\; [\, x < 1 \land x > 0 \,]$$

- Bildung der Schnitt*mengen* zu den Klammertermen: $x \in \,]1;2[\;\lor\; x \in \,]0;1[$
- und Bildung der Vereinigungs*menge* $x \in \,]0;2[\setminus \{1\}$ (Rest*menge*)
- Angeben der Lösungs*menge* $L = \,]0;2[\setminus \{1\}$ als *echte* Teil*menge* von D_x.

Gesetze der Mengenalgebra

Schnittmenge und Vereinigungsmenge hängen mit den log. Grundelementen »und« und »oder« (Junktoren, S. 248f.) zusammen. Es fällt auf, dass die verwendeten Symbole $\cap$ und $\land$ bzw. $\cup$ und $\lor$ eine ähnliche Form besitzen. Als Grund kann man angeben, dass sich für das »Rechnen« mit den Mengenoperatoren $\cap$ und $\cup$ Regeln ergeben, die den aussagenlog. Gesetzen für $\land$ und $\lor$ völlig entsprechen (s. Abb. A und S. 252, Abb. B). Weiter hat die Verknüpfung von Komplementen bzgl. einer Grundmenge G durch $\setminus$ ihre Entsprechung im logischen »nicht« ($\neg$). Der doppelten Komplementbildung $\bar{\bar{A}} = A$ entspricht die doppelte Verneinung. Wie in der Aussagenlogik gilt das **Dualitätsprinzip** (Abb. A).

Bem.: Eine Verallgemeinerung der Algebra mit Mengen und Aussagen stellt die sog. boolsche Algebra dar, die auch die Schaltalgebra (Informatik) umfasst (s. AM, Verbandstheorie, S. 27).

Paarmenge, kartesisches Produkt

Zur Festlegung von Punkten in einem zweidimensionalen Koordinatensystem bedient man sich sog. *geordneter Paare* $(x_1; x_2)$. Z.B. bestimmt $(1;2)$ den Punkt mit dem x_1-Wert 1 auf der x_1-Achse und dem x_2-Wert 2 auf der x_2-Achse.
Im Falle einer Funktion (Relation) (S. 73) kennzeichnet man das geordnete Paar $(1;2)$ die Zuordnung $1 \mapsto 2$.

Def. 6: M_1 und M_2 seien zwei Mengen.
$M_1 \times M_2 = \{(x_1; x_2) \mid x_1 \in M_1 \land x_2 \in M_2\}$
heißt *Paarmenge.*
Lies: M eins Kreuz M zwei ist die Menge aller Paare x eins neben x zwei ...
x_1 ist die 1., x_2 die 2. *Komponente.*

Beispiel: $\{1;2\} \times \{a;b;c\} =$
$$\{(1;a);(1;b);(1;c);(2;a);(2;b);(2;c)\}$$

Eine Verallgemeinerung auf drei und mehr »Faktoren« ist möglich. Man spricht von *n-Tupeln* $(x_1; \ldots; x_n)$ und dem *kartesischen Produkt* $M_1 \times \ldots \times M_n$ der Mengen $M_1, \ldots, M_n$ ($n \in \mathbb{N}$).

Beispiel: $\{1;2\} \times \{a;b;c\} \times \{A;B\} =$
$$\{(1;a;A);(1;b;A);(1;c;A);$$
$$(2;a;A);(2;b;A);(2;c;A);$$
$$(1;a;B);(1;b;B);(1;c;B);$$
$$(2;a;B);(2;b;B);(2;c;B)\}$$

Zwei Tupel sind gleich, wenn sie komponentenweise übereinstimmen, d.h.
$(a;b;c) = (A;B;C) \iff a = A \land b = B \land c = C$.
Daraus folgt z.B. wegen $1 \neq 2$: $(1;2) \neq (2;1)$.
Bem. 1: Das geordnete Paar $(1;2)$ ist streng zu unterscheiden von der Menge $\{1;2\}$.
Bem. 2: Nicht jede Menge von geordneten Paaren ist eine Paarmenge, z.B.
$$\{(1;a);(2;b);(1;c)\}$$
Zur vollständigen Paarmenge fehlen:
$$(1;b);(2;a);(2;c)$$
Sind alle Faktoren des kartes. Produkts gleich M, so schreibt man auch M^2 bzw. M^n.

Potenzmenge

Auch Mengen können Elemente von Mengen sein, z.B. ist $\{\{\ \};\{1\};\{2\};\{1;2\}\}$ die Menge, die aus den Elementen $\{\ \}$; $\{1\}$; $\{2\}$ und $\{1;2\}$, also aus sämtlichen Teilmengen von $\{1;2\}$ besteht. Eine derartige Menge nennt man Potenzmenge.

Def. 7: Die Menge aller Teilmengen einer Menge M heißt *Potenzmenge* von M, in Zeichen $\wp(M)$.

Die oben angegebene Menge ist also $\wp(\{1;2\})$. Sie enthält 2^2 Elemente. Die Potenzmenge einer Menge mit n Elementen enthält 2^n Elemente (Beweis mit vollständiger Induktion, S. 259). Potenzmengen spielen z.B. in der Wahrscheinlichkeitsrechnung eine Rolle.

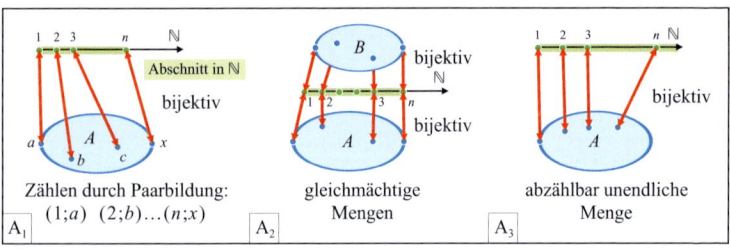

A   Endliche, gleichmächtige, abzählbar unendliche Mengen

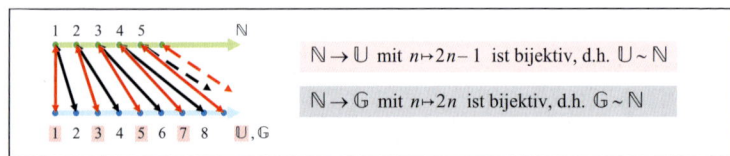

B   Beispiele für abzählbar unendliche Mengen

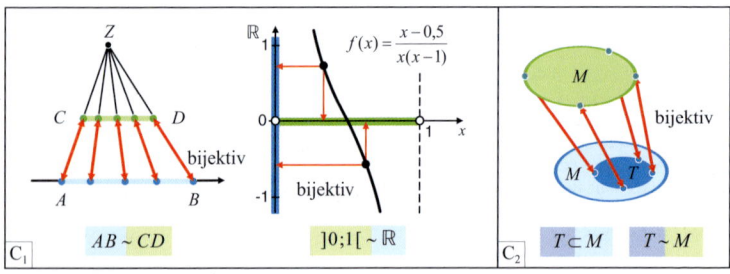

C   Spezielle gleichmächtige Punktmengen (C_1), Definition unendlicher Mengen (C_2)

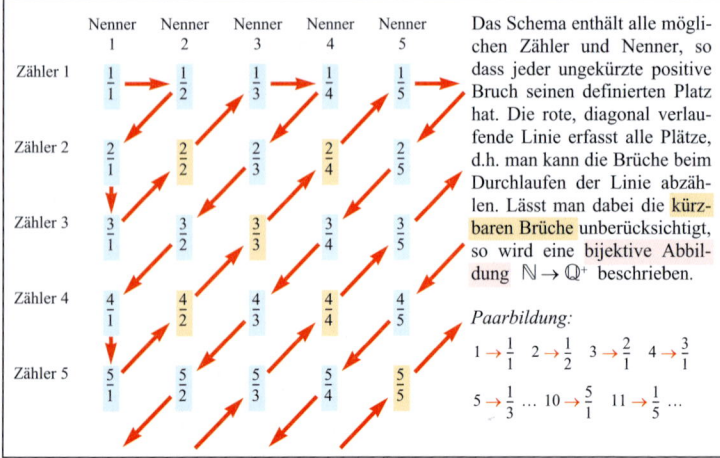

Das Schema enthält alle möglichen Zähler und Nenner, so dass jeder ungekürzte positive Bruch seinen definierten Platz hat. Die rote, diagonal verlaufende Linie erfasst alle Plätze, d.h. man kann die Brüche beim Durchlaufen der Linie abzählen. Lässt man dabei die <mark>kürzbaren Brüche</mark> unberücksichtigt, so wird eine bijektive Abbildung $\mathbb{N} \to \mathbb{Q}^+$ beschrieben.

Paarbildung:

$1 \to \frac{1}{1}$ $2 \to \frac{1}{2}$ $3 \to \frac{2}{1}$ $4 \to \frac{3}{1}$

$5 \to \frac{1}{3}$ ... $10 \to \frac{5}{1}$ $11 \to \frac{1}{5}$ ...

D   Cantorsches Diagonalverfahren

Endliche Mengen

Im Alltagsleben gibt es nur *endliche* Mengen. Das sind Mengen, bei denen ein Zählen der Elemente mit einem *Abschnitt* nat. Zahlen endet (Paarbildung, Abb. A_1). Die Länge des Abschnitts wird mit $|A|$ bezeichnet und Anzahl (*Mächtigkeit*) genannt. Die Anzahl der Elemente in zwei Mengen ist gleich, wenn das Zählen mit demselben Abschnitt möglich ist. Damit existiert eine *bijektive* Abbildung (s. S. 73) zwischen den Mengen A und B (Abb. A_2).
Diese Eigenschaft überträgt man auf beliebige Mengen und definiert den Begriff

Gleichmächtigkeit.

> **Def. 8:** A und B seien Mengen. Existiert eine bijektive Abb. $A \to B$, so heißen A und B *gleichmächtig*; in Zeichen $A \sim B$. Eine Menge heißt *abzählbar*, wenn sie gleichmächtig zu einer Teilmenge von $\mathbb{N}$ ist. Sie heißt *abzählbar unendlich*, wenn sie gleichmächtig zu $\mathbb{N}$ ist (Abb. A_3).

Abzählbare Mengen lassen sich als Folgen aufschreiben: $(a_1; a_2; a_3 \dots)$.
Bsp.: $\mathbb{G}$ und $\mathbb{U}$ sind *gleichmächtig* zu $\mathbb{N}$ (Abb. B), also abzählbar unendlich, obwohl $\mathbb{G}$ und $\mathbb{U}$ *echte* Teilmengen von $\mathbb{N}$ sind. Für die Quadratzahlmenge und die Vielfachenmengen gilt dasselbe.
Abb. C_1 enthält gleichmächtige Mengen, die nicht abzählbar sind (vgl. Satz 4).

Unendliche Mengen

Bei den Beispielen wird deutlich, dass eine Menge die Eigenschaft haben kann, gleichmächtig zu einer *echten* Teilmenge von ihr zu sein. Dies gilt für endliche Mengen *nicht*. Es ist eine charakteristische Eigenschaft unendlicher Mengen (DEDEKIND, 1831-1916):

> **Def. 9:** Eine Menge heißt *unendlich*, wenn sie eine zur Menge gleichmächtige *echte* Teilmenge besitzt (Abb. C_2).

Bsp.: $\mathbb{N}$ und die oben genannten Teilmengen sind unendliche Mengen.
Zwischen den unendlichen Teilmengen von $\mathbb{N}$ besteht hinsichtlich der Mächtigkeit kein Unterschied.
Allgemein gilt für alle Teilmengen von $\mathbb{N}$ der

> **Satz 1:** Wenn T eine Teilmenge von $\mathbb{N}$ ist, dann ist T entweder endlich oder abzählbar unendlich.

Obermengen von $\mathbb{N}$

(1) Fügt man zu $\mathbb{N}$ ein Element hinzu, z.B. die Zahl 0, so ändert sich die Mächtigkeit nicht. Man kann in der Folge der nat. Zahlen den ersten Platz für das zusätzliche Element durch Verschieben der nat. Zahlen frei machen: $n \mapsto n+1$, d.h. $\mathbb{N}_0 \sim \mathbb{N}$.

(2) Fügt man zu $\mathbb{N}$ eine endliche Menge (z.B. endlich viele neg. Zahlen) hinzu, so kann man das Verfahren von (1) wiederholen, bis alle Elemente Platz gefunden haben.

(3) Für die **ganzen Zahlen** $\mathbb{Z}$ kann man nicht mehr wie unter (1) vorgehen. Eine Verschiebung, die für die unendliche Menge $\mathbb{Z}_0^+$ Platz schafft, ist nicht möglich. Stattdessen kann man aber die Folge $(0 ; 1 ; -1 ; 2 ; -2; \dots)$ aufschreiben. Also ist $\mathbb{Z}$ gleichmächtig zu $\mathbb{N}$.
Dieses Ergebnis erhält man auch, wenn man den folgenden Satz anwendet:

> **Satz 2:** Wenn A und B abzählbare (abzählbar unendliche) Mengen sind, dann ist auch $A \cup B$ abzählbar (abzählbar unendlich).

Folgerung: $\mathbb{Z}^+ = \mathbb{N}$ und $\mathbb{Z}_0^- \sim \mathbb{N}_0 \sim \mathbb{N}$, d.h. $\mathbb{Z}^+$ und $\mathbb{Z}_0^-$ sind abzählbar unendlich.
Nach Satz 2 folgt: $\mathbb{Z} = \mathbb{Z}_0^- \cup \mathbb{Z}^+ \sim \mathbb{N}$

(4) Bei der Menge der **rationalen Zahlen** kann man sich auf den Nachweis beschränken, dass $\mathbb{Q}^+$ abzählbar unendlich ist.
Nach Satz 2 gilt dann nämlich wegen $\mathbb{Q}_0^+ \sim \mathbb{Q}^+$ und $\mathbb{Q}^- \sim \mathbb{Q}^+$:
$$\mathbb{Q} = \mathbb{Q}_0^+ \cup \mathbb{Q}^- \sim \mathbb{N}$$
Der Beweis, dass $\mathbb{Q}^+$ abzählbar unendlich ist, kann mit dem cantorschen Diagonalverfahren geführt werden (Abb. D). Also gilt:

> **Satz 3:** Die Menge der rationalen Zahlen $\mathbb{Q}$ ist abzählbar.

(5) Erst durch die Einführung der **irrationalen Zahlen** wird eine neue Stufe des Unendlichen erreicht, denn es gilt

> **Satz 4:** Die Menge der reellen Zahlen ist nicht abzählbar, d.h. überabzählbar.

Beweis:
(i) $\mathbb{R} \sim]0 ; 1[$ (Abb. C_1)
(ii) Die Annahme, dass $]0 ; 1[$ abzählbar sei, wird zu einem Widerspruch geführt (s. S. 250, Abb. B). Also ist $]0 ; 1[$ nicht abzählbar, d.h. überabzählbar.

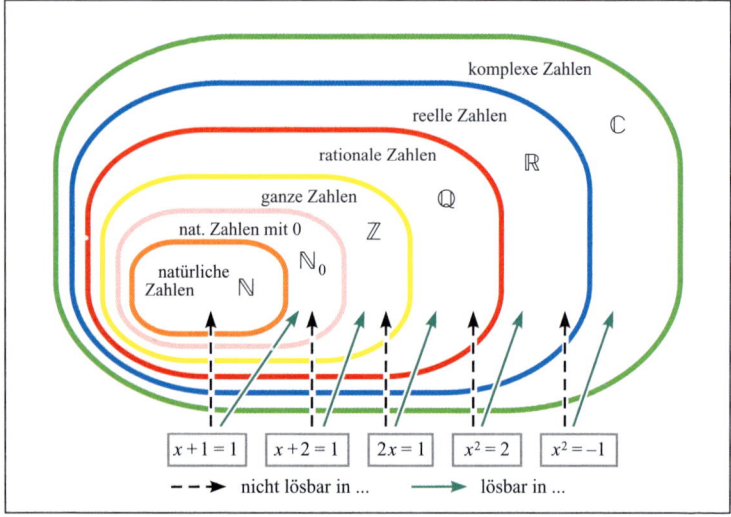

A Zahlenmengen

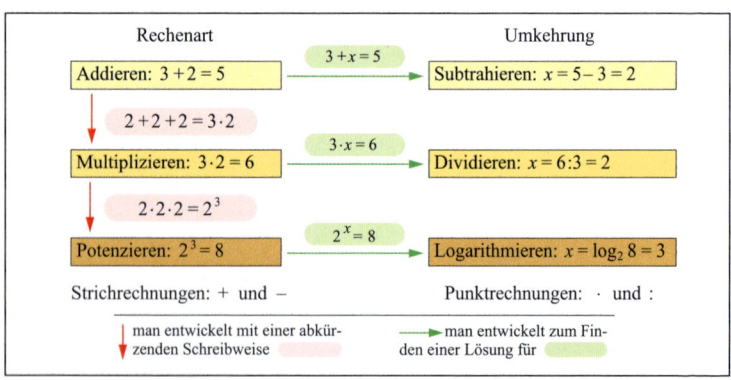

B Rechenarten in den Zahlenmengen

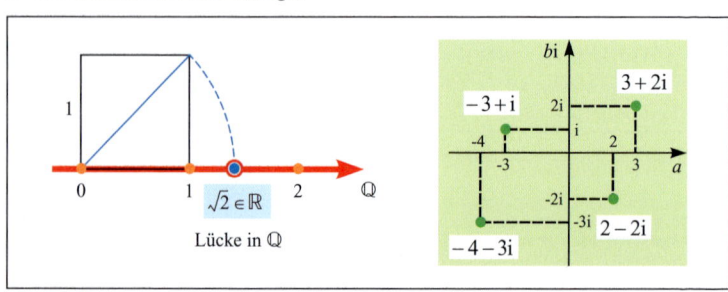

C Darstellung der Zahlenmengen auf der Zahlengerade und in der komplexen Ebene

Übersicht

In der Schulmathematik werden die Zahlenmengen i.a. folgendermaßen behandelt:

- $\mathbb{N}_0$: Menge der natürlichen Zahlen mit Null (1. bis 5. Schj.)
- $\mathbb{Q}_0^+$: Menge der positiven rationalen Zahlen (Brüche) mit Null (6. Schj.)
- $\mathbb{Q} = \mathbb{Q}^- \cup \mathbb{Q}_0^+$: Menge der rationalen Zahlen (Einführung der negativen rationalen Zahlen) und
- $\mathbb{Z} = \mathbb{Z}^- \cup \mathbb{Z}_0^+$: Menge der ganzen Zahlen als Teilmenge von $\mathbb{Q}$ (7. Schj.)
- $\mathbb{R}$: Menge der reellen Zahlen (Einführung unendlicher nichtperiodischer Dezimalzahlen) (9. Schj.)

und eventuell

- $\mathbb{C}$: Menge der komplexen Zahlen (in Zusatzkursen oder in der Sekundarstufe II)

Diese Reihenfolge ist sinnvoll, aber nicht zwingend. Man könnte z. B. auch die Menge der ganzen Zahlen vor der Menge der rat. Zahlen einführen (AM, S. 55).
In jedem Fall erhält man die Kette von Zahlbereichserweiterungen:

$$\mathbb{N} \subset \mathbb{N}_0 \subset \mathbb{Z} \subset \mathbb{Q} \subset \mathbb{R} \subset \mathbb{C} \text{ (Abb. A)}$$

Zu den wichtigsten »Kulturtechniken«, die schon in der Grundschule gelernt werden, gehört der rechn. Umgang mit den

natürlichen Zahlen $\mathbb{N}$:

Addieren und Multiplizieren, was ohne Einschränkungen in $\mathbb{N}$ bzw. in $\mathbb{N}_0$ möglich ist, Subtrahieren und Dividieren als Umkehrungen (Abb. B).
Subtraktion und Division sind allerdings in $\mathbb{N}$ nicht ausführbar, wenn der Subtrahend kleiner als der Minuend ($5 - 7$ ist nicht definiert) bzw. der Dividend kein Vielfaches des Divisors oder der Divisor gleich 0 ist ($6:4$ und $6:0$ sind nicht definiert).

Die **Null** hat insofern eine Sonderstellung, da die Division durch 0 grundsätzlich nicht im Einklang mit den anderen Regeln definierbar ist (vgl. S. 39). Diese Einschränkung ist also nicht aufhebbar, während die anderen Einschränkungen mit der **Erweiterung** der Menge der nat. Zahlen zur Menge der

rationalen Zahlen $\mathbb{Q}$ entfallen:
a) Zunächst werden mit Hilfe von $\mathbb{N}_0$ die **Brüche** (S. 33) eingeführt. Die gekürzten Brüche bestimmen die Menge $\mathbb{Q}_0^+$.
Man definiert die Add. und die Mult. von Brü

chen (S. 35). Während die Subtr. unvollkommen bleibt, ($\frac{1}{2} - \frac{2}{3}$ ist nicht definiert), ist die Div. mit Ausnahme der durch 0 ohne Einschränkungen möglich. Auch Zahlen aus $\mathbb{N}_0$ können nun durch beliebige nat. Zahlen aus $\mathbb{N}$ dividiert werden, denn jeder Divisionsrest kann als Bruch geschrieben werden ($6:4 = 1$ Rest 2 wird zu $1\frac{2}{4} = 1\frac{1}{2}$).
b) $\mathbb{Q}_0^+$ wird durch die Menge der **negativen rationalen** Zahlen zur Menge $\mathbb{Q}$ ergänzt. Nun sind Add., Mult., Subtr. (zu jedem Bruch gibt es einen Gegenbruch) und die Div. mit Ausnahme der durch Null uneingeschränkt möglich (S. 39).

Reelle Zahlen $\mathbb{R}$

Anordnen lassen sich die bisher genannten Zahlenmengen auf der **Zahlengeraden** (Abb. C).
Obwohl die rat. Zahlen die Zahlengerade schon **dicht** (S. 35) ausfüllen, ist auf ihr noch »viel« Platz frei, z.B. für die Zahl $\sqrt{2}$, die sich als Länge einer Diagonale im Quadrat mit der Seitenlänge 1 ergibt.
Man beweist, dass $\sqrt{2}$ eine **irrationale** und keine rat. Zahl ist (S. 47).
Alle irrationalen (auch alle rat.) Zahlen lassen sich durch **Intervallschachtelungen** rationaler Zahlen (S. 47) erfassen.
Man erhält die **unendlichen nichtperiodischen Dezimalzahlen**.
Zusammen mit den rat. Zahlen, die als endliche bzw. periodische Dezimalzahlen darstellbar sind (S. 43), ergibt sich die Menge $\mathbb{R}$ der **reellen** Zahlen.
Eine bes. Darstellungsform reeller Zahlen ist die Potenzschreibweise (S. 51). Die Umkehrung des **Potenzierens** ist das **Logarithmieren** (Abb. B).
Gleichungen der Form $x^2 = c$ ($c \in \mathbb{C}$) sind in $\mathbb{R}$ nur für $c \geq 0$ lösbar. Nach der Einführung der imaginären Einheit i (diese wird als eine Lösung der Gleichung $x^2 = -1$ definiert) erhält man die

komplexen Zahlen $\mathbb{C}$ (S. 53) in der Form $a + ib$ ($a, b \in \mathbb{R}$).
Jede Gleichung der Form $x^2 = c$ ist in der Menge der komplexen Zahlen $\mathbb{C}$ lösbar.
Eine Anordnung der komplexen Zahlen auf der Zahlengeraden ist nicht möglich. Stattdessen erlaubt die Darstellung $a + ib$ eine bijektive Zuordnung zu den geordneten Paaren $(a; b) \in \mathbb{R}^2$ und damit zu den Punkten der sog. gaußschen Ebene, mit den Achsen für a und b (Abb. C).

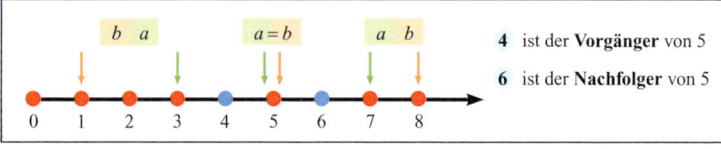

b a $\quad$ $a = b$ $\quad$ a b

4 ist der **Vorgänger** von 5

6 ist der **Nachfolger** von 5

0 1 2 3 4 5 6 7 8

A   Zahlenstrahl

Bedeutung der römischen Zahlzeichen: $I = 1$, $V = 5$, $X = 10$, $L = 50$, $C = 100$, $D = 500$, $M = 1000$	
Regeln	**Beispiele**
(1) Die Werte von Zeichen werden addiert, wenn das rechtsstehende Zeichen den gleichen oder einen kleineren Wert besitzt.	$MMDCCCLXVII = 1000 + 1000 + 500 + 100 + 100 + 100 + 50 + 10 + 5 + 1 + 1 = 2867$
(2) Steht eines der Zeichen I, X oder C links von einem Zeichen größeren Wertes, wird von dem größeren Wert der kleinere subtrahiert und die Differenz in die Summe gemäß (1) eingebracht. Es darf nicht mehr als ein Zeichen subtrahiert werden, und zwar nur vom Fünf- bzw. Zehnfachen ihres Wertes.	$IV = 4$, $XIX = 10 + (10 - 1) = 19$ IL, IC, ID, IM, XD, XM sind nicht zugelassen. Diese Regel gilt demnach nur für: IV, IX, XL, XC, CD, CM
(3) Nicht mehr als drei gleiche Zeichen dürfen nebeneinander stehen.	IIII wird ersetzt durch IV
(4) Die kürzere von zwei Zeichenreihen hat den Vorrang. Die 2. und 3. Regel müssen jedoch in jedem Fall beachtet werden.	VV wird ersetzt durch X, LL durch C und DD durch M, d.h. V, L und D kommen bei einer Zahl höchstens je einmal vor.

B   Regeln zu römischen Zahlzeichen

20425 im Stellenplan des **Zehnersystems**								87 im Stellenplan des **Zweiersystems**						
10^6	10^5	10^4	10^3	10^2	10^1	10^0		$64 = 2^6$	$32 = 2^5$	$16 = 2^4$	$8 = 2^3$	$4 = 2^2$	$2 = 2^1$	$1 = 2^0$
M	HT	ZT	T	H	Z	E	$87 =$	64						+23
		2	0	4	2	5		64		+16		+4		+3
E=Einer, Z=Zehner, H=Hunderter, T=Tausender, ZT=Zehntausender, HT=Hunderttausender, M=Million								64		+16		+4	+2	+1
							$(87)_2 =$	1	0	1	0	1	1	1

C   Zehner- und Zweiersystem

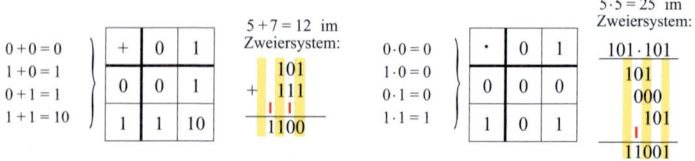

Für das Addieren und Multiplizieren braucht man nur sehr wenig auswendig zu lernen. Das Wichtigste enthalten die beiden Verknüpfungstafeln.

$0 + 0 = 0$
$1 + 0 = 1$
$0 + 1 = 1$
$1 + 1 = 10$

+	0	1
0	0	1
1	1	10

$5 + 7 = 12$ im Zweiersystem:

$\quad$ 101
$+$ 111
1100

$0 \cdot 0 = 0$
$1 \cdot 0 = 0$
$0 \cdot 1 = 0$
$1 \cdot 1 = 1$

$\cdot$	0	1
0	0	0
1	0	1

$5 \cdot 5 = 25$ im Zweiersystem:

$101 \cdot 101$
101
000
101
11001

Immer wenn $1 + 1 = 10$ erreicht wird, ist ein Übertrag | in die nächsthöhere Stelle vorzunehmen. Mit 0 wird entweder weitergerechnet oder sie wird in der Stelle als Ergebnis notiert.

D   Addition und Multiplikation im Zweiersystem

Natürliche Zahlen

Die Zahlen 1, 2, 3, ... , die man zum *Zählen* verwendet, heißen *natürliche Zahlen*. Die Menge der nat. Zahlen wird mit $\mathbb{N}$ bezeichnet. Fügt man zu dieser Menge die 0 hinzu, so schreibt man $\mathbb{N}_0$ (lies: N mit Null)

Die Verwendung nat. Zahlen kann zwei Ziele verfolgen:
(1) Es soll die *Anzahl* der Elemente einer Menge bestimmt werden.
(2) Es soll herausgefunden werden, welche *Stelle* ein Element einnimmt, wenn alle Elemente einer Menge unter bestimmten Gesichtspunkten in einer Kette geordnet wurden.

Bei (1) spricht man von der Verwendung der nat. Zahlen als **Kardinalzahlen (Grundzahlen)**, bei (2) um ihre Verwendung als **Ordinalzahlen (Ordnungszahlen)**.
Beispiel: Unter 18 Mannschaften der Fußballbundesliga nahm Arminia Bielefeld in der Saison 1997/98 den 18. Tabellenplatz ein.
Die »18« gibt die *Anzahl* der Elemente (Vereine) in der Menge aller Bundesligavereine an. 18 ist eine Kardinalzahl. Dagegen gibt »18.« den *Platz* (die *Stelle*) in der Ordnung der Vereine nach Punkten an.
Bem.: Zum Begriff »Anzahl« vgl. »gleichmächtige Mengen« (S. 23).

Größenvergleich natürlicher Zahlen

Die Elemente von $\mathbb{N}_0$ lassen sich der Größe nach ordnen. Auf diese Weise erhält man als anschauliches Hilfsmittel den Zahlenstrahl. An ihm wird deutlich:
Für je zwei verschiedene Zahlen a und b aus $\mathbb{N}_0$ kann man feststellen, ob $a < b$, $a = b$ oder $b < a$ gilt (Abb. A).

Peano-Axiome

Am Zahlenstrahl erkennt man außerdem die folgenden **Nachfolger-Eigenschaften**:

(P1) Jede Zahl hat einen Nachfolger in $\mathbb{N}_0$.
(P2) 0 ist kein Nachfolger einer Zahl aus $\mathbb{N}_0$.
(P3) Jede Zahl ist Nachfolger höchstens einer Zahl aus $\mathbb{N}_0$.
(P4) Enthält eine Teilmenge T von $\mathbb{N}_0$ die Zahl 0 und mit jeder Zahl auch deren Nachfolger, so ist $T = \mathbb{N}_0$.

Ergänzt man diese vier Eigenschaften durch

(P0) 0 ist eine Zahl aus $\mathbb{N}_0$,

so erhält man die Peano-Axiome (PEANO

1858-1932), aus denen die Eigenschaften nat. Zahlen abgeleitet werden können (s. AM, S. 53).
Das Axiom (P4), das sog. 5. Peano-Axiom oder *Induktionsaxiom*, ist Grundlage für die »vollständige Induktion« (S. 259).

Zahlzeichen einer natürlichen Zahl

Die Verwendung von Zahlwörtern (eins, zwei, drei, ...) oder Strichlisten (I, II, III, IIII ...) ist für größere Zahlen unpraktisch. Die Beschreibung der nat. Zahlen in einem *Stellenwertsystem* ist vorteilhaft gegenüber sog. *additiver Zahldarstellungen*, wie z.B. der **römischen Zahldarstellung** (Abb. B).
Zu den Stellenwertsystemen gehören das im täglichen Leben verwendete
· **Zehnersystem** (*Dezimalsystem*) und das für die Computertechnologie unverzichtbare
· **Zweiersystem** (*Dualsystem*).

Zehnersystem

Hinter dem Zahlzeichen 20425 versteckt sich die Summe
$$2 \cdot 10^4 + 0 \cdot 10^3 + 4 \cdot 10^2 + 2 \cdot 10^1 + 5 \cdot 10^0.$$
10 Ziffern – 0, 1, 2, ... 9 (sog. *arabische* Schreibweise) – werden bei der Darstellung der Zahlen verwendet. 20425 wird von links nach rechts gelesen, aber die Bedeutung der Ziffern erschließt sich erst nach der Einordnung in den von rechts nach links aufgebauten *Stellenplan* der Zehnerpotenzen (*Stufenzahlen*, Abb. C): $...10^4 \; 10^3 \; 10^2 \; 10^1 \; 10^0$.
Die Ziffer 2 in 20425 hat also in den verschiedenen Stellen auch unterschiedliche Wertigkeit.

Zweiersystem

Man kommt mit den Ziffern 0 und 1 aus.
Der Stellenplan enthält die Potenzen von 2 als Stufenzahlen:
$$...2^4 \; 2^3 \; 2^2 \; 2^1 \; 2^0$$
Die Darstellung $(10011)_2$ im Zweiersystem bedeutet entschlüsselt im Zehnersystem
$$1 \cdot 2^4 + 0 \cdot 2^3 + 0 \cdot 2^2 + 1 \cdot 2^1 + 1 \cdot 2^0 =$$
$$16 + 0 + 0 + 2 + 1 = 19$$
Nachteil: hoher Stellenaufwand (Abb. C)
Vorteil: Einfachheit im Rechnen (Abb. D)
Folgendes Verfahren wird in Abb. C angewendet:
(1) Man sucht die größte Zweierpotenz, die in der Zahl enthalten ist und notiert eine 1 an der betreffenden Stelle im Stellenplan.
(2) Man bildet den Rest und verfährt mit ihm wie unter (1).
(3) Nicht auftretende Potenzen werden durch eine 0 im Stellenplan notiert.

Addition von Pfeilen: Den Anfang des 2. an die Spitze des 1. Pfeiles ansetzen; der Summenpfeil erstreckt sich vom Anfang des 1. zur Spitze des 2. Pfeils.

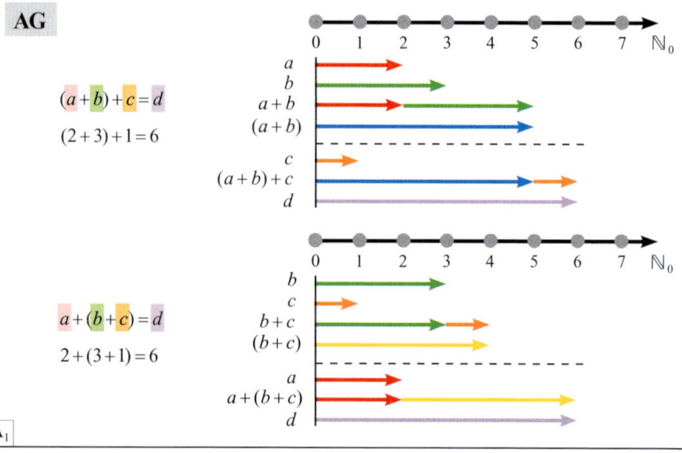

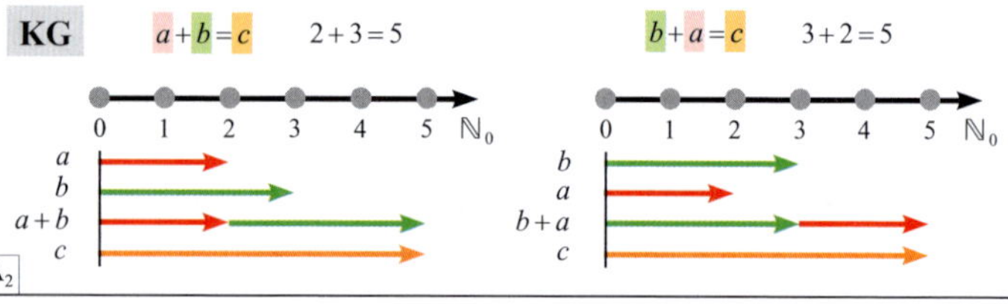

AG
(a+b)+c=d
(2+3)+1=6
0 1 2 3 4 5 6 7 ℕ0
a
b
a+b
(a+b)
c
(a+b)+c
d
a+(b+c)=d
2+(3+1)=6
0 1 2 3 4 5 6 7 ℕ0
b
c
b+c
(b+c)
a
a+(b+c)
d
A1

KG
a+b=c
2+3=5
b+a=c
3+2=5
0 1 2 3 4 5 ℕ0
a
b
a+b
c
0 1 2 3 4 5 ℕ0
b
a
b+a
c
A2

Subtraktion als Umkehrung der Addition:
$a-b$ ist diejenige nat. Zahl c, für die gilt:

$a = b + c$ $\quad 5-3=2$, denn $2+3=5$

0 1 2 3 4 5 ℕ0
a
b+c
c
A3

MG
+c
+c
b
a
b+c
a+c
>
>
A4

A Addition und Subtraktion natürlicher Zahlen, Monotoniegesetz

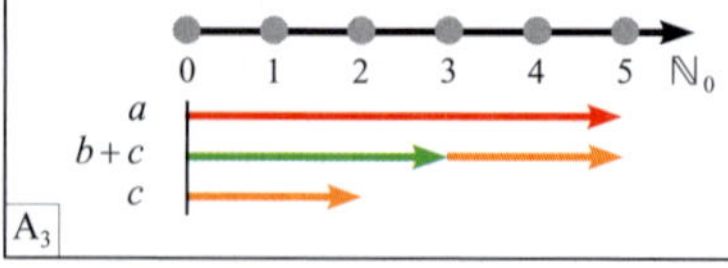

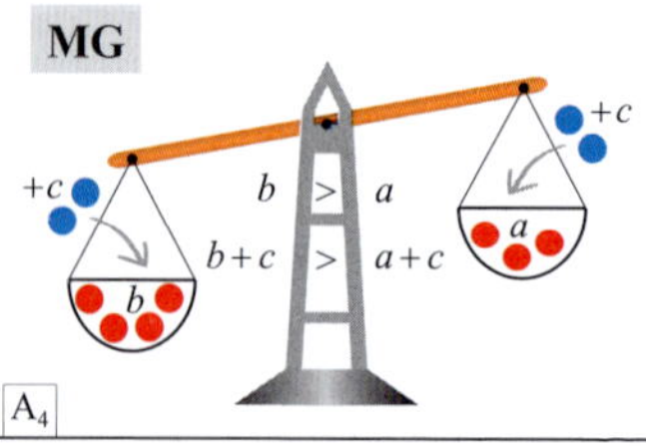

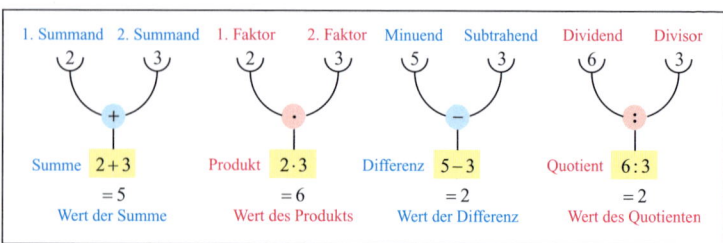

1. Summand
2. Summand
1. Faktor
2. Faktor
Minuend
Subtrahend
Dividend
Divisor
2
3
2
3
5
3
6
3
+
·
−
:
Summe
2+3
=5
Wert der Summe
Produkt
2·3
=6
Wert des Produkts
Differenz
5−3
=2
Wert der Differenz
Quotient
6:3
=2
Wert des Quotienten

B Fachsprache beim Rechnen mit (natürlichen) Zahlen

Beliebige Stellenwertsysteme

Das Zehner- und das Zweiersystem sind nur zwei Spezialfälle. Man kann verallgemeinern: Eine Darstellung der Zahl z in einem g-*System* $z = (z_n \ldots z_2 z_1 z_0)_g$ ($n \in \mathbb{N}$) verwendet

- eine *Basis* (Grundzahl) g ($g \in \mathbb{N}$) und
- einen *Stellenplan*, d.h. eine Folge von
- *Stellen*, die von rechts nach links mit den
- *Ziffern* $z_0, z_1, z_2, \ldots, z_n$ aus der Ziffernmenge $\{0 \, ; 1 \, ; 2 \, ; \ldots ; g - 1\}$ besetzt werden (falls $g > 10$ ist, definiert man neue Zahlzeichen für $10 \, ; 11 \, ; \ldots ; g{-}1$, z.B. A, B, C).

Die Ziffern sind die Faktoren der

- *Stufenzahlen*
  $g^0 = 1$, $g^1 = g$, $g^2 = g^2$, …, g^n in der *Summe*
  $$z = z_0 \cdot g^0 + z_1 \cdot g^1 + z_2 \cdot g^2 + \ldots + z_n \cdot g^n \, .$$

Die Anzahl der benötigten Ziffern ist gleich g, weil das g-fache einer Stufenzahl die nächsthöhere Stufenzahl ergibt, so dass sich Ziffern größer als $g - 1$ erübrigen.

Das Zehnersystem hat die Basis 10, das Zweiersystem die Basis 2.

Die Bevorzugung der Zahl 10 ist wohl mit den zehn Fingern in Verbindung zu bringen.

Beim Zweiersystem können die zwei Ziffern durch die elektrischen Zustände »ein« und »aus« dargestellt werden.

Addition und Subtraktion in $\mathbb{N}_0$

Die Add. und die Subtr. zweier Zahlen aus $\mathbb{N}_0$ kann man anhand von Mengen (Hinzufügen bzw. Wegnehmen) oder durch Weiter- bzw. Zurückzählen, aber auch durch die *Pfeiladdition* bzw. *-subtraktion* (Abb. A) verdeutlichen. Allen Darstellungen ist gemeinsam:

Zwei Zahlen a und b aus $\mathbb{N}_0$ ($a = b$ ist möglich) wird die Add. $a + b$ aus $\mathbb{N}_0$ zugeordnet. Man bezeichnet die Add. auch als *innere Verknüpfung*, weil das Ergebnis wieder ein Element der Menge $\mathbb{N}_0$ ist, und spricht von einem *additiven Verknüpfungsgebilde* $(\mathbb{N}_0 \, ; +)$ (lies: $\mathbb{N}_0$ versehen mit $+$).

Die wiederholt ausgeführte Add. von 1 vermittelt eine Vorstellung von der Unendlichkeit der Menge $\mathbb{N}_0$.

Die *Subtr.* wird als *Umkehrung der Add.* definiert (Abb. A).
$a + b = s$ Umkehrung: $s - b = a$

Noch ist $a - b$ für $a < b$ nicht definiert. Diese Einschränkung wird mit der Einführung negativer Zahlen aufgehoben (S. 37).

Gesetze der Addition

In $(\mathbb{N}_0 \, ; +)$ gelten (Abb. A, vgl. auch S. 41)

- das **assoziative Gesetz (AG)** oder Verbindungsgesetz $(a + b) + c = a + (b + c)$ für alle $a, b, c \in \mathbb{N}_0$
- das **kommutative Gesetz (KG)** oder Vertauschungsgesetz $a + b = b + a$ für alle $a, b \in \mathbb{N}_0$
- das **Monotoniegesetz (MG)**
  $a < b \;\Rightarrow\; a + c < b + c$ für alle $a, b, c \in \mathbb{N}_0$

Bem.: Grundsätzlich ist – unabhängig von den Zahlenmengen – beim Subtrahieren ein Vertauschen nicht erlaubt. So ist z.B. bei $5 - 3 = 3 - 5$ die rechte Seite für $\mathbb{N}_0$ nicht definiert (nach Einführung negativer Zahlen ergibt sich eine falsche Aussage).

Multiplikation und Division in $\mathbb{N}_0$

Die Mult. einer nat. Zahl aus $\mathbb{N}^{\geq 2}$ mit einer Zahl aus $\mathbb{N}_0$ kann auf die Add. zurückgeführt werden:
$2 \cdot 3 := 3 + 3$ bzw. $a \cdot b := \underbrace{b + \ldots + b}_{a\text{-mal}}$
Gesondert definiert werden muss:
$1 \cdot b := b$ bzw. $0 \cdot b := 0$

Wie die Add. lässt sich auch die Mult. als innere Verknüpfung auffassen:
a und b aus $\mathbb{N}_0$ ($a = b$ ist möglich) wird die Zahl $a \cdot b$ aus $\mathbb{N}_0$ zugeordnet.
$(\mathbb{N}_0 \, ; \cdot)$ ist ein *multiplikatives Verknüpfungsgebilde* (lies: $\mathbb{N}_0$ versehen mit $\cdot$).

Es gelten die Gesetze **AG**, **KG** und **MG** der **Multiplikation** (vgl. S. 41).

Die Division ist als Umkehrung der Mult. eingeführt:
$a : b = c$, wenn $c \cdot b = a$ und $b \neq 0$,
z.B. $6 : 3 = 2$, denn $2 \cdot 3 = 6$. Es gilt:

Die Division ist in $\mathbb{N}_0$ nur ausführbar, wenn der Dividend ein Vielfaches des Divisors ist.

Bem.: Wie bei der Subtr. ist auch bei der Division eine Vertauschung grundsätzlich nicht erlaubt. Z.B. ist $3 : 6 = 6 : 3$ nicht definiert (nach der Einführung der Brüche entsteht die falsche Aussage $6 : 3 = 3 : 6$).

Bem.: Die Übersicht in Abb. B informiert über die Benutzung der Fachsprache im Zusammenhang mit den Rechenoperationen.

Verbindung von Add. und Mult.

In $(\mathbb{N}_0 \, ; + \, ; \cdot)$ (lies: $\mathbb{N}_0$ versehen mit $+$ und $\cdot$) gilt das

distributive Gesetz (DG) oder Verteilungsgesetz (s. auch S. 41)
$a \cdot (b + c) = a \cdot b + a \cdot c$ für alle $a, b, c \in \mathbb{N}_0$.

Eine nat. Zahl ist teilbar durch		Regeltext	Anwendungsbeispiel 3603600 ist teilbar durch
2	$\Leftrightarrow$	die Einerstelle der Zahl ist mit 0, 2, 4, 6 oder 8 besetzt	2, weil $E = 0$
4 (8)	$\Leftrightarrow$	der (Hunderter-)Zehner-Einer-Block ist eine durch 4 (8) teilbare Zahl	4, weil ZE-Block$=00$ ist und $4\mid00$ gilt 8, weil HZE-Block $= 600$ und $8\mid600$ gilt
3 (9)	$\Leftrightarrow$	die Quersumme (s.u.) ist durch 3 (9) teilbar	3 und 9, weil $Q = 18$, $3\mid Q$ und $9\mid Q$ gilt
10 (5)	$\Leftrightarrow$	die Einerstelle der Zahl ist mit der 0 (0 oder 5) besetzt	5 und 10, weil $E = 0$ gilt
6, 12, 14, 15	$\Leftrightarrow$	die Zahl ist teilbar durch 2 und 3, 3 und 4, 2 und 7 bzw. 3 und 5	6, 12, 14 und 15, weil 2, 3, 4, 5, 7 Teiler sind
7, 11, 13	$\Leftrightarrow$	die alternierende Dreier-Block-Summe (s.u.) ist durch 7, 11 bzw. 13 teilbar	7, 11 und 13, weil $600 - 603 + 003 = 0$ gilt und 7, 11 und 13 Teiler von 0 sind
11	$\Leftrightarrow$	die alternierende Quersumme (s.u.) ist durch 11 teilbar	11, weil $0 - 0 + 6 - 3 + 0 - 6 + 3 = 0$ und $11\mid0$ gilt

Ergänzungen:
(1) Für alle nat. Zahlen a, b und c gilt: Wenn $a\mid b$ und $a\mid c$, dann auch: $a\mid b + c$, $a\mid b - c$ $(b > c)$ und $a\mid a \cdot b$.
(2) Für teilerfremde nat. Zahlen a, b und eine beliebige nat. Zahl c gilt:
   $a\mid c$ und $b\mid c$ genau dann, wenn $a \cdot b\mid c$.
   Eine Teilbarkeitsregel für 12, die auf der Teilbarkeit durch 2 und 6 basiert, gibt es nicht, weil 2 und 6 nicht teilerfremd sind ($2\mid6$ und $6\mid6 \Rightarrow 2\cdot6\mid6$ ist falsch).
(3) Ist a Teiler von n, so ist jedes Element aus der Teilermenge T_a ein Teiler von n.

Erläuterungen:
(4) Unter der **Quersumme** einer nat. Zahl versteht man die Summe der Ziffern, die zur Darstellung der Zahl im Zehnersystem benötigt werden.
   Bsp.: 1245604 hat die Quersumme $1 + 2 + 4 + 5 + 6 + 0 + 4$, dh. $Q = 22$
(5) Ein **Dreier-Block** ist die aus 3 aufeinander folgenden Ziffern (von rechts nach links) gebildete Zahl.
   Bsp.: 1245604 besteht aus den Dreier-Blöcken 604, 245, 001.
   Die **alternierende** $(-, +, -, \ldots)$ **Dreier-Block-Summe** ist für das Bsp.:
   $604 - 245 + 001$.
(6) Unter der **alternierenden** $(-, +, -, \ldots)$ **Quersumme** einer Zahl versteht man die gemischte Summe $z_0 - z_1 + z_2 - \ldots$ der Ziffern, die zur Darstellung der Zahl im Zehnersystem benötigt werden (von rechts nach links).
   Bsp.: 3678008 hat die altern. Quersumme $Q_{alt} = 8 - 0 + 0 - 8 + 7 - 6 + 3$, d.h. $Q_{alt} = 4$.

A   Teilbarkeitsregeln

Nenner	30	18	24	36
Primfaktor-zerlegung	$2 \cdot 3 \cdot 5$	$2 \cdot 3 \cdot 3 = 2 \cdot 3^2$	$2 \cdot 2 \cdot 2 \cdot 3 = 2^3 \cdot 3$	$2 \cdot 2 \cdot 3 \cdot 3 = 2^2 \cdot 3^2$
kgV (ggT)	$5 \cdot 3^2 \cdot 2^3 = 360$	$(2 \cdot 3 = 6)$	gemeinsamer Primfaktor Potenz mit höchstem Exponenten bei gleicher Basis	

B   Das kgV und der ggT von vier Zahlen

Vielfache und Teiler einer nat. Zahl

Neben der Addition nat. Zahlen ist auch die Multiplikation unbeschränkt ausführbar. Daher kann man beliebige *Vielfache* einer nat. Zahl a bilden: Das sog. Ein-mal-eins von a entsteht (auch *Vielfachenmenge* V_a genannt). Die Differenz $b - a$ und der Quotient $b : a$ sind dagegen nur für bestimmte nat. Zahlen bildbar. Während die Einschränkung bei der Subtraktion mit $b \geq a$ leicht zu kennzeichnen ist, lässt sich bei der Division nicht so leicht entscheiden, wann sie ausführbar ist.

Ist sie ausführbar, so sagt man:

> a ist ein *Teiler* von b (auch: b ist durch a *teilbar*)
> in Zeichen: $a \,|\, b$, lies: a teilt b

Die Menge aller Teiler einer nat. Zahl b, die sog. *Teilermenge* (nicht zu verwechseln mit der »Teilmenge«), wird mit T_b bezeichnet.

Bsp.: $V_4 = \{4 \,; 8 \,; \dots\}$, $V_6 = \{6 \,; 12 \,; \dots\}$
$T_{20} = \{1 \,; 2 \,; 4 \,; 5 \,; 10 \,; 20\}$

Die Entscheidung über die Teilbarkeit erleichtern sog. **Teilbarkeitsregeln** (Abb. A).

Primzahlen

> **Def.:** Primzahlen sind diejenigen nat. Zahlen, die genau zwei Teiler besitzen.

Da jede nat. Zahl die 1 und sich selbst als Teiler besitzt, gilt für die Teilermenge einer Primzahl p: $T_p = \{1 \,; p\}$.

Bsp.: 2, 3, 5, 7, 11, 13 usw. sind Primzahlen, 4, 6, 8 usw. wegen $4 = 2 \cdot 2$, $6 = 2 \cdot 3$, $8 = 2 \cdot 4$ nicht. Die 1 gehört nicht zur Menge P der Primzahlen, weil sie nur genau einen Teiler besitzt.

Bem.: P ist eine unendliche Menge (EUKLID). Man kann Primzahlen mit dem sog. *Sieb des* ERATOSTHENES ermitteln (s. AM, S. 126f.). ◄

An den Beispielen
$24 = 2 \cdot 12 = 2 \cdot 2 \cdot 6 = 2 \cdot 2 \cdot 2 \cdot 3 = 2^3 \cdot 3$,
$18 = 2 \cdot 9 = 2 \cdot 3 \cdot 3 = 2 \cdot 3^2$ wird deutlich:

> **Satz:** Jede nat. Zahl ist durch seine Primfaktoren eindeutig als Produkt (*Primfaktorzerlegung* in Potenzschreibweise) darstellbar.

Mit Hilfe der Primfaktorzerlegung kann man die Aufgabe, alle Teiler einer nat. Zahl anzugeben, systematisch lösen: Als Teiler kommen nur die Primfaktoren, ihre Potenzen und die gemischten Produkte aus ihnen in Frage: z.B.
$T_{24} = \{1 \,; 2 \,; 3 \,; 2^2 \,; 2^3 \,; 2 \cdot 3 \,; 2^2 \cdot 3 \,; 2^3 \cdot 3\}$
$= \{1 \,; 2 \,; 3 \,; 4 \,; 6 \,; 8 \,; 12 \,; 24\}$

Kleinstes gemeinsames Vielfaches (kgV)

Erster Schritt beim Addieren oder Subtrahieren von ungleichnamigen Brüchen ist das Gleichnamigmachen (S. 39).

Zur Lösung dieser Aufgabe sucht man unter den Vielfachen des einen Nenners N_1 ein *gemeinsames Vielfaches* des anderen Nenners N_2 heraus, ein sog. $gV(N_1, N_2)$.

Bsp: $N_1 = 4$, $N_2 = 6$, $V_4 = \{4 \,; 8 \,; 12 \,; \dots\}$, $V_6 = \{6, 12, 18, \dots\}$. Jedes Element der Schnittmenge $V_4 \cap V_6$ ist ein $gV(4, 6)$. Es ergibt sich die Menge $\{12 \,; 24 \,; 36 \,; \dots\}$, d.h. V_{12} . Der kleinste dieser mögl. Nenner wird bevorzugt, denn mit diesem sind die für die Erweiterung notwendigen Erweiterungszahlen am kleinsten. Dieses *kleinste gemeinsame Vielfache* (kgV) nennt man auch *Hauptnenner* (S. 35).

Eine vorteilhafte Methode, das kgV zu bestimmen, ergibt sich mit den Primfaktorzerlegungen der beteiligten Zahlen:

> (1) Bestimme alle Primfaktoren, die bei den Primfaktorzerlegungen der beteiligten Zahlen auftreten.
> (2) Wähle für jeden Primfaktor unter den Potenzen diejenige mit dem größten Exponenten aus (Mindestforderung an ein gV).
> (3) Das Produkt dieser Potenzen ist das kgV.

Bsp.: $N_1 = 24 = \mathbf{2^3} \cdot \mathbf{3^1}$, $N_2 = 36 = 2^2 \cdot \mathbf{3^2}$
$\Rightarrow kgV(24, 36) = 2^3 \cdot 3^2 = 72$

Größter gemeinsamer Teiler (ggT)

Die beim Kürzen eines Bruches (s. S. 31) verwendeten Kürzungszahlen sind *gemeinsame Teiler* (gT) von Zähler und Nenner. Hat man mit dem *größten* gemeinsamen Teiler (ggT) gekürzt, so ist der Bruch nicht weiter kürzbar. Wie beim kgV ist es vorteilhaft, den ggT mit Primfaktorzerlegungen zu ermitteln:

> (1) Bestimme in den Primfaktorzerlegungen der beteiligten Zahlen die *gemeinsamen* Primfaktoren.
> (2) Wähle für jeden dieser Primfaktoren unter den Potenzen diejenige mit dem kleinsten Exponenten aus (Mindestforderung für einen gT).
> (3) Das Produkt dieser Potenzen ist der ggT.

Bsp.: $Z = 24 = 2^3 \cdot 3^1$, $N = 36 = 2^2 \cdot 3^2$
$\Rightarrow ggT(24, 36) = 2^2 \cdot 3^1 = 12$

Falls der $ggT(Z, N) = 1$ ist, sagt man: Die beiden Zahlen sind *teilerfremd*.

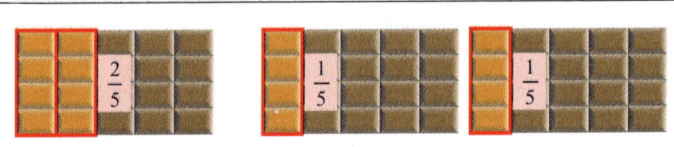

Nimm 2 mal $\frac{1}{5}$ von einer Tafel ($2 \cdot \frac{1}{5}$).   Nimm je $\frac{1}{5}$ von zwei Tafeln ($2 : 5$).

A   Veranschaulichung eines Bruches

Stammbrüche	$\frac{1}{2}$; $\frac{1}{3}$; $\frac{1}{4}$; ...	Zähler $Z = 1$, Nenner N beliebig aus $\mathbb{N}$
echte Brüche	$\frac{1}{3}$; $\frac{2}{5}$; $\frac{10}{25}$; ...	$Z < N$
gemischte B.	$2\frac{3}{4}$; $1\frac{4}{6}$; ...	Ganze mit echten Brüchen
Ganze als B.	$\frac{2}{1}$; $\frac{4}{2}$; $\frac{9}{3}$; ...	Z als Vielfaches von N
eingerichtete B.	$2\frac{3}{4} = \frac{8+3}{4} = \frac{11}{4}$	$Z > N$
gekürzte B.	$\frac{1}{3}$; $\frac{2}{5}$; $\frac{2}{3}$; ...	$ggT(Z;N) = 1$
gleichnamige B.	$\frac{1}{5}$; $\frac{2}{5}$; $\frac{10}{5}$; ...	N gleich
%-, ‰- Angaben	$2\% = \frac{2}{100}$; $2‰ = \frac{2}{1000}$	$N = 100$, $N = 1000$
Dezimalbruch	$0,3 = \frac{3}{10}$; $2,14 = 2\frac{14}{100}$	$N = 10;100;1000...$

B   Bezeichnungen bei Brüchen ($N = 0$ ist nicht erlaubt, s. S. 39)

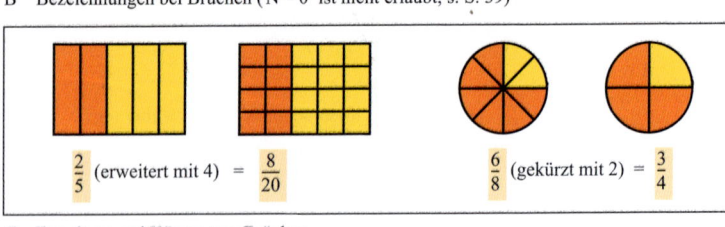

$\frac{2}{5}$ (erweitert mit 4) $= \frac{8}{20}$ $\frac{6}{8}$ (gekürzt mit 2) $= \frac{3}{4}$

C   Erweitern und Kürzen von Brüchen

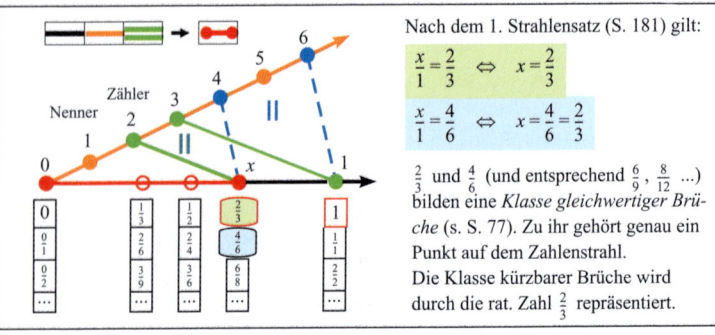

Nach dem 1. Strahlensatz (S. 181) gilt:

$$\frac{x}{1} = \frac{2}{3} \Leftrightarrow x = \frac{2}{3}$$

$$\frac{x}{1} = \frac{4}{6} \Leftrightarrow x = \frac{4}{6} = \frac{2}{3}$$

$\frac{2}{3}$ und $\frac{4}{6}$ (und entsprechend $\frac{6}{9}$, $\frac{8}{12}$ ...) bilden eine *Klasse gleichwertiger Brüche* (s. S. 77). Zu ihr gehört genau ein Punkt auf dem Zahlenstrahl.
Die Klasse kürzbarer Brüche wird durch die rat. Zahl $\frac{2}{3}$ repräsentiert.

D   Rationale Zahlen $\mathbb{Q}_0^+$ auf dem Zahlenstrahl

Brüche

Gebilde der Form $\frac{a}{b}$ mit $a, b \in \mathbb{N}$ nennt man Brüche. a heißt *Zähler, b Nenner* und »— « *Bruchstrich*. Lies: a durch b.

Man kann Brüche durch das Teilen eines Ganzen oder mehrerer Ganze und das anschließende Nehmen einer Anzahl von Teilen veranschaulichen, z.B. bei $\frac{2}{5}$:

• Man teilt eine Tafel Schokolade in 5 gleich große Teile und nimmt 2 dieser Teile oder
• man teilt 2 Tafeln in 5 Teile und nimmt je ein Teil (Abb. A).

Deshalb kann man $\frac{a}{b}$ als Ergebnis der noch für nat. Zahlen nicht immer ausführbaren Division a:b ansehen (vgl. obige Lesart »a durch b«), d.h. der Bruchstrich ersetzt das Divisionszeichen.

Über die versch. Bezeichnungen: Abb. B.

Anwendung von Brüchen

Im Alltagsleben verwendet man sie, um z.B.

(1) Bruchteile von Größen zu bestimmen:
$\frac{2}{5}$ von 30 km oder $\frac{3}{4}$ von $\frac{1}{2}$ l Milch,

(2) Größen durch Bruchteile einer Einheit festzulegen (Messen): $\frac{1}{2}$ kg Mehl, $\frac{1}{8}$ l Wasser, $\frac{3}{4}$ h bei 200°C (aus einem Kochbuch):

(3) Größenverhältnisse zu berechnen:
$\frac{40}{100}$ Fettanteil bei einer Wurst (d.h. 40%).

Man rechnet

bei (1): $\frac{2}{5}$ von 30 km = (30 km : 5)·2
$= 6$ km·2 = 12 km

bei (2): $\frac{3}{4}$ h = $\frac{3}{4}$ von 60 min = (60 min : 4)·3
$= 15$ min·3 = 45 min

Allgemein bedeutet die Anwendung eines Bruches $\frac{a}{b}$ auf eine Größe:

Nimm a von b gleich großen Teilen der Größe.

Erweitern und Kürzen

Die Ergebnisse bei » $\frac{2}{5}$ von 30 km« und » $\frac{4}{10}$ von 30 km« sind gleich, d.h. der Bruch $\frac{2}{5}$ ist ersetzbar durch den Bruch $\frac{4}{10}$. Dasselbe gilt für $\frac{6}{15}$, $\frac{8}{20}$ ... $\frac{2 \cdot c}{5 \cdot c}$ ($c \in \mathbb{N}$), denn durch den Faktor c im Zähler und im Nenner vervielfachen sich die Zahlen der zerlegten und genommenen Teile im gleichen Verhältnis. Die Brüche $\frac{a}{b}$ und $\frac{a \cdot c}{b \cdot c}$ mit ($c \in \mathbb{N}$) sind also gleichwertig:

$$\frac{a}{b} = \frac{a \cdot c}{b \cdot c} \quad (c \in \mathbb{N})$$

Die Formänderung von links nach rechts heißt *Erweitern*, die von rechts nach links *Kürzen* (Abb. C).

Beim Erweitern werden Zähler *und* Nenner mit derselben nat. Zahl (*Erweiterungszahl*) multipliziert.
Beim Kürzen werden Zähler *und* Nenner durch dieselbe nat. Zahl (*Kürzungszahl*) dividiert, falls dies möglich ist.

Bsp.: $\frac{2}{3} = \frac{2 \cdot 2}{3 \cdot 2} = \frac{4}{6}$ (erweitert mit 2)

$\frac{420}{560} = \frac{42 \cdot 10}{56 \cdot 10} = \frac{42}{56} = \frac{21 \cdot 2}{28 \cdot 2} = \frac{21}{28} = \frac{7 \cdot 3}{7 \cdot 4} = \frac{3}{4}$
(gekürzt mit 10, 2, 7)

Erweitern kann man mit jeder nat. Zahl. Kürzen ist nur möglich, wenn Zähler *und* Nenner mit der Kürzungszahl als Faktor faktorisierbar, d.h. als Produkt darstellbar sind:
$\frac{8}{15}$ ist unkürzbar, weil 8 nur den Primfaktor 2, während 15 die Primfaktoren 3 und 5 besitzt.

Beim Kürzen ist bes. darauf zu achten, dass man aus Summen bzw. Differenzen im Zähler oder Nenner nicht kürzen darf. Falsch wäre es z.B., im Bruch $\frac{2a + b}{2c}$ mit 2 zu kürzen.

Gemischte (unechte) Brüche, Sonderfälle

Bei den bisherigen Beispielen für Brüche handelt es sich um *echte* Brüche, d.h. der Zähler ist kleiner als der Nenner. Brüche bei denen der Zähler ein Vielfaches des Nenners ist, z. B $\frac{1}{1}$, $\frac{2}{1}$, $\frac{9}{2}$, $\frac{4}{2}$, $\frac{a \cdot n}{a}$ beschreiben 1, 2, 3, ... n Ganze, d.h. *die nat. Zahlen*.

Alle übrigen Brüche nennt man *unecht*, weil sie sog. *gemischte Brüche* darstellen:

z.B. $\frac{3}{2} = 1\frac{1}{2}$, $\frac{41}{15} = \frac{30}{15} + \frac{11}{15} = 2\frac{11}{15}$ und umgekehrt

$3\frac{3}{5} = \frac{15}{5} + \frac{3}{5} = \frac{15 + 3}{5} = \frac{18}{5}$ (sog. *Einrichten*).

Rationale Zahlen $\mathbb{Q}_0^+$

Durch die Konstruktion in Abb. D kann man jedem Bruch einen Platz auf dem Zahlenstrahl zuweisen. Es zeigt sich, dass die zu jedem unkürzbaren Bruch gehörenden, mit 1, 2, 3, ... erweiterbaren Brüche an derselben Stelle auf dem Zahlenstrahl liegen.

Def.: Die Menge (Klasse) aller durch Kürzen bzw. Erweitern auseinander hervorgehenden Brüche bestimmt eine *rationale Zahl*.

Bei einer Anwendung kann so jeder Bruch aus einer der Mengen jeden anderen derselben Menge ersetzen. Man braucht also nur *ein* »Muster« aus jeder der Mengen (Abb. D). Sie bilden die Menge $\mathbb{Q}^+$ der *positiven rationalen Zahlen*, die die Menge der nat. Zahlen umfasst. Durch die Brüche mit dem Zähler 0 wird die rat. Zahl 0 festgelegt. Man erhält $\mathbb{Q}_0^+$.

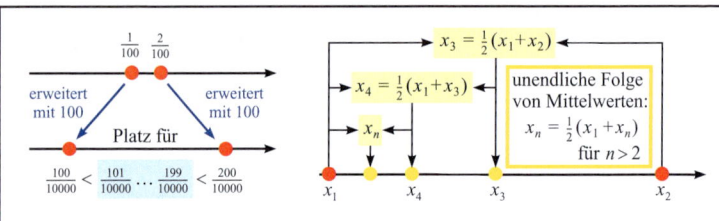

A Zum »Dichtliegen« rationaler Zahlen auf dem Zahlenstrahl

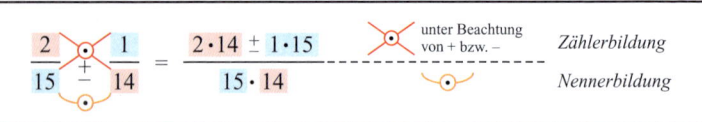

B Addition und Subtraktion von Brüchen mit teilerfremden Nennern

Nenner	15	18	24
Primfaktor(PF) - zerlegungen	$3 \cdot 5$	$2 \cdot 3 \cdot ③$	$② \cdot 2 \cdot 2 \cdot ③$
Bildung des Hauptnenners (HN)	$3 \cdot 5$	$③ \cdot 5 \cdot 2 \cdot 3$	$3 \cdot 5 \cdot ② \cdot ③ \cdot 2 \cdot 2 = 2^3 \cdot 3^2 \cdot 5 = 360$
	$■①$	$②$	$③$ ➡

Die PF-zerlegung des HN kann schrittweise aus den PF-zerlegungen aller Nenner aufgebaut werden:
① $3 \cdot 5$ wird übernommen, damit $15 \mid HN$;
② damit $18 \mid HN$ gilt, werden fehlende PF hinzugefügt, d.h. $3 \cdot 5$ wird zu $3 \cdot 5 \cdot 2 \cdot 3$;
③ wie ② mit den PF von 24, d.h. $3 \cdot 5 \cdot 2 \cdot 3$ wird zu $3 \cdot 5 \cdot 2 \cdot 3 \cdot 2 \cdot 2$.

Erweitungszahlen	$2 \cdot 2 \cdot 2 \cdot 3 = 24$	$5 \cdot 2 \cdot 2 = 20$	$3 \cdot 5 = 15$

Die nicht in der PF-zerlegung des jeweiligen Nenners vorkommenden PF des HN bilden die Erweiterungszahl.

C Hauptnenner und Primfaktorzerlegung

Anteil von ...	*gleichbedeutend mit*	**Vielfaches von ...**
$\frac{2}{1}$ von $\frac{3}{4} = 2 \cdot \left(\frac{3}{4} : 1\right) = \frac{2 \cdot 3}{4} = \frac{6}{4}$		2faches von $\frac{3}{4} = 2 \cdot \frac{3}{4} = \frac{2 \cdot 3}{4} = \frac{6}{4}$
$\frac{3}{1}$ von $\frac{3}{4} = 3 \cdot \left(\frac{3}{4} : 1\right) = \frac{3 \cdot 3}{4} = \frac{9}{4}$		3faches von $\frac{3}{4} = 3 \cdot \frac{3}{4} = \frac{3 \cdot 3}{4} = \frac{9}{4}$
$\frac{5}{2}$ von $\frac{3}{4} = 5 \cdot \left(\frac{3}{4} : 2\right) = 5 \cdot \frac{3}{4 \cdot 2} = \frac{5 \cdot 3}{4 \cdot 2} = \frac{15}{8}$		$2\frac{1}{2}$ faches von $\frac{3}{4} = 2\frac{1}{2} \cdot \frac{3}{4}$

Das $2\frac{1}{2}$ fache von $\frac{3}{4}$ sollte einen Wert haben, der genau mittig zwischen dem 2fachen und dem 3fachen von $\frac{3}{4}$ liegt. Es muss also gelten: $2\frac{1}{2} \cdot \frac{3}{4} = \left(\frac{6}{4} + \frac{9}{4}\right) : 2 = \frac{15}{8}$. Das ist gerade das Ergebnis der Anteilsberechnung $\frac{5}{2}$ von $\frac{3}{4}$, so dass es nahe liegt zu definieren:

$$\frac{a}{b} \cdot \frac{c}{d} := \frac{a}{b} \text{ von } \frac{c}{d} = \frac{a \cdot c}{b \cdot d}$$

D Definition der Multiplikation von Brüchen

Anordnung auf dem Zahlenstrahl
Für zwei rat. Zahlen $\frac{a}{b} \neq \frac{c}{d}$ gilt: $\frac{a}{b} < \frac{c}{d}$ oder $\frac{a}{b} > \frac{c}{d}$.
Ob < oder > zutrifft, lässt sich am einfachsten entscheiden, wenn die Zähler oder die Nenner gleich sind. Es gilt nämlich:

> Von zwei rat. Zahlen mit gleichem Nenner (Zähler), ist diejenige die größere, die den größeren Zähler (kleineren Nenner) besitzt.

Bsp.: $\frac{7}{11} < \frac{8}{11}$ und $\frac{11}{5} < \frac{11}{4}$

$\frac{3}{4} < \frac{10}{13}$, denn $\frac{3}{4} = \frac{39}{52}$ und $\frac{10}{13} = \frac{40}{52}$

$\frac{3}{4} < \frac{12}{15}$, denn $\frac{3}{4} = \frac{12}{16}$

Die rat. Zahlen liegen *dicht* auf dem Zahlenstrahl, d.h. zwischen je zwei *noch so nah bei-einander liegenden* rat. Zahlen gibt es »Platz« für weitere, ja sogar für unendlich viele rat. Zahlen (Abb. A).

Addition und Subtraktion von Brüchen
a) gleichnamige Brüche
Die Subtraktion ist in $\mathbb{Q}_0^+$ noch eingeschränkt, z.B. ist $\frac{1}{3} - \frac{2}{3}$ nicht definiert.

(Br 1) $\quad \frac{a_1}{b} \pm \frac{a_2}{b} = \frac{a_1 \pm a_2}{b} \quad (a_1 \geq a_2 \text{ bei } -)$

Bsp.: $\frac{2}{7} + \frac{3}{7} = \frac{2+3}{7} = \frac{5}{7}$, $\frac{5}{7} - \frac{3}{7} = \frac{5-3}{7} = \frac{2}{7}$

b) ungleichnamige Brüche
Durch Erweitern und / oder Kürzen werden die Brüche gleichnamig gemacht. Anschließend addiert bzw. subtrahiert man wie in Br 1:

(Br 2) $\quad \frac{a}{b} \pm \frac{c}{d} = \frac{a \cdot d}{b \cdot d} \pm \frac{b \cdot c}{b \cdot d} = \frac{a \cdot d \pm b \cdot c}{b \cdot d}$
$\quad (a \cdot d \geq b \cdot c \text{ bei } -)$

Bsp.: (1) $\frac{2}{3} + \frac{3}{4} = \frac{2 \cdot 4}{3 \cdot 4} + \frac{3 \cdot 3}{3 \cdot 4} = \frac{8+9}{12} = \frac{17}{12} = 1\frac{5}{12}$

(2) $\frac{9}{5} - \frac{7}{60} = \frac{108}{60} - \frac{7}{60} = \frac{101}{60} = 1\frac{41}{60}$

In den Bsp. ist ein gemeinsamer Nenner der beteiligten Brüche zu bestimmen. Da man i.d.R. nur durch Erweitern die Formänderung der Brüche erreicht, ist ein gemeinsamer Nenner stets ein gemeinsames Vielfaches (S. 31) der Nenner. Um beim Rechnen nicht zu große Zahlen zu erhalten, ist es zweckmäßig das *kleinste gemeinsame Vielfache* aller Nenner (kgV, S. 31) zu wählen. Dieses nennt man auch **Hauptnenner**, kurz HN.
In Bsp. (1) ist das kgV$(3;4) = 3 \cdot 4$, d.h. der HN ist 12. (3 und 4 sind teilerfremd S. 31). Abb. B enthält ein weiteres Bsp., in dem Teilerfremdheit der Nenner vorliegt (HN durch »Überkreuzmultiplikation« der Nenner mit den Zählern).

In Bsp. (2) ist der HN 60, denn $5 | 60$. Die benötigten Erweiterungszahlen ergeben sich leicht als 12 und 1.
Für schwierigere Fälle empfiehlt sich das schematische Vorgehen in Abb. C.

Multiplikation und Division von Brüchen
a) Produkt von nat. Zahl und Bruch $n \cdot \frac{a}{b}$
Ein derartiges Produkt kann man auch als Abkürzung für die Summe $\frac{a}{b} + \dots + \frac{a}{b}$ (n-mal, $n > 1$) verstehen. Die Regel (Br 1) liefert dann: $\frac{a + \dots + a}{b} = \frac{n \cdot a}{b}$, d.h.

(Br 3) $\quad n \cdot \frac{a}{b} = \frac{n \cdot a}{b}$ für alle $n \in \mathbb{N}_0$

Bsp.: $7 \cdot \frac{2}{3} = \frac{7 \cdot 2}{3} = \frac{14}{3} = 4\frac{2}{3}$

b) Quotient aus Bruch und nat. Zahl $\frac{a}{b} : n$
Falls der Zähler ein Vielfaches der nat. Zahl ist, wird der Zähler dividiert, d.h. es gilt:

(Br 4) $\quad \frac{a}{b} : n = \frac{a : n}{b}$

Bsp.: $\frac{14}{15} : 7 = \frac{14 : 7}{15} = \frac{2}{15}$

Für beliebige Zähler wird der Bruch mit $n \in \mathbb{N}$ erweitert und Br 4 angewendet:
$\frac{a}{b} : n = \frac{a \cdot n}{b \cdot n} : n = \frac{(a \cdot n) : n}{b \cdot n} = \frac{a}{b \cdot n}$, d.h.

(Br 5) $\quad \frac{a}{b} : n = \frac{a}{b \cdot n}$

Bsp.: $\frac{13}{15} : 7 = \frac{13}{15 \cdot 7} = \frac{13}{105}$

c) Produkt zweier Brüche
Zu den Anwendungen von Brüchen gehört es, Bruchteile und Vielfache von Größen zu bestimmen. Der Tabelle in Abb. D entnimmt man die folgende Definition für das Produkt zweier Brüche:

(Br 6) $\quad \frac{a}{b} \cdot \frac{c}{d} = \frac{a \cdot c}{b \cdot d}$

Bsp.: $\frac{6}{7} \cdot \frac{7}{12} = \frac{6 \cdot 7}{7 \cdot 12} = \frac{6}{12} = \frac{1}{2}$

d) Division durch einen Bruch
Die Division durch einen Bruch lässt sich auf die Multiplikation mit dem Kehrwert des Bruches zurückführen. Dabei entsteht der *Kehrwert eines Bruches* durch Vertauschen von Zähler und Nenner:
$\frac{a}{b} : \frac{c}{d} = \left(\frac{a}{b}\right) : \frac{c}{d} = \frac{c}{d} \cdot \left(\frac{a}{b} \cdot \left(\frac{d}{c} \cdot \frac{c}{d}\right)\right) : \frac{c}{d}$ (mit $1 = \frac{d \cdot c}{c \cdot d}$)
$= \left(\frac{a}{b} \cdot \frac{d}{c}\right) \cdot \left(\frac{c}{d} : \frac{c}{d}\right) = \frac{a}{b} \cdot \frac{d}{c}$ Also:

(Br 7) $\quad \frac{a}{b} : \frac{c}{d} = \frac{a}{b} \cdot \frac{d}{c}$

Bsp.: $\frac{2}{5} : \frac{7}{10} = \frac{2}{5} \cdot \frac{10}{7} = \frac{2 \cdot 10}{5 \cdot 7} = \frac{4}{7}$

Gegen-Gegenpfeil –(–z)
Gegenpfeil –z
Pfeil z
$\mathbb{Q}^-$
$\mathbb{Q}^+$
–2
–1
0
+1
+2
negative rationale Zahlen
positive rationale Zahlen
Zahl = Vorzeichen und abs. Betrag
Pfeil = Orientierung und Pfeillänge

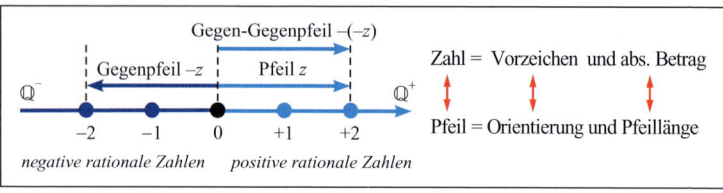

A Zahlengerade für $\mathbb{Q}$

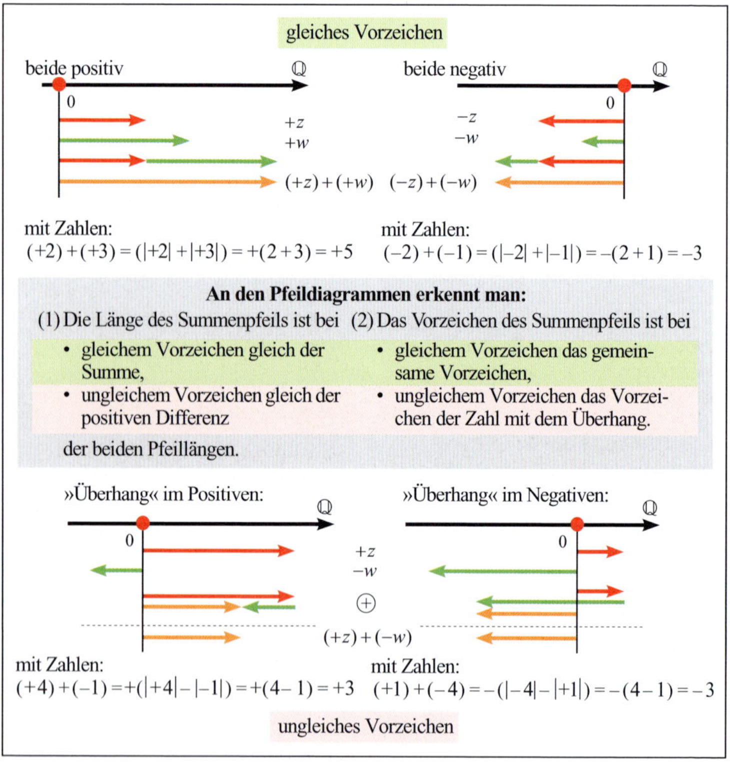

gleiches Vorzeichen
beide positiv
$\mathbb{Q}$
0
+z
+w
(+z) + (+w)
beide negativ
$\mathbb{Q}$
0
–z
–w
(–z) + (–w)
mit Zahlen:
$(+2)+(+3) = (|+2| + |+3|) = +(2+3) = +5$
mit Zahlen:
$(-2)+(-1) = (|-2| + |-1|) = -(2+1) = -3$
An den Pfeildiagrammen erkennt man:
(1) Die Länge des Summenpfeils ist bei
• gleichem Vorzeichen gleich der Summe,
• ungleichem Vorzeichen gleich der positiven Differenz
der beiden Pfeillängen.
(2) Das Vorzeichen des Summenpfeils ist bei
• gleichem Vorzeichen das gemeinsame Vorzeichen,
• ungleichem Vorzeichen das Vorzeichen der Zahl mit dem Überhang.
»Überhang« im Positiven:
$\mathbb{Q}$
0
+z
–w
⊕
(+z) + (–w)
»Überhang« im Negativen:
$\mathbb{Q}$
0
mit Zahlen:
$(+4)+(-1) = +(|+4| - |-1|) = +(4-1) = +3$
mit Zahlen:
$(+1)+(-4) = -(|-4| - |+1|) = -(4-1) = -3$
ungleiches Vorzeichen

B Pfeiladdition in $\mathbb{Q}$ (Def. wie für $\mathbb{N}$, S. 28, Abb. A)

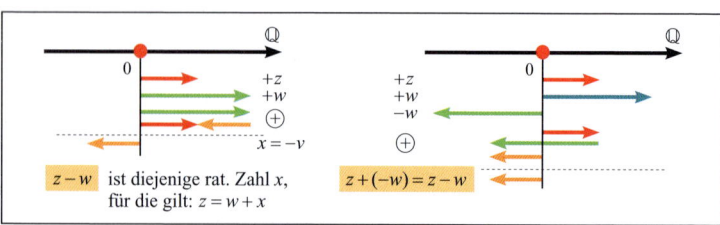

$\mathbb{Q}$
0
+z
+w
⊕
x = –v
$z - w$ ist diejenige rat. Zahl x,
für die gilt: $z = w + x$
$\mathbb{Q}$
0
+z
+w
–w
⊕
$z + (-w) = z - w$

C Ausführung der Subtraktion in $\mathbb{Q}$ als Addition des Gegenpfeils

Negative rationale Zahlen, Zahlengerade

Temperaturanzeigen im Minusbereich, die Unterwassergeographie oder Kontostandsänderungen erfordern negative rat. Zahlen.

Zu ihrer Definition erweitert man den Zahlenstrahl, auf dem die Menge $\mathbb{Q}_0^+$ liegt, zu einer Zahlengeraden. Jede Zahl $\frac{a}{b}$ aus $\mathbb{Q}_0^+$ ist durch einen Pfeil darstellbar (Abb. A).

Unter einem *Gegenpfeil* eines Pfeiles versteht man einen gleich langen Pfeil in umgekehrter Richtung. Mit diesem Begriff ergibt sich:

> **Def. 1:** Die *negative rat. Zahl* $-\frac{a}{b}$ wird durch den Gegenpfeil zum Pfeil von $+\frac{a}{b}$ festgelegt (Abb. A).
> Lies: minus (plus) a durch b.

Die Menge der negativen rat. Zahlen $\mathbb{Q}^-$ ergänzt die Menge $\mathbb{Q}_0^+$ zur Menge $\mathbb{Q}$ der rationalen Zahlen.

Die Zeichen » $-$ « und » $+$ « sind keine Verknüpfungszeichen, sondern *Vorzeichen*.

Die Verwendung des Plusvorzeichens ist nur vorübergehend. Für die 0 wird festgelegt:
$$-0 = +0 = 0$$
$-\frac{a}{b}$ und $+\frac{a}{b}$ haben, auf verschiedenen Seiten von 0 liegend, den gleichen Abstand von der 0, also den gleichen absoluten Betrag (s.u.).

Den Gegenpfeil kann man auch bei neg. rat. Zahlen anwenden (Gegen-Gegenpfeil, Abb. A). Es gelten die **Vorzeichen-Regeln**:

> $-(-z) = +z$ (minus minus = plus)
> $-(+z) = -z$ (minus plus = minus)
> $+(+z) = +z$ (plus plus = plus)
> $+(-z) = -z$ (plus minus = minus)

Allgemein legt man fest, bes. mit dem Blick auf die Def. der Subtraktion (s.u.):

> **Def. 2:** Es sei $z \in \mathbb{Q}$. Dann heißt $-z$ *Gegenzahl* oder *inverses Element* zu z.

Die Menge der Gegenzahlen zu den nat. Zahlen, d.h. die Menge der *negativen ganzen Zahlen* $\mathbb{Z}^- = \{-1; -2; -3; \dots\}$, ist als Teilmenge in $\mathbb{Q}$ enthalten (S. 39).

Anordnung auf der Zahlengeraden

Die Temperaturskala legt nahe:

> **Def. 3:** Von zwei rat. Zahlen ist die in Pfeilrichtung links liegende die kleinere (Abb. A).

Daraus folgt z.B.: $-5 < 0$, $-8 < -6$

> Auf der Zahlengeraden werden in Pfeilrichtung der Zahlengeraden die Zahlen größer.

Allgemein gilt für alle *neg. Zahlen*:

> $z < 0$ und $z_1 < z_2$, falls $|z_1| > |z_2|$

Dabei kennzeichnet | | den *absoluten Betrag* der Zahl, d.h. *ihren Abstand* auf der Zahlengeraden *von* 0 oder die *Länge des zugehörigen Pfeiles*.

> **Def. 4:** $|z| := \begin{cases} z \text{ für } z \geq 0 \\ -z \text{ für } z < 0 \end{cases}$ für alle $z \in \mathbb{Q}$

> Bei nichtnegativen rat. Zahlen z gibt die Zahl selbst ihren Abstand von 0 an, bei negativen z geschieht dies durch die Gegenzahl $-z$.

Rechenregeln zum Absolutbetrag: s. S. 39.

Bem.: Für das Rechnen mit abs. Beträgen (z.B. bei Addition und Multiplikation in $\mathbb{Q}$, s.u.) muss man vorher die Verknüpfungen » $+$ « und » $-$ « in $\mathbb{Q}_0^+$ erklären.

Addition in $\mathbb{Q}$

(1) Durch die Addition gemäß den Bruchrechenregeln (S. 35) wird zunächst $(\mathbb{Q}_0^+; +)$ zu einem Verknüpfungsgebilde (s. auch 1. Pfeildiagramm in Abb. B).

(2) Die Pfeiladdition wird unter Einbeziehung von $\mathbb{Q}^-$ auf ganz $\mathbb{Q}$ übertragen (Abb. B). $(\mathbb{Q}; +)$ wird zu einem Verknüpfungsgebilde.

Anhand der in Abb. B dargestellten Fälle ergeben sich die folgenden **Additionsregeln**:

> **(A1)** Zwei rat. Zahlen mit *gleichem Vorzeichen* werden addiert, indem man ihre abs. Beträge addiert und das Ergebnis mit dem gemeinsamen Vorzeichen versieht.
> **(A2)** Zwei rat. Zahlen mit *ungleichem Vorzeichen* werden addiert, indem man ihre abs. Beträge subtrahiert (den kleineren vom größeren) und dem Ergebnis das Vorzeichen der Zahl mit dem größeren abs. Betrag gibt.

Subtraktion in $\mathbb{Q}$

Statt der Subtraktion einer rat. Zahl kann man die *Addition der Gegenzahl* vornehmen (Abb. C). Die Subtraktion ist daher in $(\mathbb{Q}; +)$ unbeschränkt ausführbar (s. S. 38, Abb. A).

Rechenzeichen-Vorzeichen-Regeln

Aus den Regeln zur Additon und Subtraktion folgt, dass eine Unterscheidung zwischen Rechen- und Vorzeichen nicht nötig ist. Die Vorzeichen-Rechenregeln (s. linke Spalte) gelten auch für eine Kombination von Rechen- und Vorzeichen.

ausführlich	in Kurzform
$(+z)-(+w) = (+z)+(-(+w)) = (+z)+(-w)$ $(-z)-(+w) = (-z)+(-w)$	$(+z)-(+w) = z-w$ $(-z)-(+w) = -z-w$
$(+3)-(+2) = (+3)+(-(+2)) = (+3)+(-2)$ $(+3)-(+5) = (+3)+(-5)$ $(-3)-(+5) = (-3)+(-5)$	$(+3)-(+2) = 3-2 = 1$ $(+3)-(+5) = 3-5 = -2$ $(-3)-(+5) = -3-5 = -8$
$(+z)-(-w) = (+z)+(-(-w)) = (+z)+(+w)$ $(-z)-(-w) = (-z)+(+w)$	$(+z)-(-w) = z+w$ $(-z)-(-w) = -z+w$
$(+3)-(-5) = (+3)+(-(-5)) = (+3)+(+5)$ $(-3)-(-2) = (-3)+(+2)$ $(-3)-(-5) = (-3)+(+5)$	$(+3)-(-5) = 3+5 = 8$ $(-3)-(-2) = -3+2 = -1$ $(-3)-(-5) = -3+5 = 2$

A   Beispiele zur Subtraktion in $\mathbb{Q}$

(1) Das Produkt $a \cdot b$ positiver rat. Zahlen kann folgendermaßen interpretiert werden: Man stellt b durch einen Pfeil der Länge b dar und verlängert oder verkürzt den Pfeil auf die a-fache Länge, je nachdem ob $a > 1$ oder $0 \le a < 1$. Für $a = 1$ bleibt der Pfeil erhalten. Geometrisch wird eine *Streckung* von b mit dem Streckungsfaktor a ausgeführt (s. S. 181).

zu (1):

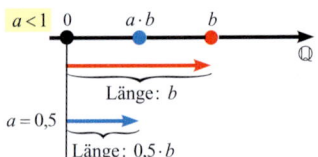

(2) Es gibt drei weitere Fälle:
   (a) Es liegt eine Streckung von $-b$ mit dem Streckungsfaktor a vor. Es gilt:
   $a \cdot (-b) = -(a \cdot b)$
   (b) Man fordert die Gültigkeit des **KG** (s. S. 41) und erhält:
   $(-a) \cdot b = -(a \cdot b)$
   Speziell gilt: $(-1) \cdot a = -(1 \cdot a) = -a$
   Der Multiplikation mit -1 entspricht eine *Spiegelung* des Pfeiles zu a am Nullpunkt.
   (c) Das Produkt $(-1) \cdot (-c)$ wird analog zu (2b) über eine Spiegelung am Nullpunkt erklärt. Es ergibt sich:
   $(-1) \cdot (-c) = -(-c) = c$
   Fordert man die Gültigkeit des **AG** (s. S. 41), so erhält man
   $(-a) \cdot (-b) = [(-1) \cdot a] \cdot (-b)$
   $= (-1) \cdot [a \cdot (-b)] = (-1) \cdot (-(a \cdot b))$
   d.h. $(-a) \cdot (-b) = a \cdot b$

zu (2b):

zu (1):

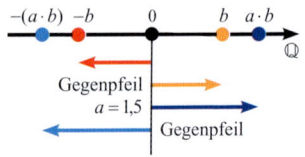

zu (2a):

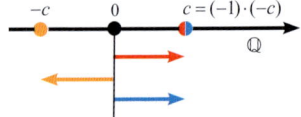

zu (2c):

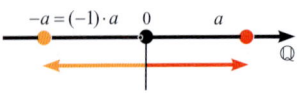

B   Die vier möglichen Produktarten

Multiplikation in $\mathbb{Q}$

In $\mathbb{Q}_0^+$ ist die Multiplikation ohne Einschränkungen möglich (S. 35, Regel Br 6).

Die Ausführungen in Abb. B verdeutlichen die Multiplikation in $\mathbb{Q}$. Man erkennt die folgenden Rechenregeln (Angaben in Klammern für Division, s.u.):

M1 / (D1) Das Produkt (Der Quotient) zweier rat. Zahlen **gleichen Vorzeichens** ist gleich dem Produkt (Quotienten) ihrer absoluten Beträge.

M2 / (D2) Das Produkt (Der Quotient) zweier rat. Zahlen **ungleichen Vorzeichens** ist gleich der Gegenzahl des Produktes (Quotienten) ihrer absoluten Beträge.

Es ergeben sich die **Vorzeichenregeln**:

plus mal (durch) plus = plus
plus mal (durch) minus = minus
minus mal (durch) plus = minus
minus mal (durch) minus = plus

Die Multiplikation ist in $\mathbb{Q}$ uneingeschränkt ausführbar. Speziell gilt:

Das Produkt einer rat. Zahl mit 0 ist stets 0.

Division in $\mathbb{Q}$

In $\mathbb{Q}^+$ ist die Division als *Multiplikation mit dem Kehrwert* stets ausführbar (S. 35, Regel Br 7). Für beliebige rat. Zahlen gilt:

Man dividiere eine rat. Zahl durch eine von 0 verschiedene rat. Zahl, indem man mit dem Kehrwert des Divisors multipliziert (Rückführung der Division auf die Multiplikation).

Dabei ist der Kehrwert $\frac{1}{z}$ zur rat. Zahl z ($z \neq 0$) definiert durch die Beziehung Zahl $\cdot$ Kehrwert = 1, d.h. $z \cdot \frac{1}{z} = 1$.

Wegen $\frac{a}{b} \cdot \frac{b}{a} = \frac{a \cdot b}{b \cdot a} = 1$ folgt für *positive* rat. Zahlen:

Der Bruch $\frac{b}{a}$ ist der Kehrwert zu $\frac{a}{b}$.

$\frac{b}{a}$ heißt *Kehrbruch* zu $\frac{a}{b}$.

Für *negative* rat. Zahlen gilt wegen

$$\left(-\frac{a}{b}\right) \cdot \left(-\frac{b}{a}\right) = +\left(\frac{a}{b} \cdot \frac{b}{a}\right) = \frac{a \cdot b}{b \cdot a} = 1$$

$-\frac{b}{a}$ ist der Kehrbruch zu $-\frac{a}{b}$.

Wegen der Rückführung der Division auf die Multiplikation gelten für einen Quotienten dieselben Vorzeichenregeln wie für ein Produkt (s.o.)

Rechenregeln **(D1)** und **(D2)**: s.o.

Division durch 0

Die Division durch 0 ist auch in $\mathbb{Q}$ nicht definiert. Einen Kehrwert zu 0 gibt es nicht, denn die Gleichung $0 \cdot x = 1$ hat keine Lösung.

Bruchterme

Für alle $a \in \mathbb{N}_0$ und $b \in \mathbb{N}$ gilt
$a : b = a \cdot \frac{1}{b} = \frac{a \cdot 1}{b} = \frac{a}{b}$ und damit:

Der Bruchstrich ersetzt das Divisionszeichen.

Man vereinbart diese Ersetzung für beliebige rat. Zahlen z und w ($w \neq 0$):

$\frac{z}{w} := z : w$ heißt *Bruchterm*.

Bsp.: $2 : (-3) = \frac{2}{-3}$, $(-2) : 3 = \frac{-2}{3}$, $2\frac{1}{2} : \frac{2}{3} = \frac{2\frac{1}{2}}{\frac{2}{3}}$

$(-2) : (-3) = \frac{-2}{-3}$,

$(x^2 - 1) : (x - 1) = \frac{x^2 - 1}{x - 1} = x + 1 \quad | D_x^{\neq 1}$

Die Bruchterme $\frac{a}{-b}$, $\frac{-a}{b}$ und $\frac{-a}{-b}$ kann man in einem erweiterten Sinne als »Brüche« ansehen. Man kann mit ihnen jedenfalls wie mit Brüchen rechnen. Mit Regel **D2** erhält man:

$$\frac{a}{-b} = \frac{-a}{b} = -\frac{a}{b} \quad \text{und} \quad \frac{-a}{-b} = \frac{a}{b}$$

Gesetze der Addition (Multiplikation) in $\mathbb{Q}$

Es gelten (vgl. S. 41):

- **AG, KG** der Addition und Multiplikation,
- **MG** der Addition,
- **MG** der Multiplikation für $c > 0$ (für $c < 0$ dreht sich das Ungleichheitszeichen um),
- **Bruchrechenregeln** (S. 35),
- Regeln zum rechnerischen Umgang mit endlichen und periodischen **Dezimalzahlen** und **Brüchen** (S. 43f.) und die
- Rechenregeln zum **absoluten Betrag** (s.u.).

Rechenregeln zum absoluten Betrag

(a) $|a \cdot b| = |a| \cdot |b|$ für alle $a, b \in \mathbb{Q}$

(b) $\left|\frac{a}{b}\right| = \frac{|a|}{|b|}$ für alle $a \in \mathbb{Q}$, $b \in \mathbb{Q}^{\neq 0}$

(c) $|a \pm b| \leq |a| + |b|$ für alle $a, b \in \mathbb{Q}$
    (*Dreiecksungleichung* vgl. S. 171)

(d) $|a| - |b| \leq |a| + |b|$ für alle $a, b \in \mathbb{Q}$

Ganze Zahlen $\mathbb{Z}$

Die nat. Zahlen, die 0 und die negativen Ganzen $-1, -2, -3, \ldots$ unter den rat. Zahlen bilden die Menge $\mathbb{Z}$ der *ganzen Zahlen*.

Die Summe bzw. die Differenz zweier ganzer Zahlen ist wieder eine ganze Zahl.

$(\mathbb{Z}; +)$ ist ein Verknüpfungsgebilde, in dem die Subtraktion ohne Ausnahme möglich ist. Auch $(\mathbb{Z}, \cdot)$ ist ein Verknüpfungsgebilde. Die Division ist allerdings nur mit Einschränkungen möglich ($6 : 3 \in \mathbb{Z}$, $2 : 3 \notin \mathbb{Z}$).

Kolonnenaddition mit Rechenvorteil:

Start 18   +34   +12   +9   +11   +19   +36   +11 ⌐+...

Zwischenrechnungen im Kopf   ⌊→ +20 ⌐   ⌊────→ +30 ◄┘

Abfolge der Rechnungen   ②   ①   ③   ④   ⑤

im Kopf zählend: 18 / 30 / 64 / 84 / 120 / 150 ...

A   Anwendung der großen Vertauschungs- und Verbindungsregel

Klammernauflösen: Jeder Teilnehmer des 2. Klammerterms wird mit jedem Teilnehmer des 1. Klammerterms multipliziert; die Produkte werden nach Anwendung der Rechenzeichen- bzw. Vorzeichenregeln (S. 37) addiert bzw. subtrahiert.

$(2x-3y)(-5x-2y) = -2x{\cdot}5x \quad -2x{\cdot}2y \quad +3y{\cdot}5x \quad +3y{\cdot}2y = -10x^2 -4xy +15yx +6y^2$

Vorzeichenregeln: $+ - = - \quad + - = - \quad - - = + \quad - - = + \quad = -10x^2 +11xy +6y^2$

Ausklammern: Jeder Teilnehmer der Summe wird in Gedanken durch den Term geteilt, der ausgeklammert wird; Probe durch Auflösen der Klammern.

$a^2 - 2a^3 = a^2 \left(\dfrac{a^2}{a^2} - \dfrac{2a^3}{a^2} \right) = a^2(1-2a)$ oder $a^2 - 2a^3 = a^3 \left(\dfrac{a^2}{a^3} - \dfrac{2a^3}{a^3} \right) = a^3 \left(\dfrac{1}{a} - 2 \right), \ a \neq 0$

In Gedanken: $a \neq 0$

B   Beispiele für Klammernauflösen und Ausklammern

Zweimaliges Anwenden des **DG**:

(1) $(a+b)(c+d) = (a+b)c + (a+b)d = c(a+b) + d(a+b)$
$= ca + cb + da + db = ac + ad + bc + bd$

Mit Hilfe der Festlegung der Subtraktion und den Vorzeichenregeln ergibt sich:

(2) $(a-b)(c-d) = (a-b)c + (a-b)(-d)$
$= c(a+(-b)) + (-d)(a+(-b))$
$= ca + c(-b) + (-d)a + (-d)(-b) = ac - ad - bc + bd$

(3) $(a+b)(c-d) = (a+b)c + (a+b)(-d)$
$= ac + bc + a(-d) + b(-d) = ac - ad + bc - bd$

Mit $\lfloor c = a, \ d = b \ \rightarrow$ in (1), (2), (3) ergeben sich:

1. binomische Formel
$(a+b)^2 = (a+b)(a+b) = aa + ab + ba + bb$
$= a^2 + ab + ab + b^2 = a^2 + 1\,ab + 1\,ab + b^2$
$= a^2 + ab(1+1) + b^2 = a^2 + 2ab + b^2$

2. binomische Formel
$(a-b)^2 = (a-b)(a-b) = aa - ab - ba + bb = a^2 - 2ab + b^2$

3. binomische Formel
$(a+b)(a-b) = aa - ab + ba - bb = a^2 - b^2$

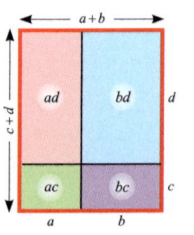

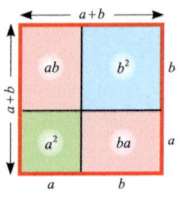

C   Binomische Formeln

Aufg.: Der Term $9x^2 + 12xy + 4y^2$ soll nach der 1. bzw. 2. bin. Formel faktorisiert werden.

$9x^2 \pm 12xy + 4y^2 = (3x)^2 \pm 12xy + (2y)^2$

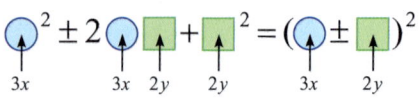

Probe: $12xy = 2 \cdot 3x \cdot 2y$

(1) quadratische Terme bearbeiten: $9x^2 = (3x)^2$, $4y^2 = (2y)^2$

(2) $3x$ und $2y$ in das Schema eintragen

(3) Probe für den mittleren Summanden $12xy$ durchführen

D   Faktorisieren mit der 1. bzw. 2. binomischen Formel

Assoziatives Gesetz (AG)

Das **AG** (auch *Verbindungsregel*) legt die Verknüpfung von drei beliebigen rat. Zahlen x, y und z bei der Add. bzw. bei der Mult. fest:

$$(x+y)+z = x+(y+z) \quad (x \cdot y) \cdot z = x \cdot (y \cdot z)$$

Dies gilt entsprechend auch für mehr als drei Summanden bzw. Faktoren.

Man darf in »reinen« Summen und Produkten Klammerpaare an beliebigen Stellen setzen, vorausgesetzt es entstehen definierte Terme (*Große Verbindungsregel*).

Kommutatives Gesetz (KG)

Das **KG** (auch *Vertauschungsregel*) erlaubt das Vertauschen beliebiger benachbarter rat. Zahlen x und y:

$$x+y = y+x \qquad x \cdot y = y \cdot x$$

Beim Addieren von Zahlenkolonnen (Abb. A) ist es zweckmäßig, passende, nicht unbedingt benachbarte Zahlen zusammenzufassen, z.B. zu vollen Zehnern. Dass das erlaubt ist, zeigt man durch mehrfaches Anwenden von AG und KG.

Man darf in »reinen« Summen und Produkten beliebig vertauschen (*Große Vertauschungsregel*).

Bem.: Auf die Angabe des AG und KG wird im Folgenden meistens verzichtet.

Distributives Gesetz (DG)

Das **DG** (auch *Verteilungsregel*)

$$x \cdot (y+z) = x \cdot y + x \cdot z \quad \text{für } x,y,z \in \mathbb{Q}$$

hat zwei Anwendungsmöglichkeiten:

- **Auflösen von Klammern** in einem Produkt, bei dem mindestens ein Faktor eine Summe ist (von links nach rechts vorgehend), d.h. die Verwandlung eines Produktes in eine Summe (**Große Klammerregel**, Abb. B, auch als *Ausmultiplizieren von Klammern* bezeichnet).
- **Ausklammern eines gemeinsamen Faktors** bei allen Summanden einer *Summe* (von rechts nach links vorgehend), d.h. die Verwandlung einer Summe in ein Produkt (sog. *Faktorisieren*). (*Bsp.:* Abb. B)

Bem.: I.A. verzichtet man auf » · « bei:
- Zahl·Variable , z.B. $2x$ statt $2 \cdot x$ (bei $0 \cdot x$ und $1 \cdot x$ jedoch nicht),
- Variable·Variable , z.B. ab statt $a \cdot b$,
- Klammern, z.B. $2b(a+2)$ statt $2 \cdot b \cdot (a+2)$.

Bem.: Wegen der Def. der Subtraktion als Addition der Gegenzahl gilt auch:

$$x \cdot (y-z) = x \cdot y - x \cdot z \quad \text{für alle } x,y,z \in \mathbb{Q}$$

Anwendungen

Bei allen Anwendungen kann man für die Variablen auch Terme einsetzen.

a) binomische Formeln (Abb. C):

> **1. bin. Formel:** $(a+b)^2 = a^2 + 2ab + b^2$
> **2. bin. Formel:** $(a-b)^2 = a^2 - 2ab + b^2$
> **3. bin. Formel:** $(a+b)(a-b) = a^2 - b^2$

b) Faktorisieren mit bin. Formeln ist in folgenden Fällen immer möglich:

(1) nach der 3. bin. Formel, wenn eine **Differenz** von zwei quadrat. Termen vorgegeben ist, z.B. $4x^2y^4 - 9a^2 = (2xy^2)^2 - (3a)^2$
$$= (2xy^2 + 3a)(2xy^2 - 3a)$$

(2) nach der 1. bzw. 2. bin. Formel, wenn neben der **Summe** zweier quadrat. Terme ein dritter Term vorliegt, der mit $\pm 2ab$ übereinstimmt. *Bsp.* (s. auch Abb. D):
$$16x^2 + 4b^4 \pm 16xb^2 = (4x)^2 + (2b^2)^2 \pm 16xb^2$$
$$= (4x)^2 + (2b^2)^2 \pm 2 \cdot 4x \cdot 2b^2 = (4x \pm 2b^2)^2$$

c) Zusammenfassen

Das Zusammenfassen von Termen in einer Summe erfolgt nach dem DG, z. B.
$$4x^2 + 3x - x + 3x^2 = 4x^2 + 3x^2 + 3x - 1x$$
$$= x^2(4+3) + x(3-1) = 7x^2 + 2x$$

Monotoniegesetze (MG)

> $x < y \Rightarrow x+a < y+a$ für alle $x,y,a \in \mathbb{Q}$
> $x < y \Rightarrow x \cdot a < y \cdot a$ für alle $x,y \in \mathbb{Q}$, $a \in \mathbb{Q}^+$
> $x < y \Rightarrow x \cdot a > y \cdot a$ für alle $x,y \in \mathbb{Q}$, $a \in \mathbb{Q}^-$

Diese Gesetze sind Grundlage für das Umformen von Ungleichungen (s. S. 57).

Klammerpaare

> **(Kl 1)** Was in einem Klammerpaar steht, muss zuerst ausgerechnet werden, es sei denn, dass andere Regeln, wie z.B. das AG oder das DG, anwendbar sind.
> **(Kl 2)** Innere Klammern haben Vorrang vor äußeren Klammern.

Bem.: Um Klammern einzusparen, gilt die **PvS-Regel: P**unkt- **v**or **S**trichrechnung.

Treten » – «-Zeichen auf, so ist das Setzen, Weglassen oder/und Umsetzen von Klammern i.A. **falsch**. Es gelten aber folgende Regeln:

(1) Eine **gemischte Summe** aus Plus- *und* Minusgliedern kann man berechnen, indem von der *Summe der Plusglieder* die *Summe der Minusglieder* subtrahiert wird:
$$a - b + c - d + e - f - g \pm \ldots$$
$$= (a+c+e+\ldots) - (b+d+f+g+\ldots)$$

(2) $x - (y \pm z) = x - y \mp z$ (**Umpolen**)
$\qquad x - (\pm y + z) = x \mp y - z$ (**Umpolen**)

(3) $(-1) \cdot (x+y) = -(x+y) = -x - y$

(4) $x + y = 1 \cdot (x+y)$

18.203 im Stellenplan des erweiterten Dezimalsystems

10^1	10^0	10^{-1} $=\frac{1}{10}$	10^{-2} $=\frac{1}{100}$	10^{-3} $=\frac{1}{1000}$
Z	E	z	h	t
1	8 ,	2	0	3

E = Einer; Z = Zehner; z = Zehntel;
h = Hunderstel; t = Tausendstel

Addition: $2,458 + 0,57887 = ?$

E	z	h	t	zt	ht
2 ,	4	5	8	0	0
+ 0 ,	5	7	8	8	7
3 ,	0	3	6	8	7

Auffüllen mit Nullen

Übertrag in die nächste Stelle

Subtraktion: $2,458 - 0,57887 = ?$

E	z	h	t	zt	ht
2 ,	4	5	8	0	0
− 0 ,	5	7	8	8	7
1 ,	8	7	9	1	3

lies: (Beginn rechte Spalte)
7 bis 10 gleich 3
8 + 1 gleich 9
9 bis 10 gleich 1
usw.

Multiplikation: $1,24 \cdot 0,203 = ?$
Anfangsüberlegung:
$1,24 \cdot 0,203 = 124 \cdot 10^{-2} \cdot 203 \cdot 10^{-3}$
$= 124 \cdot 203 \cdot 10^{-5}$

HT	ZT	T	H	Z	E	
	1	2	4 ·	2	0	3	$\cdot 10^{-5}$
		2	4	8		
+			0	0	0	
+				3	7	2
=		2	5	1	7	2	$\cdot 10^{-5}$
= 0 ,	2	5	1	7	2	
E	z	h	t	zt	ht	

Reduzierung auf eine Rechnung ohne Komma durch Weglassen

Berücksichtigung der Kommas nach dem Satz (s.u.).

Satz: Ein Produkt hat so viele Nachkommastellen wie die Faktoren zusammen.

Division: $0,368 : 0,16 = ?$
Anfangsüberlegung:

$0,368 : 0,16 = \frac{0,368}{0,16} = \frac{0,368 \cdot 10^2}{0,16 \cdot 10^2} = \frac{36,8}{16}$
$= 36,8 : 16$

Reduzierung auf eine Rechnung ohne Komma beim Divisor durch Multiplikation von Divisor und Dividend mit 10^n (n ist die Anzahl der Nachkommastellen des Divisors)

$\begin{array}{l} 3\,6,8 : 1\,6 = 2,3 \\ -\,3\,2 \\ \overline{\quad 4\,8} \\ -\,4\,8 \\ \overline{\quad\quad 0} \end{array}$

Das Komma im Ergebnis wird gesetzt, wenn die erste Nachkommastelle erreicht wird.

Satz: Ein Quotient ändert seinen Wert nicht, wenn man Dividend und Divisor mit derselben Stufenzahl multipliziert.

A   Endliche Dezimalzahlen

Nicht abbrechendes Divisionsverfahren:

$\begin{array}{l} 1 : 3 = 0,\overline{3} \\ -\,0 \\ \overline{\quad 1\,0} \\ -\quad 9 \\ \overline{\quad\quad 1\,0} \\ -\quad 9 \\ \overline{\quad\quad 1\,0} \\ \quad ... \end{array}$

Rest 1 wiederholt sich

$\begin{array}{l} 1 : 11 = 0,\overline{09} \\ -\,0 \\ \overline{\quad 1\,0} \\ -\quad 0 \\ \overline{\quad 1\,0\,0} \\ -\quad 9\,9 \\ \overline{\quad\quad 1\,0} \\ \quad ... \end{array}$

Rest 1 und Rest 10 wiederholen sich im Wechsel

B₁

Verwandlung period. Dezimalzahlen in Brüche

(1) Verschieben des Periodenblocks als Vorbereitung der Vielfachenbildung.

$x = 1,\overline{6} = 1,6\overline{6}$

$x = 1,2\overline{58} = 1,258\overline{58}$

$x = 1,\overline{9} = 1,9\overline{9}$

(2) Für **zwei verschiedene Vielfache** wird der Periodenblock rechts vom Komma isoliert. Er fällt dann beim Subtrahieren fort.

$\begin{array}{l} 10 \cdot x = 16,\overline{6} \\ -(\;1 \cdot x = \;1,\overline{6}) \\ \overline{9 \cdot x = 15,0} \\ \quad x = \frac{15}{9} = 1\frac{6}{9} = 1\frac{2}{3} \end{array}$

$\begin{array}{l} 1000 \cdot x = 1258,\overline{58} \\ -(\;\;10 \cdot x = \;\;\;12,\overline{58}) \\ \overline{990 \cdot x = 1246,00} \\ \quad x = \frac{1246}{990} = \frac{623}{495} = 1\frac{128}{495} \end{array}$

$\begin{array}{l} 10 \cdot x = 19,\overline{9} \\ -(\;1 \cdot x = \;1,\overline{9}) \\ \overline{9 \cdot x = 18,0} \\ \quad x = \frac{18}{9} = 2 \end{array}$

B₂

B   Periodische Dezimalzahlen

Endliche Dezimalzahlen

sind z.B. $18,203$ und $-0,5$. Bei dieser Zahldarstellung sind die vor dem Komma stehenden Teile nach dem Dezimalsystem (S. 27) zu entschlüsseln, während für die Nachkommastellen die Vereinbarungen der Abb. A gelten (*Erweiterung des Dezimalsystems*). Man rechnet mit *endlichen Dezimalzahlen* wie bei den Beispielen in Abb. A.

Jede endliche Dezimalzahl lässt sich als Bruch schreiben.

z.B. $0,5 = \frac{5}{10} = \frac{1}{2}$ $18,203 = 18 + \frac{2}{10} + \frac{0}{100} + \frac{3}{1000}$
$= \frac{18000}{1000} + \frac{200}{1000} + \frac{3}{1000} = \frac{18203}{1000}$

Umgekehrt ist aber nicht jeder Bruch als endliche Dezimalzahl darstellbar. Um eine Formänderung eines gekürzten Bruches auf Zehntel (z), Hundertstel (h), Tausendstel (t) usw. vornehmen zu können, darf sein Nenner nur aus den Primfaktoren 2 und 5 aufgebaut sein.
Das ist z.B. bei $\frac{1}{2}, \frac{1}{5}$ und bei $\frac{3}{20}$ der Fall, nicht aber bei $\frac{1}{3}$ und $\frac{1}{11}$. Die Ausführung der Division $1:3$ bzw. $1:11$ (Abb. B) liefert $0,\overline{3}$ bzw. $0,\overline{09}$ (lies: null Komma Periode drei bzw. null Komma Periode null neun).
Man nennt die durch diese neuen Zeichen dargestellten rationalen Zahlen

periodische Dezimalzahlen

und bezeichnet die sich wiederholende Ziffernfolge als *Periode*. Es gilt:

Jeder Bruch $\frac{a}{b}$, d.h. jede rationale Zahl, ist als endliche oder periodische Dezimalzahl darstellbar. Die Periode besteht aus höchstens $b-1$ Ziffern nach dem Komma.

Bem.: Die *unendlichen, nichtperiodischen* Dezimalzahlen bilden die Menge der *irrationalen* Zahlen (S. 47). ◁
An den Bsp. in Abb. B_2 wird deutlich: Die Rückwandlung einer periodischen Dezimalzahl in einen Bruch ist stets möglich. Daher gilt:

Jede endliche oder periodische Dezimalzahl ist als Bruch darstellbar.

Dabei ergeben sich z.B. die *Gleichungen der Neunerperiode*
$0,\overline{9} = 1 \; ; \; 1,\overline{9} = 2 \; ; \; ... \; ; \; 8,\overline{9} = 9 \; ; \; 9,\overline{9} = 10$
Von rechts nach links angewendet erlauben sie eine Umwandlung endlicher Dezimalzahlen in periodische; die Ziffer der letzten Nachkommastelle (ungleich null) wird durch die Neunerperiode ersetzt: z.B.
$2,123 - 2,12 + 0,003 = 2,12 + \frac{1}{1000} \cdot 3$
$= 2,12 + \frac{1}{1000} \cdot 2,\overline{9} = 2,12 + 0,002\overline{9} = 2,122\overline{9}$

Endliche und periodische Dezimalzahlen auf der Zahlengeraden

Da es sich um rationale Zahlen handelt, hat jede ihren wohldefinierten Platz auf der Zahlengeraden.
Ein Vergleich endlicher Dezimalzahlen ist besonders leicht, weil er stellenweise von links nach rechts vorgenommen werden kann:
z.B. $0,437567 < 0,437573$, weil $6 < 7$ gilt.

Runden von Dezimalzahlen

Man entscheidet vor dem Runden, an welcher Stelle vor oder nach dem Komma (*Rundungsgrad*) gerundet wird. Bei $1234,557$ z.B.
a) an der 2. vor dem Komma ($12\underline{3}4,557$) oder
b) an der 2. nach dem Komma ($1234,5\underline{5}7$).
Rechts von dieser Stelle wird ein sog. *Block* abgetrennt (*blockweises Runden*):
• *endliche* Dezimalzahlen: Beginnt der Block links mit einer Ziffer kleiner als 5, so wird nur der Block weggelassen und ggf. werden Vorkommastellen mit Nullen aufgefüllt (*Abrunden*); im anderen Fall wird die unmittelbar vor dem Block liegende Stelle 1 addiert, der Block weggelassen und ggf. werden Vorkommastellen mit Nullen aufgefüllt (*Aufrunden*). Angewendet auf obige Bsp: a) 1230   b) 1234,56.
• *periodische* Dezimalzahlen: Der Block umfasst die Periode, die je nach Rundungsgrad teilweise aufgelöst wird; dann verfährt man wie bei endl. Dezimalzahlen. *Bsp.:* $2,3\overline{75}$ $= 2,375\overline{75} \approx 2,38$ ist der an der 2. Nachkommastelle gerundete Wert von $2,3\overline{75}$.

Rechengenauigkeit

Übergenaues Rechnen zeuge von mathematischer Unbildung, so meinte schon C.F. Gauß. Im Zeitalter des Taschenrechners ist die Verführung dazu besonders groß.
Bsp: Wenn ein Auto $109,6$ km (drei sichere Ziffern: 1, 0, 9) in 82 Minuten (eine sichere Ziffer: 8) zurücklegt, so ist die Angabe der Durchschnittsgeschwindigkeit mit $80,1951\frac{km}{h}$ unsinnig, vielmehr wäre die Angabe $80\frac{km}{h}$ angemessen (eine sichere Ziffer, s.u. (2)).
Sinnvoll sind die folgenden Vereinbarungen:

(1) Bei Summen (Differenzen) wird auf die Genauigkeit des ungenauesten Teilnehmers gerundet.

(2) Bei Produkten (Quotienten) wird auf die kleinste sichere Ziffernzahl der beteiligten Zahlen gerundet.

Bsp: zu (1): $2,45 + 3,189 = 5,639 \approx 5,64$,
zu (2): $(109,6 : 82) \cdot 60 = 1,33365854 \cdot 60$
$= 80,195122 \approx 80$ (obiges Auto-Bsp.)

10^3	10^2	10^1	10^0	,	10^{-1}	10^{-2}	10^{-3}	10^{-4}	
			1	,	2	3			$\rbrace$ $\cdot 10^3$ (Komma 3 Stellen nach rechts)
1	2	3	0^*						$\rbrace$ $:10^{-4}$ (Komma 4 Stellen nach links)
			0	,	1	2	3		$\rbrace$ $\cdot 10^{-1}$ (Komma eine Stelle nach links)
			0	,	0^*	1	2	3	$*$ Auffüllen mit Nullen

A   Multiplikation und Division mit Zehnerpotenzen im Stellenplan

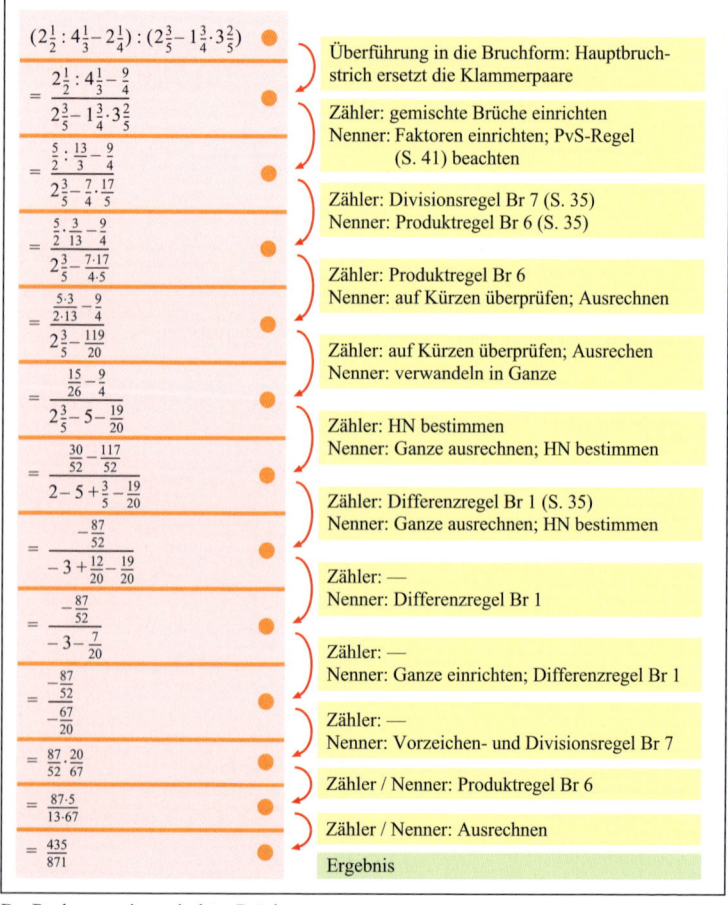

B   Rechnung mit gemischten Brüchen

Zehnerpotenzen und Dezimalzahlen

Multipliziert man eine Dezimalzahl mit einer Stufenzahl 10^n ($n \in \mathbb{N}$), so ist eine Kommaverschiebung um n Stellen nach rechts vorzunehmen. Bei einer Division erfolgt die Kommaverschiebung nach links. Eventuell ist ein Auffüllen des Stellenplanes mit Nullen notwendig (Abb. A).

Bem.: Statt der Division durch 10^n kann man auch das Produkt mit dem Faktor 10^{-n} bilden.

Exponentielle Schreibweise

Reicht z.B. beim Multiplizieren zweier Zahlen mit dem Taschenrechner die Stellenzahl nicht aus, so schaltet der Rechner automatisch auf die sog. exponentielle Schreibweise um (mit entsprechender Rundung):

z.B. $77777777 \cdot 2 = 155555554 = 1,5556 \cdot 10^8$

bzw. $0,000333 \cdot 0,0001234$
$= 0,0000000410922 = 4,1092 \cdot 10^{-8}$

Man verwendet diese Schreibweise aber auch, um die Größenordnung einer Zahl besser überschauen zu können. Dabei geht man häufig in 3-Stellen-Schritten vor:

10^3 (Kilo), 10^6 (Mega), 10^9 (Giga)
10^{-3} (milli), 10^{-6} (micro $=\mu$), 10^{-9} (pico $=$p)

In dieser Schreibform erhält man für obige Beispiele: $0,1556$ Giga und $0,041092$ μ bzw. $41,092$ p .

Rechnen mit gemischten Brüchen
a) Addition und Subtraktion

Beachte: $2\frac{1}{2} = 2 + \frac{1}{2} = \frac{5}{2}$ $-2 + \frac{1}{2} = -1\frac{1}{2}$
$-2\frac{1}{2} = -(2 + \frac{1}{2}) = -2 - \frac{1}{2} = -\frac{5}{2}$

Bsp. (1): $4\frac{1}{2} + 2\frac{3}{4} = 4 + 2 + \frac{1}{2} + \frac{3}{4} = 6 + \frac{2}{4} + \frac{3}{4}$
$= 6 + \frac{5}{4} = 6 + 1 + \frac{1}{4} = 7\frac{1}{4}$

Bsp. (2): $4\frac{1}{2} - 2\frac{3}{4} = 4 - 2 + \frac{1}{2} - \frac{3}{4} = 2 + \frac{2}{4} - \frac{3}{4}$
$= 1 + \frac{4}{4} + \frac{2}{4} - \frac{3}{4} = 1 + \frac{3}{4} = 1\frac{3}{4}$

Bsp. (3): $5\frac{17}{25} - \frac{21}{25} = 4 + \frac{25}{25} + \frac{17}{25} - \frac{21}{25}$
$= 4 + \frac{4}{25} + \frac{17}{25} = 4\frac{21}{25}$

Bsp. (4): $4\frac{1}{2} - 2\frac{3}{4} + 1\frac{3}{8} - 2\frac{1}{3}$

(a) $= 4 - 2 + 1 - 2 + \frac{1}{2} - \frac{3}{4} + \frac{3}{8} - \frac{1}{3}$

(b) $= (4+1) - (2+2) + (\frac{1}{2} + \frac{3}{8}) - (\frac{3}{4} + \frac{1}{3})$

(c) $= 5 - 4 + (\frac{4}{8} + \frac{3}{8}) - (\frac{9}{12} + \frac{4}{12})$

(d) $= 1 + \frac{7}{8} - \frac{13}{12} = \frac{24}{24} + \frac{21}{24} - \frac{26}{24} = \frac{19}{24}$

Vorgehensweise in Bsp. (4):

(a) Sortieren nach Ganzen und echten B.
(b) Sortieren nach Plus- u. Minusgliedern bei den Ganzen und den echten B.

(c) Summe der Plus- u. der Minusglieder.
(d) Bei einer Subtr. als Abschlussrechnung evtl. einen Ganzen oder mehrere Ganze verwandeln, so dass im Zähler ein »Überschuss« entsteht (vgl. Bsp. 3).

b) Multiplikation, Division

Beachte: vor dem Kürzen die Bruchform herstellen!

Bsp. (5): $2 \cdot 2\frac{3}{4} = 2 \cdot (2 + \frac{3}{4}) = 2 \cdot 2 + 2 \cdot \frac{3}{4}$
$= 4 + \frac{2 \cdot 3}{4} = 4 + \frac{3}{2} = 4 + 1 + \frac{1}{2} = 5\frac{1}{2}$

oder $\quad 2 \cdot 2\frac{3}{4} = 2 \cdot (\frac{8}{4} + \frac{3}{4}) = 2 \cdot \frac{11}{4} = \frac{2 \cdot 11}{4}$
$= \frac{11}{2} = \frac{10}{2} + \frac{1}{2} = 5\frac{1}{2}$

Bsp. (6): $2\frac{3}{5} \cdot 2\frac{3}{5} = \frac{11}{5} \cdot \frac{13}{5} = \frac{11 \cdot 13}{4 \cdot 5} = \frac{143}{20}$
$= \frac{140}{20} + \frac{3}{20} = 7\frac{3}{20}$

Bsp. (7): $4\frac{1}{6} : 2\frac{2}{9} = \frac{25}{6} : \frac{20}{9} = \frac{25}{6} \cdot \frac{9}{20} = \frac{25 \cdot 9}{6 \cdot 20}$
$= \frac{5 \cdot 3}{2 \cdot 4} = \frac{15}{8} = \frac{8+7}{8} = 1\frac{7}{8}$

Bsp. (8): $(1\frac{1}{2} : 2\frac{5}{8}) \cdot 4\frac{1}{3} = (\frac{3}{2} : \frac{21}{8}) \cdot \frac{13}{3} = \frac{3}{2} \cdot \frac{8}{21} \cdot \frac{13}{3}$
$= \frac{3 \cdot 8 \cdot 13}{2 \cdot 21 \cdot 3} = \frac{4 \cdot 13}{21} = \frac{52}{21} = 2\frac{10}{21}$

Hinweise zum Vorgehen:
- Bei der Multiplikation (Division) eines gemischten Bruches mit einem (durch einen) gemischten Bruch ist es i.d.R. von Vorteil und auch notwendig, die gemischten Brüche *einzurichten* (S. 32, Abb. B), d.h. die Ganzen in einen Bruch zu verwandeln.
- Die Vorzeichen sind mit den Vorzeichenregeln (S. 39) zu verarbeiten.
- PvS-Regel (S. 41) und die Regeln Br 6 und Br 7 (S. 35) vorrangig beachten.
- Kürzen macht die Zahlen kleiner.

Bruchterme

sind *Quotienten* mit rationalen (auch reellen, s. S. 47) Zahlen. Im Falle von Brüchen enthalten sie mindestens zwei Bruchstriche. Man nennt sie daher **Doppelbrüche**.

Bsp.: $\dfrac{\frac{2}{3} + \frac{1}{2}}{\frac{4}{5}}$; $\dfrac{\frac{5}{8}}{5}$; aber auch $\dfrac{2,5}{0,2}$.

Der Hauptbruchstrich (rot) ist i.A. nicht austauschbar mit einem der Nebenbruchstriche.

So ist z.B. $\dfrac{\frac{5}{8}}{5} \neq \dfrac{5}{\frac{8}{5}}$ wg. $\dfrac{\frac{5}{8}}{5} = \frac{1}{8}$ u. $\dfrac{5}{\frac{8}{5}} = \frac{25}{8}$.

Mit Doppelbrüchen spart man Klammern ein und behält beim Rechnen den Überblick.
Beispiel: Abb. B

Definition: $\sqrt{2}$ ist diejenige nichtnegative Zahl, deren Quadrat gleich 2 ist.

Verfahrensansatz

In einer ersten groben Abschätzung erhält man leicht: $1 \leq \sqrt{2} \leq 2$, denn $1^2 = 1$; $2^2 = 4$

Die erste Stelle hinter dem Komma könnte besetzt sein mit einer der Ziffern 0, 1, 2, ..., 9. Gesucht ist diejenige Ziffer x, bei der die $(1,x)^2$ gerade noch kleiner als 2 ist.

Durch Probieren findet man: $1,4 \leq \sqrt{2} \leq 1,5$, denn $1,4^2 = 1,96$; $1,5^2 = 2,25$

Entsprechend geht man bei der 3., 4., ... Stelle vor:

$1,41 \leq \sqrt{2} \leq 1,42$,

denn $1,41^2 = 1,9881$ und $1,42^2 = 2,0164$

$1,414 \leq \sqrt{2} \leq 1,415$

denn $1,414^2 = 1,999396$ und $1,415^2 = 2,002225$

usw. $\sqrt{2} = 1,41421356\ldots$

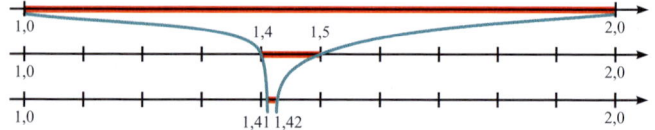

Intervalle	$\sqrt{2}$	Intervalllänge
[1 ; 2]		1,0
[1,4 ; 1,5]		0,1
[1,41 ; 1,42]		0,01
[1,414 ; 1,415]		0,001
[1,4142 ; 1,4143]		0,0001
usw.		

1,4 / 1,41 / 1,414 / 1,4142 ... sind untere Näherungswerte
1,5 / 1,42 / 1,415 / 1,4143 ... sind obere Näherungswerte

A   Entwicklung von $\sqrt{2}$ als unendliche nichtperiodische Dezimalzahl

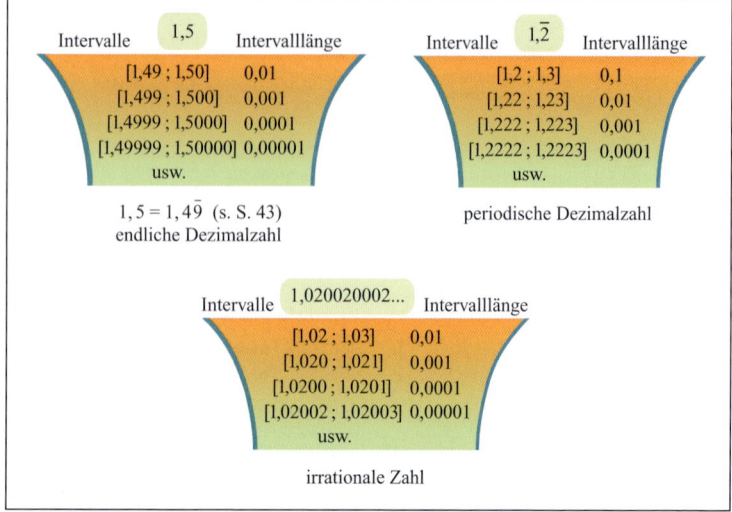

Intervalle	1,5	Intervalllänge
[1,49 ; 1,50]		0,01
[1,499 ; 1,500]		0,001
[1,4999 ; 1,5000]		0,0001
[1,49999 ; 1,50000]		0,00001
usw.		

$1,5 = 1,4\overline{9}$ (s. S. 43)
endliche Dezimalzahl

Intervalle	$1,\overline{2}$	Intervalllänge
[1,2 ; 1,3]		0,1
[1,22 ; 1,23]		0,01
[1,222 ; 1,223]		0,001
[1,2222 ; 1,2223]		0,0001
usw.		

periodische Dezimalzahl

Intervalle	1,020020002...	Intervalllänge
[1,02 ; 1,03]		0,01
[1,020 ; 1,021]		0,001
[1,0200 ; 1,0201]		0,0001
[1,02002 ; 1,02003]		0,00001
usw.		

irrationale Zahl

B   Spezielle Intervallschachtelungen

$\sqrt{2}$ als nichtrationale Zahl

Die Aufgabe, für ein Quadrat mit der Seitenlänge 1 die Länge x der Diagonalen zu bestimmen, führt nach Anwendung des Pythagoras (s. S. 191) auf die Gleichung $x^2 = 2$. Da negative Zahlen für Längen nicht zulässig sind, ist also eine nichtnegative Zahl gesucht, deren Quadrat 2 ergibt. Es ist üblich, diese Zahl mit $\sqrt{2}$ zu bezeichnen (lies: Wurzel aus 2). Im indirekten Beweis (S. 259) zeigt man:

$\sqrt{2}$ ist keine rationale Zahl.

Annahme: $\sqrt{2}$ ist eine rationale Zahl. Dann muss $\sqrt{2}$ ein Bruch zwischen 1 und 2 sein, denn es gilt $1^2 < 2$ und $2^2 > 2$. Also gibt es $\frac{a}{b} \in \mathbb{Q}^+$ mit $a, b \in \mathbb{N}$ und $\sqrt{2} = \frac{a}{b}$. Der Bruch sei als vollständig gekürzt vorausgesetzt, d.h. *a und b sind teilerfremd*. Formt man äquivalent um $\sqrt{2} = \frac{a}{b} \iff (\sqrt{2})^2 = \left(\frac{a}{b}\right)^2$

$$\iff 2 = \frac{a^2}{b^2} \iff 2b^2 = a^2 \quad (1)$$

so ergibt sich aus (1), dass a^2 das Doppelte von b^2 und damit durch 2 teilbar ist. 2 muss daher ein Primfaktor von a sein, so dass auch a durch 2 teilbar ist.

Für a kann man also schreiben: $a = 2c$ mit $c \in \mathbb{N}$. Eingesetzt in (1) erhält man $2b^2 = (2c)^2 \iff 2b^2 = 4c^2 \iff b^2 = 2c^2$ (2). Gleichung (2) ergibt sich aus Gleichung (1), indem man a durch b und b durch c ersetzt. Dieselbe Argumentation wie bei (1) hat bei (2) das Ergebnis, dass b durch 2 teilbar ist. Das heißt aber: *a und b sind nicht teilerfremd*, da beide den Teiler 2 besitzen. Widerspruch!

Folgerung: Es gibt also keine rationale Längenmaßzahl für die Diagonale. Man sucht daher den Zahlenbereich $\mathbb{Q}$ zu erweitern. Dass für $\sqrt{2}$ (und andere irrationale Zahlen) auf der Zahlengeraden noch »Platz« ist, wird auf S. 190 in Abb. B veranschaulicht.

Definition irrationaler Zahlen

$\sqrt{2}$ lässt sich durch eine *unendliche* Folge von Dezimalstellen $1,4142\ldots$ erfassen (Abb. A). Es kann sich nicht um eine endliche oder periodische Dezimaldarstellung handeln, denn sonst wäre $\sqrt{2}$ eine rationale Zahl (vgl. S. 43). Man definiert:

Jede nichtperiodische unendliche Dezimalzahl heißt *irrationale* Zahl.

Fügt man zur Menge $\mathbb{Q}$ der rationalen Zahlen die Menge der irrationalen Zahlen hinzu, so erhält man die Menge $\mathbb{R}$ der **reellen Zahlen**. Damit gilt:

Die Menge der reellen Zahlen ist die Menge aller endlichen und aller unendlichen (periodischen oder nichtperiodischen) Dezimalzahlen.

Bsp.: $2,5$ und $1,\overline{2}$ (rational)
$1,020020002\ldots$ oder $1,41421\ldots$ als Darstellung von $\sqrt{2}$ (irrational)

Die Entwicklung der unendlichen Dezimalzahldarstellung von $\sqrt{2}$ in Abb. A benutzt zur Eingrenzung obere und untere *Näherungswerte*. Diese bestimmen ineinander geschachtelte *Intervalle*, deren Längen beliebig klein werden. Durch die Übereinstimmungen in der Ziffernfolge beider Grenzen wird die Dezimalzahldarstellung von Stufe zu Stufe weiter entwickelt. Zur allgemeinen Beschreibung dieses Vorgehens benutzt man den Begriff der

Intervallschachtelung

Eine Folge von abgeschlossenen Intervallen $I_1, I_2, I_3, \ldots$ heißt *Intervallschachtelung*, wenn gilt:
(1) Die Intervalle sind ineinander geschachtelt, d.h. $I_1 \supseteq I_2 \supseteq I_3 \supseteq \ldots$ und
(2) die Intervalllänge strebt gegen 0.

Eine Intervallschachtelung »zielt« auf genau einen Punkt der Zahlengeraden (s. die »Trichter«-Vorstellung in Abb. A). Tatsächlich lässt sich allgemein beweisen:

Jede Intervallschachtelung mit rationalen Grenzen beschreibt genau einen Punkt auf der Zahlengeraden. Er ist entweder einer rationalen oder einer irrationalen Zahl zugeordnet.

Bsp. verschiedener Intervallschachtelungen in Abb. B.

Anordnung reeller Zahlen auf der Zahlengeraden

Wegen der Darstellung reeller Zahlen durch Intervallschachtelungen rationaler Zahlen überträgt sich die Anordnung rationaler Zahlen auf alle **reellen** Zahlen.
Es gelten die **MG** der Addition und Multiplikation (vgl. S. 41).

Vollständigkeitseigenschaft

Zu den neuen, den irrationalen Zahlen gehören Intervallschachtelungen mit rationalen Intervallgrenzen. Es stellt sich die Frage, ob durch Intervallschachtelungen mit beliebigen *reellen* Intervallgrenzen abermals neue Zahlen beschrieben werden. Das ist nicht der Fall:

Vollständigkeitssatz:
Jede Intervallschachtelung *reeller* Zahlen beschreibt wieder genau eine reelle Zahl.

48   Zahlenmengen

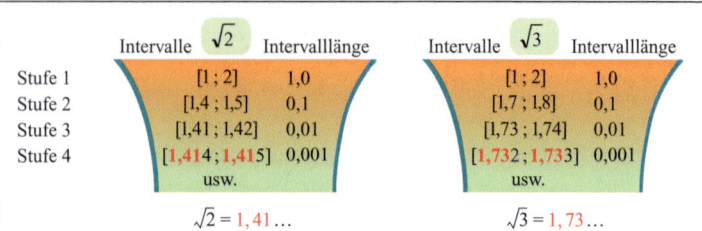

Stufe	Intervalle $\sqrt{2}$	Intervalllänge	Intervalle $\sqrt{3}$	Intervalllänge
Stufe 1	[1 ; 2]	1,0	[1 ; 2]	1,0
Stufe 2	[1,4 ; 1,5]	0,1	[1,7 ; 1,8]	0,1
Stufe 3	[1,41 ; 1,42]	0,01	[1,73 ; 1,74]	0,01
Stufe 4	[1,414 ; 1,415]	0,001	[1,732 ; 1,733]	0,001
	usw.		usw.	

$$\sqrt{2} = 1,41\ldots \qquad \sqrt{3} = 1,73\ldots$$

Addition:
Addition der beiden linken bzw. rechten Intervallgrenzen gleicher Stufe

$\sqrt{2} + \sqrt{3}$

[2 ; 4]	2,0
[3,1 ; 3,3]	0,2
[3,14 ; 3,16]	0,02
[3,146 ; 3,148]	0,002
usw.	

$$\sqrt{2} + \sqrt{3} = 3,14\ldots$$

Gegenzahl:
Gegenzahlen der Intervallgrenzen bilden; die größere der beiden Zahlen einer Stufe wird die rechte Grenze

$-\sqrt{3}$

[−2 ; −1]	1,0
[−1,8 ; −1,7]	0,1
[−1,74 ; −1,73]	0,01
[−1,733 ; −1,732]	0,001
usw.	

$$-\sqrt{3} = -1,73\ldots$$

Subtraktion:
Addition der Gegenzahl:
$a - b = a + (-b)$

$\sqrt{2} - \sqrt{3}$

[−1 ; 1]	2,0
[−0,4 ; −0,2]	0,2
[−0,33 ; −0,31]	0,02
[−0,319 ; −0,317]	0,002
usw.	

$$\sqrt{2} - \sqrt{3} = -0,31\ldots$$

Multiplikation:
Multiplikation der beiden linken bzw. rechten Intervallgrenzen gleicher Stufe

$\sqrt{2} \cdot \sqrt{3}$

[1 ; 4]	3,0
[2,3… ; 2,7…]	0,3…
[2,43… ; 2,47]	0,03…
[2,449… ; 2,452…]	0,003…
usw.	

$$\sqrt{2} \cdot \sqrt{3} = 2,4\ldots$$

> Ggf. sind bei Multiplikation, Kehrwert und Division die Intervallgrenzen der Größe nach zu ordnen!

Kehrwert:
Kehrwerte der von 0 verschiedenen Intervallgrenzen bilden

$\frac{1}{\sqrt{2}}$

[0,5 ; 1]	0,5
[0,66… ; 0,71…]	0,5…
[0,704… ; 0,709…]	0,04…
[0,7067… ; 0,7072…]	0,004…
usw.	

$$\frac{1}{\sqrt{2}} = 0,70\ldots$$

Division:
Multiplikation mit dem Kehrwert:
$a : b = a \cdot \frac{1}{b}$

$\sqrt{3} : \sqrt{2}$

[0,5 ; 2]	1,5
[1,1… ; 1,2…]	0,1…
[1,21… ; 1,23…]	0,01…
[1,224… ; 1,225…]	0,001…
usw.	

$$\sqrt{3} : \sqrt{2} = 1,22\ldots$$

Intervallschachtelungen und ihre Verknüpfungen

Rechnen mit Näherungswerten

$\sqrt{2}$ kann man zwar beliebig genau über eine Intervallschachtelung berechnen, aber wegen der Unendlichkeit der Dezimalzahldarstellung irrationaler Zahlen nie vollständig angeben. *Näherungswerte* von $\sqrt{2}$ erhält man (s. S. 46, Abb. A) bei jedem Abbrechen des Intervallschachtelungsverfahrens. Die Verwendung von Näherungswerten, um die man aus praktischen Erwägungen nicht herumkommt (z.B. sind die Stellenzahl bei einem Taschenrechner und die Lebenszeit des rechnenden Mathematikers begrenzt), bedeutet, dass man Fehler (Rundungsfehler) in weiterführende Rechnungen einbaut.

Bem. 1: Für das Runden und die Genauigkeit von Näherungswerten gilt dasselbe wie für endl. bzw. period. Dezimalzahlen (S. 43).

Bem. 2: Man kann mit Intervallschachtelungen »rechnen«, d.h. eine Addition und eine Multiplikation definieren (Abb.), ihre Umkehrungen einführen und nachweisen, dass das **AG** und das **KG** für beide Verknüpfungen und das **DG** gelten.

Quadratwurzeln

Es sei $a \in \mathbb{R}_0^+$. Dann heißt diejenige nichtnegative reelle Zahl, deren Quadrat gleich a ist, *Quadratwurzel* aus a: in Zeichen $\sqrt{a}$ (lies: Wurzel aus a). a heißt *Radikand*.

Bsp.: $\sqrt{0,04} = 0,2$ $\sqrt{0} = 0$ (rational)
$\sqrt{3} = 1,73205\ldots$ (irrational)

Rechenregeln für Quadratwurzeln

(I) $\sqrt{a} \cdot \sqrt{b} = \sqrt{a \cdot b}$ für alle $a, b \in \mathbb{R}_0^+$

(II) $\dfrac{\sqrt{a}}{\sqrt{b}} = \sqrt{\dfrac{a}{b}}$ für alle $a \in \mathbb{R}_0^+$, $b \in \mathbb{R}^+$

(III) $\sqrt{a^2} = |a|$ für alle $a \in \mathbb{R}$

(IV) $a = b \quad \Leftrightarrow \quad a^2 = b^2$ für alle $a, b \in \mathbb{R}_0^+$

Bem.: $\sqrt{a \pm b} \neq \sqrt{a} \pm \sqrt{b}$ und $\sqrt{a^2 + b^2} \neq a + b$
Die links stehenden Wurzelterme sind nicht zu vereinfachen.

Anwendungen

(1) und (2): Wurzelziehen aus quadratischen Termen (*partielles* Wurzelziehen)

(1) $\sqrt{50} = \sqrt{2 \cdot 25} = \sqrt{2} \cdot \sqrt{25} = 5 \cdot \sqrt{2}$

(2) $\sqrt{2a^2b - 4ab^2 + 2b^3} = \sqrt{2b(a^2 - 2ab + b^2)}$
$= \sqrt{2b} \cdot \sqrt{a^2 - 2ab + b^2} = \sqrt{2b} \cdot \sqrt{(a-b)^2}$
$= \sqrt{2b} \cdot |a - b|$ für alle $a \in \mathbb{R}$, $b \in \mathbb{R}_0^+$

(alle Radikanden sind als nichtnegativ anzusehen!)

(3) Wurzel im Nenner beseitigen: den Nenner »rational« (wurzelfrei) machen

$\dfrac{a}{\sqrt{b}} = \dfrac{a}{\sqrt{b}} \cdot \dfrac{\sqrt{b}}{\sqrt{b}} = \dfrac{a\sqrt{b}}{(\sqrt{b})^2} = \dfrac{a\sqrt{b}}{b}$ für alle $a \in \mathbb{R}$, $b \in \mathbb{R}^+$

(4) Ausklammern von Wurzeltermen:
$2\sqrt{a} + \sqrt{20ab} = \sqrt{4a} + \sqrt{4a} \cdot \sqrt{5b}$
$= \sqrt{4a}(1 + \sqrt{5b}) = 2\sqrt{a}(1 + \sqrt{5b})$
für alle $a, b \in \mathbb{R}_0^+$

Potenzen

Man unterscheidet Potenzen mit
• natürlichen Exponenten
• negativen ganzzahligen Exponenten
• rationalen Exponenten und
• reellen Exponenten

Potenzen mit nat. Exponenten sind eine abkürzende Schreibweise für ein Produkt, bei dem die Faktoren gleich sind:

Def. 1: Es sei $a \in \mathbb{R}$.
$$a^n := \begin{cases} a \cdot \ldots \cdot a \ (n\text{-mal}) & \text{für } n \in \mathbb{N}^{\geq 2} \\ a & \text{für } n = 1 \\ 1 & \text{für } n = 0 \text{ und } a \neq 0 \end{cases}$$
a heißt *Basis*, n *Exponent*, a^n *n-te Potenz* (lies: a hoch n)

Bem.: Die Definition $a^0 = 1$ für $a \neq 0$ ist im Einklang mit der Regel **Po 2** (S. 50, Abb. B) getroffen. Einerseits gilt nach der Regel
$\dfrac{a^n}{a^n} = a^{n-n} = a^0$, andererseits ist der Quotient gleicher Terme stets gleich 1.
0^0 ist nicht definiert.

Bsp.: $5^3 = 5 \cdot 5 \cdot 5$; $x^4 = x \cdot x \cdot x \cdot x$
$(xy)^3 = xy \cdot xy \cdot xy = (xxx) \cdot (yyy) = x^3 \cdot y^3$
$(x^3)^2 = x^3 \cdot x^3 = (xxx) \cdot (xxx) = xxxxxx = x^6$
Für die letzten beiden Beispiele gibt es eine bequemere Ausrechnung nach der Regel **Po 4** bzw. **Po 3** (S. 50, Abb. B).

Potenzen mit negativen ganzzahligen Exponenten sind Kehrwerte von Potenzen mit nat. Exponenten:

Def. 2: $a^{-n} := \dfrac{1}{a^n}$ für $n \in \mathbb{N}$, $a \in \mathbb{R}^{\neq 0}$

Bsp.: $a^{-1} = \dfrac{1}{a}$; $(a^{-1})^{-1} = \dfrac{1}{a^{-1}} = \dfrac{1}{\frac{1}{a}} = a$

$a^{-2} = \dfrac{1}{a^2} = \dfrac{1 \cdot 1}{a \cdot a} = \dfrac{1}{a} \cdot \dfrac{1}{a} = \left(\dfrac{1}{a}\right)^2$

Bem.: Damit ist a^z für $a \in \mathbb{R}^{\neq 0}$ und $z \in \mathbb{Z}$ definiert. Die Ausweitung der Exponenten auf eine umfangreichere Menge (hier $\mathbb{Z}$) führt zu einer Einschränkung der zulässigen Menge der Basen ($a \neq 0$). Das ist auch bei den nächsten beiden Erweiterungen (S. 51) der Fall.

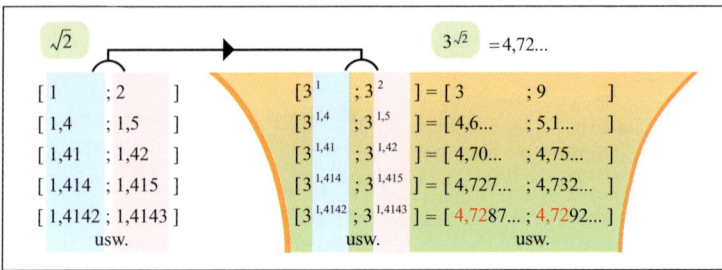

A Potenz mit irrationalen Exponenten

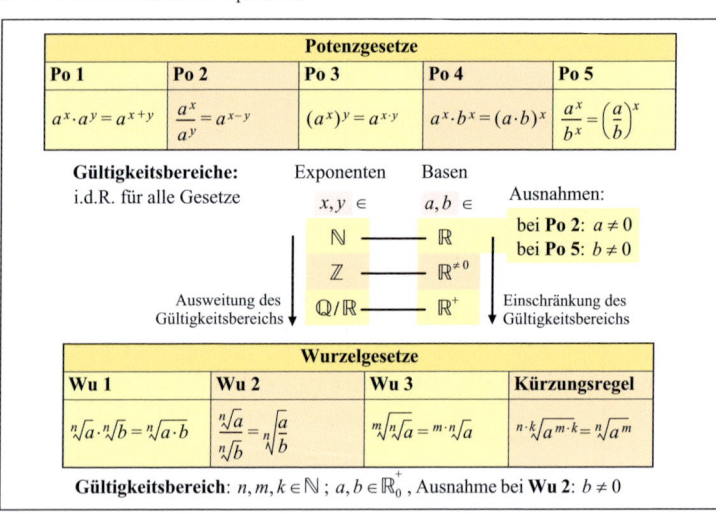

B Potenzgesetze, speziell: Wurzelgesetze

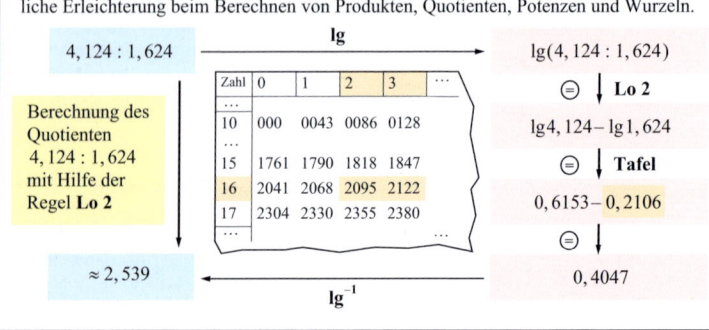

Bevor in den 70er Jahren des 20. Jahrhunderts der Taschenrechner seinen Siegeszug antrat, bedeuteten die logarithm. Gesetze und eine Tafel der Zehnerlogarithmen eine wesentliche Erleichterung beim Berechnen von Produkten, Quotienten, Potenzen und Wurzeln.

C Anwendung eines logarithmischen Gesetzes

Potenzen mit rat. Exponenten (*n*-te Wurzeln)

stellen eine Verallgemeinerung des Quadratwurzelbegriffs dar:

a) Exponent ist ein Stammbruch

> **Def. 3:** $a^{\frac{1}{n}} := \sqrt[n]{a}$ ($a \in \mathbb{R}_0^+$, $n \in \mathbb{N}$) ist diejenige *nichtnegative* reelle Zahl, deren *n*-te Potenz gleich a ist. a heißt *Radikand*. (lies: *a hoch 1 durch n* bzw. *n*-te Wurzel aus *a*)

Bem.: Es gilt: $\sqrt[2]{a} = \sqrt{a}$ und $\sqrt[1]{a} = a$

Bsp.: $x^{\frac{1}{2}} = \sqrt{x}$; $x^{\frac{1}{3}} = \sqrt[3]{x}$; $\sqrt[4]{0} = 0$

b) beliebiger rat. Exponent

> **Def. 4:** $a^{\frac{n}{m}} := (\sqrt[m]{a})^n = \sqrt[m]{a^n}$; $a^{-\frac{n}{m}} := \frac{1}{a^{\frac{n}{m}}}$
> ($a \in \mathbb{R}^+$; $n \in \mathbb{Z}$, $m \in \mathbb{N}$)
> (lies: *a hoch (minus) n durch m*)

Potenzen mit irrationalen Exponenten

Jede irrationale Zahl r ist durch eine Intervallschachtelung rationaler Zahlen darstellbar. Die Intervallgrenzen einer derartigen Intervallschachtelung werden zu Exponenten einer Basis $a \in \mathbb{R}^+$ »erhoben«. Die Potenzen bilden, als Grenzen genommen, Intervalle einer Intervallschachtelung zu a^r (Abb. A).

Potenzgesetze

Die fünf Potenzgesetze **Po 1** bis **Po 5** (Abb. B) haben je nach Exponentenmenge einen anderen Gültigkeitsbereich für die Basis a. Speziell gelten die Gesetze zur *n*-ten Wurzel (Abb. B).

Anwendung der Potenzgesetze am Beispiel

$$\frac{\sqrt[5]{a^4} \cdot \sqrt[3]{\sqrt[3]{a^5 b^3} \cdot (b-a)^{\frac{3}{5}}}}{(a^{\frac{1}{5}})^2 \cdot (\sqrt[3]{b^2})^2 \cdot (b-a)^{\frac{2}{5}}} = \frac{a^{\frac{4}{5}} \cdot (a^{\frac{3}{5}} b^3)^{\frac{1}{3}} \cdot (b-a)^{\frac{3}{5}}}{a^{\frac{2}{5}} \cdot (b^{\frac{2}{3}})^2}$$

$$\frac{a^{\frac{4}{5}} \cdot (a^{\frac{3}{5}} b^3)^{\frac{1}{3}} \cdot (b-a)^{\frac{1}{5}}}{a^{\frac{2}{5}} \cdot (b^{\frac{2}{3}})^2} = \frac{a^{\frac{2}{5}} \cdot a^{\frac{1}{5}} b \cdot (b-a)^{\frac{1}{5}}}{b^{\frac{4}{3}}}$$

$$\frac{a^{\frac{2}{5}} \cdot a^{\frac{1}{5}} \cdot b \cdot (b-a)^{\frac{1}{5}}}{b^{\frac{4}{3}}} = a^{\frac{3}{5}} \cdot b^{-\frac{1}{3}} \cdot (b-a)^{\frac{1}{5}}$$

$$a^{\frac{3}{5}} \cdot b^{-\frac{1}{3}} \cdot (b-a)^{\frac{1}{5}} = \frac{1}{b^{\frac{1}{3}}} \cdot \sqrt[5]{a^3} \cdot \sqrt[5]{b-a}$$　**Def. / Po 1**

$$\frac{1}{b^{\frac{1}{3}}} \cdot \sqrt[5]{a^3} \cdot \sqrt[5]{b-a} = \frac{1}{\sqrt[3]{b}} \cdot \sqrt[5]{a^3(b-a)}$$　**Po 2 / Po 3 / Po 4 / Wu 1**

Logarithmus

Das Bestimmen des Logarithmus ist gleichbedeutend mit dem Lösen der Exponentialgleichung $a^x = b$ (sog. Logarithmieren):
$x = \log_a b \Leftrightarrow a^x = b$

Die Aufgabe, den Logarithmus einer Zahl zu bestimmen, bedeutet: *Suche einen Exponenten zu einer bestimmten Basis.*

> **Def. 5:** Der Logarithmus zur Basis $a \in \mathbb{R}^+ \backslash \{1\}$ einer Zahl $b \in \mathbb{R}^+$ (in Zeichen: $\log_a b$) ist derjenige Exponent x, für den gilt: $a^x = b$ oder $x = \log_a b$.

Das Logarithmieren ist neben dem Radizieren eine zweite Umkehrung des Potenzierens.

Speziell: $\lg := \log_{10}$, $\text{lb} := \log_2$, $\ln := \log_e$ (e ist die eulersche Zahl, ln heißt *natürlicher Logarithmus*, S. 151)

Bem.: Der Logarithmus zur Basis 1 ist nicht definierbar, weil $1^x = b$ nur für $b = 1$ eine Lösung besitzt.

Bsp.: $\log_2 8 = 3$, denn $2^3 = 8$
$\log_{10} 0,01 = -2$, denn $10^{-2} = \frac{1}{100} = 0,01$

Logarithmische Gesetze

Diese Gesetze ergeben sich unmittelbar aus den Potenzgesetzen **Po 1** bis **Po 3**, wenn man dort nur die Exponenten betrachtet.
Für alle $a \in \mathbb{R}^+ \backslash \{1\}$, $x, y \in \mathbb{R}^+$ gilt:

> **Lo 1:** $\log_a(x \cdot y) = \log_a x + \log_a y$
> **Lo 2:** $\log_a \frac{x}{y} = \log_a x - \log_a y$
> **Lo 3:** $\log_a x^n = n \cdot \log_a x$

Ergänzt werden diese Gesetze durch die

> **Reduktionsformel** $a^{\log_a x} = x$ und die

> **Umrechnungsformel** bei einem Wechsel der Basis: $\log_c x = \log_c a \cdot \log_a x$

Aus der letzten Formel folgt, dass man jeden beliebigen Logarithmus z.B. aus dem Zehnerlogarithmus berechnen kann ($c = 10$):

$$\log_a x = \frac{\lg x}{\lg a}$$

Bem.: Das Besondere der logarithmischen Gesetze liegt darin, dass ein Produkt, ein Quotient bzw. eine Potenz auf eine Summe, eine Differenz bzw. ein Produkt reduziert wird.
Anwendung: Abb. C

Radizieren und Logarithmieren als Umkehrungen des Potenzierens

• *Radizieren* führt bei einer Potenzgleichung der Form $x^n = b$ für $n \in \mathbb{N}$ und $a \in \mathbb{R}_0^+$ zu *einer Lösung*: $\sqrt[n]{b}$.

• *Logarithmieren* führt bei einer Potenzgleichung der Form $a^x = b$ für $a \in \mathbb{R}^+ \backslash \{1\}$ und $b \in \mathbb{R}^+$ zu *der Lösung* $x = \log_a b$.

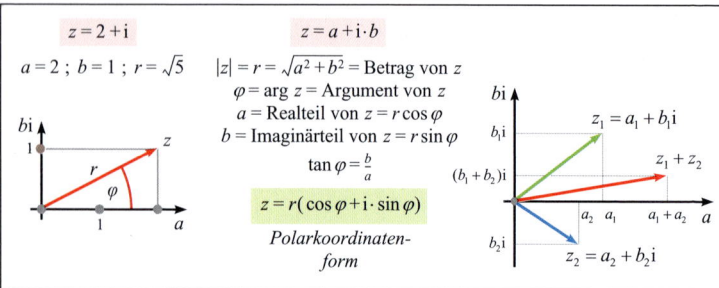

$z = 2 + i$ $\qquad$ $z = a + i \cdot b$

$a = 2$; $b = 1$; $r = \sqrt{5}$ $\quad$ $|z| = r = \sqrt{a^2 + b^2}$ = Betrag von z

φ = arg z = Argument von z

a = Realteil von $z = r \cos \varphi$

b = Imaginärteil von $z = r \sin \varphi$

$$\tan \varphi = \frac{b}{a}$$

$$z = r(\cos \varphi + i \cdot \sin \varphi)$$

*Polarkoordinaten-
form*

A Gaußsche Ebene, Addition komplexer Zahlen

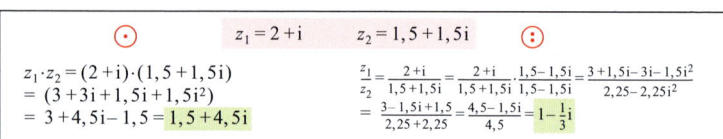

$\odot$ $\qquad$ $z_1 = 2 + i$ $\qquad$ $z_2 = 1,5 + 1,5i$ $\qquad$ $\div$

$z_1 \cdot z_2 = (2 + i) \cdot (1,5 + 1,5i)$
$= (3 + 3i + 1,5i + 1,5i^2)$
$= 3 + 4,5i - 1,5 = \boxed{1,5 + 4,5i}$

$\dfrac{z_1}{z_2} = \dfrac{2+i}{1,5+1,5i} = \dfrac{2+i}{1,5+1,5i} \cdot \dfrac{1,5-1,5i}{1,5-1,5i} = \dfrac{3+1,5i-3i-1,5i^2}{2,25-2,25i^2}$

$= \dfrac{3-1,5i+1,5}{2,25+2,25} = \dfrac{4,5-1,5i}{4,5} = \boxed{1 - \frac{1}{3}i}$

B Rechnen mit den Termen $a + bi$

Multiplikation, rechnerisch:

$z_1 = r_1(\cos \varphi_1 + i \cdot \sin \varphi_1)$; $z_2 = r_2(\cos \varphi_2 + i \cdot \sin \varphi_2)$

$z_1 \cdot z_2 = r_1 r_2 (\cos \varphi_1 + i \cdot \sin \varphi_1)(\cos \varphi_2 + i \cdot \sin \varphi_2)$
$\quad = r_1 r_2 (\cos \varphi_1 \cos \varphi_2 - \sin \varphi_1 \sin \varphi_2)$
$\qquad + i(\sin \varphi_1 \cos \varphi_2 + \cos \varphi_1 \sin \varphi_2)$

Nach den Additionstheoremen (S. 89) folgt:

$$z_1 \cdot z_2 = r_1 r_2 (\cos(\varphi_1 + \varphi_2) + i \cdot \sin(\varphi_1 + \varphi_2))$$

Bsp.: $\quad z_1 = 2 + i \qquad z_2 = 1,5 + 1,5i$

$z_1 = \sqrt{5} \cdot (\cos 26,6° + i \cdot \sin 26,6°)$

$z_2 = \sqrt{4,5} \cdot (\cos 45° + i \cdot \sin 45°)$

$z_1 \cdot z_2 = \sqrt{5} \cdot \sqrt{4,5} \cdot (\cos 71,6° + i \sin 71,6°)$

$= \boxed{1,5 + 4,5i}$

Division

Analog zum Produkt bildet man nun den Quotienten $\frac{z_1}{z_2}$.

Dieser wird im Nenner durch Erweiterung des Bruches mit $\bar{z}_2 = r_2(\cos \varphi_2 - i \cdot \sin \varphi_2)$ und durch Anwenden von $\sin^2 \varphi_2 + \cos^2 \varphi_2 = 1$ (s. S. 87) auf r_2 reduziert. Unter Anwendung der Additionstheoreme im Zähler ergibt sich dann:

$$\frac{z_1}{z_2} = \frac{r_1}{r_2}(\cos(\varphi_1 - \varphi_2) + i \cdot \sin(\varphi_1 - \varphi_2))$$

Bsp.: $\quad z_1 = 2 + i \qquad z_2 = 1,5 + 1,5i$

$\dfrac{z_1}{z_2} = \dfrac{2+i}{1,5+1,5i} = \dfrac{\sqrt{5}}{\sqrt{4,5}}(\cos(-18,4°) + i \cdot \sin(-18,4°))$

$= \boxed{1 - \frac{1}{3}i}$

graphisch: Gegeben sind z_1, z_2.

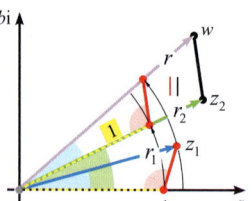

Begründung für $w = z_1 \cdot z_2$:
Nach dem 1. Strahlensatz ist

$$\frac{r}{r_1} = \frac{r_2}{1} \Leftrightarrow r = r_1 \cdot r_2$$

Außerdem gilt:

arg w = arg z_1 + arg z_2

Daher muss $w = z_1 \cdot z_2$ gelten. Daraus ergibt sich eine Möglichkeit, das Produkt $z_1 \cdot z_2$ aus z_1 und z_2 zu konstruieren.

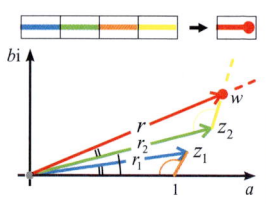

C Multiplikation und Division komplexer Zahlen in Polarkoordinatenform

Terme der Form $a + b$i

Die Menge $(\mathbb{R}; +; \cdot)$ mit ihrer Add. und Mult. ist noch unvollkommen, denn es gibt Gleichungen mit der Grundmenge $\mathbb{R}$, z.B. $x^2 = -1$, die in $\mathbb{R}$ unlösbar sind.

Man sucht daher nach einer Erweiterung $\mathbb{C}$ der reellen Zahlenmenge, in der die obige Gleichung lösbar ist.

Bezeichnet man eine in $\mathbb{C}$ enthaltene Lösung von $x^2 = -1$ mit dem Buchstaben i, so müsste in $\mathbb{C}$ gelten: $i^2 = -1$.

Mindestforderungen an die Rechenstruktur in $\mathbb{C}$ bestehen darin, dass die Add. und die Mult. auf $\mathbb{C}$ unbeschränkt ausführbar sind und die Rechenstruktur von $\mathbb{R}$ unverändert gültig ist.

Daher müssen mindestens die Produkte bi von Zahlen aus $\mathbb{R}$ mit i und alle Summen von Zahlen aus $\mathbb{R}$ und diesen Produkten zur Menge $\mathbb{C}$ gehören. Das führt auf Terme der Form $a + b$i.

Man kann sich nun auf »Zahlen« $a + b$i mit $a, b \in \mathbb{R}$ beschränken und definiert eine *Add.*

$$(a + b\text{i}) + (c + d\text{i}) := a + c + (b + d)\text{i}$$

und eine *Mult.*

$$(a + b\text{i}) \cdot (c + d\text{i})\ [= ac + ad\text{i} + bc\text{i} + bd\text{i}^2]$$
$$:= ac - bd + (ad + bc)\text{i}.$$

Es lässt sich nachweisen, dass alle Recheneigenschaften eines sog. Körpers (S. 223) gelten.

Da die Darstellung $a + 0$i mit der reellen Zahl a identifiziert werden kann, gilt $\mathbb{R} \subset \mathbb{C}$.

Komplexe Zahlen als geordnete Paare

Dass es die »Zahlen« $z = a + b$i tatsächlich gibt, kann man über eine andere Art der Konstruktion einsehen, bei der man $z = a + b$i als geordnetes Paar $(a; b)$ auffasst, so dass jede komplexe Zahl in einem kartes. Koordinatensystem als Punkt oder Pfeil darstellbar ist (Abb. A). Diese Zahlenebene der komplexen Zahlen wird auch als *gaußsche Ebene* bezeichnet.

Die Rechenoperationen werden folgendermaßen definiert:

Addition (Pfeiladdition, Abb. A und S. 202) und **Multiplikation**

$$(a; b) + (c; d) := (a + c; b + d)$$
$$(a; b) \cdot (c; d) := (ac - bd; ad + bc)$$

Subtraktion und **Division**

$$(a; b) - (c; d) := (a - c; b - d)$$
$$(a; b) : (c; d) := \left(\frac{ac + bd}{c^2 + d^2}; \frac{bc - ad}{c^2 + d^2}\right) \text{ für }$$
$$(c; d) \neq (0; 0)$$

Identifiziert man nun $(a; 0)$ mit a für alle $a \in \mathbb{R}$ und $(0; 1)$ mit i, so erhält man:

$$(a; b) = (a; 0) + (0; b)$$
$$= (a; 0) + (b; 0) \cdot (0; 1) = a + b\text{i}$$

Letztlich ist das Rechnen mit den Termen $a + b$i bequemer, weil man mit ihnen und mit der »Variablen« i, unter Beachtung von $i^2 = -1$, wie mit reellen Zahlen rechnen kann. *Bsp.*: Abb. B

Beim 2. Beispiel, der Divisionsaufgabe, wird zweckmäßigerweise die zu $z = a + b$i sog. *konjugiert komplexe* Zahl $\bar{z} = a - b$i beim Erweitern verwendet. Es gilt nämlich:

$$z \cdot \bar{z} = (a + b\text{i})(a - b\text{i}) = a^2 + b^2.$$

Darstellung in Polarkoordinaten

Führt man φ als Winkel zwischen dem Pfeil und der positiven x-Achse ein, so ergibt sich für $z = a + b$i $\ (z \neq 0)$

$a = r \cdot \cos\varphi$ und $b = r \cdot \sin\varphi$ und eingesetzt:

$$z = r(\cos\varphi + \text{i}\sin\varphi),$$

die *Polarkoordinatendarstellung* (Abb. A). Der Winkel φ, auch $\arg z$ genannt, ist bis auf Vielfache von 2π eindeutig bestimmt.

Bsp.: $z = -1 + \text{i}$ sei vorgegeben. Aus $a = -1$ und $b = 1$ folgt:

$$r = \sqrt{2} \text{ und } \cos\varphi = -\frac{1}{\sqrt{2}} \wedge \sin\varphi = \frac{1}{\sqrt{2}}.$$

Für φ ergibt sich:

$$\varphi = 135° \pm k \cdot 360° \ (k \in \mathbb{N}_0).$$

Multiplikation und Division in Polarkoordinatendarstellung (Abb. C)

Potenzieren und Radizieren in Polarkoordinatendarstellung

$z = r(\cos\varphi + \text{i} \cdot \sin\varphi) \Rightarrow$

(Po) $\quad z^n = r^n(\cos n\varphi + \text{i} \cdot \sin n\varphi)$, $n \in \mathbb{N}$

(Wu) $\quad \sqrt[n]{z} = \sqrt[n]{r}\left(\cos\frac{\varphi + k \cdot 2\pi}{n} + \text{i}\sin\frac{\varphi + k \cdot 2\pi}{n}\right)$,
$n \in \mathbb{N}$, $k = 0, 1, 2, \dots, n-1$

Bem. 1: Den zu $k = 0$ gehörenden Wert nennt man auch *Hauptwert*.

Bem. 2: Die Potenzregel **(Po)** beweist man mit dem Verfahren der vollständigen Induktion (S. 259).

Bem. 3: Jede quadrat. Gleichung (S. 59) ist, versehen mit der Grundmenge $\mathbb{C}$, lösbar.

Die allgemeine Gleichung n-ten Grades
$$a_n z^n + a_{n-1} z^{n-1} + \dots + a_1 z + a_0 = 0$$
(mit $a_n \in \mathbb{R} \setminus \{0\}$, $a_{n-1}, \dots, a_1, a_0 \in \mathbb{R}$) hat in $\mathbb{C}$ mindestens eine Lösung.

$2(x+1)-4x+2 = 3x-(x+2)$
$\qquad\qquad\qquad |D_x = \mathbb{R} \;|\;( )$

$\boxed{1}$ **Vereinfachen:**
Klammern auflösen (DG)

$\Leftrightarrow \quad 2x+2-4x+2 = 3x-x-2 \qquad |\;\text{KG} \atop |\;\text{DG}$

$\boxed{2}$ **Vereinfachen:**
vertauschen (KG), ausklammern (DG)

$\Leftrightarrow \quad (2-4)x+2+2 = (3-1)x-2 \qquad |\;- \atop |\;+$

$\boxed{3}$ **Vereinfachen:**
Summen- und Differenzberechnung

$\Leftrightarrow \qquad\qquad -2x+4 = 2x-2 \qquad |\;-2x \atop |\;-4$

$\boxed{4}$ **Sortieren:**
links: Terme mit x; rechts: Terme ohne x

$\Leftrightarrow \qquad\qquad\qquad -4x = -6 \qquad |:(-4)$

$\boxed{5}$ **Isolieren:**
Division durch eine Zahl; kürzen

$\Leftrightarrow \qquad\qquad\qquad x = \dfrac{-6}{-4} = \dfrac{3}{2}$

$\boxed{6}$ **Ablesen der Lösungsmenge**

Also gilt: $L = \{1,5\}$

A   Lösungsgang bei einer Gleichung mit Hilfe von Äquivalenzumformungen

Äquivalenzumformungen bei Gleichungen **ohne** Einschränkungen		Anmerkung
(1) einfache Termumformungen Rechnen in $\mathbb{R}$	$2+3 = 4x-3x \;\;\|\;\boxed{2+3}\;\boxed{5}$ $\Leftrightarrow 5 = 4x-3x \;\;\|\;\boxed{4x-3x}\;\boxed{x}$ $\Leftrightarrow 5 = x$	begründet über die Gesetze des Rechnens in $\mathbb{R}$, z.B. KG, AG, DG (S. 41)
(2) beiderseitiges Addieren (Subtrahieren) desselben Terms $T \neq 0$ $(D_T \supseteq D_x)$	$T_1 = T_2$ $\Leftrightarrow\; T_1 \pm T = T_2 \pm T$	Anwendung des Monotoniegesetzes der Addition (Subtraktion) in $\mathbb{R}$ (S. 41)
Äquivalenzumformungen bei Gleichungen **mit** Einschränkungen		Anmerkung
(3) beiderseitiges Multiplizieren mit demselben Term $T \neq 0$ $(D_T \supseteq D_x)$ **(4) beiderseitiges Dividieren durch denselben Term** $T \neq 0$ $(D_T \supseteq D_x)$	$T_1 = T_2$ $\Leftrightarrow\; T_1 \cdot T = T_2 \cdot T$ $T_1 = T_2$ $\Leftrightarrow\; T_1 : T = T_2 : T$	Anwendung der Monotoniegesetze der Multiplikation (Division) in $\mathbb{R}$ (S. 41) Multiplikation mit 0: $L[x^2=-1\|\mathbb{R}] = \{\ \}$, aber: $L[x^2 \cdot 0 = (-1)\cdot 0 \|\mathbb{R}] = \mathbb{R}$ $\|:0$ ist nicht definiert
(5) beiderseitige Kehrwertbildung beide Terme $\neq 0$	$T_1 = T_2$ $\Leftrightarrow\; \dfrac{1}{T_1} = \dfrac{1}{T_2}$	Anwendung der Monotonieeigenschaft der Funktion mit $f(x) = \frac{1}{x}$, $D_f = \mathbb{R}^{\neq 0}$ (S. 83)
(6) beiderseitiges Wurzelziehen beide Terme ≥ 0	$T_1 = T_2$ $\Leftrightarrow\; \sqrt{T_1} = \sqrt{T_2}$	Monotonieeigenschaft der Funktion mit $f(x) = \sqrt{x}$, $D_f = \mathbb{R}^{\geq 0}$ (S. 83)
Folgerungsumformung bei Gleichungen		Anmerkung
(7) beiderseitiges Multiplizieren mit demselben Term T $(D_T \supseteq D_x)$	$T_1 = T_2$ $\Rightarrow\; T_1 \cdot T = T_2 \cdot T$	Zur Lösungsmenge hinzukommen könnten diejenigen Einsetzungen für x, für die $T = 0$ gilt (Probe!).
(8) beiderseitiges Quadrieren	$T_1 = T_2$ $\Rightarrow\; T_1^2 = T_2^2$	Falsche Aussagen $(-1 = 1)$ können in wahre $((-1)^2 = 1^2)$ übergehen.

B   Äquivalenz- und Folgerungsumformungen bei Gleichungen

Reelle Gleichungen mit einer Variablen
Bei den folgenden Beispielgleichungen
Bsp. 1: $2(x+1) - 4x + 2 = 3x - (x+2)$, $x \in \mathbb{R}$
Bsp. 2: $\sqrt{1+x} = -1$, $x \in \mathbb{R}$
handelt es sich um Aussageformen (s. S. 15),
die beiderseits des Gleichheitszeichens aus
sog. *reellwertigen Termen* bestehen. Diese
enthalten reelle Zahlen, Rechenzeichen,
Klammern und mindestens einer von ihnen die
Variable x, für die $\mathbb{R}$ als Grundmenge vorgegeben ist.

> **Def. 1:** Sind T_1 und T_2 reellwertige Ter-
> me, von denen mindestens einer die Varia-
> ble x mit der Grundmenge $\mathbb{R}$ enthält, so
> heißt $T_1 = T_2$ *reelle Gleichung mit einer
> Variablen* (kurz: Gleichung).

Bem.: Statt x kann auch jeder andere Buchstabe als Variable eingeführt werden. ◄
Zu jedem Term T gehört eine Definitionsmenge D_T. I.A. wird dies die Menge aller reellen
Zahlen sein, für die der Term berechenbar, d.h.
definiert ist.
Für eine Gleichung gilt dann:

> Die Definitionsmenge D_x einer reellen
> Gleichung ist die Schnittmenge (S. 19) der
> Definitionsmengen ihrer beiden Terme:
> $D_x = D_{T_1} \cap D_{T_2}$.

Für Bsp. 1 gilt $D_x = \mathbb{R} \cap \mathbb{R} = \mathbb{R}$, denn beide
Terme sind für alle reellen Zahlen definiert.
In Bsp. 2 ist die Wurzel nur für $x \geq -1$ defi-
niert, d.h. man erhält: $D_x = \mathbb{R}^{\geq -1} \cap \mathbb{R} = \mathbb{R}^{\geq -1}$.

Lösungen von Gleichungen
Einsetzungen in die Variable einer Gleichung
aus der Definitionsmenge, die *wahre* Aussagen ergeben, nennt man *Lösungen*. Aufgabe
ist es, die *Lösungsmenge*, d.h. die Menge *aller*
Lösungen zu bestimmen.
Bsp.: Für $x^2 = 4 | D_x = \mathbb{R}$ sind 2 und -2 die
Lösungen. Also gilt: $L[x^2 = 4 | \mathbb{R}] = \{2; -2\}$
Lies: Lösungsmenge der Gleichung $x^2 = 4$
mit der Definitionsmenge $\mathbb{R}$ ist die Menge mit
den Elementen 2 und -2.
Bem.: Dieselbe Gleichung hat mit einer anderen Definitionsmenge i.A. eine andere Lö-
sungsmenge. Wählt man in $x^2 = 4 | D_x = \mathbb{R}$
z.B. statt $\mathbb{R}$ etwa $\mathbb{Z}^+$ bzw. $\mathbb{Z}^-$, so erhält man
$\{2\}$ bzw. $\{-2\}$ als Lösungsmenge.

Vorgehensweisen beim Lösen
• Argumentation
• rechnerische Verfahren
Wenn eine *Argumentation* möglich ist, so gibt
man ihr i.d.R. den Vorzug gegenüber rechnerischen Verfahren.

In Bsp. 2 ist die linke Seite wegen des Wur-
zelterms für alle Einsetzungen nicht negativ, die rechte dagegen negativ. Es kann
also keine wahren Aussagen geben; die Lösungsmenge ist leer.
Zu den *rechn. Verfahren* gehört die Anwendung der Äquivalenz- und Folgerungsumformungen (s.u., vgl. auch den Begriff Äquivalenz und Folgerung, S. 257f.), mit denen man
z.B. lineare, quadratische, Bruch- und Wurzelgleichungen (S. 59f.) bewältigen kann, aber
keineswegs alle Gleichungen.
Die nicht mit einfachen Rechenverfahren lös-
baren Gleichungen versucht man mit *Näherungsverfahren* (S. 159f.) zu lösen.

Äquivalenzumformungen
Die rechnerische Lösung von Bsp. 1 (Abb. A)
zeigt, wie die schrittweise Überführung der zu
lösenden Gleichung in die *einfachste* Glei-
chung $x = a$ (sog. *Endform*) gelingt.
Man geht zielgerichtet vor:
• *Vereinfachen* durch Termumformungen
  (Abb. B (1); A $\boxed{1}$, $\boxed{2}$, $\boxed{3}$)
• *Sortieren*, so dass *auf einer Seite* alle Sum-
  manden *mit x,* auf der anderen alle *ohne x*
  stehen, *wenn nötig: Vereinfachen* (Abb.
  B (2); A $\boxed{4}$)
• *Isolieren* der Variablen x auf einer der beiden Seiten (Abb. B (3); A $\boxed{5}$)
• *Ablesen* der Lösungsmenge aus einer mög-
  lichst einfachen Gleichung (Abb. A $\boxed{6}$)
Man schließt also von der Lösungsmenge der
letzten auf die der ersten Gleichung.
Das ist erlaubt, weil bei allen Umformungen
die Lösungsmengen unverändert bleiben.

> **Def. 2:** Umformungen einer Gleichung, bei
> denen die Lösungsmenge gleich bleibt, hei-
> ßen *Äquivalenzumformungen*. Zwischen
> äquivalenten Gleichungen steht das Zeichen
> $\Leftrightarrow$ (lies: äquivalent, lösungsmengengleich).

Man kennt zwei Arten von Äquivalenzumformungen (Abb. A und B):
(1) Die jeweilige Veränderung findet auf einer
    der beiden Gleichungsseiten statt (sog.
    Termumformung nach den Regeln in $\mathbb{R}$);
(2) die Veränderung wird auf *beiden* Seiten
    der Gleichung in *gleicher* Weise vorge-
    nommen.
Bem.: Es ist zweckmäßig, rechts neben der
Gleichung die Art der Umformung anzugeben
(s. Bsp. in Abb. A) und nicht zu viele Schritte
auf einmal zu machen.
Es gibt kein »Lösungsrezept« für *alle* Gleichungen.

$2x+2=4x-2x+3 \quad \vert D_x=\mathbb{R} \quad \vert (-2)$	$x^2+2x+3=1 \quad \vert D_x=\mathbb{R}$	$4x+2-x=2x+x+2 \quad \vert D_x=\mathbb{R}$
$\Leftrightarrow \quad 2x=x\cdot(4-2)+3-2$	$\Leftrightarrow \quad x^2+2x+1=-1 \quad \vert (\ )^2$	$\Leftrightarrow \quad 3x+2=3x+2$
$\Leftrightarrow \quad 2x=2x+1$	$\Leftrightarrow \quad (x+1)^2=-1$	
Unlösbar, weil bei jeder Einsetzung eine falsche Aussage entsteht.	Unlösbar, weil das Quadrat einer Zahl stets nicht negativ ist. Es entstehen nur falsche Aussagen.	Allgemein gültig, weil auf Grund des gleichen Terms auf beiden Seiten der Gleichung nur wahre Aussagen entstehen können.

A   Sonderfälle bei Lösungsmengen

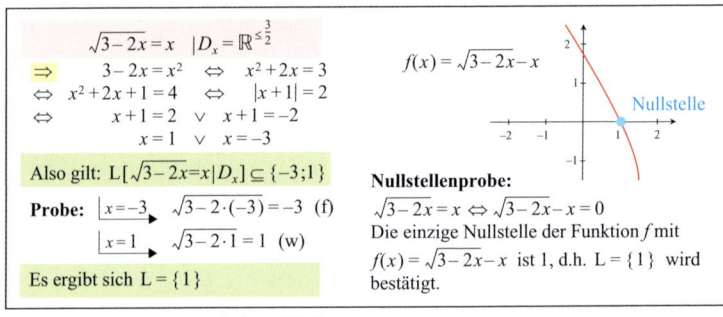

$$\sqrt{3-2x}=x \quad \vert D_x=\mathbb{R}^{\leq \frac{3}{2}}$$
$$\Rightarrow \quad 3-2x=x^2 \quad \Leftrightarrow \quad x^2+2x=3$$
$$\Leftrightarrow \quad x^2+2x+1=4 \quad \Leftrightarrow \quad |x+1|=2$$
$$\Leftrightarrow \quad x+1=2 \quad \vee \quad x+1=-2$$
$$x=1 \quad \vee \quad x=-3$$

$f(x)=\sqrt{3-2x}-x$

Nullstelle

Also gilt: $L[\sqrt{3-2x}=x\,\vert D_x] \subseteq \{-3;1\}$

Probe: $\boxed{x=-3} \quad \sqrt{3-2\cdot(-3)}=-3 \quad (f)$

$\boxed{x=1} \quad \sqrt{3-2\cdot 1}=1 \quad (w)$

Es ergibt sich $L=\{1\}$

Nullstellenprobe:
$\sqrt{3-2x}=x \Leftrightarrow \sqrt{3-2x}-x=0$
Die einzige Nullstelle der Funktion f mit
$f(x)=\sqrt{3-2x}-x$ ist 1, d.h. $L=\{1\}$ wird bestätigt.

B   Quadrieren als nichtäquivalente Umformung

Äquivalenzumformungen bei Ungleichungen **ohne** Einschränkungen		Anmerkung
(1) einfache Termumformungen Rechnen in $\mathbb{R}$	$2+3\leq 4x-3x \quad \vert \boxed{2+3}\boxed{5}$ $\Leftrightarrow \quad 5\leq 4x-3x \quad \vert \boxed{4x-3x}\boxed{x}$ $\Leftrightarrow \quad 5\leq x$	begründet über die Gesetze des Rechnens in $\mathbb{R}$, z.B. KG, AG, DG (S. 41)
(2) beiderseitiges Addieren (Subtrahieren) desselben Terms $T \neq 0 \quad (D_T \supseteq D_x)$	$\Leftrightarrow \quad \begin{array}{c} T_1 \leq T_2 \\ T_1 \pm T \leq T_2 \pm T \end{array}$	Anwendung des Monotoniegesetzes der Addition (Subtraktion) in $\mathbb{R}$ (S. 41)
Äquivalenzumformungen bei Ungleichungen **mit** Einschränkungen		Anmerkung
(3a) beiderseitiges Multiplizieren mit demselben Term T $T>0 \quad (D_T \supseteq D_x)$ **beiderseitiges Dividieren durch denselben Term T** $T>0 \quad (D_T \supseteq D_x)$	$\Leftrightarrow \quad \begin{array}{c} T_1 \leq T_2 \\ T_1 \cdot T \leq T_2 \cdot T \end{array}$ $\Leftrightarrow \quad \begin{array}{c} T_1 \leq T_2 \\ T_1 : T \leq T_2 : T \end{array}$	Anwendung der Monotoniegesetze der Multiplikation (Division) in $\mathbb{R}$ (S. 41) Multiplikation mit 0: $L[x^2 \leq -1\,\vert \mathbb{R}]=\{\ \}$, aber: $L[x^2\cdot 0 \leq (-1)\cdot 0\,\vert \mathbb{R}]=\mathbb{R}$ $\boxed{:0}$ ist nicht definiert
(3b) Für $T<0$ kehrt sich das Ungleichheitszeichen um!	$\boxed{<}\boxed{>}$ und umgekehrt	
(4) beiderseitige Kehrwertbildung beide Terme $\neq 0$ Das Ungleichheitszeichen kehrt sich um!	$\Leftrightarrow \quad \begin{array}{c} T_1 \leq T_2 \\ \dfrac{1}{T_1} \geq \dfrac{1}{T_2} \end{array}$	Anwendung der Monotonieeigenschaft der Funktion mit $f(x)=\frac{1}{x}$, $D_f=\mathbb{R}^{\neq 0}$ (S. 83)
(5) beiderseitiges Wurzelziehen beide Terme ≥ 0	$\Leftrightarrow \quad \begin{array}{c} T_1 \leq T_2 \\ \sqrt{T_1} \leq \sqrt{T_2} \end{array}$	Monotonieeigenschaft der Funktion mit $f(x)=\sqrt{x}$, $D_f=\mathbb{R}^{\geq 0}$ (S. 83)

C   Äquivalenzumformungen bei Ungleichungen

Sonderfälle bei Lösungsmengen

Die in Abb. A gerechneten Beispiele haben als Lösungsmenge die leere Menge (**unlösbare** Gleichung) bzw. die Definitionsmenge (**allgemein gültige** Gleichung). Für diese Sonderfälle lassen sich verallgemeinert z.B. folgende **Endformen** angeben (T ist ein beliebiger Term mit der Variablen x):

$T = T + a$ mit $a \neq 0$ (unlösbare Gleichung)

$T^2 = -a$ mit $a > 0$ (unlösbare Gleichung)

$T = T$ (allgemein gültige Gleichung)

Bem.: Die Variable x muss im Term T erhalten bleiben, denn der Äquivalenzpfeil zwischen einer Aussageform und einer Aussage ist hier nicht definiert.

Folgerungsumformungen

Es gibt Gleichungen, bei denen das Isolieren der Variablen mit Hilfe von Äquivalenzumformungen nicht gelingt, etwa bei Wurzelgleichungen wie z.B. $\sqrt{3 - 2x} = x$. Es wäre wünschenswert, man könnte die Wurzel durch *beiderseitiges Quadrieren* beseitigen. Es zeigt sich aber, dass die Lösungsmenge der quadrierten Gleichung $3 - 2x = x^2$ umfangreicher ist als die der Ausgangsgleichung (Abb. B): -3 ist zwar Lösung der quadrierten Gleichung (eingesetzt und ausgerechnet: $9 = 9$), nicht aber der Ausgangsgleichung ($3 = -3$).

Das beiderseitige Quadrieren einer Gleichung bewirkt nur eine *Folgerung* (S. 257) zwischen ursprünglicher und umgeformter Gleichung.

Def. 3: Umformungen einer Gleichung, bei denen die Lösungsmenge gleich bleibt oder umfangreicher wird, heißen *Folgerungsumformungen* (S. 58, Abb. B, Tabelle). Zwischen auseinander gefolgerten Gleichungen steht $\Rightarrow$ (lies: »folgt«).

Bsp.: Abb. A, B

Probe

Um die ggf. bei einer Folgerungsumformung hinzugekommenen Elemente ausfindig zu machen und zu entfernen, ist eine *Probe in der Ausgangsgleichung* unerlässlich.

Das Einsetzen eines Elementes der möglichen Lösungsmenge in die Ausgangsgleichung und die Überprüfung, ob sich eine *wahre* Aussage ergibt, nennt man *Probe*. Die Probe ist, wenn ausschließlich Äquivalenzumformungen ausgeführt wurden, *nicht notwendig*, aber empfehlenswert, um Rechenfehler zu erkennen. Ebenso nützlich ist die

Nullstellenprobe.

Dazu richtet man zunächst durch Äquivalenzumformung(en) die sog. *Nullform* der Gleichung $T = 0$ ein und verwendet den Term T als Funktionsterm einer Funktion, deren Schnittpunkte mit der x-Achse (die sog. *Nullstellen*) die Lösungen der Ausgangsgleichung angeben. Man kann sie mit Hilfe eines Funktionsplotters graphisch darstellen (z.B. Abb. B).

Reelle Ungleichungen mit einer Variablen

Ersetzt man bei einer reellen Gleichung mit einer Variablen das Gleichheitszeichen durch eines der *Ungleichheitszeichen* $>$, $<$, $\geq$, $\leq$ so erhält man eine *reelle Ungleichung* mit einer Variablen.

Bsp.: $2(x + 1) - 4x + 2 < 3x - (x + 2)$, $x \in \mathbb{R}$
$\sqrt{1 + x} \leq -1$, $x \in \mathbb{R}$

Bei Ungleichungen ergibt sich i.d.R. eine *unendliche* Lösungsmenge.

Bsp.: $L[x < 2 | \mathbb{R}] = \mathbb{R}^{<2}$; $L[x^2 < 2 | \mathbb{R}] = [-2; 2]$

Die **Äquivalenzumformungen** erlauben Rechenverfahren (Abb. C), die z.T. mit denen bei Gleichungen identisch sind. Bei der Anwendung der Regel (3) von Abb. C ist eine **Abweichung** zu der entsprechenden Regel für Gleichungen zu beachten:

Wird eine Ungleichung beiderseits mit einer *negativen* Zahl oder mit einem *negativen* Term, der eine Variable enthält, *multipliziert*, so muss das Ungleichheitszeichen umgekehrt werden, d.h. $<$ wird zu $>$, $\leq$ zu $\geq$ und umgekehrt. Für die Division gilt Entsprechendes.

Bem.: Ein *negativer* Term liegt vor, wenn die Termberechnung für alle Einsetzungen in die Variable eine negative reelle Zahl ergibt. Bei Termen, die sowohl positiv als auch negativ sind, muss eine Fallunterscheidung vorgenommen werden. ◄

Wegen der Unendlichkeit der Lösungsmengen tritt an die Stelle der Probe die gezielte **Stichprobe**, z.B. für die Randwerte im Falle eines Lösungsintervalls.

Bsp.: $L[x^2 \leq 4 | \mathbb{R}] = [-2; 2]$

$\underline{x = \pm 2}$ $(\pm 2)^2 \leq 4$ (w) $\underline{x = \pm 3}$ $(\pm 3)^2 \leq 4$ (f)

Die für Gleichungen gültigen Folgerungsumformungen (7) und (8), S. 54, Abb. B, gelten *nicht* für Ungleichungen: Aus wahren Aussagen können nach der Umformung falsche werden, d.h. es können Lösungen verloren gehen.

Gesucht: y, so dass $x^2 + ax + y^2 = (x+y)^2$ gilt (y^2 ist die *quadratische Ergänzung*)

$$x^2 + ax + y^2 = (x+y)^2 = x^2 + 2xy + y^2$$

Aus $ax = 2xy$ folgt $a = 2y$, d.h. $y = \tfrac{1}{2}a$.

Die q.E. ist das Quadrat der Hälfte des Faktors von x.

A Quadratische Ergänzung

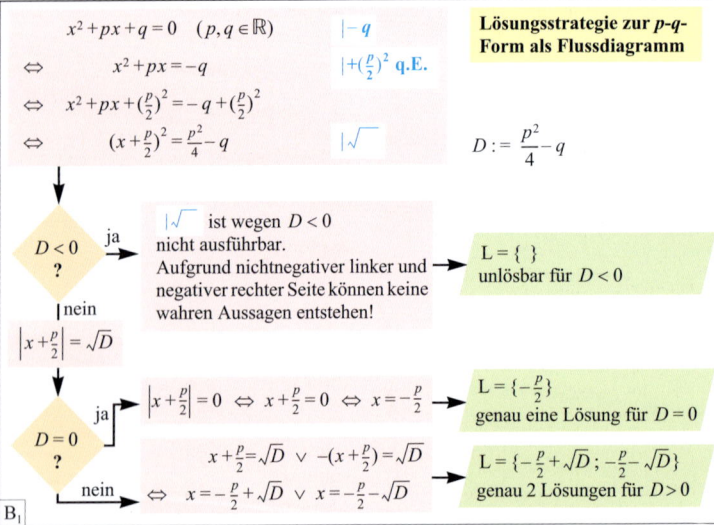

	$x^2 + px + q = 0$ $(p, q \in \mathbb{R})$	$\mid -q$
$\Leftrightarrow$	$x^2 + px = -q$	$\mid +(\tfrac{p}{2})^2$ q.E.
$\Leftrightarrow$	$x^2 + px + (\tfrac{p}{2})^2 = -q + (\tfrac{p}{2})^2$	
$\Leftrightarrow$	$(x + \tfrac{p}{2})^2 = \tfrac{p^2}{4} - q$	$\mid \sqrt{}$

Lösungsstrategie zur *p-q*-Form als Flussdiagramm

$D := \dfrac{p^2}{4} - q$

$D < 0$?   — ja → $\mid \sqrt{}$ ist wegen $D < 0$ nicht ausführbar. Aufgrund nichtnegativer linker und negativer rechter Seite können keine wahren Aussagen entstehen! → $L = \{\ \}$ unlösbar für $D < 0$

$\mid$ nein

$\left| x + \tfrac{p}{2} \right| = \sqrt{D}$

$D = 0$?   — ja → $\left| x + \tfrac{p}{2} \right| = 0 \Leftrightarrow x + \tfrac{p}{2} = 0 \Leftrightarrow x = -\tfrac{p}{2}$ → $L = \{-\tfrac{p}{2}\}$ genau eine Lösung für $D = 0$

nein → $x + \tfrac{p}{2} = \sqrt{D} \ \lor\ -(x + \tfrac{p}{2}) = \sqrt{D}$ $\Leftrightarrow\ x = -\tfrac{p}{2} + \sqrt{D} \ \lor\ x = -\tfrac{p}{2} - \sqrt{D}$ → $L = \{-\tfrac{p}{2} + \sqrt{D}\ ;\ -\tfrac{p}{2} - \sqrt{D}\}$ genau 2 Lösungen für $D > 0$

B₁

Für $D > 0$ gibt es genau 2 Lösungen der *p-q*-Form $x^2 + px + q = 0$:

$$x_1 = -\tfrac{p}{2} + \sqrt{D} \quad \text{und} \quad x_2 = -\tfrac{p}{2} - \sqrt{D}$$

x_1 und x_2 haben die Eigenschaften

$x_1 + x_2 = -p$ und

$x_1 \cdot x_2 = \dfrac{p^2}{4} - D = q$

Durch Einsetzen in die *p-q*-Form erhält man die

Gleichung von Vieta
$$x^2 + (-x_1 - x_2)x + x_1 \cdot x_2 = 0$$
und die **Linearfaktorengleichung**
$$(x - x_1)(x - x_2) = 0$$

B₂

Anwendung der Gleichung von Vieta

(Ia) **Probe** bei zwei Lösungen x_1 und x_2 durch Einsetzen; es muss sich die *p-q*-Form der Ausgangsgleichung ergeben.

(Ib) Probe bei genau einer Lösung: wie oben mit $x_1 = x_2$

(II) Konstruktion quadratischer Gleichungen in *p-q*-Form aus zwei vorgegebenen Lösungen: Für $x_1 = 2$ und $x_2 = -3$ ergibt sich die Gleichung $x^2 + (-2 + 3) \cdot x + 2 \cdot (-3) = 0 \Leftrightarrow x^2 + x - 6 = 0$.

Anwendung der Linearfaktorengleichung

Bei Kenntnis einer Lösung x_1 lässt sich x_2 berechnen: Dividiert man den *p-q*-Term durch $x - x_1$ (Polynomdivision, S. 114), erhält man den 2. Linearfaktor $x - x_2$ und damit x_2.

Sei z.B. $x_1 = 2$, d.h. $2 \in L[x^2 + x - 6 = 0 | \mathbb{R}]$, dann gilt: $(x^2 + x - 6) : (x - 2) = x + 3$, daraus folgt: $-3 \in L[x^2 + x - 6 = 0 | \mathbb{R}]$, d.h. $x_2 = -3$.

B₃

B *p-q*-Formel (B₁), Linearfaktoren- und vietasche Gleichung (B₂), Anwendungen (B₃)

(1) Die einfachste Gleichung: $x = a$

Bsp.: $x = 2$ $|D_x = \mathbb{R}$

Es gilt L $= \{2\}$, denn man sieht unmittelbar, dass nur das Einsetzen von 2 zu einer wahren Aussage, u.z. zu $2 = 2$, führt.

Allgemein erhält man:

> L$[x = a | \mathbb{R}] = \{a\}$ für $a \in \mathbb{R}$

(2) Lineare Gleichung: $ax + b = 0$ ($a \neq 0$)

Bsp.: $2x + 3 = 0 | D_x = \mathbb{R}$

Rückführung auf die einfachste Gleichung durch Äquivalenzumformungen (S. 55):

$$2x + 3 = 0 \qquad |-3 \text{ (sortieren)}$$
$$\Leftrightarrow \qquad 2x = -3 \qquad |:2 \text{ (isolieren)}$$
$$\Leftrightarrow \qquad x = -\tfrac{3}{2}$$

Also gilt: L $= \{-\tfrac{3}{2}\}$

Allgemein erhält man:

L$[ax + b = 0 | \mathbb{R}] = \{-\tfrac{b}{a}\}$ mit $a \in \mathbb{R}^{\neq 0} \wedge b \in \mathbb{R}$

(3) Rein-quadratische Gleichung: $x^2 = a$

Bsp.: (a) $x^2 = 2$; (b) $x^2 = 0$;
(c) $x^2 = -1$ $|D_x = \mathbb{R}$

Rückführung auf einfachste Gleichungen i.A. durch

> - Wurzelziehen nach der Regel $\sqrt{x^2} = |x|$
>   (S. 49, (III))
> - Auflösen des abs.. Betrages (S. 37) nach der Definition $|x| := \begin{cases} x \text{ für } x \geq 0 \\ -x \text{ für } x < 0 \end{cases}$

Lösung der obigen Bsp.:

(a) $\quad x^2 = 2 \qquad$ | Wurzel ziehen
$\Leftrightarrow \quad \sqrt{x^2} = \sqrt{2}$
$\Leftrightarrow \quad |x| = \sqrt{2} \qquad$ | abs. Betrag auflösen
$\Leftrightarrow \quad x = \sqrt{2} \vee x = -\sqrt{2}$

Also gilt: L $= \{\sqrt{2}; -\sqrt{2}\}$

(b) $\quad x^2 = 0 \qquad$ | Wurzel ziehen
$\Leftrightarrow \quad |x| = 0$

Also gilt: L $= \{0\}$

(c) Dieses Beispiel lässt sich nur durch Argumentation lösen, weil das Wurzelziehen nicht ausführbar ist: Die rechte Seite ist ein negativer, die linke wegen »hoch 2« ein nichtnegativer Term. Keine Einsetzung kann zu einer wahren Aussage führen.

Also gilt L $= \{ \ \}$.

Allgemein erhält man:

> L$[x^2 = a | \mathbb{R}] = \begin{cases} \{\sqrt{a} ; -\sqrt{a}\} \text{ für } a > 0 \\ \{0\} \qquad\quad \text{ für } a = 0 \\ \{ \ \} \qquad\quad \text{ für } a < 0 \end{cases}$
> $\qquad\qquad\qquad\qquad (a \in \mathbb{R})$

(4a) Binomische Form: $(x + b)^2 = a$

Bsp.: (a) $(x - 2)^2 = 3$
(b) $x^2 + 6x + 9 = 5$ $|D_x = \mathbb{R}$

Rückführung auf eine rein-quadrat. Gleichung:

(a) $\qquad\qquad (x - 2)^2 = 3$
$\underset{x-2=z}{\big|} \qquad\qquad z^2 = 3 \qquad$ | nach (3)
$\Leftrightarrow \qquad\qquad z = \sqrt{3} \ \vee \ z = -\sqrt{3}$
$\underset{z=x-2}{\big|} \qquad x - 2 = \sqrt{3} \ \vee \ x - 2 = -\sqrt{3} \ |+2$
$\Leftrightarrow \qquad\quad x = 2 + \sqrt{3} \ \vee \ x = 2 - \sqrt{3}$

Also gilt: L $= \{2 \pm \sqrt{3}\}$

(b) $\qquad x^2 + 6x + 9 = 5$ | 1. bin. Formel
$\Leftrightarrow \qquad\quad (x + 3)^2 = 5$
$\Leftrightarrow \quad x = -3 + \sqrt{5} \ \vee \ x = -3 - \sqrt{5}$

Also gilt: L $= \{-3 \pm \sqrt{5}\}$

(4b) p-q-Form: $x^2 + px + q = 0$

Bsp.: $x^2 + 5x + 6 = 0$ $|D_x = \mathbb{R}$

Ziel ist eine Umformung in die binomische Form. Dazu benötigt man das Verfahren der **quadratrischen Ergänzung** (Abb. A) für den Term $x^2 + 5x$:

$$x^2 + 5x + 6 = 0 \qquad |-6$$
$$\Leftrightarrow \quad x^2 + 5x = -6 \qquad |+(\tfrac{5}{2})^2 \text{ q.E.}$$
$$\Leftrightarrow \quad x^2 + 5x + (\tfrac{5}{2})^2 = -6 + (\tfrac{5}{2})^2$$
$$\Leftrightarrow \quad (x + \tfrac{5}{2})^2 = \tfrac{1}{4} \quad | \text{ Wurzel ziehen}$$
$$\Leftrightarrow \quad |x + \tfrac{5}{2}| = \tfrac{1}{2} \quad | \text{ abs. Betrag auflösen}$$
$$\Leftrightarrow \quad x + \tfrac{5}{2} = \tfrac{1}{2} \ \vee -(x + \tfrac{5}{2}) = \tfrac{1}{2}$$
$$\Leftrightarrow \quad x = -2 \ \vee \ x = -3$$

Also gilt: L $= \{-2; -3\}$

Lösungsformel für die p-q-Form mit der Diskriminantenabfrage $D := \tfrac{p^2}{4} - q < 0$
(Herleitung: Abb. B$_1$):

> **p-q-Form** $\quad$ L$[x^2 + px + q = 0 | \mathbb{R}] =$
> $$\begin{cases} \{-\tfrac{p}{2} + \sqrt{D} \ ; \ (-\tfrac{p}{2} - \sqrt{D})\} \text{ für } D > 0 \\ \{-\tfrac{p}{2}\} \qquad\qquad\qquad\quad \text{ für } D = 0 \\ \{ \ \} \qquad\qquad\qquad\qquad \text{ für } D < 0 \end{cases}$$
> $(p \in \mathbb{R}; q \in \mathbb{R}) \qquad$ mit $D = \tfrac{p^2}{4} - q$

Weitergehende Anwendungen: Abb. B$_2$

Bsp.: s.u. (5)

(5) Normalform: $ax^2 + bx + c = 0$ ($a \neq 0$)

Bsp.: $2x^2 - 4x - 4 = 0$ $|D_x = \mathbb{R}$ $|:2$
$\Leftrightarrow \ x^2 - 2x - 2 = 0$

Lösung der Gleichung mit der p-q-Formel:

$\underset{p = -2; q = -2}{\big|} \qquad D = \tfrac{(-2)^2}{4} - (-2) = 3 > 0$

Also gilt: L $= \{1 \pm \sqrt{3}\}$.

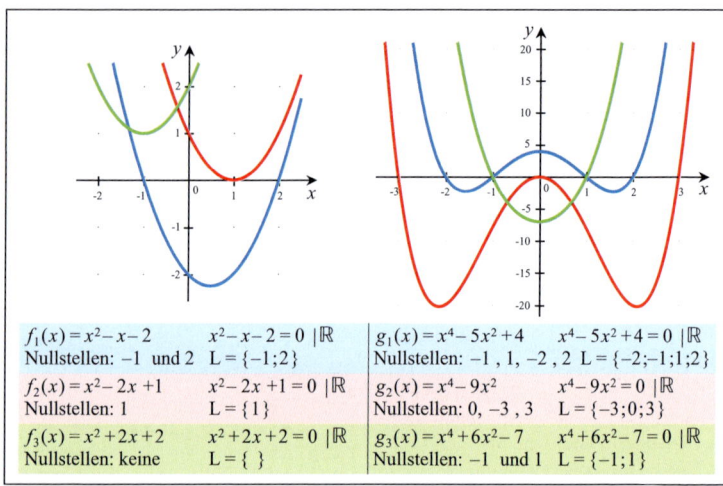

$f_1(x) = x^2 - x - 2$	$x^2 - x - 2 = 0 \mid \mathbb{R}$	$g_1(x) = x^4 - 5x^2 + 4$	$x^4 - 5x^2 + 4 = 0 \mid \mathbb{R}$
Nullstellen: -1 und 2	$L = \{-1; 2\}$	Nullstellen: -1, 1, -2, 2	$L = \{-2; -1; 1; 2\}$
$f_2(x) = x^2 - 2x + 1$	$x^2 - 2x + 1 = 0 \mid \mathbb{R}$	$g_2(x) = x^4 - 9x^2$	$x^4 - 9x^2 = 0 \mid \mathbb{R}$
Nullstellen: 1	$L = \{1\}$	Nullstellen: 0, -3, 3	$L = \{-3; 0; 3\}$
$f_3(x) = x^2 + 2x + 2$	$x^2 + 2x + 2 = 0 \mid \mathbb{R}$	$g_3(x) = x^4 + 6x^2 - 7$	$x^4 + 6x^2 - 7 = 0 \mid \mathbb{R}$
Nullstellen: keine	$L = \{\ \}$	Nullstellen: -1 und 1	$L = \{-1; 1\}$

A   Lösungsmengen quadratischer und biquadratischer Gleichungen und Nullstellen

Beispiel 1

$x^4 + 6x^2 - 7 = 0 \mid D_x = \mathbb{R}$

$\boxed{1}$ $\underset{x^2 = z}{\longmapsto}$ $z^2 + 6z - 7 = 0$ $\mid +7$

$\boxed{2}$ $\Leftrightarrow$ $z^2 + 6z + 9 = 7 + 9$ $\mid$ 1. bin. Formel

$\Leftrightarrow$ $(z + 3)^2 = 16$ $\mid \sqrt{\ }$

$\Leftrightarrow$ $|z + 3| = \sqrt{16}$ $\mid$ abs. Betrag

$\Leftrightarrow$ $z + 3 = 4 \ \vee \ -(z + 3) = 4$

$\Leftrightarrow$ $z = 1 \ \vee \ z = -7$

$\boxed{3}$ $\underset{z = x^2}{\longmapsto}$ $x^2 = 1 \vee x^2 = -7 \mid L[x^2 = -7 \mid \mathbb{R}] = \{\ \}$

Also gilt: $L = \{1; -1\}$

Beispiel 2

$x^4 - 9x^2 = 0 \mid D_x = \mathbb{R}$

$\Leftrightarrow$ $x^2(x^2 - 9) = 0$ $\mid$ Nullteilerfreiheit

$\Leftrightarrow$ $x^2 = 0 \ \vee \ x^2 = 9$ $\mid +1$

$\Leftrightarrow$ $x^2 = 0 \ \vee \ x^2 - 9 = 0$ $\mid \sqrt{\ }$

$\Leftrightarrow$ $x = 0 \ \vee \ x = 3 \ \vee \ x = -3$

Also gilt: $L = \{0; -3; 3\}$

$\boxed{1}$ Substitution
$\boxed{2}$ Lösen der quadr. Gleichung
$\boxed{3}$ Resubstitution

B   Beispielrechnungen zu biquadratischen Gleichungen

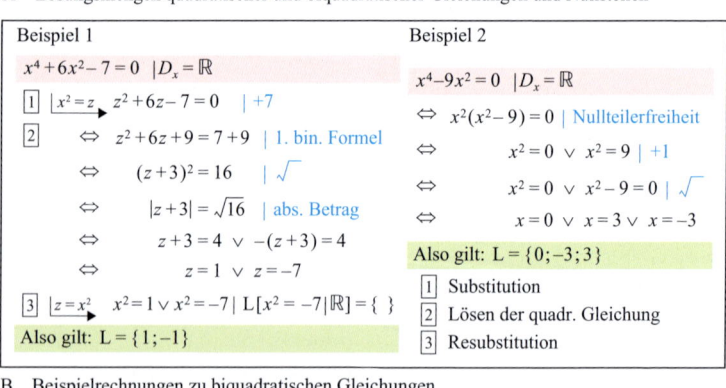

$x^2 + 6x - 7 = 0 \mid D_x = \mathbb{R}$ $\mid +7 \mid +9$ q.E.

$\Leftrightarrow$ $x^2 + 6x + 9 = 7 + 9$ $\mid$ 1. bin. Formel

$\Leftrightarrow$ $(x + 3)^2 = 16$ $\mid -16$

$\Leftrightarrow$ $(x + 3)^2 - 16 = 0$ $\mid$ **3. bin. Formel**

$\Leftrightarrow$ $[(x + 3) - 4][(x + 3) + 4] = 0$ $\mid$ Nullteilerfreiheit

$\Leftrightarrow$ $x + 3 - 4 = 0 \ \vee \ x + 3 + 4 = 0$

$\Leftrightarrow$ $x = 1 \ \vee \ x = -7$

Also gilt: $L = \{-7; 1\}$

$x^2 + 6x + 10 = 0 \mid D_x = \mathbb{R}$

$\mid -10 \mid +9$ q.E.

$\Leftrightarrow$ $x^2 + 6x + 9 = -10 + 9$

$\Leftrightarrow$ $(x + 3)^2 = -1$ $\mid +1$

$\Leftrightarrow$ $(x + 3)^2 + 1 = 0$

Auf die Summe aus einem nichtnegativen und einem positiven Term kann die 3. bin. Formel nicht angewendet werden. Stattdessen wendet man das Argument an, dass eine derartige Summe niemals 0 werden kann.

Also gilt: $L = \{\ \}$

C   Lösung quadratischer Gleichungen mit der 3. binomischen Formel

Allgemein erhält man:

$$ax^2 + bx + c = 0 \qquad | : a$$

$$\Leftrightarrow \quad x^2 + \frac{b}{a}x + \frac{c}{a} = 0 \text{ , d.h. } p = \frac{b}{a}, \; q = \frac{c}{a}$$

$$\left| p = \frac{b}{a}, \, q = \frac{c}{a} \quad D = \frac{\left(\frac{b}{a}\right)^2}{4} - \frac{c}{a} = \frac{\frac{b^2}{a^2}}{4} - \frac{c}{a} \right.$$

$$= \frac{b^2}{4a^2} - \frac{4ac}{4a^2} = \frac{b^2 - 4ac}{4a^2}$$

Mit der p-q-Formel ergibt sich dann die

Normalformlösung ($a \in R^{\neq 0}$, $b, c \in \mathbb{R}$)

$$\mathrm{L}[ax^2 + bx + c = 0 \,|\, \mathbb{R}]$$

$$= \begin{cases} \left\{-\frac{b}{2a} + \sqrt{D} \, ; \, -\frac{b}{2a} - \sqrt{D}\right\} & \text{für } D > 0 \\ \left\{-\frac{b}{2a}\right\} & \text{für } D = 0 \\ \{ \; \} & \text{für } D < 0 \text{ mit } D = \frac{b^2 - 4ac}{4a^2} \end{cases}$$

Quadratische Gleichung und Nullstellen der zugehörigen quadratischen Funktion

Zu jeder quadrat. Gleichung der Form $ax^2 + bx + c = 0$ gibt es eine quadrat. Funktion (S. 81) mit $f(x) = ax^2 + bx + c$. Es gilt (s. Nullstellenprobe, S. 57):

Die Nullstellen dieser Funktion sind die Lösungen der quadratischen Gleichung.

Gleichungen 3. und 4. Grades

Die Lösungen der allgemeinen Gleichung 2. Grades $ax^2 + bx + c = 0$, also der quadrat. Gleichung, ergeben sich durch Wurzelziehen. Man könnte nun vermuten, dass dies auch für Gleichungen höheren Grades möglich ist (unter Verwendung höherer Wurzeln, S. 51). Tatsächlich gilt das nur noch für die allgemeine Gleichung 3. und 4. Grades (s. AM, S. 110) unter Verwendung komplexer Zahlen. In der Praxis werden Näherungslösungen bevorzugt (s. S. 159f.).

Ohne komplexe Zahlen lösbare Spezialfälle der Gleichungen 3. und 4. Grades sind

– biquadratische und

– faktorisierbare Gleichungen.

Für die Lösung biquadratischer Gleichungen verwendet man vorteilhaft den Vorgang der

Substitution.

Unter einer *Substitution* versteht man die *Ersetzung* eines Terms durch eine neue Variable (oder einen anderen Term), mit der (mit dem) dann weitergerechnet wird.

Ziele der Substitution sind z.B.

– Vereinfachung einer Rechnung,

– Anpassung an ein schon gelöstes Problem oder an eine schon erstellte Formel (z.B. biquadratische Gleichung, s.u.).

I.A. muss zum Abschluss der Rechnung eine **Resubstitution** (Rückeinsetzung) erfolgen.

Biquadratische Gleichungen

sind spezielle Gleichungen 4. Grades mit der Form $x^4 + ax^2 + b = 0$ ($a, b \in \mathbb{R}$), d.h. die Terme mit *ungeradem* Exponenten, cx^3 und dx , fehlen.

Bsp.: $x^4 = 0$; $x^4 - 9x^2 = 0$;
$x^4 - 5x^2 + 4 = 0$; $x^4 + 1 = 0$ $\quad |D_x = \mathbb{R}$

Die biquadrat. Gleichung kann man durch die Substitution $z := x^2$ in *zwei* miteinander verkettete quadrat. Gleichungen überführen: $\quad x^4 + ax^2 + b = 0$
$\Leftrightarrow \; z^2 + az + b = 0 \wedge x^2 = z$

Bsp.: $x^4 - 5x^2 + 4 = 0 \Leftrightarrow z^2 - 5z + 4 = 0 \wedge x^2 = z$

Lösungsgang:

- Ersetzung (Substitution) von x^2 durch z und x^4 durch z^2
- Lösen der quadr. Gleichung mit der Variablen z
- Einsetzen der z-Lösungen in $x^2 = z$ (Resubstitution) und Lösen dieser rein-quadratischen Gleichung(en)

Bsp. mit Nullstellenprobe: Abb. A und B

Die Anzahl der Lösungen der biquadrat. Gleichung hängt von der Anzahl der nichtnegativen Lösungen der quadratischen Gleichung in z ab, denn zu einer negativen z-Lösung gibt es wegen $x^2 = z$ keine x-Lösung:

– Zu *zwei* nichtnegativen z-Lösungen ergeben sich – falls 0 eine z-Lösung ist – drei, sonst immer vier x-Lösungen;

– zu *einer* nichtnegativen z-Lösung erhält man genau eine x-Lösung, falls 0 die z-Lösung ist, sonst zwei.

Faktorisierbare Gleichungen

sind nach der Faktorisierung von der Form
1. Faktor · 2. Faktor = 0

Auf sie kann man den *Satz zur Nullteilerfreiheit* anwenden:

Ein Produkt in $\mathbb{R}$ ist genau dann 0, wenn der eine *oder* der andere Faktor 0 ist.

Man erhält also zwei durch » $\vee$ « verbundene *Faktorgleichungen*,
1. Faktor = 0 $\vee$ 2. Faktor = 0 , deren Lösungsmengen vereinigt die Lösungsmenge der Ausgangsgleichung bilden (S. 17, Regel (2)). Jede lösbare quadratische Gleichung in p-q-Form lässt sich mit der 3. *binomischen Formel* (S. 41) als Produkt sog. Linearfaktoren schreiben, aus denen die Lösung bestimmt wird.

Bsp.: Abb. C

1

$$\frac{x-1}{x+1} = \frac{x^2+2x+3}{x^2-2x-3} - \frac{x^2-x-6}{x^2-6x+9} \quad |D_x \subseteq \mathbb{R}$$

$x+1=0 \quad \vee \qquad x^2-2x-3=0 \qquad \vee \qquad x^2-6x+9=0$

$\Leftrightarrow x=-1$ $\quad\Big|\quad \Leftrightarrow x^2-2x+1=4 \qquad\quad \Leftrightarrow (x-3)^2=0$

$\qquad\qquad\qquad \Leftrightarrow (x-1)^2=4 \qquad\qquad\quad \Leftrightarrow x-3=0$

$\qquad\qquad\qquad \Leftrightarrow |x-1|=2 \qquad\qquad\qquad \Leftrightarrow x=3$

$\qquad\qquad\qquad \Leftrightarrow x-1=2 \vee x-1=-2$

$\qquad\qquad\qquad \Leftrightarrow x=3 \vee x=-1$

Faktorisierung
im Nenner:
$\qquad\qquad\qquad (x-3)(x+1) \qquad\qquad\qquad (x-3)^2$

Also gilt: $\dfrac{x-1}{x+1} = \dfrac{x^2+2x+3}{(x-3)(x+1)} - \dfrac{x^2-x-6}{(x-3)^2} \quad |D_x=\mathbb{R}\backslash\{-1;3\}$

2 Interessant wären wg. Kürzens im Zähler die Faktoren $x-3$ bzw. $x+1$.

Ansatz
für $x-3$ $\quad\Big|\quad$ $x^2+2x+3=(x-3)(x+r) \qquad\quad x^2-x-6=(x-3)(x+t)$

$\qquad\qquad\qquad\quad = x^2+(-3+r)x-3r \qquad\qquad\quad = x^2-(3-t)x-3t$

$\qquad\qquad\qquad\Rightarrow r=5 \wedge r=-1 \text{ unlösbar} \quad\Rightarrow t=2 \wedge t=2$

$\qquad\qquad\qquad\qquad\qquad\qquad\qquad\qquad\qquad\qquad\text{d.h. } x^2-x-6=(x-3)(x+2)$

Ansatz
für $x+1$ $\quad\Big|\quad$ $x^2+2x+3=(x+1)(x+r)$

$\qquad\qquad\qquad\quad = x^2+(1+r)x+r$

$\qquad\qquad\qquad\Rightarrow r=1 \wedge r=3 \text{ unlösbar}$

Also ergibt sich nach dem Kürzen des 3. Bruchterms die äquivalente Gleichung

$$\frac{x-1}{x+1} = \frac{x^2+2x+3}{(x-3)(x+1)} - \frac{x+2}{x-3} \quad |D_x=\mathbb{R}\backslash\{-1;3\}$$

3a
$$HN = (x+1)\cdot(x-3)$$

3b
$$\frac{x-1}{x+1}\cdot(x+1)(x-3) = \frac{x^2+2x+3}{(x-3)(x+1)}\cdot(x+1)(x-3) - \frac{x+2}{x-3}\cdot(x+1)(x-3)$$

$\Leftrightarrow (x-1)(x-3) = x^2+2x+3-(x+2)(x+1)$

4 $\Leftrightarrow x^2-4x+3 = x^2+2x+3-x^2-3x-2$

$\Leftrightarrow x^2-3x=-2 \qquad\qquad\qquad\quad \Leftrightarrow (x-\tfrac{3}{2})^2=-2+(\tfrac{3}{2})^2$

$\Leftrightarrow (x-\tfrac{3}{2})^2=\tfrac{1}{4} \qquad\qquad\qquad \Leftrightarrow |x-\tfrac{3}{2}|=\tfrac{1}{2}$

$\Leftrightarrow x-\tfrac{3}{2}=\tfrac{1}{2} \vee -(x-\tfrac{3}{2})=\tfrac{1}{2} \quad \Leftrightarrow x=2 \vee x=1$

Also gilt: $L=\{1;2\}$

A   Beispiel einer Bruchgleichung

Nenner	$x+1$		x^3-2x^2		x^2-2x-3		x^2+x
faktorisierter Nenner	$x+1$		$x^2(x-2)$		$(x-3)(x+1)$		$x(x+1)$
HN	$(x+1)$	$\cdot$	$x^2(x-2)$	$\cdot$	$(x-3)$	$\cdot$	1
HN $= x^2(x+1)(x-2)(x-3)$							

B   Bestimmung des Hauptnenners (HN)

Es gibt verschiedene Möglichkeiten der Faktorisierung:
- $T \cdot (\ldots + \ldots + \ldots) = 0$, d.h. T ist ein gemeinsamer Faktor aller Summanden der Ausgangsgleichung und kann ausgeklammert werden.

  Bsp.: $\quad x^3 + 2x^2 + x = 0$

  $\Leftrightarrow x \cdot (x^2 + 2x + 1) = 0$

  $\Leftrightarrow x = 0 \ \lor \ x^2 + 2x + 1 = 0 \ $ usw.

- $(x - x_0) \cdot (\ldots) = 0$; dabei ist x_0 eine bereits bekannte Lösung der Ausgangsgleichung; z.B. durch Polynomdivision (S. 114, Abb. B, Bsp.) erhält man den zweiten Faktor (vgl. S. 58, Abb. $B_{2/3}$).
- Anwendung binomischer Formeln:

  $x^4 - 1 = 0 \ \Leftrightarrow \ (x^2 + 1)(x^2 - 1) = 0$

  $x^4 - 2x^2 y^2 + y^4 = 0 \Leftrightarrow (x^2 - y^2)^2 = 0$

Bruchgleichungen
enthalten einen oder mehrere Bruchterme, bei denen mindestens einmal eine Variable im Nenner vorkommt.

Bsp.: (1) $\frac{1}{x} = 2$

$\quad$ (2) $\frac{x-1}{x+1} = \frac{x^2 + 2x + 3}{x^2 - 2x - 3} - \frac{x^2 - x - 6}{x^2 - 6x + 9} \ | D_x \subseteq \mathbb{R}$

Bem.: Die Nennerterme werden hier nicht allzu kompliziert gewählt, denn auch bei einer Beschränkung auf lineare Nennerterme der Form $x + a$ und quadratische Nennerterme der Form $x^2 + ax + b$ ist der Rechenaufwand noch erheblich. ◄
Für das 1. Beispiel ist $D_x = \mathbb{R}^{\neq 0}$. Man geht beiderseits zum Kehrterm über (S. 54, Abb. B (5)) und erhält $\frac{1}{x} = 2 \ \Leftrightarrow \ x = \frac{1}{2}$, d.h. es gilt:

$$\mathbb{L}[\tfrac{1}{x} = 2 \,|\, \mathbb{R}^{\neq 0}\,] = \{\tfrac{1}{2}\}$$

I.A. ist das Lösen einer Bruchgleichung keineswegs so einfach wie in diesem Beispiel, vor allen Dingen nicht, wenn mehrfach Nennerterme mit x auftreten.

Lösungsgang für einfache Bruchgleichungen

1) Bestimmung der Definitionsmenge D_x
2) Möglichkeiten des Faktorisierens bei Nennern und Zählern überprüfen, um ggf. zu kürzen (i.d.R. werden bereits bestehende Produkte nicht aufgelöst)
3a) Bestimmung des Hauptnenners (HN)
3b) beiderseitiges Multiplizieren mit dem HN und anschließendes Kürzen mit den Nennertermen oder deren Faktoren
4) Fortsetzung je nach Typ der Gleichung

Beispielrechnung: Abb. A

1) Bestimmung der Definitionsmenge
Keiner der Nennerterme darf nach dem Einsetzen in x null werden.
I.A. ist folgendes Vorgehen erfolgreich:
- alle auftretenden Nennerterme (Nt) gleich 0 setzen;
- die Gleichungen » Nt = 0 « (Nennerterm = 0) lösen, um diejenigen Einsetzungen herauszufinden, die nicht zugelassen sind; dabei möglichst Nennerterme faktorisieren;
- $D_x = \mathbb{R} \backslash \{x \,|\, x \text{ ist Lösung von Nt } = \ 0\}$.

2) Möglichkeiten des Faktorisierens bei Zählertermen
sollten ausgenutzt werden, damit man evtl. durch Kürzen die Nennerterme vereinfachen kann (bei der Bestimmung des HN ist dies wichtig).
Kann gekürzt werden, so muss die unter 1) bestimmte Definitionsmenge beibehalten werden, auch wenn bei der gekürzten Gleichung Einsetzungen zugelassen sein sollten, die vorher ausgeschlossen wurden.

Beispiel: Für $\frac{x^2 - 1}{x - 1} = 1$ gilt $D_x = \mathbb{R}^{\neq 1}$. Der Zähler ist faktorisierbar nach der 3. bin. Formel und der Bruch kürzbar mit $x - 1$. Obwohl der gekürzte Term $x + 1$ nun zwar die Einsetzung 1 zulässt, gehört diese dennoch nicht zur Definitionsmenge.

3a) Bestimmung des Hauptnenners
- Bei genau einem Nennerterm wird der HN gleich dem Nennerterm gesetzt.
- Bei mehreren Nennertermen sorgt man zunächst für eine möglichst weitgehende Faktorisierung der Nenner (diese entspricht der Zerlegung der Nenner in Primfaktoren bei der Hauptnennerbestimmung von Brüchen) und geht dann analog zum Verfahren bei Brüchen (S. 34, Abb. C) vor.
Es ist sinnvoll, eine Tabelle zu benutzen (Abb. B).

3b) Multiplikation beiderseits mit dem HN und anschließendes Kürzen
Die Multiplikation mit dem HN ist eine Äquivalenzumformung bei gleich bleibender Definitionsmenge, denn der HN ist wegen der Produktbildung aus den Nennertermen oder ggf. Faktortermen von diesen stets von 0 verschieden.
Auch das Wegkürzen der Nennerterme ist eine Äquivalenzumformung.
Bem.: Wie bei quadrat. und biquadrat. Gleichungen kann man auch bei Bruchgleichungen die Lösungen durch die Nullstellen von Funktionen – hier gebrochen rationaler – überprüfen und veranschaulichen.

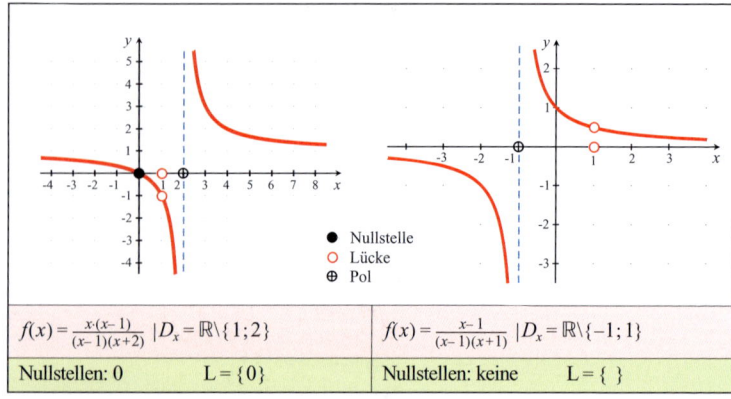

$f(x) = \dfrac{x \cdot (x-1)}{(x-1)(x+2)} \mid D_x = \mathbb{R} \setminus \{1\,;2\}$	$f(x) = \dfrac{x-1}{(x-1)(x+1)} \mid D_x = \mathbb{R} \setminus \{-1\,;1\}$
Nullstellen: 0 $L = \{0\}$	Nullstellen: keine $L = \{\ \}$

A   Pole und Lücken

Dass es u.U. mehr Lösungen nach dem Quadrieren einer Gleichung gibt, wird durch die Verwendung von Funktionsgraphen und ihrer Schnittpunkte anschaulich bestätigt.

Die erste Beispielgleichung

$$\sqrt{x+8} = x+2 \mid D_x = \mathbb{R}^{\geq -8}$$

kann man als sog. *Schnittpunktgleichung* auffassen: $f(x) = g(x)$ mit den Funktionstermen $f(x) = \sqrt{x+8}$ und $g(x) = x+2$ ($D_f = D_g = \mathbb{R}^{\geq -8}$; die Graphen sind ein Wurzelfunktionsgraph und eine Halbgerade). Für den x-Wert jedes Schnittpunktes beider Graphen geht sie in eine wahre Aussage über. Der betreffende x-Wert ist damit eine Lösung der Gleichung.
Der einzige Schnittpunkt beider Graphen ist $(1\,|\,3)$, also gilt: $f(1) = g(1)$, d.h. 1 ist die einzige Lösung der Gleichung.

Bei beiderseitigem Quadrieren geht die Ausgangsgleichung in die wurzelfreie Gleichung

$$(\sqrt{x+8})^2 = (x+2)^2 \iff x+8 = (x+2)^2 \text{ über.}$$

Diese wird wie oben als Schnittpunktgleichung interpretiert mit den Funktionstermen $x+8$ und $(x+2)^2$ ($D_x = \mathbb{R}^{\geq -8}$; die Graphen sind eine Halbgerade und der Teil einer Parabel). Die beiden Graphen schneiden sich in den beiden Punkten $(1\,|\,9)$ und $(-4\,|\,4)$, d.h. aber: Die wurzelfreie Gleichung hat die Lösungen 1 und -4. Die Ausgangsgleichung und die quadrierte Gleichung sind also nicht äquivalent. Das beiderseitige Quadrieren einer Gleichung ist nur eine Folgerungsumformung (S. 257).
Das Entstehen der »Scheinlösung« -4 wird durch folgende Überlegung verständlich: Weil $f(-4) = -g(-4)$ gilt, ergibt sich nach dem Quadrieren die wahre Aussage $(f(-4))^2 = (g(-4))^2$, d.h. -4 ist eine Lösung der wurzelfreien Gleichung.

B   Quadrieren als Folgerungsumformung

Eine zur Definitionsmenge einer rat. Funktion nicht zugelassene Zahl bedeutet im Graphen
– einen Pol, d.h der Graph zeigt asymptotisches Verhalten (S. 115), oder
– eine Lücke, in die der Graph stetig fortgesetzt werden kann (S. 109) (vgl. Abb. A).

Wurzelgleichungen

sind Gleichungen, bei denen mindestens eine Wurzel mit einem Radikanden, der die Variable enthält, auftritt.
Im Folgenden treten nur Quadratwurzeln auf.
Bsp. 1: $\sqrt{x+8} = x+2 \mid G = \mathbb{R}$
Bsp. 2: $1 + \sqrt{x+1} = 3 + \sqrt{2x+1} \mid G = \mathbb{R}$ oder $D_x \subseteq \mathbb{R}$

Lösung einfacher Wurzelgleichungen

1) Bestimmung der Definitionsmenge
2a) Umformen der Gleichung, so dass 2b möglich und wirkungsvoll ist (z.B. einen Wurzelterm isolieren)
2b) die auftretenden Wurzeln beseitigen
3) Fortsetzung je nach Typ der Gleichung
4) Probe

Bem.: Zum Beseitigen der Wurzel(n) bietet sich (ggf. wiederholtes) *beiderseitiges Quadrieren* an. Allerdings ist das beiderseitige Quadrieren keine Äquivalenzumformung, sondern nur eine *Folgerungsumformung, bei der die Lösungsmenge evtl. umfangreicher wird* (Abb. B, s. auch S. 54, Abb. B).
Eine *Probe* in der Ausgangsgleichung bzw. in der letzten Gleichung vor der ersten Folgerungsumformung ist i.A. notwendig.

Lösung von Beispiel 2
1) Bestimmung der Definitionsmenge
Einschränkungen ergeben sich durch die beiden Wurzeln $\sqrt{x+1}$ und $\sqrt{2x+1}$:

$$x+1 \geq 0 \wedge 2x+1 \geq 0$$
$$\Leftrightarrow \quad x \geq -1 \wedge x \geq -\tfrac{1}{2}$$
$$\Leftrightarrow \quad x \geq -\tfrac{1}{2}, \text{ d.h. } D_x = \mathbb{R}^{\geq -\frac{1}{2}}$$

(zum Rechnen mit Ungleichungen s. S. 67)

2a) Vorbereitung der Gleichung auf das beiderseitige Quadrieren
Für jede Seite der Gleichung ist zu beachten:

(1) Es ist *nicht vorteilhaft*, einen Summenterm zu quadrieren, wenn er z.B. wie bei $1 + \sqrt{x+1}$ aus einem Wurzelterm und einem wurzelfreien Term besteht. Man erhält mit der 1. bin. Formel $(1 + \sqrt{x+1})^2 = 1 + 2\sqrt{x+1} + x + 1$ und der Wurzelterm fällt nicht weg.

(IIa) Ein *isolierter Wurzelterm*, ggf. mit einem Vorfaktor, ist *günstig*, denn beim Quadrieren wird die Wurzel aufgehoben.
(IIb) Ebenfalls *günstig* ist die *Summe aus zwei Wurzeltermen*, denn nach dem Quadrieren bleibt nur ein Wurzelterm übrig.

Für das Bsp. 2 gibt es beide Lösungsmöglichkeiten (IIa) und (IIb):
Ausgangsgleichung:
$$1 + \sqrt{x+1} = 3 + \sqrt{2x+1} \mid -1$$
(Gleichungstyp I)
$$\Leftrightarrow \sqrt{x+1} = 2 + \sqrt{2x+1} \mid -\sqrt{2x+1}$$
(Gleichungstyp IIa)
$$\Leftrightarrow \sqrt{x+1} - \sqrt{2x+1} = 2$$
(Gleichungstyp IIb)

2b) Beseitigen der Wurzeln im Gleichungstyp (IIa) durch zweimaliges Quadrieren
$$\Rightarrow x+1 = 4 + 4\sqrt{2x+1} + 2x + 1 \mid -2x-5$$
$$\Leftrightarrow 4\sqrt{2x+1} = -x-4 \mid (\ )^2$$
(Gleichungstyp IIa)
$$\Rightarrow 16(2x+1) = x^2 + 8x + 16$$
$$\Leftrightarrow 32x + 16 = x^2 + 8x + 16 \mid -32x-16$$
$$\Leftrightarrow x^2 - 24x = 0$$

Beseitigen der Wurzeln im Gleichungstyp (IIb) durch zweimaliges Quadrieren
$$\Rightarrow x+1 - 2\sqrt{x+1} \cdot \sqrt{2x+1} + 2x + 1 = 4$$
$$\Leftrightarrow 2\sqrt{(x+1)(2x+1)} + 2 + 3x = 4 \mid -2-3x$$
$$\Leftrightarrow 2\sqrt{(x+1)(2x+1)} = 2 - 3x \mid (\ )^2$$
(Gleichungstyp IIa)
$$\Rightarrow 4(x+1)(2x+1) = 4 - 12x + 9x^2$$
$$\Rightarrow 8x^2 + 12x + 4 = 4 - 12x + 9x^2 \mid -8x^2 - 12x - 4$$
$$\Leftrightarrow x^2 - 24x = 0$$

3) Lösung der quadrat. Gleichung
$$x^2 - 24x = 0 \mid \text{faktorisieren}$$
$$\Leftrightarrow x(x-24) = 0 \mid \text{Nullteilerfreiheit}$$
$$\Leftrightarrow x = 0 \vee x - 24 = 0$$
$$\Leftrightarrow x = 0 \vee x = 24$$
Also: $L[x^2 - 24x = 0 \mid \mathbb{R}^{\geq -\frac{1}{2}}] = \{0; 24\}$, d.h.
$L[1 + \sqrt{x+1} = 3 + \sqrt{2x+1} \mid \mathbb{R}^{\geq -\frac{1}{2}}] \subseteq \{0; 24\}$

4) Probe
$\big\lfloor x=0 \quad 1 + \sqrt{0+1} = 2 + \sqrt{2 \cdot 0 + 1}$ (f)
$\big\lfloor x=24 \quad 1 + \sqrt{24+1} = 2 + \sqrt{2 \cdot 24 + 1}$ (f)

Also:
$L[1 + \sqrt{x+1} = 3 + \sqrt{2x+1} \mid \mathbb{R}^{\geq -\frac{1}{2}}] = \{ \ \}$

Die Konjunktion ∧ verlangt die Bildung der Schnittmenge (s. S. 17).

Die Disjunktion ∨ verlangt die Bildung der Vereinigungsmenge (s. S. 17).

1 $|x| \le 3 \Leftrightarrow -3 \le x \wedge x \le 3 \Leftrightarrow -3 \le x \le 3$

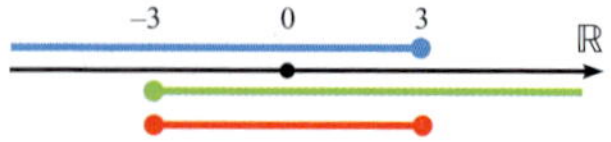

2 $|x| > 3 \Leftrightarrow x > 3 \vee x < -3$

Die Entfernung für x von 0 ist höchstens 3.

Die Entfernung für x von 0 ist größer als 3.

3 $|x+2| \le 3 \Leftrightarrow -3 \le x+2 \le 3$
$\Leftrightarrow -5 \le x \le 1$

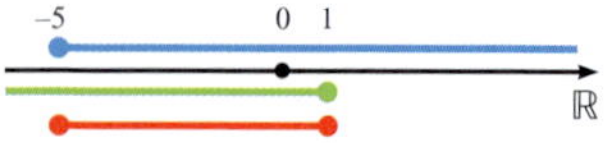

4 $|x+2| > 3 \Leftrightarrow x+2 > 3 \vee x+3 < -3$
$\Leftrightarrow x > 1 \vee x < -5$

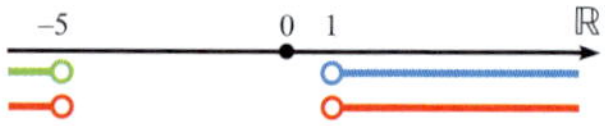

5 $x \le 4 \wedge x \ge 6 \Leftrightarrow x \le 4$

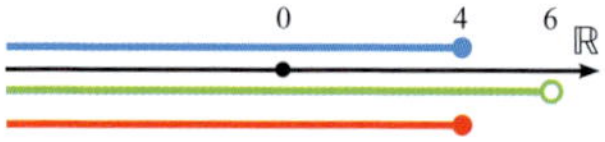

6 $x < 4 \vee x < 6 \Leftrightarrow x < 6$

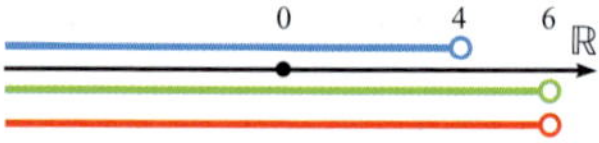

7 $x < 4 \wedge x \ge 6 \quad L = \{\ \}$

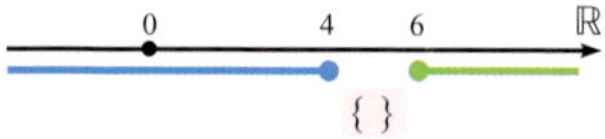

8 $x \le 4 \vee x > 2 \quad L = \mathbb{R}$

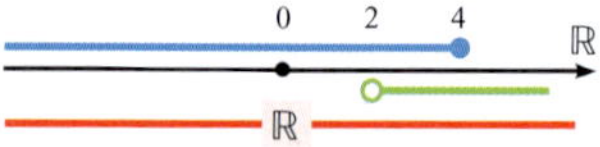

A Einfache Ungleichungen mit und ohne Absolutbetrag

Problemstellung: Ein rechteckiges Blumenbeet soll eine Umrandung durch Platten erhalten. Es stehen 80 quadratische Platten mit einer Kantenlänge von 50cm zur Verfügung. Welche Maße kann das Beet haben, wenn seine Fläche mindestens 80m² betragen soll?

Planfigur:

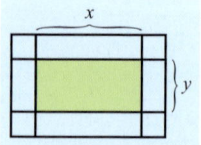

rechnerische Lösung:

(1) Beziehung zwischen den Plattenanzahlen x und y herstellen: $80 = 2x + 2y + 4 \Leftrightarrow y = 38 - x$

(2) Die Kantenlänge einer Platte sei die Längeneinheit (LE).
$\Rightarrow 1\text{m} = 2\text{LE} \; ; \; 1\text{m}^2 = 4\text{FE}$

(3) Bedingung: Für den Flächeninhalt des Beetes soll gelten:
$A_R = x \cdot y = x(38 - x) \ge 320 \,[\text{LE}]$
$\Leftrightarrow \qquad\qquad 38x - x^2 \ge 320 \quad |\cdot(-1) \;|+320$
$\Leftrightarrow \qquad\quad x^2 - 38x + 320 \le 0$

(4) Lösung der Ungleichung mit Hilfe der quadratischen Ergänzung $+19^2$, der 3. bin. Formel und der Vorzeichenregeln für Produkte:
$\Leftrightarrow (x-19)^2 - 41 \le 0 \quad | \text{ faktorisieren} \qquad \Leftrightarrow [(x-19) - \sqrt{41}] \cdot [(x-19) + \sqrt{41}] \le 0$
$\Leftrightarrow x - 19 - \sqrt{41} \le 0 \wedge x - 19 + \sqrt{41} \ge 0 \vee x - 19 - \sqrt{41} \ge 0 \wedge x - 19 + \sqrt{41} \le 0$

(5) Die Variable x kann nur für eine nat. Zahl stehen, d.h. es gilt: $D_x = \mathbb{N}$.
$\Leftrightarrow x \le 25 \wedge x \ge 13 \vee x \ge 25 \wedge x \le 13 \Leftrightarrow 13 \le x \le 25$ Also gilt: $L = \{13; \ldots; 25\}$

(6) *Antwort*: Die Rechteckmaße für das Beet können mit der Umrechnung $2\text{LE} = 1\text{m}$ als Lösungspaare $(x; y)$ nur sein:
$(6, 5 \,; 12, 5), (7 \,; 12), \ldots, (9, 5 \,; 9, 5) \; [\text{m}]$
Das letzte Paar ergibt den größten Flächeninhalt von $90,25\text{m}^2$ für das Beet.

B Lösung einer quadratischen Ungleichung durch Faktorisieren

Der Lösungsgang bei **linearen und quadratischen Ungleichungen** ist dem der entsprechenden Gleichungen sehr ähnlich. Allerdings ist eine Besonderheit zu beachten:

Bei der beiderseitigen Multiplikation (Division) mit negativen Zahlen oder negativen Termen muss das Ungleichheitszeichen umgekehrt werden.

Die einfachsten Ungleichungen:
$x \leq a$; $x < a$; $x \geq a$; $x > a$ $(a \in \mathbb{R})$

Bsp.: $x \leq 2$ $|D_x = \mathbb{R}$
Es gilt offensichtlich: $L = \mathbb{R}^{\leq 2}$

Allgemein erhält man:

$$L[x \leq a | \mathbb{R}] = \mathbb{R}^{\leq a}$$

Entsprechend mit $<$, $\geq$, $>$
Die einfachsten Ungleichungen spielen eine wichtige Rolle, denn auf sie versucht man vorgegebene Ungleichungen mit Hilfe von Äquivalenzumformungen (S. 57) zurückzuführen. Ist dies nicht möglich, strebt man eine Rückführung auf Konjunktionen ($\wedge$) und Disjunktionen ($\vee$) (S. 17) der einfachsten Formen an. Um derartige Gebilde fehlerfrei verarbeiten zu können, kann eine Darstellung auf der Zahlengeraden hilfreich sein (Abb. A).

Lineare Ungleichung: $ax + b \leq 0$
$(a \in \mathbb{R}^{\neq 0}, b \in \mathbb{R})$

Bsp.: $2x + 4 \leq 0$, $-4x + 8 \leq 0$ $|D_x = \mathbb{R}$

Äquivalente Umformungen:

$2x + 4 \leq 0$ $|-4$	$-4x + 8 \leq 0$ $|-8$
$\Leftrightarrow$ $2x \leq -4$ $|:2$	$\Leftrightarrow$ $-4x \leq -8$ $|:(-4)$
$\Leftrightarrow$ $x \leq -2$	$\Leftrightarrow$ $x \geq 2$

Also gilt: $L = \mathbb{R}^{\leq -2}$ bzw. $L = \mathbb{R}^{\geq -2}$

Allgemein erhält man:

$$L[ax + b \leq 0 | \mathbb{R}] = \begin{cases} \mathbb{R}^{\leq -\frac{b}{a}} & \text{für } a \in \mathbb{R}^+ \\ \mathbb{R}^{\geq -\frac{b}{a}} & \text{für } a \in \mathbb{R}^- \end{cases}$$

Entsprechend mit $<$, $\geq$, $>$

Quadrat. Ungleichungen in der p-q-Form:
$x^2 + px + q \leq 0$ $(p, q \in \mathbb{R})$
Bsp.: Das Problem der Abb. B führt auf die quadratische Ungleichung:
$$x^2 - 38x + 320 \leq 0 \quad |D_x = \mathbb{N}$$
Ihre Lösungsmenge wird mit Hilfe der 3. bin. Formel (S. 41) und der Vorzeichenregeln für Produkte (S. 39) gewonnen.
Ein anderer **Lösungsgang** benutzt anstelle der

3. die **1. oder 2. bin. Formel** (S. 91) und das **beiderseitige Wurzelziehen** (S. 56):

- Sortieren und quadratische Ergänzung
- Wurzelziehen, wenn möglich
- Auflösen des absoluten Betrages (S. 37)
- Umformen mit dem Ziel, möglichst einfache Ungleichungen zu erhalten (s.o.)

$x^2 - 38x + 320 \leq 0$ $|D_x = \mathbb{N}$ $|-320$ $|+361$ q.E.
$\Leftrightarrow x^2 - 38x + 361 \leq 41$
$\Leftrightarrow (x - 19)^2 \leq 41$ $|$ Wurzel ziehen
$\Leftrightarrow |x - 19| \leq \sqrt{41}$ $|$ abs. Betrag auflösen
$\Leftrightarrow -\sqrt{41} \leq x - 19 \leq \sqrt{41}$ $|+19$
$\Leftrightarrow 19 - \sqrt{41} \leq x \leq 19 + \sqrt{41}$ $|D_x = \mathbb{N}$
$\Leftrightarrow 13 \leq x \leq 25$
Also gilt: $L = \{13; 14; \ldots; 25\}$

Im **allgemeinen Fall** erhält man mit der *Diskriminante* $D := \frac{p^2}{4} - q$ folgenden Rechengang:

$x^2 + px + q \leq 0$ $|-q$ $|+\frac{p^2}{4}$ q.E.
$\Leftrightarrow x^2 + px + \frac{p^2}{4} \leq -q + \frac{p^2}{4}$ $|$ 1. bin. Formel
$\Leftrightarrow (x + \frac{p}{2})^2 \leq D$

1. Fall: $D \geq 0$ $|$ Wurzel ziehen
$\Leftrightarrow |x + \frac{p}{2}| \leq \sqrt{D}$ $|$ abs. Betrag auflösen
$\Leftrightarrow -\sqrt{D} \leq x + \frac{p}{2} \leq \sqrt{D}$ $|-\frac{p}{2}$
$\Leftrightarrow -\frac{p}{2} - \sqrt{D} \leq x \leq -\frac{p}{2} + \sqrt{D}$

Die Lösungsmenge umfasst die Zahlen zwischen $-\frac{p}{2} - \sqrt{D}$ und $-\frac{p}{2} + \sqrt{D}$, d.h. sie ist gleich dem Intervall $[-\frac{p}{2} - \sqrt{D}; -\frac{p}{2} + \sqrt{D}]$.
Für $D = 0$ ist die Lösungsmenge gleich $\{-\frac{p}{2}\}$.

2. Fall: $D < 0$
Ein Vergleich der linken und rechten Seite der Ungleichung zeigt, dass keine wahren Aussagen möglich sind, denn die linke Seite wird nie negativ, die rechte Seite jedoch immer. Also ist die Lösungsmenge die leere Menge.
Zusammengefasst ergibt sich:

$$L[x^2 + px + q = 0 | \mathbb{R}] =$$
$$\begin{cases} [-\frac{p}{2} + \sqrt{D}; -\frac{p}{2} - \sqrt{D}] & \text{für } D > 0 \\ \{-\frac{p}{2}\} & \text{für } D = 0 \\ \{\ \} & \text{für } D < 0 \end{cases}$$
$$(p \in \mathbb{R}; q \in \mathbb{R}) \qquad \text{mit } D = \frac{p^2}{4} - q$$

Bem.: Man beachte die doppelte Bedeutung des Klammerpaares [ ]. Einerseits enthält es in der Form L[…] eine Aussageform, andererseits beschreibt es ein Intervall $[a; b]$.

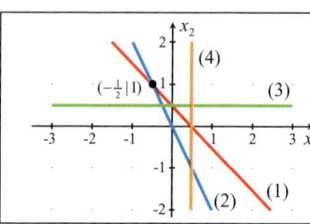

Auflösung nach x_2 bzw. x_1:

(1) $4x_1 + 4x_2 = 2 \quad \Leftrightarrow \quad x_2 = -x_1 + \frac{1}{2}$

(2) $6x_1 + 3x_2 = 0 \quad \Leftrightarrow \quad x_2 = -2x_1$

(3) $0 \cdot x_1 + 2x_2 = 1 \quad \Leftrightarrow \quad x_2 = \frac{1}{2} \quad$ (Parallele zur x_1-Achse)

(4) $2x_1 + 0 \cdot x_2 = 1 \quad \Leftrightarrow \quad x_1 = \frac{1}{2} \quad$ (Parallele zur x_2-Achse)

A   Lösungsmengen linearer Gleichungen

Aufgabe: Die Stadtwerke Bielefeld machten am 1. Januar das folgende Tarifangebot für Haushaltsgas. Der Kunde sollte seinen Gasverbrauch für das Jahr schätzen, um dann den günstigeren der beiden Tarife (i) und (ii) zu wählen.

(i) Kleinverbrauchertarif:
   Arbeitspreis 9,42 Pf/kWh
   Messpreis 48 DM/Jahr

(ii) Grundpreistarif:
   Arbeitspreis 4,94 Pf/kWh
   Grund- u. Messpreis 132 DM/Jahr

Doch welcher Tarif ist der günstigere?

Vorüberlegung: Für kleinere jährliche Abnahmemengen muss Tarif (i) wegen des kleinen Messpreises günstiger sein. Der Unterschied wird wegen des größeren Arbeitspreises bei (i) mit zunehmendem jährlichen Verbrauch immer geringer. Bei einer bestimmten Abnahmemenge sind die Tarife gleich. Geht der Verbrauch über diese Menge hinaus, ist der Tarif (ii) günstiger. Interessant ist also nur noch die Frage:

Bei welchem jährlichen Verbrauch sind beide Tarife gleich?

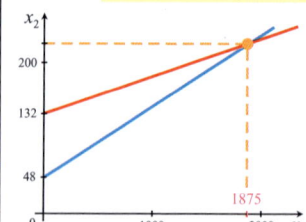

Lösung:

1) Einführung von Variablen für den jährlichen Gasverbrauch (x_1) und für den Rechnungsbetrag (x_2)

2) Zusammenhang zwischen Rechnungsbetrag und Gasverbrauch durch lineare Gleichungen:

(i) $x_2 = 48 + 0,0942 \cdot x_1$

(ii) $x_2 = 132 + 0,0494 \cdot x_1$

3) Die x_1-Koordinate des Schnittpunktes beider Geraden ist gesucht; die x_2-Koordinate ist in beiden Auflösungen gleich:

$$48 + 0,0942 \cdot x_1 = 132 + 0,0494 \cdot x_1 \Leftrightarrow 0,0448 \cdot x_1 = 84 \Leftrightarrow x_1 = 1875$$

Ergebnis: Bis zu einem jährlichen Verbrauch von 1875 kWh ist Tarif (i) der günstigere.

B   Anwendung linearer Gleichungen

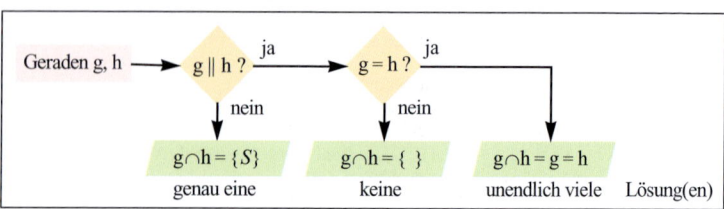

C   Lösungsmöglichkeiten bei einem $(2, 2)$-LGS

Lineare Gleichungen mit zwei Variablen
sind Aussageformen mit den Variablen x_1 und x_2, den Definitionsmengen $D_{x_1} = \mathbb{R}$ und $D_{x_2} = \mathbb{R}$ und der Gleichungsform

$$a_1 x_1 + a_2 x_2 = b$$

mit $a_1, a_2 \in \mathbb{R}$ und $(a_1; a_2) \neq (0; 0)$
Bem.: Statt der Variablennamen x_1 und x_2 findet man häufig x und y. Wegen der Verallgemeinerung auf drei und mehr Variable wird hier die Indexschreibweise vorgezogen.
Bsp.: (1) $4x_1 + 4x_2 = 2$, (2) $6x_1 + 3x_2 = 0$, (3) $0 \cdot x_1 + 2x_2 = 1$, (4) $2x_1 + 0 \cdot x_2 = 1$

Lösungsmenge einer linearen Gleichung
• Zunächst wird eine Einsetzung in eine der Variablen vorgenommen (z. B. 1 in x_1).
• Dann wählt man die Einsetzung für x_2 passend, so dass eine wahre Aussage entsteht. Diese Wahl wird erleichtert, wenn man vorher die Ausgangsgleichung nach x_2 auflöst, dann für x_1 einsetzt und x_2 *berechnet* (für $x_1 = 1$ ergibt sich bei Bsp. (1): $x_2 = -1 + \frac{1}{2} = -\frac{1}{2}$, d.h. $(1; -\frac{1}{2})$ ist eine Lösung). $x_2 = -x_1 + \frac{1}{2}$ heißt *Auflösung nach* x_2.
Für beliebige Einsetzungen aus $\mathbb{R}$ in x_1 erhält man die unendliche Menge von geordneten Paaren $L = \{(x_1; x_2) | x_2 = -x_1 + \frac{1}{2} \wedge x_1 \in \mathbb{R}\}$ als Lösungsmenge von Bsp. (1).
Sie stellt in einem kartesischen Koordinatensystem eine *Gerade* dar (Abb. A); an der Auflösung $x_2 = -x_1 + \frac{1}{2}$ erkennt man die Geradengleichung $y = mx + b$ ($m = -1$, $b = \frac{1}{2}$, s. S. 79).
Bsp. (2) bis (4): Abb. A
Es gilt der

Satz 1: Die Lösungsmenge einer linearen Gleichung mit zwei Variablen ist durch eine Gerade in einem 2-dim. Koordinatensystem (im $\mathbb{R}^2$) darstellbar.

Verbindet man die beiden linearen Gleichungen (1) und (2) durch $\wedge$, so erhält man ein

lineares Gleichungssystem 2. Ordnung in Normalform, kurz ein $(2, 2)$-LGS:

$$4x_1 + 4x_2 = 2$$
$$\wedge \quad 6x_1 + 3x_2 = 0$$

Dabei gibt $(2, 2)$ an, dass 2 Gleichungen mit 2 Variablen vorgegeben sind.
Bei Anwendungen (z.B. Abb. B) besteht ein $(2, 2)$-LGS i.d.R. aus zwei Bedingungsgleichungen, die wegen des »und« gleichzeitig zu erfüllen sind.
Die **Lösungsmenge** ist daher die *Schnittmenge* der Lösungsmengen der beteiligten linearen Gleichungen.

Graphisch ist die Struktur der Lösungsmenge eines $(2, 2)$-LGS daran erkennbar, wie sich zwei Geraden in der Ebene schneiden (Abb. C). Es ergibt sich der

Satz 2: Ein $(2, 2)$-LGS hat entweder genau eine Lösung, keine Lösung oder unendlich viele Lösungen.

Welcher der Fälle von Satz 2 vorliegt, kann man über die *Steigungen der Auflösungen* (s. S. 79) feststellen (einer Parallelen zur x_2-Achse wird symbolisch ∞ als Steigung zugeordnet):
• ungleiche Steigung: genau eine Lösung
• gleiche Steigung
  – Achsenabschnitte ungleich: keine Lösung
  – Achsenabschnitte gleich (die Auflösungen sind identisch): unendlich viele Lösungen

Rechnerische Lösungsverfahren:
• Additionsverfahren
• Einsetzungsverfahren
• Gleichsetzungsverfahren
• gaußsches Matrixverfahren

Additionsverfahren
$\boxed{1}$ äquivalente Umformung der zwei Gleichungen, bis zwei zueinander *gegengleiche* Terme mit *derselben* Variablen, z.B. $12x_1$ und $-12x_1$, entstanden sind
$\boxed{2}$ Addition der beiden linken und rechten Seiten (eine Variable fällt weg)
$\boxed{3}$ Lösung der Gleichung mit einer Variablen
$\boxed{4}$ Einsetzen der Lösung in eine der beiden Gleichungen
$\boxed{5}$ Lösung der Gleichung mit der 2. Variablen

$$4x_1 + 4x_2 = 2 \quad | \cdot 3 \qquad \boxed{1}$$
$$\wedge \quad 6x_1 + 3x_2 = 0 \quad | \cdot (-2)$$
$$\Leftrightarrow \quad 12x_1 + 12x_2 = 6 \quad | + \qquad \boxed{2}$$
$$\wedge \quad -12x_1 - 6x_2 = 0$$
$$12x_1 + 12x_2 + (-12x_1 - 6x_2) = 6 + 0 \; \boxed{3}$$
$$\Leftrightarrow \quad 6x_2 = 6$$
$$\Leftrightarrow \quad x_2 = 1$$
$$\boxed{x_2 = 1} \quad 4x_1 + 4 \cdot 1 = 2 \qquad \boxed{4}$$
$$\Leftrightarrow \quad 4x_1 = -2 \qquad \boxed{5}$$
$$\Leftrightarrow \quad x_1 = -\frac{1}{2}$$

Es folgt: $L = \{(-\frac{1}{2}; 1)\}$ (vgl. Abb. A)
Probe:
$$\boxed{(-\frac{1}{2}; 1)} \quad 4 \cdot (-\frac{1}{2}) + 4 \cdot 1 = 2 \;\; (\text{w})$$
$$\boxed{(-\frac{1}{2}; 1)} \quad 6 \cdot (-\frac{1}{2}) + 3 \cdot 1 = 0 \;\; (\text{w})$$

Äquivalente Umformungen:

1. Vertauschung von Zeilen (Gleichungen)
2. Vertauschung von Spalten (Namensänderung der Variablen)
3. Multiplizieren von Zeilen (Gleichungen) mit Zahlen aus $\mathbb{R}\setminus\{0\}$
4. Dividieren von Zeilen (Gleichungen) durch Zahlen aus $\mathbb{R}\setminus\{0\}$
5. Addieren eines Vielfachen einer Zeile (Gleichung) zu einer beliebigen Zeile (Gleichung)

1) eindeutig lösbares $(3,3)$-LGS Erkennungsmerkmal: erweiterte Einheitsmatrix

vorgegebenes LGS	erweiterte Ausgangsmatrix	Ziel: erweiterte Einheitsmatrix	zugehöriges LGS und Lösungsmenge
$2x_2 - x_3 = 0$ $\wedge\; 2x_1 - 4x_2 + 3x_3 = 6$ $\wedge\; 5x_1 - 2x_2 + 2x_3 = 3$	$\begin{pmatrix} 0 & 2 & -1 & 0 \\ 2 & -4 & 3 & 6 \\ 5 & -2 & 2 & 3 \end{pmatrix}$ $\longrightarrow$	$\begin{pmatrix} 1 & 0 & 0 & d_1 \\ 0 & 1 & 0 & d_2 \\ 0 & 0 & 1 & d_3 \end{pmatrix}$	$x_1 = d_1 \wedge x_2 = d_2$ $\wedge\; x_3 = d_3$ $L = \{(d_1; d_2; d_3)\}$

mögliche Lösungsstrategie: $\begin{pmatrix} 1 & 0 & 0 & d_1 \\ 0 & 1 & 0 & d_2 \\ 0 & 0 & 1 & d_3 \end{pmatrix}$ Um die erweiterte Einheitsmatrix zu erhalten, werden folgende Zwischenziele realisiert:

$$\text{(I)} \begin{pmatrix} 0 & 2 & -1 & 0 \\ \text{(II)} & 2 & -4 & 3 & 6 \\ \text{(III)} & 5 & -2 & 2 & 3 \end{pmatrix} \overset{\updownarrow}{\underset{\boxed{1}}{\Longleftrightarrow}} \begin{pmatrix} 2 & -4 & 3 & 6 \\ 0 & 2 & -1 & 0 \\ 5 & -2 & 2 & 3 \end{pmatrix} \overset{:2}{\underset{\boxed{4}}{\Longleftrightarrow}} \begin{pmatrix} 1 & -2 & 1{,}5 & 3 \\ 0 & 2 & -1 & 0 \\ 5 & -2 & 2 & 3 \end{pmatrix} \overset{\boxed{5}}{\underset{+(-5)\cdot(\text{I})}{\Longleftrightarrow}} \begin{pmatrix} 1 & -2 & 1{,}5 & 3 \\ 0 & 2 & -1 & 0 \\ 0 & 8 & -5{,}5 & -12 \end{pmatrix} \overset{\boxed{4}}{\underset{:2}{\Longleftrightarrow}} \begin{pmatrix} 1 & -2 & 1{,}5 & 3 \\ 0 & 1 & -0{,}5 & 0 \\ 0 & 8 & -5{,}5 & -12 \end{pmatrix}$$

$$\overset{+2\cdot(\text{II})}{\underset{\boxed{5}}{\Longleftrightarrow}}{\underset{+(-8)\cdot(\text{II})}{}} \begin{pmatrix} 1 & 0 & 0{,}5 & 3 \\ 0 & 1 & -0{,}5 & 0 \\ 0 & 0 & -1{,}5 & -12 \end{pmatrix} \overset{\boxed{4}}{\underset{:(-1{,}5)}{\Longleftrightarrow}} \begin{pmatrix} 1 & 0 & 0{,}5 & 3 \\ 0 & 1 & -0{,}5 & 0 \\ 0 & 0 & 1 & 8 \end{pmatrix} \overset{+(-0{,}5)\cdot(\text{III})}{\underset{\boxed{5}}{\Longleftrightarrow}}{\underset{+0{,}5\cdot(\text{III})}{}} \begin{pmatrix} 1 & 0 & 0 & -1 \\ 0 & 1 & 0 & 4 \\ 0 & 0 & 1 & 8 \end{pmatrix}$$ Also gilt: $L = \{(-1; 4; 8)\}$

2) unlösbares $(3,3)$-LGS *Erkennungsmerkmal*: mindestens eine unerfüllbare Gleichung, d.h. es gilt für eine Zeile: $(0\ 0\ 0\ \neq 0)$

$$\text{(I)} \begin{pmatrix} 1 & -3 & 2 & 3 \\ \text{(II)} & 3 & 4 & -2 & -1 \\ \text{(III)} & 5 & -2 & 2 & 3 \end{pmatrix} \overset{\boxed{5}}{\underset{+(-3)\cdot(\text{I})}{\Longleftrightarrow}}{\underset{+(-5)\cdot(\text{I})}{}} \begin{pmatrix} 1 & -3 & 2 & 3 \\ 0 & 13 & -8 & -10 \\ 0 & 13 & -8 & -12 \end{pmatrix} \overset{\boxed{4}\,\boxed{5}}{\underset{:13}{\Longleftrightarrow}}{\underset{+(-13)\cdot(\text{II})}{}} \begin{pmatrix} 1 & -3 & 2 & 3 \\ 0 & 1 & -\frac{8}{13} & -\frac{10}{13} \\ 0 & 0 & 0 & -2 \end{pmatrix}$$ Also gilt: $L = \{\ \}$

3) $(3,3)$-LGS mit unendlicher Lösungsmenge *Erkennungsmerkmal*: keine unerfüllbare Gleichung; mind. eine immer erfüllbare Gleichung, d.h. es gilt für mind. eine Zeile: $(0\ 0\ 0\ 0)$

$$\text{(I)} \begin{pmatrix} 1 & 2 & 3 & 4 \\ \text{(II)} & 0 & -1 & -2 & -3 \\ \text{(III)} & 1 & 1 & 1 & 1 \end{pmatrix} \overset{\boxed{5}}{\underset{+(\text{I})}{\Longleftrightarrow}} \begin{pmatrix} 1 & 2 & 3 & 4 \\ 0 & -1 & -2 & -3 \\ 0 & 1 & 2 & 3 \end{pmatrix} \overset{\boxed{4}\,\boxed{5}}{\underset{\cdot(-1)}{\Longleftrightarrow}}{\underset{+(-13)\cdot(\text{II})}{}} \begin{pmatrix} 1 & 2 & 3 & 4 \\ 0 & 1 & 2 & 3 \\ 0 & 0 & 0 & 0 \end{pmatrix}$$ unendliche Lösungsmenge

$$\text{(I)} \begin{pmatrix} 1 & 2 & 3 & 4 \\ \text{(II)} & -1 & -2 & -3 & -4 \\ \text{(III)} & 2 & 4 & 6 & 8 \end{pmatrix} \overset{\boxed{5}}{\underset{+(-2)\cdot(\text{I})}{\Longleftrightarrow}} \begin{pmatrix} 1 & 2 & 3 & 4 \\ 0 & 0 & 0 & 0 \\ 0 & 0 & 0 & 0 \end{pmatrix}$$ unendliche Lösungsmenge

Bem.: Eine Deutung der unendlichen Lösungsmenge beim ersten Beispiel als Gerade im Raum bzw. als Ebene beim zweiten Beispiel ist mit den Mitteln der Vektorrechnung möglich.

Gaußsches Matrixverfahren

Einsetzungsverfahren

- Auflösung einer Gleichung nach einer der Variablen oder nach einem Term, der in der 2. Gleichung auftritt (hier: $x_2 = -2x_1$)
- Einsetzen in die zweite Gleichung (hier: $4x_1 + 4 \cdot (-2x_1) = 2$)
- Auflösung dieser Gleichung nach der 2. Variablen (hier $x_1 = -\frac{1}{2}$)
- Einsetzen in die zuerst aufgelöste Gleichung (hier: $x_2 = -2 \cdot (-\frac{1}{2}) = 1$)

Ein Sonderfall dieses Verfahrens ist das

Gleichsetzungsverfahren.
Dabei löst man zunächst, wenn dies noch nicht vorgegeben ist (wie z.B. bei der Anwendung auf S. 68, Abb. B), beide Gleichungen nach einem gleichen Term auf und ersetzt ihn in einer der beiden Gleichungen durch den Auflösungsterm der anderen Gleichung.
Der Darstellung der verschiedenen Lösungsverfahren liegt ein Beispiel zu Grunde, das *eindeutig lösbar* ist. Die anderen Fälle von Satz 2 weisen sich im Rechengang aus:
Die Lösungsmenge ist

- *leer*, wenn im Rechengang eine Gleichung der Form $0 \cdot x_1 + 0 \cdot x_2 = d$ bzw. eine falsche Aussage der Form $0 = d$ für $d \neq 0$ auftritt,
- *unendlich*, wenn eine allgemein gültige Gleichung der Form $0 \cdot x_1 + 0 \cdot x_2 = 0$ bzw. eine wahre Aussage der Form $a = a$ auftritt oder durch Umformung erreichbar ist und die 2. Gleichung nicht unerfüllbar ist.

Lineares Gleichungssystem 3. Ordnung in Normalform, kurz ein $(3,3)$-LGS
Eine Verallgemeinerung der linearen Gleichung mit zwei Variablen ist die **lineare Gleichung mit drei Variablen**:
$a_1 x_1 + a_2 x_2 + a_3 x_3 = b \mid D_{(x_1, x_2, x_3)} = \mathbb{R}^3$ mit $a_1, a_2, a_3, b \in \mathbb{R}$ und $(a_1; a_2; a_3) \neq (0; 0; 0)$.
Werden drei derartige Gleichungen durch $\wedge$ verbunden, so spricht man von einem $(3,3)$-LGS. Man kann es deuten als ein Bündel von drei Bedingungen für drei Variable (vgl. S. 81, 3-Punkte-Vorgabe), die gleichzeitig zu erfüllen sind.

Lösungen eines $(3,3)$-LGS sind Tripel, die alle drei Gleichungen erfüllen, d.h. wahre Aussagen ergeben.
Wie beim $(2,2)$-LGS ist damit die **Lösungsmenge** die *Schnittmenge* der Lösungsmengen der beteiligten linearen Gleichungen.
Bem.: In der analytischen Geometrie zeigt

man, dass jede lineare Gleichung mit drei Variablen durch eine *Ebene* im Raum dargestellt werden kann. Dort werden auch die Schnittmöglichkeiten von drei Ebenen analysiert (S. 214, Abb. B). Daraus ergibt sich der dem Satz 2, S. 69, entsprechende

Satz 3: Ein $(3,3)$-LGS hat entweder genau eine Lösung, keine Lösung oder unendlich viele Lösungen.

Rechnerische Lösung eines $(3,3)$-LGS mit Hilfe eines gemischten Verfahrens (Addition/Einsetzung)

(I) $2x_1 - 4x_2 + 3x_3 = 6$
(II) $x_1 - 3x_2 + 2x_3 = 3$
(III) $5x_1 - 2x_2 + 2x_3 = 3$

$I + (-2) \cdot II :$	$(-5) \cdot II + III :$
$2x_1 - 4x_2 + 3x_3 = 6$	$5x_1 - 15x_2 + 10x_3 = 15$
$-2x_1 + 6x_2 - 4x_3 = -6$	$-5x_1 + 2x_2 - 2x_3 = -3$
$2x_2 - x_3 = 0$	$(II') - 13x_2 + 8x_3 = 12$

(I') $\qquad x_3 = 2x_2$

$\boxed{x_3 = 2x_2}_{\xrightarrow{(II')}} -13x_2 + 8 \cdot (2x_2) = 12 \iff x_2 = 4$

$\boxed{x_2 = 4}_{\xrightarrow{(I')}} x_3 = 2 \cdot 4 = 8$

$\boxed{x_2 = 4; x_3 = 8}_{\xrightarrow{(II)}} x_1 - 3 \cdot 4 + 2 \cdot 8 = 3 \iff x_1 = -1$

Also gilt:
$L[(I) \wedge (II) \wedge (III)] = \{(-1; 4; 8)\}$

Probe:
$\boxed{(-1;4;8)}_{\xrightarrow{(I)}} 2 \cdot (-1) - 4 \cdot 4 + 3 \cdot 8 = 6$ (w)
$\boxed{(-1;4;8)}_{\xrightarrow{(II)}} -1 - 3 \cdot 4 + 2 \cdot 8 = 3$ (w)
$\boxed{(-1;4;8)}_{\xrightarrow{(III)}} 5 \cdot (-1) - 2 \cdot 4 + 2 \cdot 8 = 3$ (w)

Das Beispielsystem ist eindeutig lösbar. Für die beiden anderen in Satz 3 angegebenen Möglichkeiten gilt wie bei LGSen:

Die Lösungsmenge ist
- *leer*, wenn beim Rechengang eine nicht erfüllbare Gleichung der Form $0 \cdot x_1 + 0 \cdot x_2 + 0 \cdot x_3 = d \neq 0$ entsteht,
- *unendlich*, wenn eine allgemein gültige Gleichung der Form $0 \cdot x_1 + 0 \cdot x_2 + 0 \cdot x_3 = 0$ und keine nicht erfüllbare entsteht.

Gaußsches Matrixverfahren
Bei diesem Verfahren beschränkt man sich auf die Koeffizienten der Variablen und notiert ihre Veränderungen. Die Matrixschreibweise ist dabei sehr nützlich (Abb.).
Bem.: Das Verfahren ist auf einem Rechner programmierbar.

72   **Relationen und Funktionen**

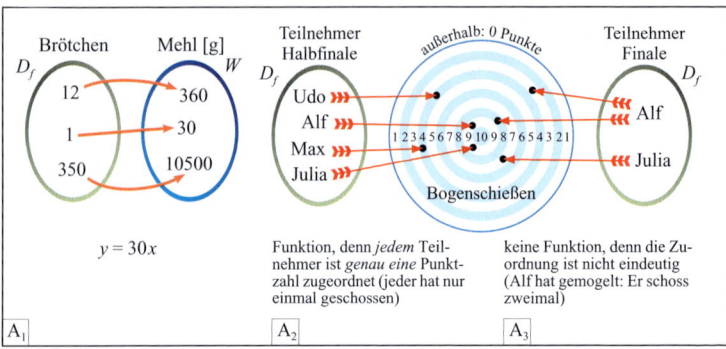

A   Mengen-Pfeile-Diagramme

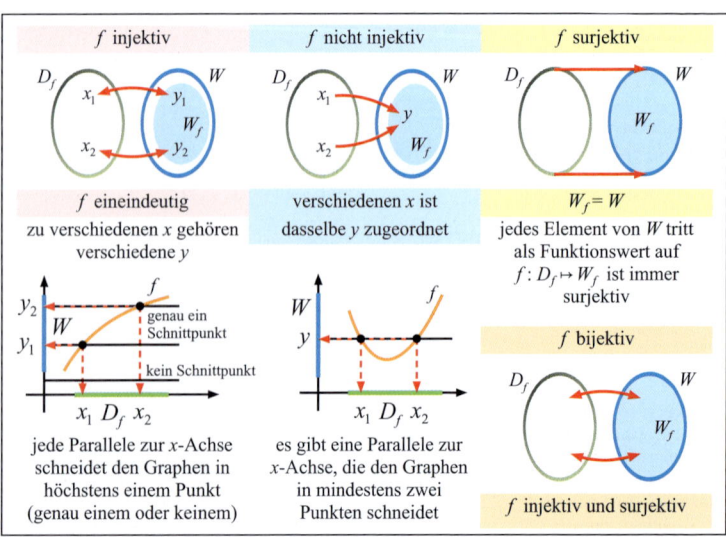

B   Graph einer Funktion in einem Koordinatensystem (mit Wertetabelle)

C   Eigenschaften von Funktionen

Umgangssprachlich ist der Begriff der »Funktion« vieldeutig. Man spricht z.B. in der Biologie von der Funktion des Herzens für den menschlichen Blutkreislauf (Wirkungzusammenhang) und in der Politik von der Funktion eines Gewerkschaftsmitgliedes (als Funktionär). In der Mathematik und in der Physik verstand man noch vor wenigen Jahrzehnten eine Funktion als eine veränderliche Größe $f(x)$, deren Wert sich mit dem einer unabhängigen Variablen x ändert.

Heute fasst man den Funktionsbegriff mit Hilfe der Sprache der Mengenlehre so, dass er ein Spezialfall des *Abbildungsbegriffs* (s. Geometrie, S. 169) und des allg. *Relationsbegriffs* (s.u.) ist.

Definition einer Funktion

In einer Bäckerei sollen Brötchen gebacken werden nach einem Rezept, das für 12 Brötchen 360g Mehl vorsieht. Der Bäckerlehrling muss die Mehlmenge für 350 Brötchen bereitstellen.

Zur Lösung des Problems besinnt sich der Azubi auf das Rechenverfahren, das man als *Dreisatz* (S. 91) bezeichnet:

$$12 \text{ Brötchen} \mapsto 360\,[\text{g}]$$
$$1 \text{ Brötchen} \mapsto 360 : 12\,[\text{g}] = 30\,[\text{g}]$$
$$350 \text{ Brötchen} \mapsto 30 \cdot 350\,[\text{g}] = 10500\,[\text{g}]$$

(lies $\mapsto$ als: wird (werden) zugeordnet)

Statt des Dreisatzes hätte man auch auf die Zuordnungsvorschrift $y = 30 \cdot x$ zurückgreifen können, in der x für die Brötchenanzahl und y für die Mehlmenge [g] steht. Durch diese Gleichung wird nämlich jedem $x \in \mathbb{N}$ genau ein passendes $y \in \mathbb{N}$ zugeordnet (im Falle einer wahren Aussage). Es liegt eine Funktion vor.

> **Def. 1:** Eine *Funktion* ist eine Zuordnung, bei der jedem Element x aus einer ersten Zahlenmenge D_f *genau* (*eindeutig*) *ein* Element y aus einer zweiten Zahlenmenge W durch eine *Zuordnungsvorschrift* $f : D_f \to W$ mit $x \mapsto y = f(x)$ zugeordnet wird.

D_f ist der *Definitionsbereich*, W der *Wertebereich(-vorrat)*, $y = f(x)$ *die Funktionsgleichung* oder -vorschrift, $f(x)$ der *Funktionsterm* bzw. der zu x berechenbare *Funktionswert* (der *Funktionswert an der Stelle x*). Die Menge der tatsächlich vorkommenden Funktionswerte nennt man *Wertemenge W_f*. Für die obige Funktion ergibt sich die Schreibweise: $f : \mathbb{N} \to \mathbb{N}$ mit $y = 30x$. Es gilt für jede Funktion $W_f \subseteq W$. Nur in sehr seltenen Fällen muss $W = W_f$ ge-

wählt werden. Meistens kommt man bei den reellwertigen Funktionen mit der größtmöglichen Menge $W = \mathbb{R}$ aus, verzichtet auf ihre Angabe und schreibt z.B.:

$f(x) = 30x$ (auch $y = 30x$) mit $D_f = \mathbb{N}$.

Sieht man vom Brötchenproblem ab, können der maximal mögliche Definitionsbereich, d.h. hier $D_f = \mathbb{R}$ und $W = \mathbb{R}$ verwendet werden. Man spricht verkürzt von einer *reellen Funktion* oder von einer $\mathbb{R}$-$\mathbb{R}$-Funktion f mit $f(x) = 30x$.

Funktionen (s. S. 79f.)
(1) lineare Funktionen mit $f(x) = ax$
(2) quadratische Funktionen mit $f(x) = ax^2$
(3) Potenzfunktionen mit $f(x) = ax^n$
(4) ganzrationale (Polynomfunktionen) oder gebrochen rationale Funktionen (S. 113ff.)
    mit $f(x) = a_n x^n + a_{n-1} x^{n-1} + \ldots + a_0$ bzw.
    $$f(x) = \frac{a_n x^n + a_{n-1} x^{n-1} + \ldots + a_0}{a_m x^m + a_{m-1} x^{m-1} + \ldots + b_0}$$
(5) Exponentialfunktionen mit $f(x) = a^x$
(6) Logarithmusfunktionen mit $f(x) = \log_a x$
(7) trigonometrische Funktionen z.B. mit $f(x) = \sin x$

Graph einer Funktion

Für die graphische Darstellung einer Funktion gibt es folgende Möglichkeiten:
- *Mengen-Pfeile-Diagramme* (Abb. A): geeignet für endliche Definitionsbereiche mit einer geringen Anzahl von Elementen oder für einen Ausschnitt der Zuordnungen,
- *Graphen in Koordinatensystemen* unter Verwendung einer *Wertetabelle* (Abb. B). Es wird vereinbart, statt $x \mapsto y$ ein geordnetes Paar $(x; y)$ zu notieren und dieses in einem Koordinatensystem durch den Punkt $(x|y)$ darzustellen.

Die Zuordnungspfeile werden häufig zur Veranschaulichung als im Punkt $(x|y)$ »geknickte« Pfeile verwendet.

Bem.: Obwohl man eigentlich zwischen der Funktion und ihrem Graphen (der Punktmenge also) unterscheiden muss, wird zur Kennzeichnung beider der Buchstabe f verwendet.

Eigenschaften von Funktionen

Eine Funktion f ist (Abb. C)
(a) *injektiv*, wenn zu jedem $y \in W_f$ genau ein $x \in D_f$ gehört (f ist *eineindeutig*, d.h. in beiden »Richtungen« eindeutig),
(b) *surjektiv*, wenn $W = W_f$ gilt,
(c) *bijektiv*, wenn f injektiv *und* surjektiv ist.

Bem.: Wegen $W_f \subseteq W$ kann jede Funktion surjektiv eingerichtet werden, indem man $W = W_f$ wählt.

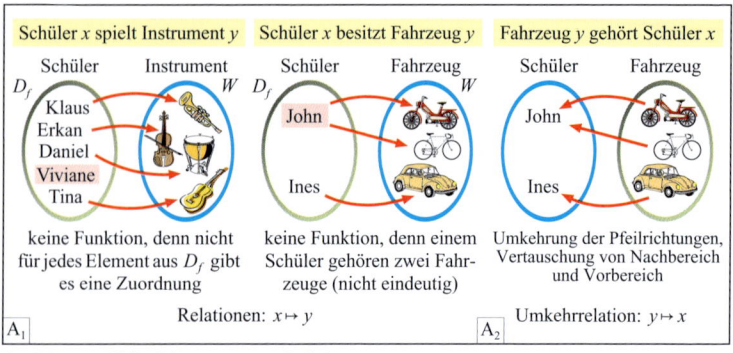

Schüler x spielt Instrument y	Schüler x besitzt Fahrzeug y	Fahrzeug y gehört Schüler x
keine Funktion, denn nicht für jedes Element aus D_f gibt es eine Zuordnung	keine Funktion, denn einem Schüler gehören zwei Fahrzeuge (nicht eindeutig)	Umkehrung der Pfeilrichtungen, Vertauschung von Nachbereich und Vorbereich
A_1	Relationen: $x \mapsto y$	A_2 Umkehrrelation: $y \mapsto x$

A Mengen-Pfeile-Diagramme von Relationen

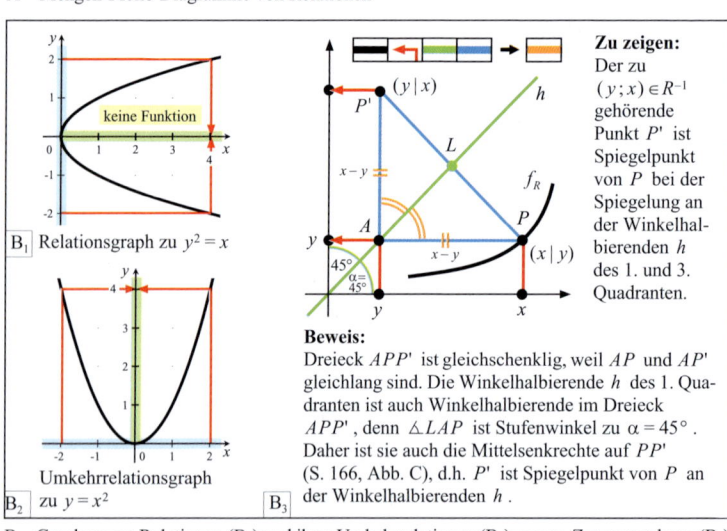

B_1 Relationsgraph zu $y^2 = x$

B_2 Umkehrrelationsgraph zu $y = x^2$

Zu zeigen:
Der zu $(y; x) \in R^{-1}$ gehörende Punkt P' ist Spiegelpunkt von P bei der Spiegelung an der Winkelhalbierenden h des 1. und 3. Quadranten.

Beweis:
Dreieck APP' ist gleichschenklig, weil AP und AP' gleichlang sind. Die Winkelhalbierende h des 1. Quadranten ist auch Winkelhalbierende im Dreieck APP', denn $\triangle LAP$ ist Stufenwinkel zu $\alpha = 45°$. Daher ist sie auch die Mittelsenkrechte auf PP' (S. 166, Abb. C), d.h. P' ist Spiegelpunkt von P an B_3 der Winkelhalbierenden h.

B Graphen von Relationen (B_1) und ihrer Umkehrrelationen (B_2); geom. Zusammenhang (B_3)

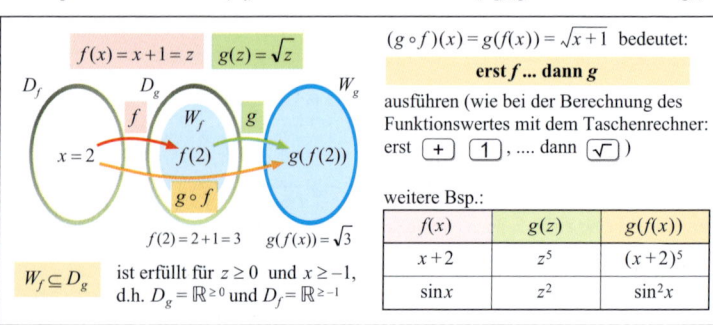

$(g \circ f)(x) = g(f(x)) = \sqrt{x+1}$ bedeutet:

erst f ... dann g

ausführen (wie bei der Berechnung des Funktionswertes mit dem Taschenrechner: erst $\boxed{+}$ $\boxed{1}$, ... dann $\boxed{\sqrt{}}$)

weitere Bsp.:

$f(x)$	$g(z)$	$g(f(x))$
$x+2$	z^5	$(x+2)^5$
$\sin x$	z^2	$\sin^2 x$

$f(x) = x+1 = z$ $g(z) = \sqrt{z}$

$f(2) = 2+1 = 3$ $g(f(x)) = \sqrt{3}$

$W_f \subseteq D_g$ ist erfüllt für $z \geq 0$ und $x \geq -1$, d.h. $D_g = \mathbb{R}^{\geq 0}$ und $D_f = \mathbb{R}^{\geq -1}$.

C Verkettung (Komposition) zweier Funktionen

Beispiele für Relationen

Die Zuordnungen der Mengen-Pfeile-Diagramme in Abb. A_1 können keine Funktionen darstellen, weil bei der ersten Zuordnung der Definitionsbereich nicht voll »ausgeschöpft« wird und die zweite nicht eindeutig ist.

Man kann sie aber als »nahe Verwandte« von Funktionen ansehen. Es wird von *Relationen* (»Beziehungen«) gesprochen. Zu ihnen zählen als Spezialfälle die Funktionen (s.u.).

Bsp. (math.):

(1) $y^2 = x$ mit $y \in \{\pm 1; \pm 2\}$, $x \in \mathbb{R}$

(2) $x^2 + y^2 = 1$ mit $x \in \mathbb{R}$, $y \in \mathbb{R}$

Es handelt sich bei den Beispielen um *Aussageformen mit zwei Variablen* (S. 17), zu denen bestimmte Mengen geordneter Paare $(x; y)$ als Lösungsmengen gehören. Sie beschreiben die Zuordnungen vollständig:

zu (1): $\{(1; 1); (-1; 1); (2; 4); (-2; 4)\}$

zu (2): Hier ist wegen der unendlichen Menge geordneter Paare nur eine endliche Teilmenge der Lösungsmenge oder eine beschreibende Form möglich:

$$\{(x; y) \mid x^2 + y^2 = 1 \wedge x \in \mathbb{R} \wedge y \in \mathbb{R}\}$$

Definition einer Relation

Wesentliche Kennzeichen einer Relation sind: zwei Mengen und eine Teilmenge der Paarmenge (S. 21) dieser beiden Mengen.

Es wird definiert:

Def. 1: A und B seien nichtleere Mengen. Eine *Relation zwischen A und B* (auch *zweistellige Relation* genannt) ist eine nichtleere Teilmenge R aus der Paarmenge $A \times B$.

A heißt *Vorbereich*, B *Nachbereich*.

$(x; y) \in R$ bedeutet, dass dem x das y zugeordnet wird, in Zeichen: $x \mapsto y$.

Welche Zuordnungen bestehen, kann durch die Lösungsmenge einer Aussageform mit zwei Variablen vorgeschrieben sein.

Darstellungsmöglichkeiten sind
- *Mengen-Pfeile-Diagramme* (Abb. A_1) und
- *Relationsgraphen im Koordinatensystem* (Abb. B_1)

Funktion als spezielle Relation

Def. 2: Wenn für die zu einer Relation zwischen zwei Zahlenmengen gehörenden geordneten Paare gilt
- jedes Element des Vorbereichs kommt als 1. Komponente vor (Ausschöpfen des Definitionsbereichs) und
- bei verschiedenen 2. Komponenten sind auch die 1. Komponenten verschieden (Eindeutigkeit),

so liegt eine Funktion im Sinne von Def. 1, S. 73, vor.

Umkehrrelation

Statt der Relationsvorschrift »x ist Teiler von y« benutzt man auch die Vorschrift »y ist Vielfaches von x«. Man nennt sie die *Umkehrung* (*Umkehrzuordnung*).

Jede Relation R hat eine Umkehrrel. R^{-1}. Man erhält die zugehörige Umkehrrel., indem man von den geordneten Paaren $(x; y)$ zu den Paaren $(y; x)$ übergeht.

Die Darstellung der Umkehrrelation geschieht
- im *Mengen-Pfeile-Diagramm* durch Umkehrung der Pfeilrichtung und den Austausch von Vor- und Nachbereich (Abb. A_2)
- im *Relationsgraphen* durch den Austausch von x und y und von Vor- und Nachbereich auf den Achsen (es ist üblich, den Vorbereich auf der Rechtsachse, der x-Achse, anzugeben) (Abb. B_1, B_2).

Den Relationsgraphen zu R^{-1} erhält man durch Spiegelung des Relationsgraphen zu R an der Winkelhalbierenden des 1. und 3. Quadranten eines kartesischen Koordinatensystems (Abb. B_3).

Die Umkehrrelation einer Umkehrrelation ist die Ausgangsrelation selbst, d.h. $(R^{-1})^{-1} = R$.

Umkehrfunktion

Auch jede Funktion besitzt als spez. Relation eine Umkehrrelation, die allerdings keine Funktion zu sein braucht (Abb. B_2).

Def. 3: f^{-1} heißt *Umkehrfunktion* zur Funktion f und f *umkehrbar*, wenn die Umkehrrelation f^{-1} eine Funktion ist.

Es gilt der

Satz 1: Eine Funktion f ist genau dann umkehrbar, wenn f bijektiv ist.

Bsp.: lineare Funktionen (S. 79) und Potenzfunktionen mit ungeradem Exponent (S. 81), Exponentialfunktionen (S. 83), sin-Funktionen mit $x \in]0; \frac{\pi}{2}[$ (S. 85)

Zur **Vorgehensweise** beim Bestimmen einer Umkehrfunktionsgleichung: s. S. 78, Abb. C.

Verkettung (Komposition) von Funktionen

Eine Funktion $f: D_f \mapsto W_f$ kann mit einer Funktion $g: D_g \mapsto W_g$ zu einer neuen Funktion $g \circ f: D_f \mapsto W_g$ def. durch

$$(g \circ f)(x) = g(f(x)) \text{ (lies } g \circ f, g \text{ nach } f)$$

verkettet werden, wenn $W_f \subseteq D_g$ erfüllt ist. Die Funktionsvorschrift der Verkettung wird durch $g(f(x))$ bestimmt (Abb. C).

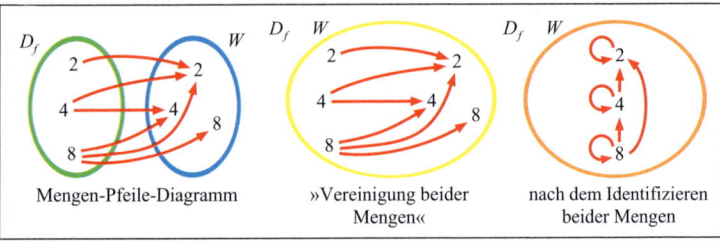

A Übergang vom Mengen-Pfeile-Diagramm zur Relationsdarstellung in der Menge

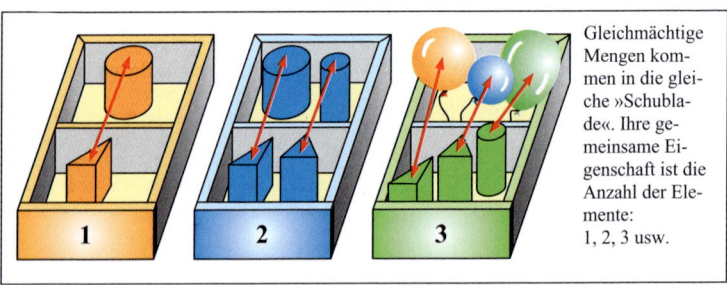

Gleichmächtige Mengen kommen in die gleiche »Schublade«. Ihre gemeinsame Eigenschaft ist die Anzahl der Elemente: 1, 2, 3 usw.

B Schubkastenprinzip

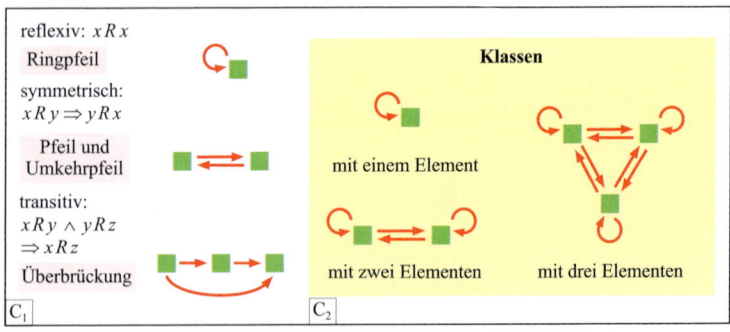

C Eigenschaften einer Äquivalenzrelation (C_1), Klassenbildung (C_2)

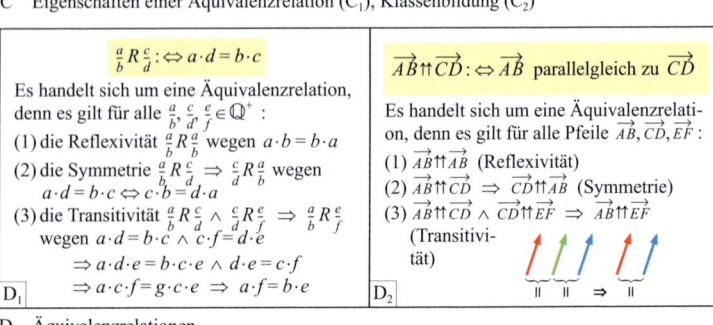

D Äquivalenzrelationen

Relationen in einer Menge
Setzt man in Def. 1 $A = B$, so erhält man

> **Def. 1*:** A sei eine nichtleere Menge. Jede nichtleere Teilmenge R der Paarmenge $A \times A$ heißt *Relation in einer Menge*.
> Statt $(x;y) \in R$ schreibt man auch: $x R y$ (lies: x steht in Relation zu y).
> Bei einer Aussageform mit zwei Variablen beschreibt ihre Lösungsmenge die Zuordnungen.

Bsp.: »x ist Vielfaches von y« mit $A = \{2;4;8\}$; »x ist verwandt mit y« mit $A = \{\text{Vater}; \text{Mutter}; \text{Sohn}; \text{Tochter}\}$; $x \le y$ mit $x, y \in \mathbb{N}$.

Bem.: Statt der Mengen-Pfeile-Diagramme mit zwei Mengen kann man die Relationsdarstellung in einer Menge wählen, u.z. in der Vereinigungsmenge beider Mengen (Abb. A). Zu den Relationen in einer Menge zählen

Äquivalenzrelationen.
Ihre Bedeutung liegt darin, dass durch sie Wesentliches von Unwesentlichem getrennt werden kann. So ist z.B. für die Gewinnung einer Zahlvorstellung nat. Zahlen mit Hilfe von Mengen unerheblich, ob die betrachteten Mengen bestimmter Farbe oder Form enthalten. Vielmehr kommt es nur auf die Gleichmächtigkeit (S. 23) an. Man abstrahiert von den unwesentlichen Eigenschaften, die mit der Anzahl der Elemente nichts zu tun haben, und kommt so zu Klassen (s.u.) gleichmächtiger Mengen (»Schubkastenprinzip«, Abb. B). Jede Klasse definiert eine nat. Zahl.

> **Def. 4:** Eine Relation R in einer Menge A heißt *Äquivalenzrelation* in A, wenn sie
> *reflexiv* : $\Leftrightarrow$ für alle $x \in A$ gilt: $x R x$
> *symmetrisch* : $\Leftrightarrow$ für alle $x, y \in A$ gilt:
> $$x R y \Rightarrow y R x$$
> *transitiv* : $\Leftrightarrow$ für alle $x, y, z \in A$ gilt:
> $$x R y \wedge y R z \Rightarrow x R z \text{ ist.}$$
> (Lies $x R y$: x ist äquivalent zu y.) (Abb. C_1)
> Die Menge aller Elemente aus A, die mit einem $a \in A$ in Relation stehen, heißt *Klasse* $\mathrm{K}(a)$ mit dem *erzeugenden Element* a.

> **Satz 2:** Eine Äquivalenzrelation in der Menge A zerlegt die Menge in nichtleere Klassen mit folgenden Eigenschaften:
> (1) Jedes Element von A gehört zu genau einer der Klassen.
> (2) Klassen zu äquivalenten erzeugenden Elementen sind gleich.
> (3) Verschiedene Klassen sind disjunkt.

Beweis: (1) Sei $a \in A$ erzeugendes Element der Klasse $\mathrm{K}(a)$. Wegen der Reflexivität steht a mit sich selbst in Relation, d.h. a ist in $\mathrm{K}(a)$ enthalten. $\mathrm{K}(a)$ ist also nicht leer. Seien nun a und b Elemente aus A und $\mathrm{K}(a)$ bzw. $\mathrm{K}(b)$ die von ihnen erzeugten Klassen.

(2) Zu zeigen: $a R b \Rightarrow \mathrm{K}(a) = \mathrm{K}(b)$.

(2a) $a R b \Rightarrow \mathrm{K}(a) \subseteq \mathrm{K}(b)$ wegen
$$a R b \wedge x \in \mathrm{K}(a) \Rightarrow a R b \wedge x R a$$
$$\Rightarrow x R a \wedge a R b$$
(wg. Transitivität) $\Rightarrow x R b \Rightarrow x \in \mathrm{K}(b)$

(2b) $a R b \Rightarrow \mathrm{K}(b) \subseteq \mathrm{K}(a)$ wegen
$$a R b \wedge x \in \mathrm{K}(b) \Rightarrow a R b \wedge x R b$$
(wg. Symmetrie) $\Rightarrow x R b \wedge b R a$
(wg. Transitivität) $\Rightarrow x R a \Rightarrow x \in \mathrm{K}(a)$

(3) Zu zeigen:
$\mathrm{K}(a) \ne \mathrm{K}(b) \Rightarrow \mathrm{K}(a) \cap \mathrm{K}(b) = \{\ \}$
Beweis der Kontraposition (s. S. 259):
$$\mathrm{K}(a) \cap \mathrm{K}(b) \ne \{\ \} \Rightarrow \mathrm{K}(a) = \mathrm{K}(b)$$
Nach Vor. gibt es ein $c \in \mathrm{K}(a) \cap \mathrm{K}(b)$. Unter Anwendung von Schnittmengen- (S. 23) und Klassendefinition und wg. der Symmetrie und Transitivität erhält man dann
$$c \in \mathrm{K}(a) \wedge c \in \mathrm{K}(b) \Rightarrow c R a \wedge c R b$$
$$\Rightarrow a R c \wedge c R b \Rightarrow a R b .$$
Nach (2) folgt: $\mathrm{K}(a) = \mathrm{K}(b)$. w.z.z.w.

Anwendungen
a) positive rationale Zahlen $\mathbb{Q}^+$
In der Menge der Brüche (S. 33f.) wird eine Äquivalenzrelation definiert durch:
$$\frac{a}{b} R \frac{c}{d} : \Leftrightarrow a \cdot d = b \cdot c \text{ (Abb. } D_1)$$
Diese Relation bewirkt in der Menge der Brüche eine Zerlegung in Klassen.
Die Klassen bestehen jeweils aus allen Brüchen, die durch Kürzen oder Erweitern ineinander überführbar sind (vgl. S. 32, Abb. D). Jede Klasse definiert eine rationale Zahl.
Bsp: $\frac{6}{4} R \frac{3}{2}$, denn $6 \cdot 2 = 4 \cdot 3$ gilt. $\frac{6}{4}$ und $\frac{3}{2}$ gehören derselben Klasse an. Damit bestimmen die Brüche $\frac{6}{4}$ und $\frac{3}{2}$ dieselbe rat. Zahl.
Dagegen bestimmen $\frac{3}{2}$ und $\frac{2}{3}$ verschiedene rat. Zahlen, denn wegen $3 \cdot 3 \ne 2 \cdot 2$ gilt $\frac{3}{2} R \frac{2}{3}$ nicht.

b) Vektoren
In der Vektorrechnung (S. 203) wird ein Vektor als eine Klasse parallelgleicher Pfeile eingeführt. Diese Festlegung ist möglich, weil die Eigenschaft »parallelgleich« eine Äquivalenzrelation ⇈ in der Menge aller Pfeile definiert (Abb. D_2), durch die Klassen parallelgleicher Pfeile entstehen.

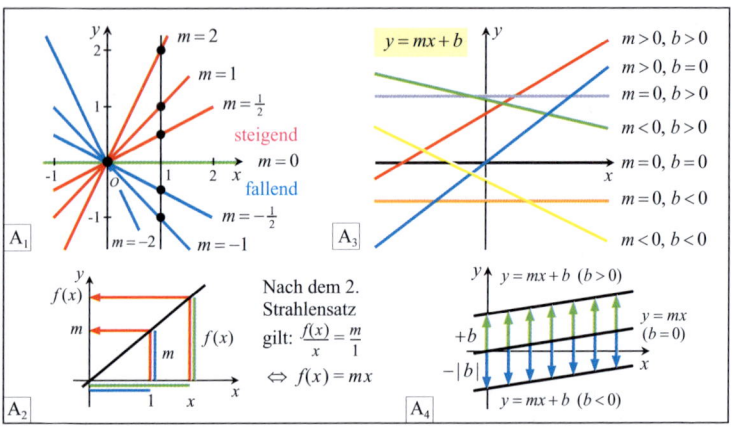

A Lineare (Ursprungs-)Funktionen

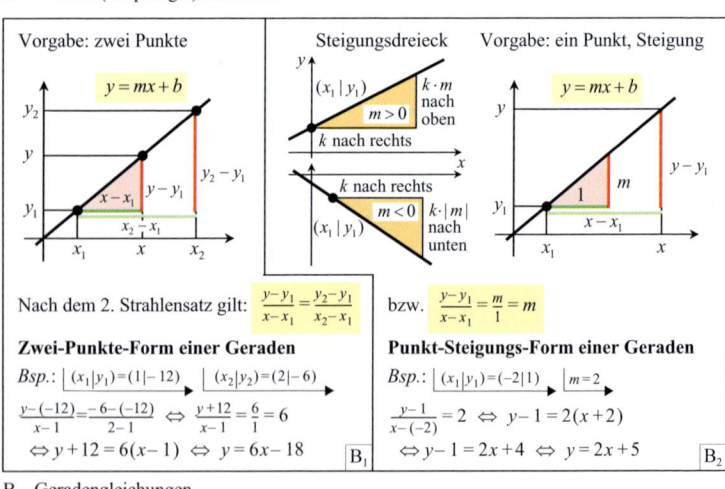

B Geradengleichungen

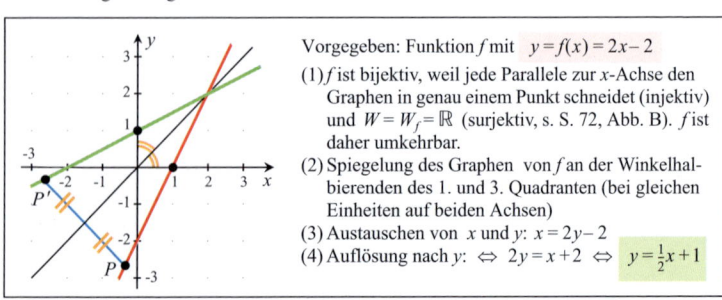

C Bestimmung der Funktionsvorschrift zur Umkehrung einer linearen Funktion

Lineare Funktion mit $f(x) = mx$

Die in dem kart. Koordinatensystem (S. 209) der Abb. A$_1$ dargestellten Geraden sind durch den Ursprung O und einen weiteren Punkt, z.B. $(1\,|\,m)$ mit $m \in \mathbb{R}$, eindeutig festgelegt. Sie lassen sich als Graphen von Funktionen interpretieren. Nach dem 2. Strahlensatz (S. 181) erhält man die Funktionsvorschrift $f(x) = mx$ (Abb. A$_2$).

> **Def. 1:** Eine Funktion $f : \mathbb{R} \to \mathbb{R}$ def. durch $x \mapsto y = f(x) = mx$ $(m \in \mathbb{R})$ heißt *lineare Ursprungsfunktion* mit der *Steigung m*.

Satz 1: Der Graph einer linearen Ursprungsfunktion f ist eine *Gerade durch den Ursprung* und den Punkt $(1\,|\,m)$.

Steigung einer linearen Funktion

Man unterscheidet lineare Ursprungsfunktionen mit

- *positiver Steigung* ($m > 0$),
- *negativer Steigung* ($m < 0$) und der
- Steigung 0 ($m = 0$).

Der Begriff »Steigung« wird veranschaulicht durch den Verlauf des Graphen der Funktion für $m > 0$ im Vergleich zur x-Achse des Koordinatensystems (Abb. A$_1$).

Je größer m wird, desto steiler verläuft der Graph.

Bei neg. Steigung kann man wegen des negativen Wertes von einem »Gefälle« (Abb. A$_1$) sprechen, das mit $|m|$ größer wird (-3 ist also wegen $3 > 2$ ein größeres Gefälle als -2). Zum Fall $m = 0$ gehört als Graph die x-Achse, die der anschaulichen Vorstellung von einer »Null-Steigung« entspricht.

Eigenschaften von $f(x) = mx$

(I) Für alle $x, k \in \mathbb{R}$ gilt:

$$x \mapsto y = f(x) \Rightarrow k \cdot x \mapsto k \cdot y = k \cdot f(x),$$

denn man errechnet: $f(k \cdot x) = m \cdot (k \cdot x)$
$$= k \cdot (m \cdot x) = k \cdot f(x) = k \cdot y$$

Diese Eigenschaft benutzt man beim Rechnen mit Proportionalitäten bzw. beim Dreisatz (s. S. 91):

Zum 2fachen, 3fachen, ..., k-fachen ..., zum 3. Teil, 4. Teil ...,
     der 1. Größe (x) gehört
das 2fache, 3fache, ..., k-fache ...,
     der 3. Teil, 4. Teil ... der 2. Größe (y).

(II) Für alle $x_1, x_2 \in \mathbb{R}$ gilt:

$$x_1 \mapsto y_1 = f(x_1) \;\wedge\; x_2 \mapsto y_2 = f(x_2)$$
$$\Rightarrow x_1 + x_2 \mapsto y_1 + y_2,$$

denn man errechnet:

$$f(x_1 + x_2) = m(x_1 + x_2) = mx_1 + mx_2$$
$$= f(x_1) + f(x_2) = y_1 + y_2$$

Zur Summe zweier Werte in der 1. Größe gehört die Summe der zugeordneten Werte in der 2. Größe.

Lineare Funktion mit $f(x) = mx + b$

> **Def. 2:** Eine Funktion $f : \mathbb{R} \mapsto \mathbb{R}$ def. durch $x \mapsto y = f(x) = mx + b$ $(m, b \in \mathbb{R})$ heißt *lineare Funktion; m* heißt *Steigung, b Abschnitt auf der y-Achse* oder *y-Achsenabschnitt* (Abb. A$_3$).

Die Definition umfasst die der linearen Ursprungsfunktion für $b = 0$.

Wenn $m = 0$ gewählt wird, erhält man die *konstanten* Funktionen mit $f(x) = b$. Ihre Graphen sind Parallelen zur x-Achse durch den Punkt $(0\,|\,b)$ auf der y-Achse.

Satz 2: Der Graph einer linearen Funktion f ist eine *Gerade*. Er ergibt sich aus dem der zugehörigen Ursprungsfunktion durch eine Verschiebung um b längs der y-Achse nach oben für $b > 0$ bzw. um $|b|$ nach unten für $b < 0$ (Abb. A$_4$).

Die Graphen einer linearen Funktion und der zugehörigen Ursprungsfunktion sind parallele Geraden (Abb. A$_4$).

Die **Darstellung des Graphen** einer linearen Funktion im Koordinatensystem (Abb. C) ist eindeutig möglich bei einer

a) **Zwei-Punkte-Vorgabe** (in der Praxis: möglichst weit auseinander liegende Punkte, um den Ablesefehler klein zu halten),

b) **Punkt-Steigungs-Vorgabe** in Form eines Steigungsdreiecks (in der Praxis: möglichst groß).

Berechnung des Funktionsterms einer linearen Funktion (s. Abb. B)

Umkehrung einer linearen Funktion

Für $m \neq 0$ schneidet jede Parallele zur x-Achse den Graphen (die Gerade) in genau einem Punkt. Die lineare Funktion ist daher für $m \neq 0$ bijektiv (S. 73).

Für $m = 0$ ist die lineare Funktion nicht injektiv: Alle geordneten Paare haben dasselbe y. Damit gilt:

Satz 3: Jede lineare Funktion ist für $m \neq 0$ bijektiv und damit umkehrbar.

Der Graph der Umkehrfunktion einer linearen Funktion ist auch eine Gerade.
Bsp: Abb. C

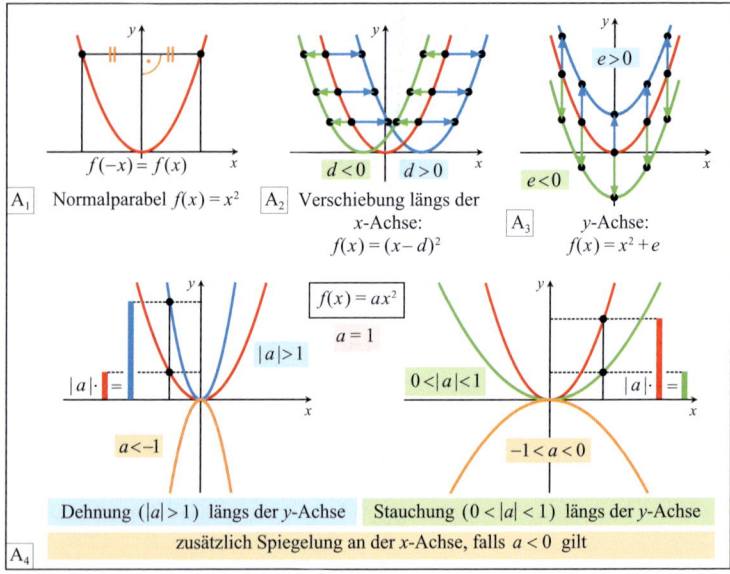

A_1 Normalparabel $f(x) = x^2$

A_2 Verschiebung längs der x-Achse:
$f(x) = (x - d)^2$ $d < 0$ $d > 0$

A_3 y-Achse:
$f(x) = x^2 + e$ $e > 0$ $e < 0$

$f(x) = ax^2$ $a = 1$ $|a| > 1$ $0 < |a| < 1$ $|a| \cdot$ $a < -1$ $-1 < a < 0$

Dehnung $(|a| > 1)$ längs der y-Achse   Stauchung $(0 < |a| < 1)$ längs der y-Achse

A_4 zusätzlich Spiegelung an der x-Achse, falls $a < 0$ gilt

A   Normalparabel und ihre Veränderungen durch Parameter

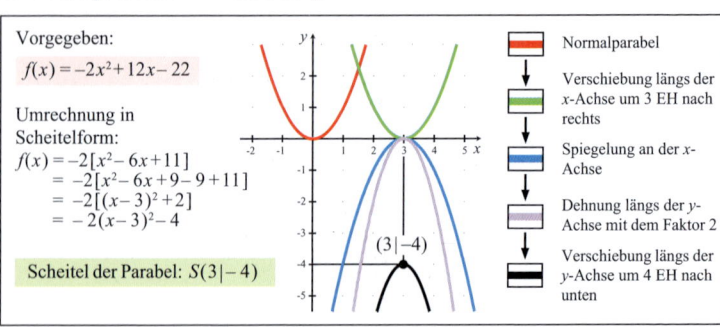

Vorgegeben:
$f(x) = -2x^2 + 12x - 22$

Umrechnung in
Scheitelform:
$f(x) = -2[x^2 - 6x + 11]$
$\quad = -2[x^2 - 6x + 9 - 9 + 11]$
$\quad = -2[(x - 3)^2 + 2]$
$\quad = -2(x - 3)^2 - 4$

Scheitel der Parabel: $S(3 \mid -4)$

$(3 \mid -4)$

— Normalparabel

Verschiebung längs der x-Achse um 3 EH nach rechts

Spiegelung an der x-Achse

Dehnung längs der y-Achse mit dem Faktor 2

Verschiebung längs der y-Achse um 4 EH nach unten

B   Scheitelform und geometrische Abbildung

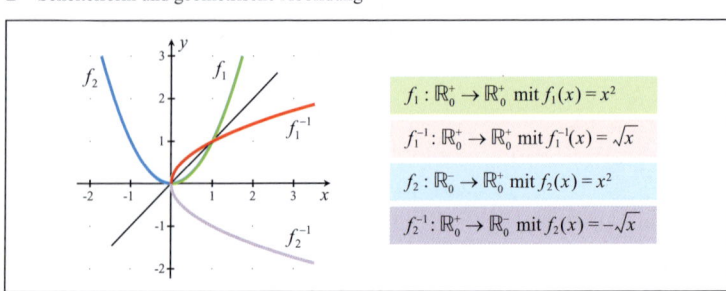

$f_1 : \mathbb{R}_0^+ \to \mathbb{R}_0^+$ mit $f_1(x) = x^2$

$f_1^{-1} : \mathbb{R}_0^+ \to \mathbb{R}_0^+$ mit $f_1^{-1}(x) = \sqrt{x}$

$f_2 : \mathbb{R}_0^- \to \mathbb{R}_0^+$ mit $f_2(x) = x^2$

$f_2^{-1} : \mathbb{R}_0^+ \to \mathbb{R}_0^-$ mit $f_2^{-1}(x) = -\sqrt{x}$

C   Umkehrfunktion zu $f(x) = x^2$

Quadratische Funktionen mit
$f(x) = ax^2 + bx + c \ (a \neq 0; \ a, b, c \in \mathbb{R})$

Def. 3: Die Funktion $f : \mathbb{R} \mapsto \mathbb{R}$ def. durch $f(x) = x^2$ heißt *Quadratfunktion,* ihr Graph *Nomalparabel* (Abb. A_1). Den Punkt $(0\,|\,0)$ bezeichnet man als *Scheitel.*

Wegen $f(-x) = f(x)$ und $f(x) \geq 0$ für alle $x \in \mathbb{R}$ ergibt sich

Satz 4: Die Normalparabel ist symmetrisch zur y-Achse. Ihr Scheitel ist ein absoluter Tiefpunkt.

Die Graphen aller quadr. Funktionen kann man aus der Normalparabel mit Hilfe von geometrischen Abbildungen entwickeln. Sie haben daher eine

Parabelform, die mehr oder weniger stark, für $a > 0$ nach oben, für $a < 0$ nach unten, geöffnet ist (vgl. Satz 5).

Geom. Abbildungen der Normalparabel
(Abb. A_2 bis A_4)
(1) *Verschiebung längs der x-Achse* für $d > 0$ um d nach rechts bzw. für $d < 0$ um $|d|$ nach links: $f(x) = (x - d)^2$
(2) *Verschiebung längs der y-Achse* für $e > 0$ um e nach oben bzw. für $e < 0$ um $|e|$ nach unten: $f(x) = x^2 + e$
(3) die beiden Verschiebungen (1) und (2) gleichzeitig: $f(x) = (x-d)^2 + e$ oder $f(x) - e = (x - d)^2$ *(Verschiebungsform)*
(4) *Dehnung (Stauchung)* mit dem Faktor a für $a > 0$ bzw. eine Dehnung (Stauchung) mit dem Faktor $|a|$ und eine sich anschließende Spiegelung an der x-Achse (oder umgekehrt) für $a < 0$

Welche der geom. Abbildungen und in welcher Reihenfolge sie verwendet werden, wird mit der

Scheitelform der quadr. Funktion
$$f(x) = a(x - d)^2 + e$$

entschieden.

Diese Form ergibt sich für jede quadr. Funktion aus der Funktionsvorschrift durch Ausklammern von a und anschließendem quadrat. Ergänzen (vgl. S. 58, Abb. A) in der Klammer:

$f(x) = a[x^2 + \frac{b}{a}x + \frac{c}{a}]$ | quadr. Ergänzung
$= a[x^2 + \frac{b}{a}x + (\frac{b}{2a})^2 - (\frac{b}{2a})^2 + \frac{c}{a}]$
$= a[(x + \frac{b}{2a})^2 + \frac{c}{a} - \frac{b^2}{4a^2}]$
$= a(x + \frac{b}{2a})^2 + c - \frac{b^2}{4a}$

$= a(x - d)^2 + e$ mit $d = -\frac{b}{2a}$ und $e = c - \frac{b^2}{4a}$
Es gilt der

Satz 5: Es sei $f(x) = a(x - d)^2 + e$ vorgegeben. Dann erhält man die zugehörige Parabel aus der Nomalparabel durch die Nacheinanderausführung folgender geom. Abbildungen:
erst (1), dann (4) und schließlich (2).
Der Parabelscheitel ist der Punkt $(d\,|\,e)$.

Bsp: Abb. B

Umkehrfunktion zur Quadratfunktion
Da es Parallelen zur x-Achse gibt, die den Graphen der Quadratfunktion in zwei Punkten schneiden, ist die Quadratfunktion nicht injektiv. Sie kann also nicht bijektiv und daher nicht umkehrbar sein (S. 75, Satz 1). Schränkt man den Definitionsbereich allerdings auf $\mathbb{R}_0^+$ bzw. $\mathbb{R}_0^-$ ein, so sind beide Teilfunktionen mit $\mathbb{R}_0^+$ als Wertebereich bijektiv, d.h. es gibt je eine Umkehrfunktion (Abb. C).

Drei-Punkte-Vorgabe

Satz 6: Eine quadr. Funktion ist durch 3 Punkte, die nicht auf einer Geraden liegen, eindeutig festgelegt, d.h. es gibt genau eine Parabel, die durch die Punkte verläuft.

Bsp: Vorgegeben seien die Punkte $A(1\,|-12)$, $B(2\,|-6)$ und $C(3\,|-4)$ und die allgemeine Form der Funktionsvorschrift $f(x) = ax^2 + bx + c$. Gesucht: a, b, c

1) Die drei Punkte liegen nicht auf einer Geraden, denn für die Gerade durch A und B ergibt sich als Funktionsvorschrift $y = 6x - 18$ (s. S. 78, Abb. B_1), und die Punktprobe (S. 213) für $C(3\,|-4)$ führt auf eine falsche Aussage:

$\big|_{y = -4; \, x = 3} \quad -4 = 6 \cdot 3 - 18$ (f)

2) Da die Punkte zum Graphen der quadr. Funktion gehören sollen, müssen ihre Koordinaten die Funktionsvorschrift erfüllen. Nach dem Einsetzen in die Variablen x und $y = f(x)$, ergeben sich drei Bedingungen für a, b und c. Sie stellen ein $(3, 3)$-LGS dar.

(I) $a + b + c = -12$
(II) $4a + 2b + c = -6$
(III) $9a + 3b + c = -4$

Lösung dieses $(3, 3)$-LGS nach dem gaußschen Maulxverfahren (S. 71).
Es gibt genau eine Lösung:
$a = -2 \land b = 12 \land c = -22$,
d.h. $f(x) = -2x^2 + 12x - 22$

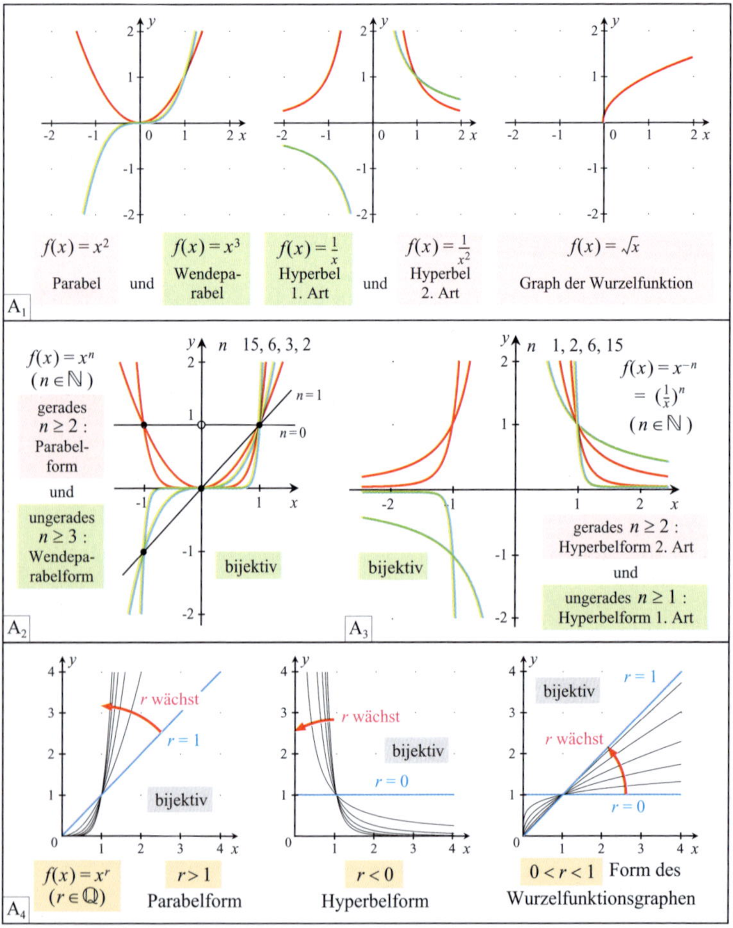

$f(x) = x^2$

Parabel   und

$f(x) = x^3$

Wendeparabel

$f(x) = \frac{1}{x}$

Hyperbel 1. Art   und

$f(x) = \frac{1}{x^2}$

Hyperbel 2. Art

$f(x) = \sqrt{x}$

Graph der Wurzelfunktion

A_1

$f(x) = x^n$
$(n \in \mathbb{N})$

gerades $n \geq 2$: Parabelform

und

ungerades $n \geq 3$: Wendeparabelform

n 15, 6, 3, 2

$n = 1$
$n = 0$

bijektiv

A_2

bijektiv

A_3

n 1, 2, 6, 15

$f(x) = x^{-n}$
$= \left(\frac{1}{x}\right)^n$
$(n \in \mathbb{N})$

gerades $n \geq 2$: Hyperbelform 2. Art

und

ungerades $n \geq 1$: Hyperbelform 1. Art

r wächst
$r = 1$
bijektiv

r wächst
bijektiv
$r = 0$

bijektiv
$r = 1$
r wächst
$r = 0$

$f(x) = x^r$
$(r \in \mathbb{Q})$

$r > 1$
Parabelform

$r < 0$
Hyperbelform

$0 < r < 1$ Form des Wurzelfunktionsgraphen

A_4

A   Potenzfunktionen

$a = \frac{1}{2}$ $\frac{1}{4}$ $\frac{1}{3}$ 4 3 e 2

$f(x) = a^x$

bijektiv

B   Exponentialfunktionen

$\log_{1,5} x$
bijektiv
$\log_2 x$
$\ln x$
$\log_3 x$
$\log_4 x$

$f(x) = \log_a x$

$\log_{0,25} x$
$\log_{1/3} x$
$\log_{0,5} x$
$\log_{2/3} x$

C   Logarithmusfunktionen

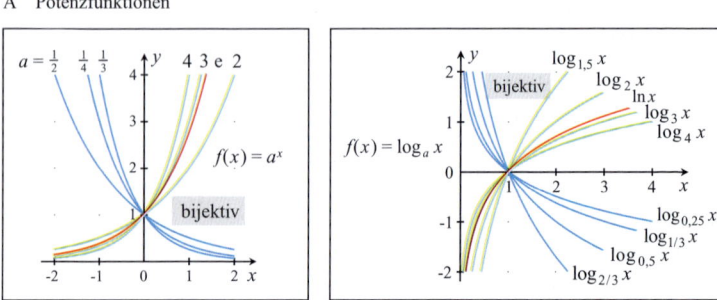

Potenzfunktionen mit $f(x) = x^r$ $(r \in \mathbb{Q})$

Zu ihnen gehören, unterschieden nach den Exponenten, die folgenden geraden und ungeraden Funktionstypen:

> Der Graph hat die Form (Abb. A_1)
> (a) einer *Parabel* ($r = 2$) bzw.
>   einer *Wendeparabel* ($r = 3$)
> (b) einer *Hyperbel* ($r = -1$ bzw. $r = -2$)
> (c) eines *Wurzelfunktionsgraphen* ($r = \frac{1}{2}$)

(a) $r = n$ mit $n \in \mathbb{N}_0$ (Abb. A_2)
Der Definitionsbereich für $f(x) = x^n$ ist $\mathbb{R}$.
Für gerade Exponenten $n \geq 2$ ist der Graph parabelförmig, für ungerade $n \geq 3$ hat er die Form der Wendeparabel.
Für $r = 0$ liegt eine Parallele zur x-Achse durch den Punkt $(0 \mid 1)$ ohne diesen Punkt vor, denn 0^0 ist nicht definiert.
Für $r = 1$ ergibt sich als Graph die Gerade zur linearen Funktion mit $f(x) = x$ (S. 79).
(b) $r = -n$ mit $n \in \mathbb{N}$ (Abb. A_3)
Der Definitionsbereich für
$f(x) = x^{-n} = \frac{1}{x^n} = \left(\frac{1}{x}\right)^n$ ist $\mathbb{R}^{\neq 0}$.
Es liegt ein Hyperbeltyp vor, u.z. für *gerade* Exponenten der zur y-Achse *achsensymmetrische*, für *ungerade* Exponenten der zum Ursprung *punktsymmetrische* Graph.
(c) $r = \frac{a}{b}$ mit $\frac{a}{b} \in \mathbb{Q}$, $\frac{a}{b} \notin \mathbb{Z}$ (Abb. A_4)
Der Definitionsbereich für $f(x) = x^{\frac{a}{b}}$ ist $\mathbb{R}^+$
(s. S. 51, Def. 4). Wegen des Definitionsbereiches der Vergleichsgraphen auf den Parabel- und Hyperbelast im 1. Quadranten beschränkt. Der Graph ähnelt
· für $r > 1$ einer Parabel,
· für $r < 0$ einer Hyperbel,
· für $0 < r < 1$ dem Graphen der Wurzelfunktion.
Bem.: Für irrationale Exponenten erhält man ein gleichartiges Ergebnis.

Umkehrfunktion einer Potenzfunktion
Alle Funktionen von (c) sind bijektiv; bei (a) und (b) trifft das nur für ungerades n zu. Für den Term der Umkehrfunktion erhält man

> **Satz 7:** (a) n ungerade und $f(x) = x^n$
>
> $\Rightarrow f^{-1}(x) = \begin{cases} \sqrt[n]{x} & \text{für } x \geq 0 \\ -\sqrt[n]{-x} & \text{für } x < 0 \end{cases}$
>
> (b) n ungerade und $f(x) = x^{-n} = \left(\frac{1}{x}\right)^n$
>
> $\Rightarrow f^{-1}(x) = \begin{cases} \sqrt[n]{\frac{1}{x}} & \text{für } x > 0 \\ -\sqrt[n]{\frac{1}{-x}} & \text{für } x < 0 \end{cases}$
>
> (c) $f(x) = x^{\frac{a}{b}}$ und $D_f = \mathbb{R}^+ \Rightarrow f^{-1}(x) = x^{\frac{b}{a}}$

Exponential- und Logarithmusfunktion

> **Def. 4:** Die Funktion $f : \mathbb{R} \to \mathbb{R}^+$ def. durch $x \mapsto f(x) = a^x$ heißt für jedes $a \in \mathbb{R}^+ \setminus \{1\}$ *Exponentialfunktion* zur Basis a (Abb. B).

Eigenschaften:
(1) Alle Graphen enthalten den Punkt $(0 \mid 1)$ und besitzen die x-Achse als Asymptote.

(2) Für $0 < a < 1$ sind Exponentialfunktionen streng monoton fallend, für $a > 1$ streng monoton steigend; der Graph zu $f(x) = a^x$ ist das Spiegelbild des Graphen zu $g(x) = \left(\frac{1}{a}\right)^x$ bei einer Achsenspiegelung an der y-Achse.

(3) Alle Funktionen sind bijektiv und damit umkehrbar: $f(x) = y = a^x$ $\boxed{x}\,\underline{y}$ $x = a^y$

Die Umkehrfunktion ordnet jedem x den Exponenten y von $x = a^y$ zu, d.h. den Logarithmus zur Basis a von x:

$$y = \log_a x \text{ (S. 51, Def. 5).}$$

> **Def. 5:** Die Funktion $\mathbb{R}^+ \to \mathbb{R}$ mit dem Funktionsterm $\log_a x$ heißt *Logarithmusfunktion* zur Basis a ($a \in \mathbb{Q}^+ \setminus \{1\}$).

> **Satz 8:** Jede Exponentialfunktion hat eine Logarithmusfunktion als Umkehrfunktion und umgekehrt.

e-Funktion und ln-Funktion
Die e-Funktion ist eine spezielle Exponentialfunktion, und zwar mit der Basis $e = 2{,}7182818284\ldots$ (sog. eulersche Zahl, s. S. 152): $f(x) = e^x$ mit $x \in \mathbb{R}$.
Die e-Funktion ist als Exponentialfunktion umkehrbar. Die zugehörige Logarithmusfunktion heißt *natürliche Logarithmusfunktion* ln (vgl. S. 151f.).
Mit der *verallgemeinerten* Form der e-Funktion $f(x) = c \cdot e^{k \cdot x}$ $(x, k \in \mathbb{R})$ beschreibt man alle Exponentialfunktionen.

> **Satz 9:** Zu jeder Exponentialfunktion mit $f(x) = c \cdot a^x$ gibt es ein $k \in \mathbb{R}$, so dass $f(x) = c \cdot e^{k \cdot x}$ gilt.

Beim Beweis sei $f(x) = c \cdot a^x$ vorgegeben.
Aus der Reduktionsformel $a^{\log_a x} = x$ (S. 51) folgt bei einem Austausch $\boxed{a}\,\underline{e}$ und $\boxed{x}\,\underline{a}$:

$$e^{\log_e a} = a \,.$$

Eingesetzt in $f(x) = c \cdot a^x$ erhält man:

$$f(x) = c \cdot (e^{\log_e a})^x$$
$$= c \cdot e^{\log_e a} = c \cdot e^{k \cdot x} \text{ ($k = \log_e a = \ln a$).}$$

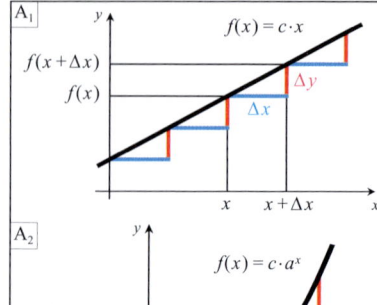

Lineares Wachstum
Bei gleichem Zuwachs in x-Richtung um Δx ist der Zuwachs Δy in y-Richtung gleich bleibend (die Stufenhöhe der »Zuwachstreppe« ändert sich nicht):

$$f(x+\Delta x) = f(x) + \Delta y$$

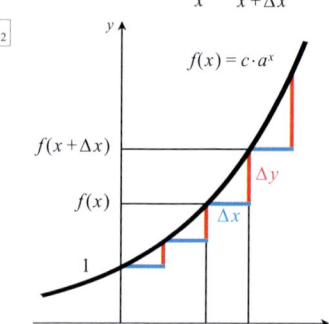

Exponentielles Wachstum ($f(x) = c \cdot a^x$)
Bei gleichem Zuwachs in x-Richtung um Δx wird der Zuwachs Δy mit wachsendem x immer größer (die Stufenhöhe der »Zuwachstreppe« nimmt zu). Genauer gilt:
(1) für $\Delta x = 1$:
$$f(x+1) = c \cdot a^{x+1} = c \cdot a \cdot a^x = a \cdot f(x)$$

(2) beliebiges Δx: $f(x+\Delta x) = c \cdot a^{x+\Delta x}$
$$= c \cdot a^{\Delta x} \cdot a^x = a^{\Delta x} \cdot f(x)$$

D.h. bei einem Zuwachs in x-Richtung um 1, 2, Δx vervielfacht sich der Zuwachs in y-Richtung mit dem Faktor a, a^2, $a^{\Delta x}$.

A   Lineares (A_1) und exponentielles Wachstum (A_2)

Beispiel für exponentielles Wachstum ($a > 1$)
Ein Gefäß mit Milch enthält bei hochsommerlichen Temperaturen anfangs 80 Milchsäurebakterien, deren Anzahl sich nach 20 Minuten verdoppelt. Bestimme die Zahl der Bakterien nach 10 Stunden!

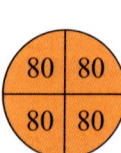

Anfangszustand   nach 20 min: nach 40 min:
                  160 Bakterien   320 Bakterien

Lösung: Nach $\frac{1}{3}$ Stunde ist die Verdopplung geschehen. Denkt man sich die 160 Bakterien in zweimal 80 Bakterien zerlegt, so scheint es vernünftig anzunehmen, dass sich die Anzahlen in den zwei Bereichen *unabhängig voneinander* nach einer weiteren $\frac{1}{3}$ Stunde verdoppelt haben. Die Verdopplung der 80 Bakterien in nunmehr 4 Bereichen erfolgt wieder unabhängig voneinander. Nach einer Stunde hat man eine Zerlegung in 8 Bereiche mit 80 Bakterien stattgefunden. Es ist also möglich, das Bakterienwachstum im math. Modell durch eine Exponentialfunktion zu beschreiben: $f(t) = 80 \cdot 2^t$, wobei t in Vielfachen von $\frac{1}{3}$ Stunden anzugeben ist.
Um auf ganze Stunden zu kommen, führt man statt t den Term $3t$ ein:
$f(t) = 80 \cdot 2^{3t} = 80 \cdot (2^3)^t = 80 \cdot 8^t$ (t in Stunden).
Die Anzahl der Bakterien nach 10 Stunden ist dann: $f(10) = 80 \cdot 8^{10} = 1,07 \cdot 10^{10}$.
Bem.: Eine andere Möglichkeit, die Exponentialfunktion zu bestimmen, ergibt sich mit der

Formel für die Verdopplungszeit: $T_D = \frac{\lg(2)}{\lg(a)} \Leftrightarrow \lg(a) = \frac{\lg(2)}{T_D}$

$\boxed{T_D = \frac{1}{3}[\text{h}]} \longrightarrow$ $\lg(a) = \frac{0,30103}{\frac{1}{3}} = 0,90309 \Rightarrow a = 8$, d.h. $f(t) = 80 \cdot 8^t$.

B   Exponentielles Wachstum

Wachstumsvorgänge

Ist eine Zuordnung zwischen zwei Größen von der Form »je mehr ..., desto mehr ....«, so sagt man auch: »Die zweite Größe wächst mit der ersten«. Z.B. *je mehr* Brötchen gebacken werden, *desto mehr* Mehl wird benötigt oder *je länger* ein Geldbetrag auf einem Sparkonto liegt, *desto größer* wird durch die Verzinsung der Betrag oder *je mehr* Menschen in einer Wohnung zusammen leben, *desto größer* ist die Müllmenge.

Während das letzte Beispiel kaum eindeutig durch eine Funktion beschrieben werden kann, lassen sich bei den beiden anderen Beispielen charakteristische Funktionen angeben, die das Wachsen der einen Größe mit der anderen beschreiben.

Geht man davon aus, dass die Brötchen alle nach demselben Rezept hergestellt werden, so wächst die Mehlmenge *linear* mit der Anzahl der Brötchen: $f(x) = 30 \cdot x$ (vgl. S. 73). Man spricht von **linearem Wachstum**.

Das Anwachsen des Kapitals durch Zinsen mit den Jahren lässt sich, wenn der Zinssatz konstant bleibt, nach der Formel $K = K_0 \cdot (1 + p\%)^n$ errechnen (S. 93). Da eine *Exponentialfunktion* mit $p = 1 + p\%$ das Anwachsen des Kapitals beschreibt, spricht man von *exponentiellem Wachstum*.

Exponentielles Wachstum

Def. 6: Eine Zuordnung zwischen zwei Größen beschreibt *exponentielles Wachstum*, wenn es sich um eine Exponentialfunktion mit $f(x) = c \cdot a^x$ handelt.

Bei einem zeitlich ablaufenden Wachstumsvorgang ist die Konstante c gerade der Bestand zum Zeitpunkt 0 des Beginns der Messung oder Beobachtung:

$f(0) = c \cdot a^0 = c \cdot 1 = c$, d.h. $f(x) = f(0) \cdot a^x$

Für $a > 1$ wird das Anwachsen von $f(x)$ im Sinne der Verzinsung des Kapitals K (s.o.) beschrieben.

Für $0 < a < 1$ liegt eigentlich kein Wachstum vor (der Graph fällt), so dass man von *negativem Wachstum* spricht oder besser von *exponentieller Abnahme*.

Kennzeichnung des linearen und exponentiellen Wachstums (Abb. A)

lin. Wachstum: $f(x + \Delta x) = f(x) + \Delta y$
exp. Wachstum: $f(x + \Delta x) = f(x) \cdot a^{\Delta x}$

Um z.B. Wachstumsvorgänge bei Hefe- und Bakterienkulturen oder bei der Bevölkerungs-

entwicklung u.a. erfassen zu können, passt man sie in das math. Modell des exponentiellen Wachstums ein und kann dann, im Modell rechnend, zu Aussagen über die Wachstumsvorgänge kommen.

Beispiel für exponentielles Wachstum ($a > 1$) siehe Abb. B

Verdoppelungszeit

Bei einem Vergleich verschiedener Wachstumsvorgänge im Falle $a > 1$ die sog. *Verdoppelungszeit* T_D interessant, d.h. diejenige Zeit, nach der ein Bestand $f(x)$ sich verdoppelt hat. Diese Zeit ist vom Ausgangsbestand unabhängig. Man kann sie aus dem folgenden Ansatz ermitteln:

$f(T_D) = 2 \cdot f(0) \Leftrightarrow f(0) \cdot a^{T_D} = 2 \cdot f(0)$

$\Leftrightarrow a^{T_D} = 2 \Leftrightarrow \log_a a^{T_D} = \log_a 2$

$\Leftrightarrow T_D = \log_a 2 = \dfrac{\lg 2}{\lg a}$ (nach Anwendung der Umrechnungsformel, S. 51)

Je größer das Wachstum ist, d.h. je größer a ist, desto kleiner ist die Verdoppelungszeit. *Anwendung:* Abb. B, Bem.

Bsp. für exponentielle Abnahme ($0 < a < 1$)

Im Jahre 1991 wurde der sog. Oetzi in einem Schmelzwassersee zwischen Ötztal und Schnalstal gefunden. Der Oetzi ist der auf natürliche Weise im Eis konservierte Leichnam eines Mannes, der vor ca. 5300 Jahren im Jungsteinzeitalter gelebt hat.

Es könnte sein, dass zur Altersbestimmung die sog. C_{14}-Methode verwendet wurde, wie das z.B. bei Funden von Mammutknochen geschehen ist.

Bei dieser Methode spielt der Zerfall des radioaktiven Isotops Kohlenstoff 14 eine wichtige Rolle. Zu Lebzeiten nimmt der Mensch über die Nahrung C_{14} auf; es wird in bekannter Konzentration in den Knochen abgelagert. Nach dem Tode des Menschen verringert sich die Konzentration durch den Zerfall des Isotops.

Dieser Zerfall ist exponentiell, so dass aus der Konzentration zum Zeitpunkt des Fundes auf das Alter der Knochen geschlossen werden kann (s. Anwendung, S. 87).

Halbwertszeit

Der Verdoppelungszeit bei exponentiellem Wachstum ($a > 1$) entspricht die Halbwertszeit T_H bei exponentieller Abnahme. Das ist die Zeit, nach der ein Bestand $f(x)$ sich halbiert hat.

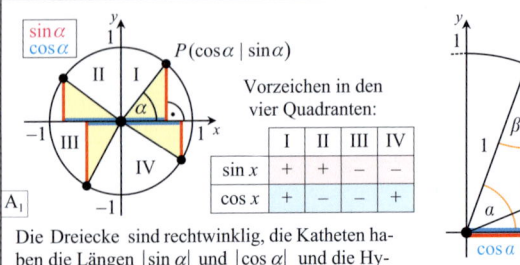

Vorzeichen in den vier Quadranten:

	I	II	III	IV
sin x	+	+	−	−
cos x	+	−	−	+

A_1

Die Dreiecke sind rechtwinklig, die Katheten haben die Längen $|\sin\alpha|$ und $|\cos\alpha|$ und die Hypotenuse hat die Länge 1 (sog. Einheitsdreieck). Daher gilt nach dem Satz des Pythagoras (S. 187):

$$|\sin\alpha|^2 + |\cos\alpha|^2 = 1 \Leftrightarrow \sin^2\alpha + \cos^2\alpha = 1$$

A_2 trigonometrischer Pythagoras

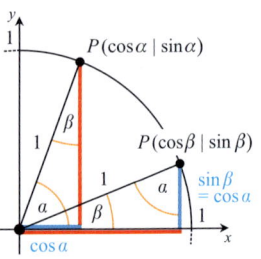

Die Dreiecke sind rechtwinklig, d.h. es gilt: $\beta = 90° - \alpha$ und damit

$$\cos\alpha = \sin\beta = \sin(90° - \alpha)$$

A_3 Komplementeigenschaft

A   sin- und cos-Funktion im Einheitskreis

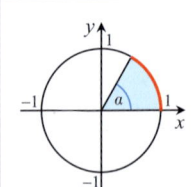

Jedem Winkel im Gradmaß lässt sich auf dem Rand des Einheitskreises ein Kreisbogen (S. 185) zuordnen.

Es gilt: $b = r \cdot \dfrac{\pi}{180°} \cdot \alpha$ $\boxed{r=1}$ $b = \dfrac{\pi}{180°} \cdot \alpha = \arc\alpha$

Dadurch wird das sog. Bogenmaß (RAD) eines Winkels definiert. Eine Umrechnung vom Bogenmaß zum Gradmaß (DEG) wird nach Umstellung der Formel möglich:

$$\alpha = \dfrac{180°}{\pi} \cdot \arc\alpha$$

DEG	0	45	90	180	270	360	720	usw.	−90	−180	−360	usw.
RAD	0	$\frac{1}{4}\pi$	$\frac{1}{2}\pi$	π	$\frac{3}{2}\pi$	2π	4π		$-\frac{1}{2}\pi$	$-\pi$	-2π	

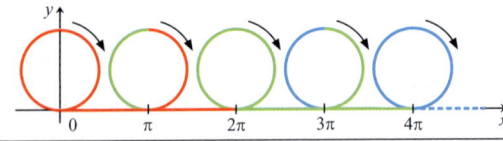

Durch Abrollen des Einheitskreises auf der x-Achse erhält man eine Einteilung der Zahlengeraden in Vielfache von π.

B   Bogenmaß

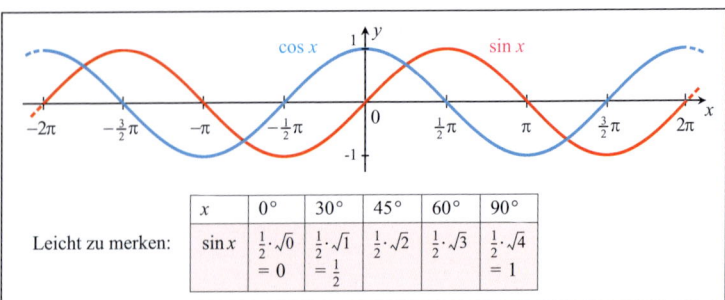

x	0°	30°	45°	60°	90°
$\sin x$	$\frac{1}{2}\cdot\sqrt{0}$ $= 0$	$\frac{1}{2}\cdot\sqrt{1}$ $= \frac{1}{2}$	$\frac{1}{2}\cdot\sqrt{2}$	$\frac{1}{2}\cdot\sqrt{3}$	$\frac{1}{2}\cdot\sqrt{4}$ $= 1$

Leicht zu merken:

C   Graph der sin- und der cos-Funktion und spezielle sin-Werte

Sie lässt sich folgendermaßen berechnen:

$f(T_H) = \frac{1}{2} \cdot f(0) \Leftrightarrow f(0) \cdot a^{T_H} = \frac{1}{2} \cdot f(0)$

$\Leftrightarrow a^{T_H} = \frac{1}{2} \Leftrightarrow \log_a a^{T_H} = \log_a \frac{1}{2}$

$\Leftrightarrow T_H = -\log_a 2 \Rightarrow T_H = -\frac{\lg 2}{\lg a}$

Je größer die Abnahme ist, d.h. je größer a ist, desto kleiner ist die Halbwertszeit.

Anwendung: Bei einem Knochenfund stellt man einen C_{14}-Gehalt von 20% fest (der ursprüngliche Gehalt gleich 100% gesetzt). Wie alt ist der Knochen?

Es gilt: $T_H = -\frac{\lg 2}{\lg a} \Leftrightarrow \lg a = -\frac{\lg 2}{T_H}$

Die Halbwertszeit von C_{14} ist 5750 Jahre:

$\lfloor T_H = 5750 \quad \lg a = -\frac{\lg 2}{5750} = -5,24 \cdot 10^{-5}$

$\Rightarrow a = 10^{-5,24 \cdot 10^{-5}} \Rightarrow a = 0,99988$

Die zugehörige Exponentialfunktion lautet:

$f(t) = 0,99988^t$ [t in Jahren]

$\lfloor f(t) = 20\% \quad 0,20 = 0,99988^t$

$\Rightarrow \lg 0,20 = \lg 0,99988^t = t \cdot \lg 0,99988$

$\Rightarrow t = \frac{\lg 0,2}{\lg 0,99988} = 13400$ [Jahre]

Trigonometrische Funktionen

Zu ihnen gehören die Funktionen

    sin (Sinus)   cos (Kosinus)

    tan (Tangens)   cot (Kotangens)

Definition von $\sin \alpha$ **und** $\cos \alpha$

Eine Definition kann am *Einheitskreis*, einem Kreis mit dem Radius 1 in einem kartesischen Koordinatensystem (Abb. A_1), vorgenommen werden:

> **Def. 7:** Vorgegeben sei ein kart. Koordinatensystem. Die Koordinaten eines Punktes P auf dem Rand k des Einheitskreises werden mit $\cos \alpha$ und $\sin \alpha$ bezeichnet, wobei α das Maß des Winkels ist, den OP mit der x-Achse bildet:
>
> $P(\cos \alpha \mid \sin \alpha): \Leftrightarrow P \in k$

$\sin \alpha$ und $\cos \alpha$ sind nicht unabhängig voneinander. Es gilt:

(1) Der Kosinus von α ist gleich dem Sinus des Komplementwinkels $90° - \alpha$:

$$\cos \alpha = \sin(90° - \alpha) \text{ (Abb. } A_3)$$

Daher auch der Name »Ko-Sinus«, der *Komplement-Sinus*.

Außerdem gilt der sog. *trigonometrische Pythagoras*:

(2) $\quad \sin^2 \alpha + \cos^2 \alpha = 1$ (Abb. A_2).

Aus dem Sinuswert lässt sich der Kosinuswert desselben Winkels errechnen und umgekehrt:

$$\cos \alpha = \pm\sqrt{1 - \sin^2 \alpha}$$
$$\sin \alpha = \pm\sqrt{1 - \cos^2 \alpha}$$

Graph der sin- und der cos-Funktion

Jedem Winkel α wird durch die Def. am Einheitskreis eindeutig ein Sinuswert und ein Kosinuswert zugeordnet. Man erhält die sin- und die cos-Funktion.

Will man die Graphen beider Funktionen in einem kart. Koordinatensystem (gleiche Einheiten auf beiden Achsen) zeichnen, so wählt man statt des Gradmaßes α (DEG = DEGREE) das Bogenmaß x (RAD = RADIANT). Die Umrechnung erfolgt nach den Formeln:

$$x = \alpha \cdot \frac{\pi}{180°} \text{ bzw. } \alpha = x \cdot \frac{180°}{\pi} \text{ (Abb. B)}$$

Abb. C enthält die Graphen der Funktionen

$\sin : \mathbb{R} \rightarrow [-1;1]$ def. durch $x \mapsto \sin x$

$\cos : \mathbb{R} \rightarrow [-1;1]$ def. durch $x \mapsto \cos x$

Dabei bedeutet

$0 \leq x \leq 2\pi$: einen Umlauf von OP entgegengesetzt zum Uhrzeiger (*positiver Drehsinn*),

$x > 2\pi$: wiederholte Umläufe von OP mit positivem Drehsinn,

$x < 0$: Umläufe von OP im umgekehrten, dem *negativen Drehsinn*.

Aufgrund des Einheitskreises gilt:

$$-1 \leq \sin x \leq 1, \; -1 \leq \cos x \leq 1 \,,$$

Die Wertemenge ist $W_f = [-1;1]$.

Weitere Eigenschaften der sin- und cos-Funktion (s. auch Formelsammlung)

(3) Jeder der beiden Graphen geht bei einer Verschiebung um 2π längs der x-Achse in sich über, d.h. die Funktionen sind periodisch mit der Periode 2π :

$$\sin(x + n \cdot 2\pi) = \sin x \,,$$
$$\cos(x + n \cdot 2\pi) = \cos x$$
$$\text{für alle } n \in \mathbb{Z} \,, x \in \mathbb{R}$$

(4) Der Graph der cos-Funktion ist achsensymmetrisch zur y-Achse, der der sin-Funktion punktsymmetrisch zum Ursprung, denn es gilt:

$$\cos(-x) = \cos x \text{ bzw. } \sin(-x) = -\sin x$$
$$\text{für alle } x \in \mathbb{R}$$

(5) Verschiebt man den Graphen der cos-Funktion (sin-Funktion) um $\frac{\pi}{2}$ nach rechts (nach links), so erhält man den Graphen der sin-Funktion (cos-Funktion):

$$\cos\left(x - \frac{\pi}{2}\right) = \sin x \,, \; \sin\left(x + \frac{\pi}{2}\right) = \cos x$$
$$\text{für alle } x \in \mathbb{R}$$

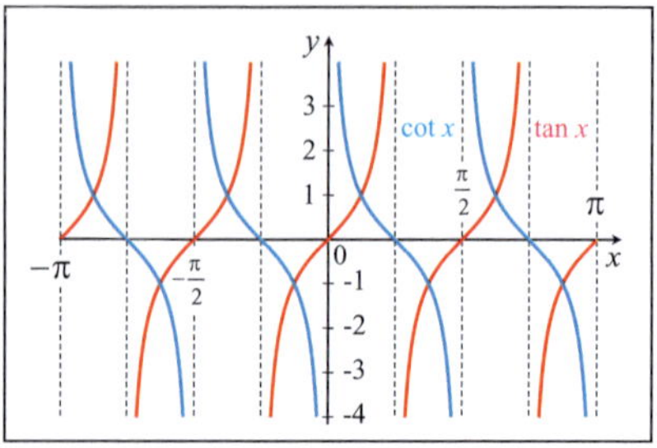

A   Graphen von tan- und cot-Funktion

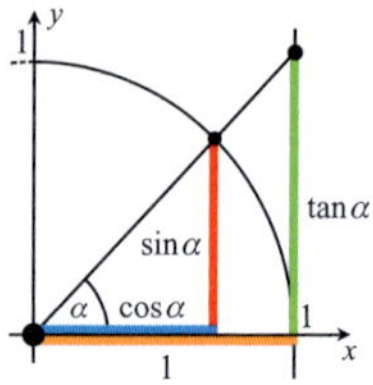

Mit Hilfe des 2. Strahlensatzes (S. 181) ergibt sich Def. 7:

$$\boxed{B_2}\quad \frac{\tan x}{\sin x} = \frac{1}{\cos x} \Leftrightarrow \tan x = \frac{\sin x}{\cos x}$$

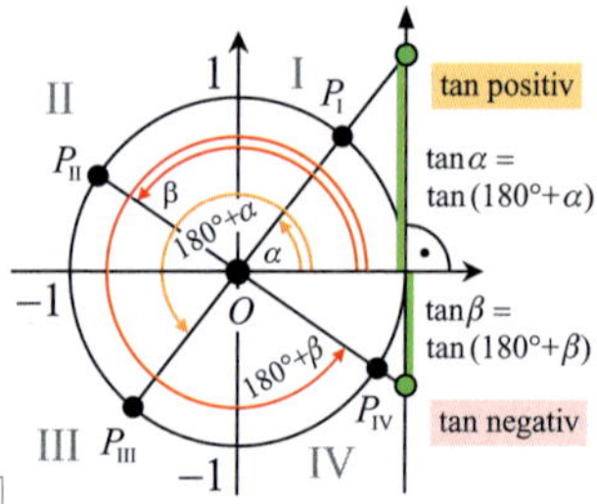

Vorzeichen in den vier Quadranten:

I	II	III	IV
+	−	+	−

Der Zahlenstrahl, auf dem der Tangens definiert wird, ist eine Tangente an den Kreis im Punkt $(1|0)$.

Für Winkel im II. und III. Quadranten wird PO über O hinaus verlängert, bis ein Schnittpunkt mit der Tangente entsteht.

Für Winkel in den beiden anderen Quadranten wird OP über P hinaus verlängert.

B   Definition von $\tan x$ am Einheitskreis

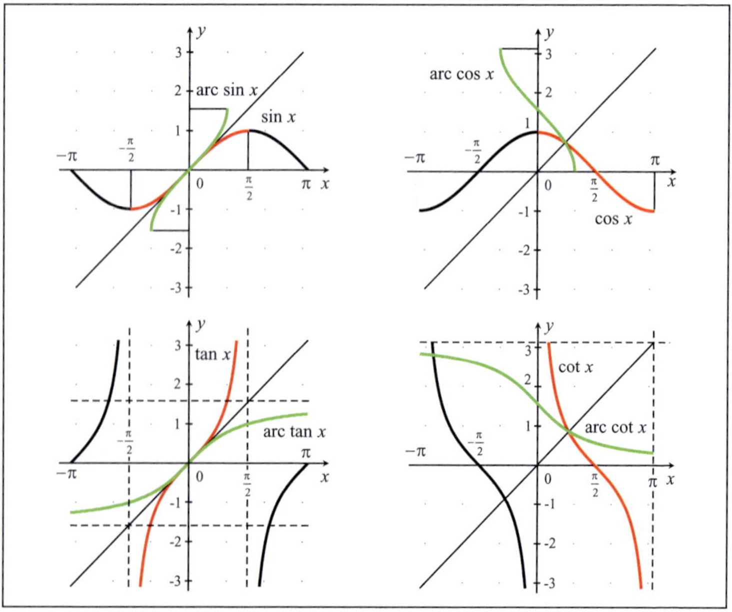

C   Umkehrfunktionen zu trigonometrischen Funktionen

Berechnung von Sinuswerten

Die Tabelle in Abb. C auf Seite 86 enthält einige mit Hilfe der elementaren Geometrie berechenbare und gut merkbare Sinuswerte.
Es ist natürlich einfacher, den Taschenrechner zu benutzen. Man muss sich aber bewusst machen, dass in ihm »höhere Mathematik« verdrahtet ist (vgl. S. 155).
So liefert z.B. das Rechnen nach dem Term
$x - \frac{x^3}{6} + \frac{x^5}{120} - \frac{x^7}{7!}$ (x im Bogenmaß) Ergebnisse
für $\sin x$ mit einer Genauigkeit von 4 Nachkommastellen.
Bevor der Taschenrechner eine große Erleichterung brachte, war man auf die mühsam erstellten Werte in Tabellen angewiesen.

tan-Funktion (x im Bogenmaß)

Die tan-Funktion kann man auf die sin- und cos-Funktion zurückführen. Bei einer Reihe von Anwendungen, z.B. beim Steigungsbegriff und bei trigonometr. Berechnungen, tritt der Quotient aus $\sin x$ und $\cos x$ auf. Es ist daher sinnvoll, einen neuen Term für diesen Quotienten einzuführen.

> **Def. 8:** $\tan x := \frac{\sin x}{\cos x}$
> für alle $x \in \mathbb{R} \backslash \{x \mid \cos x = 0\}$

Die tan-Funktion (Graph: Abb. A) besitzt bei $\pm\frac{\pi}{2}, \pm\frac{3}{2}\pi, \pm\frac{5}{2}\pi, \ldots$ Definitionslücken, denn für diese x-Werte wird der Nenner $\cos x$ null.
Bem.: An die Stelle von Def. 8 kann auch eine Definition am Einheitskreis treten (Abb. B): daher der Name »Tangens«.

Eigenschaften der tan-Funktion

(1) Der Graph geht bei einer Verschiebung längs der x-Achse um π in sich über, d.h. die tan-Funktion ist periodisch mit der Periode π:

> $\tan(x + n\pi) = \tan x$
> für alle $n \in \mathbb{Z}$, $x \in \mathbb{R} \backslash \{x \mid \cos x = 0\}$

(2) Der Graph der tan-Funktion ist punktsymmetrisch zum Ursprung, denn es gilt:

> $\tan(-x) = \frac{\sin(-x)}{\cos(-x)} = \frac{\sin x}{-\cos x} = -\frac{\sin x}{\cos x} = -\tan x$
> für alle $x \in \mathbb{R} \backslash \{x \mid \cos x = 0\}$

cot-Funktion

Der Kotangens ist der Komplement-Tangens. Daher kann man festlegen (analog zur Komplementeigenschaft (1) für cos und sin)

> **Def. 9:** $\cot x := \tan(\frac{\pi}{2} - x)$
> $x \in \mathbb{R} \backslash \{x \mid \sin x = 0\}$

Wegen $\tan(\frac{\pi}{2} - x) = \frac{\sin(\frac{\pi}{2} - x)}{\cos(\frac{\pi}{2} - x)} = \frac{\cos x}{\sin x}$ folgt:

> $\cot x = \frac{\cos x}{\sin x} = \frac{1}{\tan x}$

Die cot-Funktion (Graph: Abb. A) besitzt bei $0, \pm\pi, \pm 2\pi, \pm 3\pi, \ldots$ Definitionlücken, denn für diese x-Werte wird der Nenner $\sin x$ null.
Bem.: Wie die tan-Funktion hat die cot-Funktion die Periode π und ihr Graph ist punktsymmetrisch zum Ursprung.

Umkehrfunktionen

Alle trigonometr. Funktionen sind nicht bijektiv, weil sie nicht injektiv sind (es gibt Parallelen zur x-Achse, die die Graphen in unendlich vielen Punkten schneiden). Es existieren also nur Umkehrrelationen.
Bei einer Einschränkung

der sin-Funktion auf $[-\frac{\pi}{2}; \frac{\pi}{2}]$,

der cos-Funktion auf $[0; \pi]$,

der tan-Funktion auf $]-\frac{\pi}{2}; \frac{\pi}{2}[$,

der cot-Funktion auf $]0; \pi[$

liegt Bijektivität vor, so dass für diese Fälle eine Umkehrfunktion existiert (Abb. C):

$\arcsin : [-1; 1] \to [-\frac{\pi}{2}; \frac{\pi}{2}]$ def. durch
$\quad x \mapsto y = \arcsin x$

$\arccos : [-1; 1] \to [0; \pi]$ def. durch
$\quad x \mapsto y = \arccos x$

$\arctan : [-1; 1] \to]-\frac{\pi}{2}; \frac{\pi}{2}[$ def. durch
$\quad x \mapsto y = \arctan x$

$\text{arc cot} : [-1; 1] \to]0; \pi[$ def. durch
$\quad x \mapsto y = \text{arc cot } x$

Anwendung: Trigonometrie (S. 193f.)

Additons(Subtraktions-)theoreme

Bei Anwendungen benötigt man u.U. den Sinus oder den Kosinus von der Summe oder der Differenz zweier Winkel. Es gelten die folgenden Gleichungen (ohne Beweis):

> $\sin(\alpha + \beta) = \sin\alpha \cdot \cos\alpha\beta + \cos\alpha \cdot \sin\beta$
> $\cos(\alpha + \beta) = \cos\alpha \cdot \cos\beta - \sin\alpha \cdot \sin\beta$
> $\sin(\alpha - \beta) = \sin\alpha \cdot \cos\beta - \cos\alpha \cdot \sin\beta$
> $\cos(\alpha - \beta) = \cos\alpha \cdot \cos\beta + \sin\alpha \cdot \sin\beta$

Folgerung: Setzt man in den beiden ersten Gleichungen $\alpha = \beta$, so ergeben sich der Sinus bzw. der Kosinus vom doppelt so großen Winkel:

$\sin 2\alpha = 2 \cdot \sin\alpha \cdot \cos\alpha$
$\cos 2\alpha = \cos^2\alpha - \sin^2\alpha$

Weitere Gleichungen: s. Formelsammlung

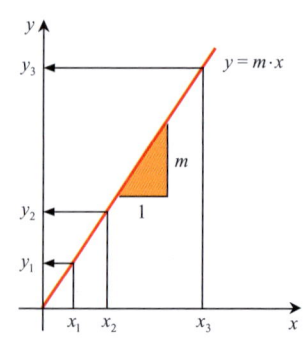

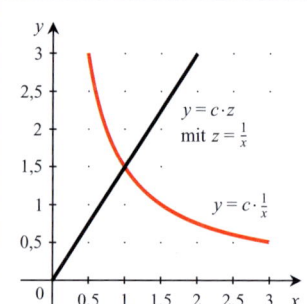

$\frac{y}{x} = \frac{y_1}{x_1} = \frac{y_2}{x_2} = \frac{y_3}{x_3} = m$ Quotientengleichheit

Liegen bei der Messung zweier Größen x und y die Punkte $(x\,|\,y)$ auf einer Ursprungsgeraden, so besteht Proportionalität zwischen ihnen (kleine Abweichungen werden optisch herausgemittelt).

Eine Antiproportionalität lässt sich durch Einführung der Variablen $z = \frac{1}{x}$ in eine Proportionalität überführen.
Erhält man bei einer Messung zweier zugeordneter Größen x und y Punkte $(\frac{1}{x}\,|\,y)$, die auf einer Ursprungsgeraden liegen, so bilden die Punkte $(x\,|\,y)$ eine Antiproportionalität.

A   Proportionalität   **B   Antiproportionalität**

Der **Grundwert G** ist diejenige Größe, **von** der der Bruchteil $\frac{p}{100}$ (**Prozentsatz p**) den **Prozentwert W** ergibt: $W = p\% \cdot G$

1) **gesucht: Prozentwert W**   gegeben: Grundwert G und Prozentsatz p

Bsp.: Unter einer Rechnung über $235,-$ EUR steht: Zahlbar mit 3% Skonto. Um wie viel verringert sich der Rechnungsbetrag?

Rechnung: $W = p\% \cdot G$

$p = 3;\ G = 235\,[\text{EUR}]$ $W = 3\% \cdot 235 = \frac{3}{100} \cdot 235 = 3 \cdot 2,35 = 7,05\,[\text{EUR}]$

2) **gesucht: Grundwert G**   gegeben: Prozentwert W und Prozentsatz p

Bsp.: Familie Meyer zahlt monatlich für ihre Wohnung 360 EUR. Das sind 24% ihrer monatlichen Einkünfte. Wie hoch sind die Einkünfte?

Rechnung: $W = p\% \cdot G \iff G = \frac{W}{p\%}$

$W = 360\,[\text{EUR}];\ p = 24$ $G = \frac{360}{24\%} = \frac{360}{\frac{24}{100}} = \frac{360 \cdot 100}{24} = 1500\,[\text{EUR}]$

3) **gesucht: Prozentsatz p**   gegeben: Grundwert G und Prozentwert W

Bsp.: Von den 870 Schülern einer Schule sind 410 Fahrschüler. Wie viel % sind das?

Rechnung: $W = p\% \cdot G \iff p\% = \frac{W}{G}$

$W = 410;\ G = 870$ $p\% = \frac{410}{870} = 0,47126\ldots \approx 0,47 = \frac{47}{100} = 47\% \Rightarrow p \approx 47$

C   Grundaufgaben der Prozentrechnung

Dreisatz und Proportionalität

Den Dreisatz wendet man z.B. bei folgendem *Reiseproblem* mit einem PKW an:

Für 450 km wurden 35 l Super benötigt (Messung: von Volltanken zu Volltanken). Reicht der Inhalt des vollen Benzintanks (65 Liter) für die Strecke von Hamburg nach München (ca. 770 km)?

Lösung: (1) $35[l] \mapsto 450[km]$ (Vorgabe)

(2) Schluss vom *Vielfachen* auf die *Einheit* (durchschnittliche km-Leistung pro 1 l):
$$1[l] \mapsto 450 : 35 \approx 13[km]$$

(3) Schluss von der *Einheit* auf ein *anderes Vielfaches* (km-Leistung bei 65 l):
$$65[l] \mapsto 13 \cdot 65 = 845[km]$$

Ergebnis: Die Tankfüllung reicht.

Bei der Lösung wurde Proportionalität zwischen der Benzinmenge und der Kilometerleistung unterstellt.

> Eine **Proportionalität** ist eine spezielle Form der »Je mehr ... desto mehr«-Zuordnung zwischen zwei positiven Größen:
> Zum 2fachen, 3fachen, …, 65fachen …,
> zum 3. Teil, 4. Teil … ,
> der 1. Größe (x) gehört
> das 2fache, 3fache, … , 65fache …,
> der 3. Teil, 4. Teil … , der 2. Größe (y).

Reiseproblem in Tabellenform:

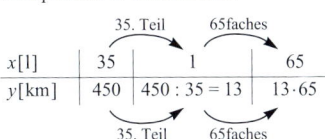

Quotientengleichheit

Aus der Festlegung der Proportionalität folgt die Quotientengleichheit zugeordneter Werte:
$$\frac{y}{x} = \frac{2y}{2x} = \frac{\frac{1}{3}y}{\frac{1}{3}x} = \frac{ky}{kx} = \text{konstant} = m$$

Die Konstante m heißt **Proportionalitätskonstante** und gibt den Anteil der 2. Größe an, der auf eine Einheit der 1. Größe entfällt. Sie ist zugleich die Steigung der zu $\frac{y}{x} = m$ gehörenden linearen Ursprungsfunktion (S. 79) mit der Funktionsgleichung $y = mx$.

Der Graph einer Proportionalität ist eine Halbgerade im I. Quadranten eines kart. Koordinatensystems, deren Anfangspunkt der Ursprung ist (Abb. A).

Dreisatz und Antiproportionalität

Bei der Vorbereitung einer Studienfahrt werden für jeden der 25 teilnehmenden Schüler 75,40 EUR Fahrtkosten für Bus und Fahrer

errechnet. Tatsächlich sind dann aber nur 21 Schüler mitgefahren.

Bei der Lösung dieses *Fahrtkostenproblems* wird Antiproportionalität angewandt.

> Eine **Antiproportionalität** ist eine spezielle Form der »Je mehr ... desto weniger«-Zuordnung zwischen zwei positiven Größen:
> Zum 2fachen, 3fachen, …, 25fachen …,
> zum 3. Teil, 4. Teil … ,
> der 1. Größe (x) gehört
> das $\frac{1}{2}$ fache, $\frac{1}{3}$ fache, … , $\frac{1}{25}$ fache … ,
> das 3fache, 4fache …, der 2. Größe (y).

Man rechnet:

(1) $25[\text{Schüler}] \mapsto 75,40[\text{EUR}]$ (Vorgabe)
(ursprüngliche Kosten je Schüler bei 25)

(2) $1[\text{Schüler}] \mapsto 75,40 \cdot 25 = 1885[\text{EUR}]$
(Gesamtbetrag der Bus- und Fahrerkosten)

(3) $21[\text{Schüler}] \mapsto 1885 : 21 = 89,76[\text{EUR}]$
(neue Kosten je Schüler bei 21)

In Tabellenform:

	25. Teil		21faches	
$x[\text{Anzahl}]$	25	1	21
$y[\text{EUR}]$	75,40	$75,40 \cdot 25$	$1885 : 21$
	25faches		21. Teil	

Produktgleichheit

Aus der Antiproportionalität folgt die Produktgleichheit zugeordneter Werte:
$$x \cdot y = (2x) \cdot (\tfrac{1}{2}y) = (3x) \cdot \tfrac{1}{3}y = \dots = \text{konstant} = c$$
Die Konstante c hat für den Dreisatz die Bedeutung eines konstanten »Vorrats«, z.B. die gesamten Fahrtkosten.

Die Produktgleichheit bedeutet, dass die Zuordnung eine spezielle Potenzfunktion (S. 83) ist: Funktionsgleichung $y = c \cdot \frac{1}{x}$.

Der Graph einer Antiproportionalität ist ein Hyperbelast im I. Quadranten eines kart. Koordinatensystems (Abb. B).

Prozentrechnung

Man definiert:

$6\% := 6$ von $100 = \frac{6}{100} = 0,06$ oder allg.

$p\% := p$ von $100 = \frac{p}{100}$ (lies: p Prozent)

Die Zahl p nennt man **Prozentsatz**.

Bsp: Bei demselben Test haben **5 von 20** Schülern der Klasse 6a bzw. **6 von 25** der Klasse 6b eine sehr gute Leistung erreicht. Das sind die Bruchteile $\frac{5}{20}$ bzw. $\frac{6}{25}$.

Vergleich z.B. über den Nenner 100:

$\frac{25}{100} > \frac{24}{100}$, d.h. $25\% > 24\%$ oder $0,25 > 0,24$.

Über die drei **Grundaufgaben** zwischen **Grundwert G, Prozentsatz p** und **Prozentwert P** informiert Abb. C.

1) gesucht: **Zinsen Z** gegeben: Kapital K, Zinssatz p und Laufzeit j

Bsp.: Ein Kredit von 20000,– EUR wird nach 200 Tagen zurückgezahlt. Mit der Rückzahlung werden 11% Zinsen fällig. Wie viel muss der Kreditnehmer insgesamt zahlen?

Rechnung: $Z = p\% \cdot K \cdot j$ $\quad\Big|\; K = 20000\,[\text{EUR}];\; p = 11;\; j = \frac{t}{360};\; t = 200$

$K + Z = 20000 + \frac{11}{100} \cdot 20000 \cdot \frac{200}{360} = 20000 + 1222,22 = 21222,22\,[\text{EUR}]$

2) gesucht: **Zinssatz p** gegeben: Kapital K, Zinsen Z und Laufzeit j

Bsp.: Herr Müller richtete am 25.4. ein Sparbuch mit 10000,– EUR ein. Welchen Zinssatz hatte die Sparkasse mit ihm vereinbart, wenn am 31.12. desselben Jahres der Kontostand 10238,19 EUR betrug?

Rechnung: $Z = p\% \cdot K \cdot j \;\Leftrightarrow\; p\% = \frac{Z}{K \cdot j}$

$\Big|\; Z = 10238,19 - 10000\,[\text{EUR}];\; K = 10000\,[\text{EUR}];\; j = \frac{t}{360};\; t = 5 + 8 \cdot 30 = 245\,[\text{d}]$

$p\% = \frac{10238,19 - 10000}{10000 \cdot \frac{245}{360}} = \frac{238,19}{10000} \cdot \frac{360}{245} = 0,0350 = 3,5\% \;\Rightarrow\; p = 3,5$

3) gesucht: **Laufdauer j** gegeben: Kapital K, Zinsen Z und Zinssatz p

Bsp.: Wie lange muss ein Betrag von 5000,– EUR auf einem Sparkonto bleiben, um 200 EUR Zinsen bei einem Zinssatz von 5 abzuwerfen?

Rechnung: $Z = p\% \cdot K \cdot j \;\Leftrightarrow\; j = \frac{Z}{p\% \cdot K}$ $\quad\Big|\; Z = 200\,[\text{EUR}];\; p = 5;\; K = 5000\,[\text{EUR}]$

$j = \frac{200}{5\% \cdot 5000} = \frac{200}{250} = 0,8 = \frac{288}{360} \Rightarrow t = 288\,[\text{d}]$

4) gesucht: **Kapital K** gegeben: Zinsen Z, Zinssatz p und Laufzeit j

Bsp.: Herr Müller möchte einen Kredit aufnehmen. Die augenblicklichen Konditionen sind 11% Zinsen bei einer Laufzeit von 2 Jahren. Der Zinsbetrag soll 1000,– EUR nicht übersteigen. Wie hoch kann der Kredit sein?

Rechnung: $Z = p\% \cdot K \cdot j \Leftrightarrow K = \frac{Z}{p\% \cdot j}$ $\quad\Big|\; Z = 1000\,[\text{EUR}];\; p = 11;\; j = 2\,[\text{a}]$

$K \leq \frac{1000}{11\% \cdot 2} = \frac{1000}{\frac{11}{100} \cdot 2} = \frac{50000}{11} \approx 4545,45\,[\text{EUR}]$

A Grundaufgaben der Zinsrechnung

nach dem	Kapital + Zinsen	Ausklammern	Einsetzen
	Anfangskapital K_0		
1. Jahr	$K_1 = K_0 + p\% \cdot K_0$	$= K_0(1 + p\%)$	
2. Jahr	$K_2 = K_1 + p\% \cdot K_1$	$= K_1(1 + p\%)$	$\underset{K_1}{\llcorner\!\!\longrightarrow}\; K_2 = K_0(1 + p\%)^2$
3. Jahr	$K_3 = K_2 + p\% \cdot K_2$	$= K_2(1 + p\%)$	$\underset{K_2}{\llcorner\!\!\longrightarrow}\; K_3 = K_0(1 + p\%)^3$
usw.	usw.	usw.	usw.
n. Jahr	$K_n = K_{n-1} + p\% \cdot K_{n-1}$	$= K_{n-1}(1 + p\%)$	$\underset{K_{n-1}}{\llcorner\!\!\longrightarrow}\; K_n = K_0(1 + p\%)^n$

B Zinseszinsformel

Zinsen

Die Berechnung von Zinsen ist eine Anwendung der Prozentrechnung.
Man unterscheidet
- einfache Zinsen und
- Zinseszinsen.

Jahreszinsen

Beziehen sich die Zinsen auf *ein* Jahr, so spricht man von *Jahreszinsen*.
Zwischen den Begriffen der Prozentrechnung und denen der Berechnung von Jahreszinsen bestehen folgende Entsprechungen:

Grundwert G	$\triangleq$	Kapital K
Prozentsatz p	$\triangleq$	Zinssatz p
Prozentwert W	$\triangleq$	Zinsen Z
$W = p\%$ von G	$\triangleq$	$Z = p\%$ von K
$W = p\% \cdot G$	$\triangleq$	$Z = p\% \cdot K$

Bsp.: $\boxed{p = 2; K = 5000\,[\text{EUR}]}$

$Z = 2\% \cdot 5000 = \frac{2}{100} \cdot 5000 = 100\,[\text{EUR}]$

Zinsen mit unterschiedlicher Laufzeit

I.A. werden Zinsen zeitabhängig berechnet. Die Zeit, für die ein Sparguthaben bestanden hat oder für die ein Kredit gewährt wurde, nennt man *Laufzeit*.
Die Laufzeit wird durch einen Zeitfaktor j berücksichtigt:

$$Z = p\% \cdot K \cdot j$$

j steht für die Gesamtzahl der Jahre. Wird nach Monaten bzw. nach Tagen gerechnet, so ist j durch $\frac{m}{12}$ bzw. durch $\frac{t}{360}$ zu ersetzen, wobei m die Zahl der Monate, t die Zahl der Tage angibt.

Bem.: Ein *Bankjahr* hat 360 Tage ($= 12$ Monate) und ein *Bankmonat* 30 Tage.

Grundaufgaben der einfachen Zinsrechnung

Die vier Grundaufgaben sind in Abb. A an Beispielen dargestellt.

Zinseszinsen

Legt ein Sparer 5000 EUR für 5 Jahre auf ein Sparbuch, ohne sich die jährlich berechneten Zinsen auszahlen zu lassen, werden die auf dem Konto verbleibenden Zinsen mitverzinst. Es werden Zinsen von Zinsen berechnet, die sog. Zinseszinsen.
Die Tabelle in Abb. B verdeutlicht, wie das Kapital K_n nach n Jahren aus dem Anfangskapital K_0 berechnet wird. Es ergibt sich:

$$K_n = K_0 \cdot (1 + p\%)^n$$

Diese Formel kann als Funktionsgleichung einer Exponentialfunktion (S. 83) mit der Basis $1 + p\%$ angesehen werden:

$$n \mapsto K_n = K_0 \cdot (1 + p\%)^n$$

Grundaufgaben der Zinseszinsrechnung

1) gesucht: **Kapital** K_n; gegeben: Anfangskapital K_0, Laufzeit n und Zinssatz p
$K_n = K_0 \cdot (1 + p\%)^n$

$\boxed{p = 2; K = 5000\,[\text{EUR}]; n = 5}$

$K_5 = 5000 \cdot (1 + 2\%)^5 = 5000 \cdot 1,1040808\ldots$
$\quad = 5520,40\,[\text{EUR}]$

2) gesucht: **Zinssatz** p; gegeben: Anfangskapital K_0, Endkapital K_n und Laufzeit n

$$K_n = K_0 \cdot (1 + p\%)^n \iff p\% = \sqrt[n]{\frac{K_n}{K_0}} - 1$$

$\boxed{n = 5; K_5 = 6000; K_0 = 5000\,[\text{EUR}]}$

$p\% = \sqrt[5]{\frac{6000}{5000}} - 1 = \sqrt[5]{1,2} - 1 = 1,0371\ldots - 1$
$\quad = 0,0371\ldots \implies p \approx 3,7$

3) gesucht: **Kapital** K_0; gegeben: Endkapital K_n, Zinssatz p und Laufzeit n

$$K_n = K_0 \cdot (1 + p\%)^n \iff K_0 = \frac{K_n}{(1 + p\%)^n}$$

$\boxed{n = 5; K_5 = 6000; p = 2}$

$K_0 = \frac{6000}{1,02^5} = \frac{6000}{1,1040808\ldots} = 5434,38\,[\text{EUR}]$

4) gesucht: **Laufzeit** n; gegeben: Endkapital K_n, Anfangskapital K_0 und Zinssatz p

$$K_n = K_0 \cdot (1 + p\%)^n \iff \frac{K_n}{K_0} = (1 + p\%)^n$$

$$\iff n = \frac{\lg \frac{K_n}{K_0}}{\lg(1 + p\%)}$$

$\boxed{p = 2; K_n = 6000; K_0 = 5000\,[\text{EUR}]}$

$n = \frac{\lg(1,2)}{\lg(1,02)} = \frac{0,07918\ldots}{0,00860\ldots} \approx 9,21\,[\text{a}]$

Bem.: In der Praxis werden nur die Zinsen für ganze Jahre nach der Zinseszinsformel berechnet: man erhält $K_9 = 5975,46\,[\text{EUR}]$. Die Differenz zu $6000\,[\text{EUR}]$, also $24,54\,[\text{EUR}]$, muss sich als einfache Zinsen auf das Kapital K_9 ergeben.
Gefragt ist also nach der Laufzeit j, die angesetzt werden muss, damit die Zinsen mindestens $24,54\,[\text{EUR}]$ betragen. Frühestens nach 74 Tagen ist das der Fall:

$j = \frac{Z \cdot 360}{p\% \cdot K_9} = \frac{24,54 \cdot 360}{2\% \cdot 5975,46} = 73,92\ldots\,[\text{Tage}]$

Also wäre $n = 9$ Jahre 74 Tage.

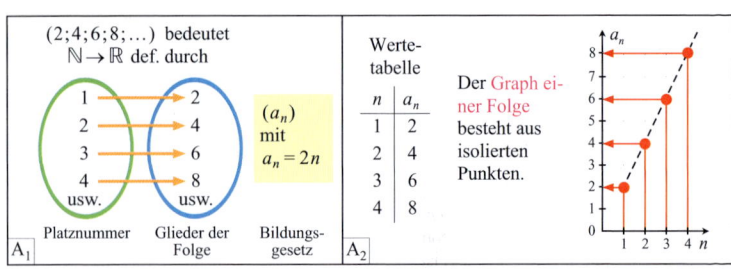

A   Schreibweise bei Folgen (A_1), Graph einer Folge im kart. Koordinatensystem (A_2)

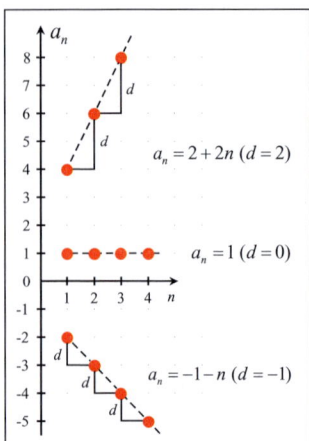

Die Reihe wird auf zweifache Weise notiert mit dem noch zu bestimmenden Summenwert:

$$1 \quad +2 \quad +\ldots+(N-1)+N \quad = S_N$$
$$N \quad +(N-1)+\ldots+2 \quad +1 \quad = S_N$$
$$\underbrace{(N+1)+(N+1)+\ldots+(N+1)+(N+1)}_{\text{N-mal der Summand } N+1} = 2S_N$$

$$\Rightarrow 2S_N = N\cdot(N+1) \quad \Rightarrow \quad \boxed{S_N = \tfrac{1}{2}N(N+1)}$$

Für eine beliebige arithmetische Reihe gilt:

$$S_N = a+d+a+2d+a+3d+\ldots+a+Nd$$
$$= Na+d(1+2+3+\ldots+N)$$
$$= Na+d\cdot\tfrac{1}{2}N(N+1)$$
$$= \tfrac{1}{2}N(2a+d(N+1)) = \tfrac{1}{2}N(2a+d+Nd)$$
$$= \tfrac{1}{2}N([a+d]+[a+Nd])$$

$$\Rightarrow \quad \boxed{S_N = \tfrac{1}{2}N(a_1+a_n)}$$

B   Arithmetische Folgen

C   Arithmetische Reihen

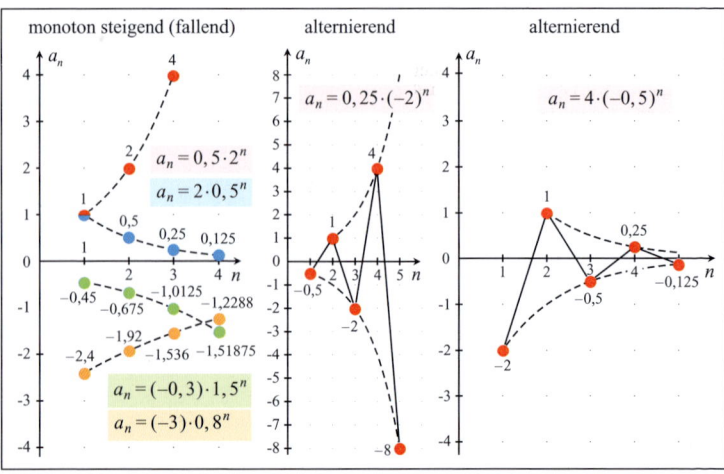

D   Geometrische Folgen

Definition des Folgenbegriffs

Folgen sind spezielle Funktionen mit nat. Zahlen als Definitionsbereich.

> **Def. 1:** Jede Funktion mit dem Definitionsbereich $\mathbb{N}$ oder einer unendlichen Teilmenge von $\mathbb{N}$ heißt *unendliche Folge*. Sie heißt *endliche Folge*, wenn der Definitionsbereich eine endliche Menge von nat. Zahlen ist. Man spricht von einer *reellwertigen* (endlichen, unendlichen) *Folge*, wenn der Wertebereich eine Teilmenge von $\mathbb{R}$ ist.

Bsp.: $(2;4;6;8;\dots)$ ist die unendliche Folge der geraden Zahlen, $(1;3;5;7;9)$ die endliche Folge der ungeraden Zahlen kleiner als 10. Dabei bedeutet die Klammerschreibweise eine Abkürzung für die Zuordnung zwischen $\mathbb{N}$ bzw. der endlichen Teilmenge von $\mathbb{N}$ und dem Wertebereich (Abb. A).

Der Wertebereich kann z.B. auch aus Intervallen bestehen wie bei der Folge von Intervallen einer Intervallschachtelung (S. 47). Man betrachtet außerdem Folgen von Sekanten (S. 120, 158) und Vielecken (S. 182, Abb. D), sogar Folgen von Funktionen (S. 155).

Wenn im Weiteren von Folgen die Rede ist, sind stets unendliche reellwertige Folgen mit $D_f = \mathbb{N}$ gemeint. Treten von $\mathbb{N}$ abweichende Definitionsbereiche auf, so wird dies ausdrücklich vermerkt.

Schreibweisen:

$f : \mathbb{N} \to \mathbb{R}$ mit $n \mapsto f(n) = a_n$ oder kurz (a_n) (lies: Folge a en) bzw. $(a_1; a_2; a_3; \dots)$ (lies: Folge mit a eins, a zwei, a drei ...)

Bsp.: $(1; \frac{1}{2}; \frac{1}{3}; \frac{1}{4}; \dots)$ $a_n = \frac{1}{n}$

$(\frac{1}{2}; \frac{2}{3}; \frac{3}{4}; \dots)$ $a_n = \frac{n}{n+1}$

Bem.: Eine besondere Form der Festlegung von Folgen geschieht durch *rekursive Definition*: Jedes Glied der Folge ergibt sich rechnerisch aus seinem Vorgänger (seinen Vorgängern).

Bsp.: $a_{n+1} = \frac{1}{2}(a_n + \frac{15}{a_n})$; $a_1 = 1$ (s. S. 158),

$a_{n+2} = a_{n+1} + a_n$; $a_1 = 1$; $a_2 = 15$ (sog. Fibonaccifolge)

Graph einer Folge

Der Graph einer Folge kann in einer Wertetabelle oder in einem Mengen-Pfeile-Diagramm (meist nur unvollkommen) oder in einem kartesischem Koordinatensystem dargestellt werden (Abb. A).

Arithmetische Folgen

Die Folgen mit $a_n = 2 + 2n$ bzw. $a_n = -1 - n$ sind Beispiele für arithmetische Folgen. Sie zeichnen sich durch folgende Eigenschaft aus: Die Differenz $d = a_{n+1} - a_n$ von je zwei aufeinander folgenden Gliedern der Folge bleibt konstant.

Diese Aussage ist gleichwertig zu $a_n = a + n \cdot d$ $(a, d \in \mathbb{R})$

> **Def. 2:** Eine Folge mit $a_n = a + n \cdot d$ $(a, d \in \mathbb{R})$ heißt *arithmetisch*.

Bem.: Der Name »arithmetische Folge« hängt mit der Eigenschaft zusammen, dass von drei aufeinander folgenden Gliedern einer arithmetischen Folge das mittlere stets das arithmetische Mittel (S. 227) der beiden anderen ist:

$\frac{1}{2}(a_n + a_{n+2}) = \frac{1}{2}(a + nd + a + (n+2)d)$
$= \frac{1}{2}(2a + 2nd + 2d) = \frac{1}{2} \cdot 2(a + (n+1)d)$
$= (a + (n+1)d) = a_{n+1}$ ◁

Die Graphen arithmetischer Folgen haben die Eigenschaft, dass sie in einem kart. Koordinatensystem auf Geraden liegen (Abb. B). Für $d > 0$ steigen, für $d < 0$ fallen diese, für $d = 0$ haben sie die Steigung 0 (konstante Folge, S. 97).

Arithmetische Reihen

Bildet man zu einer *endlichen* arithmetischen Folge die Summe aller Folgenglieder, so bezeichnet man diese Summe als arithmetische Reihe.

> **Def. 3:** Zu jeder endlichen arithmetischen Folge $(a_1; a_2; \dots; a_N)$ heißt die Summe $a_1 + a_2 + \dots + a_N$ *arithmetische Reihe*.

Bsp.: Zur Folge $(1; 2; \dots; N)$ gehört die Reihe $1 + 2 + \dots + N$. Ihr Summenwert ist $\frac{1}{2}N(N+1)$ (Abb. C).

Im allgemeinen Fall ergibt sich der

> **Satz 1:** Für den Summenwert S_N einer arithmetischen Reihe gilt (Abb. C):
> $$S_N = \frac{1}{2}N(a_1 + a_N)$$

Geometrische Folgen

Beispiele für geometrische Folgen sind die Folgen in Abb. D.

> **Def. 4:** Eine Folge mit $a_n = a \cdot q^{n-1}$ $(a, q \in \mathbb{R}^{\neq 0})$ heißt *geometrisch*.

Für $q < 0$ ist eine geom. Folge *alternierend*, d.h. mit wechselndem Vorzeichen der Glieder der Folge (Abb. D). Geom. Folgen haben die Eigenschaft:

> Der Quotient $\frac{a_{n+1}}{a_n}$ von je zwei aufeinander folgenden Gliedern der Folge bleibt konstant. Es gilt: $\frac{a_{n+1}}{a_n} = \frac{a \cdot q^n}{a \cdot q^{n-1}} = q$.

Vorgegeben sei eine geom. Folge $(a; aq; aq^2; \ldots; aq^{n-1})$. Gesucht: S_N

Lösung:
$$q \cdot S_N = \quad aq + aq^2 + aq^3 + \ldots + aq^{n-1} + aq^n$$
$$- \quad S_N = \quad a + aq + aq^2 + \ldots + aq^{n-2} + aq^{n-1}$$

$$q \cdot S_N - 1 \cdot S_N = -a + 0 + \quad \ldots \quad + 0 \quad + aq^n = aq^n - a \Rightarrow \boxed{S_N = a \cdot \frac{q^n - 1}{q - 1}}$$

A Summenformel einer geometrischen Reihe

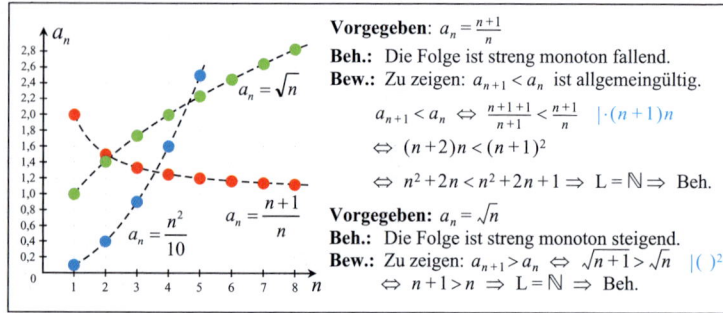

Vorgegeben: $a_n = \frac{n+1}{n}$

Beh.: Die Folge ist streng monoton fallend.

Bew.: Zu zeigen: $a_{n+1} < a_n$ ist allgemeingültig.

$$a_{n+1} < a_n \Leftrightarrow \frac{n+1+1}{n+1} < \frac{n+1}{n} \quad | \cdot (n+1)n$$

$$\Leftrightarrow (n+2)n < (n+1)^2$$

$$\Leftrightarrow n^2 + 2n < n^2 + 2n + 1 \Rightarrow L = \mathbb{N} \Rightarrow \text{Beh.}$$

Vorgegeben: $a_n = \sqrt{n}$

Beh.: Die Folge ist streng monoton steigend.

Bew.: Zu zeigen: $a_{n+1} > a_n \Leftrightarrow \sqrt{n+1} > \sqrt{n} \quad |( )^2$

$$\Leftrightarrow n+1 > n \Rightarrow L = \mathbb{N} \Rightarrow \text{Beh.}$$

B Monotone Folgen

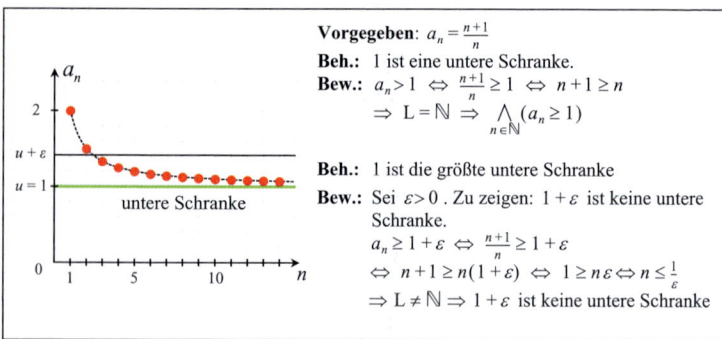

Vorgegeben: $a_n = \frac{n+1}{n}$

Beh.: 1 ist eine untere Schranke.

Bew.: $a_n > 1 \Leftrightarrow \frac{n+1}{n} \geq 1 \Leftrightarrow n+1 \geq n$

$$\Rightarrow L = \mathbb{N} \Rightarrow \bigwedge_{n \in \mathbb{N}} (a_n \geq 1)$$

Beh.: 1 ist die größte untere Schranke

Bew.: Sei $\varepsilon > 0$. Zu zeigen: $1 + \varepsilon$ ist keine untere Schranke.

$$a_n \geq 1 + \varepsilon \Leftrightarrow \frac{n+1}{n} \geq 1 + \varepsilon$$

$$\Leftrightarrow n+1 \geq n(1+\varepsilon) \Leftrightarrow 1 \geq n\varepsilon \Leftrightarrow n \leq \frac{1}{\varepsilon}$$

$$\Rightarrow L \neq \mathbb{N} \Rightarrow 1 + \varepsilon \text{ ist keine untere Schranke}$$

C Beschränkte Folgen

Gegeben: Folge (a_n) mit oberer Schranke o und unterer Schranke u, d.h. alle a_n liegen in einem o-u-Streifen

Gesucht: Ein K-Streifen um die n-Achse mit $K \in \mathbb{R}^+$, der den o-u-Streifen enthält und damit sicherstellt, dass für alle $n \in \mathbb{N}$ gilt: $-K \leq a_n \leq K$, d.h. $|a_n| \leq K$

Wenn der o-u-Streifen ganz oder zum größeren Teil oberhalb der x-Achse liegt, kann man $K = o$ wählen.

Wenn der o-u-Streifen ganz oder zum größeren Teil unterhalb der x-Achse liegt, kann man $K = |u|$ wählen.

D Veranschaulichung von Satz 3

Bem.: Der Name »geom. Folge« hängt mit folgender Eigenschaft zusammen:
Von drei aufeinander folgenden Gliedern einer geom. Folge ist der abs. Betrag des mittleren das geom. Mittel der beiden anderen Glieder:

$$\sqrt{a_n \cdot a_{n+2}} = \sqrt{a \cdot q^{n-1} \cdot a q^{n+1}}$$
$$= \sqrt{a^2 \cdot q^{2n}} = \sqrt{(a \cdot q^n)^2} = |a \cdot q^n| = |a_{n+1}|$$

Geometrische Reihen

Analog zu den arithm. Reihen werden die geom. Reihen definiert.

> **Def. 5:** Zu jeder *endlichen* geom. Folge $(a; aq; aq^2; \ldots; aq^{N-1})$ heißt die Summe $S_N = a + aq + aq^2 + \ldots + aq^{N-1}$ *geom. Reihe.*

Es gilt:

> **Satz 2:** $S_N = a \cdot \dfrac{q^N - 1}{q - 1} \quad (q \in \mathbb{R}^{\neq 1})$

Um die Summenformel zu beweisen, kann man wie in Abb. A vorgehen.
Anwendung: Beim Reiskörnerproblem (S. 14, Abb. B_2) ergibt sich die geom. Reihe $1 + 2 + 4 + 8 + \ldots + 2^{63}$ mit $q = 2$ und $a = 1$.
Der Summenwert ist dann:
$$S_{64} = 1 \cdot \frac{2^{64} - 1}{2 - 1} = 2^{64} - 1$$

Monotone Folgen

Alle arithm. und alle geom. Folgen für $q > 0$ sind spezielle konstante bzw. monotone (entweder steigende oder fallende) Funktionen (S. 127).
Da Folgen mit den nat. Zahlen einen einfach aufgebauten Definitionsbereich haben, bietet sich im Falle der Monotonie eine gleichwertige vereinfachte Definition an, bei der nur je zwei *aufeinander folgende* Glieder der Folge verglichen werden.

> **Def. 6:** Eine Folge (a_n) heißt
> (1) *konstant* $:\Leftrightarrow \bigwedge\limits_{n \in \mathbb{N}} (a_{n+1} = a_n)$
> (2) *monoton steigend* $:\Leftrightarrow \bigwedge\limits_{n \in \mathbb{N}} (a_{n+1} \geq a_n)$
> (3) *monoton fallend* $:\Leftrightarrow \bigwedge\limits_{n \in \mathbb{N}} (a_{n+1} \leq a_n)$

Steht in (2) > bzw. in (3) <, so nennt man die Folge *streng* monoton steigend bzw. fallend.

Bsp.: Abb. B

Beschränkte Folgen

Beschränkte Folgen sind spezielle beschränkte Funktionen. Mit der Schreibweise bei Folgen erhält man

> **Def. 7:** Eine Folge (a_n) heißt
> (1) nach *oben beschränkt* mit der *oberen Schranke* o $:\Leftrightarrow \bigvee\limits_{o \in \mathbb{R}} \bigwedge\limits_{n \in \mathbb{N}} (a_n \leq o)$
> (2) nach *unten* beschränkt mit der *unteren Schranke* u $:\Leftrightarrow \bigvee\limits_{u \in \mathbb{R}} \bigwedge\limits_{n \in \mathbb{N}} (a_n \geq u)$
> (3) *beschränkt*, wenn sie nach oben und nach unten beschränkt ist.

Bsp.: Abb. C

Für eine beschränkte Folge kann man obere und untere Schranken angeben, so dass der Graph in einem o-u-Streifen parallel zur n-Achse liegt. Diesen Streifen kann man durch einen K-Streifen ersetzen, der beiderseits gleichabständig zur n-Achse verläuft und in dem der Graph ebenfalls enthalten ist. Daher gilt (Abb. D) der

> **Satz 3:** Wenn (a_n) eine beschränkte Folge ist, dann gibt es ein $K \in \mathbb{R}^+$, so dass $|a_n| \leq K$ für alle $n \in \mathbb{N}$ erfüllt ist.

Kleinste obere, größte untere Schranke einer beschränkten Folge

Im Zusammenhang mit der Konvergenz von monotonen Folgen (S. 101, Satz 10b) ist es von Interesse, ob eine Folge eine *kleinste obere* (*größte untere*) Schranke besitzt.
Bsp.: Abb. C

> **Def. 8:** Existiert die kleinste obere (größte untere) Schranke einer Folge, so nennt man diese auch *obere* (*untere*) *Grenze.*

Es gilt der anschaulich unmittelbar einsichtige, aber im Beweis nicht ganz einfache

> **Satz 4:** Wenn eine Folge nach oben (unten) beschränkt ist, dann besitzt sie eine obere (untere) Grenze.

Nullfolgen

Geom. Folgen zeigen für $-1 < q < 1$ $(q \neq 0)$ ein charakteristisches Verhalten (s. S. 94, Abb. D). Allen Graphen ist gemeinsam:
Mit wachsender Platznummer wird der Abstand der Punkte der Graphen zur n-Achse immer kleiner. Für die Glieder der Folge bedeutet dies, dass sie sich der Zahl 0 immer besser annähern. Die Folge strebt gegen 0 (daher die Bezeichnung »Nullfolge«).
Ihre Abweichung von 0 $(= |a_n|)$ kann durch Steigern der Platznummern von einem $n(\varepsilon)$ an kleiner als jede noch so kleine Zahl $\varepsilon \in \mathbb{R}^+$ gemacht werden.

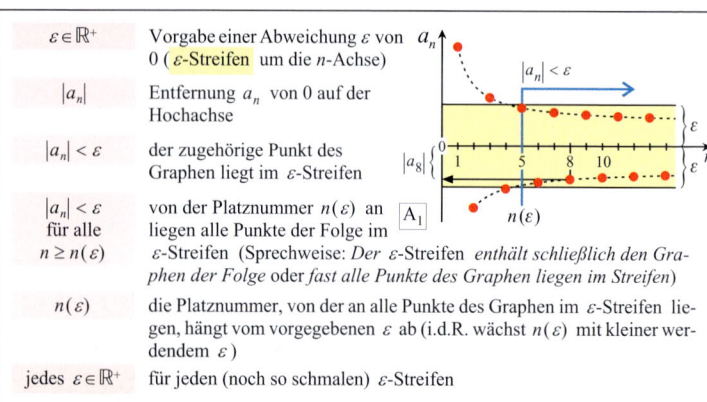

$\varepsilon \in \mathbb{R}^+$	Vorgabe einer Abweichung ε von 0 (ε-Streifen um die n-Achse)
$|a_n|$	Entfernung a_n von 0 auf der Hochachse
$|a_n| < \varepsilon$	der zugehörige Punkt des Graphen liegt im ε-Streifen
$|a_n| < \varepsilon$ für alle $n \geq n(\varepsilon)$	von der Platznummer $n(\varepsilon)$ an liegen alle Punkte der Folge im ε-Streifen (Sprechweise: *Der ε-Streifen enthält schließlich den Graphen der Folge* oder *fast alle Punkte des Graphen liegen im Streifen*)
$n(\varepsilon)$	die Platznummer, von der an alle Punkte des Graphen im ε-Streifen liegen, hängt vom vorgegebenen ε ab (i.d.R. wächst $n(\varepsilon)$ mit kleiner werdendem ε)
jedes $\varepsilon \in \mathbb{R}^+$	für jeden (noch so schmalen) ε-Streifen

Es ergibt sich die anschauliche Form von Def. 9:

> Eine Folge ist eine Nullfolge, wenn jeder ε-Streifen um die n-Achse den Graphen schließlich enthält (wenn in jedem ε-Streifen fast alle Punkte des Graphen liegen).

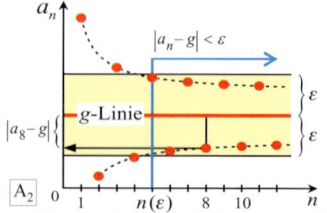

g-Folgen sind Folgen, deren Glieder sich immer genauer an $g \in \mathbb{R}$ annähern: Eine g-Folge strebt gegen g. Verschiebt man die Zeichnung in A_1 längs der Hochachse um $|g|$ nach oben (für $g > 0$) bzw. nach unten (für $g < 0$), so übernimmt die g-Linie die Rolle der n-Achse bei Nullfolgen. An die Stelle von $|a_n|$ tritt $|a_n - g|$, der Abstand von a_n und g auf der Hochachse.

Es ergibt sich die anschauliche Form von Def. 10:

> Eine Folge ist eine g-Folge (konvergiert gegen g), wenn jeder ε-Streifen um die g-Linie den Graphen schließlich enthält (wenn in jedem ε-Streifen fast alle Punkte des Graphen liegen).

A   Anschauliche Form der Nullfolgendefinition (A_1) und der g-Folgendefinition (A_2)

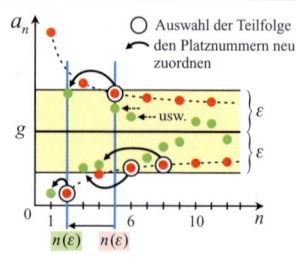

Nach Vor. umfasst jeder ε-Streifen um die g-Linie schließlich den Graphen von (a_n). Das gilt dann aber erst recht für eine unendliche Teilfolge, denn durch die Streichung von Folgengliedern wird das $n(\varepsilon)$ allenfalls kleiner.

B   Beweis von Satz 5

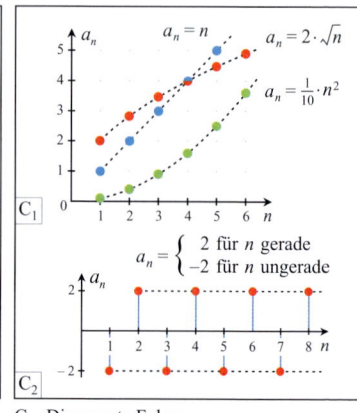

$$a_n = \begin{cases} 2 \text{ für } n \text{ gerade} \\ -2 \text{ für } n \text{ ungerade} \end{cases}$$

C   Divergente Folgen

Definition einer Nullfolge

> **Def. 9:** Eine Folge (a_n) heißt *Nullfolge*, wenn es zu jedem $\varepsilon \in \mathbb{R}^+$ ein $n(\varepsilon) \in \mathbb{N}$ gibt, so dass $|a_n| < \varepsilon$ für alle $n \geq n(\varepsilon)$ gilt. Man sagt: Die Folge *konvergiert gegen 0* oder sie hat den Grenzwert 0 (in Zeichen: $\lim\limits_{n \to \infty} a_n = 0$; lies: limes (= Grenze) für n gegen unendlich von a_n gleich 0).

Veranschaulichung: Abb. A_1

Das rechnerische Vorgehen beim Nachweis einer Nullfolge kann folgendermaßen aussehen:

- Vorgabe eines beliebigen $\varepsilon \in \mathbb{R}^+$,
- Vereinfachung des Terms $|a_n|$,
- Umformung der Ungleichung $|a_n| < \varepsilon$, so dass eine Beziehung zwischen n und ε entsteht, aus der man ein $n(\varepsilon)$ ableisen kann.

Anwendung auf (a_n) mit $a_n = (-1)^n \cdot \frac{1}{n}$:
Sei ein $\varepsilon \in \mathbb{R}^+$ vorgegeben. Es gilt:
$|a_n| = \left|(-1)^n \cdot \frac{1}{n}\right| = |(-1)^n| \cdot \left|\frac{1}{n}\right| = \frac{1}{n}$ und damit
$|a_n| < \varepsilon \Leftrightarrow \frac{1}{n} < \varepsilon \Leftrightarrow n > \frac{1}{\varepsilon}$ (nach Regel (4), S. 56).
Wählt man also als $n(\varepsilon)$ die kleinste nat. Zahl, die größer oder gleich $\frac{1}{\varepsilon}$ ist (diese Zahl wird durch $\left[\frac{1}{\varepsilon}\right]$ gekennzeichnet), so ergibt sich: $|a_n| < \varepsilon$ für alle $n \geq \left[\frac{1}{\varepsilon}\right]$. (a_n) ist eine Nullfolge.

Konvergente Folgen

Der Begriff der Nullfolge kann verallgemeinert werden zu dem der *g*-Folge. Dabei tritt an die Stelle der n-Achse die *g*-Linie (Abb. A_2). Der Abstand der Punkte des Graphen von der *g*-Linie wird durch $|a_n - g|$ angegeben. Analog zu Def. 9 ergibt sich dann

> **Def. 10:** Eine Folge (a_n) *konvergiert gegen g* (hat den Grenzwert g), wenn es zu jedem $\varepsilon \in \mathbb{R}^+$ ein $n(\varepsilon)$ gibt, so dass $|a_n - g| < \varepsilon$ für alle $n \geq n(\varepsilon)$ gilt.

Die rechnerische Behandlung unterscheidet sich nicht von der für Nullfolgen.
Anwendung auf (a_n) mit $a_n = \frac{n+1}{n}$:
Vermutung: $g = 1$
Sei $\varepsilon \in \mathbb{R}^+$ vorgegeben. Es gilt:
$|a_n - g| = \left|\frac{n+1}{n} - 1\right| = \left|\frac{n}{n} + \frac{1}{n} - 1\right|$
$= \left|1 + \frac{1}{n} - 1\right| = \frac{1}{n}$ und damit
$|a_n - g| < \varepsilon \Leftrightarrow \frac{1}{n} < \varepsilon \Leftrightarrow n > \frac{1}{\varepsilon}$
Wählt man $n(\varepsilon) = \left[\frac{1}{\varepsilon}\right]$ so gilt:
$|a_n - 1| < \varepsilon$ für alle $n \geq n(\varepsilon)$.
Die Folge konvergiert gegen 1.

Weil der Grenzwert bei der Rechnung nach Def. 10 gebraucht wird, muss man vorher Vermutungen über ihn anstellen. Das kann z.B. durch folgende Maßnahmen geschehen:
- große Zahlen für n einsetzen (Taschenrechner benutzen) und den Grenzwert vermuten;
- Umformung des Folgenterms und anschließende Argumentation,

z.B. $\frac{2n-3}{3n+4} = \frac{n\left(2 - \frac{3}{n}\right)}{n\left(3 + \frac{4}{n}\right)} = \frac{2 - \frac{3}{n}}{3 + \frac{4}{n}}$; für große n strebt

der Zähler gegen 2, der Nenner gegen 3; Vermutung: Der Quotient strebt gegen $\frac{2}{3}$.

Bem.: Nicht in allen Fällen führt diese Methode zum Ziel. Z.B. liefert das Einsetzen großer Zahlen in den Term $\left(1 + \frac{1}{n}\right)^n$ nur Näherungswerte der irrationalen Zahl e (S. 152). Diese aber würden bei einer Rechnung als Grenzwerte abgelehnt.

Teilfolgen

> **Def. 11:** Eine Folge $(t_1; t_2; t_3; \ldots)$ heißt *Teilfolge* von $(a_1; a_2; a_3; \ldots)$, wenn sie durch Streichung von Folgengliedern aus der Folge (a_n) hervorgeht. Die Platznummern werden neu zugeordnet.

Bsp.: $(1; \frac{1}{3}; \frac{1}{5}; \frac{1}{7}; \ldots)$ ist eine unendliche,

$(1; \frac{1}{2}; \frac{1}{3}; \ldots \frac{1}{100})$ eine endliche Teilfolge

der Folge mit $a_n = \frac{1}{n}$.

> **Satz 5:** Jede unendliche Teilfolge einer gegen g konvergenten Folge konvergiert ebenfalls gegen g.

Bew.: Abb. B
Der Übergang zu einer Teilfolge ändert also nicht das Konvergenzverhalten. Entsprechend gilt der unmittelbar einsehbare

> **Satz 6:** *Umordnen*, *Ergänzen* oder *Ersetzen* von *endlich* vielen Gliedern bei einer konvergenten Folge beeinflusst die Konvergenz nicht.

Divergente Folgen

> **Def. 12:** Folgen ohne Grenzwert heißen *divergent*.

Bsp.: Abb. C

Beim rechnerischen Nachweis der Divergenz muss man jede als Grenzwert mögliche reelle Zahl ablehnen.

Unter den divergenten Folgen nehmen die *bestimmt divergenten* eine Sonderstellung ein; sie wachsen über alle Schranken bzw. fallen unter alle Schranken.

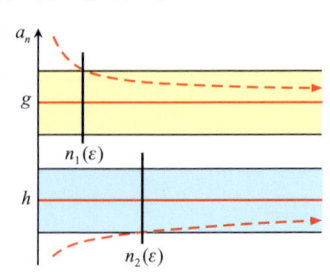

Annahme: g und h seien Grenzwerte der Folge und $g \neq h$.
Dann lässt sich zu g und h je ein ε-Streifen finden, so dass diese keine Punkte gemeinsam haben. Wegen der Konvergenz der Folge muss schließlich ihr Graph in beiden ε-Streifen liegen. Also haben die beiden ε-Streifen doch gemeinsame Punkte. Widerspruch!

A   Beweis von Satz 7

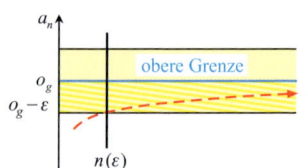

a) Nach Vor. gilt $g > 0$. Dann liegt der ε-Streifen mit $\varepsilon = \frac{1}{3}g$ ganz im I. Quadranten. Da die Folge konvergiert, liegt ihr Graph schließlich in dem ε-Streifen. Daher sind fast alle Glieder der Folge positiv.

b) Annahme: Sei $g < 0$. Dann sind nach Teil a) fast alle Glieder der Folge negativ. Nach Vor. sollen aber fast alle Glieder positiv sein. Widerspruch!

B   Beweis von Satz 9

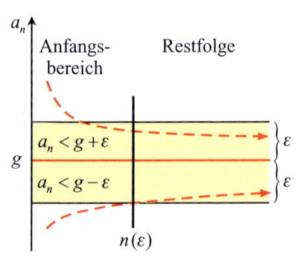

Ein ε-Streifen sei vorgegeben (z.B. $\varepsilon = 1$). Im Anfangsbereich der konvergenten Folge liegen höchstens endlich viele Punkte des Graphen. Zu ihnen lässt sich immer ein größtes und ein kleinstes a_n angeben. Die Punkte der Restfolge liegen im ε-Streifen. Für sie gilt: $g - \varepsilon < a_n < g + \varepsilon$. Die Folge ist also beschränkt.

C   Beweis von Satz 10a

Nach Vor. ist die Folge nach oben beschränkt. Es gibt also eine obere Grenze o_g der Folge (Satz 4, S. 97), für die gilt: $o_g \geq a_n$ für alle $n \in \mathbb{N}$.
Zu zeigen: o_g ist Grenzwert der Folge. Sei $\varepsilon \in \mathbb{R}^+$ vorgegeben. Aus den Eigenschaften der oberen Grenze folgt, dass $o_g - \varepsilon$ keine obere Schranke sein kann, d.h. es gibt ein a_m mit $a_m > o_g - \varepsilon$. Wegen der Monotonie der Folge folgt: $o_g \geq a_n > o_g - \varepsilon$ für alle $n \geq m$. Also liegt der Graph der Folge schließlich im vorgegebenen ε-Streifen.

D   Beweis von Satz 10b

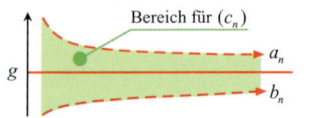

Da die Konvergenz einer Folge von endlich vielen Gliedern nicht beeinflusst wird, gilt der Schachtelsatz auch dann noch, wenn die Ungleichung $a_n \leq c_n \leq b_n$ für höchstens endlich viele c_n nicht erfüllt wird.

E   Schachtelsatz

Def. 13: Eine Folge (a_n) heißt *bestimmt divergent* gegen $+\infty$ $(-\infty)$, wenn es zu jedem $a \in \mathbb{R}^+$ $(a \in \mathbb{R}^-)$ ein $n(a) \in \mathbb{N}$ gibt, so dass $a_n > a [a_n < a]$ für alle $n \geq n(a)$ gilt.
In Kurzform: $\lim\limits_{n \to \infty} a_n = +\infty [-\infty]$.

Bem.: $+\infty$ und $-\infty$ sind keine Zahlen; sie symbolisieren nur das Verhalten der Folge für unbeschränkt große bzw. kleine Folgenwerte. Dennoch bezeichnet man beide Symbole häufig als *uneigentliche Grenzwerte*.
Bsp.: S. 98, Abb. C_1

Sätze zu konvergenten Folgen

Satz 7: Eine konvergente Folge hat genau einen Grenzwert.

Beweis (indirekt): Abb. A

Satz 8: Eine Folge (a_n) hat genau dann den Grenzwert g, wenn die Folge $(a_n - g)$ eine Nullfolge ist:
$$\lim\limits_{n \to \infty} a_n = g \iff \lim\limits_{n \to \infty}(a_n - g) = 0$$

Beweis: Der Graph zur Folge $(a_n - g)$ entsteht durch eine Verschiebung längs der y-Achse um $|g|$ nach oben bzw. nach unten aus dem Graphen zur Folge (a_n). Jeder ε-Streifen um die g-Linie wird dabei mit verschoben und wird zu einem ε-Streifen um die n-Achse. Daher wird aus einer g-Folge eine Nullfolge und umgekehrt.

Satz 9:
a) Wenn der Grenzwert einer konvergenten Folge größer (kleiner) als 0 ist, dann gilt dies auch für fast alle (d.h. mit Ausnahme endlich vieler) Glieder der Folge.
b) Wenn fast alle Glieder einer konvergenten Folge größer (kleiner) oder gleich 0 sind, dann gilt dies auch für den Grenzwert.

Beweis: Abb. B (die Klammeraussage ergibt sich jeweils analog)

Satz 10:
a) Wenn eine Folge konvergent ist, dann ist sie beschränkt.
b) Wenn eine Folge nach oben (unten) beschränkt und monoton steigend (fallend) ist, dann konvergiert sie gegen die obere (untere) Grenze.

Beweis: Abb. C und D

Satz 11: Wenn (a_n) eine beschränkte Folge und (b_n) eine Nullfolge ist, dann ist auch $(a_n \cdot b_n)$ eine Nullfolge.

Folgerung: Satz 11 gilt wegen Satz 10a erst recht, wenn man »beschränkt« durch »konvergent« ersetzt.

Beweis: Nach Vor. ist (a_n) beschränkt, d.h. es gibt ein $K \in \mathbb{R}^+$, so dass für alle $n \in \mathbb{N}$ gilt: $|a_n| \leq K$ (S. 97, Satz 3). Weiter ist (b_n) als Nullfolge vorausgesetzt, d.h. zu jedem $\tau \in \mathbb{R}^+$ gibt es $n(\tau) \in \mathbb{N}$, so dass $|b_n| < \tau$ für alle $n \geq n(\tau)$ gilt (S. 99, Def. 9).
Sei nun $\varepsilon \in \mathbb{R}^+$ vorgegeben. Zu zeigen: Es gibt ein $n(\varepsilon)$, so dass $|a_n \cdot b_n| < \varepsilon$ für alle $n \geq (\varepsilon)$ gilt.
Man erhält: $|a_n \cdot b_n| = |a_n| \cdot |b_n|$ (S. 39) $\leq K \cdot |b_n|$ für alle $n \in \mathbb{N}$
Da $\tau \in \mathbb{R}^+$ beliebig wählbar ist, kann man $\tau := \frac{\varepsilon}{K}$ festsetzen. Man erhält $|b_n| < \frac{\varepsilon}{K}$ und damit $|a_n \cdot b_n| < K \cdot \frac{\varepsilon}{K} = \varepsilon$ für alle $n \geq n(\varepsilon) = n(\tau)$.
w.z.z.w.

Unter bestimmten Voraussetzungen kann man die Konvergenz einer Folge »erzwingen«.

Satz 12 (Schachtelsatz): Wenn (a_n) und (b_n) gegen g konvergieren und $b_n \leq c_n \leq a_n$ für alle $n \in \mathbb{N}^{\geq n_0}$ gilt, dann konvergiert auch (c_n) gegen g.

Der Inhalt dieses Satzes ergibt sich unmittelbar aus der Darstellung in Abb. E.

Verknüpfung von Folgen

Häufig lassen sich Folgenterme in Summen-, Differenz-, Produkt- und/oder Quotiententerme zerlegen.
Bsp.: $a_n = \frac{n+1}{n^2 - n} = \frac{n(1 + \frac{1}{n})}{n^2 \cdot (1 - \frac{1}{n})} = \frac{1}{n} \cdot \frac{1 + \frac{1}{n}}{1 - \frac{1}{n}}$

Man definiert

Def. 14: Zu zwei Folgen (a_n) und (b_n) heißt
$(a_n) + (b_n) := (a_n + b_n)$ *Summenfolge*,
$(a_n) - (b_n) := (a_n - b_n)$ *Differenzfolge*,
$(a_n) \cdot (b_n) := (a_n \cdot b_n)$ *Produktfolge*
und, falls $b_n \neq 0$ für alle $n \in \mathbb{N}$ gilt,
$(a_n) : (b_n) := (a_n : b_n)$ *Quotientenfolge*

Die am obigen Beispiel vorgenommene Umformung wandelt die vorgegebene Quotientenfolge in eine Produktfolge, bei der der 2. Faktor eine Quotientenfolge aus einer Summen- und einer Differenzfolge ist.

Es stellt sich die Frage, inwieweit die vorgebenen Folgen das Verhalten der Verknüpfung bestimmen.

Mit Hilfe der Grenzwertsätze (S. 103) zeigt man bei obigem Beispiel, dass allein aus der Konvergenz der konstanten Folge (1) und der Nullfolge $(\frac{1}{n})$ auf die Konvergenz der umgeformten Folge und damit auf die der Ausgangsfolge geschlossen und der Grenzwert errechnet werden kann.

zu Satz 13 (b1) Summenfolgensatz

Vor.: $\lim\limits_{n \to \infty} (a_n) = a$ und $\lim\limits_{n \to \infty} (b_n) = b$ $\Leftrightarrow$ $\lim\limits_{n \to \infty} (a_n - a) = 0$ und $\lim\limits_{n \to \infty} (b_n - b) = 0$

Beh.: $\lim\limits_{n \to \infty} (a_n + b_n) = a + b$ **Bew.:** $\Leftrightarrow$ $\lim\limits_{n \to \infty} (a_n + b_n - (a + b)) = 0$ (S. 101, Satz 8)

$\Leftrightarrow$ $\lim\limits_{n \to \infty} ((a_n - a) + (b_n - b)) = 0$

Nach Vor. sind $(a_n - a)$ und $(b_n - b)$ Nullfolgen.
Es bleibt zu zeigen:

Die Summenfolge zweier Nullfolgen ist
wieder eine Nullfolge.

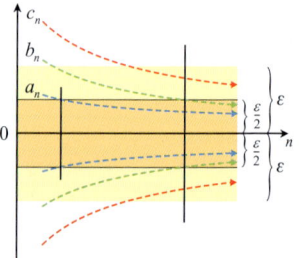

Vorgegeben sei ein beliebiger ε-Streifen für die
Summenfolge.
Ziel: Der Graph der Summenfolge liegt in dem
ε-Streifen.
Weil $(a_n - a)$ und $(b_n - b)$ Nullfolgen sind, liegen
ihre Graphen schließlich in *jedem* ε-Streifen um
die n-Achse, also auch beide in dem $\frac{\varepsilon}{2}$-Streifen.
Der Graph der Summenfolge liegt dann schließlich
in einem doppelt so breiten Streifen, d.h. in dem
ε-Streifen. w.z.z.w.

zu Satz 13 (b2) Produktfolgensatz

Vor.: $\lim\limits_{n \to \infty} (a_n) = a$ und $\lim\limits_{n \to \infty} (b_n) = b$ $\Leftrightarrow$ $\lim\limits_{n \to \infty} (a_n - a) = 0$ und $\lim\limits_{n \to \infty} (b_n - b) = 0$

Beh.: $\lim\limits_{n \to \infty} (a_n \cdot b_n) = a \cdot b$ **Bew.:** $\Leftrightarrow$ $\lim\limits_{n \to \infty} (a_n \cdot b_n - a \cdot b) = 0$ (S. 101, Satz 8)

Es ist zu zeigen: Die Folge $(a_n \cdot b_n - a \cdot b)$ ist eine Nullfolge.
Eine Umformung stellt eine Verbindung zwischen Vor. und Beh. her:

$$a_n \cdot b_n - a \cdot b = a_n \cdot b_n - a_n \cdot b + a_n \cdot b - a \cdot b = a_n \cdot (b_n - b) + b \cdot (a_n - a)$$

Die Folge mit $c_n := a_n \cdot (b_n - b)$ ist eine Nullfolge, denn (a_n) ist als konvergente Folge beschränkt und $(b_n - b)$ nach Vor. eine Nullfolge (Satz 11 anwenden).
Mit der gleichen Argumentation ist auch die Folge mit $d_n := b \cdot (a_n - a)$ eine Nullfolge.
Damit ist die Folge $(a_n \cdot b_n - a \cdot b)$ als Summe zweier Nullfolgen auch eine Nullfolge
(s.o. (b1)). w.z.z.w.

A Beweis von Grenzwertsätzen

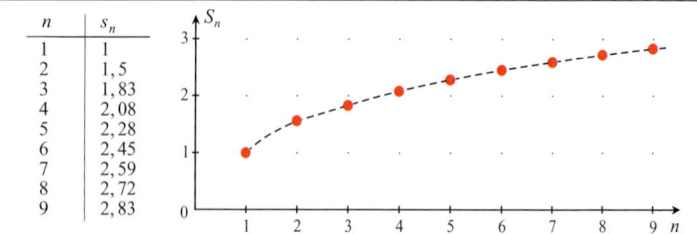

n	s_n
1	1
2	1,5
3	1,83
4	2,08
5	2,28
6	2,45
7	2,59
8	2,72
9	2,83

Sei $n = 2^k$ $(k \in \mathbb{N})$, d.h. es wird die Teilfolge $(s_2; s_4; s_8; \ldots)$ untersucht.

$s_2 = 1 + \frac{1}{2}$ $\qquad s_4 = (1 + \frac{1}{2}) + (\frac{1}{3} + \frac{1}{4}) > (1 + \frac{1}{2}) + (\frac{1}{4} + \frac{1}{4}) \geq 1 + \frac{1}{2} + 2 \cdot \frac{1}{4} = 1 + 2 \cdot \frac{1}{2}$

$s_8 = (1 + \frac{1}{2}) + (\frac{1}{3} + \frac{1}{4}) + (\frac{1}{5} + \frac{1}{6} + \frac{1}{7} + \frac{1}{8}) > (1 + \frac{1}{2}) + 2 \cdot \frac{1}{4} + 4 \cdot \frac{1}{8} = 1 + 3 \cdot \frac{1}{2}$

$s_{2^k} > 1 + k \cdot \frac{1}{2}$ (Beweis durch vollst. Induktion, S. 259)

Die Folge $(1 + n \cdot \frac{1}{2})$ ist bestimmt divergent gegen $+\infty$ und damit auch die Folge (s_{2^k}).
Mit dieser Teilfolge von (s_n) ist dann (s_n) selbst bestimmt divergent gegen $+\infty$.

B Harmonische Reihe

Grenzwertsätze für Folgen

> **Satz 13:**
> (a) Jede konstante Folge mit $a_n = a$ konvergiert gegen a.
> (b) Wenn (a_n) gegen a und (b_n) gegen b *konvergiert*, dann gilt:
> (b1) $(a_n \pm b_n)$ konvergiert gegen $a \pm b$,
> d.h. $\lim_{n \to \infty}(a_n \pm b_n) = \lim_{n \to \infty} a_n \pm \lim_{n \to \infty} b_n$
> **Speziell:** $\lim_{n \to \infty}(a + b_n) = a + \lim_{n \to \infty} b_n$
> für alle $a \in \mathbb{R}$
> (b2) $(a_n \cdot b_n)$ konvergiert gegen $a \cdot b$,
> d.h. $\lim_{n \to \infty}(a_n \cdot b_n) = \lim_{n \to \infty} a_n \cdot \lim_{n \to \infty} b_n$
> **Speziell:** $\lim_{n \to \infty}(a \cdot b_n) = a \cdot \lim_{n \to \infty} b_n$
> für alle $a \in \mathbb{R}$
> (b3) $(a_n : b_n)$ konvergiert gegen $a : b$,
> d.h. $\lim_{n \to \infty}(a_n : b_n) = \lim_{n \to \infty} a_n : \lim_{n \to \infty} b_n$,
> falls $b_n \neq 0$ für alle n und $b \neq 0$
> (b4) $([a_n]^r)$ konvergiert gegen a^r, d.h.
> $\lim_{n \to \infty}[a_n]^r = (\lim_{n \to \infty} a_n)^r$
> für alle $r \in \mathbb{R}^+$, $a_n \geq 0$

Der **Beweis** von Satz 13 wird teilweise in Abb. A geführt.

Bem.: Die Umkehrungen der Wenn-dann-Aussagen von Satz 13 sind falsch; z.B. gibt es Summenfolgen [Produktfolgen] die konvergieren, ohne dass dies für die Summanden [Faktoren] gilt:

$a_n = n$, $b_n = -n$ (bestimmt divergent), aber $a_n + b_n = 0$ (konvergent);

$a_n = (-1)^n$ (divergent), aber $a_n \cdot a_n = 1$ (konvergent).

Anwendung: Für $a_n = \frac{(n+1)}{n^2 + n} = \frac{1}{n} \cdot \frac{1 + \frac{1}{n}}{1 - \frac{1}{n}}$ folgt

mit $\lim_{n \to \infty} 1 = 1$ und $\lim_{n \to \infty} \frac{1}{n} = 0$:

Die Produktfolge ist konvergent, weil der 1. Faktor eine Nullfolge und der 2. Faktor eine konvergente Quotientenfolge ist. Letzteres gilt deshalb, weil die Zählerfolge eine konvergente Summenfolge, die Nennerfolge eine konvergente Differenzfolge mit einem von null verschiedenen Grenzwert ist. Also ergibt sich:

$$\lim_{n \to \infty} a_n = \lim_{n \to \infty} \frac{1}{n} \cdot \lim_{n \to \infty} \frac{1 + \frac{1}{n}}{1 - \frac{1}{n}} = 0 \cdot \lim_{n \to \infty} \frac{1 + \frac{1}{n}}{1 - \frac{1}{n}} = 0$$

Unendliche Reihen

Eine Summe mit unendlich vielen Summanden, wie z.B. die harmonische Reihe (Abb. B) $1 + \frac{1}{2} + \frac{1}{3} + \dots$ ist i.A. nicht berechenbar. Stattdessen kann man die Methode »immer ein Summand mehr« aufgreifen und die Zwischenergebnisse in einer Folge, der sog. Partialsummenfolge, festhalten (Abb. B):

$(1 ; 1 + \frac{1}{2} ; 1 + \frac{1}{2} + \frac{1}{3} ; 1 + \frac{1}{2} + \frac{1}{3} + \frac{1}{4} ; \dots)$
$= (1 ; 1,5 ; 1,8\overline{3} ; 2,08\overline{3} ; \dots)$

Allgemein:

Platznummer	Partialsumme
1	$a_1 = S_1$
2	$a_1 + a_2 = S_2$
3	$a_1 + a_2 + a_3 = S_3$
	usw.

> **Def. 15:** (a_n) sei eine Folge. Die Folge der Summen $(a_1 ; a_1 + a_2 ; a_1 + a_2 + a_3 ; \dots)$ heißt *Partialsummenfolge* $(S_1 ; S_2 ; S_3 ; \dots)$ oder
> *unendliche Reihe* $\sum_{i=1}^{\infty} a_i$
> (lies: Summe aller a i für i von 1 bis ∞)
> Konvergiert die unendliche Reihe gegen g, so wird ihr der Grenzwert als *Summenwert* zugeordnet: $\sum_{i=1}^{\infty} a_i := g$.
> Im Falle der bestimmten Divergenz schreibt man: $\sum_{i=1}^{\infty} a_i := +\infty$ oder $\sum_{i=1}^{\infty} a_i := -\infty$

Bsp.: Die harmonische Reihe nimmt sehr langsam zu. Dennoch gilt

> **Satz 14:** Die harmonische Reihe $\sum_{i=1}^{\infty} \frac{1}{i}$ ist bestimmt divergent gegen $+\infty$.

Unendliche geometrische Reihen

Liegt einer unendlichen Reihe eine *geom. Folge* zugrunde, so gilt für den Summenwert

> **Satz 15:** $\sum_{i=1}^{\infty} a \cdot q^i = \frac{a}{1-q}$ für $|q| < 1$

Bew.: Für die Folge der Partialsummen ergibt sich: $S_n = a \frac{q^{n-1}}{q-1} = a \frac{q^n}{q-1} - a \frac{1}{q-1} = \frac{a}{q-1} \cdot q^n + \frac{a}{1-q}$

$(a_n) := (\frac{a}{q-1} \cdot q^n)$ ist für $|q| < 1$ das Produkt aus einer konstanten und einer Nullfolge.

Nach Satz 11 ist (a_n) eine Nullfolge. $(b_n) := (\frac{a}{1-q})$ ist eine konstante Folge, so dass gilt:

$\lim_{n \to \infty} S_n = \lim_{n \to \infty} a_n + \lim_{n \to \infty} b_n$
$= 0 + \frac{a}{1-q} = \frac{a}{1-q}$ für $|q| < 1$ w.z.z.w.

Anwendung: Jede periodische Dezimalzahl kann in einen Bruch verwandelt werden (S. 43). Versteht man z. B. $0,\overline{9}$ als unendliche geom. Reihe, so ergibt sich:

$0,9999\dots = 9 \cdot \frac{1}{10} + 9 \cdot \frac{1}{100} + 9 \cdot \frac{1}{1000} + \dots$
$= \frac{9}{10} \cdot (\frac{1}{10})^0 + \frac{9}{10} \cdot (\frac{1}{10})^1 + \frac{9}{10} \cdot (\frac{1}{10})^2 + \dots$
$= aq^0 + aq^1 + aq^2 + \dots$ mit $a = \frac{9}{10}$, $q = \frac{1}{10}$

Die zugehörige unendliche Reihe hat den Summenwert $\frac{a}{1-q}$.

$a = 0,9,\ q = 0,1 \longrightarrow 0,\overline{9} = \frac{0,9}{1 - 0,1} = \frac{0,9}{0,9} = 1$

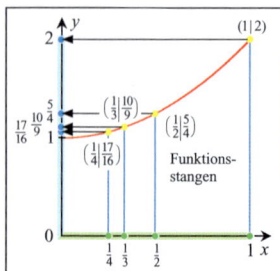

Beispiel: $f(x) = x^2 + 1$

Funktions-stangen	Grund-folge	1	$\frac{1}{2}$	$\frac{1}{3}$	$\frac{1}{n} \to 0$
	Funktions-wertefolge	2	$\frac{5}{4}$	$\frac{10}{9}$	$\frac{n^2+1}{n^2} \to 1$
	Punkte-folgen	$(1|2)$	$(\frac{1}{2}, \frac{5}{4})$	$(\frac{1}{3}, \frac{10}{9})$	$(\frac{1}{n}, \frac{n^2+1}{n^2})$

Auch für alle anderen Grundfolgen, die gegen 0 konvergieren, haben die zugehörigen Funktionswertefolgen den Grenzwert 1.

A   Grundfolge und Funktionswertefolge

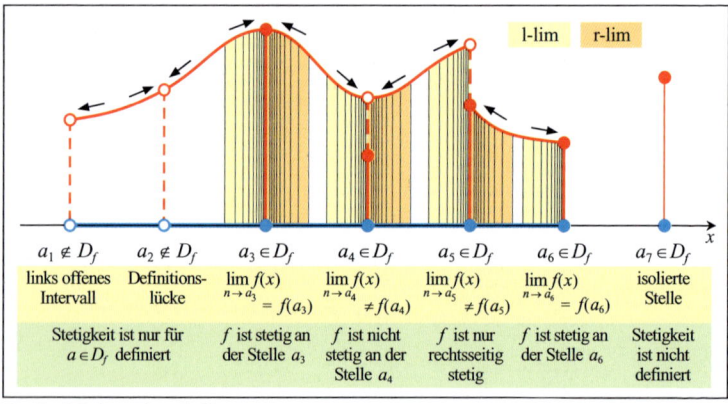

$a_1 \notin D_f$	$a_2 \notin D_f$	$a_3 \in D_f$	$a_4 \in D_f$	$a_5 \in D_f$	$a_6 \in D_f$	$a_7 \in D_f$
links offenes Intervall	Definitions-lücke	$\lim\limits_{n \to a_3} f(x)$ $= f(a_3)$	$\lim\limits_{n \to a_4} f(x)$ $\neq f(a_4)$	$\lim\limits_{n \to a_5} f(x)$ $\neq f(a_5)$	$\lim\limits_{n \to a_6} f(x)$ $= f(a_6)$	isolierte Stelle
Stetigkeit ist nur für $a \in D_f$ definiert		f ist stetig an der Stelle a_3	f ist nicht stetig an der Stelle a_4	f ist nur rechtsseitig stetig	f ist stetig an der Stelle a_6	Stetigkeit ist nicht definiert

B   Stetigkeit an einer Stelle

$$f(x) = \begin{cases} 2x & \text{für } x \leq 1 \\ x^2 + 2x & \text{für } x > 1 \end{cases}$$

Untersuchung auf Stetigkeit an der Nahtstelle $a = 1$

a) **linksseitige Stetigkeit**   zu zeigen: $\lim\limits_{h \to 0} f(1-h) = f(1) = 2$ mit $h > 0$

Wegen $1 - h < 1$ für $h > 0$ ist $f(x) = 2x$ anzusetzen:
$f(1-h) = 2(1-h) = 2 - 2h \;\Rightarrow\; \lim\limits_{h \to 0}(2 - 2h) = \lim\limits_{h \to 0} 2 - 2 \cdot \lim\limits_{h \to 0} h = 2 - 2 \cdot 0 = 2 = f(1)$

b) **rechtsseitige Stetigkeit**   zu zeigen: $\lim\limits_{h \to 0} f(1+h) = f(1) = 2$ mit $h > 0$

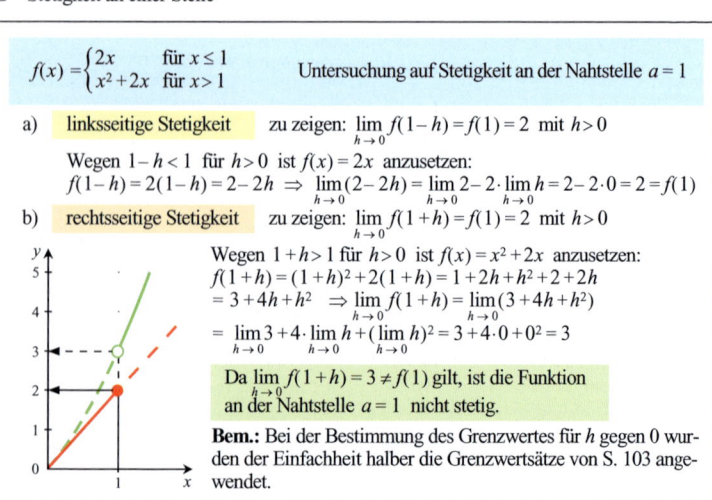

Wegen $1 + h > 1$ für $h > 0$ ist $f(x) = x^2 + 2x$ anzusetzen:
$f(1+h) = (1+h)^2 + 2(1+h) = 1 + 2h + h^2 + 2 + 2h$
$= 3 + 4h + h^2 \;\Rightarrow\; \lim\limits_{h \to 0} f(1+h) = \lim\limits_{h \to 0}(3 + 4h + h^2)$
$= \lim\limits_{h \to 0} 3 + 4 \cdot \lim\limits_{h \to 0} h + (\lim\limits_{h \to 0} h)^2 = 3 + 4 \cdot 0 + 0^2 = 3$

Da $\lim\limits_{h \to 0} f(1+h) = 3 \neq f(1)$ gilt, ist die Funktion an der Nahtstelle $a = 1$ nicht stetig.

Bem.: Bei der Bestimmung des Grenzwertes für h gegen 0 wurden der Einfachheit halber die Grenzwertsätze von S. 103 angewendet.

C   Stetigkeitsuntersuchung an einer Stelle mit der h-Methode

Der Begriff der Stetigkeit erhält seine Bedeutung durch die **Sätze stetiger Funktionen** auf abgeschlossenen Intervallen (s.u.); er geht aber auch z.B. in den Beweis für die **Produktregel der Differenziation** (S. 125) ein und ist wichtig für **Existenzfragen des Integrals** (S. 137f.). Er wird eingeführt mit Hilfe von

Grundfolgen und Funktionswertefolgen.
Grundfolgen einer Funktion f sind Folgen (x_n) mit $x_n \in D_f$. Durch die Funktion f wird zu jeder Grundfolge eine *Funktionswertefolge* $(f(x_n))$ vermittelt und eine Auswahl von Punkten $(x_n | f(x_n))$ des Graphen von f getroffen (Abb. A). Mit der Grundfolge ändert sich diese Auswahl.
Eine Veranschaulichung der Funktionswertefolgen ist auch über die sog. *Funktionsstangen* möglich (Abb. A).

Stetigkeit einer Funktion an einer Stelle
Die meisten der in der Schulmathematik verwendeten Funktionen besitzen Graphen, bei denen jeder ausgewählte Punkt zu benachbarten Punkten des Graphen in einer engen Beziehung steht. Man kann nämlich stets über andere Punkte des Graphen beliebig nahe an ihn herankommen. Ein wichtiges Hilfsmittel sind dabei konvergente Folgen:
Beim »Herankommen« an den Punkt $(a | f(a))$ »verdichten« sich sozusagen die Funktionsstangen um die zu a gehörige Stange $f(a)$. Dieser Vorgang wird durch Grundfolgen (x_n) aus $D_f \setminus \{a\}$ beschrieben, die gegen a konvergieren und deren zugehörige Funktionswertefolgen $(f(x_n))$ alle den Grenzwert $f(a)$ besitzen.
Sicherzustellen ist allerdings, dass derartige Grundfolgen existieren. Man definiert daher

Def. 1: Existiert mindestens eine gegen $a \in D_f$ konvergente Folge (x_n) aus $D_f \setminus \{a\}$, so heißt a *nichtisoliert* in D_f oder *erreichbar* aus $D_f \setminus \{a\}$. Andernfalls heißt a *isoliert* in D_f.

Def. 2: $a \in D_f$ sei eine aus $D_f \setminus \{a\}$ erreichbare Stelle einer reellen Funktion f. Gilt für *jede* gegen a konvergente Grundfolge (x_n) aus $D_f \setminus \{a\}$, dass die zugehörige Funktionswertefolge $(f(x_n))$ gegen $f(a)$ konvergiert, so heißt f an der Stelle a *stetig*.

Für die die Stetigkeit an der Stelle a definierende Eigenschaft schreibt man auch: $\lim\limits_{x_n \to a} f(x_n) = f(a)$ (lies: limes (Grenzwert) von $f(x_n)$ für x_n gegen a gleich $f(a)$)

bzw. $\lim\limits_{x \to a} f(x) = f(a)$ (lies: limes (Grenzwert) von $f(x)$ für x gegen a gleich $f(a)$).
Veranschaulichung: Abb. B
Bem.: Auf Grund der Konvergenz der Funktionswertefolgen kann man den Grenzwert *f(a)* beliebig genau durch Funktionswerte $f(x_n)$ annähern, sobald x_n nahe genug bei a liegt (vgl. AM, S. 285). Das macht auch die Darstellung mit Funktionsstangen deutlich (Abb. B).

Links- und rechtsseitige Stetigkeit an einer Stelle a
Def. 2 gilt auch dann, wenn links- oder rechtsseitig von a keine Grundfolgen möglich sind. Das ist z.B. der Fall, wenn a die linke oder rechte Grenze eines abgeschlossenen Intervalls ist (Abb. B). Es gilt dann für die Grundfolgen: $x_n < a$ bzw. $x_n > a$.
Man kann aber auch bei Stellen, die beiderseits von a Grundfolgen (x_n) zulassen, eine Beschränkung auf $x_n < a$ bzw. $x_n > a$ vornehmen, d.h. *links-* und *rechtsseitige Grundfolgen* betrachten.

Def. 3: Eine reelle Funktion heißt an der Stelle a *links-* bzw. *rechtsseitig stetig,* wenn gilt:
$l - \lim\limits_{x_n \to a} f(x_n) = f(a)$ für $x_n < a$ bzw.
$r - \lim\limits_{x_n \to a} f(x_n) = f(a)$ für $x_n > a$
(lies: links (rechts) limes ...)

Veranschaulichung: Abb. B
Es gilt der

Satz 1: Genau dann, wenn eine reelle Funktion an der Stelle a links- und rechtsseitig stetig ist, ist sie dort auch stetig im Sinne von Def. 2.

Rechnerisch von Vorteil kann bei einem Nachweis der Stetigkeit nach Satz 1 die h-Methode sein.

h-Methode
Die Stetigkeitsbedingung erhält die Form:
$l - \lim\limits_{h_n \to 0} f(a - h_n) = r - \lim\limits_{h_n \to 0} f(a + h_n) = f(a)$
für $h_n > 0$ und Nullfolgen (h_n).
Sie ergibt sich aus Def. 3, indem man dort statt der Grundfolge (x_n) die Folge $(a - h_n)$ für $x_n < a$ bzw. die Folge $(a + h_n)$ für $x_n > a$ einsetzt. Dabei ist (h_n) eine positive Nullfolge.
Sehr bequem zu rechnen ist die *indexfreie* Form (*h-Methode*)
$l - \lim\limits_{h \to 0} f(a - h) = r - \lim\limits_{h \to 0} f(a + h) = f(a)$
mit $h > 0$.

Beispiel: Abb. C

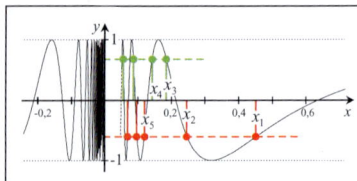

$f : \mathbb{R}\backslash\{0\} \to \mathbb{R}$ def. durch $x \mapsto f(x) = \cos\frac{1}{x}$

f ist an der Stelle 0 unstetig

$(x_1; x_2; x_3; x_4; \dots)$ konvergiert gegen 0. Die zugehörige Funktionswertefolge $(f(x_1) ; f(x_2) ; f(x_3) ; f(x_4))$ divergiert.

A   Unstetigkeitsstelle

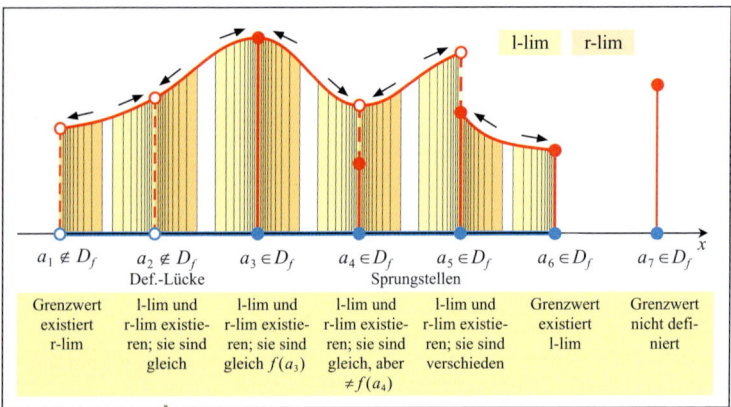

$a_1 \notin D_f$	$a_2 \notin D_f$ Def.-Lücke	$a_3 \in D_f$	$a_4 \in D_f$	$a_5 \in D_f$ Sprungstellen	$a_6 \in D_f$	$a_7 \in D_f$
Grenzwert existiert r-lim	l-lim und r-lim existieren; sie sind gleich	l-lim und r-lim existieren; sie sind gleich $f(a_3)$	l-lim und r-lim existieren; sie sind gleich, aber $\neq f(a_4)$	l-lim und r-lim existieren; sie sind verschieden	Grenzwert existiert l-lim	Grenzwert nicht definiert

B   Grenzwert einer Funktion

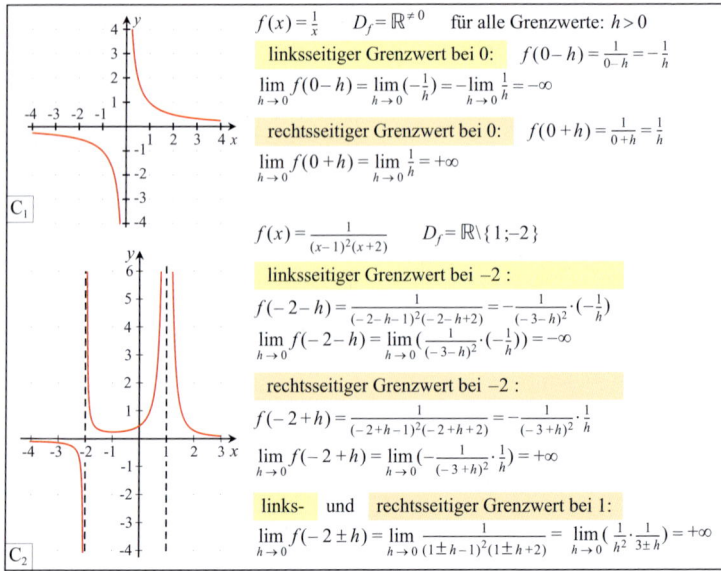

$f(x) = \frac{1}{x}$ $D_f = \mathbb{R}^{\neq 0}$ für alle Grenzwerte: $h > 0$

linksseitiger Grenzwert bei 0: $f(0-h) = \frac{1}{0-h} = -\frac{1}{h}$

$\lim\limits_{h \to 0} f(0-h) = \lim\limits_{h \to 0} (-\frac{1}{h}) = -\lim\limits_{h \to 0} \frac{1}{h} = -\infty$

rechtsseitiger Grenzwert bei 0: $f(0+h) = \frac{1}{0+h} = \frac{1}{h}$

$\lim\limits_{h \to 0} f(0+h) = \lim\limits_{h \to 0} \frac{1}{h} = +\infty$

$f(x) = \frac{1}{(x-1)^2(x+2)}$ $D_f = \mathbb{R}\backslash\{1; -2\}$

linksseitiger Grenzwert bei −2 :

$f(-2-h) = \frac{1}{(-2-h-1)^2(-2-h+2)} = -\frac{1}{(-3-h)^2} \cdot (-\frac{1}{h})$

$\lim\limits_{h \to 0} f(-2-h) = \lim\limits_{h \to 0} (\frac{1}{(-3-h)^2} \cdot (-\frac{1}{h})) = -\infty$

rechtsseitiger Grenzwert bei −2 :

$f(-2+h) = \frac{1}{(-2+h-1)^2(-2+h+2)} = -\frac{1}{(-3+h)^2} \cdot \frac{1}{h}$

$\lim\limits_{h \to 0} f(-2+h) = \lim\limits_{h \to 0} (-\frac{1}{(-3+h)^2} \cdot \frac{1}{h}) = +\infty$

links- und **rechtsseitiger Grenzwert bei 1:**

$\lim\limits_{h \to 0} f(-2\pm h) = \lim\limits_{h \to 0} \frac{1}{(1\pm h-1)^2(1\pm h+2)} = \lim\limits_{h \to 0} (\frac{1}{h^2} \cdot \frac{1}{3\pm h}) = +\infty$

C   Uneigentlicher Grenzwert bei Definitionslücken

Unstetigkeit an einer Stelle

f ist an einer Stelle unstetig, wenn f dort nicht stetig ist, d.h. wenn die Konvergenz der Folge $(f(x_n))$ gegen $f(a)$ für mindestens eine Grundfolge (x_n) nicht erfüllt ist.

> **Def. 4:** Eine reelle Funktion heißt an der Stelle $a \in D_f$ *unstetig* (*nicht stetig*), wenn es mindestens eine Grundfolge (x_n) aus $D_f \backslash \{a\}$ gibt, deren zugehörige Funktionswertefolge divergiert oder nicht gegen $f(a)$ konvergiert.

Bsp.:

$$f(x) = \begin{cases} \cos\frac{1}{x} \text{ für } x \neq 0 \\ \text{beliebig für } x = 0 \end{cases} \quad \text{(Abb. A)}$$

Bem.: An einer nicht zu D_f gehörenden Stelle ist eine Funktion weder stetig noch unstetig.

Grenzwert von Funktionen

Die Definition der Stetigkeit an einer Stelle über Grundfolgen und die zugehörigen Funktionswertefolgen ist ein Spezialfall des sog. Grenzwertes von Funktionen.

> **Def. 5:** $a \in \mathbb{R}$ sei eine aus $D_f \backslash \{a\}$ erreichbare Stelle einer reellen Funktion p.
> g heißt Grenzwert der reellen Funktion f an der Stelle $a \in \mathbb{R}$, wenn für jede gegen a konvergente Grundfolge (x_n) aus $D_f \backslash \{a\}$ die zugehörige Funktionswertefolge $(f(x_n))$ gegen g konvergiert.

Kurzform: $\lim\limits_{x_n \to a} f(x_n) = g$ bzw.

$$\lim\limits_{x \to a} f(x) = g$$

Veranschaulichung: Abb. B

Bem.: In Def. 5 wird nur die Erreichbarkeit von a aus $D_f \backslash \{a\}$ vorausgesetzt, nicht aber $a \in D_f$. Dadurch sind auch Untersuchungen z. B. an Definitionslücken möglich (s. u.). Für $a \in D_f$ und $g = f(a)$ ist Def. 5 gleichwertig zur Def. der Stetigkeit an der Stelle a (vgl. S. 105, Def. 2).

Umgebungen einer Stelle

Die in Def. 6 vorausgesetzte Erreichbarkeit der Stelle a aus $D_f \backslash \{a\}$ ist sicherlich gewährleistet, wenn mit a ein offenes Intervall $]a - \varepsilon; a + \varepsilon[$ mit $\varepsilon > 0$ zu D_f gehört (ggf. *punktiert*, d. h. ohne a, falls a nicht zu D_f gehört).

> **Def. 6:** Offene Intervalle $]a - \varepsilon; a + \varepsilon[$ mit $\varepsilon > 0$ heißen ε-*Umgebungen* um a.

Links- und rechtsseitiger Grenzwert

Schränkt man die Grundfolgen in Def. 5 auf $x_n < a$ bzw. $x_n > a$ ein, so erhält man den *links*- bzw. *rechtsseitigen Grenzwert* einer Funktion.

Es gilt

> **Satz 2:** Wenn eine reelle Funktion an einer Stelle a einen linksseitigen und einen rechtsseitigen Grenzwert besitzt und beide übereinstimmen, dann existiert dort derselbe Grenzwert im Sinne von Def. 5.

Die h-Methode ist auch hier rechnerisch von Vorteil. Man überprüft dabei

$l - \lim\limits_{h \to 0} f(a - h) = r - \lim\limits_{h \to 0} f(a + h)$, $h > 0$.

Bem.: l-lim und r-lim sind analog zu S.105, Def. 3, zu verstehen.

Anwendung auf Definitionslücken

Will man Aussagen über den Verlauf des Graphen einer Funktion in der Nähe einer Definitionslücke machen, bildet man den links- und den rechtsseitigen Grenzwert der Funktion an der nicht definierten Stelle (Abb. C).

Die wichtigsten Ergebnisse sind
- *uneigentliche Grenzwerte* und die
- stetige *Fortsetzbarkeit* in ein »Loch« (S. 109).

Uneigentliche Grenzwerte treten schon bei einfachen Funktionen auf, z.B. bei $f(x) = \frac{1}{x}$ mit der Definitionslücke 0 (Abb. C_1). Die Stelle 0 ist dadurch gekennnzeichnet, dass die Funktionswertefolgen rechtsseitig bestimmt gegen $+\infty$ bzw. linksseitig gegen $-\infty$ divergieren. Man definiert

> **Def. 7:** $a \notin D_f$ sei eine aus D_f erreichbare Definitionslücke einer reellen Funktion f.
> Sie hat linksseitig (rechtsseitig) an der Stelle a den *uneigentlichen* Grenzwert $+\infty$ oder $-\infty$, wenn für alle von links (rechts) gegen a konvergenten Grundfolgen (x_n) aus D_f die zugehörigen Funktionswertefolgen $(f(x_n))$ entweder bestimmt gegen $+\infty$ oder bestimmt gegen $-\infty$ divergieren.

Kurzformen:

$\lim\limits_{x_n \to a} f(x_n) = +\infty$ für $x_n > a$ (rechtsseitig) bzw.

$\lim\limits_{x_n \to a} f(x_n) = -\infty$ für $x_n < a$ (linksseitig)

oder mit der h-Methode

$\lim\limits_{h \to 0} f(a \pm h) = \pm\infty$ $(h > 0)$ *Bsp.*: Abb. C

Bem.: Stellen, die die Bedingungen von Def. 7 erfüllen, nennt man auch *Unendlichkeitsstellen*.

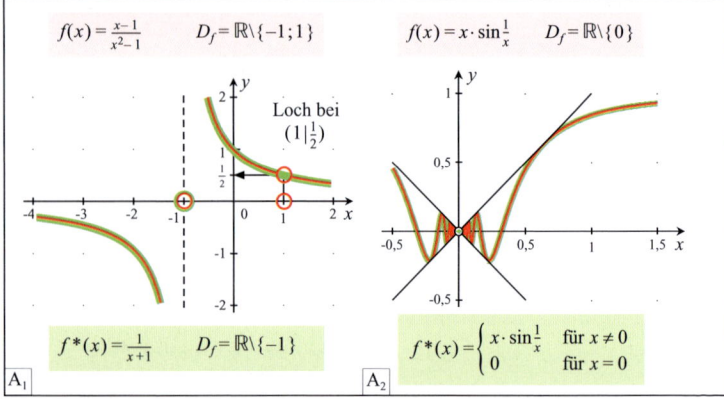

A   Stetige Fortsetzung in eine Definitionslücke

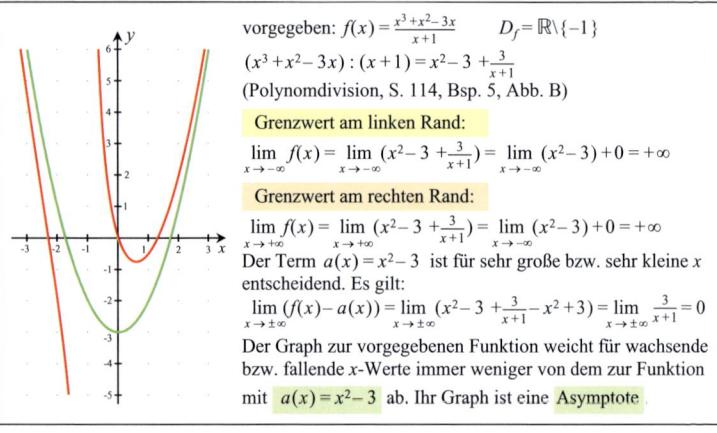

vorgegeben: $f(x) = \frac{x^3+x^2-3x}{x+1}$ $D_f = \mathbb{R}\setminus\{-1\}$

$(x^3+x^2-3x):(x+1) = x^2-3 + \frac{3}{x+1}$

(Polynomdivision, S. 114, Bsp. 5, Abb. B)

Grenzwert am linken Rand:

$$\lim_{x \to -\infty} f(x) = \lim_{x \to -\infty} (x^2-3 + \frac{3}{x+1}) = \lim_{x \to -\infty} (x^2-3) + 0 = +\infty$$

Grenzwert am rechten Rand:

$$\lim_{x \to +\infty} f(x) = \lim_{x \to +\infty} (x^2-3 + \frac{3}{x+1}) = \lim_{x \to -\infty} (x^2-3) + 0 = +\infty$$

Der Term $a(x) = x^2-3$ ist für sehr große bzw. sehr kleine x entscheidend. Es gilt:

$$\lim_{x \to \pm\infty} (f(x)-a(x)) = \lim_{x \to \pm\infty} (x^2-3 + \frac{3}{x+1} - x^2+3) = \lim_{x \to \pm\infty} \frac{3}{x+1} = 0$$

Der Graph zur vorgegebenen Funktion weicht für wachsende bzw. fallende x-Werte immer weniger von dem zur Funktion mit $a(x) = x^2-3$ ab. Ihr Graph ist eine Asymptote.

B   Verhalten am Rande des Definitionsbereichs; Asymptoten

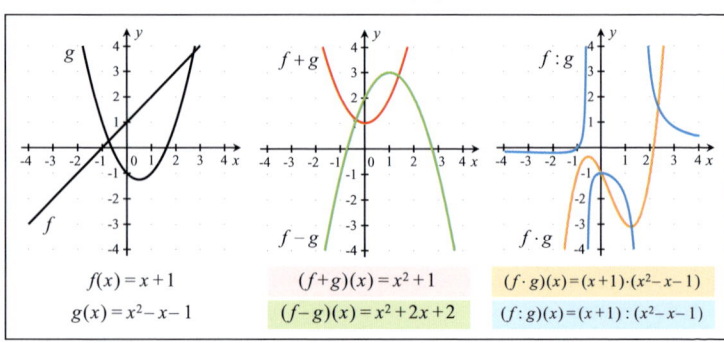

$f(x) = x+1$
$g(x) = x^2-x-1$

$(f+g)(x) = x^2+1$
$(f-g)(x) = x^2+2x+2$

$(f \cdot g)(x) = (x+1) \cdot (x^2-x-1)$
$(f:g)(x) = (x+1):(x^2-x-1)$

C   Verknüpfung von Funktionen

Stetige Fortsetzbarkeit

Die Funktion mit $f(x) = \frac{x-1}{x^2-1}$ hat bei 1 und -1 Defintionslücken, weil $f(x) = \frac{x-1}{(x-1)(x+1)}$ gilt und der Nenner nicht 0 werden darf.

Es ist also $D_f = \mathbb{R}\backslash\{-1;1\}$ (Abb. A_1). Während es sich bei -1 um eine Unendlichkeitsstelle handelt, stimmen an der Stelle 1 der links- und der rechtsseitige Grenzwert überein:

$\lim\limits_{h\to 0} f(1-h) = \lim\limits_{h\to 0} f(1+h) = \frac{1}{2}$ $(h > 0)$.

Daher ist es möglich, das »Loch« $(1 | \frac{1}{2})$ im Graphen durch Hinzufügen der 1 zum Definitionsbereich von f und durch die Festlegung $f^*(1) := \frac{1}{2}$ so auszufüllen, dass f^* mit f auf $\mathbb{R}\backslash\{-1;1\}$ übereinstimmt und an der Stelle 1 stetig ist. Die Funktion f^* heißt *stetige Fortsetzung* von f.

> **Def. 8:** Eine reelle Funktion f heißt in die Stelle $a \notin D_f$ *stetig fortsetzbar (ergänzbar)*, wenn $l - \lim\limits_{x\to a} f(x)$ und $r - \lim\limits_{x\to a} f(x)$ existieren und übereinstimmen.

Verhalten am Rande des Definitionsbereichs

Auf eine andere Erweiterung des Grenzwertbegriffs führt bei Funktionen mit links oder rechts unbeschränktem Definitionbereich die Untersuchung des Verhaltens der Funktionswerte für bestimmt divergente Grundfolgen gegen $+\infty$ bzw. $-\infty$, kurz: für $x \to +\infty$ bzw. $x \to -\infty$. Es geht also um die Grenzwerte $\lim\limits_{x\mapsto -\infty} f(x)$ und $\lim\limits_{x\mapsto +\infty} f(x)$.

Bsp.: Abb. B

Asymptoten

Als Asymptote bezeichnet man den Graphen einer Funktion mit dem Funktionsterm $a(x)$, an den sich der Graph der vorgegebenen Funktion mit dem Funktionsterm $f(x)$ für *wachsendes* bzw. *fallendes* x immer mehr annähert. D.h. der Unterschied zwischen den Funktionswerten $f(x)$ *und* $a(x)$ wird beliebig klein.

> **Def. 9:** Der Graph der Funktion mit $a(x)$ heißt *Asymptote* zum Graphen der Funktion mit $f(x)$, wenn $\lim\limits_{x\mapsto \pm\infty}(f(x) - a(x)) = 0$ gilt.

Bsp.: Abb. B

Bem.: Asymptoten sind nicht eindeutig bestimmt.

Verknüpfung von Funktionen

Wie bei Folgen kann man auch Funktionsterme häufig als Summen-, Differenz-, Produkt- und/oder Quotiententerm schreiben.
Beispiele: Abb. C

> **Def. 10:** Zu zwei reellen Funktionen f und g mit den Definitionsbereichen D_f und D_g heißt die Funktion
> $f+g$ def. durch $(f+g)(x) := f(x) + g(x)$ *Summenfunktion,*
> $f-g$ def. durch $(f-g)(x) := f(x) - g(x)$ *Differenzfunktion,*
> $f \cdot g$ def. durch $(f \cdot g)(x) := f(x) \cdot g(x)$ *Produktfunktion,*
> $f : g$ def. durch $(f : g)(x) := f(x) : g(x)$ *Quotientenfunktion,* falls $g(x) \neq 0$ ist, mit dem Definitionsbereich $D_f \cap D_g$.

Grenzwertsätze für Funktionen

Da der Grenzwertbegriff für Funktionen auf dem Begriff der konvergenten Folge aufbaut, kann man die Grenzwertsätze für konvergente Folgen (S. 103) übertragen:

> **Satz 3:**
> (a) Jede konstante Funktion mit $f(x) = c$ hat an jeder Stelle $a \in \mathbb{R}$ den Grenzwert c: $\lim\limits_{x\to a} f(x) = c$.
> (b) Wenn f und g an der Stelle a einen Grenzwert u bzw. v besitzen, so existiert ein Grenzwert für die
> (b1) Summen(Differenz-)funktion $f \pm g$ mit
> $\lim\limits_{x\to a}(f(x) \pm g(x)) = \lim\limits_{x\to a} f(x) \pm \lim\limits_{x\to a} g(x) = u \pm v$,
> (b2) Produktfunktion $f \cdot g$ mit
> $\lim\limits_{x\to a}(f(x) \cdot g(x)) = \lim\limits_{x\to a} f(x) \cdot \lim\limits_{x\to a} g(x) = u \cdot v$,
> (b3) Quotientenfunktion $f : g$ mit
> $\lim\limits_{x\to a}(f(x) : g(x)) = \lim\limits_{x\to a} f(x) : \lim\limits_{x\to a} g(x) = u : v$,
> falls $v \neq 0$ ist.

Auch der *Schachtelsatz* (S. 101) für Folgen lässt sich auf Funktionen übertragen:

> **Satz 4:** Wenn f und g an der Stelle a denselben Grenzwert u besitzen und $f(x) \leq h(x) \leq g(x)$ für $x \in]a-\varepsilon; a+\varepsilon[$ mit $\varepsilon > 0$ gilt, dann besitzt die Funktion h ebenfalls den Grenzwert u.

Für an der Stelle a stetige Funktionen gelten:

> **Satz 3*:** Wenn f und g an der Stelle a stetig sind, so sind auch $f+g$, $f-g$, $f \cdot g$ und $f : g$ (falls $g(a) \neq 0$) an der Stelle a stetig.

> **Satz 4*:** Wenn f und g an der Stelle a stetig sind und es gilt $f(x) \leq h(x) \leq g(x)$ für $x \in]a-\varepsilon; a+\varepsilon[$ mit $\varepsilon > 0$, dann ist auch h an der Stelle a stetig.

Und für die *Verkettung zweier Funktionen* (S. 75) gilt:

> **Satz 3**:** Wenn f an der Stelle u und g an der Stelle $f(a)$ stetig sind, dann ist $g \circ f$ an der Stelle a stetig.

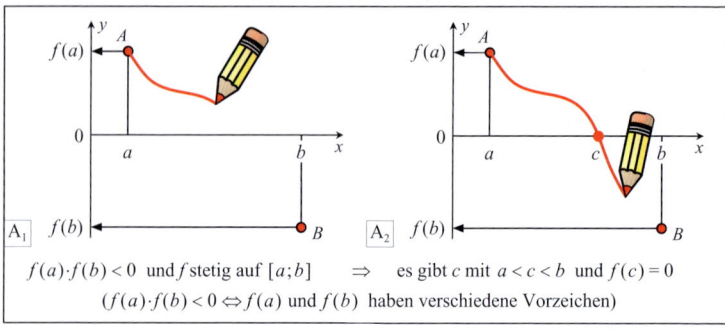

$f(a) \cdot f(b) < 0$ und f stetig auf $[a;b]$ $\Rightarrow$ es gibt c mit $a < c < b$ und $f(c) = 0$

$(f(a) \cdot f(b) < 0 \Leftrightarrow f(a)$ und $f(b)$ haben verschiedene Vorzeichen$)$

A   Satz von Bolzano

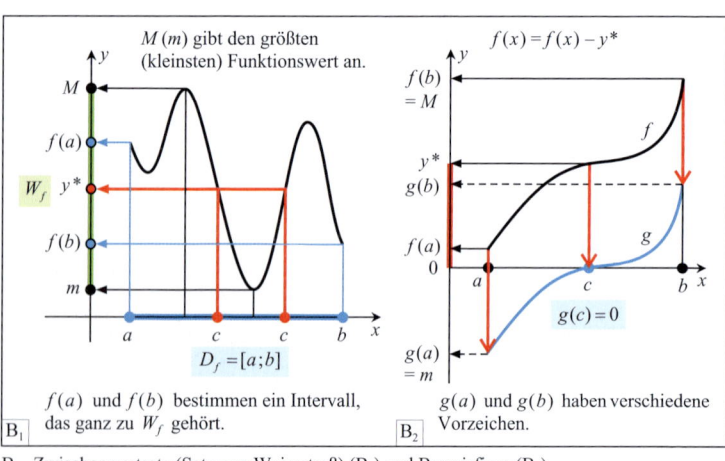

$f(a)$ und $f(b)$ bestimmen ein Intervall, das ganz zu W_f gehört.

$g(a)$ und $g(b)$ haben verschiedene Vorzeichen.

B   Zwischenwertsatz (Satz von Weierstraß) (B₁) und Beweisfigur (B₂)

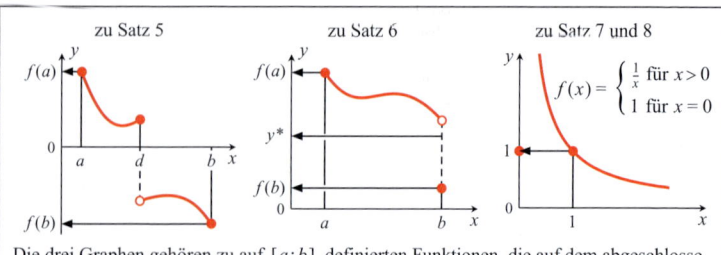

Die drei Graphen gehören zu auf $[a;b]$ definierten Funktionen, die auf dem abgeschlossenen Intervall nicht stetig sind. Im Einzelnen gilt:

$f(a)$ und $f(b)$ haben verschiedene Vorzeichen, aber es gibt kein c mit $a < c < b$ und $f(c) = 0$.

Es gibt y^* mit $f(b) < y^* < f(a)$, aber kein c mit $a < c < b$ und $f(c) = y^*$.

f ist nach oben unbeschränkt und hat daher keinen größten Funktionswert.

C   Gegenbeispiele zu Satz 5 bis 8

Stetige reelle Funktionen

Viele Vorgänge in Technik und Naturwissenschaft bezeichnet man als stetige Abläufe. Man meint damit, dass der betreffende Vorgang nicht sprunghaft abläuft.

In der Mathematik spricht man von stetigen Funktionen und meint damit Funktionen, bei denen keine Sprungstellen (S. 104, Abb. B, a_5) auftreten. Es ist also nahe liegend zu definieren

> **Def. 11:** Eine reelle Funktion f mit dem Definitionsbereich D_f heißt *stetig* (über oder auf D_f), wenn f an jeder Stelle aus D_f stetig ist.

Die auf Mengen von Zahlen definierte Stetigkeit bewirkt besondere Eigenschaften der Funktionsgraphen.

Besonders wichtige Eigenschaften ergeben sich, wenn stetige Funktionen auf *abgeschlossenen Intervallen* vorliegen.

Da es bei einer stetigen Funktion keine Sprünge geben kann, kommt man zu der Vorstellung, dass ihr Graph, ohne abzusetzen, in einem Zuge gezeichnet werden könne, falls D_f ein abgeschlossenes Intervall ist. Dass diese Vorstellung aber nicht in jedem Fall richtig ist, zeigt das Beispiel auf S.108 in Abb. A_2.

Bsp. stetiger Funktionen: alle Funktionen (1) bis (8) von S. 73; beim Beweis muss man die Stetigkeit für jede Stelle aus D_f nachweisen.

Satz von Bolzano, Zwischenwertsatz

Will man in Abb. A_1 eine Verbindung zwischen den Punkten A und B durch den Graphen einer *stetigen* Funktion herstellen, also A und B ohne abzusetzen durch eine Linie verbinden, muss die Verbindungslinie die x-Achse mindestens einmal schneiden (z.B. wie in Abb. A_2). Die stetige Funktion hat mindestens eine Nullstelle. Diese anschaulich unmittelbar einsichtige Aussage wurde erstmals von BOLZANO (1781-1848) mit Hilfe einer Intervallschachtelung bewiesen.

> **Satz 5 (Satz von Bolzano):** Wenn f eine auf $[a;b]$ definierte stetige reelle Funktion ist und $f(a)$ und $f(b)$ verschiedene Vorzeichen haben, dann gibt es ein $c \in {]}a;b[$ mit $f(c)=0$.

Der Satz heißt auch **Nullstellensatz**.

Er erlaubt Aussagen zur Lösbarkeit von Gleichungen.

So hat die Gleichung $2x^3 + 2x^2 - x + 5 = 0$ mindestens eine reelle Lösung zwischen -1 und -2 , denn es gilt für die Funktion mit

$f(x) = 2x^3 + 2x^2 - x + 5$:
$f(-1) > 0$ und $f(-2) < 0$.

Nach Satz 5 gibt es dann ein c mit $-2 < c < -1$ und $f(c) = 0$.

Von der Dezimalzahldarstellung der Lösung kennt man allerdings vorläufig nur »-1, «.

- Weitere Stellen kann man durch nochmalige Anwendung derselben Methode ermitteln:

  $f(-1,9) > 0$ und $f(-2) < 0$
  $f(-1,93) > 0$ und $f(-1,94) < 0$ usw.,

  so dass sich immerhin schon $-1,93\ldots$ ergibt oder

- man wendet ein anderes Näherungsverfahren (s. S. 159f.) an, z.B. mit dem Startwert -2.

Eine Folgerung aus dem Satz von Bolzano ist der (Abb. B)

> **Satz 6 (Zwischenwertsatz):** Wenn f eine auf $[a;b]$ definierte stetige Funktion mit $f(a) \neq f(b)$ ist, dann gilt:
> Zu jedem zwischen $f(a)$ und $f(b)$ gelegenen Wert y^*, dem sog. Zwischenwert, gibt es mindestens ein $c \in D_f$ mit $f(c)=y^*$.

Beweis: Man bildet die stetige Funktion mit dem Term $g(x) = f(x) - y^*$. Für sie gilt: $g(a) = f(a) - y^*$ und $g(b) = f(b) - y^*$. Da y^* zwischen $f(a)$ und $f(b)$ liegt, haben $g(a)$ und $g(b)$ auf jeden Fall verschiedene Vorzeichen (s. Abb. B_2), so dass der Satz von Bolzano auf g anwendbar ist. Es gibt also ein $c \in {]}a;b[$ mit $g(c) = 0$. Das bedeutet aber, dass $g(c) = f(c) - y^* = 0$ und damit $f(c) = y^*$ gilt.   w.z.z.w.

Eine andere Folgerung aus dem Satz von Bolzano ist die **Existenz von Vorzeichenfeldern** bei stetigen Funktionen (s. S. 113f.).

Weitere Sätze zu stetigen Funktionen auf abgeschlossenen Intervallen:

> **Satz 7:** Wenn f eine auf $[a;b]$ definierte stetige Funktion ist, dann ist f beschränkt.

> **Satz 8 (Satz vom größten und kleinsten Funktionswert,** auch **Satz von Weierstraß):** Wenn f eine auf $[a;b]$ definierte stetige reelle Funktion ist, dann hat f einen größten und einen kleinsten Funktionswert. (Abb. B)

Bem.: Dass man auf die *Stetigkeit über einem abgeschlossenen Intervall* in den Sätzen 5 bis 8 nicht verzichten kann, zeigen die Beispiele in Abb. C.

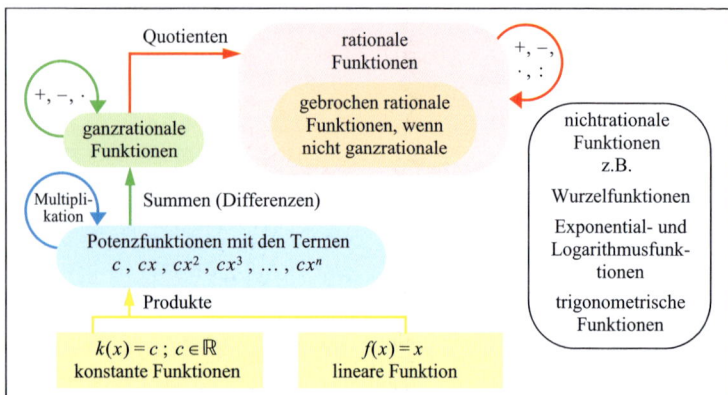

Die rationalen Funktionen sind gegenüber der Bildung von Summen (Differenzen), Produkten und Quotienten abgeschlossen, d.h. es können durch die Verknüpfung mit $+$, $-$, $\cdot$ und $:$ (die sog. *rationalen Operatoren*) keine neuen Funktionen erzeugt werden. Die ganzrat. Funktionen sind gegenüber der Bildung von Quotienten nicht abgeschlossen.

A　Rationale und nichtrationale Funktionen

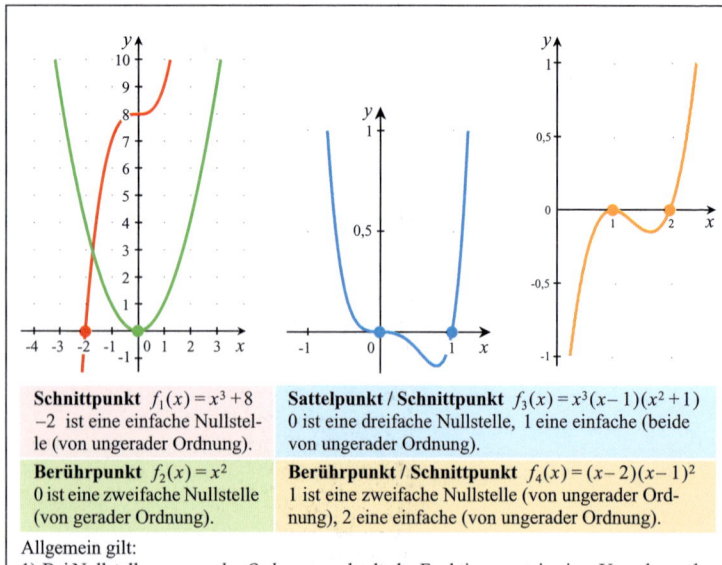

Schnittpunkt $f_1(x) = x^3 + 8$
-2 ist eine einfache Nullstelle (von ungerader Ordnung).

Sattelpunkt / Schnittpunkt $f_3(x) = x^3(x-1)(x^2+1)$
0 ist eine dreifache Nullstelle, 1 eine einfache (beide von ungerader Ordnung).

Berührpunkt $f_2(x) = x^2$
0 ist eine zweifache Nullstelle (von gerader Ordnung).

Berührpunkt / Schnittpunkt $f_4(x) = (x-2)(x-1)^2$
1 ist eine zweifache Nullstelle (von ungerader Ordnung), 2 eine einfache (von ungerader Ordnung).

Allgemein gilt:
1) Bei Nullstellen *ungerader Ordnung* wechselt der Funktionswert in einer Umgebung der Nullstelle sein Vorzeichen (der Graph wechselt zur anderen Seite der x-Achse über). Wenn die Ordnung größer als 1 ist, hat der Schnitt die Form eines Sattelpunktes (S. 131).
2) Bei Nullstellen *gerader Ordnung* bleibt das Vorzeichen des Funktionswertes in einer Umgebung der Nullstelle erhalten (der Graph bleibt auf derselben Seite der x-Achse).

B　Ordnung einer Nullstelle und der Graph in der Umgebung der Nullstelle

Zu den rationalen Funktionen gehören z.B. die beiden Funktionen mit den Termen $f(x) = x^4 - 2x^3 + 2x - 2$ und $f(x) = \frac{x^2 - 1}{x^3 + 2x - 1}$, eine sog. *ganzrationale* und eine sog. *gebrochen rationale* Funktion (Abb. A).

Ganzrationale Funktionen

> **Def. 1:** Eine reelle Funktion $f: \mathbb{R} \to \mathbb{R}$ mit dem Funktionsterm
> $f(x) = a_n x^n + a_{n-1} x^{n-1} + \ldots + a_1 x + a_0$
> mit $n \in \mathbb{N}_0; a_n \neq 0; a_i \in \mathbb{R}$ für $i = 0, 1, \ldots n$
> heißt *ganzrationale Funktion* oder *Polynomfunktion n-ten Grades*.

Bsp.: $f(x) = x^4 - 2x^2 + 3x - 3$ mit
$n = 4; a_4 = 1; a_3 = 0; a_2 = -2; a_1 = 3; a_0 = -3$
Bem.: Ganzrationale Funktionen lassen sich aus einfachen »Bausteinen« mit Hilfe der *rationalen Verknüpfungen* von Funktionen (S. 109) erzeugen. Bausteine sind die konstanten Funktionen und die lineare Funktion mit $f(x) = x$ (Abb. A), deren Terme multipliziert und/oder addiert (subtrahiert) werden.

Eigenschaften ganzrationaler Funktionen
a) Stetigkeit
Da die einfachen Bausteine der ganzrat. Funktionen, die Funktion mit $f(x) = x$ und die konstanten Funktionen, stetig sind, ergibt sich die Stetigkeit einer beliebigen ganzrat. Funktion aus Satz 3*, S. 109.

b) Nullstellen

> **Def. 2:** $c \in D_f$ heißt *Nullstelle* einer reellen Funktion f, wenn $f(c) = 0$ gilt.

Eine Nullstelle kennzeichnet im Graphen der Funktion einen Schnittpunkt mit der x-Achse (speziell kann es auch ein Berührpunkt sein, Abb. B).
Bsp.: (1) $f(x) = x^3 + 8$
Wegen $f(-2) = 0$ ist -2 eine Nullstelle (der Graph schneidet die x-Achse); sie ist leicht zu erraten.
(2) $f(x) = x^2$
Wegen $f(0) = 0$ ist 0 eine Nullstelle (der Graph berührt die x-Achse).
I.A. sind Nullstellen jedoch nicht so einfach zu finden. Häufig muss man sich mit einem Näherungswert begnügen (S. 111, S. 159f.).

c) Nullstellen und Linearfaktoren
Neben Näherungsverfahren wendet man zur Bestimmung von Nullstellen die Methode des Faktorisierens an. Damit will man den Grad der zu lösenden Gleichung verkleinern.

Besonders vorteilhaft sind sog. **Linearfaktoren**. Das sind Terme der Form $x - c$, wobei c eine Nullstelle ist. Es gilt der

> **Satz 1:** Wenn $c \in \mathbb{R}$ eine Nullstelle einer ganzrat. Funktion f n-ten Grades ist, dann ist $f(x)$ durch $x - c$ teilbar, d.h. es gilt:
> $f(x) = (x - c) \cdot g(x)$, wobei g eine ganzrat. Funktion $(n-1)$-ten Grades ist.

> **Folgerung 1:** Eine ganzrat. Funktion n-ten Grades hat höchstens n Nullstellen.

Folgerung 1 gilt, weil man höchstens n-mal durch einen Linearfaktor teilen kann.

> **Folgerung 2:** Wenn $c_1, c_2, \ldots, c_r$ ($r \leq n$) sämtliche Nullstellen einer ganzrat. Funktion f n-ten Grades sind, dann gibt es eine eindeutige Produktdarstellung von $f(x)$ mit den zugehörigen Linearfaktoren:
> $f(x) = (x - c_1)^{n_1}(x - c_2)^{n_2} \cdot \ldots \cdot (x - c_r)^{n_r} \cdot g(x)$,
> wobei $g(x)$ keine Nullstelle besitzt.

> **Def. 3:** Die nat. Exponenten $n_1, n_2, n_3, \ldots$ in der Produktdarstellung heißen *Vielfachheiten der Nullstelle*. c_i ist n_i-fache Nullstelle (von der *Ordnung* n_i) (Abb. B).

Bsp.: (1) $f(x) = x^3 - 4x^2 + 5x - 2$
$\qquad = (x - 2)(x - 1)^2$
(1a) Nullstelle 1 durch Probieren
(1b) Polynomdivision durch $x - 1$:
$\qquad f(x) = (x - 1)(x^2 - 3x + 2)$
(1c) Zerlegung des quadr. Terms in ein Produkt aus Linearfaktoren (S. 58, Abb. B_2):
$\qquad x^2 - 3x + 2 = (x - 1)(x - 2)$
(1d) $f(x) = (x - 1)(x - 1)(x - 2)$
$\qquad = (x - 1)^2(x - 2)$
(2) $f(x) = x^6 - x^5 + x^4 - x^3$
$\qquad = x^3(x - 1)(x^2 + 1)$

d) Vorzeichenfelder

> **Satz 2:** Wenn c_1 und c_2 benachbarte Nullstellen einer ganzrat. Funktion sind, dann haben die Funktionswerte $f(x)$ für alle x mit $c_1 < x < c_2$ das gleiche Vorzeichen.

Bew. (indirekt): Nimmt man an, dass nicht alle $f(x)$ für x zwischen c_1 und c_2 gleiches Vorzeichen besitzen, so gibt es ein a und ein b mit $c_1 < a < c_2$ und $c_1 < b < c_2$, so dass $f(a)$ und $f(b)$ verschiedenes Vorzeichen haben. Nach dem Satz von Dolzano (S. 111) gibt es dann eine weitere Nullstelle zwischen c_1 und c_2, was der Vor. widerspricht.   w.z.z.w.

$f(x) = (x-2)(x+3)^2$

Nullstellenmenge: $\{2; -3\,(2\text{-fach})\}$
Vorzeichen: $f(-4) = (-6)\cdot(-1)^2 < 0$
$\ f(0) = (-2)\cdot 3^2 < 0$
$\ f(3) = 1\cdot 6^2 > 0$

x	$f(x)$
-4	< 0
0	< 0
3	> 0

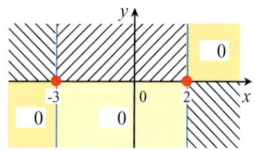

A   Vorzeichenfelder

---

vorgegeben: $f(x) = x^5 - x^4 - 4x^3 + 4x^2 = 0$, $D_f = \mathbb{R}$

1) Nullstellen: $f(x) = 0 \Leftrightarrow x^5 - x^4 - 4x^3 + 4x^2 = 0 \Leftrightarrow x^2(x^3 - x^2 - 4x + 4) = 0$
$\Leftrightarrow x^2 = 0 \ \vee\ x^3 - x^2 - 4x + 4 = 0$. 0 ist eine zweifache Nullstelle.
Weitere Nullstellen müssen Lösungen von $x^3 - x^2 - 4x + 4 = 0$ sein.
Durch Raten bzw. näherungsweise Berechnung wird 1 als Nullstelle ermittelt:
$1^3 - 1^2 - 4\cdot 1 + 4 = 0$ (w)
Daher muss $x^3 - x^2 - 4x + 4$ durch $x - 1$ teilbar sein.
Die Polynomdivision ergibt:

$$(x^3 - x^2 - 4x + 4) : (x - 1) = x^2 - 4$$
$$\underline{-(x^3 - x^2)}$$
$$0 - 4x + 4$$
$$\underline{-(-4x + 4)}$$
$$0$$

d.h. es gilt:

$f(x) = x^2(x-1)(x^2-4) = x^2(x-1)(x-2)(x+2)$. Nullstellenmenge: $\{-2; 0\,(2\text{-fach}); 1; 2\}$

2) Vorzeichenfelder:

x	-3	-1	$0,5$	$1,5$	3
$f(x)$	< 0	> 0	> 0	< 0	> 0

3) Verhalten am Rande: Wegen $a_n > 0$ und $n = 5$ (ungerade) gilt $\lim\limits_{x \to \pm\infty} f(x) = \pm\infty$.

4) Eintragen der Nullstellen, der Vorzeichenfelder und des Randverhaltens in ein Koordinatensystem:

5) Fortsetzung der Graphenteile durch Zeichnen ohne abzusetzen:

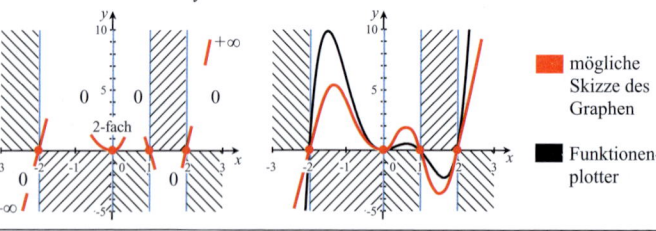

    ■ mögliche Skizze des Graphen

    ■ Funktionenplotter

B   Skizze des Graphen einer ganzrationalen Funktion

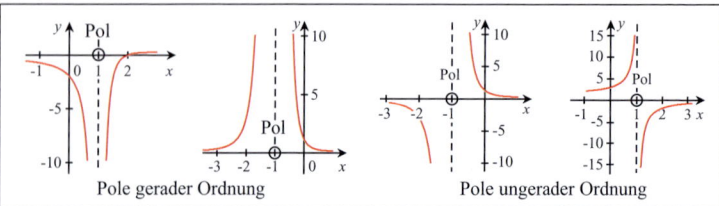

Pole gerader Ordnung   Pole ungerader Ordnung

C   Pole gerader bzw. ungerader Ordnung

Ist also für eine zwischen zwei benachbarten Nullstellen gewählte Stelle der Funktionswert negativ (positiv), so gilt das auch für alle zu dem Feld zwischen den Nullstellen gehörenden Funktionswerte.

Bsp.: Abb. A

e) Verhalten am Rande des Definitionsbereichs

Der Summand $a_n x^n$ entscheidet über den Verlauf des Graphen für sehr große positive und sehr kleine negative x-Werte:

n	gerade	ungerade
$a_n > 0$	$\lim\limits_{x \to \pm\infty} f(x) = +\infty$	$\lim\limits_{x \to \pm\infty} f(x) = \pm\infty$
$a_n < 0$	$\lim\limits_{x \to \pm\infty} f(x) = -\infty$	$\lim\limits_{x \to \pm\infty} f(x) = \mp\infty$

f) Achsensymmetrie zur y-Achse, Punktsymmetrie zum Ursprung

Eine Untersuchung der beiden Bedingungen $f(-x) = f(x)$ für alle $x \in D_f$ (*Achsensymmetrie zur y-Achse*) und $f(-x) = -f(x)$ für alle $x \in D_f$ (*Punktsymmetrie zum Ursprung*) ergibt allgemein:

Die erste Symmetrieform liegt genau dann vor, wenn $f(x)$ keine ungeraden Exponenten enthält, die zweite, wenn $f(x)$ nur ungerade Exponenten besitzt.

Bsp.: $f(x) = x^4 - 2x^2 + 3$ bzw. $f(x) = x^5 + 3x$
Die ggf. vorhandene Symmetrie gilt natürlich auch für die Lage der Nullstellen und der Vorzeichenfelder. Daher kann der Graph zur Funktion in Abb. A keine der beiden Symmetrieformen besitzen.

g) Skizze des Graphen einer ganzrationalen Funktion

* Nullstellen und ihre Vielfachheit,
* Vorzeichenfelder und das
* Verhalten am Rande des Definitionsbereichs

erlauben aufgrund der Stetigkeit eine Skizze des Graphen in den wesentlichen Punkten (Zeichnen ohne abzusetzen). Dabei kann ggf. vorhandene Symmetrie die Aufgabe vereinfachen.

Bsp.: Abb. B

Rationale, gebrochen rationale Funktionen

Zu den rationalen Funktionen gelangt man über Quotienten aus Termen ganzrationaler Funktionen.

Def. 4: Eine reelle Funktion $f : D_f \to \mathbb{R}$ mit dem Funktionsterm
$$f(x) = \frac{a_n x^n + a_{n-1} x^{n-1} + \dots + a_0}{b_m x^m + b_{m-1} x^{m-1} + \dots + b_0} = \frac{z(x)}{n(x)},$$
wobei $z(x)$ und $n(x)$ ganzrationale Funktionsterme sind, und dem Definitionsbereich $D_f = \mathbb{R} \backslash \{x \mid n(x) = 0\}$ heißt *rationale Funktion*. Für $m \neq 0$ spricht man von einer *gebrochen rationalen Funktion*.
Die Zahlen der Menge $\{x \mid n(x) = 0\}$ heißen *Definitionslücken*.

Bem.: Durch $m \neq 0$ wird in Def. 4 ausgeschlossen, dass der Nenner eine Konstante ist. Daher zählen die ganzrat. Funktionen nicht zu den gebrochen rat. Funktionen.
Bsp.: $f(x) = \frac{x^4 - 1}{x^3 + x^2}$; $D_f = \mathbb{R} \backslash \{-1 ; 0\}$, denn
$$x^3 + x^2 = 0 \iff x^2(x + 1) = 0$$
$$\iff x^2 = 0 \lor x + 1 = 0 \iff x = 0 \lor x = -1$$

Eigenschaften gebrochen rationaler Funktionen

a) Stetigkeit

Als Quotient zweier ganzrat. Funktionen, die auf $\mathbb{R}$ stetig sind, ist auch jede gebrochen rat. Funktion auf ihrem Definitionsbereich stetig (Satz 3*, S. 109).

b) Definitionslücken

Es handelt sich um die Nullstellen der Nennerfunktion (vgl. S. 107). Dabei treten zwei grundsätzlich verschiedene Möglichkeiten auf:
b1) *Unendlichkeitsstellen* und
b2) Stellen mit einem *Loch* im Graphen.
zu b1) Eine Unendlichkeitsstelle c ergibt sich für $n(c) = 0 \land z(c) \neq 0$. Die *Vielfachheit* der Nullstelle c der *Nennerfunktion* bestimmt das Aussehen des Graphen in der Umgebung der Stelle. Man spricht von *Polen ungerader* bzw. *gerader Ordnung*. (Abb. C)

Bsp. 1: $f(x) = \dfrac{x - 2}{(x - 1)^2}$; $D_f = \mathbb{R} \backslash \{1\}$

Bsp. 2: $f(x) = \dfrac{1}{(x + 1)^2}$; $D_f = \mathbb{R} \backslash \{-1\}$

Bsp. 3: $f(x) = \dfrac{1}{x + 1}$; $D_f = \mathbb{R} \backslash \{-1\}$

Bsp. 4: $f(x) = \dfrac{-3}{x - 1}$; $D_f = \mathbb{R} \backslash \{1\}$

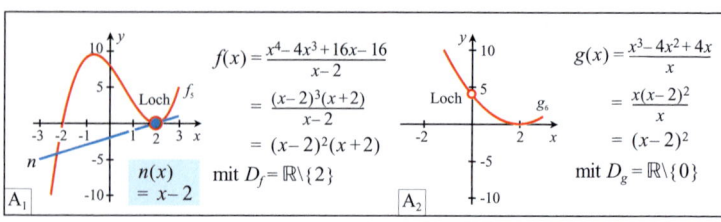

$$f(x) = \frac{x^4 - 4x^3 + 16x - 16}{x - 2}$$
$$= \frac{(x-2)^3(x+2)}{x-2}$$
$$= (x-2)^2(x+2)$$

$$n(x) = x - 2 \quad \text{mit } D_f = \mathbb{R}\setminus\{2\}$$

$$g(x) = \frac{x^3 - 4x^2 + 4x}{x}$$
$$= \frac{x(x-2)^2}{x}$$
$$= (x-2)^2$$

$$\text{mit } D_g = \mathbb{R}\setminus\{0\}$$

A   Löcher in Graphen gebrochen rationaler Funktionen

Vorgegeben: $f(x) = \dfrac{x^5 - x^4 - 4x^3 + 4x^2}{x^2 - 1}$

1) Definitionsbereich: Wegen $f(x) = \dfrac{x^5 - x^4 - 4x^3 + 4x^2}{(x-1)(x+1)}$ gilt: $D_f = \mathbb{R}\setminus\{-1;1\}$

2) Nullstellen: Es sind die Nullstellen der Zählerfunktion zu bestimmen, die in D_f liegen. Da die Zählerfunktion mit der ganzrat. Funktion in Abb. B (S. 114) übereinstimmt, ergibt sich mit $1 \notin D_f$ als Nullstellenmenge $\{-2; 0 \text{ (2-fach)}; 2\}$.

3) Definitionslücken: $f(x) = \dfrac{x^2(x-1)(x-2)(x+2)}{(x-1)(x+1)} = \dfrac{x^2(x-2)(x+2)}{x+1}$

Stelle 1: $1 - \lim\limits_{x \to 1} f(x) = r - \lim\limits_{x \to 1} f(x) = -\frac{3}{2}$. Der Punkt $\left(1 \mid -\frac{3}{2}\right)$ ist ein Loch.

Stelle -1: Wegen des Nenners $x + 1$ liegt ein Pol ungerader Ordnung vor.

4) Vorzeichenfelder:

x	-3	$-1,5$	$-0,5$	$0,5$	$1,5$	3
$f(x)$	<0	>0	<0	<0	<0	>0

5) Asymptote
Polynomdivision: $f(x) = \dfrac{x^2(x-2)(x+2)}{x+1} =$

$$(x^4 - 4x^2) : (x+1) = x^3 - x^2 - 3x + 3 + \frac{-3}{x+1}$$
$$\underline{-(x^4 + x^3)}$$
$$-x^3 - 4x^2$$
$$\underline{-(-x^3 - x^2)}$$
$$-3x^2$$
$$\underline{-(-3x^2 - 3x)}$$
$$3x$$
$$\underline{-(3x + 3)}$$
$$-3$$

Restterm

Der Asymptotenfunktionsterm ist

$a(x) = x^3 - x^2 - 3x + 3$, da $\lim\limits_{x \to \pm\infty} \frac{-3}{x+1} = 0$

Verhalten am Rande von D_f:
$\lim\limits_{x \to \pm\infty} f(x) = \lim\limits_{x \to \pm\infty} (x^3 - x^2 - 3x + 3) = \pm\infty$

6) Eintragen von Nullstellen, Definitionslücken, Vorzeichenfeldern, Polen und Randverhalten in ein Koordinatensystem und Fortsetzung der Graphenteile in die einzelnen Felder durch Zeichnen ohne abzusetzen:

▬▬ Vorgaben

┄┄ möglicher Verlauf des Graphen

▬▬ Funktionenplotter

▬▬ Asymptote mit $a(x)$

B   Skizze des Graphen einer gebrochen rationalen Funktion

zu b2) Im Falle $n(c) = 0 \wedge z(c) = 0$ ist c auch eine Nullstelle der Zählerfunktion. Man vergleicht die Vielfachheiten r und s bei der Zähler- bzw. bei der Nennerfunktion miteinander:
$r > s$, $r < s$ und $r = s$.

(a) $r < s$: Der Linearfaktor $x - c$ kann im Zähler durch Kürzen beseitigt werden. Für die neue Nennerfunktion ergibt sich die reduzierte Vielfachheit $s - r$, bzgl. der befunden werden muss, ob ein *Pol* ungerader oder gerader Ordnung vorliegt (S. 114, Abb. C).

b) $r > s$: Der Linearfaktor $x - c$ kann im Nenner durch Kürzen beseitigt werden. Die neue Zählerfunktion hat an der Stelle eine Nullstelle der reduzierten Vielfachheit $r - s$. Die vorgegebene gebrochen rat. Funktion hat statt dieser Nullstelle ein *Loch* $(c \mid 0)$ (Abb. A_1).

c) $r = s$: Der Linearfaktor verschwindet durch Kürzen sowohl im Zähler als auch im Nenner. Der *l-lim* und der *r-lim* existieren, und sie stimmen überein. Es liegt ein *Loch* im Graphen vor (Abb. A_2).

c) Nullstellen
Die Nullstellen einer gebrochen rat. Funktion sind identisch mit denen der ganzrat. Zählerfunktion, soweit diese in D_f enthalten sind (vgl. b2).

d) Vorzeichenfelder
Die Zahl der Vorzeichenfelder vermehrt sich gegenüber ganzrat. Funktionen um die Felder, die durch die Definitionslücken zusätzlich entstehen.
Satz 2 (S. 113) gilt sinngemäß auch für gebrochen rat. Funktionen, wenn man zusätzlich zu den benachbarten Nullstellen auch die Definitionslücken einbezieht. (Abb. B, 3 und 4)

e) Verhalten am Rande des Definitionsbereiches; Asymptoten
Für das Verhalten am Rande des Definitionsbereiches ist die Asymptote entscheidend, die man mit Hilfe der Polynomdivision $z(x) : n(x)$ erhält.
Zwei Fälle sind zu unterscheiden:
e1) $n < m$.
Der Grad der Zählerfunktion n ist kleiner als der der Nennerfunktion m, d.h. der Nennerterm überwiegt. Der Grenzwert ist 0, d.h. der Graph nähert sich für sehr große und sehr kleine x-Werte immer mehr an die x-Achse an.

e2) $n \geq m$
Der Zählerterm überwiegt im Fall $n > m$. Dividiert man den Zähler durch den Nenner, so erhält man einen ganzrat. Term $a(x)$ und einen Restterm (Abb. B, 5.), der gegen 0 strebt, wenn die x-Werte über alle Grenzen steigen bzw. unter alle Grenzen fallen. Der Graph der gebrochen rat. Funktion schmiegt sich daher immer besser an den Graphen der zu $a(x)$ gehörenden ganzrat. sog. *Asymptotenfunktion* an. Für $n = m$ führt die Division auf *konstante* Asymtotenfunktionen, deren Graphen Parallelen zur x-Achse sind.

Def. 5: Eine Funktion mit dem Funktionsterm $a(x)$ heißt *Asymptotenfunktion* (und ihr Graph *Asymptote*) zur Funktion mit dem Term $f(x)$, wenn gilt:
$$\lim_{|x| \to +\infty} (f(x) - a(x)) = 0.$$

f) Achsensymmetrie zur y-Achse, Punktsymmetrie zum Ursprung
Die erste Symmetrieform liegt vor, wenn die Graphen zur Zählerfunktion $z(x)$ und Nennerfunktion $n(x)$ entweder beide achsensymmetrisch oder beide punktsymmetrisch sind. Dann gilt nämlich:

$f(-x) = \dfrac{z(-x)}{n(-x)} = \dfrac{z(x)}{n(x)} = f(x)$ für alle $x \in D_f$

oder $f(-x) = \dfrac{-z(x)}{-n(x)} = f(x)$ für alle $x \in D_f$

Entsprechend ergibt sich die zweite Symmetrieform, wenn für den Zähler und den Nenner unterschiedliche Symmetrieformen vorliegen.

g) Skizze des Graphen einer gebrochen rationalen Funktion
• Nullstellen
• Definitionslücken
• Vorzeichenfelder
• Asymptote
erlauben bereits eine in den wesentlichen Punkten stimmende Skizze einer gebrochen rat. Funktion.
Bsp.: Abb. B

Bem.: Aussagen über Extrempunkte in den Graphen rat. Funktionen sind ohne die Methoden der Differenzialrechnung allerdings meistens nur qualitativ. Ihre genaue Lage ermittelt man über hinreichende Kriterien mit dem Ableitungskalkül (S. 121f.). Dasselbe gilt für Wendepunkte.

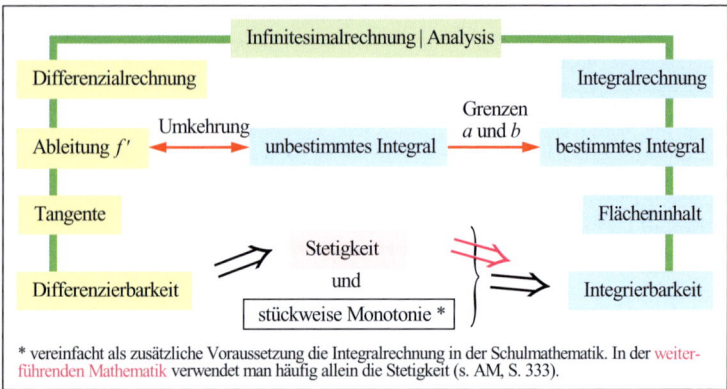

A Aufbau der Differenzial- und Integralrechnung (Infinitesimalrechnung)

Differenzialrechnung	Integralrechnung
(1) Potenzregel (S. 123 / 145)	
(2) Regel vom konstanten Faktor (S. 123 / 145)	
(3) Summen(Differenz)-Regel (S. 123 / 145)	
(4) Produktregel (S. 125)	(4) partielle Integration (S. 147)
(5) Quotientenregel (S. 125)	(5) Substitutionsregel (S. 147)
(6) Kettenregel (S. 125)	

B Regeln der Differenzial- und Integralrechnung

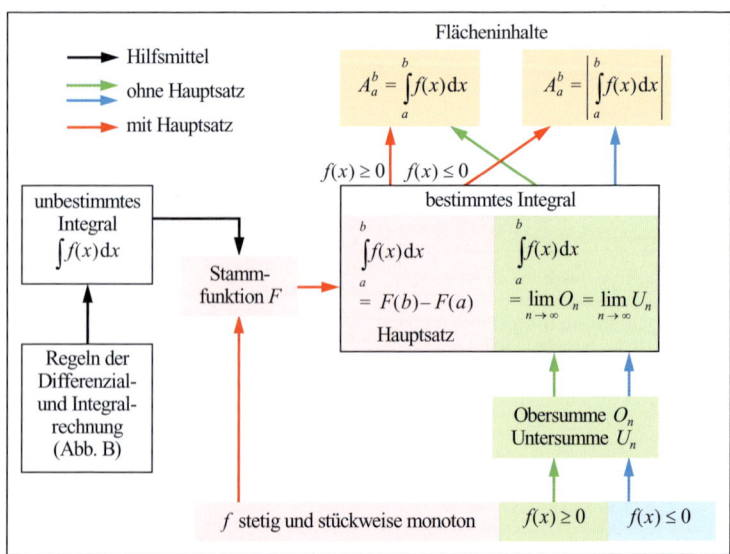

C Berechnung von Flächeninhalten mit und ohne Hauptsatz

Die Differenzialrechnung und die Integralrechnung sind eng miteinander verbundene Teilgebiete der sog. *Infinitesimalrechnung.* Diese handelt ursprünglich von den *unendlich kleinen Werten,* eine Vorstellung, die heute durch sog. *infinitesimale Prozesse* (Grenzwertbildung) abgelöst worden ist.
Derartige Prozesse findet man auch schon in der griechischen Mathematik, z.B. bei ARCHIMEDES (um 285-212), der sich bereits intensiv mit der näherungsweisen Berechnung von Flächeninhalten und Rauminhalten auseinandersetzte, *ohne* allerdings eine *übergreifende Theorie* zur Verfügung zu haben.
Erstmalig gelang es I. NEWTON (1643-1727) und unabhängig davon G. LEIBNIZ (1646-1716) ein theoretisches Fundament zu legen.
Von sehr unterschiedlichen Ansätzen kommend, NEWTON von der Physik her und LEIBNIZ von Versuchen, mit sog. Differenzialen eine Summierung unendlich kleiner Größen zu ermöglichen, sind sie die Begründer der Differenzial- und Integralrechnung. Seitdem sind *Differenzieren* und *Integrieren* als infinitesimale Prozesse in vielen Bereichen der Mathematik fruchtbar angewendet worden.

Der Aufbau der
Differenzialrechnung (Abb. A),
das Stammgebiet des Differenzierens, geschieht auf der Grundlage des *Tangentenproblems* (S. 121) bei Graphen von reellen Funktionen. Das führt zur Frage nach der Steigung des Graphen einer Funktion an einer Stelle und umfassender nach der
1. Ableitung f' einer Funktion *f.*
Mit *f'* beherrscht man das gesamte Steigungsverhalten von *f* (Monotoniesatz, S. 129). Funktionen, für die *f'* ohne Einschränkungen existiert, heißen *differenzierbar* (Stetigkeit ist eine notwendige Bedingung dafür, S. 123). Für diesen Funktionstyp kann man also *f'* aus *f* über konvergente Folgen von Sekantensteigungen ableiten (daher auch der Name »Ableitung«); man kann aber auch nach einer Reihe von Rechenregeln vorgehen (S. 123f.).
Mit Hilfe des Ableitungsbegriffs werden Eigenschaften von Funktionen untersucht (Extrema, Wendepunkte, Steigen und Fallen, S. 127f.). Dabei spielen auch sog. *höhere Ableitungen,* d.h. die Ableitung der Ableitung usw., eine Rolle.
Anwendungen (S. 133f.) geben einen kleinen Einblick in das weite Feld der Nutzung der Differenzialrechnung. Neben der Berechnung von Flächeninhalten und Rauminhalten von

Rotationskörpern findet sich dort die Einführung des *natürlichen Logarithmus* über eine Lücke in der Potenzregel ($r = -1$).

Der Aufbau der
Integralrechnung (Abb. A)
ist eng verbunden mit dem *Flächenproblem* (S. 137) bei krummlinig von Funktionsgraphen begrenzten Flächen. Darunter versteht man neben der Frage nach der Größe des Flächeninhalts auch die nach der Existenz des Inhalts überhaupt.
Für einen bestimmten Flächentyp, die sog. *Normalflächen,* gibt das durch den gemeinsamen *Grenzwert* von *Ober-* und *Untersummen* definierte *bestimmte Integral* (S. 139) eine Antwort auf beide Fragestellungen (S. 139, S. 141). I.A. jedoch ist das Integral kein Flächeninhalt, denn der Graph kann Anteile im Negativen haben.
Nicht zu jeder Funktion existiert ein Integral. Die Menge der sog. *integrierbaren* Funktionen (S. 141) enthält aber alle differenzierbaren Funktionen (auch alle stetigen Funktionen).
Das Berechnen von Integralen, bes. das von Flächeninhalten, wird erheblich vereinfacht durch den **Hauptsatz der Differenzial- und Integralrechnung** (S. 143). Durch ihn wird der Wert des Integrals auf eine Differenz zweier Funktionswerte einer sog. *Stammfunktion* reduziert (Abb. C).
Der Hauptsatz ist das Bindeglied zwischen Differenzialrechnung und Integralrechnung, denn der Begriff der Stammfunktion bringt die Ableitung ein: $F' = f$ (S. 145).
Die Suche nach Stammfunktionen wird auch als *Integrieren* bezeichnet. Integrieren ist die *Umkehrung* des Differenzierens.
Zum Integrieren stehen *Rechenregeln* (S. 145f.) bereit, die mit den Regeln der Differenzialrechnung korrespondieren (Abb. B). Dennoch ist Integrieren weitaus schwieriger als Differenzieren. Es verlangt viel Geduld und auch Phantasie. Davon zeugen dicke Bände, gefüllt mit sog. *unbestimmten Integralen.*
Um so bedeutsamer sind auf einem Computer installierte *Näherungsverfahren* zur Berechnung bestimmter Integrale, durch die eine numerische Näherungslösung schnell ermittelt werden kann. Zur *numerischen Integration* gehören das Trapezverfahren und die simpsonsche Regel. Weitere numerische Verfahren dienen der Lösung von Gleichungen.
Die *Anwendungen* (S. 149f.) gestatten nur einen kleinen Einblick in die Nutzungsmöglichkeiten der Integralrechnung.

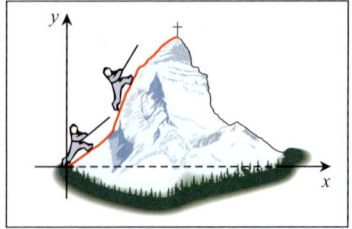

A   Steilheit im Gebirge

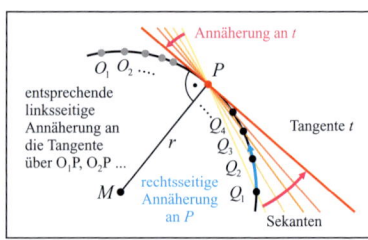

B   Kreistangente als Grenzfall von Sekanten

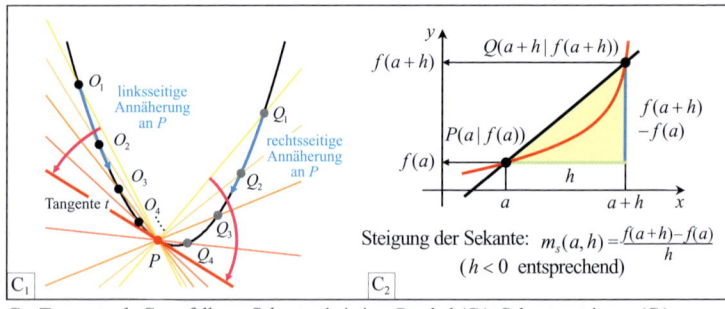

C   Tangente als Grenzfall von Sekanten bei einer Parabel (C_1), Sekantensteigung (C_2)

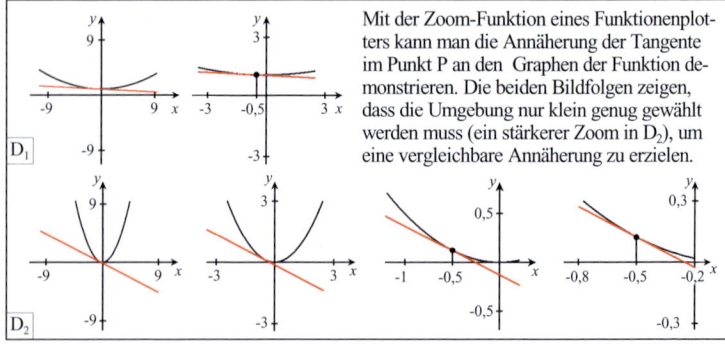

Mit der Zoom-Funktion eines Funktionenplotters kann man die Annäherung der Tangente im Punkt P an den Graphen der Funktion demonstrieren. Die beiden Bildfolgen zeigen, dass die Umgebung nur klein genug gewählt werden muss (ein stärkerer Zoom in D_2), um eine vergleichbare Annäherung zu erzielen.

D   Tangente als Näherung

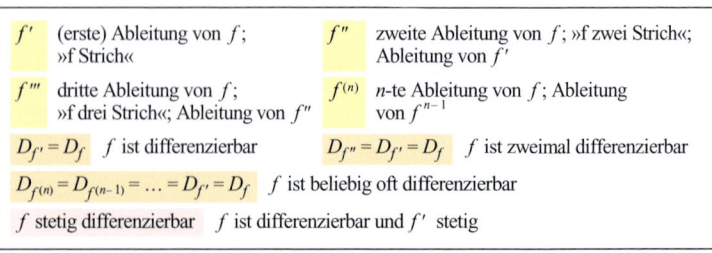

f' (erste) Ableitung von f; »f Strich«	f'' zweite Ableitung von f; »f zwei Strich«; Ableitung von f'
f''' dritte Ableitung von f; »f drei Strich«; Ableitung von f''	$f^{(n)}$ n-te Ableitung von f; Ableitung von f^{n-1}
$D_{f'} = D_f$ f ist differenzierbar	$D_{f''} = D_{f'} = D_f$ f ist zweimal differenzierbar
$D_{f^{(n)}} = D_{f^{(n-1)}} = \ldots = D_{f'} = D_f$ f ist beliebig oft differenzierbar	
f stetig differenzierbar f ist differenzierbar und f' stetig	

E   Schreib- und Sprechweisen bei Ableitungsfunktionen

Betrachtet man die Aufstiegsroute der Bergsteiger in Abb. A, so hat man das Empfinden, dass die Route zunächst mit der Höhe immer mehr, dann aber in Gipfelnähe wieder weniger ansteigt. Eine Definition des Begriffes Steigung und eine zahlenmäßige Erfassung kann mit Hilfe des Tangentenbegriffs vorgenommen werden, wobei an die Stelle der Kletterroute der Graph einer reellen Funktion tritt.

Definition einer Tangente in einem Punkt eines Graphen einer Funktion

Die in der Geometrie verwendete Eigenschaft einer Kreistangente (S. 177) kann man durch die folgende ersetzen (Abb. B):

> Die Tangente in einem Punkt P ist die Grenzlage aller Sekanten durch den Punkt P und einen zweiten Punkt Q, der sich auf dem Kreisrand immer mehr an P annähert.

Für Graphen von Funktionen kann man – auch rechnerisch – verallgemeinern

(1) Berechnung der Steigungen $m_S(a, h)$ mit $h \neq 0$ für die Sekanten durch den festen Punkt $P(a|f(a))$ und den variablen Punkt $Q(a+h|f(a+h))$:
$$m_S(a, h) = \frac{f(a+h) - f(a)}{h} \quad \text{(Abb. C}_2\text{)}$$

$Bsp.:$ $\lfloor f(x) = \frac{1}{2}x^2 \rfloor \longrightarrow m_S(a, h) = \dfrac{\frac{1}{2}(a+h)^2 - \frac{1}{2}h^2}{h}$

$$= \frac{\frac{1}{2}(a^2 + 2ah + h^2) - \frac{1}{2}a^2}{h} = a + \frac{1}{2}h$$

(2) Annäherung des zweiten Sekantenpunktes auf dem Graphen an den ersten, d.h. h strebt gegen 0.

$\Rightarrow (\lim_{h \to 0} m_S(a, h) = \lim_{h \to 0} (a + \frac{1}{2}h) = a)$

Der Term a ordnet jedem Punkt $(a|f(a))$ einen Wert zu, den man als Steigung $m_T(a)$ einer Geraden durch $(a|f(a))$, der sog. *Tangente*, verwendet.

Für $a = -0,5 \, [= 2]$ ergibt sich als Gleichung der Tangente im Punkt $(-0,5|f(-0,5))$ $[2|f(2)]$ mit der Punkt-Steigungs-Form einer Geraden in der Ebene (S. 78, Abb. B_2):
$t_1(x) = -\frac{1}{2}x - \frac{1}{8} [t_2(x) = 2x - 2]$.
Allgemein erhält man für die Tangente t_a durch den Punkt $P(a|f(a))$ die Gleichung

$$t_a(x) = m_T(a) \cdot (x - a) + f(a).$$

Bem.: Tangenten parallel zur y-Achse wie auf S. 122, A_2, können nicht erfasst werden, da man ihnen keine Steigung zuordnen kann.

Vergleicht man Tangente und Graph der Funktion in einer Umgebung von a (Abb. D_1 und D_2), so unterscheiden sich beide um so weniger, je kleiner die Umgebung ist.
Die Tangentenfunktion ist eine gute Näherung für die Funktion f, wenn die Umgebung von a nur klein genug gewählt wird (Abb. D_1 im Vergleich zu Abb. D_2):

$$f(x) \cong f(a) + m_T(a) \cdot (x - a)$$

oder mit $\lfloor x \lceil a + h \rfloor$ für $h \neq 0$

$$f(a + h) \cong f(a) + m_T(a) \cdot h$$

Differenzenquotient, Steigung

Def. 1: f sei eine reelle Funktion, und $P(a|f(a))$ und $Q(a+h)|f(a+h))$ seien zwei Punkte des Graphen ($h \in \mathbb{R}^{\neq 0}$). Die Gerade durch P und Q heißt *Sekante*. Ihre Steigung

$m_S(a, h) = \frac{f(a+h) - f(a)}{h}$ heißt

Differenzenquotient von f an der Stelle a.

Bei fest gewähltem a beschreibt $m_S(a, h)$ für $h < 0$ und $h > 0$ die Steigungen aller Sekanten durch $P(a|f(a))$ (Abb. C_1).

Def. 2: Existiert der Grenzwert
$f'(a) := \lim_{h \to 0} m_S(a, h)$, so heißt $f'(a)$
(lies: f Strich von a) *Steigung des Graphen im Punkt P* bzw. *Ableitung von f an der Stelle a*. Die Funktion f nennt man *differenzierbar an der Stelle a*.
f heißt *linksseitig (rechtsseitig) differenzierbar an der Stelle a*, wenn der linksseitige (rechtsseitige) Grenzwert (S. 107) existiert. Die Gerade durch $P(a|f(a))$, deren Steigung mit der des Graphen an der Stelle a übereinstimmt, heißt *Tangente* im Punkt $P(a|f(a))$.
$Bsp.:$ S. 123
f ist *nicht differenzierbar an der Stelle* $a \in D_f$, wenn der Grenzwert der Sekantensteigungen nicht existiert (S. 123).
$Bsp.:$ S. 122, Abb. A

Ableitungsfunktionen

$f'(x)$ beschreibt eine Funktion mit dem Definitionsbereich $D_{f'} \subseteq D_f$. Diese aus f abgeleitete Funktion f' der Tangentensteigungen heißt *Ableitung* (auch *1. Ableitung*) f' *von* f. Den Vorgang des Ableitens von f' aus f nennt man *Differenzieren*, weil ihm ein Quotient von Differenzen zugrunde liegt.
Höhere Ableitungen und Sprechweisen: Abb. E

$f(x) = |x|, \; D_f = \mathbb{R}$

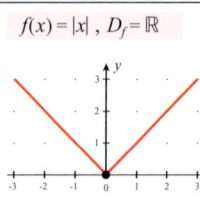

$a = 0$: Die Sekantensteigungen zu $P(0\,|\,0)$ stimmen linksseitig und rechtsseitig von P mit den Steigungen der Halbgeraden überein.

$$f(x) = \begin{cases} \sqrt{x-2} + 3 & \text{für } x \geq 2 \\ -\sqrt{-x+2} + 3 & \text{für } x < 2 \end{cases}$$

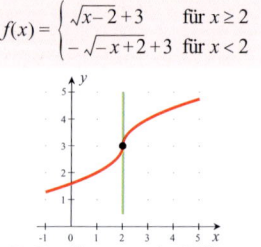

Der linksseitige Grenzwert ist also -1, der rechtsseitige 1. Daher hat der Differenzenquotient keinen Grenzwert. Es gibt im Punkt $(0\,|\,0)$ keine Tangente an den Graphen. (Es ist auch keine Gerade durch $(0\,|\,0)$ vorstellbar, die der Vorstellung von einer Tangente als einer »Berührenden« entsprechen würde.)

$a = 2$: Der Grenzwert des Differenzenquotienten ist uneigentlich. Es gibt eine Tangente im Punkt $(2\,|\,3)$, eine Parallele zur y-Achse.

A_1 | A_2

A Nicht differenzierbare Stellen

Beh.: $f(x) = \sin x \;\Rightarrow\; f'(x) = \cos x$

Bew.: $a \in \mathbb{R}$ sei beliebig.

(1) Umformung des Differenzenquotienten:

$m_s(a,h) = \dfrac{f(a+h) - f(a)}{h}$ $\quad \lfloor f(x) = \sin x \quad$ $m_s(a,h) = \dfrac{\sin(a+h) - \sin a}{h}$

Wegen $\sin x - \sin y = 2 \cos \dfrac{x+y}{2} \cdot \sin \dfrac{x-y}{2}$
und mit $x = a + h$ und $y = a$ gilt dann:
$\quad m_s(a,h) = \dfrac{2 \cos \frac{2a+h}{2} \cdot \sin \frac{h}{2}}{h} = \dfrac{\sin \frac{h}{2}}{\frac{h}{2}} \cdot \cos \dfrac{2a+h}{2}$

(2) Ermittlung des Grenzwertes (Anwendung der Grenzwertsätze, S. 109): $\displaystyle\lim_{h \to 0} \left(\dfrac{\sin \frac{h}{2}}{\frac{h}{2}} \cdot \cos\left(\dfrac{2a+h}{2} \right) \right) = \lim_{h \to 0} \dfrac{\sin \frac{h}{2}}{\frac{h}{2}} \cdot \lim_{h \to 0} \cos\left(a + \dfrac{h}{2} \right)$

Der 1. Grenzwert ist 1; wegen der Stetigkeit der cos-Funktion ist der 2. Grenzwert $\cos a$. Daher gilt: $f'(a) = \cos a$. $\hfill$ w.z.z.w.

$f(x)$	c	x	x^2	x^3	x^4	$\sin x$	$\cos x$
$f'(x)$	0	1	$2x$	$3x^2$	$4x^3$	$\cos x$	$-\sin x$

B Ableitung von $\sin x$ und Tabelle einiger Ableitungen

Vor.: f ist an der Stelle a differenzierbar.
Beh.: f ist an der Stelle a stetig, d.h. es ist zu zeigen: $\displaystyle\lim_{h \to 0} f(a+h) = f(a)$
bzw. nach S 101, Satz 8: $\displaystyle\lim_{h \to 0}(f(a+h) - f(a)) = 0$.

Bew.: $f(a+h) - f(a) = \dfrac{f(a+h) - f(a)}{h} \cdot h$

$\Rightarrow \displaystyle\lim_{h \to 0}(f(a+h) - f(a)) = \lim_{h \to 0}\left(\dfrac{f(a+h) - f(a)}{h} \cdot h \right)$

Wegen $\displaystyle\lim_{h \to 0} \dfrac{f(a+h) - f(a)}{h} = f'(a)$ und $\displaystyle\lim_{h \to 0} h = 0$
erhält man schließlich:

$\displaystyle\lim_{h \to 0}(f(a+h) - f(a)) = f'(a) \cdot 0 = 0$ $\quad$ w.z.z.w.

C_1

$$f(x) = \begin{cases} x & \text{für } x \leq 1 \\ x - 1 & \text{für } x > 1 \end{cases}$$

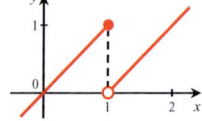

f unstetig an der Stelle 1
$\Rightarrow f$ nicht differenzierbar an der Stelle 1
(Kontraposition von Satz 1)

C_2

C Beweis (C_1) und Anwendung von Satz 1 (C_2)

Nicht differenzierbare Funktionen

Ist eine Funktion an der Stelle $a \in D_f$ nicht differenzierbar, so existiert der Grenzwert der Sekantensteigungen nicht. I.d.R gibt es dann im Punkt $(a \mid f(a))$ keine Tangente, denn entweder existiert der linksseitige oder der rechtsseitige Grenzwert nicht, oder sie existieren, stimmen aber nicht überein (Abb. A_1). Im Falle eines uneigentlichen Grenzwertes kann es jedoch eine Gerade geben (Abb. A_2), die der Vorstellung von einer Tangente entspricht, u.z. eine Parallele zur y-Achse.

Differenziation nach der Definition

Gegeben: $f(x) = x^3 \quad D_f = \mathbb{R}$;
gesucht: $f'(x)$; $a \in D_f$ sei beliebig.

(1) Umformung des Differenzquotienten:
$$m_S(a, h) = \frac{f(a+h) - f(a)}{h}$$
$$= \frac{(a+h)^3 - a^3}{h} = \frac{a^3 + 3a^2h + 3ah^2 + h^3 - a^3}{h}$$
$$= \frac{3a^2h + 3ah^2 + h^3}{h} = 3a^2 + 3ah + h^2$$

(2) Ermittlung des Grenzwertes (Anwendung der Grenzwertsätze, S. 109):
$$\lim_{h \to 0}(3a^2 + 3ah + h^2) = 3a^2 + 0 + 0 = 3a^2$$

Ergebnis: $f(x) = x^3 \Rightarrow f'(x) = 3x^2$

Bem.: Der Differenzquotient muss so lange vereinfacht bzw. verändert werden, bis der Nennerterm h verschwunden ist.

Gegeben: $f(x) = \sqrt{x} \quad D_f = \mathbb{R}_0^+$;
gesucht: $f'(x)$; $a \in D_f$ sei beliebig; $a \neq 0$

(1) Umformung des Differenzquotienten:
$$m_S(a, h) = \frac{f(a+h) - f(a)}{h}$$
$$= \frac{\sqrt{a+h} - \sqrt{a}}{h} = \frac{\sqrt{a+h} - \sqrt{a}}{h} \cdot \frac{\sqrt{a+h} + \sqrt{a}}{\sqrt{a+h} + \sqrt{a}}$$
$$= \frac{(\sqrt{a+h} - \sqrt{a})(\sqrt{a+h} + \sqrt{a})}{h(\sqrt{a+h} + \sqrt{a})} = \frac{a+h-a}{h(\sqrt{a+h} + \sqrt{a})}$$
$$= \frac{h}{h(\sqrt{a+h} + \sqrt{a})} = \frac{1}{\sqrt{a+h} + \sqrt{a}}$$

(2) Ermittlung des Grenzwertes (Anwendung der Grenzwertsätze, S. 109, und der Stetigkeit der Wurzelfunktion beim Nennerterm $\sqrt{a+h}$):
$$\lim_{h \to 0} \frac{1}{\sqrt{a+h} + \sqrt{a}} = \frac{1}{\sqrt{a} + \sqrt{a}} = \frac{1}{2\sqrt{a}}$$

Also: $f(x) = \sqrt{x} \Rightarrow f'(x) = \frac{1}{2\sqrt{x}}$ für $x \neq 0$

Ein weiteres Beispiel enthält Abb. B.

Differenzierbarkeit und Stetigkeit

An einer Unstetigkeitsstelle (S. 107) kann keine Tangente existieren.
Beispiel: Abb. C_2
Die Stetigkeit ist eine *notwendige Bedingung* für die Differenzierbarkeit, denn es gilt der

Satz 1: Wenn f an der Stelle a differenzierbar ist, dann ist f dort auch stetig.
Bew.: Abb. C_1

Ableitungsregeln

Das Bilden der Ableitung nach der Definition ist i.A. aufwendig. Daher sucht man nach vereinfachenden Regeln.

(a) Potenzregel

Diese Regel wird durch die Beispiele in der Tabelle in Abb. B vorbereitet:

$$f(x) = c \Rightarrow f'(x) = 0 \; ; \; f(x) = x \Rightarrow f'(x) = 1$$
$$f(x) = x^n \Rightarrow f'(x) = n \cdot x^{n-1}; \; n \in \mathbb{N}^{>1}; x \in \mathbb{R}$$

Bew.: $a \in D_f$ sei beliebig.

(1) Umformung des Differenzquotienten
$$m_S(a, h) = \frac{f(a+h) - f(a)}{h}$$
$$= \frac{(a+h)^n - a^n}{h} = \frac{a^n + nha^{n-1} + h^2(\ldots) + \ldots + h^n - a^n}{h}$$
$$= \frac{h[na^{n-1} + \ldots + h^{n-1}]}{h} = na^{n-1} + h(\ldots) + \ldots$$

(2) Ermittlung des Grenzwertes (Anwendung der Grenzwertsätze, S. 109):
$$\lim_{h \to 0}(na^{n-1} + h(\ldots) + \ldots) = nx^{n-1} + 0 + 0 + \ldots$$
$$= na^{n-1} \quad \text{w.z.z.w.}$$

Bem.: Der Gültigkeitsbereich der Potenzregel kann auf $n \in \mathbb{Z}$ mit $x \neq 0$ bzw. auf $n \in \mathbb{R}$ mit $x > 0$ ausgeweitet werden.

(b) Regel vom konstanten Faktor

Ein konstanter Faktor c bei $f(x)$ bewirkt beim Graphen der Funktion f eine Dehnung (Stauchung) längs der y-Achse. Bei einem Steigungsdreieck wird die y-Kathete ebenfalls mit dem Faktor c gedehnt (gestaucht). Es gilt:

Satz 2: Ein konstanter Faktor bleibt beim Differenzieren erhalten, d.h. wenn f bei a differenzierbar ist, so gilt dies auch für $g := c \cdot f$ mit $g'(a) = c \cdot f'(a)$.

(c) Summen(Differenz-)regel

Satz 3: Wenn f und g an der Stelle a differenzierbar sind, dann gilt das auch für die Summen(Differenz-)funktion mit
$$[f(a) \pm g(a)]' = f'(a) \pm g'(a).$$

Bew. des Summensatzes:

(1) Umformung des Differenzquotienten mit Blick auf die Voraussetzungen, die Differenzierbarkeit von f und g:
$$m_S(a, h) = \frac{(f+g)(a+h) - (f+g) \cdot (a)}{h}$$
$$= \frac{f(a+h) + g(a+h) - [f(a) + g(a)]}{h}$$
$$= \frac{f(a+h) - f(a) + [g(a+h) - g(a)]}{h}$$
$$= \frac{f(a+h) - f(a)}{h} + \frac{g(a+h) - g(a)}{h}$$

Bew. der Kettenregel

(1) Umformung des Differenzenquotienten, wobei $h \neq 0$

$$m_S(a,h) = \frac{(g \circ f)(a+h) - (g \circ f)(a)}{h} = \frac{g(f(a+h)) - g(f(a))}{h} = \frac{g(f(a+h)) - g(f(a))}{f(a+h) - f(a)} \cdot \frac{f(a+h) - f(a)}{h}$$

Setzt man $\bar{h} = \bar{h}(h) := f(a+h) - f(a) \neq 0$, so gilt mit $h \to 0$ auch $\bar{h} \to 0$

(aus der Differenzierbarkeit von f folgt die Stetigkeit von f und aus $\lim\limits_{h \to 0} f(a+h) = f(a)$

folgt $\lim\limits_{h \to 0}(f(a+h) - f(a)) = 0$).

(2) Ermittlung des Grenzwertes

$$\lim_{h \to 0} m_S(a,h) = \lim_{h \to 0} \frac{g(f(a+h)) - g(f(a))}{\bar{h}} \cdot \lim_{h \to 0} \frac{f(a+h) - f(a)}{h} = \lim_{h \to 0} \frac{g(f(a+h)) - g(f(a))}{\bar{h}} \cdot f'(a)$$

Sei $f(x) = z$ und $f(a) = z_0$, d.h. $f(a+h) = f(a) + \bar{h} = z_0 + \bar{h}$. Also gilt:

$$\lim_{h \to 0} m_S(a,h) = \lim_{h \to 0} \frac{g(z_0 + \bar{h}) - g(z_0)}{\bar{h}} \cdot f'(a) = g'(z_0) \cdot f'(a) = g'(f(a)) \cdot f'(a)$$

$$\Rightarrow \quad \boxed{(f(g(a)))' = g'(f(a)) \cdot f'(a)}$$

Bem.: Beim Beweis wurde $\bar{h} \neq 0$ in einer Umgebung von a vorausgesetzt, was für die meisten differenzierbaren Funktionen f zutrifft.

Bsp.:

$$\left.\begin{array}{l} k(x) = (x^2 - 1)^{15} \\ z = f(x) = x^2 - 1 \\ g(z) = z^{15} \end{array}\right\} \Rightarrow \left.\begin{array}{l} f'(x) = 2x \\ g'(z) = 15z^{14} \end{array}\right\} \Rightarrow k'(x) = 2x \cdot 15z^{14} = 30x(x^2 - 1)^{14}$$

$$\left.\begin{array}{l} k(x) = \sqrt{x^2 + 10 - 2x} \\ z = f(x) = x^2 + 10 - 2x \\ g(z) = \sqrt{z} \end{array}\right\} \Rightarrow \left.\begin{array}{l} f'(x) = 2x - 2 \\ g'(z) = \frac{1}{2\sqrt{z}} \end{array}\right\} \Rightarrow k'(x) = \frac{2x - 2}{2\sqrt{x^2 + 10 - 2x}}$$

A Kettenregel

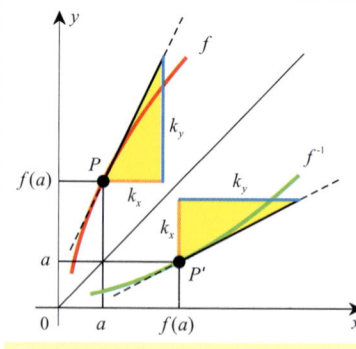

Anschauliche Begründung der Umkehrfunktionsregel

Bei gleichen Einheiten auf den Achsen erhält man den Graphen der Umkehrfunktion f^{-1} durch eine Spiegelung an der Winkelhalbierenden des I. und III. Quadranten (S. 75). Ein Steigungsdreieck der Tangente im Punkt P wird ebenfalls gespiegelt. Das Bilddreieck ist ein Steigungsdreieck der Tangente im Punkt P'.

Es gilt:

$$(f^{-1})'(f(a)) = \tan a = \frac{k_x}{k_y} = \frac{1}{\frac{k_y}{k_x}} = \frac{1}{f'(a)}$$

Bsp.: $f(x) = \tan x$, $D_f =]-\frac{\pi}{2}; \frac{\pi}{2}[$

Die tan-Funktion ist streng monoton steigend auf dem Intervall D_f. Wegen $\tan x = \frac{\sin x}{\cos x}$ ist die tan-Funktion an jeder Stelle $a \in D_f$ differenzierbar. Also ist auch die Umkehrfunktion arc tan (S. 89) an der Stelle $f(a)$ differenzierbar und es gilt:

$$\text{arc} \tan'(f(a)) = \frac{1}{\tan'(a)} = \frac{1}{1 + \tan^2 a} = \frac{1}{1 + [f(a)]^2}$$

Nach dem Austausch der Variablen ergibt sich dann: $\text{arc} \tan' x = \frac{1}{1 + x^2}$

B Umkehrfunktionsregel und Ableitung der arc-tan-Funktion

(2) Ermittlung des Grenzwertes (Anwendung der Grenzwertsätze, S. 109):

$\lim\limits_{h\to 0}(\frac{f(a+h)-f(a)}{h}+\frac{g(a+h)-g(a)}{h})$ | nach Vor.

$= f'(a)+g'(a)$ w.z.z.w.

Bsp.: $f(x)=x^5-x^4-4x^3+4x^2, D_f\in\mathbb{R}$

$\Rightarrow f'(x)=5x^4-4x^3-12x^2+8x$

Es wurden die Regel vom konstanten Faktor, die Potenz- und die Summen(Differenz-)regel angewendet.

Bem.: Entsprechend beweist man die Differenzregel.

(d) Produktregel

> **Satz 4:** Wenn f und g an der Stelle a differenzierbar sind, dann gilt dies auch für die Produktfunktion
>
> $[f(a)\cdot g(a)]'=f'(a)\cdot g(a)+f(a)\cdot g'(a)$

Bew.:

(1) Umformung des Differenzenquotienten mit Blick auf die Voraussetzungen, die Differenzierbarkeit von f und g:

$m_S(a,h)=\frac{(f\cdot g)(a+h)-(f\cdot g)(a)}{h}$

$\qquad = \frac{f(a+h)\cdot g(a+h)-f(a)\cdot g(a)}{h}$

Um auf die Differenzenquotienten von f und g zu kommen, muss im Zähler geeignet ergänzt werden, und zwar der Term

$-f(a)\cdot g(a+h)+f(a)\cdot g(a+h)$.

Man erhält: $m_S(a,h)$

$= \frac{f(a+h)\cdot g(a+h)-f(a)\cdot g(a+h)+f(a)\cdot g(a+h)-f(a)\cdot g(a)}{h}$

$= \frac{[f(a+h)+f(a)]\cdot g(a+h)+f(a)\cdot[g(a+h)-g(a)]}{h}$

$= \frac{f(a+h)-f(a)}{h}\cdot g(a+h)+f(a)\cdot\frac{g(a+h)-g(a)}{h}$

(2) Ermittlung des Grenzwertes (Anwendung der Grenzwertsätze, S. 109):

$\lim\limits_{h\to 0}(\frac{f(a+h)-f(a)}{h}\cdot g(a+h)+f(a)\cdot\frac{g(a+h)-g(a)}{h})$

$= f'(a)\cdot g(a)+f(a)\cdot g'(a)$ w.z.z.w.

Bem.: Beim 1. Summanden wurde die Stetigkeit von g (nach Satz 1 folgt sie aus der Differenzierbarkeit von g) ausgenutzt:

$\lim\limits_{h\to 0}g(a+h)=g(a)$

Bsp.: $f(x)=x^3\cdot\cos x; D_f=\mathbb{R}$

$\Rightarrow f'(x)=3x^2\cdot\cos x+x^3\cdot(-\sin x)$

$\qquad = 3x^2\cos x-x^3\sin x$

Es wurden die Regel vom konstanten Faktor, die Potenz- und die Produktregel angewendet.

(e) Quotientenregel

> **Satz 5:** Wenn f und g an der Stelle a differenzierbar sind, dann gilt dies auch für die Quotientenfunktion (mit $g(a)\neq 0$)
>
> $\left[\dfrac{f(a)}{g(a)}\right]'=\dfrac{f'(a)\cdot g(a)-f(a)\cdot g'(a)}{[g(a)]^2}$

Bew.: Man kann wie beim Beweis der Produktregel vorgehen.

(1) Der Differenzenquotient $m_S(a,h)$ wird durch Verwendung des gemeinsamen Nenners $g(a+h)\cdot g(a)$ und Ergänzung des gleichen Terms wie bei der Produktregel umgeformt in

$\dfrac{\frac{f(a+h)-f(a)}{h}\cdot g(a+h)-f(a)\cdot\frac{g(a+h)-g(a)}{h}}{g(a+h)\cdot g(a)}$.

(2) Der Grenzwert dieses Terms existiert für $g(a)\neq 0$ und ist gleich $\dfrac{f'(a)\cdot g(a)-f(a)\cdot g'(a)}{[g(a)]^2}$.

                           w.z.z.w.

Bsp.: $f(x)=\dfrac{x+2}{x^2-1}$; $D_f=\mathbb{R}\backslash\{-1;1\}$

$\Rightarrow f'(x)=\dfrac{1\cdot(x^2-1)-(x+2)\cdot 2x}{(x^2-1)^2}=\dfrac{-x^2-4x-1}{(x^2-1)^2}$

(f) Kettenregel

Aus den Regeln (a) bis (e) folgt, dass jede rationale Funktion (S. 115) differenzierbar ist. Außerdem sind alle Funktionen, die sich als Verknüpfung (S. 109) von differenzierbaren Funktionen zusammensetzen lassen, auch differenzierbar.

Eine andere Form der Zusammensetzung ist die sog. Verkettung zweier Funktionen (S. 75), z.B. bei $f(x)=(x^2-1)^{15}$ oder $f(x)=\sin x^2$. Es gilt

> **Satz 6:** Wenn f an der Stelle a und g an der Stelle $f(a)$ differenzierbar ist und die Verkettung $g\circ f$ existiert, dann ist $g\circ f$ auch an der Stelle a differenzierbar und es gilt:
> $g(f(a))'=f'(a)\cdot g'(z)$ mit $z=f(a)$.

Die Ableitungen $g'(z)$ und $f'(x)$ heißen *äußere* bzw. *innere Ableitung*.

Bew. des Satzes und *Beispiele* (Abb. A)

g) Umkehrfunktionsregel

> **Satz 7:** Wenn f eine auf einem Intervall definierte, streng monoton steigende (fallende) und an der Stelle a differenzierbare Funktion mit $y=f(x)$, $b=f(a)$ und $f'(a)\neq 0$ ist, dann gilt für die Umkehrfunktion an der Stelle a:
> f^{-1} ist bei $f(a)$ differenzierbar mit
> $[f^{-1}]'(f(a))=(f^{-1})'(b)=\dfrac{1}{f'(a)}=\dfrac{1}{f'(f^{-1}(b))}$
>
> Nach dem Austausch der Variablen x und y gilt: $[f^{-1}]'(x)=\dfrac{1}{f'(f^{-1}(x))}$.

Anschauliche Begründung des Satzes und *Beispiel* (Abb. B)

Ableitungen wichtiger Funktionen
s. Formelsammlung

Problemstellung: Ein Hühnerstall mit rechteckiger Grundfläche soll längs einer Scheunenwand entstehen. Für die anderen drei Seiten stehen 20 m Zaun zur Verfügung. Für welche Maße hat die Fläche einen maximalen Inhalt?

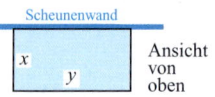

Scheunenwand

Ansicht von oben

Zaunlänge $Z = 2x + y = 20$ [m]   (Nebenbedingung: $2x + y = 20 \Leftrightarrow y = 20 - 2x$)

Flächeninhalt des Hühnerstalls: $A(x, y) = x \cdot y$ [m²]

$y = 20 - 2x$

$A(x) = x(20 - 2x)$

$\Leftrightarrow A(x) = 20x - 2x^2$

$\Leftrightarrow A(x) = -2(x - 5)^2 + 50$

Der Graph ist eine Parabel.

Ziel: maximaler Wert für $A(x)$

Ergebnis: »Höchster« Punkt des Graphen ist $(5 \mid 50)$.

x	$A(x)$
2	32
3	42
4	48
5	50
6	48
7	42
8	32

Der Hühnerstall erhält daher die Seitenmaße: 5 m, 10 m und 5 m.

A   Extremwertproblem

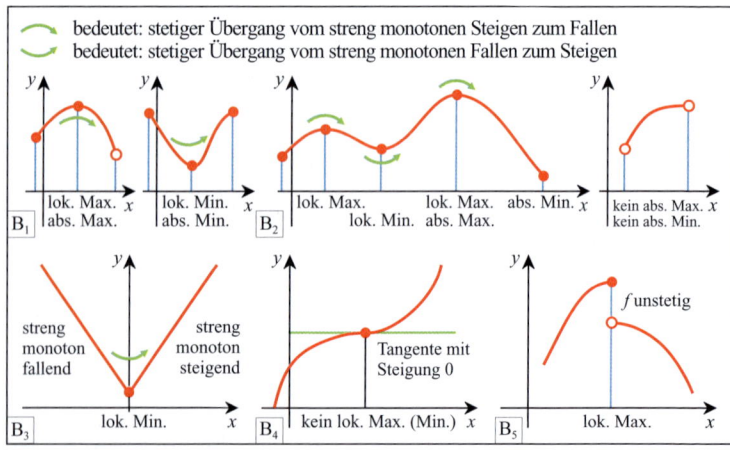

⤸ bedeutet: stetiger Übergang vom streng monotonen Steigen zum Fallen

⤹ bedeutet: stetiger Übergang vom streng monotonen Fallen zum Steigen

B_1 lok. Max. abs. Max. | lok. Min. abs. Min.

B_2 lok. Max. lok. Min. lok. Max. abs. Max. abs. Min. | kein abs. Max. kein abs. Min.

B_3 streng monoton fallend streng monoton steigend lok. Min.

B_4 Tangente mit Steigung 0 kein lok. Max. (Min.)

B_5 f unstetig lok. Max.

B   Graphen zu Extrempunkten

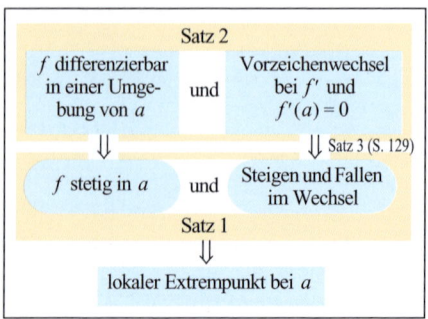

Satz 2

f differenzierbar in einer Umgebung von a	und	Vorzeichenwechsel bei f' und $f'(a) = 0$

$\Downarrow$ $\Downarrow$ Satz 3 (S. 129)

f stetig in a	und	Steigen und Fallen im Wechsel

Satz 1

$\Downarrow$

lokaler Extrempunkt bei a

C   Zusammenhang der Sätze 1 und 2

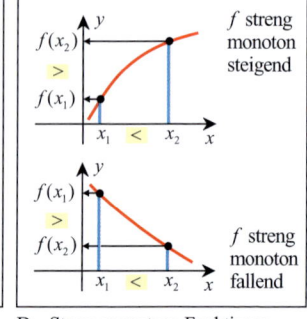

f streng monoton steigend

f streng monoton fallend

D   Streng monotone Funktionen

Lokale Extrema, absolute Extrema

Bei dem in Abb. A dargestellten Problem kann man das Ergebnis am »höchsten« Punkt des Graphen (hier der Scheitel der Parabel) ablesen. Derartige »Höchstpunkte«, aber auch »Tiefstpunkte« (Oberbegriff: Extrempunkte), spielen in den Anwendungen der Mathematik (S. 131f.) eine wichtige Rolle.

Definition eines Extrempunktes

Wie die Beispiele in Abb. B zeigen, kann es
- einen **absolut** größten (kleinsten) Funktionswert – bezogen auf den gesamten Definitionsbereich – und
- **lokal** größte (kleinste) Funktionswerte, die relativ zur Nachbarschaft extrem sind, geben.

> **Def. 1:** Eine reelle Funktion f hat bei $a \in D_f$ ein *absolutes Maximum* (*Minimum*) bzw. der Graph einen *absoluten Hoch*[*Tief*-]*punkt*, wenn für *alle* $x \in D_f$ gilt:
> $f(x) \leq f(a) [f(x) \geq f(a)]$.

Absolute Extrema können auch am Rand von D_f liegen (Abb. B_2). Man spricht dann von *Randextrema*.
Abs. Extrema brauchen nicht zu existieren (Abb. B_2).

> **Def. 2:** Eine reelle Funktion f hat bei $a \in D_f$ ein *lokales* (*relatives*) *Maximum* [*Minimum*] bzw. der Graph einen *lokalen* (*relativen*) *Hoch*[*Tief*-]*punkt*, wenn in einer Umgebung von a gilt:
> $f(x) < f(a) [f(x) > f(a)]$ für alle $x \neq a$.
> a heißt *Extremstelle*.

Um ein abs. Extremum bestimmen zu können, muss man i.d.R. die lok. Extrema kennen.

Hinreichende Bedingungen für lokale Extrempunkte

Es werden Sätze der Form »Wenn ... B ..., dann liegt bei a ein lok. Maximum [Minimum]« gesucht. Dabei steht B für Bedingungen, die hinreichend sind, um aus ihnen, wenn sie erfüllt werden, auf einen lok. Extrempunkt schließen zu können. Man spricht von *hinreichenden Bedingungen*.

Steigen-Fallen- bzw. Fallen-Steigen-Satz

> **Def. 3:** Eine reelle Funktion f heißt *monoton steigend* [*fallend*], wenn für je zwei Stellen x_1 und x_2 aus D_f mit $x_1 < x_2$ gilt:
> $f(x_1) \leq f(x_2) [f(x_1) \geq f(x_2)]$.

> Sie heißt *streng* monoton steigend [fallend], wenn $\leq$ durch $<$ [$\geq$ durch $>$] ersetzt wird. (Abb. D)

Den Beispielen der Abb. B_1 und B_2 ist gemeinsam, dass es sich bei den lok. Extrempunkten um *stetige Übergänge vom strengen Steigen zum strengen Fallen* (Maximum) *bzw. vom strengen Fallen zum strengen Steigen* (Minimum) handelt.
Diese Bedingung ist hinreichend für einen lok. Extrempunkt, denn es gilt

> **Satz 1 (Steigen-Fallen- bzw. Fallen-Steigen-Satz):** Wenn eine in a stetige Funktion f in einer Umgebung von a linksseitig streng monoton steigt (fällt) und rechtsseitig streng monoton fällt (steigt), dann liegt bei a ein lok. Maximum (Minimum).

Bsp.: Abb. B_3

Vorzeichenwechselsatz

Die Graphen der Abb. B_1 und B_2 gehören zu *differenzierbaren* Funktionen, die sich durch besondere Steigungseigenschaften in der Umgebung einer Extremstelle a auszeichnen:
(1) Die Steigung des Graphen bzw. der Tangente ist an der Extremstelle 0.
(2) An einem lokalen Extrempunkt findet ein *Übergang (Wechsel) von positiver zu negativer Steigung* (Maximum) bzw. *von negativer zu positiver Steigung* (Minimum) statt.
Die Bedingung (1) allein ist nicht hinreichend. Es gibt Funktionen, die eine Stelle der Steigung 0 und kein lok. Extremum besitzen (Abb. B_4).
Dagegen sind (1) und (2) zusammen hinreichend für lok. Extrempunkte. Es gilt

> **Satz 2 (Vorzeichenwechselsatz):**
> Wenn f in einer Umgebung der Stelle a differenzierbar ist und $f'(a) = 0$ und
> $$f'(x)\begin{cases} > 0 \text{ für } x < a \\ < 0 \text{ für } x > a \end{cases} \quad \text{bzw.}$$
> $$f'(x)\begin{cases} < 0 \text{ für } x < a \\ > 0 \text{ für } x > a \end{cases} \quad \text{gelten,}$$
> dann liegt bei a ein lok. Maximum bzw. Minimum.

Bem.: Dieser Satz ist auf Grund des engen Zusammenhangs von streng monoton steigenden bzw. fallenden Funktionen und ihrer Ableitung f' (s. Monotoniesatz, S. 129) ein Spezialfall von Satz 1 (Abb. C).

Vorgegeben: $f(x)=x^4-2x^2+1$

Gesucht: Bereiche streng monotonen Fallens bzw. Steigens

Es gilt: $f'(x)=4x^3-4x$

(1) Nullstellen von f' (Tangentensteigung von f ist 0):

$4x^3-4x=0 \Leftrightarrow 4x(x^2-1)=0$
$\Leftrightarrow f'(x)=0 \vee x=1 \vee x=-1$
Nullstellenmenge: $\{-1;0;1\}$

(2) Vorzeichenfelder von f':

x	-2	$-0,5$	$0,5$	2
$f'(x)$	<0	>0	<0	>0

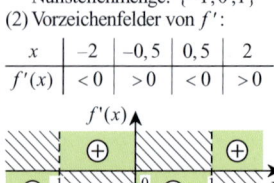

f fällt	steigt	fällt	steigt
	streng monton		

A   Monotonie-Intervalle

Vorgegeben: $f(x)=\frac{1}{5}x^5-\frac{1}{4}x^4$

Gesucht: lok. Extrempunkte

Es gilt: $f'(x)=x^4-x^3$

(1) Lösungen der Gleichung $f'(x)=0$ sind 0 und 1

(2) Vorzeichenfelder von f':

x	-1	$0,5$	2
$f'(x)$	>0	<0	>0

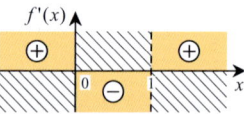

Wegen $f'(0)=0$ und $f'(1)=0$ und dem Vorzeichenwechsel von $+$ nach $-$ an der Stelle 0 und von $-$ nach $+$ an der Stelle 1, liegt bei 0 ein lok. Hochpunkt und bei 1 ein lok. Tiefpunkt.

B   Anwendung des Vorzeichenwechselkriteriums

Vorgegeben: $f(x)=x^3-12x$ Gesucht: lokale Extrempunkte

(1) Lösungen der Gleichung $f'(x)=0$

$f'(x)=0 \Leftrightarrow 3x^2-12=0 \Leftrightarrow x^2-4=0 \Leftrightarrow x=2 \vee x=-2 \Rightarrow L=\{-2;2\}$
Höchstens an den Stellen -2 und 2 können lokale Extrempunkte liegen.

(2) Überprüfung der hinreichenden Bedingungen $f'(a)=0$ und $f''(a)<0$ u. $f'(a)=0$ und $f''(a)>0$

$f''(x)=6x$ $\underset{a=2}{\rightarrow}$ $f'(2)=0$ und $f''(2)=12>0$ Also liegt bei 2 ein lok. Tiefpunkt

$\underset{a=-2}{\rightarrow}$ $f'(-2)=0$ und $f''(-2)=-12<0$ und bei -2 ein lok. Hochpunkt.

C   Anwendung des f'-f''-Satzes

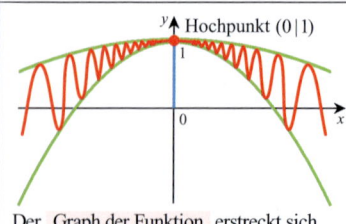

Der Graph der Funktion erstreckt sich zwischen den beiden Hilfsgraphen oszillierend.

In keiner Umgebung von 0 kann es daher streng monotones Steigen oder Fallen geben. Auch ein Vorzeichenwechsel ist nicht möglich. Dennoch ist der Punkt $(0|1)$ ein lokaler Hochpunkt.

D   Gegenbeispiel

Vorgegeben: $f(x)=x^4$, $a=0$
$\Rightarrow f'(x)=4x^3$, $f'(a)=f'(0)=0$
$\Rightarrow f''(x)=12x^2$, $f''(a)=f''(0)=0$
$\Rightarrow f'''(x)=24x$, $f'''(a)=f'''(0)=0$

Obwohl $f''(0)\neq 0$ nicht erfüllt wird, liegt an der Stelle 0 ein lokaler Tiefpunkt.

Graph zu $f(x)=x^4$:

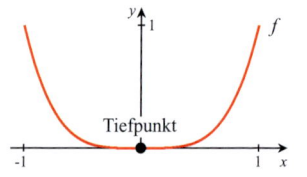

E   Gegenbeispiel zur Umkehrung von Satz 5

Schon bei einfachen Funktionen ist der Nachweis der Monotonie nach der Definition eine sehr unbequeme Rechnung. Diese kann man ggf. vermeiden durch die Anwendung von

Satz 3 (Monotoniesatz): Wenn eine differenzierbare Funktion f auf einem Intervall definiert ist und dort $f'(x) > 0$ $[f'(x) < 0]$ gilt, dann ist f streng monoton steigend [fallend] (S. 126, Abb. D).

ohne Beweis

Bsp.: $f(x) = x^4 - 2x^2 + 1$
Lösung mit Vorzeichenfeldern, Abb. A
Bem. 1: Mit Hilfe von Satz 3 ergibt sich nun: Satz 2 ist ein Spezialfall von Satz 1 (S. 126, Abb. C).
Bem. 2: Der Kehrsatz zu Satz 3 ist falsch, denn es gibt z.B. streng monoton steigende Funktionen mit $f'(a) = 0$.
Bsp.: $f(x) = x^3 \Rightarrow f'(x) = 3x^2 \Rightarrow f'(0) = 0$

Die **Bedeutung der Gleichung** $f'(x) = 0$ für den Nachweis lok. Extrema liegt darin, dass bei Vorliegen eines lok. Extremums an einer differenzierbaren Stelle a *notwendigerweise* $f'(a) = 0$ gilt. Alle Stellen a mit $f'(a) \neq 0$ entfallen als mögliche Extremstellen. Es folgt

Satz 4: Bei einer differenzierbaren Funktion können lok. Extrempunkte *höchstens* an den Stellen liegen, die Lösungen der Gleichung $f'(x) = 0$ sind.

Bsp.: $f(x) = \frac{1}{5}x^5 - \frac{1}{4}x^4 \Rightarrow f'(x) = x^4 - x^3$
Lösungen der Gleichung $f'(x) = 0$
$x^4 - x^3 = 0 \Leftrightarrow x = 0 \lor x = 1$
Der Graph hat also *höchstens* an den Stellen 0 und 1 einen lok. Extrempunkt.
So viel und nicht mehr leistet die **notwendige** Bedingung $f'(x) = 0$. Die Entscheidung über lok. Extrema muss man mit einer hinreichenden Bedingung treffen, z.B. mit $f'(a) = 0$ und einem VW von f' bei a (Abb. B).

f'-f''-Satz
Das Aufsuchen eines VW von f' kann ersetzt werden durch eine Untersuchung der 2. Ableitung f'' (der Ableitung $(f')'$ der Funktion f') an der möglichen Extremstelle. Es gilt:

Satz 5 (f'-f''-Satz): Wenn die Funktion f in einer Umgebung von a zweimal differenzierbar ist und
$f'(a) = 0$ und $f''(a) < 0$
$[f'(a) = 0$ und $f''(a) > 0]$ gelten, dann liegt an der Stelle a ein lok. Maximum [Minimum].

Beispiel: Abb. C

$f^{(n)}$-$f^{(n+1)}$-Satz
Für $f(x) = \frac{1}{5}x^5 - \frac{1}{4}x^4$ erhält man
$f'(x) = x^4 - x^3$ und
$f''(x) = 4x^3 - 3x^2$
Bei 0 liegt zwar ein lok. Extrempunkt (s. Beispiel zu Satz 4), aber es gilt $f''(0) = 0$, so dass Satz 5 nicht anwendbar ist.
Bildet man weitere Ableitungen
$f'''(x) = 12x^2 - 6x$
$f^{(4)}(x) = 24x - 6$
so stellt man fest, dass
$f'''(0) = 0$, $f^{(4)}(0) = -6 < 0$ gilt. Die erste von 0 verschiedene Ableitung an der Stelle 0 ist von gerader Ordnung und < 0. Daraus folgert man, dass bei 0 ein lok. Maximum vorliegt.
Es gilt nämlich allgemein der

Satz 6: Wenn die Funktion f in einer Umgebung von a mindestens n-mal differenzierbar und n gerade ist und
$f'(a) = f''(a) = \ldots = f^{(n-1)}(a) = 0$ und
$f^{(n)}(a) < 0$ $[f^{(n)}(a) > 0]$ gelten, so liegt bei a ein lok. Maximum [Minimum].

Grenzen hinreichender Bedingungen für lokale Extrempunkte
Die Sätze 1, 2, 5 und 6 enthalten hinreichende Bedingungen für lokale Extrempunkte. Diese Bedingungen sind jedoch nicht notwendig, d.h. sind sie an einer Stelle **nicht** erfüllt, so kann es dennoch an dieser Stelle einen lok. Extrempunkt geben (s.u. Gegenbeispiele).
Will man nachweisen, dass **kein** Extremum vorliegt, muss man mit anderen Methoden eine Entscheidung herbeiführen. Z.B. kann man $f'(a) = 0$ oder andere für einen lok. Extrempunkt notwendige Bedingungen überprüfen.

Gegenbeispiele
zu Satz 1: Es gibt Funktionen, die an einer Stelle a nicht stetig sind, aber dennoch einen lok. Extrempunkt bei a besitzen (S. 126, Abb. B₅).
Außerdem gibt es Funktionen, die linksseitig oder rechtsseitig von einer Stelle a nicht streng monoton fallend oder steigend sind, aber dennoch an der Stelle einen lok. Extrempunkt besitzen (Abb. D).
zu Satz 2: Auch für den Fall, dass kein VW an der Stelle a vorliegt, gibt es Funktionen, die an der Stelle einen lok. Extrempunkt besitzen (Abb. D).
zu Satz 5: Abb. E
zu Satz 6: wie in Abb. E mit $f(x) = x^{n+2}$

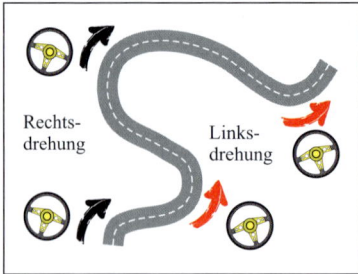

A Kurvenfahrt mit dem Auto

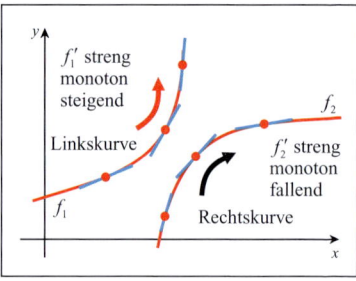

B Links- und Rechtskrümmung

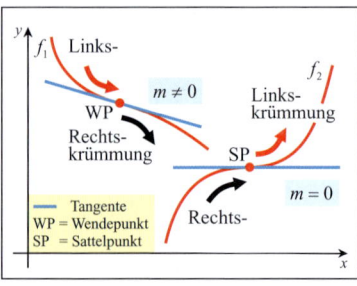

C Wendepunkt, Sattelpunkt

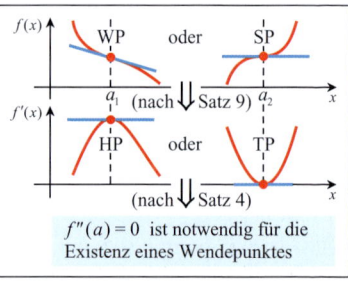

D Notwendige Bedingung für Wendepunkte

	für ein lokales Extremum bei a	für einen Wendepunkt bei a
notwendig	$f'(a) = 0$ (Satz 4)	$f''(a) = 0$ (Satz 8)
hinreichend	$f'(a) = 0$ und Vorzeichenwechsel bei f' von $+$ nach $-$ bzw. von $-$ nach $+$ (Satz 2)	$f''(a) = 0$ und Vorzeichenwechsel bei f'' von $+$ nach $-$ bzw. von $-$ nach $+$ (Satz 10)
	$f'(a) = 0 \ \wedge \ f''(a) = 0$ (Satz 5)	$f''(a) = 0 \ \wedge \ f'''(a) \neq 0$ (Satz 11)
	$f'(a) = \ldots = f^{(n-1)}(a) = 0 \ \wedge \ f^{(n)} \neq 0$, $n \geq 2$ und n gerade (Satz 6)	$f''(a) = \ldots = f^{(n-1)}(a) = 0 \ \wedge \ f^{(n)} \neq 0$, $n \geq 3$ und n ungerade (Satz 12)

E Zusammenfassung der Sätze zu lokalen Extrema und Wendepunkten

$f(x) = \frac{1}{6}x^6 - \frac{1}{5}x^5$; $D_f = \mathbb{R}$

$\Rightarrow f'(x) = x^5 - x^4$; $f''(x) = 5x^4 - 4x^3$

Notw. Bed.:

$f''(x) = 0 \Leftrightarrow x^3(5x - 4) = 0 \ \Leftrightarrow \ x = 0 \ \vee \ x = \frac{4}{5}$

VW von f'' bei 0 und $\frac{4}{5}$:

$f''(-1) > 0$; $f''(\frac{1}{2}) < 0$; $f''(1) > 0$

Wegen der Stetigkeit von f'' folgt nach Satz 10: Bei 0 und bei $\frac{4}{5}$ liegen Wendepunkte von Links- nach Rechtskrümmung bzw. umgekehrt (Sattelpunkt bei 0).

Bem.: Man könnte für $\frac{4}{5}$ auch Satz 11 anwenden, für 0 dagegen nicht (stattdessen Satz 12).

F Bestimmung eines Wendepunktes nach Satz 10

Krümmung

Bei einer Fahrt mit dem Auto auf einer kurvenreichen Straße (Abb. A) ändert der Fahrer ständig die Fahrtrichtung seines Fahrzeugs durch Drehen des Steuerrades nach links bzw. nach rechts. Je nach Drehung des Lenkrades hat die Straße eine Links- bzw. Rechtskurve.
Bei Graphen von Funktionen spricht man sinngemäß von *Links*- bzw. *Rechtskrümmung*. In Abb. B wird an den Änderungen der Tangentenlagen deutlich, dass *Krümmung* etwas mit den Veränderungen der Ableitung f' zu tun hat. Man definiert daher

> **Def. 4:** f sei eine differenzierbare Funktion. Dann hat der Graph von f im Intervall I Links[Rechts-]krümmung, wenn f' im Intervall streng monoton steigt (fällt).
> Andere Sprechweise: Der Graph ist im Intervall I *links(rechts-)gekrümmt.*

Für zweimal differenzierbare Funktionen lässt sich nach dem Monotoniesatz (S. 129) vom Vorzeichen von f'' auf die Art der Krümmung schließen. Es gilt

> **Satz 7 (Krümmungssatz):** Wenn f eine zweimal differenzierbare Funktion ist und im Intervall I $f''(x) > 0$ $[f''(x) < 0]$ gilt, dann besitzt f Links[Rechts-]krümmung.

Bsp.: $f(x) = x^3, D_f = \mathbb{R}$
$$\Rightarrow f'(x) = 3x^2 \quad ; \quad f''(x) = 6x$$
$$f''(x) \begin{cases} > 0 \text{ für } x > 0 : \text{Linkskrümmung} \\ < 0 \text{ für } x < 0 : \text{Rechtskrümmung} \end{cases}$$

Wendepunkte

Wendepunkte sind diejenigen Punkte in einem Graphen, bei denen sich die Krümmungsart ändert (Abb. C). Diese Änderung kann auf zweifache Weise geschehen: von Links- nach Rechtskrümmung oder von Rechts- nach Linkskrümmung.

> **Def. 5:** Ein Punkt eines Graphen heißt *Wendepunkt*, wenn in ihm ein Übergang von Links- nach Rechtskrümmung oder umgekehrt erfolgt. Ein Wendepunkt, in dem die Tangentensteigung 0 ist, heißt *Sattelpunkt.*

Für zweimal differenzierbare Funktionen ist f' stetig. Daher kann man einen Wendepunkt als stetigen Übergang vom strengen Steigen zum strengen Fallen von f' bzw. vom strengen Fallen zum strengen Steigen von f' kennzeichnen. Damit wird Satz 1 (S. 127) anwendbar, indem man die Funktion f durch die Ableitungsfunktion f' ersetzt. Es gilt also der

> **Satz 8:** Wenn f zweimal differenzierbar ist und bei a ein Wendepunkt liegt, dann hat f' bei a einen lokalen Extrempunkt. Dabei entspricht einem Hoch[Tief-]punkt bei f' der Übergang von Links[Rechts-]krümmung nach Rechts[Links-]krümmung.

Aus Satz 8 in Verbindung mit Satz 4 (S. 129), bezogen auf f', ergibt sich (Abb. D)

> **Satz 9:** Bei einer zweimal differenzierbaren Funktion können Wendepunkte *höchstens* an den Stellen liegen, die Lösungen der Gleichung $f''(x) = 0$ sind.
> $f''(a) = 0$ ist also eine notwendige Bedingung für eine Wendestelle bei a.

So wie Satz 9 die Entsprechung von Satz 4 ist (die Ordnung der Ableitung wird um 1 erhöht), so entsprechen Satz 10, 11 und 12 den Sätzen 2, 5 und 6 (Abb. E).

> **Satz 10:** Wenn f in einer Umgebung der Stelle a zweimal differenzierbar ist und $f''(a) = 0$ und
> $$f''(x) \begin{cases} > 0 \text{ für } x < a \\ < 0 \text{ für } x > a \end{cases} \quad \text{bzw.} \quad f''(x) \begin{cases} < 0 \text{ für } x < a \\ > 0 \text{ für } x > a \end{cases}$$
> gelten, dann liegt an der Stelle a ein Wendepunkt von Links[Rechts-]krümmung nach Rechts [Links-]krümmung.

> **Satz 11 ($f'' - f'''$-Satz):** Wenn die Funktion f in einer Umgebung von a dreimal differenzierbar ist und
> $f''(a) = 0$ und $f'''(a) < 0$ bzw.
> $f''(a) = 0$ und $f'''(a) > 0$ gelten,
> dann liegt an der Stelle a ein Wendepunkt von Links[Rechts-]krümmung nach Rechts[Links-]krümmung.

> **Satz 12:** Wenn die Funktion f in einer Umgebung von a mindestens n-mal differenzierbar und n ungerade ($n \geq 3$) ist und
> $f''(a) = f'''(a) = ... = f^{(n-1)}(a) = 0$ und
> $f^{(n)}(a) < 0$ $[f^{(n)}(a) > 0]$ gelten,
> dann liegt an der Stelle a ein Wendepunkt von Links[Rechts-]krümmung nach Rechts[Links-]krümmung.

Bsp.: (1) $f(x) = x^3, D_f = \mathbb{R}$. An der Stelle 0 gilt: $f'(0) = f''(0) = 0; f'''(0) = 6$. Nach Satz 11 liegt an der Stelle 0 ein Wendepunkt von Rechts- nach Linkskrümmung, der wegen $f'(0) = 0$ ein Sattelpunkt ist.
(2) Abb. F

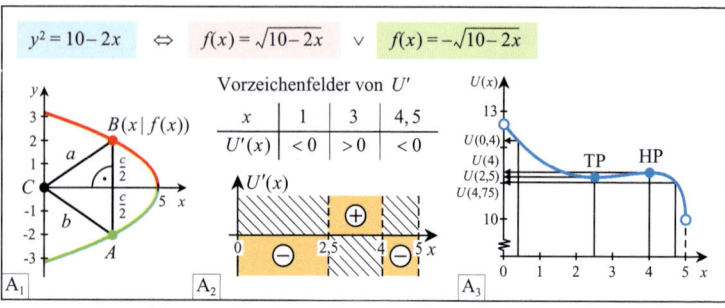

$$y^2 = 10 - 2x \quad \Leftrightarrow \quad f(x) = \sqrt{10-2x} \quad \vee \quad f(x) = -\sqrt{10-2x}$$

Vorzeichenfelder von U'

x	1	3	4, 5
$U'(x)$	< 0	> 0	< 0

A_1 A_2 A_3

A   Extremwertproblem

Bei einer Kurvendiskussion sind i.d.R. folgende Gesichtspunkte zu beachten (vgl. S. 115f.):
(1) Definitionsbereich D_f (Definitonslücken und Unstetigkeitsstellen bestimmen)
(2) Symmetrie (Achsensymmetrie $\Leftrightarrow f(-x) = f(x)$ für alle $x \in D_f$ oder
    Punktsymmetrie $\Leftrightarrow f(-x) = -f(x)$ für alle $x \in D_f$)
(3) Schnittpunkt mit der y-Achse $(0 \mid f(0))$
(4) Nullstellen und Vorzeichenfelder von f
(5) Verhalten am Rande von D_f (z.B. $\lim\limits_{x \to \pm\infty} f(x)$)
(6) lokale Extrempunkte: • Differenzierbarkeitsbereich $D_{f'}$ feststellen
    • notwendige Bedingung: Lösungen der Gleichung $f'(x) = 0$
      (S. 129, Satz 4)
    • hinreichende Bedingung: Sätze 1, 2, 5 und 6 (S. 127f.)
    (evtl. Vorgehen nach der Definition S.127, Def. 2, wie für das Bsp. auf S. 128, Abb. D)
(7) Wendepunkte: • Differenzierbarkeitsbereich $D_{f''}$ feststellen
    • notwendige Bedingung: Lösungen der Gleichung $f''(x) = 0$
      (S. 131, Satz 9)
    • hinreichende Bedingung: Sätze 10, 11 und 12 (S. 131)
(8) Graph der Funktion (ggf. Wertetabelle zur Ergänzung der charakteristischen Punkte)

B   Elemente einer Kurvendiskussion

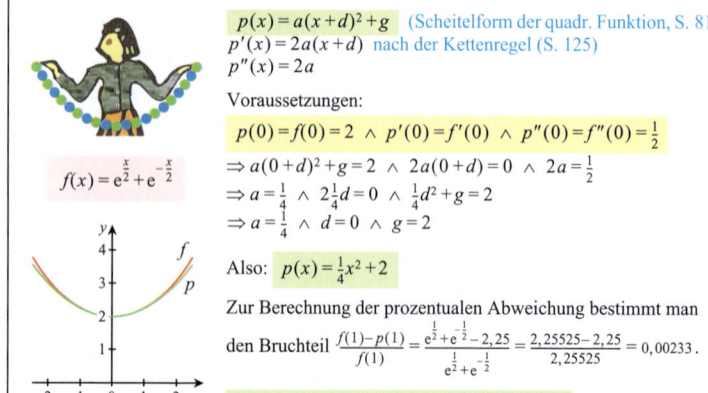

$p(x) = a(x+d)^2 + g$ (Scheitelform der quadr. Funktion, S. 81)
$p'(x) = 2a(x+d)$ nach der Kettenregel (S. 125)
$p''(x) = 2a$

Voraussetzungen:

$p(0) = f(0) = 2 \ \wedge \ p'(0) = f'(0) \ \wedge \ p''(0) = f''(0) = \frac{1}{2}$

$\Rightarrow a(0+d)^2 + g = 2 \ \wedge \ 2a(0+d) = 0 \ \wedge \ 2a = \frac{1}{2}$

$\Rightarrow a = \frac{1}{4} \ \wedge \ 2\frac{1}{4}d = 0 \ \wedge \ \frac{1}{4}d^2 + g = 2$

$\Rightarrow a = \frac{1}{4} \ \wedge \ d = 0 \ \wedge \ g = 2$

Also: $p(x) = \frac{1}{4}x^2 + 2$

Zur Berechnung der prozentualen Abweichung bestimmt man

den Bruchteil $\dfrac{f(1) - p(1)}{f(1)} = \dfrac{e^{\frac{1}{2}} + e^{-\frac{1}{2}} - 2,25}{e^{\frac{1}{2}} + e^{-\frac{1}{2}}} = \dfrac{2,25525 - 2,25}{2,25525} = 0,00233$.

Die Abweichung beträgt ungefähr 0,23 %.

$f(x) = e^{\frac{x}{2}} + e^{-\frac{x}{2}}$

C   Approximation der Kettenlinie durch eine Parabel

Extremwertproblem

Dabei geht es um die Beschreibung einer Grö-ße, die maximal oder minimal werden soll, durch eine Funktionsvorschrift (der sog. *Zielfunktion*). I.A. besteht eine Abhängigkeit von mehreren Variablen. Durch Nebenbedingungen wird die Anzahl der abhängigen Variablen bis auf eine reduziert.

Diese Funktion mit einer Variablen kann dann auf ein abs. Extremum hin untersucht werden (vgl. S. 126, Abb. A).

Beispiel 1: Vorgegeben sei der Teil einer Parabel mit der Relationsvorschrift $y^2 = 10 - 2x$, $x \in [0;5]$.

Man prüfe, ob es unter den gleichschenkligen Dreiecken, deren Spitze fest in $(0|0)$ verankert ist und deren zwei andere, die Basis bestimmenden Punkte auf der Parabel liegen, eines mit größtem oder kleinstem Umfang gibt (Abb. A_1).

Lösung:

(1) Einführung von Variablen, Aufstellen der Zielfunktion, Reduzierung der Variablenzahl durch Nebenbedingungen:

a, b und c seien die Seitenlängen des Dreiecks.

Zielfunktionsterm: Umfang U des Dreiecks in Abhängigkeit von den Seitenlängen a, b und c

$$U(a,b,c) = a + b + c$$

Nebenbedingungen:

a) $a = b$ wegen der Gleichschenkligkeit

b) $c = 2\sqrt{10 - 2x}$ wegen der Lage der Ecken des Dreiecks auf der Parabel

c) $a = \sqrt{x^2 + [f(x)]^2}$ wegen des rechtwinkligen Teildreiecks

$\Rightarrow U(x) = 2\sqrt{x^2 + [f(x)]^2} + 2\sqrt{10 + 0(-2x)}$

$\Rightarrow U(x) = 2\sqrt{x^2 + 10 - 2x} + 2\sqrt{10 - 2x}$ mit

$D_U =]0;5[$ (offenes Intervall, weil für 0 und 5 kein Dreieck entsteht)

(2) Untersuchung auf lok. Extrempunkte

U ist differenzierbar in D_U und es ergibt sich mit der Kettenregel (S. 125):

$$U'(x) = \frac{2x - 2}{\sqrt{x^2 + 10 - 2x}} + \frac{-2}{\sqrt{10 - 2x}}$$

(2.1) Lösung der Gleichung $U'(x) = 0$
$D_x =]0;5[$

$\frac{2x-2}{\sqrt{x^2+10-2x}} = \frac{2}{\sqrt{10-2x}} \Leftrightarrow \frac{x-1}{\sqrt{x^2+10-2x}} = \frac{1}{\sqrt{10-2x}}$

$\Leftrightarrow (x-1) \cdot \sqrt{10-2x} = \sqrt{x^2+10-2x}$ | quadrieren

$\Rightarrow (x-1)^2 (10 - 2x) = x^2 + 10 - 2x$

$\Leftrightarrow 2x^3 - 13x^2 + 20x = 0$

$\Leftrightarrow x = 0 \quad \vee \quad 2x^2 - 13x + 20 = 0$ | 0 entfällt

$\rightarrow x = 4 \vee x = 2,5$

Probe wegen des Quadrierens notwendig:

$\lfloor x = 4 \quad U'(4) = \frac{6}{\sqrt{18}} - \frac{2}{\sqrt{2}} = 0$

$\lfloor x = 2,5 \quad U'(2,5) = \frac{3}{\sqrt{11,25}} - \frac{2}{\sqrt{5}} = 0$

Nur bei 4 und 2,5 können lok. Extrema liegen.

(2.2) Überprüfung mit einer hinreichenden Bedingung (Satz 2, S. 127)

Vorzeichenfelder von U' (Abb. A_2): Auf Grund der Vorzeichenwechsel liegt

bei 2,5 ein lok. Tiefpunkt $(2,5 ; 5\sqrt{5})$,

bei 4 ein lok. Hochpunkt $(4 ; 8\sqrt{2})$.

(3) Untersuchung auf abs. Extrema

An den negativen Vorzeichenfeldern von U' erkennt man, dass U über den beiden Randintervallen streng monoton fällt. Weiter gilt z.B. $U(0,6) > U(4)$ und $U(4,9) < U(2,5)$.

Es existiert weder ein abs. Maximum noch ein abs. Minimum, weil für die Intervallgrenzen kein Dreieck vorhanden ist.

Kurvendiskussion
(Abb. B)

Beispiel 2: Vorgegeben sei die Funktion mit $f(x) = e^{\frac{x}{2}} + e^{-\frac{x}{2}}$; $x \in \mathbb{R}$, e = eulersche Zahl (S. 153).

a) Der Graph der Funktion soll durch eine Untersuchung auf Nullstellen, lokale Extrempunkte und Wendepunkte ermittelt werden.

b) Der Graph soll durch eine Parabel mit $p(x) = a(x+b)^2 + c$ ersetzt werden mit: $p(0) = f(0)$, $p'(0) = f'(0)$; $p''(0) = f''(0)$.

Wie groß ist die prozentuale Abweichung an der Stelle 1?

Lösung:

a) Nullstellen der Funktion: keine, denn beide Summanden im Funktionsterm sind positiv; lokale Extrempunkte (ohne Text):

$f'(x) = \frac{1}{2}(e^{\frac{x}{2}} - e^{-\frac{x}{2}}) \Rightarrow f''(x) = \frac{1}{4}(e^{\frac{x}{2}} + e^{-\frac{x}{2}})$

$f'(x) = 0 \Leftrightarrow \frac{1}{2}(e^{\frac{x}{2}} - e^{-\frac{x}{2}}) = 0 \Leftrightarrow e^{\frac{x}{2}} = e^{-\frac{x}{2}}$

$\Leftrightarrow e^x = 1 \Leftrightarrow x = 0$

$f''(0) = \frac{1}{2} > 0$

$f'(0) = 0 \wedge f''(0) > 0 \Rightarrow (0|1)$ lok. Tiefpunkt

Wendepunkte: keine, denn $f''(x)$ ist immer positiv, also nur Linkskrümmung

Bem.: Der Graph dieser Funktion (Abb. C) ist ein Spezialfall $(r = 2)$ des als *Kettenlinie* bezeichneten Graphen zur Funktion mit

$$k(x) = \frac{r}{2}(e^{\frac{x}{r}} + e^{-\frac{x}{r}}) ; r \in \mathbb{R}_0^+$$

Perlenketten bilden annähernd derartige Kurven, wenn man sie, an den Enden haltend, frei durchhängen lässt.

b) Abb. C

Die Kettenlinie kann in Scheitelnähe recht gut durch eine Parabel angenähert werden.

$f_1(x) = \frac{x^2}{x^2+1}$ Graph zu f_1 $f_k(x) = \frac{x^2}{x^2+k^2}$, $k \in \mathbb{N}$

Daten für f_1 :

- $D_{f_1} = \mathbb{R}$, stetig auf $\mathbb{R}$
- Symmetrie zur y-Achse
- y-Achsenabschnitt: 0
- Asymptote: a mit $a(x) = 1$
- $(0|0)$ ist einziger Extrempunkt (Tiefpunkt)
- Wendepunkt $(\frac{1}{\sqrt{3}}|\frac{1}{4})$

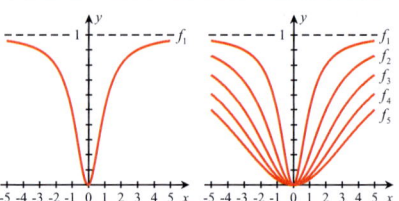

A   Diskussion einer Parameterfunktion

$f(x) = x^4 - 2x^3$

Probe:
$f'(x) = 4x^3 - 6x^2$, $f''(x) = 12x^2 - 12x$,
$f'''(x) = 24x - 12$

$(0|0)$ ist ein Punkt des Graphen, denn es gilt: $f(0) = 0$

$(0|0)$ ist Sattelpunkt, denn die notwendige Bedingung $f'(0) = 0$ und die hinreichenden Bedingungen aus Satz 11, S. 131, sind erfüllt:
$f'(0) = 0 \;\wedge\; f''(x) = 0 \;\wedge\; f'''(0) = -6 < 0$

$\frac{3}{2}$ ist eine Extremstelle, denn die hinreichenden Bedingungen aus Satz 5, S. 129, sind erfüllt:
$f'(\frac{3}{2}) = 4 \cdot (\frac{3}{2})^3 - 6 \cdot (\frac{3}{2})^2 = \frac{27}{2} - \frac{27}{2} = 0 \;\wedge\; f''(\frac{3}{2}) = 12 \cdot (\frac{3}{2})^2 - 12 \cdot \frac{3}{2} = 27 - 18 = 9 > 0$

$(1|-1)$ ist ein Punkt des Graphen, denn es gilt: $f(1) = 1 - 2 = -1$

Damit sind alle Nebenbedingungen erfüllt.

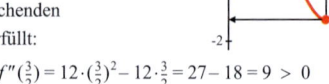

B   Überprüfung lokaler Eigenschaften durch hinreichende Bedingungen

Beispiel 5: Gibt es eine ganzrationale Funktion 3. Grades, die im Punkt $(0|0)$ einen Extrempunkt hat, durch den Punkt $(-1|-1)$ verläuft und an der Stelle 1 die Steigung 3 besitzt?
Lösung (Kurzform):
$f(x) = ax^3 - bx^2 - cx + d$, $f'(x) = 3ax^2 + 2bx + c$

a) $f(0) = 0 \iff d = 0$

b) $f'(0) = 0 \iff c = 0$

c) $f(-1) = -1 \iff (-a) + b = -1$

d) $f'(1) = 3 \iff 3a + 2b = 3$

Das Gleichungssystem aus c) und d) ergibt $a = 1$ und $b = 0$.
Daher müsste der ganzrat. Funktionsterm $f(x) = x^3$ der gesuchte Term sein. Der Graph dieser Funktion, die sog. Wendeparabel (S. 83), enthält jedoch keinen Extrempunkt, sondern an der Stelle 0 einen Sattelpunkt, für den allerdings ebenfalls $f'(x) = 0$ notwendig ist.

Es gibt also keine ganzrationale Funktion 3. Grades mit den oben angegebenen Eigenschaften.

C   Fehlerquelle bei der Bestimmung ganzrat. Funktionen mit Hilfe lokaler Eigenschaften

Inhalt krummlinig begrenzter Flächen

Zu diesem Flächentyp gehören z.B. die Kreisflächen (S. 183f.) und im Rahmen der Integralrechnung die Flächen zwischen Graphen von Funktionen und der x-Achse (speziell: *positive und negative Normalflächen*, bei denen sich das Vorzeichen der Funktionswerte nicht ändert, Abb. A).

Die Frage nach dem Inhalt dieser Flächen wird eingebettet in die allgemeinere Frage nach dem sog. *Integral einer Funktion.*

Dabei werden im Anschluss an ein charakteristisches Beispiel (I) zunächst beliebige positive Normalflächen behandelt (II), für die Inhalts- und Integralbegriff noch übereinstimmen. Über das Zulassen negativer Funktionswerte gelangt man dann zum Begriff des (bestimmten) Integrals (III).

Es wird unterschieden zwischen

a) der Existenz und

b) der Berechnung des Inhalts (bzw. des Integrals).

I) Spezielle positive Normalfläche

Ia) Existenz des Inhalts bei einer Fläche unter einem Parabelabschnitt

Vorgegeben sei die auf $[a;b]$ $(a \geq 0)$ definierte, nichtnegative, monoton steigende und stetige Funktion mit $f(x) = x^2$.

Das folgende Verfahren sichert die Existenz des Inhalts der zugehörigen Normalfläche:

(1) Zerlegen der Fläche durch Parallelen zur y-Achse in n gleich breite *Streifen* der Breite Δx (Abb. B_1)

(2) Ersetzen jedes Streifens durch ein umfassendes Rechteck mit der Breite Δx und dem größten Funktionswert M_i im zugehörigen i-ten Streifen als Höhe (Abb. B_2)

(3) Inhalt O_n des *umfassenden Rechtecknetzes* berechnen (**n-te Obersumme** von f über $[a;b]$, Abb. B_2):
$$O_n = M_1 \cdot \Delta x + \dots M_n \cdot \Delta x = \sum_{i=1}^{n} M_i \cdot \Delta x$$

(4) Entsprechend ein *einbeschriebenes Rechtecknetz* mit dem kleinsten Funktionswert m_i des i-ten Streifens als Höhe und dem Inhalt (**n-te Untersumme** U_n von f über $[a;b]$, Abb. B_3):
$$U_n = m_1 \cdot \Delta x + \dots + m_n \cdot \Delta x = \sum_{i=1}^{n} m_i \cdot \Delta x$$

(5) Vergrößerung der Anzahl n der Streifen $(n \to \infty)$; Obersumme wird kleiner (Folge (O_n) ist monoton fallend, Abb. B_4), Untersumme wird größer (Folge (U_n) monoton steigend, Abb. B_5)

Da beide Folgen beschränkt sind, konvergieren sie, u.z. gegen ihre untere bzw. obere Grenze (S. 101, Satz 10b).

(6) Gleichzeitig gilt für alle $n \in \mathbb{N}$ (Abb. B_6):
$U_n \leq O_n$ und $O_n - U_n = [f(b) - f(a)] \cdot \Delta x$.
Mit zunehmender Anzahl der Streifen wird die Streifenbreite immer kleiner, d.h. aus $n \to \infty$ folgt $\Delta x \to 0$ und damit
$\lim_{n \to \infty}(O_n - U_n) = \lim_{n \to \infty}([f(b) - f(a)] \cdot \Delta x) = 0$.
Nach S. 101, Satz 8, erhält man dann:

$$\lim_{n \to \infty} O_n = \lim_{n \to \infty} U_n$$

Es wird definiert:

Def.: Der Fläche unter dem Graphen wird der gemeinsame Grenzwert von O_n und U_n als Inhalt zugeordnet. Er wird mit $A_a^b(f(x))$ oder kürzer mit $A_a^b(f)$ bezeichnet (lies: Inhalt von f für x von a bis b) oder durch
$$\int_a^b f(x)\,dx \text{ gekennzeichnet}$$
(lies: Integral von a bis b von $f(x)$).

Das Zeichen für das Integral geht auf LEIBNIZ (1646-1716) zurück. $\int$ erinnert an das S in Summenbildung, dx an den Grenzwert $\Delta x \to 0$.

Ib) Berechnung des Inhalts $A_a^b(x^2)$

Hierzu genügt es, Einsetzungen in die Obersummenformel vorzunehmen und den Grenzwert mit $\Delta x^2 := (\Delta x)^2$ zu bestimmen:

$f(x) = x^2; \ x_1 = a + 1 \cdot \Delta x; \dots; \ x_n = a + n \cdot \Delta x$

$M_1 = (a + 1 \cdot \Delta x)^2; \dots; M_n = (a + n \cdot \Delta x)^2$

$$
\begin{aligned}
O_n &= \Delta x \cdot [(a + 1 \cdot \Delta x)^2 + \dots + (a + n \cdot \Delta x)^2]\\
&= \Delta x \cdot [a^2 + 1 \cdot 2a\Delta x + \Delta x^2 + \dots\\
&\qquad + a^2 + n \cdot 2a\Delta x + n^2 \Delta x^2]\\
&= \Delta x \cdot [n \cdot a^2 + 2a\Delta x(1 + 2 + \dots + n)\\
&\qquad + \Delta x^2(1 + 4 + \dots + n^2)]\\
&= n \cdot a^2 \Delta x + 2a \tfrac{n(n+1)}{2}\Delta x^2\\
&\qquad + \tfrac{1}{6}n(n+1)(2n+1)(\Delta x^3)
\end{aligned}
$$

$\Delta x = \dfrac{b-a}{n}$ Summen s. Formelsammlung

$$
\begin{aligned}
O_n &= (b-a)a^2 + a(b-a)^2 \cdot \tfrac{n+1}{n}\\
&\qquad + (b-a)^3 \cdot \tfrac{(n+1)(2n+1)}{6n^2}
\end{aligned}
$$

$$
\begin{aligned}
\Rightarrow \lim_{n \to \infty} O_n &= (b-a)a^2 + a(b-a)^2 + \tfrac{1}{3}(b-a)^3\\
&= ba^2 - a^3 + ab^2 - 2a^2b + a^3 + \tfrac{1}{3}b^3 - b^2a\\
&\qquad + ba^2 - \tfrac{1}{3}a^3\\
&= \tfrac{1}{3}b^3 - \tfrac{1}{3}a^3 \Rightarrow A_a^b(x^2) = \tfrac{1}{3}b^3 - \tfrac{1}{3}a^3
\end{aligned}
$$

Bsp.: $a = 0; b = 3$ $A_0^3(x^2) = \tfrac{1}{3}3^3 - \tfrac{1}{3}0^3 = 9$

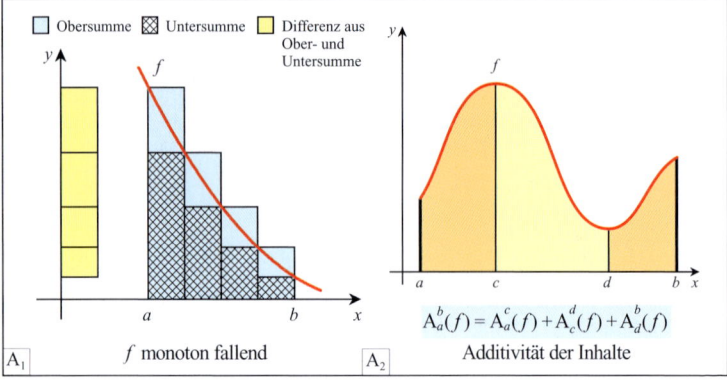

A   Flächen unter monoton fallenden Funktionen (A_1), Additivität der Inhalte (A_2)

Within the image:
- Obersumme / Untersumme / Differenz aus Ober- und Untersumme
- f monoton fallend
- $A_a^b(f) = A_a^c(f) + A_c^d(f) + A_d^b(f)$
- Additivität der Inhalte

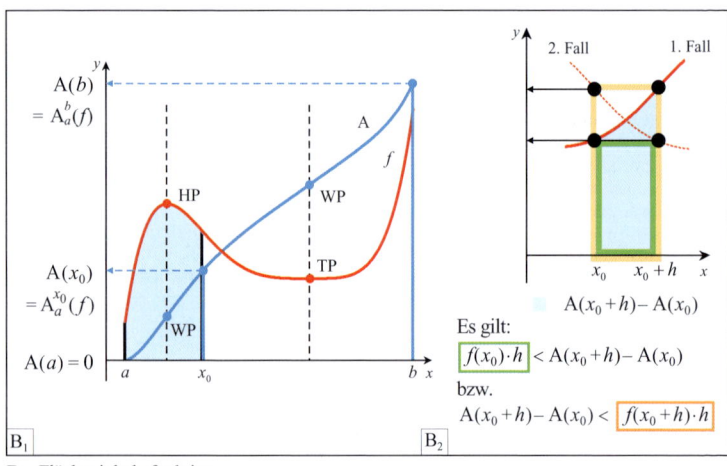

B   Flächeninhaltsfunktion

Within the image:
- $A(b) = A_a^b(f)$
- HP, WP, TP
- $A(x_0) = A_a^{x_0}(f)$
- $A(a) = 0$
- 2. Fall, 1. Fall
- $A(x_0 + h) - A(x_0)$
- Es gilt:
- $f(x_0) \cdot h < A(x_0 + h) - A(x_0)$
- bzw.
- $A(x_0 + h) - A(x_0) < f(x_0 + h) \cdot h$

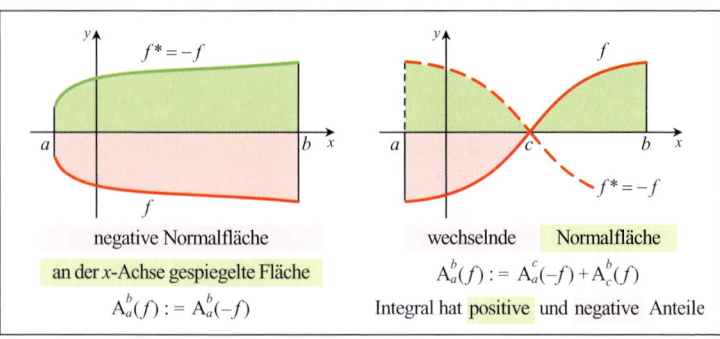

C   Negative bzw. wechselnde Normalfläche

Within the image:
- $f^* = -f$
- negative Normalfläche
- an der x-Achse gespiegelte Fläche
- $A_a^b(f) := A_a^b(-f)$
- wechselnde Normalfläche
- $A_a^b(f) := A_a^c(-f) + A_c^b(f)$
- Integral hat positive und negative Anteile

IIa) Existenz des Inhalts (des Integrals) positiver Normalfläche

Untersucht man die Ausführungen zu Ia) (S. 137) genauer auf die verwendeten Voraussetzungen, so fällt auf, dass an keiner Stelle von der speziellen Funktionsvorschrift $f(x) = x^2$ Gebrauch gemacht wird. Der Existenznachweis des Inhalts hat daher Gültigkeit für alle auf $[a;b]$ definierten, nichtnegativen, monoton steigenden und stetigen Funktionen. Statt monoton steigend kann die Funktion auch monoton fallend sein (Abb. A_1).

Auch für den Fall einer auf $[a;b]$ definierten, nichtnegativen, stückweise monotonen und stetigen Funktion ist damit die Existenz des Inhalts gesichert, wenn man die unmittelbar einsichtige sog. *Additivität* anwendet (Abb. A_2). Damit existiert für diesen Funktionstyp auch das Integral, da es mit dem Inhalt übereinstimmt. Diese Übereinstimmung entfällt, wenn man auf die Nichtnegativität verzichtet (s. III).

IIb) Berechnung des Inhalts (des Integrals) positiver Normalflächen

Das Berechnen des Inhalts mit Hilfe von Ober- oder Untersummen ist, wie das Beispiel unter Ib) zeigt, recht aufwändig, so dass man eine Rechenvereinfachung sucht.

Betrachtet man den Term $\frac{1}{3}b^3 - \frac{1}{3}a^3$ für den Inhalt $A_a^b(x^2)$ der Fläche unter dem Parabelabschnitt genauer, so fällt auf, dass es sich um die Differenz $F(b) - F(a)$ zweier Funktionswerte einer sog. Stammfunktion F von f mit $F(x) = \frac{1}{3}x^3$ handelt, die für die

$$F'(x) = [\tfrac{1}{3}x^3]' = 3 \cdot \tfrac{1}{3}x^2 = x^2 = f(x)$$

gilt (s. S. 145).

Dass dieser Zusammenhang zwischen dem Inhalt $A_a^b(f(x))$ einer positiven Normalfläche und einer Stammfunktion zu f allgemein ist, wird mit Hilfe von sog. Flächeninhaltsfunktionen gezeigt.

Flächeninhaltsfunktionen

Eine Flächeninhaltsfunktion A »notiert« in einer vorgegebenen positiven Normalfläche beim Steigern des x-Wertes – ausgehend von der linken Intervallgrenze a bis hin zu b – den jeweiligen Inhalt $A(x)$ für das Teilintervall $[a;x]$ (Abb. B_1). A ist streng monoton steigend mit $A(0) = 0$ und $A(b) = A_a^b(f)$.

An dem Graphen in Abb. B_1 wird deutlich, dass A an den Extremstellen von f Wendepunkte besitzt.

Man kann daher vermuten:

Satz 1: Wenn A die Flächeninhaltsfunktion zur positiven Normalfläche mit der Funktion f ist, dann gilt: $A'(x) = f(x)$, d.h. A ist eine Stammfunktion zu f.

Beweis: (Abb. B_2) zu zeigen: $A'(x) = f(x)$ ($h < 0$ entsprechend):

(1) Sekantensteigung (vgl. S. 121)

$$m_S(x_0;h) = \frac{A(x_0 + h) - A(x_0)}{h} \quad (h \neq 0)$$

Mit Hilfe der beiden Rechtecke ergibt sich die Schachtelung (Abschätzung)

$$f(x_0) \leq \frac{A(x_0 + h) - A(x_0)}{h} \leq f(x_0 + h) \quad \text{bzw.}$$

$$f(x_0 + h) \leq \frac{A(x_0 + h) - A(x_0)}{h} \leq f(x_0).$$

(2) Grenzwertüberprüfung (Schachtelsatz, S. 109, und Stetigkeit von f an der Stelle x_0)

$$f(x_0) \leq A'(x_0) \leq f(x_0) \Rightarrow A'(x_0) = f(x_0)$$
$$\text{w.z.z.w.}$$

Folgerungen

Nach Satz 1 ist A irgendeine Stammfunktion zu f, d.h. $A(x) = F(x) + C$ (S. 145).

Wegen $A(a) = 0$ und $A(b) = A_a^b(f(x))$ erhält man: $A(a) = F(a) + C = 0 \Rightarrow C = -F(a)$

$\Rightarrow A(x) = F(x) - F(a) \Rightarrow A(b) = F(b) - F(a)$

$\Rightarrow A_a^b(f(x)) = F(b) - F(a)$.

Satz 2: Wenn eine positive Normalfläche vorliegt, dann gilt
$$A_a^b(f(x)) = F(b) - F(a),$$
wobei F eine Stammfunktion zu f ist.

Die folgende Schreibweise ist zweckmäßig:

$$[F(x)]_a^b := F(b) - F(a)$$

Beispiel: $f(x) = \frac{1}{2}x^3$; $a = 0$; $b = +2$

$$A_0^2(\tfrac{1}{2}x^3) = [\tfrac{1}{8}x^4]_0^2 = 2 - 0 = 2$$

weitere Anwendungen: S. 149

III) Hinführung zum Begriff des (bestimmten) Integrals

Verzichtet man bei der Definition der Ober- und Untersummen (s. S. 137) auf die geometr. Deutung der Produkte als Inhalte der umbeschriebenen bzw. einbeschriebenen Rechtecke, so kann man auch negative Funktionswerte zulassen. Es gilt dennoch

$$\lim_{n \to \infty} O_n = \lim_{n \to \infty} U_n.$$

Der gemeinsame Grenzwert kann ohne die Forderung der Nichtnegativität von f nichtpositiv sein. Eine Interpretation als Inhalt einer Fläche entfällt (Abb. C).

Eine Verallgemeinerung des Ober- und Untersummenbegriffs ist auch notwendig, wenn man den Nachweis der Additivität (s.u.) führen möchte. Dazu muss man vor allen Dingen auf die gleiche Breite der Streifen verzichten.

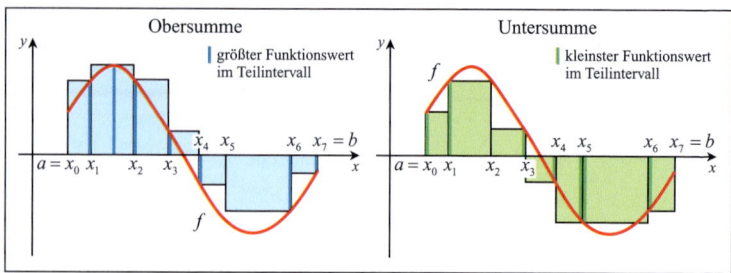

A   Ober- und Untersumme beim bestimmten Integral

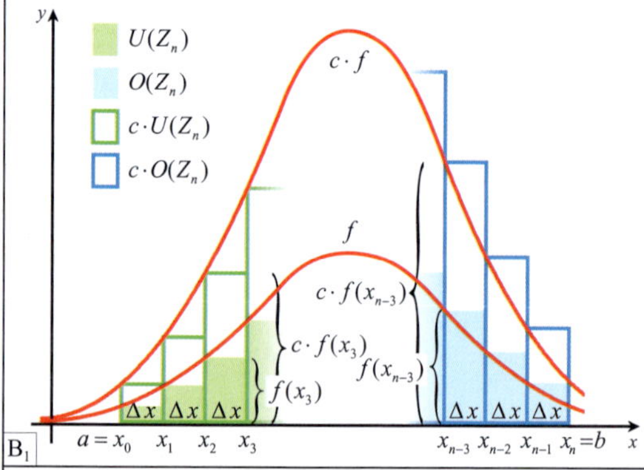

Sind durch $O(Z_n)$ und $U(Z_n)$ eine Ober- bzw. eine Untersummenfolge von f vorgegeben mit
$$\lim_{n \to \infty} O(Z_n) = \lim_{n \to \infty} U(Z_n),$$
so ist das c-fache dieser Summen jeweils eine Ober- bzw. eine Untersumme zur Funktion $c \cdot f$ und es gilt, dass ihre Grenzwerte ebenfalls übereinstimmen (nach Satz 3, S. 109).

$\boxed{B_1}$

Sind durch $O(f_n)$ und $O(g_n)$ Obersummen zu f bzw. zu g vorgegeben, so ist ihre Summe eine Obersumme zur Summenfunktion $f+g$. Entsprechendes gilt für die Untersummen. Aus der Gleichheit der Grenzwerte von Ober- und Untersumme der einzelnen Funktionen folgt die Gleichheit derjenigen für die Summenfunktion.

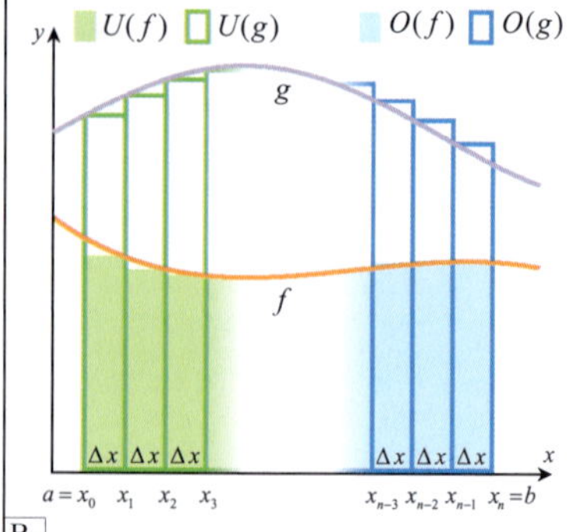

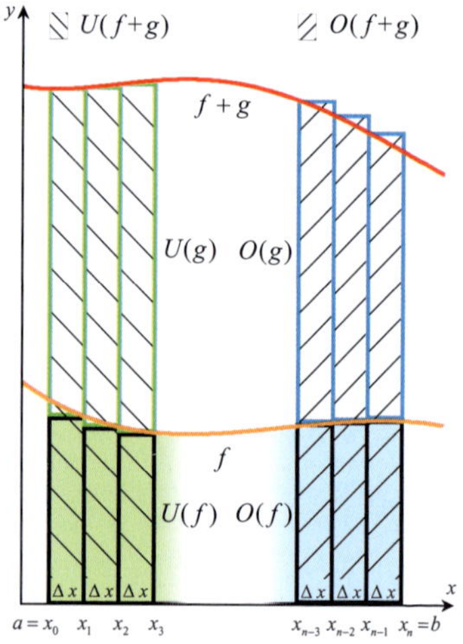

$\boxed{B_2}$

B   Zur Faktorregel (B_1) und Summenregel (B_2)

Definition von Ober-, Untersummen und (bestimmtem) Integral

Def. 1: f sei eine auf $[a;b]$ definierte, stetige Funktion und

$Z: \Leftrightarrow x_0 = a < x_1 < \ldots < x_{n-1} < x_n = b$

eine *Zerlegung* von $[a;b]$. Dann heißt

$O(Z) = M_1 \cdot (x_1 - x_0) + \ldots + M_n \cdot (x_n - x_{n-1})$

$= \sum\limits_{i=1}^{n} M_i \cdot (x_i - x_{i-1})$ *Obersumme*,

$U(Z) = m_1 \cdot (x_1 - x_0) + \ldots + m_n \cdot (x_n - x_{n-1})$

$= \sum\limits_{i=1}^{n} m_i \cdot (x_i - x_{i-1})$ *Untersumme*

von f zur Zerlegung Z.

Dabei sind $M_1, M_2, \ldots, M_n$ und $m_1, m_2, \ldots, m_n$ die größten bzw. kleinsten Funktionswerte in den von Z erzeugten Streifen (Abb. A).

Def. 2: f sei eine auf $[a, b]$ definierte, stetige Funktion. Dann heißt f *integrierbar* über $[a, b]$, wenn es eine Folge (Z_n) von Zerlegungen des Intervalls $[a, b]$ gibt, so dass gilt:

$\lim\limits_{n \to \infty} O(Z_n) = \lim\limits_{n \to \infty} U(Z_n)$.

Der gemeinsame Grenzwert heißt (bestimmtes) *Integral* von f über $[a;b]$.

In Zeichen: $\int\limits_a^b f(x)\mathrm{d}x$ (lies: Integral von a

bis b von $f(x)$). f heißt *Integrandfunktion*, a untere und b obere Grenze des Integrals.

Bem.: Eigentlich muss man sich vergewissern, dass das Integral von der gewählten Zerlegungsfolge (Z_n) unabhängig ist. Dazu wäre zu zeigen, dass sich für eine andere Zerlegungsfolge (Z_n^*) mit $\lim\limits_{n \to \infty} O(Z_n^*) = \lim\limits_{n \to \infty} U(Z_n^*)$ derselbe Grenzwert ergibt.

Additivität des (bestimmten) Integrals

Sie ist eine Verallgemeinerung der Additivität von Inhalten bei nichtnegativen Funktionen (die Existenz der beteiligten Integrale sei vorausgesetzt):

(Int 1) $\int\limits_a^c f(x)dx + \int\limits_c^b f(x)dx = \int\limits_a^b f(x)dx$

$(a \leq c \leq b)$

Beim Beweis vereinigt man je eine Zerlegungsfolge der Teilintervalle zu einer Zerlegungsfolge des gesamten Intervalls und bildet die Grenzwerte.

Integrierbare Funktionen

Satz 3: Wenn f eine auf $[a, b]$ definierte monoton wachsende (fallende) stetige Funktion ist, dann ist f integrierbar.

Satz 3 wird analog zu den Ausführungen Ia, S. 137, begründet.

Wegen der Unabhängigkeit des Integrals von der Zerlegungsfolge kann man eine Folge gleichabständiger (*äquidistanter*) Zerlegungen zu Grunde legen.

Satz 4: Wenn f eine auf $[a, b]$ definierte stückweise monotone (wachsende oder fallende) und stetige Funktion ist, dann ist f integrierbar.

Satz 4 folgt aus Satz 3 in Verbindung mit der Additivität des Integrals.

Bem.:

(i) Man kann auch allein aus der Stetigkeit auf die Integrierbarkeit schließen. Ein Beweis ist recht schwierig, weil der Begriff der gleichmäßigen Stetigkeit benötigt wird (s. AM, S. 333).

(ii) In Satz 3 und 4 kann man auf die Stetigkeit verzichten. Dann muss allerdings in Def. 1 und 2 anstelle der Stetigkeit die Beschränktheit von f gefordert werden und in Def. 1 müssen die größten und kleinsten Funktionswerte durch die Suprema bzw. Infima der Funktion (AM, S. 45) ersetzt werden.

Es gilt sogar: Jede beschränkte auf $[a, b]$ definierte Funktion mit höchstens endlich vielen Sprungstellen ist integrierbar.

(iii) Durch Satz 4 wird die Existenz des Integrals für eine ausreichend große Klasse von Funktionen abgesichert. Die in den Anwendungen der Integralrechnung der Schulmathematik auftretenden Funktionen erfüllen stets diese Voraussetzungen.

Weitere Regeln zum (bestimmten) Integral
(vgl. Abb. B)

(Int 2) $\int\limits_a^b (c \cdot f(x))\mathrm{d}x = c \cdot \int\limits_a^b f(x)\mathrm{d}x \ (c \in \mathbb{R})$

Regel vom konstanten Faktor

(Int 3) $\int\limits_a^b (f(x) \pm g(x))\mathrm{d}x = \int\limits_a^b f(x)\mathrm{d}x \pm \int\limits_a^b g(x)\mathrm{d}x$

Summen(Differenz-)regel

(Int 4) $\int\limits_a^b f(x)\mathrm{d}x \leq \int\limits_a^b g(x)\mathrm{d}x$, wenn

$f(x) \leq g(x)$ für alle $x \in [a;b]$ gilt.

(Int 5) $\left| \int\limits_a^b f(x)\mathrm{d}x \right| \leq \int\limits_a^b |f(x)|\mathrm{d}x$

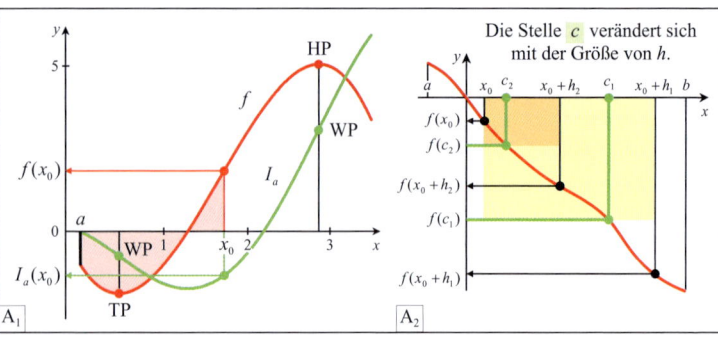

Die Stelle c verändert sich mit der Größe von h.

A   Integralfunktion

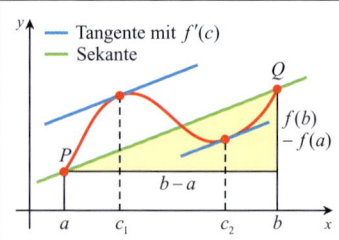

f sei differenzierbar auf $]a;b[$ und stetig auf $[a;b]$. Dann gilt:
Zur Sekante durch die Punkte $P(a|f(a))$ und $Q(b|f(b))$ gibt es einen Punkt $(c|f(c))$ mit $a < c < b$, in dem die Tangente parallel zur Sekante ist, d.h. es gilt:

$$\frac{f(b)-f(a)}{b-a} = f'(c)$$

B_1 Mittelwertsatz der Differenzialrechnung

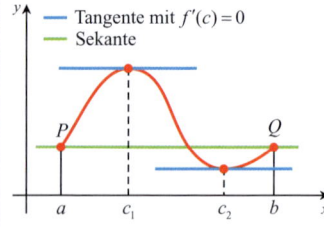

f sei differenzierbar auf $]a;b[$ und stetig auf $[a;b]$. Dann gilt:
Wenn $f(a)=f(b)$ erfüllt ist, dann gibt es einen Punkt $(c|f(c))$ mit $a < c < b$, in dem die Tangente horizontal, d.h. parallel zur x-Achse verläuft.

B_2 Spezialfall: Satz von Rolle

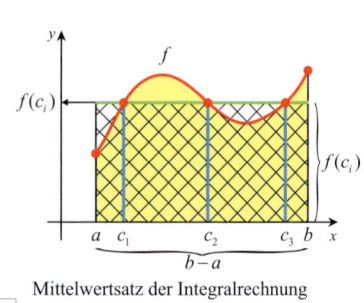

Für nichtnegative, auf $[a;b]$ stetige Funktionen gilt:
Es gibt ein $c \in [a;b]$, so dass die Parallele zur x-Achse durch $(c|f(c))$ ein Rechteck über $[a;b]$ bestimmt (Schraffur), dessen Flächeninhalt mit dem Integral übereinstimmt.
Allgemein gilt für stetige, nicht unbedingt nichtnegative Funktionen:
Es gibt ein c mit $a < b < c$, so dass gilt

$$f(c)\cdot(b-a) = \int_a^b f(x)\,dx$$

B_3 Mittelwertsatz der Integralrechnung

B   Mittelwertsätze

Weitere Definitionen
(verträglich mit obigen Regeln)

$$\int_a^a f(x)\,dx := 0 \quad \text{und} \quad \int_b^a f(x)\,dx := -\int_a^b f(x)\,dx$$

Beispiel:

$$\int_{-2}^1 (4x^3 - 2x^2 + x - 4)\,dx$$

$$= 4\int_{-2}^1 x^3\,dx - 2\int_{-2}^1 x^2\,dx + \int_{-2}^1 x\,dx - 4\int_{-2}^1 1\,dx$$

(Anwendung der Summen(Differenz-)regel und der Regel vom konstanten Faktor)

Bem. 1: Eine Berechnung des ersten Integrals über Ober- und Untersummen erscheint nach den Sätzen 1 und 2 nicht mehr ratsam, denn man kann vermuten, dass die Aussagen der beiden Sätze nicht nur für den speziellen Fall Gültigkeit haben (s.u.).

Bem. 2: Sind im Term einer Integrandfunktion mehrere Variable vorhanden, z.B. x und t, so erkennt man die sog. Integrationsvariable am Ausdruck dx bzw. dt. Ein Wechsel der Integrationsvariablen führt i.d.R. zu einem anderen Ergebnis für das Integral:

$$\int_{-2}^1 t \cdot x^2\,dx = t \cdot \int_{-2}^1 x^2\,dx \qquad \int_{-2}^1 t \cdot x^2\,dt = x^2 \cdot \int_{-2}^1 t\,dt$$

b) Berechnung des (bestimmten) Integrals mit Hilfe von Stammfunktionen

Das Verfahren zur Berechnung des Inhalts einer positiven Normalfläche (IIb, S. 139) wird verallgemeinert. An die Stelle von Flächeninhaltsfunktionen treten die Integralfunktionen, die jedem x aus dem zu f gehörenden Intervall $[a;b]$ das Integral von f über $[a;x]$ zuordnen.

Def. 3: f sei eine integrierbare Funktion. Dann heißt die Funktion I_a, die jedem $x \in [a;b]$ das Integral von f über $[a;x]$ zuordnet, *Integralfunktion* von f zur unteren Grenze a (Abb. A_1):

$$I_a(x) := \int_a^x f(t)\,dt$$

Bem. 3: x ist die Funktionsvariable. In sie *darf eingesetzt werden*. Zu jeder Einsetzung in x ergibt sich ein Funktionswert $I_a(x)$ aus der Berechnung des zugehörigen Integrals. Dagegen ist die Integrationsvariable t eine gebundene Variable. In sie *darf nicht eingesetzt werden*. Analog zu Satz 1 ergibt sich der

Satz 5 (Hauptsatz): f sei stetig und stückweise monoton auf $[a;b]$. Dann gilt für die Integralfunktion I_a:

$$I_a{}'(x) = f(x),$$

d. h. I_a ist eine Stammfunktion zu f.

Beweis: $x_0 \in [a;b]$ und $x_0 + h \in [a;b]$ seien beliebig vorgegeben ($h > 0$); ($h < 0$ entsprechend).

Zu zeigen: Der Grenzwert der Sekantensteigungen der Funktion I_a an der Stelle x_o ist gleich $f(x_0)$.

(1) Sekantensteigung

$$m_S(x_0, h) = \frac{I_a(x_0 + h) - I_a(x_0)}{h} = \frac{\displaystyle\int_a^{x_0+h} f(t)\,dt - \int_a^{x_0} f(t)\,dt}{h}$$

$$= \frac{\displaystyle\int_a^{x_0} f(t)\,dt + \int_{x_0}^{x_0+h} f(t)\,dt - \int_a^{x_0} f(t)\,dt}{h} = \frac{\displaystyle\int_{x_0}^{x_0+h} f(t)\,dt}{h}$$

$$= \frac{f(c) \cdot h}{h} = f(c) \quad \text{mit } x_0 < c < x_0 + h$$

(nach Anwendung des Mittelwertsatzes der Integralrechnung, Abb. B_2)

Die Zahl c verändert sich mit h (Abb. A_2). Man schreibt daher besser $c(h)$ statt c.

(2) Grenzwertüberprüfung

Auf Grund der stückweisen Monotonie von f befinden sich x_0 und $x_0 + h$ für hinreichend kleines h in demselben Montonieabschnitt. Daher gilt auf $x_0 < c(h) < x_0 + h$ angewendet entweder

$$f(x_0) \leq f(c(h)) \leq f(x_0 + h) \quad \text{oder}$$
$$f(x_0) \geq f(c(h)) \geq f(x_0 + h).$$

Mit $h \to 0$ gilt dann wegen des Schachtelsatzes (S. 109) und der Stetigkeit von f:

$$f(c(h)) \to f(x_0).$$

Also gilt:

$$\lim_{h \to 0} m_S(x_0, h) = \lim_{h \to 0} f(c(h)) = f(x_0),$$

d.h. $I_a{}'(x_0) = f(x_0)$. \hfill w.z.z.w.

Folgerung

Mit derselben Schlussweise wie Satz 2 aus Satz 1 folgt, ergibt sich Satz 6 aus Satz 5.

Satz 6: f sei stetig und stückweise monoton auf $[a;b]$. Dann gilt

$$\int_a^b f(t)\,dt = F(b) - F(a),$$

wobei F eine Stammfunktion zu f ist.

Damit wird das Berechnen von bestimmten Integralen zurückgeführt auf die einfachere Berechnung der Differenz zweier Funktionswerte einer Stammfunktion. Die eigentliche Schwierigkeit besteht allerdings häufig im Auffinden einer Stammfunktion (s. S. 145).

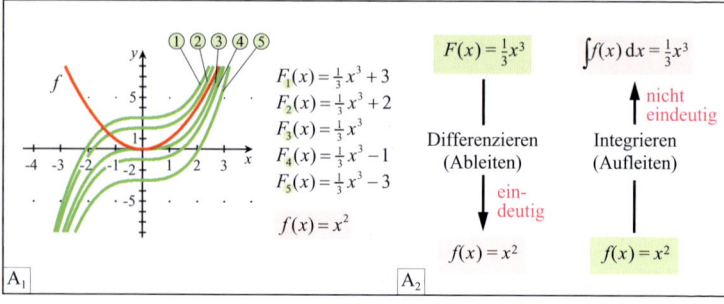

A   Stammfunktionenschar

Ableitung

Term der Integrandfunktion $f(x)$	Term einer Stammfunktion $F(x)$	unbestimmtes Integral
$a \in \mathbb{R}$	ax	$\int a \, dx = ax$; $\int dx = \int 1 \, dx = x$
x^r , $r \neq -1$	$\frac{1}{r+1} \cdot x^{r+1}$	$\int x^r \, dx = \frac{1}{r+1} \cdot x^{r+1}$
$\frac{1}{x}$, $0 \notin [a;b]$	$\ln|x|$	$\int \frac{1}{x} \, dx = \ln|x|$
e^x	e^x	$\int e^x \, dx = e^x$
a^x $(a>0, a \neq 1)$	$\frac{1}{\ln a} \cdot a^x$	$\int a^x \, dx = \frac{1}{\ln a} \cdot a^x$
$\sin x$	$-\cos x$	$\int \sin x \, dx = -\cos x$
$\cos x$	$\sin x$	$\int \cos x \, dx = \sin x$
$\frac{1}{\cos^2 x}$	$\tan x$	$\int \frac{1}{\cos^2 x} \, dx = \tan x$
$\frac{1}{\sin^2 x}$	$-\cot x$	$\int \frac{1}{\sin^2 x} \, dx = -\cot x$

Bsp. 1: $\int (x+a) \, dx = \int x \, dx + a \int 1 \, dx = \frac{1}{2}x^2 + ax$ Probe: $(\frac{1}{2}x^2 + ax)' = \frac{1}{2} \cdot 2x + a = x + a$

Verwendet wurden der Reihe nach die Regeln **uInt 3**, **uInt 2** und **uInt 1**.

Bsp. 2: $\int 4x^5 \, dx = 4 \int x^5 \, dx = 4 \cdot \frac{1}{6}x^6 = \frac{2}{3}x^6$ Probe: $(\frac{2}{3}x^6)' = \frac{2}{3} \cdot 6x^5 = 4x^5$

Verwendet wurden der Reihe nach die Regeln **uInt 2** und **uInt 1**.

Bsp. 3: $\int \sqrt[5]{x^3} \, dx = \int x^{\frac{3}{5}} \, dx = \frac{1}{\frac{3}{5}+1} x^{\frac{3}{5}+1} = \frac{1}{\frac{8}{5}} x^{\frac{8}{5}} = \frac{5}{8} x^{\frac{8}{5}} = \frac{5}{8} \sqrt[5]{x^8}$

Probe: $(\frac{5}{8} \cdot \frac{5}{\sqrt[5]{x^8}})' = \frac{5}{8} \cdot (x^{\frac{8}{5}})' = \frac{5}{8} \cdot \frac{8}{5} \cdot x^{\frac{8}{5}-1} = 1 \cdot x^{\frac{3}{5}} = \sqrt[5]{x^3}$

B   Beispiele für Berechnungen unbestimmter Integrale nach den Regeln

Stammfunktionen

Bei der Berechnung eines Integrals nach dem Hauptsatz (s. S. 143) muss zu f eine Stammfunktion F gefunden werden.

> **Def. 1:** F heißt eine *Stammfunktion* zu f *über* $[a, b]$ (im Weiteren kurz: Stammfunktion zu f), wenn $F'(x) = f(x)$ für alle $x \in]a;b[$ gilt.

> Die Suche nach Stammfunktionen (auch als *Aufleiten* bezeichnet) ist die Umkehrung des Ableitens einer Funktion.

Während die Ableitung einer differenzierbaren Funktion eindeutig ist, gibt es jedoch stets unendlich viele Stammfunktionen zu einer Funktion, wenn es überhaupt eine Stammfunktion gibt. Es gilt nämlich nach der Summenregel (S. 123) und mit $[C]' = 0$:
$$F'(x) = f(x) \Rightarrow [F(x) + C]' = 0$$

> **Satz 1:** Wenn F eine Stammfunktion zu f ist, dann ist auch $F + C$ für alle $C \in \mathbb{R}$ eine Stammfunktion zu f.

Andererseits gilt:

> **Satz 2:** Wenn F_1 und F_2 zwei Stammfunktionen zu f sind, dann gilt:
> $F_2(x) = F_1(x) + C$ mit $C \in \mathbb{R}$.

Beweis: Sei $G(x) = F_2(x) - F_1(x)$. Dann gilt nach der Differenzregel (S. 123) und nach Def. 1: $F_2'(x) - F_1'(x) = f(x) - f(x) = 0$, d.h. $G'(x) = 0$.
Als differenzierbare Funktion ist G auch stetig. Nach dem Mittelwertsatz der Differenzialrechnung (S. 142, Abb. B_1) mit G statt f gilt:
$$\frac{G(x+h) - G(x)}{h} = G'(c) \text{ mit } x < c < x + h \,.$$
Da $G'(c) = 0$ gilt, erhält man:
$$\frac{G(x+h) - G(x)}{h} = 0 \Leftrightarrow G(x+h) = G(x).$$
h ist beliebig wählbar. Also ist G eine konstante Funktion. w.z.z.w.
Die Graphen aller Stammfunktionen zu einer Funktion gehen durch Verschiebung längs der y-Achse auseinander hervor (Abb. A_1).

Unbestimmtes Integral

Ist F irgendeine Stammfunktion zu f über $[a, b]$, so wird durch $F(x) + C$ jede Stammfunktion zu f über $[a, b]$ erfasst. Folgende Vereinbarung ist zweckmäßig:

> $\int f(x)\,dx := F(x)$
>
> (lies: Integral f (x) dx)

$\int f(x)\,dx$ steht für eine spezielle Stammfunktion aus der Menge aller Stammfunktionen zu f und heißt *unbestimmtes Integral*.

Beispiele: $\int x^2\,dx = \frac{1}{3}x^3$ oder $\int \cos t\,dt = \sin t$

Bem.: Das Integral gemäß Def. 2, S. 141, heißt auch *bestimmtes Integral*, weil
$$\int_a^b f(x)\,dx - \text{ im Gegensatz zum unbestimmten}$$
Integral, das einen Funktionsterm angibt – für eine *bestimmte* reelle Zahl steht.
Mit der Schreibweise des unbestimmten Integrals kann man den engen Zusammenhang von Differenzieren und Integrieren darstellen (Abb. A_2):

> $$\left[\int f(x)\,dx \right]' = [F(x)]' = f(x)$$
> **(uInt 0)** $\int F'(x)\,dx = \int f(x)\,dx = F(x)$

($\int$ und $'$ heben sich gegenseitig auf)
Der Übergang vom unbestimmten Integral zum bestimmten Integral ist durch Anhängen der Integrationsgrenzen möglich:
$$\int f(x)\,dx = F(x) \Rightarrow \int_a^b f(x)\,dx = [F(x)]_a^b$$

Bem.: $\int f(x)\,dx$ ist nicht eindeutig bestimmt.
Beim Rechnen mit unbestimmten Integralen ist daher bei der Verwendung des Gleichzeichens Vorsicht geboten: Z.B.
aus $\int f(x)\,dx = F_1(x)$ und $\int f(x)\,dx = F_2(x)$
folgt nicht
$F_1(x) = F_2(x)$, sondern
$F_1(x) = F_2(x) + C$.

Methoden zur Ermittlung von unbestimmten Integralen

(1) Ableiten bekannter Funktionen:
Die Ausgangsfunktion ist eine Stammfunktion ihrer Ableitung (*Grundintegrale*).
$$\int F'(x)\,dx = F(x)$$
$Bsp.:$ $F(x) = \frac{1}{5}x^5 \Rightarrow F'(x) = x^4$
$F(x) = \frac{1}{n+1}x^{n+1} \Rightarrow F'(x) = x^n$

Potenzregel

> **(uInt 1)** $\int x^n\,dx = \frac{1}{n+1}x^{n+1} (n \neq -1)$

Bem.: Die Potenzregel erfasst nicht den Fall $n = -1$. Mit anderen Mitteln ergibt sich
$$\int \frac{1}{x}\,dx = \ln|x| \quad \text{(s. S. 151f.)}.$$
Die folgenden beiden Regeln erhält man aus der entsprechenden Ableitungsregel (S. 123).

(2) Regel vom konstanten Faktor

> **(uInt 2)** $\int (c \cdot f(x))\,dx = c \cdot \int f(x)\,dx (c \in \mathbb{R})$.

Vorgehensweise:

(1) Setze das Produkt gleich $f'(x) \cdot g(x)$;

(2) entscheide, welcher Faktor $g(x)$ sein soll (durch die Ableitung $g'(x)$ kann evtl. das 2. Integral einfacher zu lösen sein);

(3) bestimme $f(x)$ als Integral des anderen Faktors;

(4) bilde $g'(x)$;

(5) setze in die Formel **uInt 4** ein und löse, wenn dies möglich ist, das neu gebildete Integral;

(6) führe, wenn keine Lösung möglich ist, dasselbe Verfahren noch einmal durch.

(6*) Als eine alternative Strategie bietet sich an, das Ausgangsintegral mit umgekehrten Vorzeichen auf der rechten Seite zu erzeugen (ggf. mit einem konstanten Faktor), um dann mit der Summe beider Integrale einen integralfreien Term zu haben (s. Bsp. 2).

(6**) Eine andere Möglichkeit liegt in der Erstellung einer Rekursionsformel vom Typ $I_n = \dots I_{n-1}$ (s. Bsp. unten) oder $I_n \dots = \dots I_{n-1} \dots I_{n-2}$.

Beispiel:

gegeben: $f(x) = x^n \cdot e^x \ (n \in \mathbb{N})$　　gesucht: $I_n = \int x^n \cdot e^x \, dx$

(1) Formel zur partiellen Integration mit $f'(x) \cdot g(x) = x^n \cdot e^x$

(2) setzen: $f'(x) = e^x$, $g(x) = x^n$ mit dem Blick auf das 2. Integral $\int f(x) \cdot g'(x) \, dx$
(Hier wird bei $g'(x)$ der Exponent um 1 verringert.)

(3/4) $f(x) = e^x$; $g'(x) = n \cdot x^{n-1}$

(5) eingesetzt in I_n : $I_n = e^x \cdot x^n - \int e^x \cdot n \cdot x^{n-1} \, dx = e^x \cdot x^n - n \cdot \int e^x \cdot x^{n-1} \, dx = e^x \cdot x^n - n \cdot I_{n-1}$

Wegen des Exponenten von x ist das rechts stehende Integral für $n \geq 1$ noch nicht lösbar. Stattdessen kann man eine Rekursionsformel erzeugen.

(6) Es gilt also $I_n = e^x \cdot x^n - n \cdot I_{n-1}$ für alle $n \in \mathbb{N}$.

Diese sog. Rekursionsformel erlaubt es, durch fortlaufendes Einsetzen, mit I_0 beginnend, das Integral I_n zu errechnen (Beispiel I_4 s.u.).

$I_0 = \int e^x \, dx = e^x$ 　　　$I_n = e^x \cdot x^n - n \cdot I_{n-1}$

$I_1 = e^x \cdot x^1 - 1 \cdot I_0 = e^x \cdot x - e^x = e^x \, (x-1)$

$I_2 = e^x \cdot x^2 - 2 \cdot I_1 = e^x \cdot x^2 - 2 e^x \, (x-1) = e^x \, (x^2 - 2x + 2)$

$I_3 = e^x \cdot x^3 - 3 \cdot I_2 = e^x \cdot x^3 - 3 e^x \, (x^2 - 2x + 2) = e^x \, (x^3 - 3x^2 + 6x - 6)$

$I_4 = e^x \cdot x^4 - 4 \cdot I_3 = e^x \cdot x^4 - 4 e^x \, (x^3 - 3x^2 + 6x - 6) = e^x \, (x^4 - 4x^3 + 12x^2 - 24x + 24)$

Vorgehensweise bei der partiellen Integration und Anwendung (Rekursionsformel)

(3) Summen(Differenz-)regel

(uInt 3)
$$\int (f(x)\pm g(x))\,dx = \int f(x)\,dx \pm \int g(x)\,dx$$

Bsp.: $f(x)=\frac{1}{3}x^3+2x^2-x+5$
$$\Rightarrow \int(\dots)\,dx = \frac{1}{12}x^4+\frac{2}{3}x^3-\frac{1}{2}x^2+5x$$

(4) Partielle Integration

Aus der Produktregel der Differenzialrechnung $[f(x)\cdot g(x)]' = f'(x)\cdot g(x) + f(x)\cdot g'(x)$ folgt durch beiderseitiges Integrieren und mit der Regel **uInt 0** und der Summenregel **uInt 3**
$f(x)\cdot g(x) = \int f'(x)\cdot g(x)\,dx + \int f(x)\cdot g'(x)\,dx$.
Also gilt:

(uInt 4) $\int f'(x)\cdot g(x)\,dx = f(x)\cdot g(x) - \int f(x)\cdot g'(x)\,dx$

Diese sog. *partielle Integration* wendet man an, wenn eine Stammfunktion zu einer Produktfunktion gesucht wird.
Bsp. 1: gesucht ist $\int x\cdot \cos x\,dx$
setzen: $g(x)=x \Rightarrow g'(x)=1$
$f'(x)=\cos x \Leftarrow f(x)=\sin x$
$\Rightarrow \int x\cdot\cos x\,dx = x\cdot\sin x - \int \sin x\cdot 1\,dx$
$= x\cdot\sin x - (-\cos x)$
$\Rightarrow \int x\cdot\cos x\,dx = x\cdot\sin x + \cos x$

Bsp. 2: gesucht ist $\int \sin^2 x\,dx$
setzen: $g(x)=\sin x \Rightarrow g'(x)=\cos x$
$f'(x)=\sin x \Leftarrow f(x)=-\cos x$
$\Rightarrow \int\sin^2 x\,dx = -\sin x\cos x + \int \cos^2 x\,dx$
$= -\sin x\cos x + \int(1-\sin^2 x)\,dx$
$= -\sin x\cos x + \int 1\,dx - \int\sin^2 x\,dx$
$\Rightarrow 2\int\sin^2 x\,dx = -\sin x\cos x + x$
$\Rightarrow \int\sin^2 x\,dx = \frac{1}{2}(x-\sin x\cos x)$

Allg. Anmerkungen und ein weiteres Beispiel (*rekursive Integralformel*) enthält die Abb.

(5) Substitutionsregel

Dieser Regel liegt die Kettenregel (S. 125) $[g(\sigma(x))]' = \sigma'(x)\cdot g'(z)$ mit $z=\sigma(x)$ zugrunde. Aus ihr folgt, dass $g(\sigma(x))$ ein Stammfunktionsterm zum Term $\sigma'(x)\cdot g'(z)$ mit $z=\sigma(x)$ ist. In der Schreibweise des unbestimmten Integrals:
$$\int \sigma'(x)\cdot g'(z)\,dx = g(\sigma(x))$$
Für eine Stammfunktion wird normalerweise ein Großbuchstabe verwendet. Ersetzt man g durch F und gilt $F'(x)=f(x)$, so folgt, dass g' durch f ersetzt werden muss. Man erhält:

(uInt 5) $\int \sigma'(x)\cdot f(\sigma(x))\,dx = F(\sigma(x)) = [\int f(z)\,dz]_{z=\sigma(x)}$

Bsp. 3: gesucht ist $\int x\cdot\cos x^2\,dx$
$\int x\cdot\cos x^2\,dx = \int \frac{1}{2}2x\cos x^2\,dx$
$= \frac{1}{2}\int 2x\cdot\cos x^2\,dx = \frac{1}{2}\int(\sin x^2)'\,dx = \frac{1}{2}\sin x^2$
$(\sigma(x)=x^2,\ \sigma'(x)=2x,\ f'(z)=\cos z)$
Der Übergang vom linken Integral zum rechten geschieht formal durch die Substitution $\sigma(x)=z$ und $\sigma'(x)\,dx=dz$, d.h. hier $\sigma(x)=z=x^2$ und $2x\,dx=dz$, also umgeformt $dx=\frac{1}{2x}dz$ und eingesetzt:
$\Rightarrow \int x\cdot\cos x^2\,dx = [\int x\cdot\cos z\cdot\frac{1}{2x}dz]_{z=x^2}$
$[\frac{1}{2}\int\cos z\,dz]_{z=x^2} = [\frac{1}{2}\sin z]_{z=x^2} = \frac{1}{2}\sin x^2$.

Die Substitutionsformel **uInt 5** erfordert eine besondere Form des unbestimmten Integrals: $\sigma'(x)$ muss vorkommen.
Liest man die Gleichung **uInt 5** von rechts nach links, so gilt:

(uInt 6) $\int f(x)\,dx = [\int \sigma'(t)\cdot f(\sigma(t))\,dt]_{t=\sigma^{-1}(x)}$

Diese Form lässt eine beliebige Substitution zu, die aber keineswegs immer zum Ziel führt.
Bem.: Vorausgesetzt ist die Umkehrbarkeit der Substitutionsfunktion σ.
Probe durch *Differenzieren*
Bsp. 4: gesucht ist $\int\sqrt{1-x^2}\,dx$
setzen: $x=\sigma(t)=\cos t$, d.h. $dx=-\sin t\,dt$
$\Rightarrow \int\sqrt{1-x^2}\,dx = \int -\sin t\sqrt{1-\cos^2 t}\,dt$
$= -\int\sin^2 t\,dt = -\frac{1}{2}(t-\sin t\cos t)$
$= \frac{1}{2}x\cdot\sqrt{1-x^2} - \frac{1}{2}\arccos x$
$\Rightarrow \int\sqrt{1-x^2}\,dx = \frac{1}{2}x\sqrt{1-x^2} - \frac{1}{2}\arccos x$

Übergang zum bestimmten Integral

(bInt 2) $\int_a^b (c\cdot f(x))\,dx = c\cdot\int_a^b f(x)\,dx$

(bInt 3) $\int_a^b (f(x)\pm g(x))\,dx = \int_a^b f(x)\,dx \pm \int_a^b g(x)\,dx$

(bInt 4) $\int_a^b (f'(x)\cdot g(x))\,dx = [f(x)\cdot g(x)]_a^b - \int_a^b (f(x)\cdot g'(x))\,dx$

(bInt 5) $\int_a^b (f'(x)\cdot g(x))\,dx = \int_{f(a)}^{f(b)} g(t)\,dt$

(bInt 6) $\int_a^b f'(x)\,dx = \int_{\sigma^{-1}(a)}^{\sigma^{-1}(b)} f(\sigma(t))\cdot\sigma(t)\,dt$

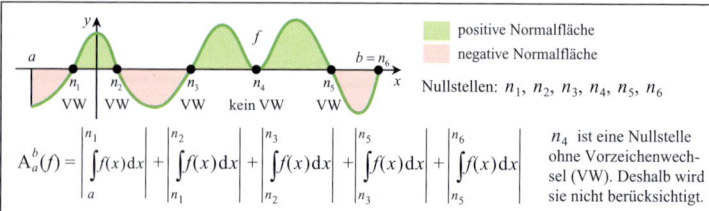

positive Normalfläche

negative Normalfläche

Nullstellen: n_1, n_2, n_3, n_4, n_5, n_6

n_1 VW n_2 VW n_3 VW n_4 kein VW n_5 VW

$$A_a^b(f) = \left| \int_a^{n_1} f(x)\,dx \right| + \left| \int_{n_1}^{n_2} f(x)\,dx \right| + \left| \int_{n_2}^{n_3} f(x)\,dx \right| + \left| \int_{n_3}^{n_5} f(x)\,dx \right| + \left| \int_{n_5}^{n_6} f(x)\,dx \right|$$

n_4 ist eine Nullstelle ohne Vorzeichenwechsel (VW). Deshalb wird sie nicht berücksichtigt.

A   Flächen zwischen Graph und x-Achse

Fall (a)

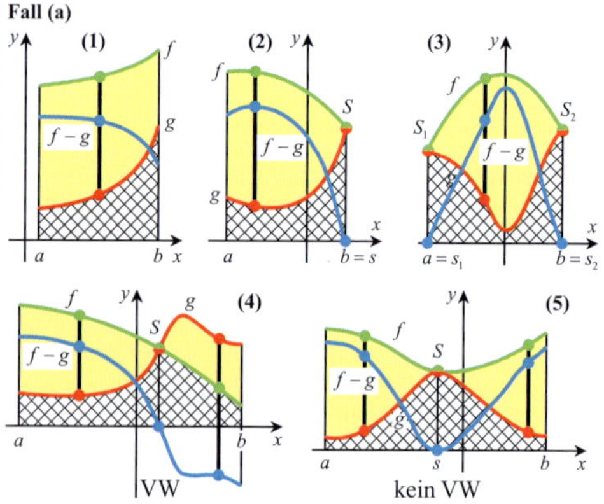

(1) (2) (3)

(4) (5)

Der gesuchte Flächeninhalt ist der Absolutbetrag der Differenz der Integrale von f und g, d.h. der Absolutbetrag des Integrals von $f - g$:

$$A_a^b(f) = \left| \int_a^b [f(x) - g(x)]\,dx \right|$$

s_1, s_2, ..., s_k sind die x-Werte der im Inneren des Intervalls liegenden Schnittpunkte.

VW   kein VW

Allgemein (k Schnittpunkte, $k \in \mathbb{N}$):

$$A_a^b(f) = \left| \int_a^{s_1} [f(x) - g(x)]\,dx \right| + \left| \int_{s_1}^{s_2} [f(x) - g(x)]\,dx \right| + \ldots + \left| \int_{s_k}^{b} [f(x) - g(x)]\,dx \right|$$

B_1

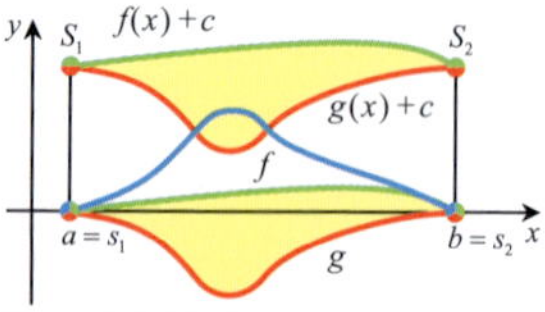

Fall (b): Vorgegeben: $f(x)$ oder/und $g(x)$ mit negativem Anteil. Man bildet $f(x) + c$ und $g(x) + c$ so, dass beide Graphen oberhalb der x-Achse liegen. Der Fall **(b)** lässt sich nun auf den Fall **(a)** zurückführen.

B_2

B   Fläche zwischen zwei Graphen

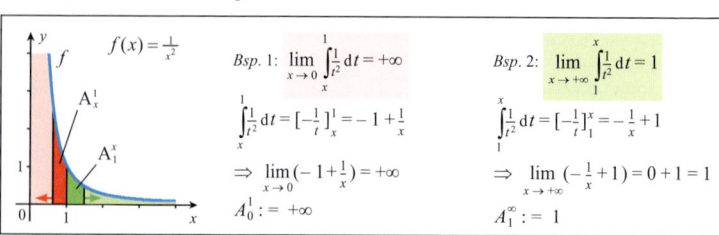

$f(x) = \dfrac{1}{x^2}$

A_x^1 A_1^x

Bsp. 1: $\displaystyle \lim_{x \to 0} \int_x^1 \frac{1}{t^2}\,dt = +\infty$

$\displaystyle \int_x^1 \frac{1}{t^2}\,dt = \left[-\frac{1}{t} \right]_x^1 = -1 + \frac{1}{x}$

$\Rightarrow \displaystyle \lim_{x \to 0} \left(-1 + \frac{1}{x} \right) = +\infty$

$A_0^1 := +\infty$

Bsp. 2: $\displaystyle \lim_{x \to +\infty} \int_1^x \frac{1}{t^2}\,dt = 1$

$\displaystyle \int_1^x \frac{1}{t^2}\,dt = \left[-\frac{1}{t} \right]_1^x = -\frac{1}{x} + 1$

$\Rightarrow \displaystyle \lim_{x \to +\infty} \left(-\frac{1}{x} + 1 \right) = 0 + 1 = 1$

$A_1^\infty := 1$

C   Uneigentliches Integral und Flächeninhalt

(I) Inhalt der Fläche zwischen dem Graphen einer Funktion und einem Intervall $[a;b]$ auf der x-Achse

Die Funktion f sei auf $[a;b]$ definiert, stückweise monoton und stetig.

Man kann nun das Intervall so in Abschnitte zerlegen, dass jeder Abschnitt entweder eine positive oder eine negative Normalfläche bestimmt (Abb. A). Dazu berechnet man alle Nullstellen von f mit Vorzeichenwechsel. Diese legen die Abschnitte und die zugehörigen berechenbaren Normalflächen fest.

> Die absoluten Beträge der zu den Nullstellen mit Vorzeichenwechsel gehörenden Abschnittsintegrale von f werden addiert.

Bsp.: (vgl. S. 114, Abb. B)
$$f(x) = x^5 - x^4 - 4x^3 + 4x^2; D_f = [-2;2]$$
$$= x^2(x-1)(x-2)(x+2)$$
Nullstellenmenge: $\{-2; 0 \ (2\text{-fach}); 1; 2\}$
Bei einer zweifachen (geraden) Nullstelle findet kein Vorzeichenwechsel statt. Man kann daher über die Nullstelle 0 »hinwegintegrieren«.
$$A_{-2}^{2}(f) = \left| \int_{-2}^{1} f(x)\,dx \right| + \left| \int_{1}^{2} f(x)\,dx \right|$$
$$= |F(1) - F(-2)| + |F(2) - F(1)|$$
$$\text{mit } F(x) = \frac{1}{6}x^6 - \frac{1}{5}x^5 - x^4 + \frac{4}{3}x^3$$
$$= |0,3 - (-9,6)| + |-1,067 - 0,3|$$
$$= 9,9 + 1,367 = 11,267$$

(II) Fläche zwischen zwei Graphen

Die Funktionen f und g seien auf $[a;b]$ definiert, stückweise monoton und stetig.

Fall (a): Beide Graphen liegen oberhalb der x-Achse; sie können 0, 1, 2, ... Schnittpunkte haben (Abb. B$_1$).

Wenn es *keinen* Schnittpunkt gibt wie bei (1), dann ist der Absolutbetrag des Integrals zur Differenzfunktion $f - g$ der gesuchte Inhalt.

Gibt es nun *mindestens* einen Schnittpunkt, so kann man bei den Beispielen (2) und (3) wie bei (1) verfahren.

Ein im Inneren gelegener Schnittpunkt kann mit einem Vorzeichenwechsel von $f - g$ verbunden sein wie bei (4) oder auch mit keinem Vorzeichenwechsel wie bei (5). Die x-Werte der Schnittpunkte mit Vorzeichenwechsel sind gerade die Nullstellen der Differenzfunktion $f - g$ ohne Vorzeichenwechsel.

Damit ist das Problem der Inhaltsberechnung auf (I) zurückgeführt worden und es gilt:

> Die absoluten Beträge der zu den Schnittpunkten von f und g mit Vorzeichenwechselabschnitten gehörenden Integrale von $f - g$ werden addiert.

Fall (b): Mindestens einer der beiden Graphen besitzt Anteile unterhalb der x-Achse. Dann verschiebt man in Gedanken beide Graphen gleichzeitig längs der y-Achse so weit nach oben, bis sie oberhalb der x-Achse liegen (Abb. B$_2$). Man kann anschließend mit der Differenzfunktion wie im **Fall (a)** verfahren.

Bsp.:
$$f(x) = \frac{1}{2}x^2; \ g(x) = x + 4 \quad D_f = D_g = [-4;4]$$
Schnittpunkte beider Graphen:
$$f(x) = g(x) \Leftrightarrow \frac{1}{2}x^2 = x + 4$$
$$\Leftrightarrow x^2 - 2x - 8 \stackrel{!}{=} 0 \Leftrightarrow (x-1)^2 = 9$$
$$\Leftrightarrow x - 1 = 3 \Rightarrow x = 4 \vee x - 1 = -3 \Rightarrow x = -2$$
Die Schnittpunkte liegen bei -2 und 4.
Für die Fläche zwischen den Graphen ergibt sich:
$$Z_{-4}^{4}(f, g)$$
$$= \left| \int_{-4}^{-2} [f(x) - g(x)]\,dx \right| + \left| \int_{-2}^{4} [f(x) - g(x)]\,dx \right|$$
$$= |F(-2) - F(-4)| + |F(4) - F(-2)|$$
$$\text{mit } F(x) = \frac{1}{6}x^3 - \frac{1}{2}x^2 - 4x$$
$$= \left| 4\tfrac{2}{3} - (-2\tfrac{2}{3}) \right| + \left| -13\tfrac{1}{3} - 4\tfrac{2}{3} \right| = 7\tfrac{1}{3} + 18 = 25\tfrac{1}{3}$$

Uneigentliche Integrale

Als ein *uneigentliches Integral 1. Art* bezeichnet man den Grenzwert von Integralen mit variabler oberer und/oder unterer Grenze für $x \to \pm\infty$ (der Grenzwert kann uneigentlich (S. 107) sein).

$$\int_{a}^{+\infty} f(x)\,dx := \lim_{x \to \infty} \int_{a}^{x} f(t)\,dt$$
$$\int_{-\infty}^{b} f(x)\,dx := \lim_{x \to -\infty} \int_{x}^{b} f(x)\,dx$$

Bsp.: Abb. C

Von einem *uneigentlichen Integral 2. Art* spricht man, wenn die Integrandfunktion z.B. bei a eine Definitionslücke besitzt und der Grenzwert für $x \to a$ existiert oder uneigentlich ist. Man definiert:

$$\int_{a}^{b} f(x)\,dx := \lim_{x \to a} \int_{x}^{b} f(x)\,dx$$

Bsp.: Abb. C

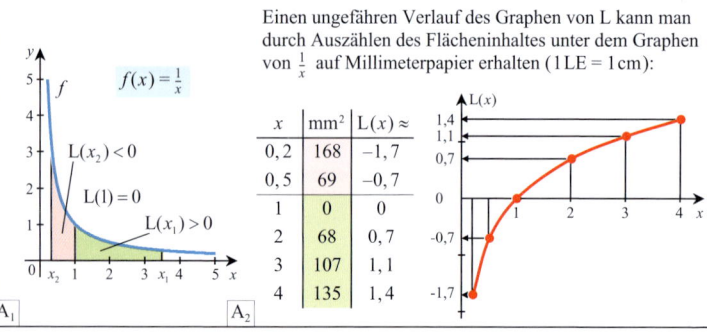

A   Definition von L (A_1) und Verlauf des Graphen von L (A_2)

Es gilt $L'(x) = \frac{1}{x}$ und $L'(a \cdot x) = \frac{1}{a \cdot x} \cdot a = \frac{1}{x}$ für $a \in \mathbb{R}^+$ (Kettenregel, S. 125),

d.h. $L'(x) = L'(a \cdot x)$. Also sind $L(x)$ und $L(a \cdot x)$ Stammfunktionsterme mit gleicher Ableitung. Daher unterscheiden sie sich nur um eine Konstante (S.145, Satz 2):

$$L(x) = L(a \cdot x) + C$$

Nach (b) ist 1 eine Nullstelle von L: $L(1) = 0 \Rightarrow L(a \cdot 1) + C = 0 \Rightarrow C = -L(a \cdot 1) = -L(a)$. Ersetzt man C in der Gleichung $L(x) = L(a \cdot x) + C$ durch $-L(a)$ so ergibt sich die Gleichung

$$L(x) = L(a \cdot x) - L(a).$$

Für x darf man nun Einsetzungen aus $\mathbb{R}^+$ vornehmen.

$\lfloor x = b \rfloor$ $L(b) = L(a \cdot b) - L(a) \Leftrightarrow L(a \cdot b) = L(a) + L(b)$ w.z.z.w.

$\lfloor x = \frac{1}{a} \rfloor$ $L(\frac{1}{a}) = L(a \cdot \frac{1}{a}) - L(a) \Leftrightarrow L(\frac{1}{a}) = L(1) + L(a) \Leftrightarrow L(\frac{1}{a}) = -L(a)$ w.z.z.w.

$\lfloor x = \frac{1}{b} \rfloor$ $L(\frac{1}{b}) = L(a \cdot \frac{1}{b}) - L(a) \Leftrightarrow L(\frac{a}{b}) = L(a) - L(b)$ w.z.z.w.

Weiter gilt für $n \in \mathbb{N}$:

$L(a^n) = L(a \cdot a^{n-1}) = L(a) + L(a^{n-1}) = L(a) + L(a \cdot a^{n-2}) = L(a) + L(a) + L(a^{n-2})$

$= \ldots = \underbrace{L(a) + \ldots + L(a)}_{n \text{ Summanden}} = n \cdot L(a)$ w.z.z.w

B   Beweis der logarithmischen Gesetze

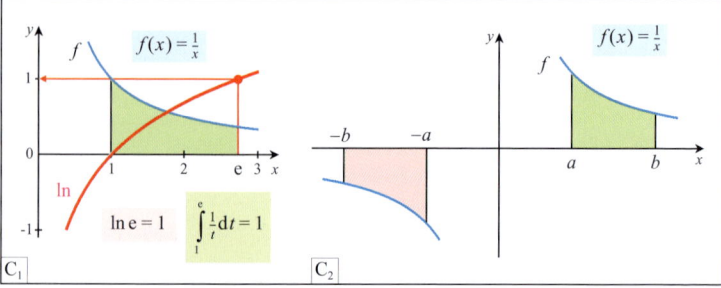

C   Definition von e (C_1), bestimmte Integrale der ln-Funktion (C_2)

Natürlicher Logarithmus als Integral

Die Einführung der Logarithmusfunktion als Umkehrung der Exponentialfunktion (S. 51 und S. 83) stellt eine Möglichkeit dar, die Funktion ln des nat. Logarithmus einzuführen, u.z. als den Spezialfall mit der eulerschen Zahl e (S. 153) als Basis.

Eine andere Möglichkeit ergibt sich mit Hilfe der Integralfunktion (S. 143) von $\frac{1}{x}$. Zugleich schließt man auf diesem Weg die Lücke in der Potenzregel ($n = -1$, S. 145), d. h. $\int \frac{1}{t} dt$ wird gelöst (s.u.).

Zunächst definiert man eine Funktion L, aus deren Eigenschaften dann die Identität mit ln gefolgert wird:

> **Def. 1:** $L(x) := \int_1^x \frac{1}{t} dt \ (x \in \mathbb{R}^+)$ (Abb. A$_1$)

Die folgenden Eigenschaften (a) bis (c) erlauben bereits die Vermutung, dass es sich bei L um eine reelle Logarithmusfunktion handelt.

(a) $D_L = \mathbb{R}^+$

(b) Nullstelle bei 1, denn es gilt:

$L(x) = 0 \Leftrightarrow \int_1^x \frac{1}{t} dt = 0 \Leftrightarrow x = 1$, d. h. $\boxed{L(1) = 0}$

Vorzeichenfelder: $x > 1 \Rightarrow L(x) > 0$,
$\qquad\qquad\quad 0 < x < 1 \Rightarrow L(x) < 0$

(c) L ist beliebig oft differenzierbar für alle $x \in \mathbb{R}^+$ mit $L'(x) = \frac{1}{x} > 0$, $L''(x) = -\frac{1}{x^2} < 0$

(Hauptsatz, S. 143, Kettenregel, S. 125),

> d.h. L ist streng monoton steigend und rechtsgekrümmt über ganz D_L

(S. 129, Satz 3, und S. 131, Satz 7).

Mit diesen Eigenschaften, unterstützt durch eine Wertetabelle (Abb. A$_2$), hat der Graph zu L bereits die charakteristische Form einer Logarithmusfunktion (vgl. S. 82, Abb. C$_2$).

Es gelten (Beweise in Abb. B) auch die sog. **logarithmischen Gesetze** (vgl. S. 51).

(d) Für alle $a, b \in \mathbb{R}^+$, $n \in \mathbb{N}$ gilt:

(d1) $L(a \cdot b) = L(a) + L(b)$

(d2) $L(\frac{1}{a}) = -L(a) \qquad L(\frac{a}{b}) = L(a) - L(b)$

(d3) $L(a^n) = n \cdot L(a)$

Bem.: Der Definitionsbereich $\mathbb{N}$ für n lässt sich schrittweise auf $\mathbb{Z}, \mathbb{Q}$ und auf $\mathbb{R}$ ausweiten (ohne Beweis). ◁

Mit Hilfe von (d3) folgt für das

(e) Verhalten am Rande von D_L:

$\lim\limits_{x \to +\infty} L(x) = +\infty$ und $\lim\limits_{x \to 0} L(x) = -\infty$,

denn mit (d3) ergibt sich für $a = 2$:

$L(2^n) = n \cdot L(2)$,

d.h. $\lim\limits_{n \to \infty} L(2^n) = L(2) \cdot \lim\limits_{n \to \infty} n = +\infty$

(entsprechend mit 2^{-n} für $x \to 0$)

Folgerung: Für die Wertemenge gilt: $W_L = \mathbb{R}$.

Für die Identifizierung von L mit ln benutzt man die Reduktionsgleichung $a^{\log_a(x)} = x$ (S. 51). Auf sie wird die Funktion L angewendet: $L(a^{\log_a(x)}) = L(x)$.

Nach (d3) folgt dann

$\log_a x \cdot L(a) = L(x)$.

Man wählt ein $a \in \mathbb{R}^+$, so dass $L(a) = 1$ gilt, und bezeichnet diese spezielle Basis mit e (eulersche Zahl, S. 153). Es gilt der **Satz**:

> $L(x) = \log_e x = \ln x = \int_1^x \frac{1}{t} dt$
>
> mit $\ln(e) = 1$, d.h. mit $\int_1^e \frac{1}{t} dt = 1$ (Abb. C$_1$).

Grundintegral $\int \frac{1}{t} dt$

Wegen der Ableitung

$\ln'(x) = \frac{1}{x}$ für $x > 0$ und

$\ln'(-x) = -\frac{1}{-x} = \frac{1}{x}$ für $x < 0$ (Kettenregel)

wird das mit der Potenzregel nicht fassbare Grundintegral $\int \frac{1}{t} dt$ gelöst:

> $\int \frac{1}{t} dt = \ln|x| = \begin{cases} \ln x & \text{für } x > 0 \\ \ln(-x) & \text{für } x < 0 \end{cases}$

Damit sind auch die folgenden Typen bestimmter Integrale lösbar für $a, b \in \mathbb{R}^+$ (Abb. C$_2$).

$\int_a^b \frac{1}{t} dt = [\ln x]_a^b = \ln b - \ln a$

$\int_{-b}^{-a} \frac{1}{t} dt = [\ln(-x)]_{-b}^{-a} = \ln a - \ln b$

Bsp.: $\int_{-4}^{-2} \frac{1}{t} dt = \ln 2 - \ln 4$

Die zur weiteren Ausrechnung benötigten Werte für ln 2 und ln 4 kann man vom Taschenrechner näherungsweise (s. S. 154) berechnen lassen (oder einer Tafel entnehmen).

Bem.: Der Name »natürliche Logarithmusfunktion« (lat. logarithmus naturalis) rührt her von der Bedeutung der Funktion für die *Naturwissenschaften*. Aber auch in der reinen Mathematik ist diese Funktion über die Differenzial- und Integralrechnung hinaus unverzichtbar. Z.B. in der Zahlentheorie, wenn es um die Verteilung der Primzahlen geht (s. AM, S. 127), oder in der Wahrscheinlichkeitsrechnung bei der Poisson-Verteilung und beim gaußschen Fehlerintegral (s. AM, S.473), das den letzten 10-DM-Schein vor der Einführung des Euro zierte.

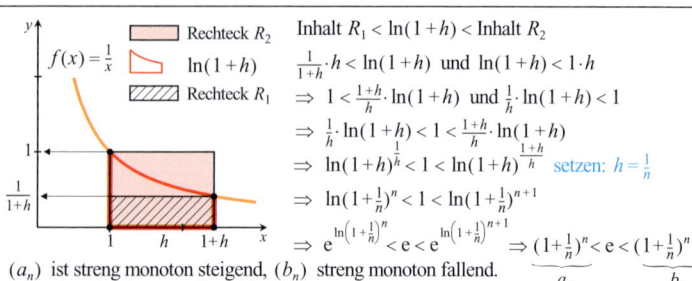

Inhalt $R_1 <$ ln$(1+h) <$ Inhalt R_2

$\frac{1}{1+h}\cdot h <$ ln$(1+h)$ und ln$(1+h) < 1\cdot h$

$\Rightarrow 1 < \frac{1+h}{h}\cdot$ ln$(1+h)$ und $\frac{1}{h}\cdot$ ln$(1+h) < 1$

$\Rightarrow \frac{1}{h}\cdot$ ln$(1+h) < 1 < \frac{1+h}{h}\cdot$ ln$(1+h)$

$\Rightarrow$ ln$(1+h)^{\frac{1}{h}} < 1 <$ ln$(1+h)^{\frac{1+h}{h}}$ setzen: $h = \frac{1}{n}$

$\Rightarrow$ ln$(1+\frac{1}{n})^{n} < 1 <$ ln$(1+\frac{1}{n})^{n+1}$

$\Rightarrow$ e$^{\text{ln}(1+\frac{1}{n})^{n}} <$ e $<$ e$^{\text{ln}(1+\frac{1}{n})^{n+1}}$ $\Rightarrow \underbrace{(1+\frac{1}{n})^{n}}_{a_n} <$ e $< \underbrace{(1+\frac{1}{n})^{n+1}}_{b_n}$

(a_n) ist streng monoton steigend, (b_n) streng monoton fallend.
Außerdem ist $(b_n - a_n)$ eine Nullfolge:

$b_n - a_n = a_n\cdot(1+\frac{1}{n}-1) = a_n\cdot\frac{1}{n} \Rightarrow \lim\limits_{n\to\infty}(a_n\cdot\frac{1}{n}) = 0$ (Satz 11, S. 101).

Die Intervalle $[a_n; b_n]$ bilden daher eine Intervallschachtelung (S. 47). Damit sind beide
Folgen gegen e konvergent: $\lim\limits_{n\to\infty}(1+\frac{1}{n})^{n} = \lim\limits_{n\to\infty}(1+\frac{1}{n})^{n+1} = $ e   w.z.z.w.

Wertetabelle für beide Folgen:

n	10	100	1000	10000	10^5	10^6
$(1+\frac{1}{n})^{n}$	$2,59$	$2,70\dots$	$2,717\dots$	$2,7181\dots$	$2,71826\dots$	$2,718280\dots$
$(1+\frac{1}{n})^{n+1}$	$2,85\dots$	$2,73\dots$	$2,719\dots$	$2,7184\dots$	$2,71829\dots$	$2,718283\dots$

Die beiden Folgen konvergieren sehr langsam gegen e $= 2,7182818284\dots$

A   Eulersche Zahl e

	Ausgangs-gleichung	Auflösung nach x	$\lfloor x \sqrt{y}\rfloor$ Umkehrfunktionsgleichung f^{-1}	
Funktions-gleichung	$f(x) = $ ln$x$	$x = $ e$^{f(x)}$	$f^{-1}(x) = $ e^x	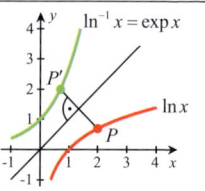
Definitions-menge	$\mathbb{R}^+$	$\mathbb{R}$	$D_{f^{-1}} = \mathbb{R}$	
Wertemenge	$\mathbb{R}$	$\mathbb{R}^+$	$W_{f^{-1}} = \mathbb{R}^+$	

B   e-Funktion als Umkehrfunktion zur ln-Funktion

Denkt man sich einen Körper aus Zylindern in den Rotationskörper hineingepasst und von
außen einen entsprechenden umfassenden, so erhält man die folgende Abschätzung für das
Volumen des Rotationskörpers (Zylindervolumen $V = r^2\pi\cdot h$ mit $r=m$ bzw. $r=M$,
$h = \Delta x$): $m_1^2\pi\cdot\Delta x + \dots + m_n^2\pi\cdot\Delta x \leq V_{\text{rot}} \leq M_1^2\pi\cdot\Delta x + \dots + M_n^2\pi\cdot\Delta x$

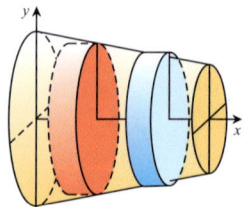

$\Leftrightarrow \pi\sum\limits_{i=1}^{n}(m_i^2\cdot\Delta x) \leq V_{\text{rot}} \leq \pi\sum\limits_{i=1}^{n}(M_i^2\cdot\Delta x)$

Die links stehende Summe ist eine Untersumme zur Funktion g mit $g(x) = [f(x)]^2$, die rechts stehende eine Obersumme zu derselben Funktion (vgl. S. 141, Def. 1). Existiert das Integral zu $[f(x)]^2$, so haben die Ober- und die Untersumme denselben Grenzwert, d.h. es gilt:

$$V_{\text{rot}} = \pi\cdot\int\limits_{a}^{b}[f(x)]^2\mathrm{d}x$$

C   Volumen eines Rotationskörpers

e-Funktion

Zur ln-Funktion gehört als Umkehrfunktion die sog. e-Funktion. Diese existiert wegen der strengen Monotonie der ln-Funktion (S. 151 und S. 83). Als Umkehrfunktion zu einer Logarithmusfunktion (Basis e) ist die e-Funktion eine Exponentialfunktion mit der Basis e:

$x \mapsto e^x$ mit $D_f = \mathbb{R}$ (Abb. B).

Man schreibt auch $\exp x = e^x$.

Für die Ableitung gilt

$$(e^x)' = e^x$$

Beweis: Nach der Regel zur Ableitung der Umkehrfunktion f^{-1} (S. 125)

$(f^{-1})'(f(a)) = \frac{1}{f'(a)}$ mit $f(a) = \ln a$, $a = e^{f(a)}$

und $f'(a) = \frac{1}{a}$ erhält man

$(f^{-1})'(\ln a) = \frac{1}{\frac{1}{a}} = a = e^{\ln a}$.

Mit $\ln a = x$ gilt: $(f^{-1})'(x) = e^x$.   w.z.z.w.

Bem.: Es gilt also
$e^x = f(x) = f'(x) = f''(x) = \ldots = f^{(n)}(x) = \ldots$
Das gilt auch für $c \cdot e^x$ mit $c \in \mathbb{R}$. Man kann sogar zeigen, dass $c \cdot e^x$ der einzige Funktionsterm mit dieser Eigenschaft ist.

Eulersche Zahl e

Grundlegend für die ln- und die e-Funktion ist die *eulersche Zahl* e. Neben der Zahl π ist sie die wichtigste Zahl der Mathematik.
Die Definitionsgleichung $\ln e = 1$ allein sagt nur sehr wenig über die *Zahl* e aus. Man ist z.B. interessiert an der *Dezimalzahldarstellung* von e.
Diese ergibt sich, wenn auch sehr mühselig, aus der Eigenschaft

$$e = \lim_{n \to \infty} (1 + \frac{1}{n})^n.$$

Beweis: Abb. A

Wegen der langsamen Konvergenz ist die Folge für die Praxis von geringerer Bedeutung. Zur Berechnung von Näherungswerten ist die Darstellung als Reihe brauchbarer:

$R(n) = 1 + \frac{1}{1!} + \frac{1}{2!} + \frac{1}{3!} + \ldots + \frac{1}{n!}$ (S. 154)

Man erhält die folgende Wertetabelle:

n	1	5	8	9
$R(n)$	2	2,716	2,71827	2,718281

Die Genauigkeit von 5 Stellen, die bei der Folge erst für $n = 1000000$ erreicht wird, ist bei der Reihe schon für $n = 9$ überschritten.

Bem.: Die Zahl e ist irrational.

Allgemeine Logarithmusfunktion

Ist $f(x) = \log_a x$ mit $a \in \mathbb{R}^+ \backslash \{1\}$ vorgegeben, so kann man mit der Umrechnungsformel (S. 51) schreiben:
$f(x) = \frac{\ln x}{\ln a} = \frac{1}{\ln a} \cdot \ln x$.

Für die Ableitung folgt dann nach der Regel vom konstanten Faktor (S. 123)

$[\log_a x]' = \frac{1}{\ln a} \cdot (\ln x)' = \frac{1}{\ln a} \cdot \frac{1}{x} = \frac{1}{x \cdot \ln a}$, d.h.

$$[\log_a x]' = \frac{1}{x \cdot \ln a}.$$

Allgemeine Exponentialfunktion

Ist $f(x) = a^x$ vorgegeben, so kann man nach S. 83, Satz 9, umformen: $f(x) = e^{x \cdot \ln a}$.
Wendet man die Kettenregel (S. 125) an, so ergibt sich für die Ableitung
$(a^x)' = (e^{x \cdot \ln a})' = e^{x \cdot \ln a} \cdot \ln a = a^x \ln a$, d.h.

$$[a^x]' = a^x \cdot \ln a.$$

Rotationskörper

Lässt man den Graphen einer Funktion um die x-Achse rotieren, so entsteht ein sog. *Rotationskörper.*

Für seinen Rauminhalt gilt (f sei z.B. stetig und stückweise monton, so dass Satz 4 von S. 141 auf f^2 anwendbar ist, denn die stückweise Monotonie und die Stetigkeit werden von f auf f^2 übertragen):

$$V_{rot} = \pi \int_a^b [f(x)]^2 \, dx.$$

Herleitung: Abb. C

Bsp.: Die Ellipse mit der Gleichung $\frac{x^2}{a^2} + \frac{y^2}{b^2} = 1$ (S. 219) rotiere um die x-Achse. Wie groß ist das Volumen des überstrichenen Ellipsoids?

Lösung: $V_{Ell} = \pi \int_{-a}^{+a} [f(x)]^2 \, dx = 2\pi \int_0^{+a} y^2 \, dx$

$\qquad$ | (aus Symmtriegründen)

$\left\lfloor y^2 = [f(x)]^2 = b^2 (1 - \frac{x^2}{a^2}) \right.$

$V_{Ell} = 2\pi \int_0^{+a} b^2 (1 - \frac{x^2}{a^2}) \, dx$

$\qquad = 2\pi b^2 [x - \frac{1}{a^2} \cdot \frac{1}{3} x^3]_0^{+a}$

$\qquad = 2\pi b^2 (a - \frac{1}{3} a - 0)$

$\qquad = 2\pi \frac{2}{3} a b^2$

$\qquad = \frac{4}{3} \pi a b^2$

Definition: $n! := 1 \cdot 2 \cdot 3 \ldots \cdot n$ für $n \geq 2$; $1! := 1$; $0! := 1$ (lies: n Fakultät)

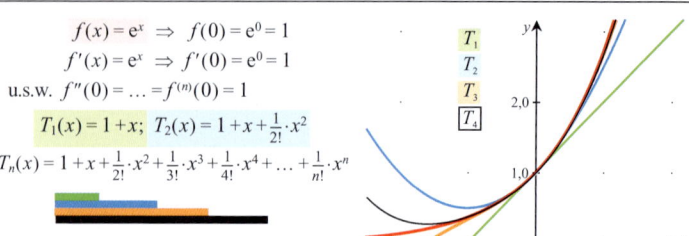

$f(x) = e^x \;\Rightarrow\; f(0) = e^0 = 1$

$f'(x) = e^x \;\Rightarrow\; f'(0) = e^0 = 1$

u.s.w. $f''(0) = \ldots = f^{(n)}(0) = 1$

$T_1(x) = 1 + x$; $T_2(x) = 1 + x + \frac{1}{2!} \cdot x^2$

$T_n(x) = 1 + x + \frac{1}{2!} \cdot x^2 + \frac{1}{3!} \cdot x^3 + \frac{1}{4!} \cdot x^4 + \ldots + \frac{1}{n!} \cdot x^n$

Das Restglied strebt für alle $x \in \mathbb{R}$ gegen 0 (ohne Beweis).

D.h. $e^x = 1 + x + \frac{1}{2!} x^2 + \frac{1}{3!} x^3 + \ldots$ speziell: $e = e^1 = 1 + 1 + \frac{1}{2!} + \frac{1}{3!} + \frac{1}{4!} + \frac{1}{5!} + \ldots = 2,71\ldots$

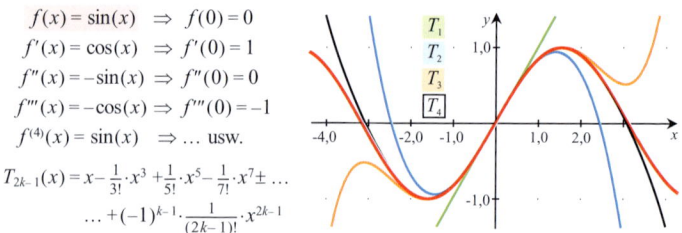

$f(x) = \sin(x) \;\Rightarrow\; f(0) = 0$

$f'(x) = \cos(x) \;\Rightarrow\; f'(0) = 1$

$f''(x) = -\sin(x) \;\Rightarrow\; f''(0) = 0$

$f'''(x) = -\cos(x) \;\Rightarrow\; f'''(0) = -1$

$f^{(4)}(x) = \sin(x) \;\Rightarrow\; \ldots$ usw.

$T_{2k-1}(x) = x - \frac{1}{3!} \cdot x^3 + \frac{1}{5!} \cdot x^5 - \frac{1}{7!} \cdot x^7 \pm \ldots$

$\ldots + (-1)^{k-1} \cdot \frac{1}{(2k-1)!} \cdot x^{2k-1}$

Das Restglied strebt für alle $x \in \mathbb{R}$ gegen 0 (ohne Beweis).

D.h. $\sin(x) = x - \frac{1}{3!} x^3 + \frac{1}{5!} x^5 \mp \ldots$ speziell: $\sin 0,7 = 0,644\ldots$

Da die ln-Funktion an der Stelle 0 nicht definiert ist, wählt man statt $\ln x$ den Funktionsterm $\ln(1+x)$:

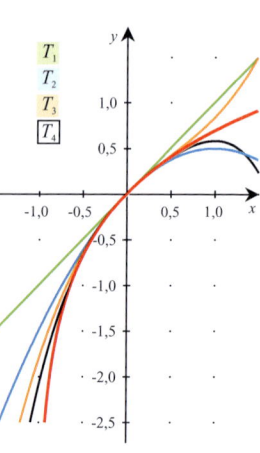

$f(x) = \ln(1+x)$ $\qquad \Rightarrow f(0) = 0$

$f'(x) = \dfrac{1}{1+x}$ $\qquad \Rightarrow f'(0) = 1$

$f''(x) = \dfrac{-1}{(1+x)^2}$ $\qquad \Rightarrow f''(0) = -1$

$f'''(x) = \dfrac{2}{(1+x)^3}$ $\qquad \Rightarrow f'''(0) = 2$

$f^{(4)}(x) = -\dfrac{-2 \cdot 3}{(1+x)^4}$ $\qquad \Rightarrow f^{(4)}(0) = -2 \cdot 3$

$f^{(n)}(x) = (-1)^{n+1} \cdot \dfrac{(n-1)!}{(1+x)^n} \;\Rightarrow f^{(n)}(0) = (-1)^{n+1} \cdot (n-1)!$

$T_n(x) = x - \frac{1}{2} x^2 + \frac{1}{3} x^3 - \frac{1}{4} x^4 \pm \ldots + (-1)^{n+1} \cdot \frac{1}{n} \cdot x^n$

Das Restglied strebt für alle $x \in\,]-1;1]$ gegen 0 (ohne Beweis).

D.h. $\ln(1+x) = x - \frac{1}{2} x^2 + \frac{1}{3} x^3 \mp \ldots$ speziell: $\ln(2) = 0,782\ldots$

Approximation mit Taylor-Polynomen

Approximation

ist die Annäherung von Funktionen, z.B. mit den Termen e^x, $\sin x$ oder $\ln x$, durch einfachere Funktionen, z.B. ganzrationale Funktionen, um die näherungsweise Berechnung von Funktionswerten zu ermöglichen. Verwendet werden hier zur Approximation die sog. Taylor-*Polynome* T_n ($n \in \mathbb{N}$) mit

$$T_1(x) = f(0) + f'(0) \cdot x \,;\text{ Tangente in } (0 \,|\, f(0))$$

$$T_2(x) = f(0) + \frac{f'(0)}{1!}x + \frac{f''(0)}{2!}x^2 \text{ (Parabel)}$$

$$T_n(x) = f(0) + \frac{f'(0)}{1!}x + \frac{f''(0)}{2!}x^2 + \ldots + \frac{f^{(n)}(0)}{n!}x^n$$

Bem.: Auf S. 121 wird bereits die Annäherung einer Funktion durch die Tangente behandelt (lineare Aproximation oder **Approximation 1. Ordnung**).
Die **Approximation 2. Ordnung** durch eine Parabel liegt in der Beispielrechnung 2b von S. 133 vor (die dort gefundene quadratische Näherungsfunktion mit

$$p(x) = \tfrac{1}{4}x^2 + 1$$

ist gerade das Taylor-Polynom T_2; leicht nachzurechnen).

Grundgedanke der Approximation

Es gibt eine Summendarstellung

$$f(x) = T_n(x) + R_n(x) \text{ für alle } n \in \mathbb{N},$$

in der $R_n(x)$ das sog. *Restglied* ist, das den Unterschied zwischen dem tatsächlichen und dem angenäherten Funktionswert angibt.

Das ist auch der Inhalt des **Satzes von Taylor** für hinreichend oft auf einem Intervall um 0 differenzierbare Funktionen.
Strebt das Restglied für wachsendes n gegen 0, so wird mit steigender Ordnung der Taylor-Polynome die Übereinstimmung mit $f(x)$ immer besser. Man beschreibt dieses Verhalten durch die Angabe einer unendlichen Reihe:

$$f(x) = f(0) + \frac{f'(0)}{1!}x + \frac{f''(0)}{2!}x^2 + \frac{f'''(0)}{3!}x^3 + \ldots$$

Anwendungen: Abb.

Integraldarstellung des Restgliedes $R_n(x)$

Das Restglied $R_1(x)$ kann man z.B. mit Hilfe der partiellen Integration über folgenden Rechengang bestimmen:

$$f(x) = f(0) + f'(0) \cdot x + R_1(x)$$

$$\Leftrightarrow f(x) - f(0) = f'(0) \cdot x + R_1(x)$$

Die linke Seite ist nach Satz 6, S. 143, gleich $\int_0^x f'(t)\,dt$, der 1. Summand auf der rechten Seite lässt sich als $[f'(t) \cdot (t-x)]_0^x$ schreiben.
Es folgt: $\int_0^x f'(t)\,dt = [f'(t) \cdot (t-x)]_0^x + R_1(x)$.

Vergleicht man diese Gleichung mit der zur partiellen Integration (S.147, bInt 4)

$$\int_0^x u'(t) \cdot v(t)\,dt = [u(t) \cdot v(t)]_0^x - \int_0^x u(t) \cdot v'(t)\,dt,$$

und setzt $u'(t) = 1$, $v(t) = f'(t)$,
folgert $v'(t) = f''(t)$ und wählt $u(t) = t - x$,
so stimmen die linken Seiten überein und auf der rechten Seite gilt:

$$R_1(x) = -\int_0^x (t-x) \cdot f''(t)\,dt$$

$$\Leftrightarrow R_1(x) = \int_0^x (x-t) \cdot f''(t)\,dt$$

Das Restglied zur Approximation 2. Ordnung $R_2(x)$ erhält man, indem man in obigem Integral $R_1(x)$ mit $u'(t) = t-x$, $v(t) = f''(t)$ eine partielle Integration durchführt:

$$R_1(x) = \tfrac{1}{2}x^2 + \tfrac{1}{2}\int_0^x (x-t)^2 f'''(t)\,dt$$

$$\Rightarrow R_2(x) = \tfrac{1}{2}\int_0^x (x-t)^2 \cdot f'''(t)\,dt$$

Man erkennt jetzt, wie sich $R_2(x)$ aus $R_1(x)$ formal entwickelt. Das Restglied $R_1(x)$ wird in eine Summe zerlegt, deren 1. Summand die Ordnung des Polynoms um 1 vergrößert und deren 2. Summand das neue Restglied darstellt. Daher ist es nicht schwer, $R_3(x)$ aus $R_2(x)$ zu erschließen:

$$R_2(x) = \tfrac{1}{3!}x^3 + \tfrac{1}{3!}\int_0^x (x-t)^3 f^{(4)}(t)\,dt,$$

d.h. $R_3(x) = \tfrac{1}{3!}\int_0^x (x-t)^3 f^{(4)}(t)\,dt$.

Entsprechend gilt für die Approximation n-ter Ordnung (mit vollständiger Induktion, S. 257f., beweisbar):

$$R_n = \frac{1}{n!}\int_0^x (x-t)^n \cdot f^{(n+1)}(t)\,dt$$

Bem.: Wollte man den Fehler abschätzen, den man macht, wenn man z.B. die Reihe für e^x mit $n = 9$ abbricht, so müsste das Restglied $R_9(x)$ abgeschätzt werden. Tatsächlich ergibt eine Abschätzung, die hier nicht durchgeführt werden kann, eine Genauigkeit von 10^{-5} (vergleiche Tabelle auf Seite 153).

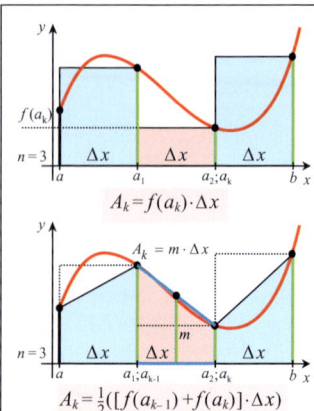

Die Summe der Rechteckinhalte A_k ist

$$S_n = \Delta x \cdot [f(a) + f(a_1) + \ldots + f(a_{n-1}) + f(b)]$$

mit $\Delta x = \dfrac{b-a}{n}$ bei n gleich breiten Teilintervallen.

Die Summe der Trapezinhalte A_k ist

$$S_n = \tfrac{1}{2} \cdot \Delta x \cdot [f(a) + f(a_1) + f(a_1) + f(a_2) + \ldots$$
$$\ldots + f(a_{n-2}) + f(a_{n-1}) + f(a_{n-1}) + f(b)]$$

$$\Rightarrow S_n = \Delta x \cdot [\tfrac{1}{2}f(a) + f(a_1) + \ldots + f(a_{n-1}) + \tfrac{1}{2}f(b)]$$

mit $\Delta x = \dfrac{b-a}{n}$ bei n gleich breiten Teilintervallen.

A   Rechtecknetz- und Trapezverfahren

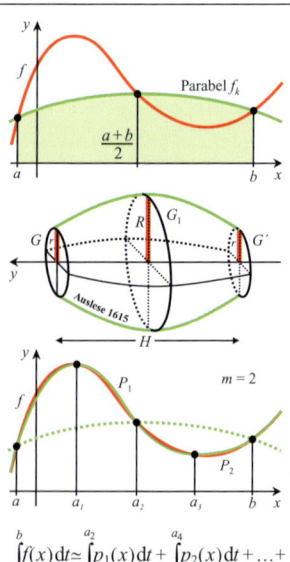

Das Näherungsintegral $\int\limits_a^b f_k(t)\,dt$ hat bei einmaliger Anwendung i.d.R. eine große Abweichung von $\int\limits_a^b f(t)\,dt$.

Erst bei mehrfacher Anwendung der simpsonschen Regel (s.u.) wird die keplersche Regel wirksam eingesetzt.

Ihren Namen »Fassregel« hat die Regel erhalten, weil man sie zur näherungsweisen Berechnung bestimmter Rotationskörpervolumina benutzen kann. Wenn G, G_1, G' und H wie bei dem abgebildeten Fass vorgegeben sind, erhält man:

$$V_{rot} \simeq \frac{H}{6}(G + 4G_1 + G') \quad \text{bzw.}$$

$$V_{Fass} \simeq \frac{H}{6}(\pi r^2 + 4\pi R^2 + \pi r^2)$$

$$\Rightarrow V_{Fass} \simeq \frac{\pi}{3}H(r^2 + 2R^2)$$

Bei der simpsonschen Regel wird das Intervall $[a;b]$ in $4, 6, 8, \ldots, 2m$ gleich breite Teilintervalle zerlegt. Dann lassen sich $2, 3, 4, \ldots, m$ Parabeln einfügen, für die die keplersche Fassregel gilt.
Es ergibt sich:

$$\int\limits_a^b f(x)\,dt \simeq \int\limits_a^{a_2} p_1(x)\,dt + \int\limits_{a_2}^{a_4} p_2(x)\,dt + \ldots + \int\limits_{a_{2m-2}}^b p_m(x)\,dt \quad (a_2 - a = a_4 - a_2 = \ldots = b - a_{2m-2} = \tfrac{b-a}{m})$$

$$= \frac{b-a}{6m}(f(a) + 4f(a_1) + f(a_2)) + \frac{b-a}{6m}(f(a_2) + 4f(a_3) + f(a_4)) + \ldots$$

$$\ldots + \frac{b-a}{6m}(f(a_{2m-2}) + 4f(a_{2m-1}) + f(a_{2m}))$$

Also gilt:

$$\int\limits_a^b f(x)\,dt \simeq \frac{b-a}{6m}[f(a) + f(b) + 2\{f(a_2) + f(a_4) + \ldots + f(a_{2m-2})\} + 4\{f(a_1) + f(a_3) + \ldots + f(a_{2m-1})\}]$$

B   Keplersche Fassregel und simpsonsche Regel

Numerische Verfahren kommen immer dann zum Einsatz, wenn die Theorie keinen direkt zum Ziel führenden formelmäßigen Lösungsweg bereitstellen kann (z.B. die Lösung einer Gleichung 6. Grades, für die es keine Lösungsformel gibt) oder wenn der Zeitaufwand für das Lösen eines Problems sich durch den Einsatz eines Rechners wesentlich verringern lässt. Rekursive Verfahren (s.u.), die den sog. Iterationsverfahren (s.u.) zu Grunde liegen, sind für den Rechnereinsatz besonders gut geeignet. Abgehandelt werden hier die folgenden Bereiche:

- numerische Integration
- numerische Lösung von Gleichungen
- numerische Bestimmung von Nullstellen
- Iterationsverfahren

Numerische Integration

Für die numerische Berechnung von bestimmten Integralen gibt es eine Reihe von Verfahren:

- Rechtecknetzverfahren
- Trapezverfahren
- Keplersche Fassregel
- Simpsonsche Regel

a) Rechtecknetzverfahren

Dieses Verfahren greift direkt auf die Definition des Integrals zurück und ist wegen des großen Rechenaufwandes nur für den Computer sinnvoll (Berechnungsformel: Abb. A).

Das berechnete Rechtecknetz ist nicht immer identisch mit der Ober- oder Untersumme, denn es kann z.B. ein Extrempunkt »im Wege sein«. In diesem Fall liegt aber eine Zwischensumme vor, die, falls das Integral existiert, ebenfalls gegen das Integral konvergiert.

Da die anfangs vorgegebene äquidistante Intervallzerlegung und dann jede weitere durch eine Halbierung der Teilintervalle verfeinert wird, nennt man das Verfahren auch »Intervallhalbierungsverfahren«.

b) Trapezverfahren

Ersetzt man die Rechtecknetze durch Trapeznetze, ergibt sich das Trapezverfahren. Es zeichnet sich dadurch aus, dass es schneller konvergiert als das Rechtecknetzverfahren. Die Anpassung von Trapezen an den Graphen einer Funktion ist ja auch besser als die von Rechtecken (Bechnungsformel: Abb. A).

c) Keplersche Fassregel

Die Anpassung an den Graphen erfolgt bei dieser Regel durch eine Parabel (Abb. B).

Da drei nicht auf einer Gerade liegende Punkte eine Parabel eindeutig festlegen, kann man – von den Punkten

$(a; f(a))$, $(b; f(b))$ und $(\frac{a+b}{2}; f(\frac{a+b}{2}))$

ausgehend – eine Parabel angeben, deren Achse parallel zur y-Achse verläuft.

Macht man für die Parabelfunktion den Ansatz $f_K(x) = p_1 + p_2 x + p_3 x^2$, so wird $\int_a^b f(t)\,dt$ durch

$\int_a^b f_K(t)\,dt$ angenähert, wobei die Koeffizienten p_1, p_2 und p_3 aus den Daten der drei Punkte zu ermitteln sind.

Durch Integrieren mit Hilfe des Hauptsatzes (S.143) ergibt sich:

$$\int_a^b f_K(t)\,dt = \int_a^b [p_1 + p_2 t + p_3 t^2]\,dt$$
$$= p_1 b + \tfrac{1}{2}p_2 b^2 + \tfrac{1}{3}p_3 b^3 - (p_1 a + \tfrac{1}{2}p_2 a^2 + \tfrac{1}{3}p_3 a^3)$$
$$= p_1(b-a) + \tfrac{1}{2}p_2(b^2 - a^2) + \tfrac{1}{3}p_3(b^3 - a^3)$$
$$= (b-a)[p_1 + \tfrac{1}{2}p_2(b+a) + \tfrac{1}{3}p_3(a^2 + ab + b^2)]$$
$$= \frac{b-a}{6}[6p_1 + 3p_2 b + 3p_2 a + 2p_3 a^2 + 2p_3 ab + 2p_3 b^2]$$

Weil die drei vorgegebenen Punkte auf der Parabel liegen, muss gelten:

$f(a) = p_1 + p_2 a + p_3 a^2$
$f(b) = p_1 + p_2 b + p_3 b^2$ und
$f(\frac{a+b}{2}) = p_1 + p_2 \frac{a+b}{2} + p_3 (\frac{a+b}{2})^2$

Es folgt:

$$\int_a^b f_K(t)\,dt = \frac{b-a}{6}[p_1 + p_2 a + p_3 a^2 + p_1 + p_2 b$$
$$+ p_3 b^2 + 4p_1 + 2p_2 a + 2p_2 b + p_3 a^2 + 2p_3 ab + p_3 b^2]$$
$$= \frac{b-a}{6}[f(a) + f(b) + 4p_1 + 2p_2(a+b) + p_3(a+b)^2]$$
$$= \frac{b-a}{6}[f(a) + f(b) + 4p_1 + p_2 \frac{a+b}{2} + p_3(\frac{a+b}{2})^2]$$

$$\Rightarrow \int_a^b f_K(t)\,dt = \frac{b-a}{6}[f(a) + 4f(\frac{a+b}{2}) + f(b)]$$

Bem.: Diese Formel geht auf J. KEPLER (1571-1630) zurück, der sie entwickelte, als er sich mit dem Inhalt von Weinfässern auseinander setzte (Abb. B).

d) Simpsonsche Regel

Die mehrfache Anwendung (Abb. B) der keplerschen Fassregel ergibt die simpsonsche Regel (TH. SIMPSON, 1710 - 61). Ihre Anwendung liefert i.d.R. eine bessere Annäherung, weil bei der Unterteilung des Intervalls in $2m$ Abschnitte bei wachsendem $m \in \mathbb{N}$ eine Verfeinerung vollzogen wird.

Flächeninhaltsgleiche Verwandlung der Rechtecke in ein Quadrat, bei der sich die Längen der beiden Seiten immer weniger unterscheiden.

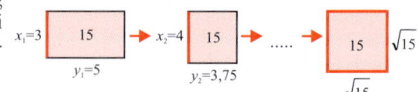

x_1 ist der Startwert. y_1 ergibt sich aus der Forderung, dass der Inhalt stets 15 sein soll, also $y_1 = \frac{15}{3} = 5$. Eine Angleichung der Rechteckseitenlängen erscheint möglich, wenn man für x_2 das arithmetische Mittel aus x_1 und y_1 wählt, d.h.

$x_2 = \frac{1}{2}(x_1 + \frac{15}{x_1})$.

Entsprechend fortgesetzt ist dann

$x_3 = \frac{1}{2}(x_2 + \frac{15}{x_2})$, $x_4 = \frac{1}{2}(x_3 + \frac{15}{x_3})$ ...

allgemein: $x_{n+1} = \frac{1}{2}(x_n + \frac{15}{x_n})$ mit $n \in \mathbb{N}$.

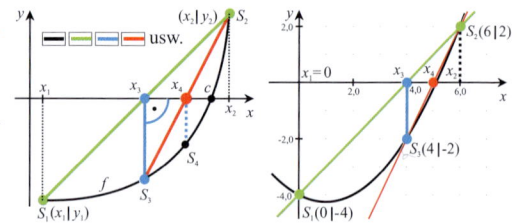

Berechnung der ersten Glieder der Folge mit einem Taschenrechner:

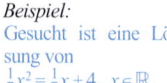

Tastenprogramm

| Sto | + | 15 | ÷ | Rcl | = | × | 0,5 | = |

Folge:
(3; 4; 3,875; 3,8729839; ... ; 3,8729833; ...)
Die Konvergenz der Folge gegen $\sqrt{15}$ ist unabhängig von einem positiven Startwert. Bei negativem Startwert ist der Grenzwert $-\sqrt{15}$.

A Heronsches Verfahren

Beispiel:
Gesucht ist eine Lösung von
$\frac{1}{4}x^2 = \frac{1}{2}x + 4$, $x \in \mathbb{R}$.
Gesucht ist eine Nullstelle c der Funktion f mit $D_f = \mathbb{R}^+$ und
$f(x) = \frac{1}{4}x^2 - \frac{1}{2}x - 4$.
Ein Näherungswert für c soll errechnet werden.

f stetig mit VW in c und Linkskrümmung in einer Umgebung von c.

Vorgehensweise:
$S_1(x_1|y_1)$ und $S_2(x_2|y_2)$ auf verschiedenen Seiten der x-Achse wählen; Gleichung der Sekante durch beide Punkte ermitteln (2-Punkte-Form, S.78, Abb. C): $\frac{y - y_1}{x - x_1} = \frac{y_2 - y_1}{x_2 - x_1}$
(im Beispiel: $y = x - 4$)
Nullstelle x_3 der Sekante berechnen durch Punktprobe mit $(x_3|0)$:
$\lfloor y = 0; x = x_3 \rfloor$ $\frac{0 - y_1}{x_3 - x_1} = \frac{y_2 - y_1}{x_2 - x_1} \Leftrightarrow \frac{x_3 - x_1}{y_1} = \frac{x_2 - x_1}{y_2 - y_1} \Leftrightarrow x_3 = x_1 - y_1 \cdot \frac{x_2 - x_1}{y_2 - y_1}$
(im Beispiel: $x_3 = 4$)
Eine Verbesserung der Annäherung wird durch den Punkt S_3 erreicht, den man durch die Senkrechte in $(x_3|0)$ findet. Nach demselben Vorgehen wie bei x_3, diesmal mit den Punkten S_3 und S_2, ergibt sich dann $x_4 = x_3 - y_3 \cdot \frac{x_3 - x_2}{y_3 - y_2}$ usw.
Man erhält im Beispiel: $x_3 = 4$; $x_4 = 5$; $x_5 = 5,11...$; ... (Löst man die Quadratgleichung nach dem Verfahren auf S. 59, so ist die Nullstelle $1 + \sqrt{17} = 5,123...$)

B Sekantenverfahren

Numerische Lösung von Gleichungen

Es gibt Gleichungen, die sich nur näherungsweise lösen lassen.

Bsp.: $x^5 - x + 1 = 0$, $\cos x = x$ oder $x \cdot \ln x = 1$

Aber auch Gleichungen, für die ein allgemeines oder spezielles Lösungsverfahren existiert, werden häufig, wenn der Rechenaufwand sehr hoch ist, näherungsweise gelöst, weil der Computer sehr wirkungsvoll einzusetzen ist.

Lösung von Gleichungen und Nullstellen einer Funktion

Prinzipiell kann das Lösen einer Gleichung (s. S. 55f.) auf die Berechnung von Nullstellen einer zugehörigen Funktion zurückgeführt werden.

Bsp.:

Gleichung	Nullform	Funktion
$x^2 = 4$	$\Leftrightarrow \quad x^2 - 4 = 0$	$f(x) = x^2 - 4$
$\sin x = x$	$\Leftrightarrow \sin x - x = 0$	$f(x) = \sin x - x$

Die Nullform ist identisch mit $f(x) = 0$.
Die zugehörige Funktion f hat die linke Seite der Nullform als Funktionsterm. Die Nullstellen von f sind also Lösungen der Ausgangsgleichung.

Heronsches Verfahren

Näherungsweise gelöst werden soll eine Gleichung der Form $x^2 = a$ für $a > 0$, falls a nicht mit einfachen Mitteln als Quadratzahl erkannt werden kann.
Es geht um das näherungsweise Berechnen von $\sqrt{a}$ nach der Formel (Abb. A)

$$x_{n+1} = \frac{1}{2}\left(x_n + \frac{a}{x_n}\right)$$

Bsp.: Berechnung von $\sqrt{15}$
Durch die obige Formel wird eine Folge $(x_1; x_2; x_3 \dots)$ definiert, die im Rückgriff auf den hier noch frei wählbaren sog. *Startwert* x_1 entwickelt wird (Abb. A). Man spricht von einer **rekursiv definierten Folge**, bei der bis auf den Startwert jedes Glied der Folge aus einem Term berechnet wird, der aus Konstanten, Rechenoperationen und bereits berechneten Vorgängern aufgebaut ist. Man muss also auf den Startwert x_1 »zurücklaufen« (lat. recurrere: zurücklaufen).
Dass die Folge (x_n) in Abb. A gerade gegen $\sqrt{15}$ konvergiert, bedarf noch eines Beweises, den man aber gleich für den allgemeinen Fall führen kann.

Die durch $x_{n+1} = \frac{1}{2}(x_n + \frac{a}{x_n})$ festgelegte Folge konvergiert für $a \geq 0$ gegen $\sqrt{a}$.

Beweis: Das Beispiel in Abb. A legt es nahe zu vermuten, dass (x_n) für $x_1 > 0$ monoton fallend und nach unten beschränkt und damit konvergent gegen g ist (S. 101, Satz 10b).
Wegen $x_{n+1} = \frac{1}{2}(x_n + \frac{a}{x_n})$ gilt dann nämlich nach verschiedenen Grenzwertsätzen (S. 101)

$$g = \frac{1}{2}\left(g + \frac{a}{g}\right) \Leftrightarrow g^2 = a \Leftrightarrow g = \sqrt{a}.$$

Bleibt noch zu zeigen: (x_n) ist monoton fallend und nach unten beschränkt.

$$x_{n+1} \leq x_n \Leftrightarrow \frac{1}{2}\left(x_n + \frac{a}{x_n}\right) \leq x_n$$
$$\Leftrightarrow \frac{a}{x_n} \leq x_n \Leftrightarrow a \leq x_n^2 \Leftrightarrow x_n^2 - a \geq 0$$

Die fallende Monotonie kann also gefolgert werden, wenn $x_n^2 - a \geq 0$ für alle n gilt.
Die linke Seite der letzten Ungleichung wird für $n \geq 2$ umgerechnet (bin. Formel anwenden):

$$x_n^2 - a = \left[\frac{1}{2}\left(x_{n-1} + \frac{a}{x_{n-1}}\right)\right]^2 - a = \dots$$
$$= \left[\frac{1}{2}\left(x_{n-1} - \frac{a}{x_{n-1}}\right)\right]^2$$

Wegen des quadratischen Terms gilt $x_n^2 - a \geq 0$ für alle $n \geq 2$ und damit die fallende Monotonie.
Mit $x_n^2 - a \geq 0 \Leftrightarrow x_n^2 \geq a \Leftrightarrow |x_n| \geq \sqrt{a}$ folgt auch die Beschränktheit nach unten.

w.z.z.w.

Sekantenverfahren

Dieses Verfahren zur Nullstellenbestimmung (auch *Sehnenverfahren* oder *regula falsi* genannt) benutzt Nullstellen von Sekantenfunktionen zur Annäherung.
Unter den Voraussetzungen
- f *stetig* und c einzige Nullstelle in einer Umgebung von c und
- *Vorzeichenwechsel* von f bei c und in derselben Umgebung von c *entweder Links- oder Rechtskrümmung* (S. 131)

ist das in Abb. B dargestellte Vorgehen abgesichert.

Bem.: Das Verfahren wird in Abb. B für den Fall der Linkskrümmung dargestellt. Liegt Rechtskrümmung vor, so müssen nur S_1 und S_2 gegeneinander ausgetauscht werden.
Wenn man dann die Zeichnung umgestaltet, kann man die übrigen Ausführungen übernehmen.
Der Rechenaufwand ist mit dem Taschenrechner relativ hoch, die Programmierung auf einem Computer daher hilfreich, denn das rekursive Vorgehen ist auf ihn zugeschnitten (sog. Schleifen).

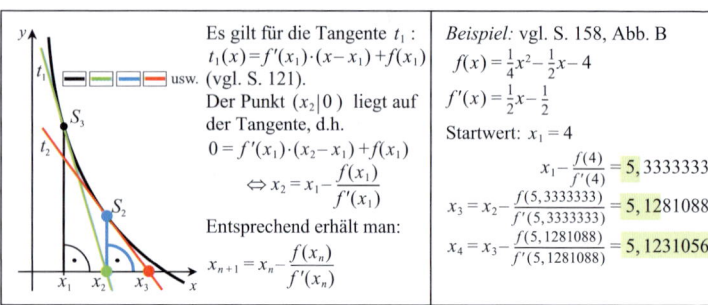

Es gilt für die Tangente t_1:

$$t_1(x) = f'(x_1) \cdot (x - x_1) + f(x_1)$$

(vgl. S. 121).

Der Punkt $(x_2 \mid 0)$ liegt auf der Tangente, d.h.

$$0 = f'(x_1) \cdot (x_2 - x_1) + f(x_1)$$

$$\Leftrightarrow x_2 = x_1 - \frac{f(x_1)}{f'(x_1)}$$

Entsprechend erhält man:

$$x_{n+1} = x_n - \frac{f(x_n)}{f'(x_n)}$$

Beispiel: vgl. S. 158, Abb. B

$$f(x) = \tfrac{1}{4}x^2 - \tfrac{1}{2}x - 4$$

$$f'(x) = \tfrac{1}{2}x - \tfrac{1}{2}$$

Startwert: $x_1 = 4$

$$x_1 - \frac{f(4)}{f'(4)} = 5{,}3333333$$

$$x_3 = x_2 - \frac{f(5{,}3333333)}{f'(5{,}3333333)} = 5{,}1281088$$

$$x_4 = x_3 - \frac{f(5{,}1281088)}{f'(5{,}1281088)} = 5{,}1231056$$

A   Tangentenverfahren

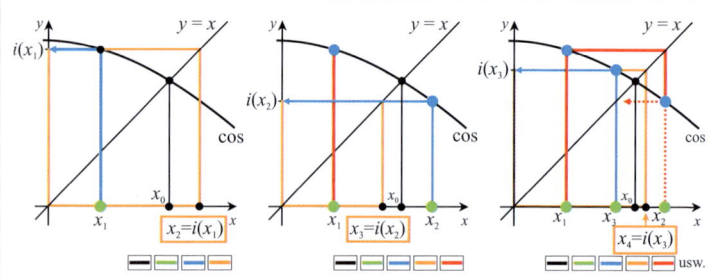

Die rote Linie erfasst schrittweise die Punkte $(x_n \mid i(x_n))$. Ihre spiralige Form drückt sehr gut das Konvergenzverhalten der Folge (x_n) aus. Dasselbe gilt auch für die Keilform (s.u.).

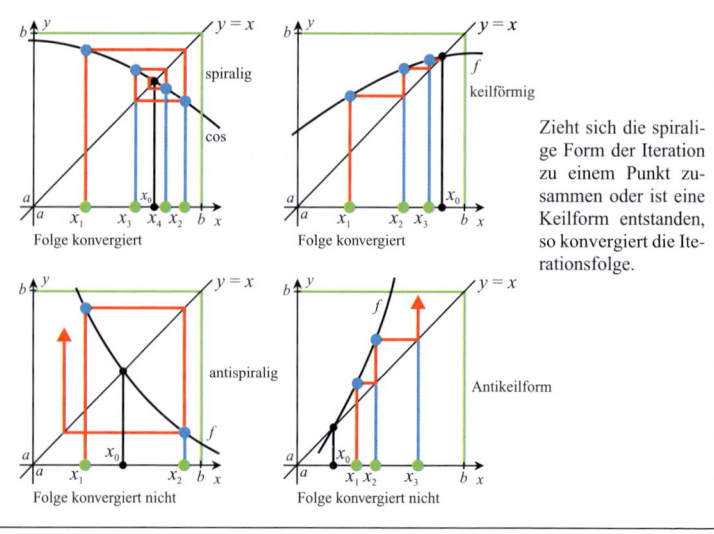

Zieht sich die spiralige Form der Iteration zu einem Punkt zusammen oder ist eine Keilform entstanden, so konvergiert die Iterationsfolge.

B   Iterationsverfahren (Veranschaulichung)

Tangentenverfahren (Newtonsches V.)

Bei diesem auf I. NEWTON zurückgehenden Verfahren erfolgt die Annäherung einer Nullstelle von f durch die Nullstellen von Tangentenfunktionen. Dazu wählt man (Abb. A)

- einen Startwert x_1 und
- die Tangente im Punkt $(x_1 \mid f(x_1))$,
- ihre Nullstelle als 2. Näherungswert x_2
- und wiederholt mit x_2 anstelle von x_1 das Vorgehen usw. Man erhält die rekursive Folge $x_{n+1} = x_n - \dfrac{f(x_n)}{f'(x_n)}$.

Die Folge (x_n) ist bildbar und konvergent, wenn in einer Umgebung einer Nullstelle c

- f hinreichend oft differenzierbar ist,
- dort $f'(x) \neq 0$ gilt,
- ein VW von f bei c vorliegt und
- der Startwert nicht zu weit von c entfernt gewählt wird.

Es gibt Funktionsbeispiele, bei denen die Näherungswerte beiderseits von c liegen.

Gegenüber dem Sekantenverfahren ist das Tangentenverfahren kaum aufwendiger. Die Annäherung erfolgt i.d.R. schneller.

Die rekursive Definition der Näherungsfolge ist nicht nur für den Computer geeignet, sondern auch für einen einfachen Taschenrechner umsetzbar.

$Bsp.$: $f(x) = \cos x - x$

$\Rightarrow f'(x) = -\sin x - 1$

Als Startwert kann man z.B. $x_1 = 0,3$ vorgeben und erhält (Taschenrechner auf RAD eingestellt):

$x_2 = 0,3 - \dfrac{f(0,3)}{f'(0,3)} = 0,8058481$

$x_3 = 0,8058481 - \dfrac{f(0,8058481)}{f'(0,8058481)} = 0,7400021$

$x_4 = 0,7400021 - \dfrac{f(0,7400021)}{f'(0,7400021)} = 0,7390853$

$x_5 = 0,7390853 - \dfrac{f(0,7390853)}{f'(0,7390853)} = 0,7390853 1$

Die gesuchte Nullstelle hat also den Näherungswert 0,7390853.

Iterationsverfahren

Der Rechenvorgang beim Tangentenverfahren (s. letztes Beispiel) kann folgendermaßen interpretiert werden:

Es gibt einen Funktionsterm $i(x) = x - \dfrac{f(x)}{f'(x)}$

und einen Startwert x_1, der eingesetzt wird. Das Ergebnis $i(x_1)$ wird als x_2 festgelegt und eingesetzt. Nach demselben Rechengang wie vorher (mit derselben Tastenfolge auf dem Taschenrechner) ergibt sich $i(x_2)$, das als x_3 in gleicher Weise verwendet wird, usw.

Es wird also definiert:

$x_{n+1} := i(x_n)$ für alle $n \in \mathbb{N}$

Man nennt ein derartiges rechnerisches Vorgehen $Iteration$.

Das Ergebnis einer Iteration ist eine Folge (x_n), die unter bestimmten Bedingungen gegen ein x_0 konvergiert. Im Falle der Konvergenz erhält man:

$i(x_0) = i(\lim_{n \to \infty} x_n) = \lim_{n \to \infty} i(x_n)$ (i ist stetig)

$= \lim_{n \to \infty} x_{n+1} = x_0.$

x_0 ist also eine Lösung der Gleichung $x = i(x)$ bzw. $i(x) - x = 0$.

x_0 ist ein sog. $Fixpunkt$ von i, die x_n sind Näherungswerte von x_0.

Dieses Vorgehen wird verallgemeinert:

Man bringt eine vorgegebene Gleichung $g(x) = 0$ in die Form $x = i(x)$.
Für eine anzunähernde Lösung x_0 dieser Gleichung wird ein erster Näherungswert x_1, der Startwert, gewählt.
Durch $x_{n+1} = i(x_n)$ wird die Folge (x_n) mit $x_2 = i(x_1)$; $x_3 = i(x_2)$; ... gebildet.

Eine notwendige Bedingung für die Konvergenz dieser Folge ist $i : [a;b] \to [a;b]$, da die Funktionswerte $i(x_n)$ im nächsten Schritt als Elemente des Definitionsbereichs von i verwendet werden (Abb. B). Der Graph von i liegt also in dem Quadrat, das durch $[a;b]$ bestimmt wird.

Eine hinreichende Bedingung für die Konvergenz enthält der folgende

Satz: Wenn $i : [a;b] \to [a;b]$ differenzierbar und i' stetig ist mit $|i'(x)| \leq M < 1$ und i genau einen Fixpunkt x_0 hat, dann konvergiert die Iterationsfolge gegen x_0.

$Bsp.$: $i(x) = \cos x \Rightarrow i'(x) = -\sin x$

$\Rightarrow |i'(x)| \leq M < 1$ für $[a;b]$ mit $a \geq 0$ und $b < \dfrac{\pi}{2}$

Eine Veranschaulichung des Iterationsverfahrens, insbesondere der Konvergenz, ist möglich (Abb. B).

Bem.: Mit $i(x) = x - \dfrac{f(x)}{f'(x)}$ ist das Tangentenverfahren ein Iterationsverfahren mit der hinreichenden Konvergenzbedingung

$i'(x) = \left| \dfrac{f(x) \cdot f''(x)}{[f'(x)]^2} \right| \leq M < 1$

Im Rahmen der Schulmathematik kann man allerdings auf eine Untersuchung dieser Bedingung verzichten und aus der »geometrischen« (s. Abb. B) auf die tatsächliche Konvergenz schließen. Die Näherungszahlen sprechen für sich (stationäres Verhalten).

Ein konvexes Polyeder (S. 196, Abb. A), dessen Oberfläche aus regelmäßigen *n*-Ecken derselben Sorte, d.h. aus lauter gleichseitigen Dreiecken, Quadraten oder regelmäßigen Fünfecken besteht und in deren Ecken jeweils gleich viele Kanten münden, heißt *regelmäßiges Polyeder* oder *platonischer Körper*.

Für *n* = 6 kann es keinen derartigen Körper geben, da mit regelmäßigen Sechsecken keine räumliche Ecke erzeugt werden kann (für *n* ≥ 7 gilt Entsprechendes).

Die möglichen Bausteine der Oberfläche:

Die möglichen Bausteine in einer Ecke:

  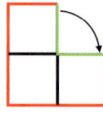 

    3   4   5   3   3

Eine Verklebung (Identifizierung) der beiden grün gezeichneten Kanten ergibt eine räumliche Ecke. Es gibt genau fünf platonische Körper mit den angegebenen Netzen:

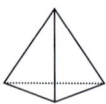 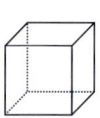 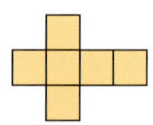

Tetraeder   Würfel

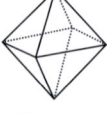  

Oktaeder   Ikosaeder

  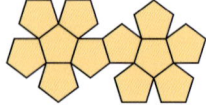 

Dodekaeder

Platonische Körper

Beschäftigung mit Geometrie (griech.: Erdmessung) erwächst aus dem Bedürfnis, die Umwelt messend zu erfassen. Schon vor etwa 4000-5000 Jahren bei den Babyloniern und Ägyptern ging es um Längen-, Flächen- und Raummaße bei praktischen Problemen. In der griechischen Geometrie tritt das zweckgerichtete Vorgehen in den Hintergrund zugunsten der sog. **axiomatischen Methode**.

Diese ist mit den Namen THALES VON MILET und PYTHAGORAS (um 500 v.Chr.) eng verbunden und von EUKLID (365-310 v.Chr.) in seinen vielgelesenen ›Elementen‹ (13 Bände) beschrieben worden. Es geht um die widerspruchsfreie Rückführung geometrischer Sätze auf bestimmte Grundbegriffe und gewisse Grundsätze (Axiome), die nicht mehr beweisbar sind und aus denen man alle anderen geometrische Sätze herleiten kann. Das Axiomensystem muss

  widerspruchsfrei, unabhängig und vollständig sein.

Die Geometrie erscheint wie ein auf einem gesicherten Fundament errichtetes Gebäude. Es hatte nahezu 2000 Jahre Bestand.

Die Entwicklung der griechischen Geometrie blieb nicht ohne Auswirkungen auf die Philosophie. PLATON (427-347 v.Chr.), selbst kein Mathematiker, aber ein – so würde man heute sagen – ernsthafter »Hobbymathematiker«, maß der Geometrie in seiner Athener Akademie große Bedeutung zu:

  Keiner, der nicht Kenntnisse in der Geometrie habe, sollte die Akademie betreten dürfen.

Die nach ihm benannten platonischen Körper, sozusagen als Höhepunkt am Ende des 13. Bandes der ›Elemente‹ behandelt, sind auch im philosophischen Weltbild des PLATO bedeutsam (s. Literatur).

Parallelenaxiom

Schon die Griechen beschäftigten sich mit der Frage, ob das sog. **Parallelenaxiom**

Zu einer Geraden und einem Punkt außerhalb von ihr gibt es genau eine Parallele zur Geraden durch den Punkt.

mit Hilfe der anderen Axiome und schon bewiesener Sätze beweisbar sei. Aus dieser Fragestellung entwickelte sich im 19. Jahrhundert die Frage, ob man Geometrien haben könne, in denen man auch zwei oder drei oder gar unendlich viele Parallelen oder keine Parallele zulassen dürfe. Das führte zu den sog. **nichteuklidischen Geometrien** (s. AM, S. 129f.),

die das Universum modellartig vermutlich besser beschreiben als die **euklidische Geometrie** des Parallelenaxioms. Dennoch kann hier lediglich die euklidische Geometrie dargestellt werden, in der das Parallelenaxiom als solches gilt. Darüber hinaus ist die folgende Darstellung der ebenen und räumlichen Geometrie nicht axiomatisch aufgebaut. Man kann sie eher als pragmatisch bezeichnen.

Teilbereiche der euklidischen Geometrie

In der **ebenen Geometrie** (auch *Planimetrie* genannt) befasst man sich mit Dreiecken und Vierecken, mit Längen-, Flächen- und Winkelmessungen und ihren Hilfsmitteln. Letztere sind Kongruenzsätze, Strahlensätze, Satz des Thales und die Satzgruppe des Pythagoras (Satz des Pythagoras, Höhensatz, Kathetensätze).

Aber es werden auch Methoden bereitgestellt, die Länge einer nicht geradlinigen Kurve (hier Kreisumfang und Kreisbogen) und den Inhalt nicht geradlinig bergrenzter Flächen (hier Kreisfläche und Kreisausschnitt) durch Annäherung mit n-Ecken zu ermitteln.

Ein besonderer Zugang zum Messen von Längen und Winkeln in Dreiecken geschieht durch die *Trigonometrie* mit Hilfe der trigonometrischen Funktionen.

In der **räumlichen Geometrie** (auch *Stereometrie* genannt) befasst man sich mit Körpern im dreidimensionalen Raum, und zwar geht es darum, einer möglichst großen Klasse von Körpern einen Rauminhalt zuzuordnen. Man unterscheidet Körper danach, ob ihre Oberfläche aus ebenen Flächen besteht (z.B. Prisma oder Pyramide) oder gekrümmte Flächen (z.B. Zylinder, Kegel oder Kugel) enthält.

Eine Algebraisierung der Geometrie geschieht in der **analytischen Geometrie**, die auf DESCARTES (1596-1650) zurückgeht.

Durch die Einführung eines (kart.) Koordinatensystems erhält jeder Punkt Koordinaten, mit deren Hilfe man Geraden, Ebenen und Kreise beschreiben kann.

Als sehr nützlich hat sich die Verwendung von **Vektoren** auch in der Schulmathematik erwiesen.

Die Rechenregeln der Addition zweier Vektoren (S. 203) und der S-Multiplikation (S. 205) erlauben rechnerisch Geometrie zu betreiben.

  So bedeutet die Anwendung des 1. Distributivgesetzes geometrisch die Anwendung des 2. Strahlensatzes.

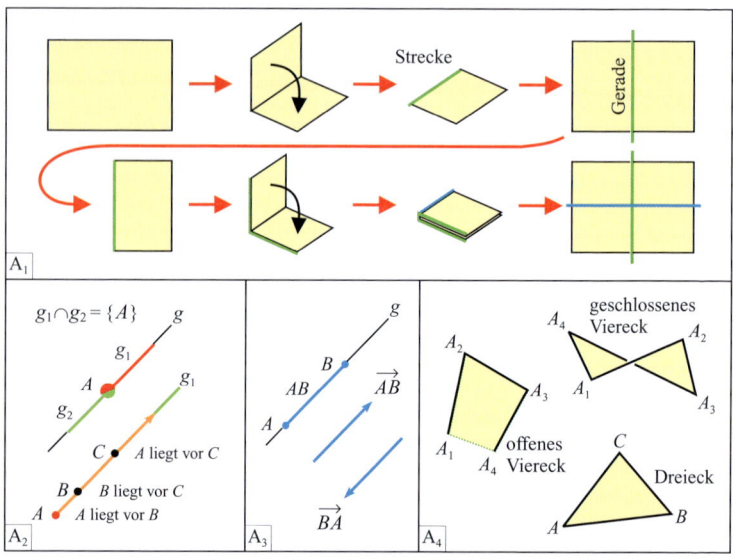

A   Faltungen (A$_1$), Halbgeraden, Strahl (A$_2$), Strecke, Pfeil (A$_3$), Streckenzüge (A$_4$)

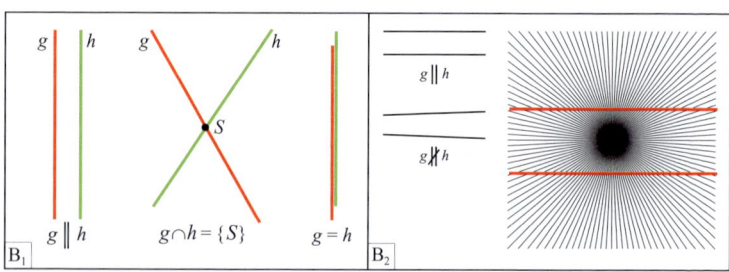

B   Parallele Geraden (B$_1$), optische Täuschung (B$_2$)

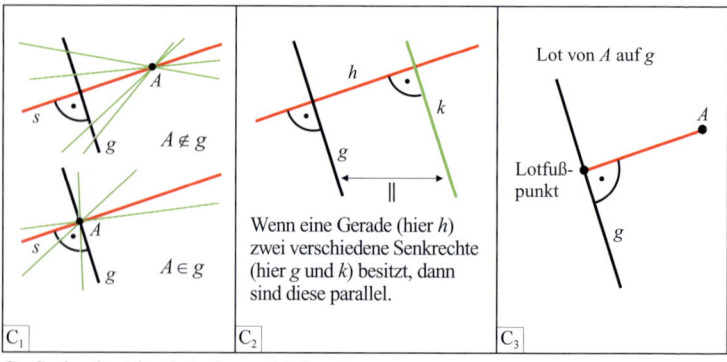

C   Senkrecht stehende (orthogonale) Geraden

Punkte und Geraden

Während bei EUKLID Punkte und Geraden definiert werden,
- ein Punkt ist, was keine Teile hat
- eine Linie ist eine Länge ohne Breite
- eine gerade Linie ist eine, die gleich liegt mit den Punkten auf ihr

verzichtet man in der modernen Geometrie auf derartige unvollkommene Definitionsversuche.

Dennoch haben wir alle eine bestimmte Modellvorstellung von diesen Grundbegriffen. Eine Vorstellung entwickelt man z.B. durch das Falten von Papierbögen (Abb. A_1):
- Bei jedem Falten beschreibt die Faltkante eine *Strecke* und, wenn man sich diese in einer unbegrenzt ausgedehnten *Ebene* beiderseits unbegrenzt fortgesetzt denkt, eine *Gerade*;
- zwei Faltkanten können einen gemeinsamen *Punkt* enthalten.

Geraden werden als Punkt*mengen* aufgefasst. Die Sprache, in der Geometrie mitgeteilt wird, ist die Sprache der Mengenlehre (S. 14f.).

Punkte werden mit großen lat. Buchstaben A, B, C, P, P', P_1 usw., Geraden mit kleinen g, h, a, b, p_1 usw. bezeichnet.

$A \in g$ bedeutet also, dass der Punkt A *ein Element der* Geraden g ist. Man sagt stattdessen »A gehört zu (liegt auf) g« oder kurz »A auf g« bzw. »g geht durch A« oder kurz »g durch A«.

Zu je zwei verschiedenen Punkten A und B gibt es genau eine Gerade $g(A, B)$ durch beide Punkte.

Halbgeraden, Strahlen, Strecken

Jeder Punkt A auf einer Geraden g zerlegt die Gerade in zwei *Halbgeraden* g_1 und g_2 mit $g_1 \cap g_2 = \{A\}$. Der Punkt A heißt *Anfangspunkt* (Abb. A_2).

Gibt man einer Halbgeraden g_1 mit dem Anfangspunkt A einen Durchlaufsinn (eine Orientierung), u.z. von A aus, so spricht man von einem *Strahl*. Auf ihm ist daher eine »...liegt vor...«-Beziehung je zweier Punkte vorhanden (Abb. A_2).

Die Menge aller Punkte einer Geraden g, die zwischen $A \in g$ und $B \in g$ $(A \neq B)$ liegen, einschließlich der *Endpunkte* A und B, heißt *Strecke AB*. Es gilt $BA = AB$ (Abb. A_3).

Eine Aneinanderreihung von Strecken $A_1A_2, A_2A_3, \ldots, A_{n-1}A_n$ liefert einen offenen oder geschlossenen (falls $A_n = A_1$) *Streckenzug*. Letztere sind *z.B. Dreiecke, Vierecke, ...*, *Vielecke* (*n-Ecke*) (Abb. A_4).

Erteilt man einer Strecke AB einen Durchlaufsinn, so erhält man den *Pfeil* $\overrightarrow{AB}$ *bzw.* den *Gegenpfeil* $\overrightarrow{BA}$ (Abb. A_3).

Parallele und orthogonale Geraden

Beide Begriffe kennzeichnen eine spezielle Lagebeziehung zweier Geraden zueinander. Zwei Geraden g und h einer Ebene, die keinen Punkt gemeinsam haben, nennt man *parallel*; in Zeichen: $g \parallel h$. Es ist zweckmäßig, auch gleiche Geraden als parallel anzusehen. Es folgt dann:

Wenn zwei Geraden g und h nicht parallel sind, dann haben sie genau einen Punkt, den *Schnittpunkt S*, gemeinsam (Abb. B_1): $g \not\parallel h \Rightarrow g \cap h = \{S\}$.

Von grundlegender Bedeutung ist folgende Eigenschaft (s. S. 163):

Wenn $A \notin g$ gilt, dann gibt es genau eine zu g parallele Gerade h durch A.

Weiter gilt: $g \parallel h \Rightarrow h \parallel g$ und $g \parallel h \wedge h \parallel k \Rightarrow g \parallel k$.

Bem.: Das menschliche Auge kann recht gut zwischen »parallel« und »nicht parallel« unterscheiden. Aber es kann auch getäuscht werden (Abb. B_2). ◁

Faltet man ein Blatt Papier zweimal nacheinander wie in Abb. A_1, so wird man auf zueinander *senkrechte* (*orthogonale*) Geraden geführt.

Wenn A und g vorgegeben sind, dann gibt es genau eine zu g senkrecht verlaufende Gerade durch A, die sog. *Senkrechte s* zu g durch A. In Zeichen: $s \perp g$.
Jede andere Gerade durch A ist *nicht senkrecht* zu g (Abb. C_1).

Weiter gilt: $g \perp h \Rightarrow h \perp g$ und $g \perp h \wedge h \perp k \Rightarrow g \parallel k$ (Abb. C_2).

Ein Spezialfall des Senkrechtstehens zweier Geraden ist das Fällen des *Lotes von einem Punkt auf eine Gerade* (Abb. C_3).

Bem.: In Zeichnungen wird das Senkrechtstehen durch einen Punkt · im Winkelfeld gekennzeichnet (Abb. C).

Bem.: Nicht verwechseln darf man »lotrecht« und »senkrecht«! Mit »lotrecht« meint man die Richtung, die ein sog. Fadenlot auf der Erdoberfläche auf Grund der Schwerkraft einnimmt.

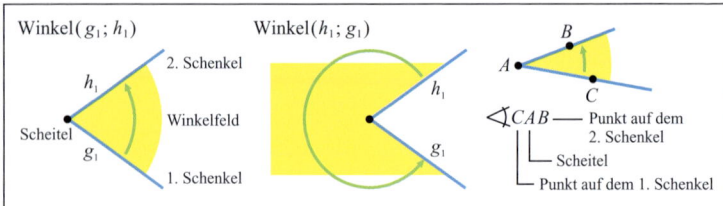

A Winkel

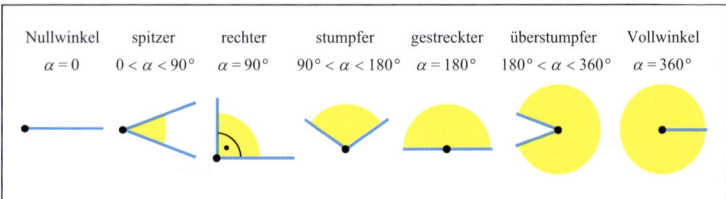

B Winkeltypen

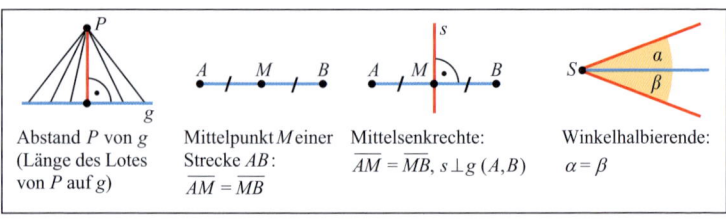

C Definitionen

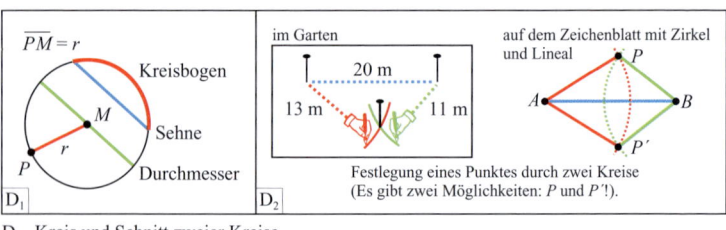

D Kreis und Schnitt zweier Kreise

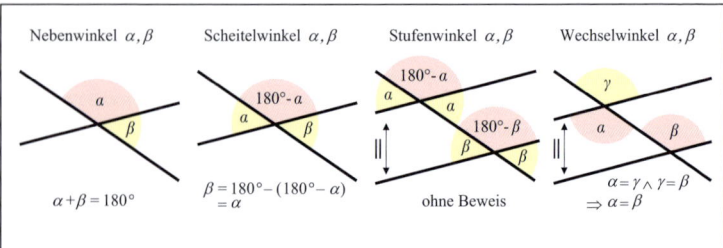

E Winkel an sich schneidenden Geraden

Winkel

Unter einem Winkel (Abb. A) versteht man zunächst zwei Halbgeraden g_1 und h_1 mit demselben Anfangspunkt. Es entstehen zwei Winkelfelder:

zu $\sphericalangle(g_1, h_1)$ gehört das Winkelfeld, das vom 1. Schenkel g_1 beim Drehen *entgegengesetzt zum Uhrzeigersinn* (sog. *positiver Drehsinn*) bis zum 2. Schenkel h_1 überstrichen wird (vgl. $\sphericalangle(h_1, g_1)$ in Abb. A).

Es ist üblich Winkel in Zeichnungen durch kleine griech. Buchstaben $\alpha, \beta, \gamma, \delta \dots$ zu kennzeichnen (lies: alpha, beta, gamma, delta).
Weitere Bezeichnungen: Abb. A

Winkelmaß

Die Größe eines Winkels kann angegeben werden im

- Gradmaß (Taschenrechner: DEG, engl. degree) oder im
- Bogenmaß (RAD = Radiant) (s. S. 86, Abb. B).

Dem **Gradmaß** liegt folgende Vereinbarung zugrunde: Der *Vollwinkel* beträgt 360°, der *gestreckte* Winkel 180°. Für beliebige *spitze, rechte, stumpfe* und *überstumpfe* Winkel ergeben sich Bruchteile von 360° (Abb. B).
Winkel mit *negativem Drehsinn* (im Uhrzeigersinn) werden entsprechend negative Winkelgrößen zugeordnet.
Kleinere Einheiten als 1° sind die Winkelminute 1' bzw. die Winkelsekunde 1". Es gilt: $1° = 60' = 3600''$.

Bem.: Da i.d.R. keine Missverständnisse zu befürchten sind, werden die Winkelnamen $\alpha, \beta, \gamma, \delta \dots$ auch für die Angabe des Gradmaßes verwendet: z.B. Winkel α mit $\alpha = 33°$.

> In der Geodäsie (Landvermessung) verwendet man statt 360° für den Vollwinkel 400 gon, d.h. $90° = 100$ gon.
> Bei trigonometrischen Funktionen treten auch Winkel auf, die größer als 360° sind (s. S. 87f.).

Winkeltypen

Je nach Größe der Winkel unterscheidet man die Typen der Abb. B.

Längenmaß

Jeder Strecke AB kann man eine *Länge* $\overline{AB}$ zuordnen, die sog. *Streckenlänge*. Dabei handelt es sich um das *Vielfache einer vorgegebenen Längeneinheit*.
Will man auf die etwas umständliche Schreibweise $\overline{AB}$ verzichten, so verwendet man kleine lat. Buchstaben, z.B. $a, b, c, \dots$ (Satz des Pythagoras) oder $d_K, \dots$ (Durchmesser einer Kugel).

Entfernung, Abstand

Die *Entfernung* (*Abstand*) des Punktes P vom Punkt Q ist die Länge der Strecke PQ.
Der *Abstand eines Punktes P von einer Geraden g* ist die kürzeste der Entfernungen des Punktes P von Punkten der Geraden (Abb. C). Diese ist die Länge des Lotes von P auf g.

Mittelpunkt einer Strecke, Mittelsenkrechte, Winkelhalbierende

Siehe Abb. C

Kreis

Bei einem *Kreis* handelt es sich um die Menge aller Punkte P, die von einem festen Punkt, dem *Mittelpunkt*, die gleiche Entfernung, den *Radius r*, haben (Abb. D_1).
Kreise legen Punkte fest:
Will man in Dreieck mit vorgegebenen Seitenlängen z.B. im Garten abstecken (20 m, 11 m und 13 m seien die Entfernungen der Ecken voneinander), so kann man folgendermaßen vorgehen (Abb. D_2):

(1) Lege zwei Ecken, deren Abstand 20 m beträgt, mit Hilfe eines Maßbandes fest.
(2) Verwende dann ein Seil, um von der einen Ecke aus mit der gewünschten Entfernung (Radius) 13 m einen Kreisbogen zu ziehen; ebenso von der anderen Ecke mit 11 m.
(3) Die gesuchte dritte Ecke muss auf beiden Kreisbögen liegen (sie ist einer ihrer Schnittpunkte).

Für die Festlegung (Konstruktion) von Punkten mit dem Zirkel und dem Lineal gibt es folgende Möglichkeiten:

> Schnittpunkte von zwei Kreisen legen Punkte mit vorgegebenen Entfernungsangaben fest. Ebenso kann man Punkte durch den Schnitt von Kreis und einer Geraden oder von zwei Geraden festlegen.

Winkel an sich schneidenden Geraden

Zu diesen Winkeln zählen (Abb. E)
Nebenwinkel, Scheitelwinkel an sich schneidenden Geraden, **Stufenwinkel** und **Wechselwinkel** beim Schnitt einer Geraden mit einem Parallelenpaar. Es gilt:

> Winkel und Nebenwinkel ergeben 180°.
> Je zwei Scheitelwinkel sowie Stufen- und Wechselwinkel an Parallelen sind gleich groß.

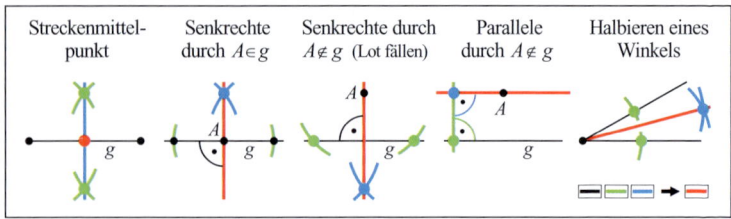

A   Grundkonstruktionen mit Zirkel und Lineal

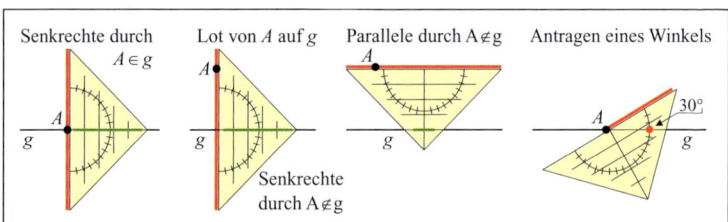

B   Grundkonstruktionen mit dem Geodreieck

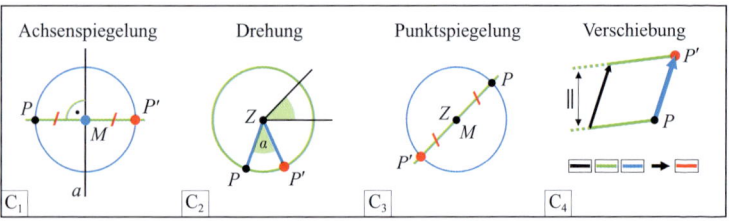

C   Bildpunktkonstruktion bei Kongruenzabbildungen

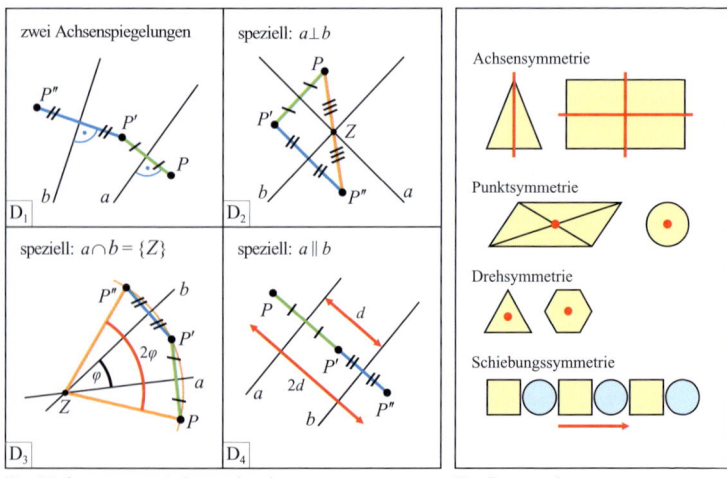

D   Verkettung von Achsenspiegelungen   E   Symmetriearten

Grundkonstruktionen
a) mit Zirkel und Lineal (s. Abb. A)
b) mit dem Geodreieck (s. Abb. B)

Allgemeiner Abbildungsbegriff
Wenn man von einer Abbildung spricht, so
meint man eine eindeutige **Zuordnung**, bei
der jedem Element einer ersten Menge (*Ur-
bildbereich, Definitionsbereich*) genau ein
Element einer zweiten Menge (*Bildbereich,
Wertebereich*) zugeordnet wird.
Die Begriffe *injektiv, surjektiv* und *bijektiv*
sind von S. 73 übertragbar.
Bei *geometrischen Abbildungen* sind der Ur-
bild- und der Bildbereich Punktmengen. Es
handelt sich i.A. um Ebenen, Geraden, Strecken, Winkel oder Figuren, wie Dreiecke,
Kreise usw. Die Bildpunkte zu $A, B, …, P$
werden mit $A', B', …, P'$ bezeichnet.
Beispiele für geometrische Abbildungen sind
die

Kongruenzabbildungen.
Zu ihnen gehören die
• Achsen(Geraden-)spiegelungen
• Drehungen
• Punktspiegelungen
• Verschiebungen

a) Achsenspiegelung an der Geraden a
Abbildungsvorschrift (Abb. C_1)
Für $P \in a$ gelte: $P' = P$;
für $P \notin a$ gelte: P und P' liegen auf verschiedenen Seiten von a, und a ist die Mittelsenkrechte von PP'.
Bem.: Der Name »Achsenspiegelung« kommt
von der Eigenschaft, dass man die Bildmenge
einer Figur, wenn man eine Seite der Achse teilt,
als Spiegelbild in einem Spiegel betrachten
kann, den man senkrecht auf die Achse setzt.

b) Drehung um ein Zentrum Z mit dem
Winkel α
Abbildungsvorschrift (Abb. C_2)
Für $P = Z$ gelte: $P' = Z$;
für $P \neq Z$ gelte: P' liegt auf dem Kreis mit
dem Mittelpunkt Z und dem Radius $r = \overline{ZP}$, so
dass $\sphericalangle PZP' = \alpha$ gilt.

c) Punktspiegelungen am Zentrum Z
Abbildungsvorschrift (Abb. C_3)
Für $P = Z$ gelte: $P' = Z$;
für $P \neq Z$ gelte: P' liegt auf der zur Geraden
$g(Z, P)$ gehörenden Halbgeraden mit dem
Anfangspunkt Z, auf der P nicht liegt, in gleichem Abstand von Z wie P.

d) Verschiebungen
Abbildungsvorschrift (Abb. C_4)
P' ist die Spitze des Pfeiles $\overrightarrow{PP'}$, der parallel
zum vorgegebenen Verschiebungspfeil ist, die
gleiche Pfeilrichtung und die gleiche Länge
wie dieser hat.

Gemeinsame Eigenschaften
aller Kongruenzabbildungen sind:

(parallele) Geraden, Halbgeraden, Strecken,
Streckenmittelpunkte, Winkel gehen über in
(parallele) Geraden, Halbgeraden, gleich lange Strecken, Streckenmittelpunkte bzw. gleich
große Winkel.

Die Bildmenge ist deckungsgleich (kongruent) zur Urbildmenge.

Verkettung von Kongruenzabbildungen
Zwei Achsenspiegelungen kann man nacheinander ausführen (Abb. D_1).
   Man bezeichnet dies auch als Verkettung
(vgl. S. 75).
Eine Verkettung zweier Achsenspiegelungen
mit senkrecht zueinander stehenden (mit sich
schneidenden) Spiegelachsen kann eine
Punktspiegelung (Drehung) ersetzen, wobei
der Schnittpunkt der Achsen das Zentrum Z ist
(der Winkel, den die Achsen bilden, ist der
halbe Drehwinkel (Abb. D_2, D_3)).
Spiegelt man an zwei parallelen Achsen, so
kann man die Achsenspiegelungen durch eine
Verschiebung ersetzen, wobei der Abstand der
Achsen halb so groß ist wie die Länge des Ver-
schiebungspfeils (Abb. D_4).

Alle Kongruenzabbildungen lassen sich
auf Achsenspiegelungen und ihre Verkettung zurückführen.

Symmetrie
Eine Figur heißt achsen(punkt-, dreh-, schie-
bungs-)symmetrisch, wenn die Figur durch
eine Achsenspiegelung (Punktspiegelung,
Drehung bzw. Verschiebung) in sich übergeht.
Beispiele: Abb. E

Bei Achsensymmetrie heißt die Spiegelachse
auch Symmetrieachse.

Es gibt Figuren mit mehr als einer Symmetrieachse.

Ecken des Dreiecks
Seiten des Dreiecks
a, b, c Seitenlängen
Innenwinkel
Außenwinkel
α, β, γ Winkelmaße
C
γ'
γ
b
a
α'
α
β
β'
A
c
B
α = β
α
β
Winkelhal-
bierende
M
Streckenmitte M
Mittelsenkrechte
M
Seitenhal-
bierende
innen liegende Höhe
außen liegende Höhe

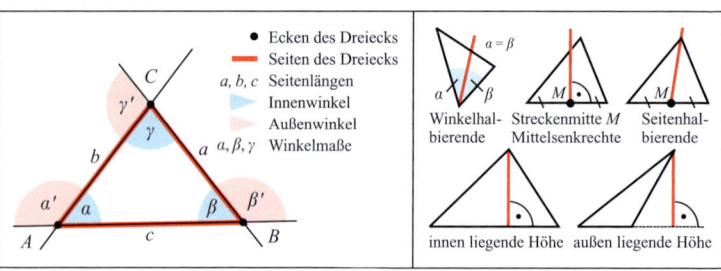

A Bezeichnungen und Linien am Dreieck

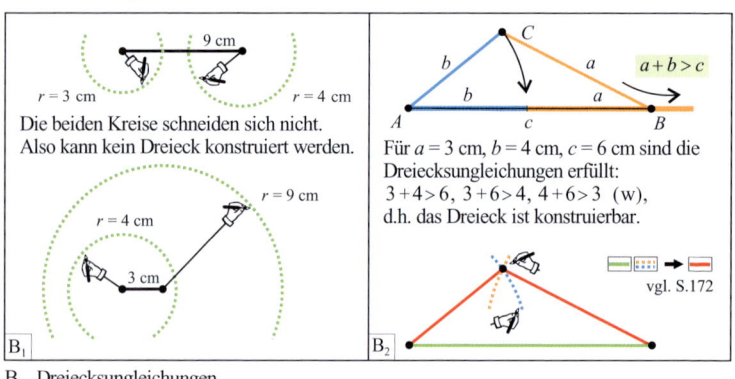

9 cm
r = 3 cm
r = 4 cm
Die beiden Kreise schneiden sich nicht.
Also kann kein Dreieck konstruiert werden.
r = 9 cm
r = 4 cm
3 cm
B1
C
b
a
a + b > c
b
a
A
c
B
Für a = 3 cm, b = 4 cm, c = 6 cm sind die
Dreiecksungleichungen erfüllt:
3 + 4 > 6, 3 + 6 > 4, 4 + 6 > 3 (w),
d.h. das Dreieck ist konstruierbar.
vgl. S.172
B2

B Dreiecksungleichungen

C
α
γ
β
||
α
A
α'
β
β'
B
Wechselwinkel

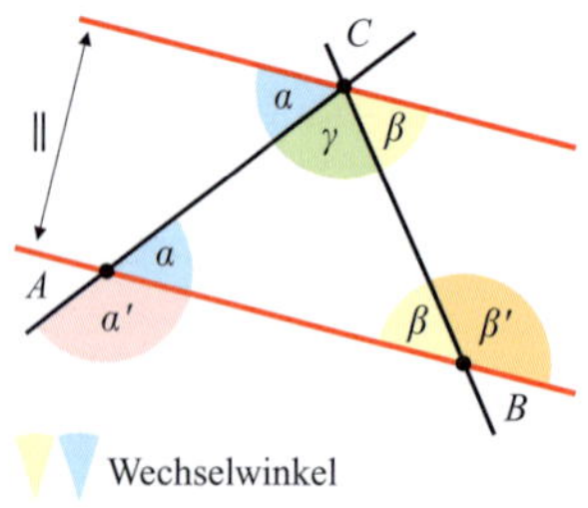

Daher gilt am Punkt C: $\alpha+\beta+\gamma=180°$ und

(1) $(\alpha'+\alpha)+(\beta'+\beta)+(\gamma'+\gamma)=3\cdot 180°$

$(\alpha'+\beta'+\gamma')+(\alpha+\beta+\gamma)=3\cdot 180°$

$\Leftrightarrow \quad (\alpha'+\beta'+\gamma')+180°=3\cdot 180°$

$\Leftrightarrow \quad \alpha'+\beta'+\gamma'=360°$

(2) $\alpha'+\alpha=180°=\alpha+\beta+\gamma$

$\Rightarrow \quad \alpha'=\beta+\gamma$

C Beweis zu Satz 2

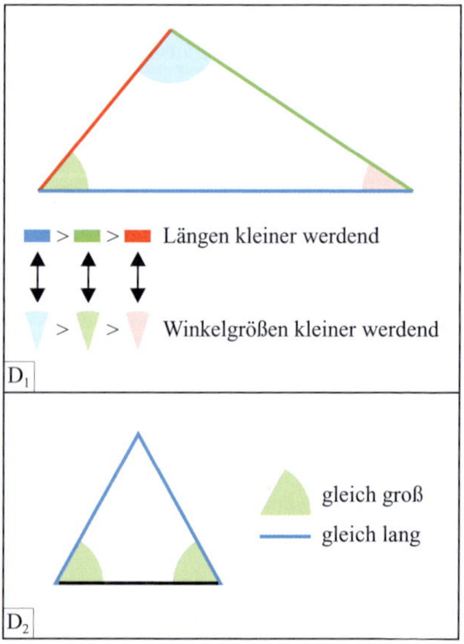

> > Längen kleiner werdend
> > Winkelgrößen kleiner werdend
D1
gleich groß
gleich lang
D2

D Veranschaulichung zu Satz 3

Dreiecke
a) Bezeichnungen, Linien, Dreiecksformen

Sind drei nicht auf einer Geraden liegende Punkte A, B, C vorgegeben, so ist durch je zwei Punkte genau eine Gerade bestimmt. Die drei Geraden legen ein Dreieck ABC fest. Bezeichnungen und Linien: Abb. A
Man unterscheidet folgende Dreiecksformen (in Klammern steht der Definitionstext):

spitzwinkliges Dreieck (alle Innenwinkel sind spitze Winkel),

stumpfwinkliges Dreieck (ein Innenwinkel ist stumpf),

rechtwinkliges Dreieck (ein Winkelmaß ist 90°),

gleichschenkliges Dreieck (zwei Seiten sind gleich lang),

gleichseitiges Dreieck (alle Seiten sind gleich lang).

b) Beziehungen zwischen den Seitenlängen

Nicht zu jeder Vorgabe von Seitenlängen gibt es ein Dreieck; z.B. ist für $a = 3$ cm, $b = 4$ cm und $c = 9$ cm kein Dreieck konstruierbar (Abb. B_1). Es muss also Beziehungen zwischen den Streckenlängen geben, die *notwendigerweise* erfüllt sein müssen, damit ein Dreieck mit den vorgegebenen Maßen vorhanden ist. Es handelt sich um die folgenden Beziehungen (Ungleichungen):

Satz 1: Für alle Dreiecke gilt:
(1) Die Summe aus zwei Seitenlängen ist stets größer als die dritte Seitenlänge (Abb. B_2):
$a+b > c$, $a+c > b$, $b+c > a$
(*Dreiecksungleichungen*).
(2) Eine Seitenlänge ist stets größer als die Differenz der beiden anderen Seitenlängen:
$a > b-c$, $b > a-c$, $c > a-b$ …

Anwendung: Für obiges Beispiel müsste u.a. die Dreiecksungleichung $a+b > c$ erfüllt sein. Setzt man ein, so ergibt sich aber die falsche Aussage $3+4 > 9$. Also existiert kein Dreieck mit den oben angegebenen Daten.
Sind für vorgegebene Seitenlängen aber alle Dreiecksungleichungen erfüllt, so ist auch ein Dreieck mit diesen Daten konstruierbar.
Bsp.: Abb. B_2

c) Beziehungen zwischen den Winkelgrößen werden besonders deutlich im

Satz 2 (Winkelsummensatz): Für alle Dreiecke gilt: Die Summe der Winkelmaße aller Innenwinkel beträgt 180°:
$\alpha + \beta + \gamma = 180°$.
Folgerungen:
(1) Die Summe der Winkelmaße aller Außenwinkel beträgt 360°.
(2) Ein Außenwinkelmaß ist ebenso groß wie die Summe der gegenüberliegenden Innenwinkelmaße.

Beweis in Abb. C
Anwendung: Sind zwei von den drei Innenwinkeln bekannt, z.B. α und β, so ist der dritte Winkel γ berechenbar :
$\gamma = 180° - \alpha - \beta = 180° - (\alpha + \beta)$.
Für ein rechtwinkliges Dreieck bedeutet dies, da schon der rechte Winkel bekannt ist, dass die Summe der beiden anderen Winkel 90° ergibt, d.h. für $\gamma = 90°$ gilt:
$\alpha = 90° - \beta$ bzw. $\beta = 90° - \alpha$.

d) Beziehungen zwischen Seitenlängen und Winkelgrößen enthält der

Satz 3: Für alle Dreiecke gilt:
(1) Der größeren von zwei Seiten liegt der größere der gegenüberliegenden Winkel gegenüber (Abb. D_1).
(2) Dem größeren von zwei Winkeln liegt die größere der beiden Gegenseiten gegenüber.
(3) Wenn zwei Seiten gleich lang sind, dann sind die gegenüberliegenden Winkel gleich groß und umgekehrt (Abb. D_2).

e) Kongruenzsätze

Unter der Kongruenz zweier Figuren F_1 und F_2 versteht man die Übereinstimmung beider Figuren in allen Daten (in Zeichen: $F_1 \cong F_2$). Man sagt, kongruente Figuren seien *deckungsgleich*, d.h. man kann sie durch eine spezielle Kongruenzabbildung aufeinander abbilden.
Für Dreiecke bedeutet dies, dass kongruente Dreiecke paarweise in allen Seitenlängen und Winkeln übereinstimmen müssen.
Die Wichtigkeit der Kongruenzsätze liegt nun darin, dass man *nicht für alle* Seitenlängen und Winkelgrößen die paarweise Gleichheit nachweisen muss, sondern bereits aus *drei* Übereinstimmungen auf Kongruenz schließen kann. Eine der Übereinstimmungen muss eine Seitenlänge sein, denn stimmen Dreiecke nur paarweise in den Winkeln überein, so liegen ähnliche (s. S. 181) Dreiecke vor.

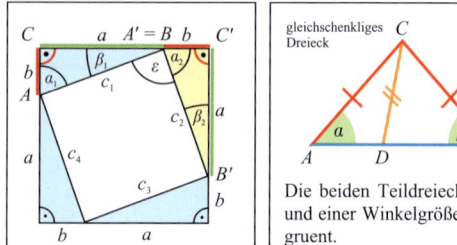

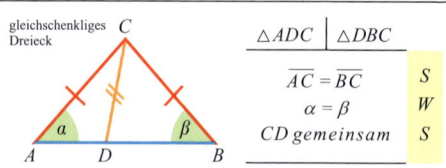

Die beiden Teildreiecke stimmen in zwei Seitenlängen und einer Winkelgröße überein. Sie sind aber nicht kongruent.

A   Anwendung zu Satz 5

B   Beispiel zur Bemerkung zu Satz 7

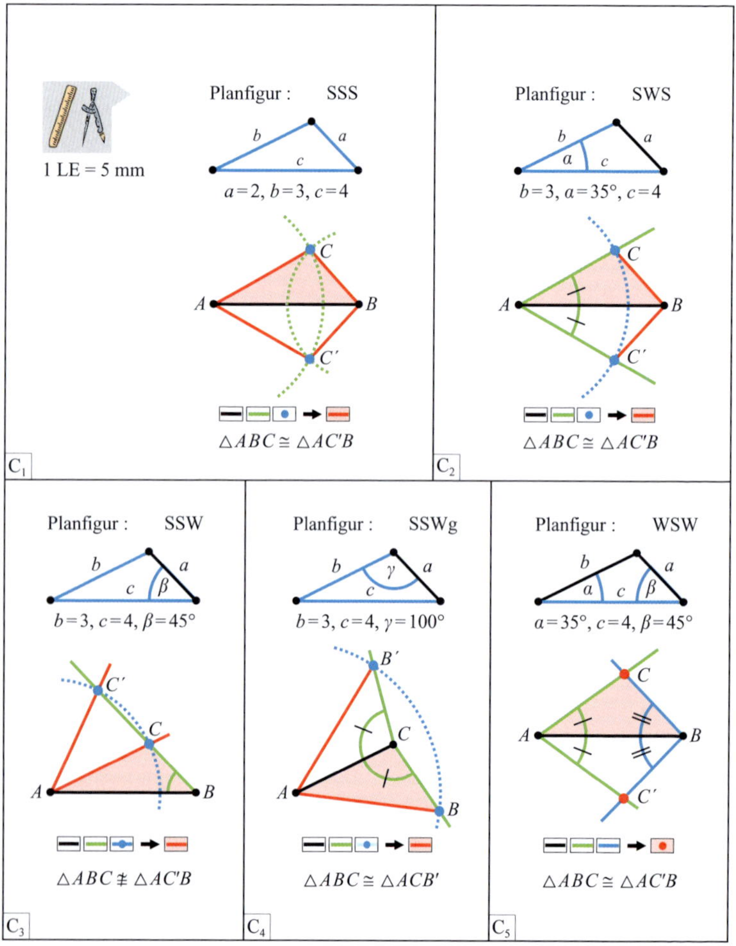

C_1

1 LE = 5 mm

Planfigur :   SSS

$a = 2, b = 3, c = 4$

$\triangle ABC \cong \triangle AC'B$

C_2

Planfigur :   SWS

$b = 3, a = 35°, c = 4$

$\triangle ABC \cong \triangle AC'B$

C_3

Planfigur :   SSW

$b = 3, c = 4, \beta = 45°$

$\triangle ABC \not\cong \triangle AC'B$

C_4

Planfigur :   SSWg

$b = 3, c = 4, \gamma = 100°$

$\triangle ABC \cong \triangle ACB'$

C_5

Planfigur :   WSW

$a = 35°, c = 4, \beta = 45°$

$\triangle ABC \cong \triangle AC'B$

C   Dreieckskonstruktionen

Die Kongruenzsätze lauten (in Klammern eine gut merkbare **Kurzform**; lies z.B.: **S**eite, **S**eite, **S**eite):

Satz 4 (SSS): Wenn zwei Dreiecke in ihren Seitenlängen paarweise übereinstimmen, dann sind die Dreiecke kongruent.

Anwendung: Eigenschaften gleichschenkliger Dreiecke (S. 175)

Satz 5 (SWS): Wenn zwei Dreiecke in zwei Seitenlängen und in der Größe des eingeschlossenen Winkels paarweise übereinstimmen, dann sind die Dreiecke kongruent.

Anwendung: Vorgegeben sei ein Quadrat, in das ein Viereck wie in Abb. A einbeschrieben ist. Zeige, dass das Viereck ebenfalls ein Quadrat ist.

Lösung: Je zwei der vier rechtwinkligen Dreiecke sind kongruent nach dem Kongruenzsatz SWS, denn es gilt o.B.d.A.:

$\triangle ABC$	$\triangle A'B'C'$	
$\overline{AC} = \overline{A'C'} = b$		S
$\sphericalangle ACB = \sphericalangle A'B'C' = 90°$		W
$\overline{CB} = \overline{C'B'} = a$		S
$\Rightarrow \quad \triangle ABC \cong \triangle A'B'C'$		

Aus der Kongruenz der Dreiecke folgt die Gleichheit der Hypotenusenlängen aller Dreiecke $c_1 = c_2 = c_3 = c_4$ und die Übereinstimmung $a_1 = a_2 = a_3 = a_4$ bzw. $\beta_1 = \beta_2 = \beta_3 = \beta_4$.
Für den Winkel ε errechnet man
$\varepsilon = 180° - \beta_1 - \alpha_2 = 180° - (\alpha_2 + \beta_1)$ | $\alpha_2 = \alpha_1$
$\quad = 180° - 90° = 90°$
Das innere Viereck ist demnach eine Raute mit einem rechten Winkel, d.h. ein Quadrat (S.175).

Satz 6 (WSW): Wenn zwei Dreiecke in zwei Winkelgrößen und in der Länge der eingeschlossenen Seite paarweise übereinstimmen, dann sind die Dreiecke kongruent.

Anwendung: Eigenschaften eines Parallelogramms (S. 175)

Satz 7 (SSWg): Wenn zwei Dreiecke in zwei Seitenlängen und in der Größe des Winkels, der der längeren Seite gegenüberliegt, übereinstimmen, dann sind die Dreiecke kongruent.

Bem.: Dass man auf die Lage des Winkels gegenüber der längeren Seite nicht verzichten kann, zeigt das Beispiel in Abb. B.

Dreieckskonstruktionen
Die Kongruenzsätze garantieren die *eindeutige* Konstruierbarkeit von Dreiecken mit Zirkel und Lineal, falls diese konstruierbar sind. Dabei soll »eindeutig« im Sinne von »bis auf Kongruenz« verstanden werden. Von den drei Seitenlängen und drei Winkelgrößen eines Dreiecks benötigt man drei Vorgaben zur Konstruktion. Es ergeben sich folgende Möglichkeiten für Vorgaben:
• sämtliche Seitenlängen,
• zwei Seitenlängen und eine Winkelgröße,
• eine Seitenlänge und zwei Winkelgrößen.
Der Fall, dass nur drei Winkelangaben gemacht werden, scheidet aus, weil die Vorgabe einer Seitenlänge unerlässlich ist (vgl. ähnliche Dreiecke, S. 181).

Im 1. Fall ist eine Konstruktion nur möglich, wenn die Dreiecksungleichungen (S. 171) erfüllt werden. Dann ist sie allerdings nach Satz 4 eindeutig möglich (Abb. C_1).

Beim 2. Fall sind folgende Möglichkeiten zu unterscheiden:
(1) Die Seiten schließen den Winkel ein,
(2) der Winkel liegt der kleineren der beiden Seiten gegenüber,
(3) der Winkel liegt der größeren der beiden Seiten gegenüber,
(4) die beiden Seiten sind gleich lang.
zu (1): Die Konstruktion eines Dreiecks ist immer möglich, u.z. nach Satz 5 eindeutig (Abb. C_2).
zu (2): Es gibt zwei nicht kongruente Dreiecke (Abb. C_3).
zu (3): Die Konstruktion eines Dreiecks ist immer möglich, u.z. nach Satz 6 eindeutig (Abb. C_4).
zu (4): Es handelt sich um ein gleichschenkliges Dreieck, das eindeutig konstruierbar ist.

Der 3. Fall bedeutet, dass eine Seitenlänge und die beiden anliegenden Winkel der Seite bekannt sind, denn bei zwei Winkeln ist der dritte stets über den Winkelsummensatz (S. 171) berechenbar. Eine Konstruktion ist immer möglich, u.z. nach Satz 6 eindeutig (Abb. C_5).

Bem.: Alle bis auf Kongruenz eindeutig konstruierbaren Dreiecke sind auch berechenbar (s. S. 195).

Katheten
Hypotenuse
Hypotenusenabschnitte
a=b
gleichschenklig
SSS ist erfüllt
a=b=c
gleichseitig
∢BCA=90°
rechtwinklig

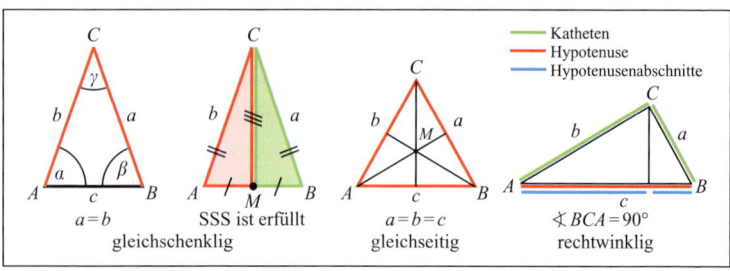

A Spezielle Dreiecke

Die Diagonale AC zerlegt das Viereck in zwei Dreiecke, für die jeweils der Winkelsummensatz gültig ist:

$$\alpha_1 + \gamma_1 + \delta = 180^\circ$$
$$(+)\ \alpha_2 + \beta + \gamma_2 = 180^\circ$$

$$\alpha + \beta + \gamma + \delta = 360^\circ$$

B Winkelsumme der Innenwinkel in einem Viereck

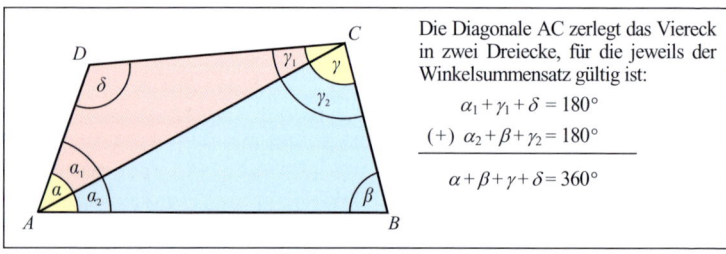

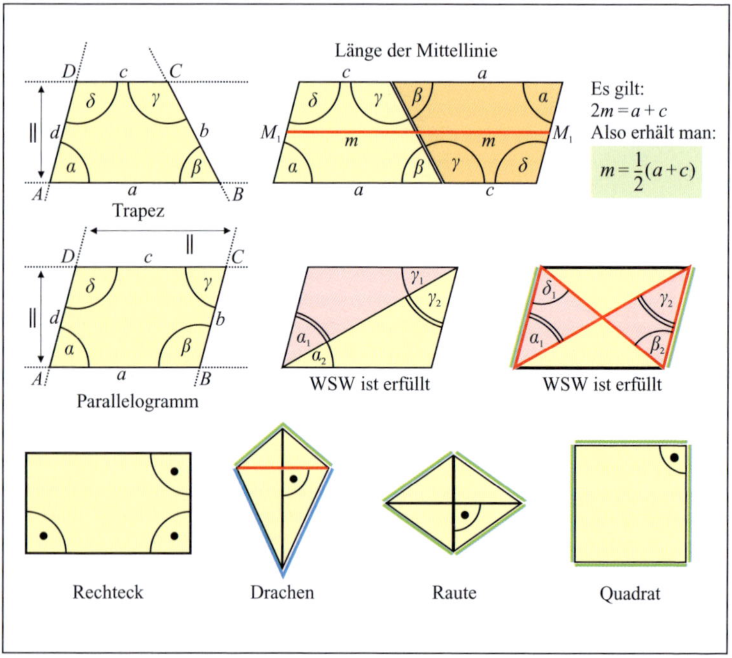

Trapez
Länge der Mittellinie
Es gilt:
2m = a + c
Also erhält man:
m = 1/2(a + c)
Parallelogramm
WSW ist erfüllt
WSW ist erfüllt
Rechteck
Drachen
Raute
Quadrat

C Spezielle Vierecke

Spezielle Dreiecke
a) Gleichschenkliges Dreieck

> **Def.:** Ein Dreieck mit zwei gleich langen Seiten heißt *gleichschenklig.* Diese beiden Seiten heißen *Schenkel,* die dritte Seite heißt *Basis.* Die zwei an ihr liegenden Winkel nennt man *Basiswinkel,* den dritten nennt man *Winkel an der Spitze* (Abb. A).

Die Seitenhalbierende der Basis teilt jedes gleichschenklige Dreieck in zwei kongruente Teildreiecke, denn diese stimmen in drei Seitenlängen paarweise überein. Daher kann der Kongruenzsatz SSS (S. 173) angewendet werden. Auf Grund der Kongruenz folgt (Abb. A):
$\alpha = \beta$, $\sphericalangle AMC = \sphericalangle CMB$ und
$\sphericalangle MCA = \sphericalangle BCM$.
Also gelten die folgenden Eigenschaften:

> (1) Basiswinkel sind gleich groß.
> (2) Die Seitenhalbierende der Basis ist zugleich auch Höhe und Mittelsenkrechte.
> (3) Die Seitenhalbierende der Basis ist zugleich Winkelhalbierende des Winkels an der Spitze.

b) Gleichseitiges Dreieck

> **Def.:** Ein Dreieck, in dem alle Seiten gleich lang sind, heißt *gleichseitiges Dreieck* (Abb. A).

Jede der Seiten kann als Basis eines gleichschenkligen Dreiecks angesehen werden. Daher sind die Basiswinkel paarweise gleich und damit alle Innenwinkel eines gleichseitigen Dreiecks. Aus dem Winkelsummensatz folgt:

> Jeder Innenwinkel eines gleichseitigen Dreiecks beträgt 60°.

c) Rechtwinkliges Dreieck

> **Def.:** Ein Dreieck, in dem ein Winkelmaß 90° beträgt, heißt *rechtwinklig.* Die Dreiecksseite, die dem rechten Winkel gegenüberliegt, bezeichnet man als *Hypotenuse,* die beiden anderen Seiten als *Katheten* (Abb. A).

Die beiden nichtrechten Winkel sind sog. *Komplementwinkel,* d.h. sie ergeben zusammen 90°.
Die Hypotenuse ist die längste der drei Seiten.

Spezielle Vierecke (Abb. C)
Weil in jedem Viereck die Summe der Innenwinkel 360° beträgt (Abb. B), gilt dies auch in jedem speziellen Viereck.

a) Trapez

> **Def.:** Ein Viereck mit zwei parallelen Gegenseiten heißt *Trapez.*

Bezeichnungen und Eigenschaften: Abb. C

b) Parallelogramm

> **Def.:** Ein Viereck mit zwei Paaren paralleler Gegenseiten heißt *Parallelogramm.*

Eine Diagonale zerlegt das Parallelogramm in zwei Teildreiecke (Abb. C). In ihnen sind die Winkel α_1 und γ_2 bzw. α_2 und γ_1 Wechselwinkel, also gleich groß. Daher sind α und γ, und als Folge auch β und δ gleich groß. Über die Nebenwinkel zu α, β, γ und δ ergeben sich insgesamt folgende Winkeleigenschaften:

> Gegenüberliegende Winkel sind gleich groß, benachbarte ergänzen sich zu 180°.

Da die beiden Dreiecke außerdem kongruent sind (Kongruenzsatz WSW), folgt:

> Gegenüberliegende Seiten sind gleich lang.

Die beiden Diagonalen zerlegen das Parallelogramm in vier Dreiecke, von denen je zwei kongruent sind (WSW). Daraus folgt:

> Die Diagonalen halbieren sich gegenseitig.

c) Rechteck

> **Def.:** Ein Viereck mit 3 rechten Winkeln heißt *Rechteck.*

Wegen des Winkelsummensatzes ist dann auch der vierte Winkel ein rechter. Ein Rechteck ist ein spezielles Parallelogramm, in dem zusätzlich die Diagonalen gleich lang sind.

d) Drachen

> **Def.:** Ein Viereck, in dem eine Diagonale Basis (Basisdiagonale) zweier gleichschenkliger Dreiecke ist, heißt *Drachen.*

Die Diagonalen stehen senkrecht zueinander. Die Basisdiagonale halbiert die andere.

e) Raute

> **Def.:** Ein Viereck mit vier gleich langen Seiten heißt *Raute.*

Die Raute ist ein spezieller Drachen und ein spezielles Parallelogramm.

f) Quadrat

> **Def.:** Eine Raute mit einem rechten Winkel heißt *Quadrat.*

Das Quadrat ist ein spezielles Rechteck.

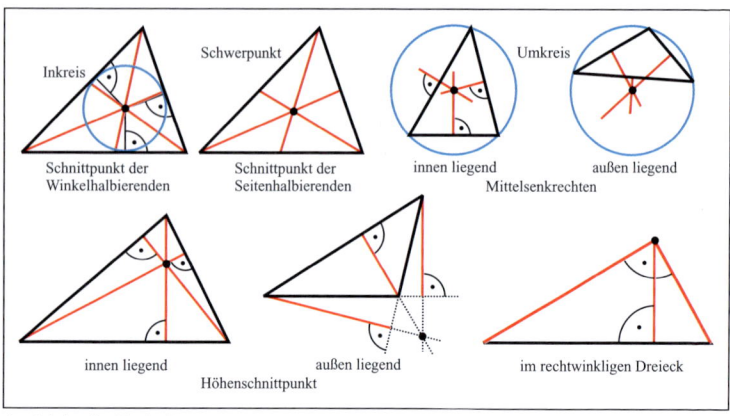

A   Linien im Dreieck

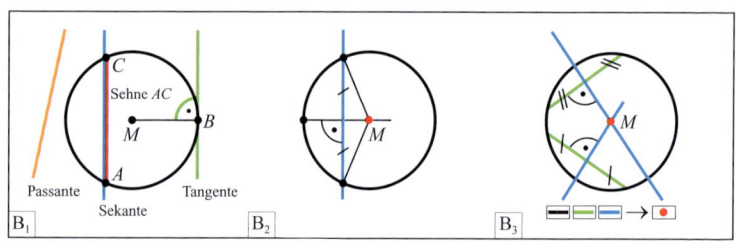

B   Kreis und Geraden

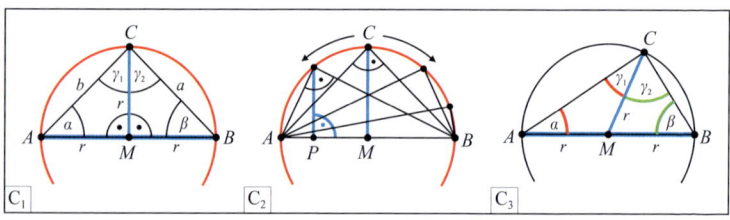

C   Satz des Thales

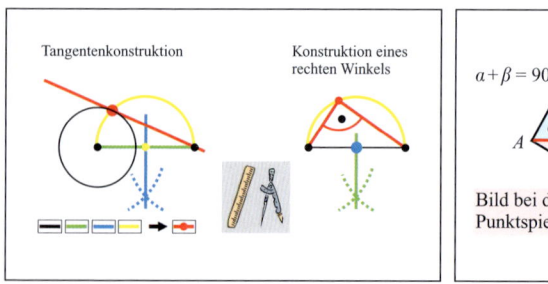

D   Konstruktionen mit dem Satz des Thales

E   Beweisbild zur Umkehrung

Linien im Dreieck (Abb. A)

Für jedes Dreieck gilt:

(1) Die *Winkelhalbierenden* der drei Innen- winkel schneiden sich in einem Punkt, dem *Mittelpunkt des Inkreises*.

(2) Die *Seitenhalbierenden* schneiden sich in einem Punkt, dem *Schwerpunkt*. Dabei tei- len sich die Seitenhalbierenden im Ver- hältnis 2:1 (Beweis: S. 205).

(3) Die *Mittelsenkrechten* der drei Seiten schneiden sich in einem Punkt, dem *Mit- telpunkt des Umkreises*.

(4) Die *Höhen* schneiden sich in einem Punkt (Beweis: S. 219).

Kreis und Gerade

Eine Gerade kann einen Kreis (Abb. B$_1$)

• in zwei Punkten schneiden (*Sekante*),
• in einem Punkt berühren (*Tangente*) oder
• in keinem Punkt schneiden (*Passante*).

Die Tangente bildet in ihrem *Berührpunkt* mit dem Radius einen rechten Winkel.

Jede Sekante bestimmt durch ihre Schnitt- punkte mit dem Kreis eine *Sehne*. Die Mittel- senkrechte zu dieser Sehne verläuft durch den Kreismittelpunkt (Abb. B$_2$).

Anwendung: Um den unbekannten Mittel- punkt eines Kreises zu bestimmen, wählt man zwei verschiedene, nicht parallele Sehnen. Der Schnittpunkt ihrer Mittelsenkrechten (Abb. B$_3$) ist der Mittelpunkt.

Satz des Thales

Vorab wird der Inhalt des Satzes des Thales an einem Spezialfall aufgezeigt. Eine Analyse der beim Beweis verwendeten Vorausset- zungen zeigt, dass eine der Voraussetzungen nicht benötigt wird. Der Verzicht auf diese einen- gende Voraussetzung ermöglicht sofort die Formulierung des allgemeinen Falls.

Spezialfall: AB sei der Durchmesser eines Kreises mit dem Mittelpunkt M und C ein Punkt auf dem Kreis, so dass CM die Mittel- senkrechte von AB ist (Abb. C$_1$).

Beh.: ABC ist rechtwinklig mit $\gamma = \gamma_1 + \gamma_2 = 90°$.

Beweis: Die beiden Teildreiecke sind recht- winklige, gleichschenklige Dreiecke mit den Basen AC bzw. BC. Da sich die gleich großen Basiswinkel zu 90° ergänzen, sind es 45°-Winkel.

Also gilt:

$\gamma = \gamma_1 + \gamma_2 = 45° + 45° = 90°$ w.z.z.w.

Man kommt zu demselben Ergebnis, wenn man von der Rechtwinkligkeit der Teildrei- ecke keinen Gebrauch macht und stattdessen

den Innenwinkelsatz im Dreieck ABC ver- wendet (s.u.). Das bedeutet aber, dass der Punkt C auch eine andere Lage auf dem Kreis haben kann, wobei das Dreieck ABC recht- winklig bleibt (Abb. C$_2$).

Diese Aussage macht der vermutlich auf THA- LES VON MILET (624-547 v.Chr.) zurückge- hende

> **Satz des Thales:** Wenn A, B und C Punkte eines Kreises mit AB als Durchmesser sind und $C \notin AB$ gilt, dann ist der Winkel bei C im $\triangle ABC$ ein rechter Winkel.

Beweis:

Vor.: s. Beweisfigur (Abb. C$_3$)

Beh.: $\gamma = \gamma_1 + \gamma_2 = 90°$

Nach Vor. sind $\triangle AMC$ und $\triangle BCM$ gleich- schenklig, d.h. es gilt für die Basiswinkel:

$\gamma_1 = \alpha$ und $\gamma_2 = \beta \Rightarrow \gamma = \gamma_1 + \gamma_2 = \alpha + \beta$.

Andererseits ist in $\triangle ABC$ nach dem Winkel- summensatz

$2\alpha + 2\beta = 180°$, d.h. $\alpha + \beta = 90°$.

Also gilt: $\gamma = 90°$ w.z.z.w.

Anwendung (Abb. D): Konstruktion einer Tangente von einem Punkt außerhalb des Kreises an einen Kreis mit Zirkel und Lineal, Konstruktion rechtwinkliger Dreiecke.

Bem.: Der Kreis mit AB als Durchmesser heißt *Thaleskreis*. Häufig beschränkt man sich auf einen *Thaleshalbkreis*. Man sagt kurz: Alle Winkel am Thaleshalbkreis sind rechte Winkel.

Umkehrung des Satzes des Thales

Sie lautet:

> Wenn $\triangle ABC$ rechtwinklig ist mit dem rechten Winkel bei C, dann liegt C auf ei- nem Kreis mit AB als Durchmesser.

Beweis:

Vor.: s. Beweisfigur (Abb. E)

Beh.: Es gibt einen Thaleskreis für A, B, C.

Führt man mit dem Mittelpunkt M von AB als Zentrum eine Punktspiegelung des Dreiecks aus, so ist die Figur aus Bild und Urbild ein Rechteck (Def., S. 175), denn es gilt $\alpha + \beta = 90°$. Da die Diagonalen im Rechteck gleich lang sind und sich halbieren, liegen die vier Ecken auf einem Kreis mit AB als Durch- messer.   w.z.z.w.

Folgerung: Es sind genau diejenigen Drei- ecke rechtwinklig, die einen Thaleskreis besit- zen. Alle Dreiecke, deren Spitze C außerhalb (innerhalb) des Thaleskreises mit AB als Durchmesser liegt, sind spitzwinklig (stumpf- winklig).

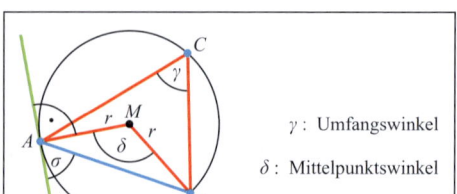

γ : Umfangswinkel

δ : Mittelpunktswinkel

σ : Sehnentangentenwinkel

A   Winkel am Kreis

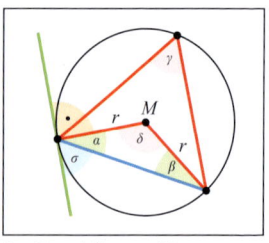

B   Beweisfigur zu (3)

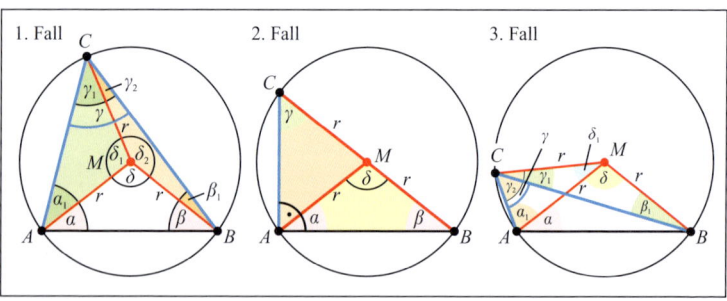

C   Beweisfiguren zu (1)

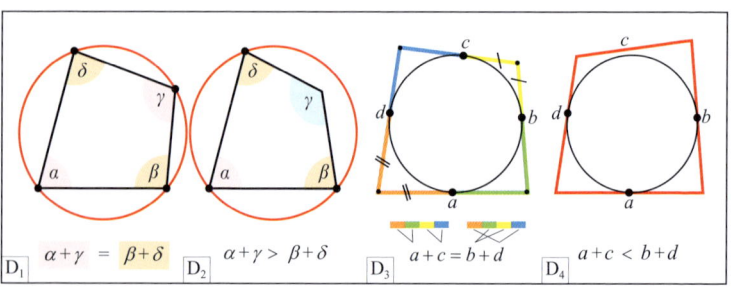

$\boxed{D_1}$ $\alpha + \gamma = \beta + \delta$ $\boxed{D_2}$ $\alpha + \gamma > \beta + \delta$ $\boxed{D_3}$ $a + c = b + d$ $\boxed{D_4}$ $a + c < b + d$

D   Sehnen- und Tangentenvierecke

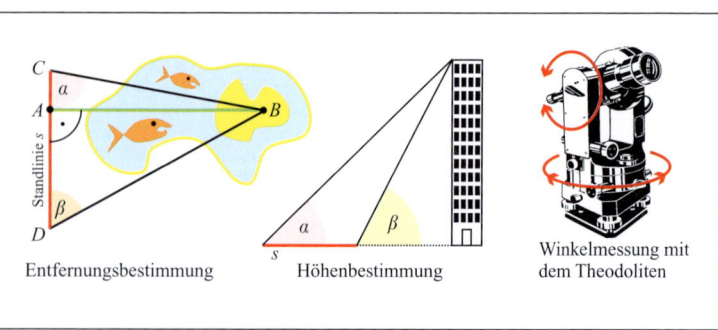

Entfernungsbestimmung   Höhenbestimmung   Winkelmessung mit
                                                         dem Theodoliten

E   Messung im Freien

Winkel im Kreis

Zu ihnen gehören (Abb. A)
- Mittelpunktswinkel
- Umfangswinkel und
- Sehnentangentenwinkel

Folgende Zusammenhänge bestehen:

(1) Der Mittelpunktswinkel zu einer Sehne ist doppelt so groß wie ein zu derselben Sehne gehörender Umfangswinkel.
(2) Die Umfangswinkel zu einer Sehne sind gleich groß.
(3) Ein Sehnentangentenwinkel ist genau so groß wie ein zu derselben Sehne gehörender Umfangswinkel.

Beweis zu (1): (Abb. C)
Es sind drei Fälle zu unterscheiden:
1. Fall: M liegt im Inneren des Winkelfeldes von γ.
2. Fall: M liegt auf einem Schenkel von γ.
3. Fall: M liegt im Äußeren des Winkelfeldes von γ.

zum 1. Fall: In der Beweisfigur sind die Winkel α_1 und γ_1 bzw. β_1 und γ_2 als Basiswinkel in zwei gleichschenkligen Dreiecken gleich groß. Also ergibt sich:

$\delta = 360° - (\delta_1 + \delta_2)$ und

$\delta_1 = 180° - 2\gamma_1$ bzw. $\delta_2 = 180° - 2\gamma_2$, d.h.

$\delta = 360° - (180° - 2\gamma_1 + 180° - 2\gamma_2)$

$\quad = 360° - (360° - 2(\gamma_1 + \gamma_2)) = 2\gamma$

zum 2. Fall: Nach dem Satz des THALES (S. 177) ist $\triangle ABC$ rechtwinklig. Es gilt also:
$\beta = 90° - \gamma$.
Weiter ist $\alpha = \beta$ und damit
$\delta = 180° - 2\beta = 180° - 2(90° - \gamma) = 2\gamma$.

zum 3. Fall: $\triangle CBM$ und $\triangle CAM$ sind gleichschenklig. Daher gilt: $\beta_1 = \gamma_1$, $\gamma_2 = \alpha_1$ und

$\delta + \delta_1 = 180° - \gamma_1 - \beta_1$

$\lfloor \beta_1 = \gamma_1 ; \ \delta_1 = 180° - 2\gamma_2 \longrightarrow$

$\delta = 180° - 2\gamma_1 - (180° - 2\gamma_2) = 2\gamma_2 - 2\gamma_1$

$\quad = 2(\gamma_2 - \gamma_1) = 2\gamma$ \qquad w.z.z.w.

Beweis zu (2): Da die Sehne und damit die Größe des zugehörigen Mittelpunktswinkels bei jeder Lage von C auf dem Kreis unverändert bleibt, muss mit (1) auch (2) gelten.

Beweis zu (3): (Abb. B)

$\sigma = 90° - \alpha$, $\alpha + \beta + \delta = 180°$ und $\alpha = \beta$

$\Rightarrow \sigma = 90° - \alpha$ und $\alpha = 90° - \frac{1}{2}\delta$

$\Rightarrow \sigma = 90° - 90° + \frac{1}{2}\delta = \frac{1}{2}\delta = \gamma$ \qquad w.z.z.w.

Sehnen-, Tangentenviereck

Def.: Ein Viereck heißt *Sehnenviereck*, wenn die vier Ecken des Vierecks auf einem Kreis liegen (Abb. D_1).

Der Kreis wird auch *Umkreis* genannt. Nicht jedes Viereck hat einen Umkreis (Abb. D_2). Es gilt:

In jedem Sehnenviereck ergänzen sich die Größen gegenüberliegender Winkel zu 180°.

Bei dem Beispiel in Abb. D_2 ist offensichtlich, dass ein Paar gegenüberliegender Winkel vorhanden ist, dessen Winkelgrößen sich *nicht* zu 180° ergänzen. Dann kann aber das Viereck *keinen* Umkreis besitzen.

Def.: Ein Viereck heißt *Tangentenviereck*, wenn seine vier Seiten Tangenten an einen Kreis sind (Abb. D_3).

Der Kreis entspricht dem *Inkreis* bei Dreiecken. Es gibt Vierecke ohne Inkreis (Abb. D_4). Es gilt:

In jedem Tangentenviereck ist die Summe der Längen gegenüberliegender Seiten konstant, d.h. es gilt: $a + c = b + d$.

Für das Beispiel aus Abb. D_4 gilt $a + c = b + d$ *nicht*. Daher kann das vorgegebene Viereck *kein* Tangentenviereck sein.

Anwendung der Kongruenzsätze

bei Messungen im Freien (Abb. E)
1. *Bsp.*: Die Entfernung Ufer - Insel soll bestimmt werden: $s = 30$ m; $\alpha = 80°$ und $\beta = 62°$.

Zeichner. Lösung: Auf Grund des Kongruenzsatzes WSW (S. 173) ist das reale Dreieck z.B. mit dem Maßstab 1 : 400 eindeutig konstruierbar (bis auf Kongruenz). In dem konstruierten Dreieck misst man für die Höhe auf die Standlinie die Länge von ca. 10,7 cm. D.h. die Entfernung beträgt ca. 42,8 m.

Bem. 1: Auch das 2. Bsp. in Abb. E lässt sich im Rahmen der Kongruenzsätze nur zeichnerisch lösen. Eine rechnerische Behandlung beider Beispiele ist mit den Mitteln der Trigonometrie möglich (s. S. 194, Abb. B).

Bem. 2: Die Winkelmessung erfolgt mit einem Theodoliten. Er besteht im Wesentlichen aus einem horizontal und vertikal auf einer Winkelgradscheibe drehbaren Fernrohr (Abb. E).

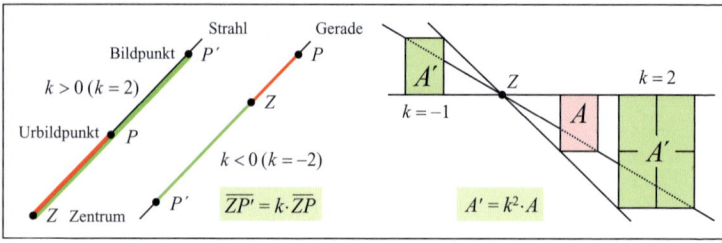

A   Punkt(Flächen-)abbildung bei einer zentrischen Streckung

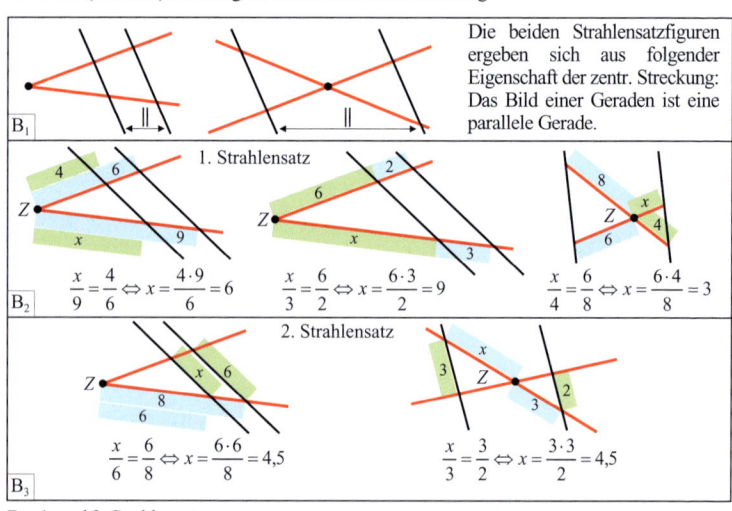

Die beiden Strahlensatzfiguren ergeben sich aus folgender Eigenschaft der zentr. Streckung: Das Bild einer Geraden ist eine parallele Gerade.

B₁

1. Strahlensatz

$$\frac{x}{9} = \frac{4}{6} \Leftrightarrow x = \frac{4 \cdot 9}{6} = 6 \qquad \frac{x}{3} = \frac{6}{2} \Leftrightarrow x = \frac{6 \cdot 3}{2} = 9 \qquad \frac{x}{4} = \frac{6}{8} \Leftrightarrow x = \frac{6 \cdot 4}{8} = 3$$

B₂

2. Strahlensatz

$$\frac{x}{6} = \frac{6}{8} \Leftrightarrow x = \frac{6 \cdot 6}{8} = 4,5 \qquad \frac{x}{3} = \frac{3}{2} \Leftrightarrow x = \frac{3 \cdot 3}{2} = 4,5$$

B₃

B   1. und 2. Strahlensatz

Zur Höhenbestimmung des Hochhauses wird vom Punkt A aus die Kante des Daches anvisiert und ein 2-m-Stab eingepasst.
Die Streckenlängen a und b werden gemessen.

Ein Messkeil ist ein Gerät zum Messen der Dicke von quaderförmigen Werkstücken, z.B. von Blechen.
Das Werkstück wird in den Keil geschoben und seine Dicke auf der geeichten Skala abgelesen (s.u.). Der Vorteil dieser Skala liegt darin, dass sie gestreckt ist (im unteren Beispiel mit dem Faktor 5), so dass eine genauere Ablesung möglich wird.

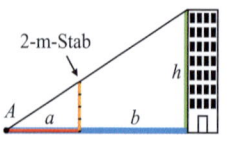

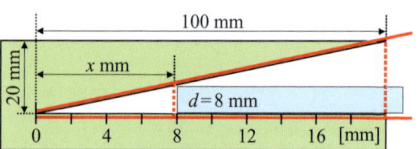

Nach dem 2. Strahlensatz gilt:
$$\frac{h}{b} = \frac{2}{a}; \quad h = \frac{2b}{a} \ [\text{m}]$$

Nach dem 2. Strahlensatz gilt:
$$\frac{x}{d} = \frac{100}{20} \Leftrightarrow x = 5d$$

C   Anwendungen

Ähnlichkeitsabbildungen
sind diejenigen Abbildungen, bei denen man von Urbild und Bild sagen würde:
Sie sind »(fotografisch) ähnlich«, d.h. bis auf die Größe stimmen Bild und Urbild überein.
Zu ihnen zählt als die wichtigste die **zentrische Streckung**.

Abbildungsvorschrift Abb. A

Eigenschaften der zentrischen Streckung:
alle Eigenschaften der Kongruenzabbildungen (S. 169) bis auf die Erhaltung der Streckenlänge

> Immerhin bleibt aber das Verhältnis von Bild- und Urbildstreckenlängen (Flächeninhalten) konstant gleich k (k^2) (Abb. A).

k heißt *Streckungsfaktor*.

Auch die Verkettung von zentrischen Streckungen mit Kongruenzabbildungen ändert an diesen Eigenschaften nichts. Bild und Urbild bleiben zueinander *ähnlich*. Die Gesamtheit dieser Abbildungen nennt man *Ähnlichkeitsabbildungen*.

> **Def.:** Zwei Figuren heißen *ähnlich* (in Zeichen ~), wenn sie durch eine Ähnlichkeitsabbildung ineinander überführt werden können.

1. und 2. Strahlensatz
Grundlage für die beiden Sätze ist die sog. *Strahlensatzfigur* (Abb. B$_1$). Diese gilt es bei Anwendungen herauszufinden:
Es handelt sich um zwei von einem Zentrum Z ausgehende Strahlen bzw. um zwei durch ein Zentrum Z verlaufende Geraden, die von zwei Parallelen geschnitten werden.
Unmittelbar aus der Def. der zentr. Streckung folgt:

> **Satz 1 (1. Strahlensatz):** Wenn eine Strahlensatzfigur vorliegt, dann ist das Verhältnis der Längen von Strecken auf dem einen Strahl (der einen Geraden) gleich dem Verhältnis der Längen *der entsprechenden* Strecken auf dem anderen Strahl (der anderen Geraden).

Bem.: Als Strecken kommen sowohl die von Z ausgehenden sog. Abschnitte als auch die von den Parallelen herausgeschnittenen Strecken in Frage (Abb. B$_2$).

> **Satz 2 (2. Strahlensatz):** Wenn eine Strahlensatzfigur vorliegt, dann ist das Verhältnis der Längen von Abschnitten auf einem Strahl (einer Geraden) gleich dem Verhältnis der Längen *der entsprechenden* Strecken auf den Parallelen (Abb. B$_3$).

Anwendungen
Diese sind reichhaltig; z.B.
S. 78, Abb. A$_2$; S. 88, Abb. B$_2$;
S. 192, Abb. A; S. 204, Abb. C.
Weitere Anwendungen enthält Abb. C.

Umkehrung des 1. Strahlensatzes

> **Satz 3:** Wenn zwei von einem Punkt Z ausgehende Strahlen so von zwei Geraden geschnitten werden, dass die Verhältnisse der Längen von entsprechenden Strecken auf beiden Strahlen gleich sind, dann sind diese Geraden parallel.

Die Umkehrung des 2. Strahlensatzes ist nicht gültig.

Ähnlichkeitssätze für Dreiecke
Die den Kongruenzsätzen für Dreiecke entsprechenden Sätze heißen Ähnlichkeitssätze. Zwei ähnliche Dreiecke stimmen in den Größen aller entsprechenden Winkel und den Verhältnissen der Längen entsprechender Seiten überein.
Beim Nachweis der Ähnlichkeit zweier Dreiecke braucht man jedoch nicht alle Übereinstimmungen nachzuweisen: Es genügt der Nachweis von drei Übereinstimmungen.

> **Satz 4:** Zwei Dreiecke sind ähnlich, wenn sie
> (1) in drei **St**reckenverhältnissen der Längen einander entsprechender Seiten übereinstimmen **(StStSt)**.
> (2) in der Größe zweier **W**inkel paarweise übereinstimmen **(WW)**.
> (3) im **St**reckenverhältnis zweier Seitenlängen und in der Größe des **W**inkels, der der größeren Seite gegenüberliegt, übereinstimmen **(StStW)**.
> (4) im **St**reckenverhältnis zweier Seitenlängen und in der Größe des **W**inkels, der zwischen den beteiligten Seiten liegt, übereinstimmen **(StWSt)**.

Anwendung: Beweise der Satzgruppe des Pythagoras (S. 188, Abb. D)

Figur	Umfang	Flächeninhalt	Längeneinheiten (LE)		
Quadrat	$4a$	a^2	1 mm, 1 cm, 1 dm, 1 m, 1 km		
Rechteck	$2(a+b)$	$a \cdot b$	Umrechnungszahl 10		
Dreieck	$a+b+c$	$\frac{1}{2} g \cdot h$	1 cm = 10 mm, 1 dm = 10 cm = 100 mm		
gleichschenklig	$2a+c$	$\frac{1}{2} g \cdot h$	1 m = 10 dm = 100 cm = 1000 mm		
gleichseitig	$3a$	$\frac{1}{4} a^2 \sqrt{3}$			
rechtwinklig	$a+b+c$	$\frac{1}{2} a \cdot b$			
Parallelogramm	$2(a+b)$	$g \cdot h$	Flächeneinheiten (FE)		
Trapez	$a+b+c+d$	$m \cdot h =$ $\frac{1}{2}(a \cdot c) \cdot h$	1 mm², 1 cm², 1 dm², 1 m², 1 a, 1 ha, 1 km² (1 a = 100 m², 1 ha = 100 a = 10000 m²)		
Drachen	$2(a+c)$	$\frac{1}{2} e \cdot f$	Umrechnungszahl 100		
Raute	$4a$	$\frac{1}{2} e^2$	1 cm² = 100 mm²		
Kreis (S. 185)	$\pi \cdot d = \pi \cdot 2r$	$\pi \cdot r^2$	1 dm² = 100 cm² = 10000 mm²		
Kreisausschnitt	$2r+b$	$\frac{\alpha}{360°} \cdot \pi \cdot r^2$	1 m² = 100 dm² = 10000 cm²		

A   Umfang und Flächeninhalt bei Dreiecken, Vierecken und beim Kreis

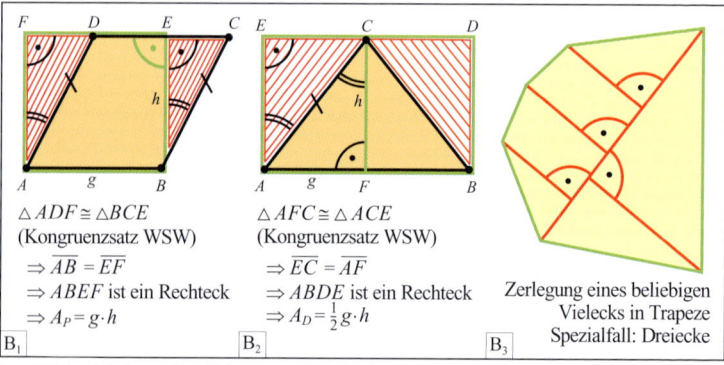

$\triangle ADF \cong \triangle BCE$
(Kongruenzsatz WSW)
$\Rightarrow \overline{AB} = \overline{EF}$
$\Rightarrow ABEF$ ist ein Rechteck
$\Rightarrow A_P = g \cdot h$

$\triangle AFC \cong \triangle ACE$
(Kongruenzsatz WSW)
$\Rightarrow \overline{EC} = \overline{AF}$
$\Rightarrow ABDE$ ist ein Rechteck
$\Rightarrow A_D = \frac{1}{2} g \cdot h$

Zerlegung eines beliebigen
Vielecks in Trapeze
Spezialfall: Dreiecke

B   Flächeninhalt von Parallelogramm (B₁), Dreiecken (B₂) und beliebigen Vielecken (B₃)

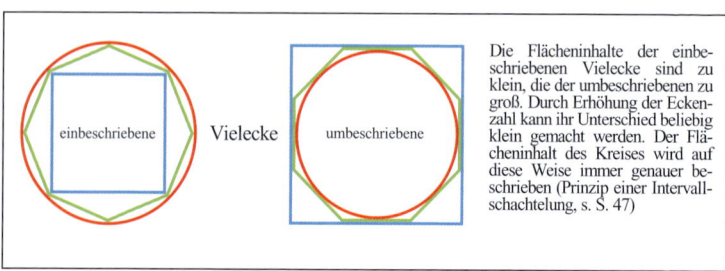

Die Flächeninhalte der einbeschriebenen Vielecke sind zu klein, die der umbeschriebenen zu groß. Durch Erhöhung der Eckenzahl kann ihr Unterschied beliebig klein gemacht werden. Der Flächeninhalt des Kreises wird auf diese Weise immer genauer beschrieben (Prinzip einer Intervallschachtelung, s. S. 47)

C   Regelmäßige Vielecke und Kreis

Grundsätzlich unterschiedlich ist die Vorgehensweise bei Umfangs- und Flächeninhaltsberechnungen für

a) **geradlinig begrenzte** (Quadrat, Rechteck, Parallelogramm, Trapez, Drachen, Vielecke) und

b) **krummlinig begrenzte** Flächen (Kreis und Kreisteile).

Während man bei a) mit der Methode des *Flächenvergleichs* und bestimmten Eigenschaften (s.u.) auskommt, gelangt man im Falle b) nur *näherungsweise* zum Ziel.

Bem.: Der Begriff der Fläche wird hier nicht problematisiert (vgl. AM). Flächen sind Punktmengen mit einem einfach strukturierten Rand.

a1) Umfang geradlinig begrenzter Flächen

Der Rand dieser Flächen ist ein geschlossener Streckenzug (S. 165), dessen Länge der Umfang ist. Er ergibt sich daher als Summe der Längen aller am Streckenzug beteiligten Strecken (s. Tabelle, Abb. A).

a2) Flächeninhalt geradlinig begrenzter Flächen

Quadrat und Rechteck

Man definiert die Flächeneinheit 1 cm^2 (ein Quadrat mit 1 cm Seitenlänge) und Ober- bzw. Untereinheiten (Abb. A), FE genannt (FE = Flächeneinheit(en)). Man zählt, wie viele von ihnen in die Fläche passen.

Für ein Rechteck, dessen Seiten 3 cm (a LE) und 4 cm (b LE) betragen (LE = Längeneinheit(en)), ergeben sich dabei 3 (a) Reihen mit 4 cm^2 (b FE), d.h 12cm^2 ($a \cdot b$ FE).

Bem.: $a \cdot b$ ist eine sog. *Flächenmaßzahl*, a und b sind *Längenmaßzahlen*.

Für beliebige Maßzahlen a und b definiert man (A = area = Flächeninhalt; R = Rechteck)

$$A_R = a \cdot b.$$

Für den Spezialfall eines Quadrates erhält man: $A_Q = a^2$.

Parallelogramm

In Abb. B$_1$ wird gezeigt, wie man die Flächeninhaltsformel $A_P = g \cdot h$ begründen kann. Bei der Überführung in ein flächengleiches Rechteck wurden folgende Eigenschaften der Flächeninhaltsmessung angewendet:

> (1) Der Flächeninhalt ändert sich nicht bei Anwendung einer Kongruenzabbildung.
>
> (2) Zerlegt man eine Fläche in Teilflächen, so ist die Summe der Teilflächeninhalte gleich dem Flächeninhalt der Gesamtfläche.

Dreieck

Jedes Dreieck kann man durch Ergänzung in ein Rechteck verwandeln (Abb. B$_2$), dessen Flächeninhalt doppelt so groß ist wie der des Dreiecks. Also gilt:

$$A_D = \tfrac{1}{2} g \cdot h$$

Für spezielle Dreiecke erhält man:

- gleichseitiges Dreieck:

$$A_g = \tfrac{1}{4} a^2 \cdot \sqrt{3}$$

wobei $h_g = \tfrac{1}{2} a \cdot \sqrt{3}$ (S. 190, Abb. A$_1$) verwendet wird

- rechtwinkliges Dreieck:

$$A_{re} = \tfrac{1}{2} a \cdot b$$

Trapez

Wie auf S. 174 in Abb. C abzulesen ist, kann man ein Trapez zu einem Parallelogramm mit doppelt so großem Flächeninhalt verwandeln. Für den Flächeninhalt des Trapezes ergibt sich die Formel:

$$A_T = m \cdot h = \tfrac{1}{2}(a + c) \cdot h$$

Drachen

Weil ein Drachen aus zwei gleichschenkligen Dreiecken besteht, braucht man deren Flächeninhalte nur zu addieren (e und f sind die Längen der Diagonalen):

$$A_{Dr} = \tfrac{1}{2} e \cdot f$$

Raute

In dem speziellen Drachen sind die Diagonalen gleich lang. Also gilt für den Flächeninhalt der Raute:

$$A_{Ra} = \tfrac{1}{2} e^2$$

Beliebige Vielecke

Jedes Vieleck lässt sich in Dreiecke oder Trapeze zerlegen (Abb. B$_3$). Die Summe ihrer Flächeninhalte ist der Flächeninhalt des Vielecks.

b1) Flächeninhalt eines Kreises

Bei einer krummlinig begrenzten Fläche gibt es i.A. keine Möglichkeit einer Verwandlung in eine flächengleiche geradlinig begrenzte Fläche. Man muss einen anderen Zugang finden.

Dies geschieht z.B. mit der Verwendung *einbeschriebener* und *umbeschriebener* regelmäßiger Vielecke (Abb. C).

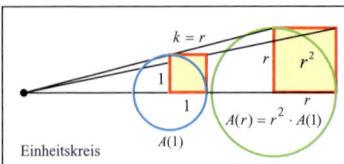

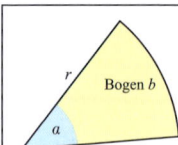

A Zentrale Streckung des Einheitskreises

B Kreisausschnitt und Kreisbogen

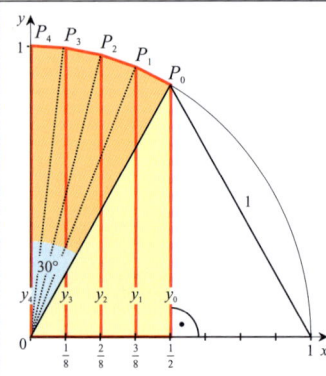

Der Kreisbogen ist der Graph der Funktion mit der Vorschrift $y = \sqrt{1-x^2}$ und $D = [0; 0,5]$.

(Satz des Pythagoras)

Die Sehnentrapezfläche bestehe aus 4 Trapezen.

Dann gilt: $A_T = \frac{1}{2}(y_0 + y_1) \cdot \frac{1}{8} + \frac{1}{2}(y_1 + y_2) \cdot \frac{1}{8}$

$\qquad + \frac{1}{2}(y_2 + y_3) \cdot \frac{1}{8} + \frac{1}{2}(y_3 + y_4) \cdot \frac{1}{8}$

$\qquad = \frac{1}{16}(y_0 + 2y_1 + 2y_2 + 2y_3 + y_4)$

mit $y_0 = \sqrt{1 - x_0^2}$ (Funktionsvorschrift)

$\qquad = \sqrt{1 - \frac{1}{4}} = \frac{1}{8}\sqrt{48}$ und entsprechend

$y_1 = \frac{1}{8}\sqrt{55}$, $y_2 = \frac{1}{8}\sqrt{60}$, $y_3 = \frac{1}{8}\sqrt{63}$, $y_4 = 1$.

$\Rightarrow A_T = \frac{1}{16} \cdot \frac{1}{8}(\sqrt{48} + 2\sqrt{55} + 2\sqrt{60} + 2\sqrt{63} + 8)$

$\qquad = 0,477555$

Mit $A_D = \frac{1}{2} \cdot \frac{1}{2} \cdot \frac{1}{8}\sqrt{48} = 0,216506$ erhält man als Näherungswert für den Vollkreis, und damit als Näherungswert von unten für π:

$12 \cdot (0,477555 - 0,216506) = 3,13794$.

Wenn man 10 Sehnentrapeze verwendet, ist der Näherungswert 3,1401.

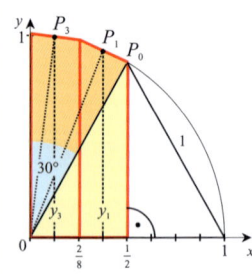

Die Tangententrapezfläche besteht aus zwei Trapezen, bei denen die Längen der Mittellinien mit y_1 und y_3 bereits bekannt sind. Für ihren Flächeninhalt erhält man

$A_T = y_1 \cdot \frac{1}{4} + y_3 \cdot \frac{1}{4} = \frac{1}{4}(\frac{1}{8}\sqrt{55} + \frac{1}{8}\sqrt{63})$

$\qquad = \frac{1}{32}(\sqrt{55} + \sqrt{63}) = 0,479795$.

Als Näherungswert von oben für π ergibt sich

$12 \cdot (0,479795 - 0,216506) = 3,15947$.

Bei 5 Tangententrapezen verbessert sich der Näherungswert von oben zu 3,1444, so dass zusammen mit dem Näherungswert 3,1401 von unten $\pi = 3,14\ldots$ gelten muss.

C Näherungswert von π

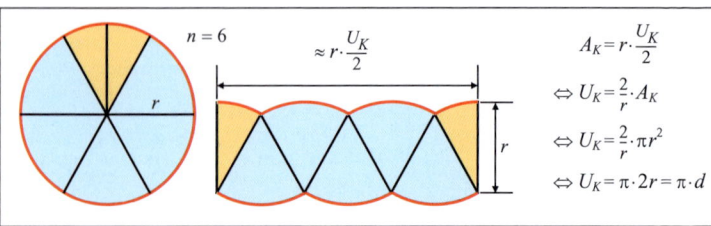

D Umfang eines Kreises

Man könnte nun die Flächeninhalte der Vielecke berechnen und die Eckenzahl z.B. ständig verdoppeln. Diese näherungsweise Berechnung müsste aber für jeden Radius wiederholt werden, es sei denn, es besteht eine feste Beziehung zwischen Kreisinhalt und dem Radius. Diese ergibt sich aus folgender Überlegung:

Unterwirft man ein Quadrat (Vieleck) einer zentrischen Streckung (Abb. A) mit dem Streckungsfaktor k, so ist der Flächeninhalt des Bildquadrats(-vielecks) das k^2-fache des Flächeninhalts vom Urbildquadrat(-vieleck):

$$A' = k^2 \cdot A \quad \text{(S. 180, Abb. A)}.$$

Diese Gleichung muss auch für einen Kreis mit dem Inhalt $A(r)$ Gültigkeit haben (wegen der Möglichkeit der Annäherung durch Vielecke, s.o.), wenn man den Kreis durch zentr. Streckung mit $k = r$ aus dem Einheitskreis erzeugt. Es gilt also:

$$A(r) = r^2 \cdot A(1) \quad \text{(Abb. A)}.$$

Damit ist die Beziehung zwischen Kreisinhalt und Radius gefunden:

Der Flächeninhalt einer Kreisfläche ist zum Quadrat ihres Radius proportional (S. 91).
Die Proportionalitätskonstante $A(1)$ wird mit π bezeichnet. Es gilt:
$$A_{Kreis} = \pi \cdot r^2.$$

Um Flächeninhalte von Kreisflächen näherungsweise berechnen zu können, braucht man

Näherungswerte von π.
Auf Grund der Definition von π geht es um eine näherungsweise Berechnung des Flächeninhaltes vom Einheitskreis $A(1)$, z.B. mit folgendem Verfahren:
Man berechnet näherungsweise den Flächeninhalt eines 30°-Kreisausschnittes in einem Viertelkreis wie in Abb. C. Zur Annäherung verwendet man einbeschriebene »Sehnentrapeze« mit gleicher Höhe und den Parallelseiten parallel zur y-Achse. Verringert man den Flächeninhalt A_T der Trapezfläche um den Flächeninhalt A_D der gelb unterlegten Dreiecksfläche, so erhält man einen zu kleinen Näherungswert für den 30°-Kreisausschnitt. Wird dieser Näherungswert mit 12 multipliziert, so ergibt sich ein *zu kleiner* Näherungswert für den Flächeninhalt des Einheitskreises, und damit für π.
Ergänzt werden muss diese *Abschätzung von unten* durch eine *Abschätzung von oben*.

Dabei will man möglichst viele der Berechnungen aus der Abschätzung von unten übernehmen. Statt der Sehnentrapeze bildet man halb so viele »Tangententrapeze«, die eine umbeschreibende Fläche bilden.
Mit 10 »Sehnentrapezen« und 5 »Tangententrapezen« erreicht man bereits eine auf zwei Nachkommastellen genaue Annäherung für π mit $\pi = 3,14\ldots$.
Bem.: Ein genauerer Wert ist durch eine größere Anzahl von Trapezen zu erreichen.
$\pi = 3,141592653589\ldots$ ist keine rationale Zahl.

Kreisausschnitt (Abb. B)
Für den Flächeninhalt eines Kreisausschnitts ergibt sich (α im Gradmaß):

$$A_{Aus} = \frac{\alpha}{360°} \cdot \pi \cdot r.$$

b2) Umfang eines Kreises
In Abb. D wird ein plausibler Zusammenhang hergestellt zwischen Flächeninhalt und Umfang eines Kreises. Bei jeder Verdopplung der Anzahl von Kreisausschnitten wird die Abweichung der Figur von einem Rechteck immer geringer. Man kann daher davon ausgehen, dass Kreis und Rechteck schließlich flächengleich sind. Es folgt aus der Rechnung:

Der Umfang eines Kreises ist zum Durchmesser proportional. Die Proportionalitätskonstante ist π.
Es gilt: $U_{Kreis} = \pi \cdot 2r = \pi \cdot d$.

Kreisbogen (Abb. B)
Der zu einem Mittelpunktswinkel α gehörende Kreisbogen (kurz: Bogen) hat die Länge (α im Gradmaß):

$$b = \frac{\alpha}{180°} \cdot \pi \cdot r.$$

Bem.: Setzt man diesen Term in den für A_{Aus} ein, so ergibt sich:

$$A_{Aus} = \frac{1}{2} b \cdot r.$$

Bem.: Auf ARCHIMEDES (287-212 v.Chr.) geht das Einbeschreiben und Umbeschreiben von Kreisen mit regelmäßigen Vielecken zurück. Er hat bei seiner näherungsweisen Berechnung des Umfangs (die sog. *Verdopplungsmethode*) eine erstaunliche Genauigkeit erzielt.

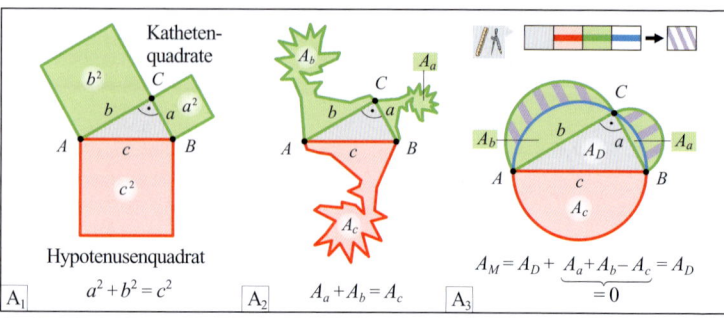

A   Satz des Pythagoras (A_1), Erweiterung (A_2), Möndchen des Hippokrates (A_3)

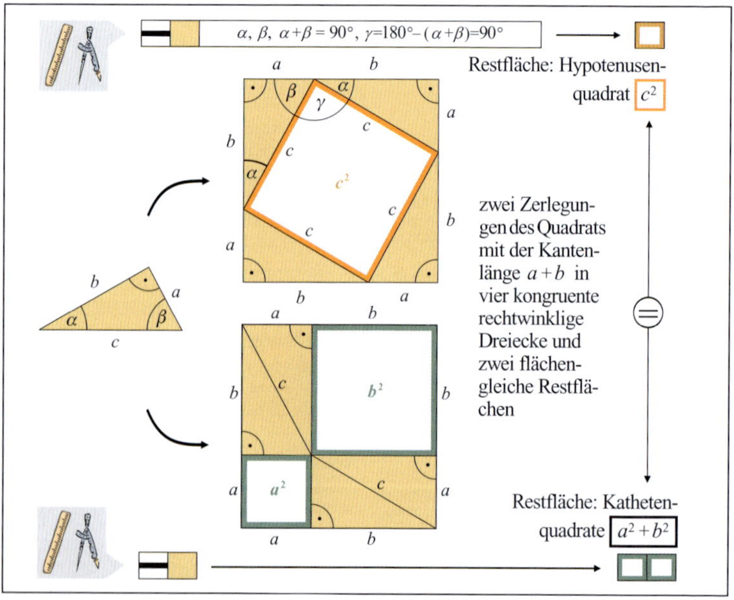

B   Zerlegungsbeweis des Pythagoras

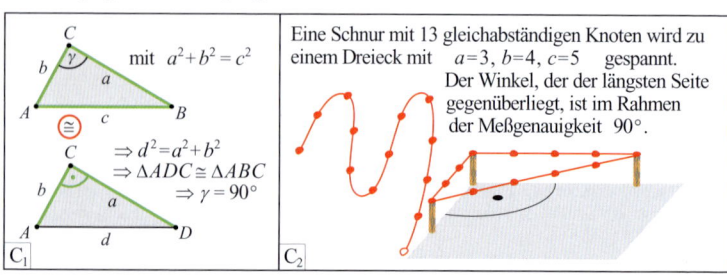

C   Umkehrung des Pythagoras

Zur Satzgruppe des Pythagoras gehören der
– Satz des Pythagoras und die
– Sätze des Euklid: Höhen- und Kathetensatz.

Satz des Pythagoras
Einer der bekanntesten Sätze der Elementar-
geometrie ist der »Pythagoras«, ein Satz über
rechtwinklige Dreiecke (S. 175), benannt nach
dem griech. Mathematiker PYTHAGORAS
(5. Jh. vor Chr.).

Satz des Pythagoras
Für jedes ebene Dreieck gilt:
Wenn das Dreieck rechtwinklig ist,
dann ist die Summe der Flächeninhalte der
Kathetenquadrate gleich dem Flächenin-
halt des Hypotenusenquadrats.

Bezeichnet man die Längen der Katheten mit
a und b und die Länge der Hypotenuse mit c,
so ergibt sich mit Hilfe der Flächenformel des
Quadrats (S.183) die **Kurzform** (Abb. A_1):

In jedem rechtwinkligen Dreieck gilt die
pythagoräische Gleichung $a^2 + b^2 = c^2$.

Malereien (um 1500 v.Chr.) belegen, dass die
Ägypter bereits vor PYTHAGORAS die Umkehrung des Satzes (s.u.) kannten und eine sehr
nützliche Anwendung fanden: Nach den jährlichen Überschwemmungen des Niltals wurden die Grenzen der rechteckigen Nutzflächen
mit Hilfe sog. Knotenschnüre wiederherge-
stellt (Abb. C_2).
Die Leistung des PYTHAGORAS bestand darin,
dass er als erster einen Beweis des Satzes für
notwendig hielt.
Bei den inzwischen ungefähr 100 bekannten
Beweisen handelt es sich z.T. um sog. *Zerle-
gungsbeweise* (Abb. B):
• Eine Figur (hier: ein Quadrat) wird auf
  zweifache Weise zerlegt;
• gewisse flächengleiche Teile (hier: vier
  Dreiecke) sind beiden Zerlegungen gemeinsam;
• die flächengleichen Restfiguren werden interpretiert und verglichen (hier: das Hypote-
  nusenquadrat und die beiden Kathetenquadrate).

Bem.: Der Pythagoras lässt sich auf andere zueinander *ähnliche* (S. 181) ebene Figuren über
den Dreiecksseiten erweitern (Abb. A_2).
Handelt es sich dabei um *Halbkreise*, so folgt,
dass die sog. »Möndchen des Hippokrates«
(Abb. A_3, farbig schraffiert) zusammen flächengleich zum vorgegebenen rechtwinkligen
Dreieck sind (Abb. A_3).

Anwendungen des Pythagoras sind z.B.
– Berechnungen von Streckenlängen in recht-
  winkligen Dreiecken (S. 191);
– Berechnung von Streckenlängen bei ebenen
  Figuren und bei Körpern, die rechtwinklige
  Dreiecke enthalten (S. 190);
– die trigonometrische Beziehung
  $\sin^2 \alpha + \cos^2 \alpha = 1$ (S. 86);
– die Betragsdefinition eines Vektors (S. 211).

Es gilt auch die

Umkehrung des Satzes des Pythagoras
Für jedes ebene Dreieck gilt:
Wenn für die Seitenlängen a, b und c die
Gleichung $a^2 + b^2 = c^2$ erfüllt wird,
dann ist das Dreieck rechtwinklig.
Zusatz: Die zu c gehörende Seite ist die
Hypotenuse.

Folgerung: Die pythagoräische Gleichung
gilt nur für *rechtwinklige* Dreiecke (vgl. Umkehrung eines Satzes).

Beweis der Umkehrung (Abb. C_1)
Vor.: Es gibt ΔABC mit $a^2 + b^2 = c^2$.
Beh.: ΔABC ist rechtwinklig.
Beweis: Neben ΔABC lässt sich aus a und b
eindeutig ein rechtwinkliges ΔADC konstruieren mit a und b als Kathetenlängen
und unbestimmter Hypotenusenlänge d
(SWS, s. S. 173). Da ΔADC rechtwinklig
ist, gilt die pythagoräische Gleichung
$a^2 + b^2 = d^2$. Zusammen mit der Vor. folgt:
$c^2 = d^2$, d.h. $c = d$.
Daher stimmen ΔADC und ΔABC in
drei Seitenlängen paarweise überein. Sie
sind also nach dem Kongruenzsatz SSS (S.
173) kongruent, so dass auch ΔABC rechtwinklig ist. w.z.z.w.
Die Gültigkeit des Zusatzes (s.o.) folgt aus den
Eigenschaften rechtwinkliger Dreiecke:
Im rechtwinkligen Dreieck ist die Hypotenuse die längste Seite (S. 175).
Zur Begründung:
$c^2 = a^2 + b^2 \quad \Rightarrow \quad c^2 > a^2 \ \wedge \ c^2 > b^2$
$\qquad\qquad\qquad \Rightarrow \quad c > a \ \wedge \ c > b$

Praktische Anwendungen der Umkehrung:
– Überprüfung von rechten Winkeln, z.B.
  bei einem Teppich oder einer Zimmerecke;
– Herstellung rechter Winkel, z.B. bei einem
  Gartenbeet mit Hilfe selbst hergestellter
  Knotenschnüre (Abb. C_2).

Bem.: Tripel $(a;b;c)$ mit $a^2 + b^2 = c^2$ heißen
pythagoräisch (s. AM, S. 120).

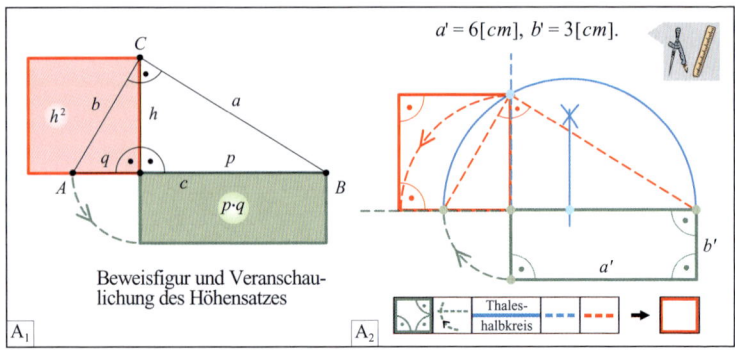

$a' = 6[cm], \ b' = 3[cm].$

Beweisfigur und Veranschaulichung des Höhensatzes

Thaleshalbkreis

A_1 A_2

A   Höhensatz (A_1) und Quadratur des Rechtecks (A_2)

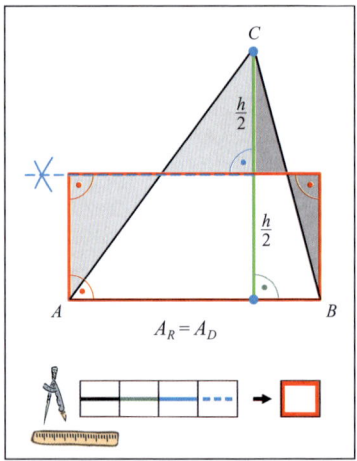

$A_R = A_D$

B   Zur Quadratur des Dreiecks

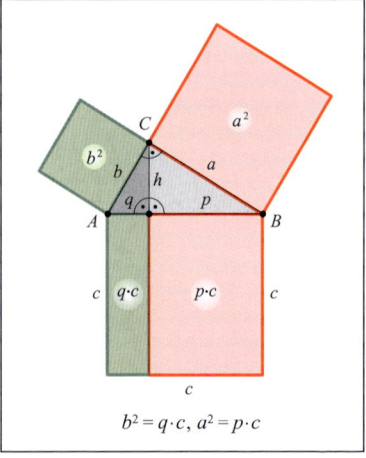

$b^2 = q \cdot c, \ a^2 = p \cdot c$

C   Kathetensatz

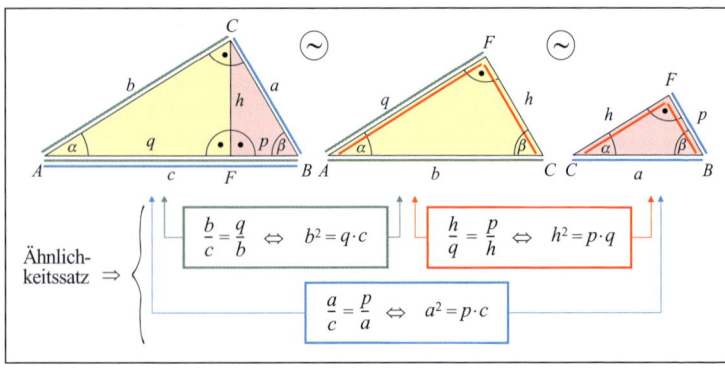

Ähnlichkeitssatz $\Rightarrow$

$$\frac{b}{c} = \frac{q}{b} \ \Leftrightarrow \ b^2 = q \cdot c$$

$$\frac{h}{q} = \frac{p}{h} \ \Leftrightarrow \ h^2 = p \cdot q$$

$$\frac{a}{c} = \frac{p}{a} \ \Leftrightarrow \ a^2 = p \cdot c$$

D   Beweis der Sätze des Euklid über die Ähnlichkeit

Der **Höhensatz des Euklid**
beschreibt den Zusammenhang zwischen der
Länge der Höhe und den Längen der beiden
Hypotenusenabschnitte für rechtwinklige
Dreiecke:

> **Höhensatz des Euklid**
> Für jedes ebene Dreieck gilt:
> Wenn das Dreieck rechtwinklig ist,
> dann ist das Quadrat über der Höhe flä-
> chengleich zum Rechteck aus den beiden
> Hypotenusenabschnitten, d.h.
> $$h^2 = p \cdot q.$$

Beweis (Abb. A_1): Die Höhe im rechtwinkligen Dreieck erzeugt rechtwinklige Teildreiecke, so dass der Pythagoras dreimal anwendbar ist:

(I) $h^2 + q^2 = b^2$
(II) $h^2 + p^2 = a^2$
(III) $a^2 + b^2 = c^2 = (p+q)^2$
              $= p^2 + 2pq + q^2$

(I) + (II) liefert einen Term für $a^2 + b^2$, der in
(III) eingesetzt wird:
$$2h^2 + q^2 + p^2 = b^2 + a^2 = a^2 + b^2$$
$\underline{\mid (III)}$ $\ 2h^2 + q^2 + p^2 = p^2 + 2pq + q^2$
$\Rightarrow\ 2h^2 = 2pq \Rightarrow h^2 = pq$ w.z.z.w.

Quadraturen
Zu den beliebtesten Themen der griech. Ma-
thematik der Antike gehörten konstruktive
Flächenverwandlungen *allein mit Zirkel und
Lineal*. Neben der *Quadratur des Kreises*, eine
Aufgabenstellung, die erst im letzten Jahrhun-
dert als unlösbar bewiesen wurde (s. Galois-
theorie, AM, S. 113), behandelte man die

Quadratur des Rechtecks
Die Verwandlung eines Rechtecks in ein flächengleiches Quadrat ist mit dem Höhensatz
ausführbar. Man konstruiert
• das Rechteck aus den vorgegebenen Seitenlängen a' und b';
• das rechtwinklige Dreieck mit $p = a'$ und
  $q = b'$ (Thaleshalbkreis (S. 177) für den
  rechten Winkel);
• das Höhenquadrat (Abb. A_2).
Damit ist auch die **Quadratur des Dreiecks**
möglich:
• das Dreieck in ein flächengleiches Rechteck
  verwandeln (Abb. B) und
• die Quadratur des Rechtecks ausführen.

Der **Kathetensatz des Euklid,**
ermöglicht ebenfalls die Quadratur des Rechtecks:

> **Kathetensatz des Euklid**
> Für jedes ebene Dreieck gilt:
> Wenn das Dreieck rechtwinklig ist,
> dann ist das Quadrat über einer Kathete flä-
> chengleich zum Rechteck aus der Hypote-
> nuse und dem anliegenden Hypotenusen-
> abschnitt, d.h.
> $$b^2 = q \cdot c \quad \text{und} \quad a^2 = p \cdot c.$$

Beweis (Abb. C): Der Pythagoras, auf das linke rechtwinklige Teildreieck angewendet, ergibt mit dem Höhensatz und $q + p = c$:
$$b^2 = h^2 + q^2 = p \cdot q + q^2 = q(p+q) = q \cdot c.$$
Entsprechend verfährt man mit dem rechten
Teildreieck und erhält:
$$a^2 = p \cdot c.. \qquad\qquad \text{w.z.z.w.}$$

Bem.: Die Sätze des Euklid lassen sich auch
mit Hilfe von Scherungen veranschaulichen
und beweisen (s. AM, S. 162, Abb. B).

Beweise über die Ähnlichkeit
Jedes rechtwinklige Dreieck ist zu seinen
durch die Höhe erzeugten Teildreiecken nach
dem Ähnlichkeitssatz WW ähnlich. Damit
sind auch die beiden Teildreiecke ähnlich. Es
lassen sich daher drei Verhältnisgleichungen
(S. 181) aufstellen, aus denen nach Äquivalenzumformungen die Sätze des Euklid und
der Pythagoras folgen (Abb. D).

Bem.: $\sqrt{a \cdot b}$ bezeichnet man auch als **geometrisches Mittel** zu den Zahlen a und b.
Setzt man $x = \sqrt{a \cdot b}$, so gilt auch $x^2 = a \cdot b$,
d.h. das geometr. Mittel ist gleich der Seiten-
länge des Quadrates, das sich bei Quadratur
des Rechtecks mit den Seitenlängen a und b
ergibt. Das geometr. Mittel lässt sich also kon-
struktiv bestimmen.
Dieses sog. geometr. Wurzelziehen spielte
schon bei EUKLID und den Pythagoräern eine
Rolle.

Verwendung findet das geometr. Mittel auch
in der Statistik als spezielle Mittelwertbildung.
Für $a \neq b$ ist es kleiner als das arithmetische
Mittel (vgl. S. 227).

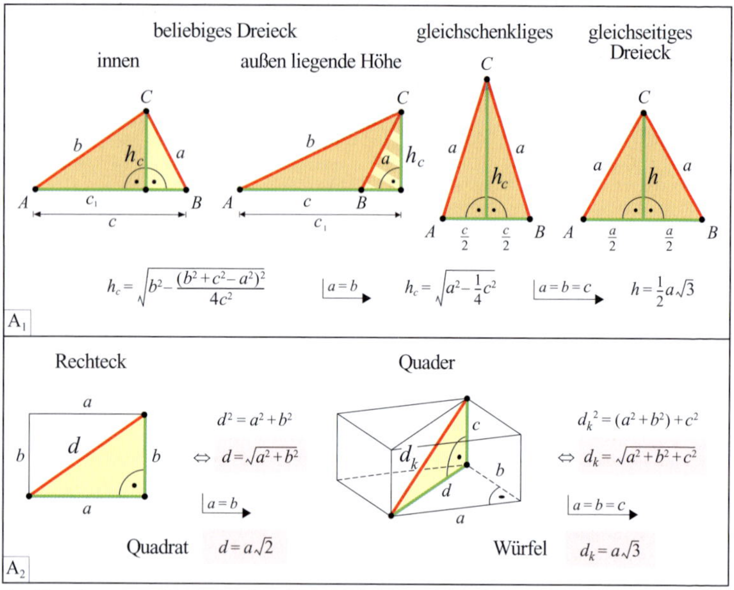

	beliebiges Dreieck		gleichschenkliges	gleichseitiges Dreieck

innen   außen liegende Höhe

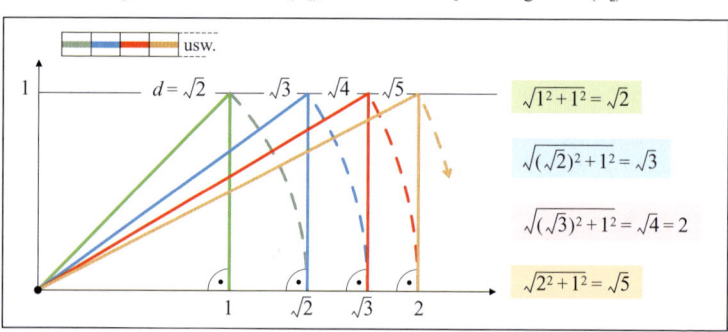

$$h_c = \sqrt{b^2 - \frac{(b^2 + c^2 - a^2)^2}{4c^2}} \quad \boxed{a = b} \longrightarrow \quad h_c = \sqrt{a^2 - \frac{1}{4}c^2} \quad \boxed{a = b = c} \longrightarrow \quad h = \frac{1}{2}a\sqrt{3}$$

A₁

Rechteck   Quader

$$d^2 = a^2 + b^2 \iff d = \sqrt{a^2 + b^2}$$

$$d_k^{\,2} = (a^2 + b^2) + c^2 \iff d_k = \sqrt{a^2 + b^2 + c^2}$$

$\boxed{a = b} \longrightarrow$ Quadrat $\quad d = a\sqrt{2}$

$\boxed{a = b = c} \longrightarrow$ Würfel $\quad d_k = a\sqrt{3}$

A₂

A Berechnung von Dreieckshöhen (A_1), Rechteck- und Quaderdiagonalen (A_2)

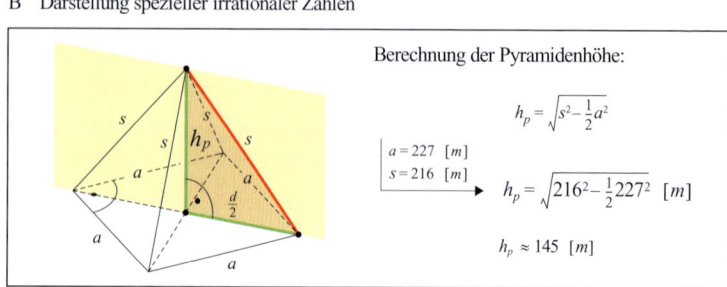

$$\sqrt{1^2 + 1^2} = \sqrt{2}$$

$$\sqrt{(\sqrt{2})^2 + 1^2} = \sqrt{3}$$

$$\sqrt{(\sqrt{3})^2 + 1^2} = \sqrt{4} = 2$$

$$\sqrt{2^2 + 1^2} = \sqrt{5}$$

B Darstellung spezieller irrationaler Zahlen

Berechnung der Pyramidenhöhe:

$$h_p = \sqrt{s^2 - \frac{1}{2}a^2}$$

$\boxed{\begin{aligned} a &= 227 \ [m] \\ s &= 216 \ [m] \end{aligned}} \longrightarrow \quad h_p = \sqrt{216^2 - \frac{1}{2}227^2} \ [m]$

$$h_p \approx 145 \ [m]$$

C Höhe der Cheops-Pyramide

Berechnungen im rechtwinkligen Dreieck

Grundlage ist die pythagoräische Gleichung $a^2 + b^2 = c^2$. Dabei sind die Variablen a, b und c durch die Terme zu ersetzen, die bei der Anwendung für die Katheten und die Hypotenuse auftreten.

Berechenbar ist nach erfolgter Auflösung der pythagoräischen Gleichung

– die Länge der Hypotenuse aus den beiden Kathetenlängen: $c = \sqrt{a^2 + b^2}$ sowie

– die Länge einer Kathete aus der Hypotenusenlänge und der Länge der anderen Kathete: $a = \sqrt{c^2 - b^2}$ bzw. $b = \sqrt{c^2 - a^2}$.

Berechnungen in nichtrechtwinkligen Dreiecken, anderen ebenen Figuren und bei Körpern

Um den Satz des Pythagoras anwenden zu können, müssen rechtwinklige Dreiecke erzeugt werden, etwa mit Hilfe von
1) Höhen in beliebigen Dreiecken;
2) Diagonalen, Höhen oder Senkrechten in anderen ebenen Figuren;
3) Schnitten durch Körper, um ebene Flächen zu erhalten.

1) Höhe in einem beliebigen Dreieck

Für die Dreieckshöhe h_c (Abb. A_1) ergibt sich

$$h_c = \sqrt{b^2 - \frac{(b^2 + c^2 - a^2)^2}{4c^2}}$$

Die Herleitung dieser Formel erfolgt über die von der Höhe erzeugten Hilfsdreiecke.
Im Fall der innen liegenden Höhe gilt dann:
(I) $\quad b^2 = h_c^2 + c_1^2$
(II) $\quad a^2 = h_c^2 + (c - c_1)^2$
$\quad\quad\quad = h_c^2 + c^2 - 2cc_1 + c_1^2$
Die Hilfsvariable c_1 muss herausfallen.
(I) – (II) liefert eine Gleichung, die leicht nach c_1 aufzulösen ist:
(I) – (II) $\quad b^2 - a^2 = 2cc_1 - c^2$

$\Rightarrow \quad c_1 = \dfrac{b^2 + c^2 - a^2}{2c}$

Die Einsetzung von c_1 in (I) ergibt

$$b^2 = h_c^2 + \frac{(b^2 + c^2 - a^2)^2}{4c^2}$$

und die Auflösung nach h_c die Formel.
Im Falle der außen liegenden Höhe ist in (II) $c - c_1$ durch $c_1 - c$ zu ersetzen.
Wegen $(c_1 - c)^2 = (c - c_1)^2$ ist der weitere Rechengang identisch.
Für ein **gleichschenkliges (gleichseitiges) Dreieck** ergeben sich vereinfachte Formeln (Abb. A_1).

2) Diagonalen im Rechteck (Quadrat)

s. Abb. A_2

Bem.: Konstruiert man ein Einheitsquadrat mit der Seitenlänge 1, so lässt sich die Diagonalenlänge nach der Formel $d = a\sqrt{2}$ berechnen: $a = 1 \quad d = \sqrt{2}$, d.h.

das Streckenlängenverhältnis $\frac{\sqrt{2}}{1}$ der Diagonale und der Seite des Quadrates ist $\sqrt{2}$, eine irrationale Zahl (s. S. 47).
Die beiden Strecken sind mit keiner gemeinsamen Einheit messbar, d.h. sie sind inkommensurabel.

Konstruiert man das Einheitsquadrat im I. Quadranten eines kartes. Koordinatensystems und dreht die Diagonale an den Ursprung bis zur x-Achse, so erhält man für $\sqrt{2}$ einen »Platz« zwischen 1 und 2 (Abb. B).
Über die Berechnung von Diagonalenlängen in weiteren Rechtecken und die passenden Drehungen gelingt es, die irrationale Zahl $\sqrt{n}$ ($n \in \mathbb{N}$, n keine Quadratzahl) auf dem Zahlenstrahl darzustellen (Abb. B).

Es ist also zwischen den schon dicht liegenden rationalen Zahlen noch »Platz« für irrationale Zahlen.

3a) Körperdiagonale im Quader (Würfel)

s. Abb. A_2

3b) Höhe einer quadratischen Pyramide

Besonders nützlich ist der Satz des Pythagoras bei der Bestimmung unzugänglicher Strecken, z.B. der Höhe der Cheops-Pyramide (Abb. C).
Bei einer quadrat. Pyramide stimmt der Fußpunkt des Lotes von der Spitze auf die Grundfläche mit dem Schnittpunkt der Grundflächendiagonale überein. Ein zur Grundfläche senkrechter Schnitt durch die Spitze und zwei gegenüberliegende Ecken enthält die Pyramidenhöhe und eine Diagonale. Die Höhe bildet mit einer Seitenkante und der halben Diagonale ein rechtwinkliges Dreieck.
Mit $d = a\sqrt{2}$ ergibt sich:

$$h_p^2 + (\tfrac{1}{2}d)^2 = s^2$$

$\Rightarrow \quad h_p^2 = s^2 - (\tfrac{1}{2}d)^2$

$d = a\sqrt{2} \quad h_p^2 = s^2 - (\tfrac{1}{2}a\sqrt{2})^2$

$\Rightarrow \quad h_p = \sqrt{s^2 - \tfrac{1}{2}a^2}$

Da das Einheitsdreieck für sin und cos (S. 86, Abb. A) rechtwinklig ist, kann man es mit dem vorgegebenen Dreieck zu einer Strahlensatzfigur zusammensetzen.

Strahlensatzfigur zum Winkel β
Nach dem 2. Strahlensatz (S. 181) gilt:

$$\frac{b}{\sin\beta} = \frac{c}{1} = c \Leftrightarrow b = c \cdot \sin\beta$$

$\lfloor c = 3; \beta = 55° \quad b = 3 \cdot 0,819 = 2,457 \,[\text{LE}]$

Einheitsdreieck

A Beispiel: Bestimmung der Kathetenlänge b

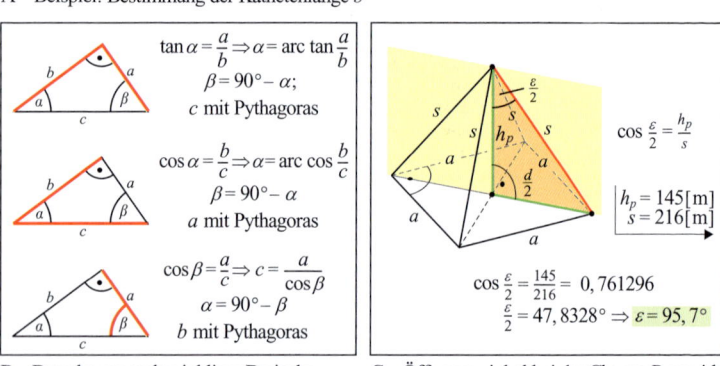

$\tan\alpha = \frac{a}{b} \Rightarrow \alpha = \text{arc}\tan\frac{a}{b}$
$\beta = 90° - \alpha;$
c mit Pythagoras

$\cos\alpha = \frac{b}{c} \Rightarrow \alpha = \text{arc}\cos\frac{b}{c}$
$\beta = 90° - \alpha$
a mit Pythagoras

$\cos\beta = \frac{a}{c} \Rightarrow c = \frac{a}{\cos\beta}$
$\alpha = 90° - \beta$
b mit Pythagoras

$\cos\frac{\varepsilon}{2} = \frac{h_p}{s}$

$\lfloor h_p = 145\,[\text{m}]$
$s = 216\,[\text{m}]$

$\cos\frac{\varepsilon}{2} = \frac{145}{216} = 0,761296$
$\frac{\varepsilon}{2} = 47,8328° \Rightarrow \varepsilon = 95,7°$

B Berechnung rechtwinkliger Dreiecke

C Öffnungswinkel bei der Cheops-Pyramide

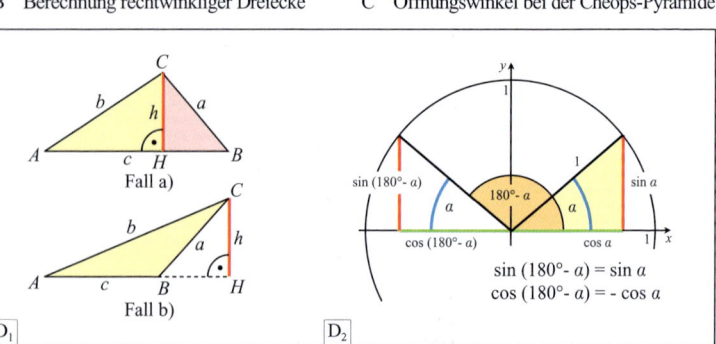

Fall a)

Fall b)

D_1

$\sin(180° - a) = \sin a$
$\cos(180° - a) = -\cos a$

D_2

D Beweis des sin-Satzes

In der **Trigonometrie** geht es um diejenigen Berechnungen geom. Figuren, bei denen *Winkelvorgaben* mit in die Rechnung eingehen oder aber Winkelgrößen berechnet werden müssen:

- rechtwinklige Dreiecke
- beliebige Dreiecke (sin- und cos-Satz)
- Vierecke und andere Vielecke (Zerlegung)
- ebene Ausschnitte bei Körpern (z.B. Dreiecke oder Vierecke als Teile der Oberfläche einer quadratischen Pyramide oder ein Dreieck beim Schnitt längs der Pyramidenhöhe)

So wirkungsvoll die Satzgruppe des Pythagoras und die Strahlensätze auch sein können, es gelingt nicht, mit ihnen allein die folgende einfach erscheinende Aufgabe zu lösen:

Berechne in einem rechtwinkligen Dreieck mit $\alpha = 55°$ und $c = 3\,$LE die Länge einer Kathete.

Das Dreieck ist zwar konstruierbar, aber z.B. ist die Kathetenlänge b nur mit der sin-Funktion (s. S. 87) und dem 2. Strahlensatz berechenbar (Abb. A).
Es ist üblich, die zugrunde liegende Formel in der Form $\sin\beta = \frac{b}{c}$ anzugeben.
Wendet man den 1. Strahlensatz an, so ergibt sich in der Figur von Abb. A:

$$\frac{\alpha}{\cos\beta} = \frac{c}{1} \Leftrightarrow \cos\beta = \frac{a}{c}$$

und wegen $\tan\beta = \frac{\sin\beta}{\cos\beta}$:

$$\tan\beta = \frac{b}{a}$$

Zusammengefasst:

$$\sin\beta = \frac{b}{c}, \qquad \cos\beta = \frac{a}{c}, \qquad \tan\beta = \frac{b}{a}$$

Wegen $\alpha = 90° - \beta$ und $\sin\alpha = \cos\beta$, $\cos\alpha = \sin\beta$ (s. S. 87) folgt

$$\sin\alpha = \frac{a}{c}, \qquad \cos\alpha = \frac{b}{c}, \qquad \tan\alpha = \frac{a}{b}.$$

Jede dieser sechs Gleichungen kann dazu dienen, bei Vorgabe von zwei Größen im **rechtwinkligen Dreieck** die dritte in der nach ihr aufgelösten Gleichung zu berechnen (Abb. B). Die Gleichungen lassen sich leichter merken und auf drei Gleichungen reduzieren, wenn man folgende Sprechweisen einführt:
Die dem Winkel α bzw. β gegenüberliegende Kathete heißt *Gegenkathete*, die andere *Ankathete*.

Satz 1: In jedem rechtwinkligen Dreieck gilt für die beiden von 90° verschiedenen Innenwinkel x:

$$\sin x = \frac{\text{Gegenkathetenlänge}}{\text{Hypotenusenlänge}}$$

$$\cos x = \frac{\text{Ankathetenlänge}}{\text{Hypotenusenlänge}}$$

$$\tan x = \frac{\text{Gegenkathetenlänge}}{\text{Ankathetenlänge}}$$

Anwendung: Abb. C.

Beliebige Dreiecke
Bei einem beliebigen Dreieck kann man durch das Einzeichnen von Höhen rechtwinklige Dreiecke erzeugen, auf die Satz 1 angewendet werden kann.
Ziel ist allerdings eine Formel, die diese Hilfslinien nicht enthält.
Man muss zwei Fälle unterscheiden (Abb. D_1):
a) spitzwinkliges Dreieck und
b) stumpfwinkliges Dreieck.
Beim Letzteren tritt die Höhe auch außerhalb des Dreiecks auf. Es gilt der

Satz 2 (sin-Satz): In jedem Dreieck verhalten sich die Längen zweier Seiten wie die sin-Werte ihrer Gegenwinkel:

$$\frac{\sin\alpha}{\sin\beta} = \frac{a}{b} \qquad \frac{\sin\beta}{\sin\gamma} = \frac{b}{c} \qquad \frac{\sin\gamma}{\sin\alpha} = \frac{c}{a}$$

Bew.:

a) $\triangle AHC$ und $\triangle HBC$ (Abb. D_1) sind rechtwinklig. Nach Satz 1 gilt:

$$\sin\alpha = \frac{h}{b}, \ \sin\beta = \frac{h}{a} \ \Rightarrow \ \frac{\sin\alpha}{\sin\beta} = \frac{\frac{h}{b}}{\frac{h}{a}} = \frac{h}{b}\cdot\frac{a}{h} = \frac{a}{b}.$$

Die beiden anderen Gleichungen ergeben sich entsprechend.

b) $\triangle AHC$ und $\triangle BHC$ (Abb. D_1) sind rechtwinklig. Nach Satz 1 gilt:

$$\sin\alpha = \frac{h}{b}, \ \sin(180° - \beta) = \frac{h}{a} \ \text{und mit}$$

$$\sin(180° - \beta) = \sin\beta \ (\text{Abb. } D_2):$$

$$\frac{\sin\alpha}{\sin(180° - \beta)} = \frac{\sin\alpha}{\sin\beta} = \frac{a}{b}.$$

Die beiden anderen Gleichungen ergeben sich auch hier entsprechend.

Anwendungen des sin-Satzes
Grundsätzlich sind drei Vorgaben notwendig:
- 2 Seitenlängen und die Größe eines Gegenwinkels oder
- 2 Winkelgrößen (der 3. Winkel ist nach dem Winkelsummensatz berechenbar, falls dies ein benötigter Gegenwinkel sein sollte) und eine Seitenlänge.

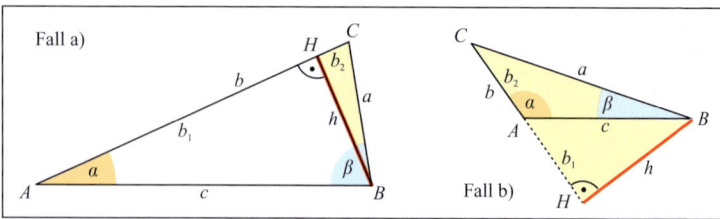

Fall a)

Fall b)

A   Beweisfigur zum cos-Satz

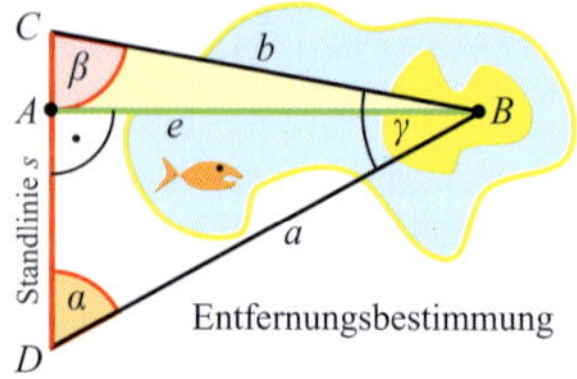

Standlinie s

Entfernungsbestimmung

Lösungsgang (vorgegebene Daten in ⌐ ....):

(1) nach Satz 1, S. 193, gilt:

$$\sin \alpha = \frac{e}{b} \Leftrightarrow e = b \cdot \sin \alpha$$

(2) nach dem sin-Satz ergibt sich für b:

$$b = s \cdot \frac{\sin \beta}{\sin \gamma}, \text{ d.h. } e = s \cdot \frac{\sin \alpha \cdot \sin \beta}{\sin \gamma} \text{ mit}$$
$$\gamma = 180° - \alpha - \beta$$

$s = 30 \,[\text{m}]; \ \alpha = 80°; \ \beta = 62°; \ \gamma = 38°$ ⟶ $e = 42,4 \,[\text{m}]$

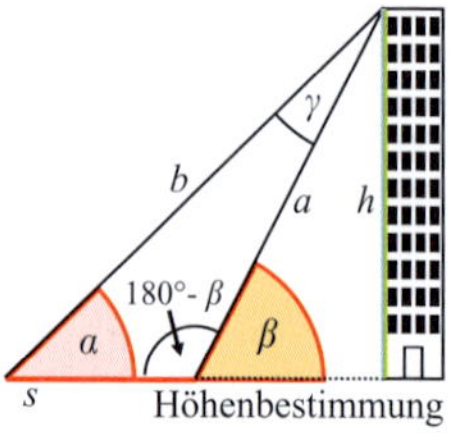

Höhenbestimmung

Wählt man statt β den Nebenwinkel von β und ersetzt e durch h, so ist die Formel von der Entfernungsbestimmung auch hier gültig:

$$h = s \cdot \frac{\sin \alpha \cdot \sin (180° - \beta)}{\sin \gamma} = s \cdot \frac{\sin \alpha \cdot \sin \beta}{\sin \gamma}$$

$s = 15 \,[\text{m}]; \ \alpha = 45°; \ \beta = 65°; \ \gamma = 20°$ ⟶ $h = 28,1 \,[\text{m}]$

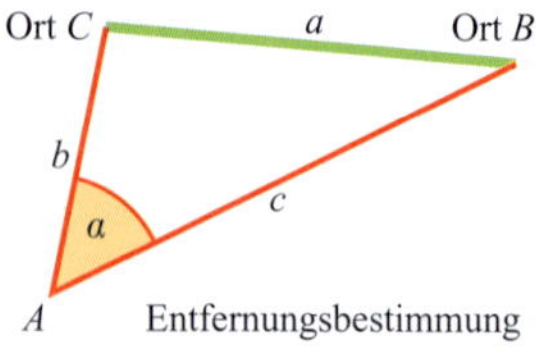

Ort C Ort B

Entfernungsbestimmung

Wenn die Luftlinienentfernung der Orte B und C vom Punkt A bekannt ist und die Orte von A aus einsehbar sind (der Winkel α also messbar ist), kann man die nicht zugängliche Luftlinienentfernung von A und B nach dem cos-Satz berechnen:

$$a = \sqrt{b^2 + c^2 - 2bc \cdot \cos \alpha}$$

$b = 5,1; \ c = 6,4 \,[\text{km}]; \ \alpha = 40,5°$ ⟶ $a = 4,2 \,[\text{km}]$

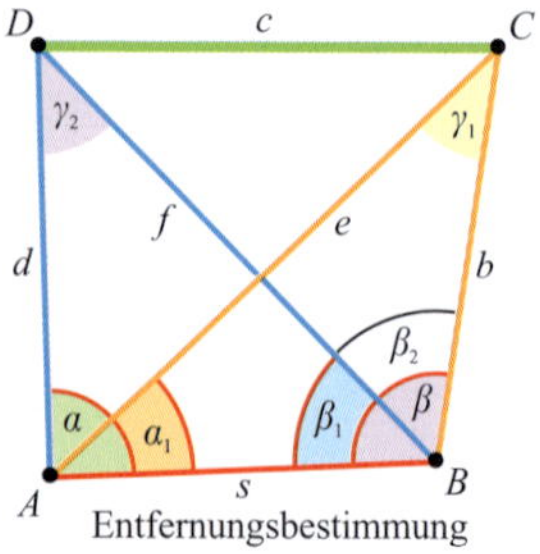

Entfernungsbestimmung

c ist nach dem cos-Satz berechenbar, wenn b, f und β_2 bekannt sind. b ist im $\triangle ABC$ mit Hilfe des sin-Satzes zu berechnen:

$$b = s \cdot \frac{\sin \alpha_1}{\sin \gamma_1} \text{ mit } \gamma_1 = 180° - \alpha_1 - \beta.$$

Entsprechend errechnet man f im $\triangle ABD$:

$$f = s \cdot \frac{\sin \alpha}{\sin \gamma_2}$$

$$\Rightarrow c = \sqrt{b^2 + f^2 - 2bf \cdot \cos (\beta - \beta_1)}$$

$s = 1,0 \, km; \ \alpha = 126°; \ \beta = 115°; \ \alpha_1 = 60°; \ \beta_1 = 50°$

$c = 11,7 \,[\text{km}]$ (Kontrollrechnung über d und e möglich)

B   Anwendung mit Messen im Freien

cos-Satz

Nicht mit dem sin-Satz berechenbar sind die Fälle mit den Vorgaben:

- 2 Seitenlängen und die Größe des von den Seiten eingeschlossenen Winkels bzw.
- 3 Seitenlängen.

In diesen Fällen hilft der sog. cos-Satz weiter.

Satz 3 (cos-Satz): In jedem Dreieck gelten die folgenden Gleichungen:
$$a^2 = b^2 + c^2 - 2bc \cdot \cos \alpha$$
$$b^2 = a^2 + c^2 - 2ac \cdot \cos \beta$$
$$c^2 = a^2 + b^2 - 2ab \cdot \cos \gamma.$$

Bew.: (Beweisfigur in Abb. A)

a) $a^2 = h^2 + b_2^2 = h^2 + (b - b_1)^2$

$\quad = h^2 + b^2 - 2bb_1 + b_1^2 \quad | \ b_1^2 = c^2 - h^2$

$\quad = b^2 + c^2 - 2bb_1 \quad | \ b_1 = c \cdot \cos \alpha$

$\quad = b^2 + c^2 - 2bc \cdot \cos \alpha$

Die beiden anderen Gleichungen ergeben sich entsprechend.

b) Mit den gegenüber a) geänderten Bedeutungen von b_1 und b_2 erhält man:

$a^2 = h^2 + b_2^2 = h^2 + (b + b_1)^2$

$\quad = h^2 + b^2 + 2bb_1 + b_1^2 \quad | \ b_1^2 = c^2 - h^2$

$\quad b^2 + c^2 + 2bb_1 \quad | \ b_1 = c \cdot \cos(180° - \alpha)$

$\quad = b^2 + c^2 + 2bc \cdot \cos(180° - \alpha)$

(nach S. 192, Abb. D_3)

$\quad = b^2 + c^2 + 2bc \cdot (-\cos \alpha)$

$\quad = b^2 + c^2 - 2bc \cdot \cos \alpha \qquad$ w.z.z.w.

Bem.: Man bezeichnet den cos-Satz auch als *Verallgemeinerung des Satzes des* Pythagoras für ein beliebiges Dreieck.

Anwendungen von sin- und cos-Satz

Für jeden Kongruenzsatz gibt es einen Fall.

1. Fall: SSS

Vorgabe: 3 Streckenlängen

Gesucht: α, β, γ

- cos-Satz: $\alpha = \arccos \dfrac{b^2 + c^2 - a^2}{2bc}$
- cos-Satz: $\beta = \arccos \dfrac{a^2 + c^2 - b^2}{2ac}$
- $\gamma = 180° - \alpha - \beta$

2. Fall: SWS

Vorgabe: 2 Streckenlängen und die Größe des Winkels zwischen den zugehörigen Strecken, z.B. a, b, γ

Gesucht: c, α, β

- cos-Satz: $c = \sqrt{a^2 + b^2 - 2ab \cdot \cos \gamma}$
- cos-Satz: $\beta = \arccos \dfrac{a^2 + c^2 - b^2}{2ac}$
- $\alpha = 180° - \beta - \gamma$

3. Fall: SSWg

Vorgabe: zwei Streckenlängen und die Größe des Winkels, der der längeren der beiden Strecken gegenüberliegt, z.B. b, c, β.

Gesucht: a, α, γ

- sin-Satz: $\gamma = \arcsin \left(\sin \beta \cdot \dfrac{c}{b} \right)$
- $\alpha = 180° - \beta - \gamma$
- entweder cos-Satz:
$$a = \sqrt{b^2 + c^2 - 2bc \cdot \cos \alpha} \quad \text{oder}$$
sin-Satz: $a = c \cdot \dfrac{\sin \alpha}{\sin \gamma}$

4. Fall: WSW

Vorgabe: eine Streckenlänge und die Größen der beiden anliegenden Winkel, z.B. c, α, β

Gesucht: a, b, γ

- $\gamma = 180° - \alpha - \beta$
- sin-Satz: $a = c \cdot \dfrac{\sin \alpha}{\sin \gamma}$
- entweder cos-Satz
$$b = \sqrt{a^2 + c^2 - 2ac \cdot \cos \beta} \quad \text{oder}$$
sin-Satz $b = c \cdot \dfrac{\sin \beta}{\sin \gamma}$

Bem. 1: Führt man eine Winkelberechnung mit dem sin-Satz durch, wie im 3. Fall, so kann es zu sog. *Scheinlösungen* kommen.

Bsp. 1: $b = 5, c = 4, \beta = 30°$

$\gamma = \arcsin \left(\sin 30° \cdot \dfrac{4}{5} \right) = \arcsin 0,4 = 23,6°$

Wegen $\sin(180° - \gamma) = \sin \gamma$ (S. 192, Abb. D_2) ist auch der Winkel $180° - 23,6°$, d.h. der Winkel $156,4°$ eine mögliche Lösung für γ. Dieser 2. Winkel passt aber nicht zu $c = 4$. Nach Satz 3, S. 171, muss $\gamma < 30°$ sein, was für γ' nicht zutrifft. γ' entfällt also.

Merke: Möglichst den cos-Satz benutzen; er liefert stets eindeutige Ergebnisse.

Bem. 2: Dass es im 3. Fall zu einer zweiten *zulässigen* Lösung kommen kann, zeigt

Bsp. 2: $b = 3, c = 4, \beta = 30°$

$\gamma = \arcsin \left(\sin 30° \cdot \dfrac{4}{3} \right) = \arcsin 0,\overline{6} = 41,8°$

Die zweite mögliche Lösung ist dann

$\gamma' = 180° - 41,8° = 138,2°$

Diesmal liegt wegen $b < c$ kein Widerspruch zu Satz 3, S. 171, vor (vgl. S. 172, Abb. C_3). Die Dreiecke sind nicht kongruent.

Anwendungen: Abb. B

Flächeninhaltssatz

Satz 4: In jedem Dreieck gilt für den Flächeninhalt
$$A_D = \tfrac{1}{2} bc \cdot \sin \alpha = \tfrac{1}{2} ac \cdot \sin \beta = \tfrac{1}{2} ab \cdot \sin \gamma$$

Auf einen Beweis wird verzichtet; er ist sehr einfach (Fälle a) und b) unterscheiden).

e = 6 f = 7 k = 11
6 + 7 = 11 + 2 (w)

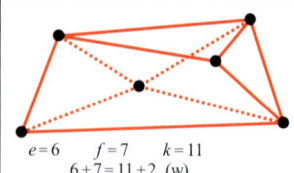

Man nennt ein Polyeder *konvex*, wenn je zwei Punkte des Körpers durch eine Strecke verbunden werden können, die ganz im Inneren des Körpers verläuft. Für konvexe Polyeder mit der Eckenzahl e, der Zahl f der Seitenflächen und der Kantenzahl k gilt die

eulersche Polyederformel: $e + f = k + 2$

A Eulersche Polyederformel

G
h
a
b
c
S
hF
M = 2πr · h
2πr
πr²
M = πr · s
M = a · h + b · h + c · h
= UG · h
M = 3 · 1/2 a · hF
= 1/2 UG · hF
(Kreisausschnitt, S. 185)
gerades Prisma
regelmäßige gerade Pyramide
gerader Zylinder
gerader Kegel
UG=Umfang der Grundfläche
Mantel

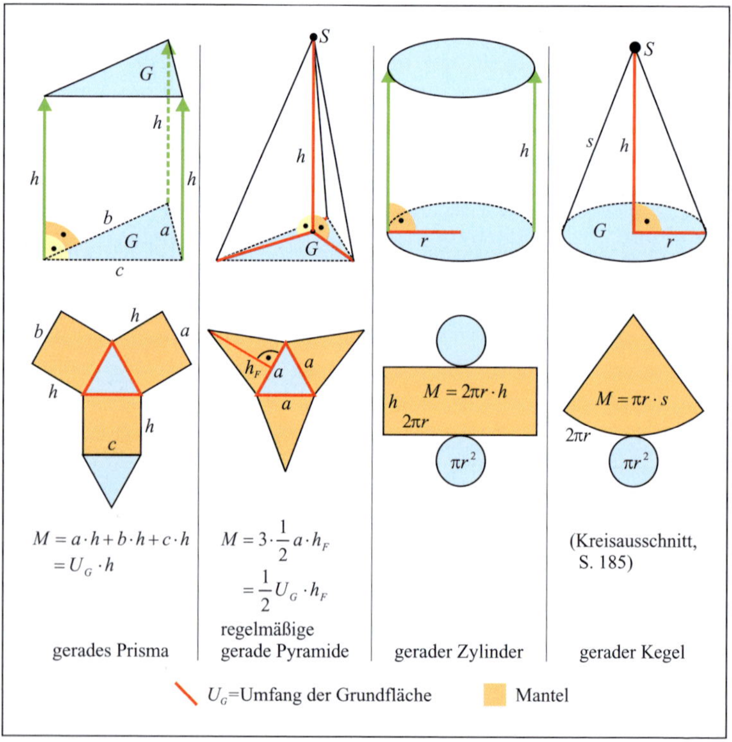

B Spezielle geometrische Körper und ihre Netzdarstellung

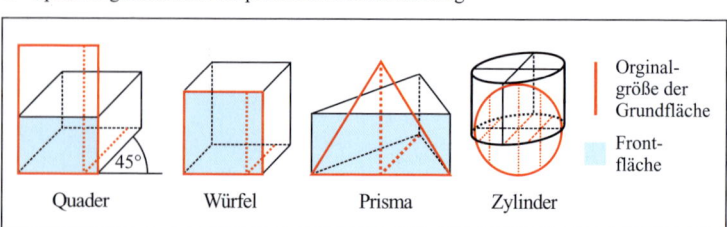

45°
Quader
Würfel
Prisma
Zylinder
Orginal-größe der Grundfläche
Front-fläche

C Kavaliersperspektive

Der uns umgebende dreidimensionale Raum ist angefüllt mit Körpern, groß und klein, denen wir einfache geometrische Körper zuordnen können. Sei es in der industriellen Fertigung, in der Architektur, in der Natur oder in der Kunst. Zu ihnen gehören

- Prismen (Spezialfall: Quader und Würfel)
- Pyramiden
- Zylinder
- Kegel
- Kugeln

Die Begrenzung eines Körpers nennt man **Oberfläche**.
Man unterscheidet

- Körper, deren Oberfläche aus ebenen Flächen besteht (sog. *Polyeder,* griech.: Vielflächner) und
- Körper, deren Oberfläche teilweise oder ganz gekrümmt ist.

Die Flächen, aus denen die Oberfläche eines Polyeders besteht, heißen *Seitenflächen* (speziell: *Grundfläche* und ggf. *Deckfläche*). Es handelt sich um Vielecke, deren Seiten die *Kanten* des Körpers bilden. Die Endpunkte der Kanten sind die *Ecken*; jede Kante gehört zu zwei Seitenflächen.
Bem.: Einen Zusammenhang zwischen der Anzahl von Ecken, Flächen und Kanten enthält Abb. A.

Gerade Prismen und Zylinder
Bei beiden Körpern geht die Grundfläche in die Deckfläche über durch eine Verschiebung (S. 203) *senkrecht* zur Grundfläche (Abb. B). Grund- und Deckfläche, beim Prisma zwei Vielecke bzw. beim Zylinder zwei Kreise, sind daher parallel und kongruent. Der Mantel besteht beim Prisma aus lauter Rechtecken, beim Zylinder abgerollt aus einem einzigen Rechteck. Die Mantelflächen stehen senkrecht zur Grundfläche.
Der Abstand von Grund- und Deckfläche ist die Höhe h des Körpers.

Regelmäßige gerade Pyramiden, Kegel
Diese Körper haben ein regelmäßiges Vieleck (gleichseitiges Dreieck, Quadrat usw.) bzw. einen Kreis als Grundfläche und einen Punkt außerhalb, die sog. *Spitze*, die sich senkrecht über dem Mittelpunkt der Grundfläche befindet (Abb. B). Der Mantel der Pyramide besteht aus kongruenten gleichschenkligen Dreiecken. Die gleichlangen Schenkel heißen *Seitenkanten.* Ihnen entsprechen beim Kegel die (unendlich vielen) *Mantellinien.*

Der Abstand der Spitze von der Grundfläche ist die Höhe h des Körpers.

Kavaliersperspektive
Die Darstellung von Körpern in sog. *Schrägbildern* geschieht mit den Methoden der Parallelperspektive.
Eine spezielle, sehr bequeme Form ist die *Kavaliersperspektive*. Ihren Namen hat sie erhalten, weil sie auf die Baumeister zur Ritterzeit (Ritter = franz. Chevalier) zurückgeht.
Folgende Grundregeln sind zu beachten:

- Strecken, die beim Original *parallel* zu einer vorher bestimmten Frontseite verlaufen, werden originalgetreu wiedergegeben.
- Strecken, die beim Original *senkrecht* zur Frontseite verlaufen, werden unter einem Winkel von 45° und mit einer Verkürzung ihrer Länge auf die Hälfte gezeichnet.

Strecken, die weder parallel noch senkrecht zur Frontseite stehen, kann man also nur mit Hilfslinien, die parallel oder senkrecht zu ihr sind, zeichnen.
Bsp.: Abb. C

Der Oberfläche eines Polyeders wird ein **Oberflächeninhalt** zugeordnet, u.z. der Inhalt des ebenen *Netzes*, das die zur Oberfläche gehörenden Vielecke bilden, wenn die Oberfläche längs einer bestimmten Anzahl von Kanten »aufgeschnitten« wird (Abb. B).
Bei Zylinder und Kegel ist eine entsprechende Festlegung möglich (Abb. B).
Auf die Kugel ist sie nicht übertragbar, weil ihre Oberfläche nicht in Form eines Netzes in der Ebene dargestellt werden kann (Man versuche einen aufgeschnittenen Tennisball zu »plätten«.). Eine Berechnung des Flächeninhalts der Kugeloberfläche ist mit Mitteln der Analysis (s. AM) möglich.

Oberflächeninhalt O, Mantelfläche M, Grundfläche G, Umfang U	
Prisma	$O = 2G + M \qquad M = U_G \cdot h$ U_G= Umfang der Grundfläche
Quader	$O = 2(ab + bc + ca)$
Würfel	$O = 6a^2$
Pyramide (regelmäßig)	$O = G + M \qquad M = \frac{1}{2} U_G \cdot h_F$ h_F= Höhe zur Seitenflächenbasis
Zylinder	$O = 2G + M \qquad M = 2\pi r \cdot h$ $G = \pi r^2 \quad \Rightarrow O = 2\pi r(r+h)$
Kegel (regelmäßig)	$O = G + M \qquad M = \pi r s$ $\Rightarrow O = \pi r(r+s)$
Kugel	$O = 4\pi r^2$

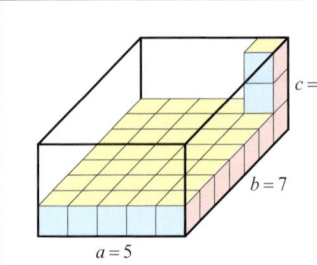

In den Quader mit den Maßzahlen a, b, c für die Kanten passen c (3) Schichten aus b (7) Reihen mit je a (5) VE.

Also gilt: $V = 5\,\text{VE} \cdot 7 \cdot 3 = 105\,\text{VE}$

Allgemein: $V = a \cdot b \cdot c$

A   Volumenmessung durch Auszählen

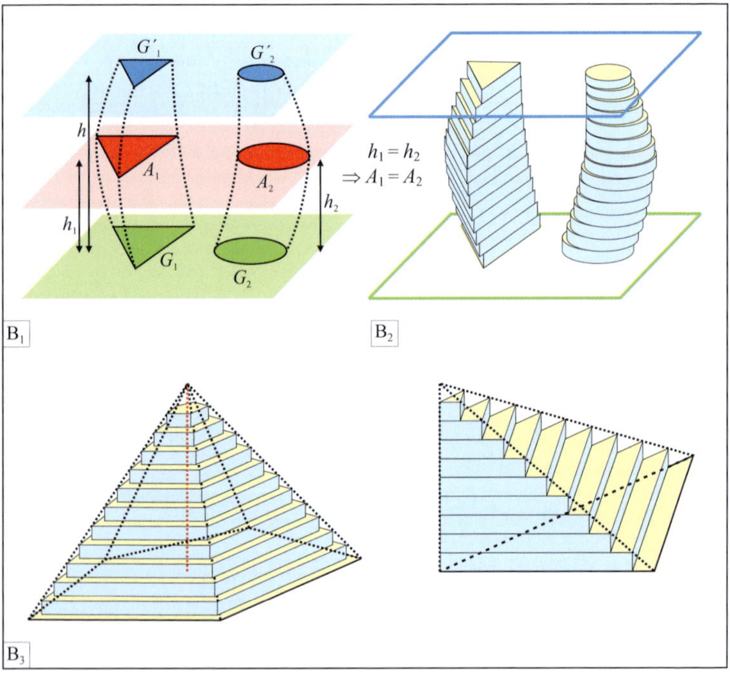

$h_1 = h_2$
$\Rightarrow A_1 = A_2$

B   Cavalierisches Prinzip (B$_1$), volumengleiche Körper (B$_2$), Pyramiden (B$_3$)

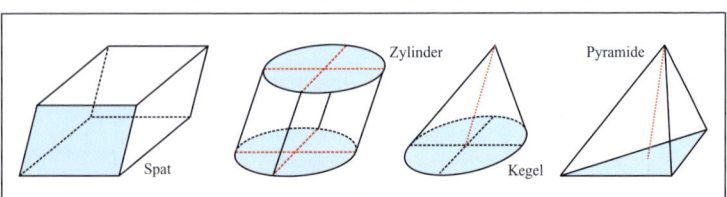

C   Schiefe Körper

Im täglichen Leben ist häufig von »Inhalt« in einem anderen Sinn als beim Oberflächeninhalt von Körpern die Rede. Gemeint ist der

Rauminhalt (das Volumen) eines Körpers. Er wird angegeben durch eine Maßzahl bez. einer Volumeneinheit (kurz: VE). Eine VE ist z.B. 1 cm³, festgelegt durch das Volumen eines Würfels mit der Kantenlänge 1 cm.

Weitere kleinere und größere Einheiten und ihr Zusammenhang:

$$1\,cm^3 = 1000\,mm^3 = 1\,ml$$
$$1\,dm^3 = 1000\,cm^3 = 1.000.000\,mm^3 = 1\,l$$
$$1\,m^3 = 1000\,dm^3 = 1.000.000\,cm^3$$
$$= 1.000.000.000\,mm^3$$
$$1\,km^3 = 1.000.000.000\,m^3$$

Volumen eines Quaders
Bei einem Quader, dessen Kantenlängen nat. Zahlen sind, wird der Rauminhalt durch Auszählen von Reihen und Schichten gemessen (Abb. A). Mit den Maßzahlen a, b und c (positive reelle Zahlen) ergibt sich für das

Volumen eines Quaders $V_Q = a \cdot b \cdot c$,

im Spezialfall das

Volumen eines Würfels $V_W = a^3$.

Volumen eines geraden Prismas
Man geht von einem speziellen Prisma, dem Quader, aus. Bei ihm ist die Grundfläche ein Rechteck mit dem Flächeninhalt $G = a \cdot b$, so dass für das Volumen des Quaders mit der Höhe $h = c$ gilt: $V_Q = (a \cdot b) \cdot c = G \cdot h$.
Folgt man nun der Entwicklung des Flächeninhalts eines Vielecks aus dem eines Rechtecks (S. 183, a2), so erhält man bei jeder Veränderung der Grundfläche ein zugehöriges Prisma, für dessen Volumen gilt:

$$V_{Pr} = G \cdot h$$

Volumen eines geraden Zylinders
Hier geht man von der näherungsweisen Berechnung des Kreisflächeninhalts durch einbeschriebene und umbeschriebene Vielecke aus (S. 183, b1). Zu ihnen gehören entsprechende Prismen, die alle der Volumenformel $V_{Pr} = G \cdot h$ genügen. Daher gilt für den Zylinder die Formel:

$$V_Z = G \cdot h = \pi r^2 \cdot h$$

Satz des Cavalieri
Wichtigstes Hilfsmittel bei der Volumenbestimmung von Pyramide, Kegel und Kugel ist der auf den ital. Mathematiker B. Cavalieri (1598-1647) zurück gehende

Satz des Cavalieri: Wenn bei zwei Körpern in gleichen Höhen über der Grundfläche die Querschnittsflächen gleich groß sind, dann sind beide Körper volumengleich (Abb. B₁).

Dieser Satz ist unmittelbar einsichtig, wenn man das sog. »Bierdeckelprinzip« anwendet. Dabei ersetzt man beide Körper durch je einen, der aus hauchdünnen gleich dicken Scheibchen (z.B. Bierdeckel aus einem Zylinder) besteht (Abb. B₂, B₃). Sind dann die Querschnittsflächen in gleicher Höhe über der Grundfläche gleich groß, so sind die Scheibchen (als Prismen) in gleicher Höhe über der Grundfläche volumengleich. Die Summe ihrer Volumina ergibt daher gleiche Volumina beider Scheibchenkörper.
Wählt man immer dünnere Scheibchen, so wird der Unterschied zwischen den Scheibchenkörpern und den vorgegebenen Körpern immer geringer. Die Volumina der beiden Ausgangskörper sind daher auch als gleich anzusehen.

Da mit dem Satz des Cavalieri nur die Volumengleichheit zweier Körper (unter der Voraussetzung der »Querschnittsflächengleichheit«) festgestellt werden kann, muss einer der beiden Körper ein bekanntes oder berechenbares Volumen besitzen, um das Volumen des anderen bestimmen zu können.

Vorgehensweise beim Volumen
• einer *Pyramide*: Reduktion des allgemeinen Falles auf eine spezielle dreiseitige Pyramide, die über ein Prisma berechenbar ist.
• eines *Kegels*: Vergleich mit einer Pyramide.
• einer *Kugel*: Vergleich mit einem Körper, der unter der Bedingung der Querschnittsflächengleichheit konstruiert wird.

Volumen einer Pyramide
Vorgegeben sei eine beliebige Pyramide mit der Grundflächengröße G und der Höhe h. Das Vieleck als Grundfläche braucht nicht regelmäßig zu sein; schiefe Pyramiden (Abb. C) sind zugelassen.
Man kann folgendermaßen vorgehen:

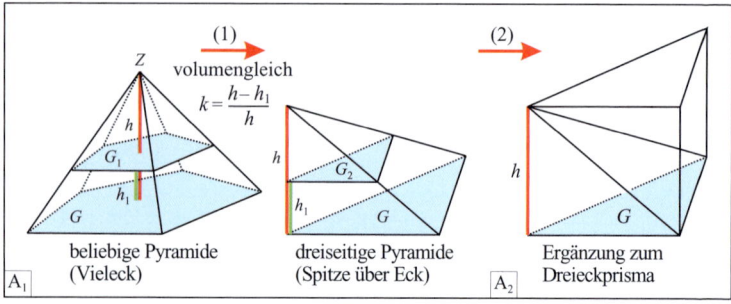

(1) volumengleich $k = \dfrac{h - h_1}{h}$ (2)

Z

beliebige Pyramide
(Vieleck)

dreiseitige Pyramide
(Spitze über Eck)

Ergänzung zum
Dreieckprisma

A₁   A₂

A Beweis der Querschnittsflächengleichheit bei Pyramiden

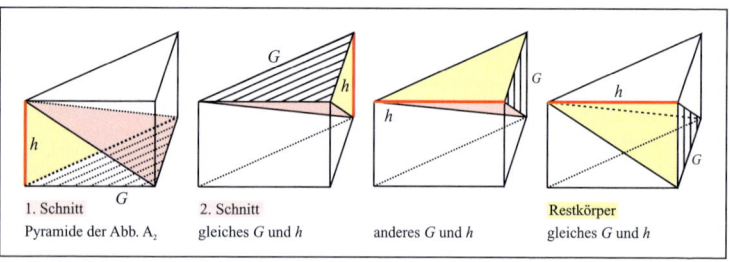

1. Schnitt
Pyramide der Abb. A₂

2. Schnitt
gleiches G und h

anderes G und h

Restkörper
gleiches G und h

B Zerlegung eines Prismas in drei volumengleiche Pyramiden

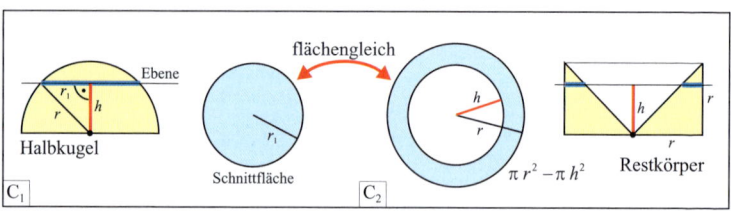

flächengleich

Ebene

Halbkugel

Schnittfläche

C₁   C₂

$\pi r^2 - \pi h^2$

Restkörper

C Archimedische Restkörper

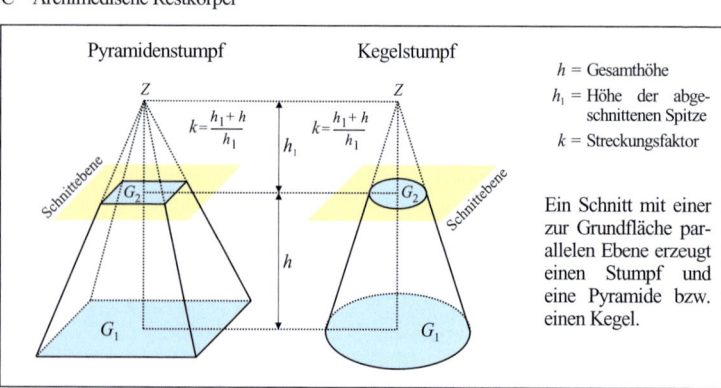

Pyramidenstumpf

Kegelstumpf

$k = \dfrac{h_1 + h}{h_1}$ $k = \dfrac{h_1 + h}{h_1}$

Z   Z

Schnittebene

G_2 G_2

h_1

h

G_1 G_1

h = Gesamthöhe
h_1 = Höhe der abge-
schnittenen Spitze
k = Streckungsfaktor

Ein Schnitt mit einer
zur Grundfläche par-
allelen Ebene erzeugt
einen Stumpf und
eine Pyramide bzw.
einen Kegel.

D Stümpfe

(1) Die vorgegebene Pyramide lässt sich in eine dreiseitige volumengleiche Pyramide mit derselben Grundflächengröße G und derselben Höhe h überführen, wobei die Spitze der Pyramide senkrecht über einer Ecke der Grundfläche steht (Abb. A_1).

In der Begründung zeigt man, dass bei zwei Pyramiden allein schon die Eigenschaft

gleiche Grundflächengröße und gleich große Höhe

hinreichend für die Querschnittsflächengleichheit in allen Höhen, und damit für die Volumengleichheit der Pyramiden ist.
Wesentlich ist dabei, dass die Seitenkanten mit der Pyramidenspitze als Zentrum je eine räumliche Strahlensatzfigur bilden. Die Querschnittsfläche G_1 bzw. G_2 in der Höhe h_1 über der Grundfläche ist daher als Bild der Grundfläche G unter einer zentrischen Streckung mit dem Streckungsfaktor $k = \frac{h - h_1}{h}$ anzusehen. Da die Größe der Grundfläche gleich und der Streckungsfaktor auch gleich ist, stimmen die Inhalte der Querschnittsflächen G_1 bzw. G_2 überein. w.z.z.w.

(2) Die dreiseitige Pyramide ergänzt man zu einem dreieckigen geraden Prisma (Abb. A_2) bei gleicher Grundfläche. Von diesem Prisma kann man das Volumen berechnen: $V = G \cdot h$.

(3) Nun lässt sich das Prisma mit zwei Schnitten in *drei volumengleiche* Pyramiden zerlegen, von denen eines mit der obigen dreiseitigen Pyramide übereinstimmt (Abb. B).

Insgesamt folgt daraus:
Das Volumen einer beliebigen Pyramide mit der Grundflächengröße G und der Höhe h ist

$$V_P = \frac{1}{3} G \cdot h.$$

Volumen eines Kegels
Ersetzt man in Abb. A die linke Pyramide durch einen Kegel mit einer Grundflächengröße G und der Höhe h, so ergibt sich:

$$V_{Ke} = \frac{1}{3} G \cdot h.$$

Volumen einer Kugel
Zur Bestimmung des Kugelvolumens muss erst ein berechenbarer Vergleichskörper gefunden werden, der die Querschnittsflächengleichheit erfüllt.
Schneidet man eine Halbkugel im Abstand h von ihrer Grundfläche mit einer Ebene, so ist die Schnittfläche ein Kreis mit dem Radius r_1.
Es ist zweckmäßig, den Flächeninhalt in Abhängigkeit von h zu berechnen (Satz des Pythagoras):

$$A(h) = \pi \cdot r_1^2 = \pi (r^2 - h^2) = \pi r^2 - \pi h^2.$$

Es handelt sich um die Differenz zweier Kreisflächeninhalte, von denen der erste konstant ist, der zweite mit h zunimmt.
Die Differenz kann als Flächeninhalt eines Kreisringes aus zwei konzentrischen Kreisen interpretiert werden, wobei der innere Ausschnitt mit größer werdendem Abstand h vom Mittelpunkt der Kugel gleichmäßig zunimmt. Diese Ausschnitte beschreiben für h von 0 bis r einen Kegel, während die konstanten Kreisflächen einen Zylinder beschreiben.

Der gesuchte Vergleichskörper für eine Halbkugel ist also ein Zylinder, aus dem ein Kegel herausgeschnitten wird.

Er ist nach dem Satz des Cavalieri volumengleich zur Halbkugel, weil die Querschnittsflächengleichheit (Kreisfläche und Kreisringfläche sind gleich groß) erfüllt ist.
Für das Volumen einer Kugel gilt daher:

$$V_K = 2(V_Z - V_{Ke}) = 2(\pi r^2 \cdot r - \frac{1}{3} \pi r^2 \cdot r)$$
$$= 2 \cdot \frac{2}{3} \pi r^3 = \frac{4}{3} \pi r^3$$

$$V_K = \frac{4}{3} \pi r^3$$

Volumen von Pyramiden- und Kegelstumpf

$$V_{St} = \frac{1}{3} h (G_1 + \sqrt{G_1 \cdot G_2} + G_2)$$

gilt für beide Stümpfe (Abb. D), speziell gilt für den Kegelstumpf:

$$V_{St} = \frac{1}{3} \pi h \cdot (r_1^2 + r_1 \cdot r_2 + r_2^2)$$

Bei der Begründung der ersten Formel macht man den Ansatz:
$$V_{St} = \frac{1}{3} G_2 \cdot (h_1 + h) - \frac{1}{3} G_1 \cdot h_1.$$
Um h_1 zu entfernen, wendet man die räumliche Strahlensatzregel für Flächen an:

$$\frac{G_2}{G_1} = \left(\frac{h_1 + h}{h_1} \right)^2 \Leftrightarrow \frac{\sqrt{G_2}}{\sqrt{G_1}} = \frac{h_1 + h}{h_1} \quad \text{(S. 180, Abb. A)}$$

$$\Leftrightarrow \frac{\sqrt{G_2}}{\sqrt{G_1}} = \frac{h_1 + h}{h_1} = 1 + \frac{h}{h_1}$$

$$h_1 = \frac{h \cdot \sqrt{G_1}}{\sqrt{G_2} - \sqrt{G_1}} \quad h_1 + h = \frac{h \cdot \sqrt{G_2}}{\sqrt{G_2} - \sqrt{G_1}}$$

$$V_{St} = \frac{1}{3} h \cdot \frac{G_2 \cdot \sqrt{G_2} - G_1 \cdot \sqrt{G_1}}{\sqrt{G_2} - \sqrt{G_1}}$$

$$= \frac{1}{3} h \cdot (G_1 + \sqrt{G_1 \cdot G_2} + G_2) \qquad \text{w.z.z.w.}$$

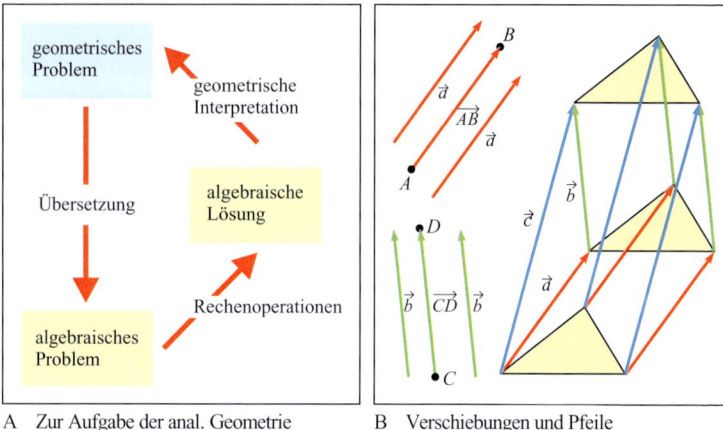

A   Zur Aufgabe der anal. Geometrie

B   Verschiebungen und Pfeile

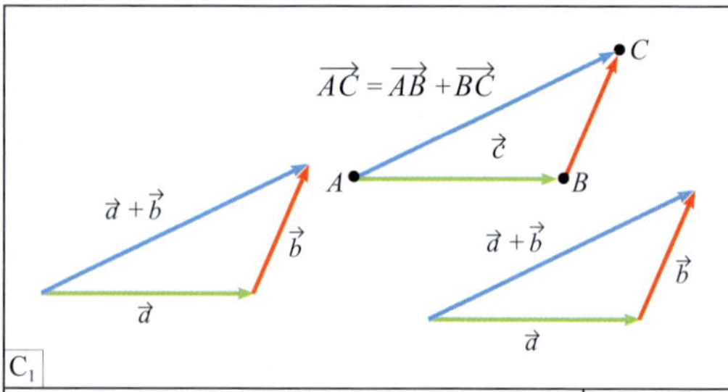

$$\overrightarrow{AC} = \overrightarrow{AB} + \overrightarrow{BC}$$

Zwei Vektoren $\vec{a}$ und $\vec{b}$ werden addiert, indem man den Anfang eines Repräsentanten des Vektors $\vec{b}$ an die Spitze eines Repräsentanten des Vektors $\vec{a}$ setzt. Der Pfeil vom Anfang des ersten Pfeiles zum Ende des zweiten repräsentiert $\vec{a} + \vec{b}$.

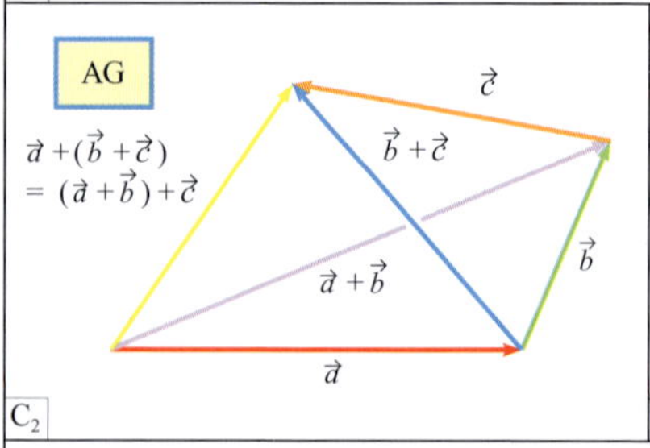

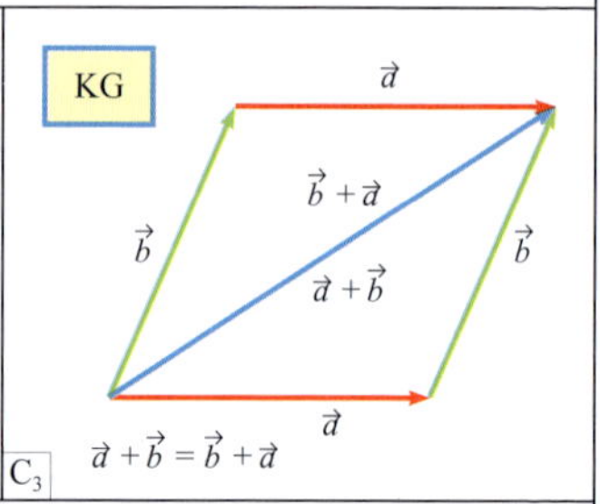

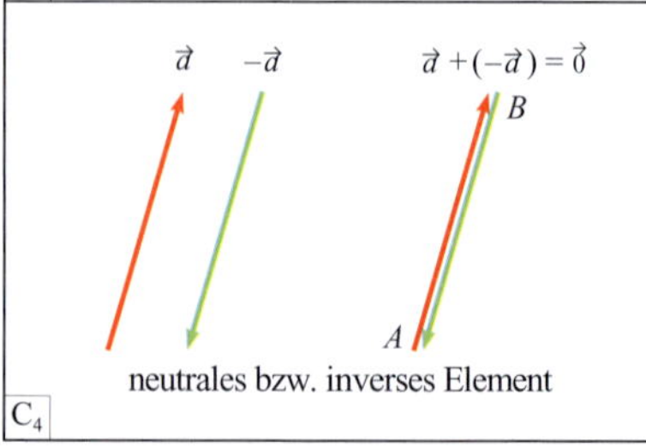

C_1

AG

$$\vec{a} + (\vec{b} + \vec{c}) = (\vec{a} + \vec{b}) + \vec{c}$$

C_2

KG

$$\vec{a} + \vec{b} = \vec{b} + \vec{a}$$

C_3

$$\vec{a} + (-\vec{a}) = \vec{0}$$

Gilt $\vec{a} = \overrightarrow{AB}$, so kann man $-\vec{a} = \overrightarrow{BA}$ wählen.

Aus $\vec{a} + (-\vec{a}) = \overrightarrow{AB} - \overrightarrow{BA} = \overrightarrow{AA}$ folgt dann, dass $\overrightarrow{AA}$ den *Nullvektor* $\vec{0}$ repräsentiert.

Der *Nullvektor* ist damit die Menge aller »Pfeile« $\overrightarrow{AA}$, $\overrightarrow{BB}$, $\overrightarrow{CC}$, ...

neutrales bzw. inverses Element

C_4

C   Addition von Vektoren und ihre Gesetze

Aufgabe der analytischen Geometrie ist es, geometrische Gebilde mit algebraischen Hilfsmitteln zu beschreiben, geometrische Fragestellungen und Probleme »rechnerisch« zu beantworten bzw. zu lösen und schließlich die Ergebnisse wieder geometrisch zu interpretieren (Abb. A).

Bsp.: s.u.

Ein geeignetes algebraisches Hilfsmittel findet man in der *Vektorrechnung*. Sie gründet sich auf den

- Vektorbegriff mit einer
- Addition (Subtraktion) von Vektoren, für die bestimmte vom Rechnen mit Zahlen bekannte Gesetze gültig sind, und einer sog.
- skalaren Multiplikation mit ihren Gesetzen (s.u.).

Geometrischer Vektorbegriff

Zugrunde liegt eine Ebene oder der uns umgebende dreidimensionale Raum.

> **Def. 1:** Ein geordnetes Paar $(A; B)$ zweier Punkte A und B heißt *Pfeil* von A nach B. In Zeichen: $\overrightarrow{AB}$.

A nennt man auch *Anfangspunkt*, B *Zielpunkt* des Pfeiles. Die *Länge* $|\overrightarrow{AB}|$ *eines Pfeiles* ist die Länge $\overline{AB}$ der zugehörigen Strecke AB.

> **Def. 2:** Die Menge (Klasse) aller parallelen, gleich langen und gleich gerichteten Pfeile heißt *Vektor*. Vektoren werden durch folgende Symbole gekennzeichnet: $\vec{a}, \vec{b}, \vec{c}, \dots$ (lies: Vektor a, Vektor b usw.).

Anschaulich stellt damit ein Vektor eine *Verschiebung* dar (Abb. B).
Diese ist bereits durch die Abbildung eines Punktes eindeutig festgelegt. Entsprechend ist ein Vektor durch einen beliebigen seiner Pfeile eindeutig bestimmt. Man sagt:

> Jeder Pfeil ist ein *Repräsentant* des Vektors, zu dem er gehört.

In diesem Sinne wird auch die Schreibweise $\vec{a} = \overrightarrow{AB}$ zugelassen.
Die *Länge* $|\vec{a}|$ eines Vektors ist die Länge der zugehörigen Pfeile.

Addition von Vektoren

Eine Verknüpfung zweier Verschiebungen ist durch ihre Verkettung (Nacheinanderausführung, vgl. S. 75) gegeben. Dabei ist das Ergebnis der Verkettung durch eine weitere Verschiebung allein erreichbar. Geht man nun

über zu den Vektoren, so spricht man von der *Vektoraddition* anstelle von einer Verkettung. Es ergibt sich:

1. Verschiebung $\vec{a} = \overrightarrow{AB}$;

2. Verschiebung $\vec{b} = \overrightarrow{BC}$;

Verkettung $\quad \vec{a} + \vec{b} = \overrightarrow{AB} + \overrightarrow{BC} = \overrightarrow{AC}$.

Daher def. man (vgl. S. 28, Abb. A):

> **Def. 3:** $\overrightarrow{AC}$ ist ein Repräsentant des *Summenvektors* $\vec{a} + \vec{b}$, wenn $\overrightarrow{AB}$ und $\overrightarrow{BC}$ Repräsentanten von $\vec{a}$ bzw. $\vec{b}$ sind (Abb. C_1).

Die zu $\vec{a}$ und $\vec{b}$ gehörenden Pfeile werden also wie in Abb. C verkettet.
Die auf S. 28 eingeführte Pfeiladdition ist ein Spezialfall der Vektoraddition.

Wird mit V die Menge der Vektoren bezeichnet, so nennt man $(V; +)$ ein Verknüpfungsgebilde mit der *inneren Verknüpfung* +, d.h.

> zu je zwei Vektoren ist der Summenvektor wieder ein Element aus V.

Es gelten folgende

Gesetze in $(V; +)$.
Für das Addieren von drei und noch mehr Vektoren gilt das

> **AG (assoziatives Gesetz):**
> Für alle Vektoren $\vec{a}, \vec{b}, \vec{c} \in V$ gilt
> $\vec{a} + (\vec{b} + \vec{c}) = (\vec{a} + \vec{b}) + \vec{c}$ (Abb. C_2).

Weiter ist das

> **KG (kommutatives Gesetz):**
> Für alle Vektoren $\vec{a}, \vec{b} \in V$ gilt
> $\vec{a} + \vec{b} = \vec{b} + \vec{a}$ (Abb. C_3).

erfüllt.

Die Vektoraddition enthält, geometrisch gesehen, grundlegende Eigenschaften eines Parallelogramms.

Eine Verschiebung einer Figur kann man auf einfache Weise rückgängig machen: Man wendet auf die Bildfigur die Verschiebung mit den Gegenpfeilen an. Die vorangegangene Verschiebung wird »zu null« gemacht. Für Vektoren bedeutet dies, es gilt das

> **Gesetz vom inversen Element:**
> Zu jedem Vektor $\vec{a}$ gibt es einen sog. *inversen* Vektor $-\vec{a}$, so dass gilt:
> $\vec{a} + (-\vec{a}) = \vec{0}$ (Abb. C_4).

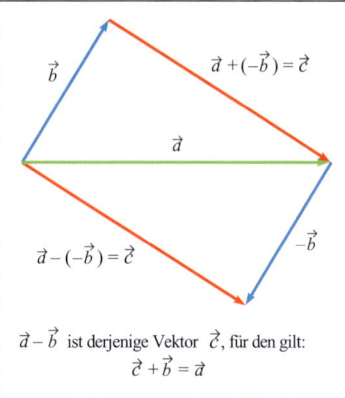

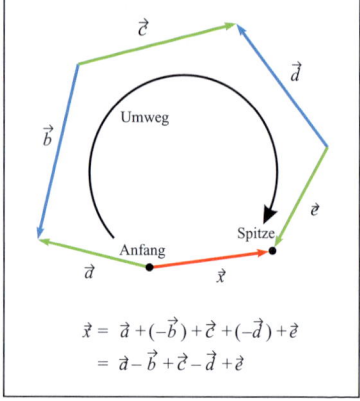

A Subtraktion von Vektoren

B Vektorkette

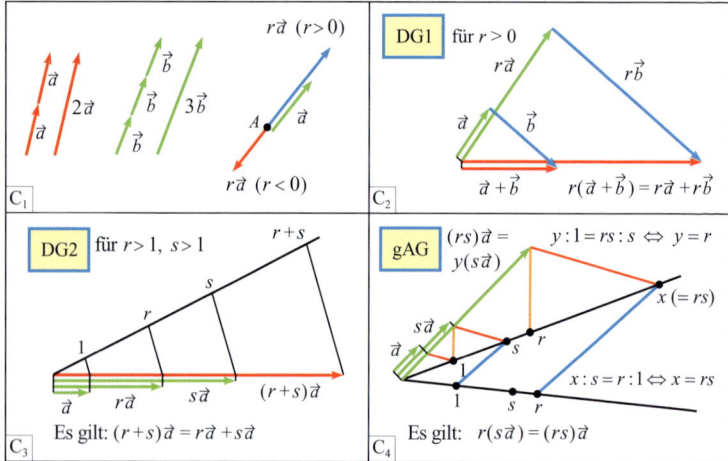

C S-Multiplikation und ihre Gesetze

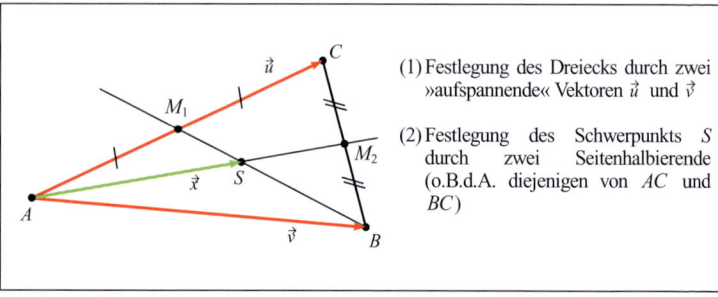

(1) Festlegung des Dreiecks durch zwei »aufspannende« Vektoren $\vec{u}$ und $\vec{v}$

(2) Festlegung des Schwerpunkts S durch zwei Seitenhalbierende (o.B.d.A. diejenigen von AC und BC)

D Beweisfigur zur Anwendung

Der Nullvektor wird auch als *neutrales Element* bezeichnet, denn seine Verknüpfung mit irgendeinem anderen Vektor ruft keinerlei Wirkung hervor. Es gilt das

Gesetz vom neutralen Element:
Für alle Vektoren $\vec{a} \in V$ gilt $\vec{a} + \vec{0} = \vec{a}$.

Subtraktion in (V;+)

Bei Zahlenmengen wird die Subtraktion als Addition der Gegenzahl definiert. Bei Vektoren entspricht das inverse Element der Gegenzahl. Die Vorstellung von der Subtraktion als Umkehrung der Addition ist erfüllt (Abb. A).

Def. 4: $\vec{a} - \vec{b} = \vec{a} + (-\vec{b})$ für alle $\vec{a},\ \vec{b} \in V$.

Vektorketten

Ein Gebilde der Form wie in Abb. B nennt man *Vektorkette* für den Vektor $\vec{x}$. Sie stellt sozusagen einen Umweg für $\vec{x}$ dar, über den man $\vec{x}$ berechnen kann. Man durchläuft diesen Umweg mit dem Anfangspunkt von $\vec{x}$ beginnend bis zum Zielpunkt. Dabei geht man zum Gegenvektor über, wenn die Pfeilrichtung gegenläufig ist. Es ergibt sich so eine Summe von Vektoren als Ersatz für $\vec{x}$, die wie in der Algebra der Zahlenmengen nach Def. 4 in eine gemischte Summe aus Plus- und Minusgliedern verwandelt werden kann.

Skalare Multiplikation (S-Multiplikation)

Beim Summenvektor $\vec{a} + \vec{a}$ sind die Pfeile doppelt so lang wie die von $\vec{a}$. Man kann von einer Streckung der Pfeile mit dem Streckungsfaktor 2 sprechen. Entsprechendes gilt für $\vec{b} + \vec{b} + \vec{b}$ mit dem Streckungsfaktor 3. Es ist zweckmäßig, wie beim Rechnen mit Variablen für beide Summen $2 \cdot \vec{a}$ bzw. $3 \cdot \vec{b}$, kurz $2\vec{a}$ bzw. $3\vec{b}$ zu schreiben. Die Zahlen 2 und 3 sind *Faktoren* von $\vec{a}$ bzw. $\vec{b}$ (Abb. C_1).
Für beliebige Faktoren $r \in \mathbb{R}$ definiert man

Def. 5: Der Vektor $r \cdot \vec{a}$ ist derjenige Vektor, dessen Repräsentanten die $|r|$-fache Länge der Repräsentanten von $\vec{a}$ und für $r \in \mathbb{R}^+$ die gleiche Richtung wie $\vec{a}$, für $r \in \mathbb{R}^-$ die entgegengesetzte wie $\vec{a}$ haben. Für $r = 0$ gilt $0 \cdot \vec{a} = \vec{0}$ (Abb. C_1).

Statt $r \cdot \vec{a}$ schreibt man kurz: $r\vec{a}$.
Man nennt die Verknüpfung *S-Multiplikation* (*Skalare Multiplikation*). Die Faktoren heißen auch *Skalare*. Weil die Verknüpfung nicht innerhalb der Menge geschieht, sondern reelle Zahlen von außen hinzutreten, spricht man von einer *äußeren* Verknüpfung.

Geometrisch bedeutet die S-Multiplikation eine zentrische Streckung.

Rechenregeln

Wie beim Rechnen mit reellen Zahlen und Variablen gelten:

Distributive Gesetze
DG1: $r(\vec{a} + \vec{b}) = r\vec{a} + r\vec{b}$ für alle $\vec{a}, \vec{b} \in V$
und alle $r \in \mathbb{R}$
DG2: $(r + s)\vec{a} = r\vec{a} + s\vec{a}$ für alle $\vec{a} \in V$
und alle $r, s \in \mathbb{R}$
Gemischtes Assoziativgesetz
gAG: $r(s\vec{a}) = (rs)\vec{a}$ für alle $\vec{a} \in V$
und alle $r, s \in \mathbb{R}$
Eins-Regel: $1 \cdot \vec{a} = \vec{a}$ für alle $\vec{a} \in V$

Begründung der Regeln und geometrische Interpretation: Abb. C
Das Rechnen nach den Regeln beinhaltet die Anwendung der Strahlensätze (S. 181).

Weitere Regeln der S-Multiplikation:
$\vec{0} \cdot \vec{a} = \vec{0}$ $r \cdot \vec{0} = \vec{0}$
$r(-\vec{a}) = -(r\vec{a}) = (-r)\vec{a}$
$r \cdot \vec{a} = \vec{0} \implies r = 0 \lor \vec{a} = \vec{0}$

Bem.: Es soll die S-Mult. stärker binden als die Addition und Subtraktion, d.h. es gilt die Punkt-vor-Strich-Regel (**PvS-Regel**).

Anwendung: Seitenhalbierende in einem Dreieck teilen sich im Verhältnis 2:1.
Beweis: (1) und (2) in Abb. D
(3) zwei Vektorketten für $\overrightarrow{AS}$:
$$\overrightarrow{AS} = \vec{v} + \overrightarrow{BS} = \vec{v} + r \cdot \overrightarrow{BM_1}$$
$$= \vec{v} + r(-\vec{v} + \tfrac{1}{2}\vec{u})$$
$$\overrightarrow{AS} = s\,\overrightarrow{AM_2} = s \cdot (\vec{v} + \tfrac{1}{2}\overrightarrow{BC})$$
$$= s\vec{v} + \tfrac{1}{2}s(-\vec{v} + \vec{u}) = \tfrac{1}{2}s(\vec{u} + \vec{v})$$

(4) Bestimmungsgleichung für r und s:
$$\vec{v} + r(-\vec{v} + \tfrac{1}{2}\vec{u}) = s\vec{v} + \tfrac{1}{2}s(-\vec{v} + \vec{u})$$
$$\Leftrightarrow \vec{v} - r\vec{v} + \tfrac{1}{2}r\vec{u} = \tfrac{1}{2}s\vec{v} + \tfrac{1}{2}s\vec{u}$$
$$\Leftrightarrow \vec{v} - r\vec{v} - \tfrac{1}{2}r\vec{v} = \tfrac{1}{2}s\vec{u} - \tfrac{1}{2}r\vec{u}$$
$$\Leftrightarrow (1 - r - \tfrac{1}{2}s)\vec{v} = (\tfrac{1}{2}s - \tfrac{1}{2}r)\vec{u}$$

(5) spezielle Schlussweise (vgl. S. 207):
Eine Gleichung dieser Form kann nur Gültigkeit haben, wenn die beiden Faktoren von $\vec{u}$ und $\vec{v}$ gleich 0 sind ($\vec{u}$ und $\vec{v}$ sind nicht parallel).
$$\Rightarrow 1 - r - \tfrac{1}{2}s = 0 \ \land\ \tfrac{1}{2}s - \tfrac{1}{2}r = 0$$

(6) Lösung des Gleichungssystems:
$$r = s \ \land\ 1 - r - \tfrac{1}{2}s = 0$$
$$\Leftrightarrow r = s \ \land\ 1 = \tfrac{3}{2}r \Leftrightarrow r = \tfrac{2}{3} \land s = \tfrac{2}{3}$$

(7) Ergebnis: $\overrightarrow{AS} = \tfrac{2}{3}\overrightarrow{AM_2}$ und $\overrightarrow{SM_2} = \tfrac{1}{3}\overrightarrow{AM_2}$
Also teilen sich die Seitenhalbierenden im Verhältnis $\tfrac{2}{3} : \tfrac{1}{3}$, d.h. im Verhältnis 2:1.

Axiome einer kommutativen Gruppe	**Axiome der S-Multiplikation**
Gr1 Für alle $a, b \in V$ gilt: $a + b \in V$.	**S1** Für alle $a \in V$ und alle $r \in \mathbb{R}$ gilt: $r \bullet a \in V$.
Gr2 Für alle $a, b, c \in V$ gilt: $(a + b) + c = a + (b + c)$. **Assoziatives Gesetz**	**S2** Für alle $a, b \in V$ und alle $r \in \mathbb{R}$ gilt: $r \bullet (a + b) = r \bullet a + r \bullet b$. **Gemischt assoziatives Gesetz**
Gr3 Es gibt ein sog. **neutrales Element** $0 \in V$ mit dem für alle $a \in V$ gilt: $a + 0 = a$.	**S3** Für alle $a, b \in V$ und alle $r \in \mathbb{R}$ gilt: $r \bullet (a + b) = r \bullet a + r \bullet b$. **1. Distributives Gesetz**
Gr4 Zu jedem Element $a \in V$ gibt es in V ein sog. **inverses Element** $-a$, so dass gilt: $a + (-a) = 0$.	**S4** Für alle $a \in V$ und alle $r, s \in \mathbb{R}$ gilt: $(r + s) \bullet a = r \bullet a + s \bullet a$. **2. Distributives Gesetz**
Gr5 Für alle $a, b \in V$ gilt: $a + b = b + a$. **Kommutatives Gesetz**	**S5** Für alle $a \in V$ gilt $1 \bullet a = a$. **Gesetz von der 1**

Bem.: Man kann beweisen, dass es nur genau ein neutrales Element für alle Vektoren gibt und dass es zu jedem Vektor ein eindeutig bestimmtes inverses Element gibt (S. 223).

Axiome eines Vektorraumes ($V; +$; $\mathbb{R}; \bullet$)

A Vektorraum

(1) Rechenbereiche: ($\mathbb{R}; +$; $\mathbb{R}; \cdot$) mit der Addition als innerer Verknüpfung und der Multiplikation » $\cdot$ « als äußerer Verknüpfung

(2) Vektorraum $\mathbb{R}^n$ der gleich langen Spalten (auch n-Tupelraum):

Def. einer Vektoraddition

$$\begin{pmatrix} a_1 \\ a_2 \\ \vdots \\ a_n \end{pmatrix} + \begin{pmatrix} b_1 \\ b_2 \\ \vdots \\ b_n \end{pmatrix} := \begin{pmatrix} a_1 + b_1 \\ a_2 + b_2 \\ \vdots \\ a_n + b_n \end{pmatrix}$$

Def. einer S-Multiplikation

$$r \bullet \begin{pmatrix} a_1 \\ a_2 \\ \vdots \\ a_n \end{pmatrix} := \begin{pmatrix} r \cdot a_1 \\ r \cdot a_2 \\ \vdots \\ r \cdot a_n \end{pmatrix}$$

Beide Verknüpfungen erfolgen komponentenweise; dabei wird die Vektoraddition » $+$ « auf die Addition » $+$ «, die S-Multiplikation » $\bullet$ « auf die Multiplikation » $\cdot$ « reeller Zahlen zurückgeführt.

Die Axiome des Vektorraumes sind erfüllt (wie sich auch leicht nachrechnen lässt, s.u.), weil sie für das Rechnen mit reellen Zahlen in jeder Komponente gültig sind.

neutrales Element: $\vec{0} := \begin{pmatrix} 0 \\ 0 \\ \vdots \\ 0 \end{pmatrix}$ inverses Element zu $\vec{a} = \begin{pmatrix} a_1 \\ a_2 \\ \vdots \\ a_n \end{pmatrix}$ ist $-\vec{a} := \begin{pmatrix} -a_1 \\ -a_2 \\ \vdots \\ -a_n \end{pmatrix}$

Beweis von Gr4 (Abb. A): $-\vec{a}$ ist ein definiertes Element aus $\mathbb{R}^n$, denn in jeder Komponente existieren die inversen Elemente reeller Zahlen. Außerdem gilt:

$$\vec{a} + (-\vec{a}) = \begin{pmatrix} a_1 \\ a_2 \\ \vdots \\ a_n \end{pmatrix} + \begin{pmatrix} -a_1 \\ -a_2 \\ \vdots \\ -a_n \end{pmatrix} = \begin{pmatrix} a_1 - a_1 \\ a_2 - a_2 \\ \vdots \\ a_n - a_n \end{pmatrix} = \begin{pmatrix} 0 \\ 0 \\ \vdots \\ 0 \end{pmatrix} = \vec{0}$$

B Beispiele

Die auf S. 203f. für die Addition und S-Multiplikation von Vektoren notierten Regeln und Eigenschaften machen die Menge der über Pfeile definierten Vektoren zu einem sog. *Vektorraum über* $\mathbb{R}$ (Abb. A). Man spricht auch vom **Vektorraum** $V_3(V_2)$ **der Verschiebungen** im drei(zwei-)dimensionalen Punktraum $\mathbb{R}^3(\mathbb{R}^2)$.

Neben diesem für die Physik sehr wichtigen Vektorraummodell spielen die **n-Tupelräume** $\mathbb{R}^n$ (Abb. B) eine bedeutsame Rolle. Mit ihnen wird im Falle $n > 3$ nicht nur die 3. Dimension überwunden, sondern über **Ortvektoren in Koordinatensystemen** das Rechnen mit Punkten ermöglicht.

Zur Einführung eines Koordinatensystems benötigt man den Begriff der linaren Unabhängigkeit.

Kollinearität, linear unabhängige (abhängige) Vektoren

Die besondere algebraische Schlussweise bei der Anwendung auf S. 205, der Schritt (5), kann mit der vorgegebenen geometrischen Situation begründet werden. Die beiden das Dreieck aufspannenden Vektoren sind nicht *kollinear*, d.h. ihre Repräsentanten sind nicht parallel zu einer Geraden, denn sonst läge kein Dreieck vor.

Nach der Definition der S-Mult. bedeutet Kollinearität, dass einer der beiden Vektoren ein Vielfaches des anderen ist.

> **Def. 1:** Zwei Vektoren $\vec{u}$ und $\vec{v}$ heißen *kollinear* oder *linear abhängig*, wenn gilt:
> $\vec{u} = r \cdot \vec{v} \lor \vec{0} = s \cdot \vec{u}$ mit $r, s \in \mathbb{R}$.

Bem.: Der Nullvektor $\vec{0}$ ist zu jedem anderen Vektor kollinear, denn es gilt $\vec{0} = 0 \cdot \vec{u}$ für alle $\vec{u} \in V_3(V_2)$.

> **Def. 2:** Jede Summe der Form
> $r_1 \cdot \vec{u_1} + r_2 \cdot \vec{u_2} + \ldots + r_n \cdot \vec{u_n}$ $(n \in \mathbb{N})$
> heißt *Linearkombination* von $\vec{u_1}, \vec{u_2}, \ldots, \vec{u_n}$.

Formt man die Kollinearitätsbedingung von Def. 1 um in
$1 \cdot \vec{u} + (-r) \cdot \vec{v} = \vec{0} \lor s \cdot \vec{u} + (-1) \cdot \vec{v} = \vec{0}$,
so erhält man nichttriviale Linearkombinationen des Nullvektors von $\vec{u}$ und $\vec{v}$. Dabei versteht man unter *nichttrivial*, dass mindestens einer der Skalare von null verschieden ist (0$\cdot \vec{u} + 0 \cdot \vec{v} = \vec{0}$ ist die zugehörige *triviale* Linearkombination, die immer gilt).

Das führt zu einer neuen Festlegung der linaren Abhängigkeit:

> **Def. 3:** Vektoren $\vec{u_1}, \ldots, \vec{u_n}$ heißen *linear abhängig*, wenn es mit ihnen eine nichttriviale Linearkombination des Nullvektors gibt. Sie heißen *linear unabhängig* (= nicht linear abhängig), wenn nur die triviale Linearkombination des Nullvektors möglich ist.

Es ergibt sich die wichtige Schlussweise:

> Besteht eine Gleichung der Form
> $r_1 \cdot \vec{u_1} + r_2 \cdot \vec{u_2} + \ldots + r_n \cdot \vec{u_n} = \vec{0}$ $(n \in \mathbb{N})$
> mit lin. unabh. Vektoren $\vec{u_1}, \vec{u_2}, \ldots, \vec{u_n}$,
> so folgt: $r_1 = r_2 = \ldots = r_n = 0$.

Bsp.:
(1) Die 3-Tupel (Tripel)

$$\begin{pmatrix} 1 \\ 0 \\ 0 \end{pmatrix}, \begin{pmatrix} 0 \\ 1 \\ 0 \end{pmatrix}, \begin{pmatrix} 0 \\ 0 \\ 1 \end{pmatrix} \text{ sind lin. unabh., denn aus}$$

$$r_1 \cdot \begin{pmatrix} 1 \\ 0 \\ 0 \end{pmatrix} + r_2 \cdot \begin{pmatrix} 0 \\ 1 \\ 0 \end{pmatrix} + r_3 \cdot \begin{pmatrix} 0 \\ 0 \\ 1 \end{pmatrix} = \begin{pmatrix} 0 \\ 0 \\ 0 \end{pmatrix}$$

folgt: $\begin{pmatrix} r_1 \\ r_2 \\ r_3 \end{pmatrix} = \begin{pmatrix} 0 \\ 0 \\ 0 \end{pmatrix}$, d.h. $r_1 = r_2 = r_3 = 0$.

(2) Die 2-Tupel (geordnete Paare)

$$\begin{pmatrix} 2 \\ 4 \end{pmatrix}, \begin{pmatrix} 1 \\ 1 \end{pmatrix}, \begin{pmatrix} 0 \\ 2 \end{pmatrix} \text{ sind lin. abh., denn}$$

$$r_1 \cdot \begin{pmatrix} 2 \\ 4 \end{pmatrix} + r_2 \cdot \begin{pmatrix} 1 \\ 1 \end{pmatrix} + r_3 \cdot \begin{pmatrix} 0 \\ 2 \end{pmatrix} = \begin{pmatrix} 0 \\ 0 \end{pmatrix}$$

ist z.B. gültig für $r_1 = 2$; $r_2 = -4$; $r_3 = -2$.

(3) In $V_2(V_3)$ sind mehr als zwei (drei) Vektoren stets lin. abhängig.

Mit Hilfe von Linearkombinationen geeignet gewählter Vektoren kann man den ganzen Vektorraum erzeugen (s. S. 208, Abb. A).

> **Def. 4:** $\{\vec{u_1}; \ldots; \vec{u_n}\}$ heißt *Erzeugendensystem* von V, wenn die Menge aller Linearkombinationen von $\vec{u_1}; \ldots; \vec{u_n}$ gleich V ist.

Die drei Vektoren des $\mathbb{R}^3$ in Bsp. (1) stellen ein besonders bequemes Erzeugendensystem dar, entsprechend

$$\begin{pmatrix} 1 \\ 0 \\ 0 \\ \vdots \\ 0 \end{pmatrix}, \begin{pmatrix} 0 \\ 1 \\ 0 \\ \vdots \\ 0 \end{pmatrix}, \ldots, \begin{pmatrix} 0 \\ 0 \\ 0 \\ \vdots \\ 1 \end{pmatrix} \text{ von } \mathbb{R}^n.$$

Die sog. Standardbasis des $\mathbb{R}^2$ ist $\left\{\begin{pmatrix} 1 \\ 0 \end{pmatrix}; \begin{pmatrix} 0 \\ 1 \end{pmatrix}\right\}$; z.B. ist die Menge $\left\{\begin{pmatrix} 2 \\ 1 \end{pmatrix}; \begin{pmatrix} 1 \\ 2 \end{pmatrix}\right\}$ ebenfalls eine Basis des $\mathbb{R}^2$.

Beweis:

(1) Die beiden Vektoren sind linear unabhängig, denn aus der Linearkombination

$r \bullet \begin{pmatrix} 2 \\ 1 \end{pmatrix} + s \bullet \begin{pmatrix} 1 \\ 2 \end{pmatrix} = \vec{0}$ folgt $2r + s = 0 \wedge r + 2s = 0$, d.h. $r = 0 \wedge s = 0$.

(2) Jeder Vektor aus $\mathbb{R}^2$ ist als Linearkombination der beiden Vektoren darstellbar, d.h. zu

jedem Vektor $\begin{pmatrix} x_1 \\ x_2 \end{pmatrix} \in \mathbb{R}^2$ gibt es reelle Zahlen r_1 und r_2, so dass die Gleichung

$\begin{pmatrix} x_1 \\ x_2 \end{pmatrix} = r_1 \bullet \begin{pmatrix} 2 \\ 1 \end{pmatrix} + r_2 \bullet \begin{pmatrix} 1 \\ 2 \end{pmatrix}$ erfüllt wird. Äquivalent dazu ist die Lösbarkeit des linearen

Gleichungssystems mit den Variablen r_1 und r_2: $x_1 = 2r_1 + r_2 \wedge x_2 = r_1 + 2r_2$.

Man erhält als Lösungen: $r_1 = \frac{2}{3}x_1 - \frac{1}{3}x_2$ und $r_2 = -\frac{2}{3}x_1 + \frac{1}{3}x_2$.　　　w.z.z.w.

A　Basen eines Vektorraumes

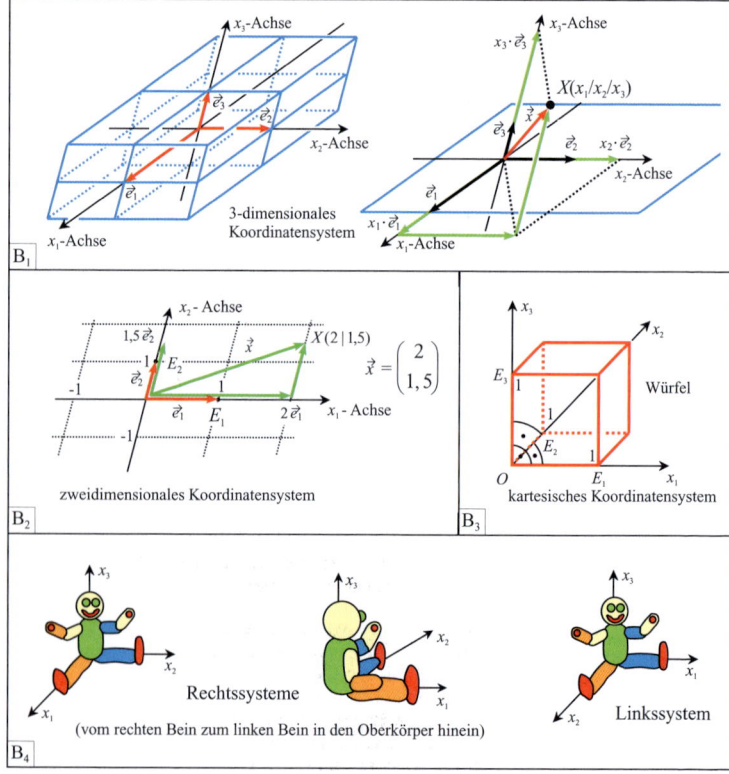

B_1　3-dimensionales Koordinatensystem

B_2　zweidimensionales Koordinatensystem　　　$\vec{x} = \begin{pmatrix} 2 \\ 1,5 \end{pmatrix}$　　$X(2 \mid 1,5)$

B_3　kartesisches Koordinatensystem　　Würfel

B_4　Rechtssysteme（vom rechten Bein zum linken Bein in den Oberkörper hinein）　Linkssystem

B　Koordinatensysteme

Basis eines Vektorraumes

> **Def. 5:** Ein Erzeugendensystem linear unabhängiger Vektoren heißt *Basis*.

Ein Vektorraum kann mehrere Basen besitzen. (Bsp. in Abb. A). Die Anzahl der Basiselemente ist jedoch gleich. Diese Anzahl ist charakteristisch für den Vektorraum.

> **Def. 6:** Die Anzahl der Vektoren einer Basis heißt *Dimension* des Vektorraumes.

Die Vektorräume V_2 bzw. V_3 sind also zwei- bzw. dreidimensional, der $\mathbb{R}^n$ ist n-dimensional.

Koordinatensystem und Vektoren

Um die wechselseitige Beziehung von Punkten, Geraden und Ebenen vektoriell erfassen zu können, muss ein Zusammenhang zwischen den Punkten und den Vektoren hergestellt werden.

Zu jedem Punktepaar gehört zwar eindeutig ein Vektor, aber nicht umgekehrt (Vektor als Pfeilklasse). Um eine bijektive Zuordnung zwischen Punkten und Vektoren zu erreichen, definiert man sog.

Ortsvektoren im Koordinatensystem.

Dazu zeichnet man im Punktraum einen Punkt O (*Ursprung* genannt) aus und wählt drei Punkte E_1, E_2 und E_3, so dass die Vektoren $\vec{e_1} := \overrightarrow{OE_1}$, $\vec{e_2} := \overrightarrow{OE_2}$ und $\vec{e_3} := \overrightarrow{OE_3}$ linear unabhängig sind. Sie bilden eine Basis des zugehörigen Vektorraumes V_3 (Abb. B).

Jedem Punkt wird bez. der gewählten Basis ein Koordinatentripel $X(x_1|x_2|x_3)$ zugeordnet. Die Einführung der *Ortsvektoren* $\overrightarrow{OX}$ bewirkt eine bijektive Zuordnung zwischen den Punkten des Punktraumes und den Vektoren des V_3.

Da die Basis zugleich ein Erzeugendensystem ist, hat jeder Vektor $\overrightarrow{OX}$ eine Darstellung als Linearkombination:
$$\overrightarrow{OX} = \vec{x} = x_1 \cdot \vec{e_1} + x_2 \cdot \vec{e_2} + x_3 \cdot \vec{e_3}.$$
Diese Darstellung ist eindeutig, denn gäbe es eine zweite Darstellung
$$\vec{x} = y_1 \cdot \vec{e_1} + y_2 \cdot \vec{e_2} + y_3 \cdot \vec{e_3}$$
so ergibt sich als Differenz und nach dem Ausklammern
$$(x_1 - y_1)\vec{e_1} + (x_2 - y_2)\vec{e_2} + (x_3 - y_3)\vec{e_3} = \vec{0}.$$
Wegen der linearen Unabhängigkeit der Basisvektoren folgt (s. wichtige Schlussweise, S. 207), dass die Linearkombination nur gültig ist für $x_1 - y_1 = x_2 - y_2 = x_3 - y_3 = 0$ d.h. für $x_1 = y_1$, $x_2 = y_2$ und $x_3 = y_3$.

Bem.: Hier und im Folgenden werden Ortsvektoren zu den Punkten $X, A, B \dots$ stets mit den zugehörigen kleinen Buchstaben $\vec{x}, \vec{a}, \vec{b} \dots$ bezeichnet.

Koordinaten

Durch die Punktepaare $(O;E_1), (O;E_2)$ und $(O;E_3)$ werden die *Koordinatenachsen*, die x_1-*Achse*, x_2-*Achse* und x_3-*Achse* festgelegt. Auf ihnen stellen die Punkte E_1, E_2 und E_3 die *Einheiten* her: $E_1(1|0|0)$, $E_2(0|1|0)$ und $E_3(0|0|1)$. I.A. wählt man für die Achsen ein *Rechtssystem* (Abb. B_4). Ein Koordinatensystem heißt *kartesisch* (Abb. B_3), wenn zusätzlich die vier Punkte O, E_1, E_2, E_3 die Ecken eines Würfels sind.

Statt $\vec{x} = x_1 \cdot \vec{e_1} + x_2 \cdot \vec{e_2} + x_3 \cdot \vec{e_3}$

schreibt man $\vec{x} = \begin{pmatrix} x_1 \\ x_2 \\ x_3 \end{pmatrix}$.

Jeder Vektor $\vec{a}$ aus V_3 ist als Differenzvektor von Ortsvektoren darstellbar:

$$\vec{a} = \overrightarrow{XY} = \begin{pmatrix} a_1 \\ a_2 \\ a_3 \end{pmatrix} = \begin{pmatrix} y_1 - x_1 \\ y_2 - x_2 \\ y_3 - x_3 \end{pmatrix} = \vec{y} - \vec{x}.$$

Für die Summe zweier Vektoren und die S-Multiplikation ergibt sich:

$$\vec{a} + \vec{b} = \begin{pmatrix} a_1 + b_1 \\ a_2 + b_2 \\ a_3 + b_3 \end{pmatrix} \quad \text{bzw.} \quad r \bullet \vec{a} = \begin{pmatrix} ra_1 \\ ra_2 \\ ra_3 \end{pmatrix}.$$

Man rechnet also wie im Vektorraum $\mathbb{R}^3$.

Bem.: Entsprechend verfährt man im zweidimensionalen Raum, indem man die 3. Koordinate (Komponente) unterdrückt.

Bem.: Nach Einführung eines Koordinatensystems in den Anschauungsraum kann man den Vektorraum $V_3 (V_2)$ mit dem Vektorraum $\mathbb{R}^3 (\mathbb{R}^2)$ identifizieren. Im Folgenden ist daher von der analytischen Geometrie im $\mathbb{R}^2$ bzw. $\mathbb{R}^3$ die Rede.

Man erkennt an den Rechnungen des Beispiels in Abb. A, dass zu einer Vektorgleichung im $\mathbb{R}^3 (\mathbb{R}^2)$ **ein System von drei (zwei) Koordinatengleichungen** gehört.
Z.B. gilt:

$$\begin{pmatrix} a_1 \\ a_2 \\ a_3 \end{pmatrix} = \begin{pmatrix} b_1 \\ b_2 \\ b_3 \end{pmatrix} \Leftrightarrow a_1 = b_1 \wedge a_2 = b_2 \wedge a_3 = b_3.$$

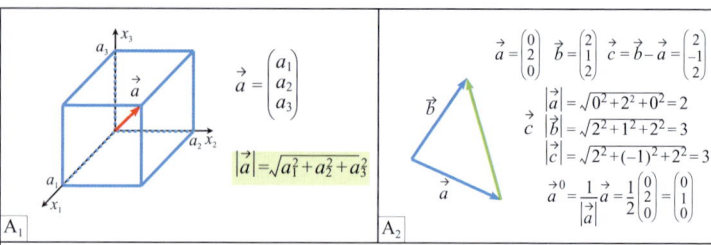

A_1

$$\vec{a} = \begin{pmatrix} a_1 \\ a_2 \\ a_3 \end{pmatrix}$$

$$|\vec{a}| = \sqrt{a_1^2 + a_2^2 + a_3^2}$$

A_2

$$\vec{a} = \begin{pmatrix} 0 \\ 2 \\ 0 \end{pmatrix} \quad \vec{b} = \begin{pmatrix} 2 \\ 1 \\ 2 \end{pmatrix} \quad \vec{c} = \vec{b} - \vec{a} = \begin{pmatrix} 2 \\ -1 \\ 2 \end{pmatrix}$$

$$|\vec{a}| = \sqrt{0^2 + 2^2 + 0^2} = 2$$
$$|\vec{b}| = \sqrt{2^2 + 1^2 + 2^2} = 3$$
$$|\vec{c}| = \sqrt{2^2 + (-1)^2 + 2^2} = 3$$

$$\vec{a}^0 = \frac{1}{|\vec{a}|}\vec{a} = \frac{1}{2}\begin{pmatrix} 0 \\ 2 \\ 0 \end{pmatrix} = \begin{pmatrix} 0 \\ 1 \\ 0 \end{pmatrix}$$

A_3

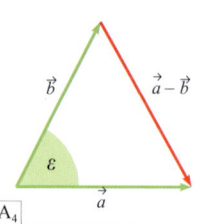

Winkelhalbierende

$ABCD$ ist eine Raute, der Diagonalvektor $\vec{a}^0 + \vec{b}^0$ also Winkelhalbierende von $\sphericalangle BAD$.
Es gilt: $\vec{a}^0 + \vec{b}^0 \neq (\vec{a} + \vec{b})^0$.

A_4

Winkel zwischen zwei Vektoren

Nach dem cos-Satz der Trigonometrie (S. 195) gilt im $\mathbb{R}^2$:

$$\cos\varepsilon = \frac{|\vec{a} - \vec{b}|^2 - |\vec{a}|^2 - |\vec{b}|^2}{-2|\vec{a}| \cdot |\vec{b}|} = \frac{(a_1 - b_1)^2 + (a_2 - b_2)^2 - |\vec{a}|^2 - |\vec{b}|^2}{-2|\vec{a}| \cdot |\vec{b}|}.$$

Nach Anwendung der 2. bin. Formel im Zähler reduziert er sich auf den Term $-2(a_1 b_1 + a_2 b_2)$. Es ergibt sich also:

$$\cos\varepsilon = \frac{a_1 b_1 + a_2 b_2}{|\vec{a}| \cdot |\vec{b}|} \quad \text{(im } \mathbb{R}^3 \text{ kommt im Zähler } + a_3 b_3 \text{ hinzu).}$$

A Längen und Winkel

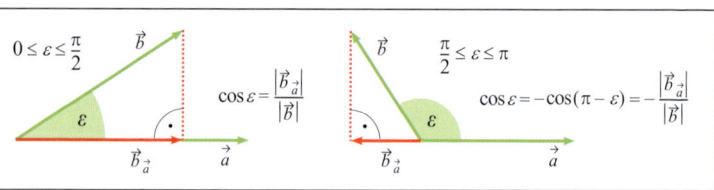

$0 \leq \varepsilon \leq \dfrac{\pi}{2}$

$$\cos\varepsilon = \frac{|\vec{b}_{\vec{a}}|}{|\vec{b}|}$$

$\dfrac{\pi}{2} \leq \varepsilon \leq \pi$

$$\cos\varepsilon = -\cos(\pi - \varepsilon) = -\frac{|\vec{b}_{\vec{a}}|}{|\vec{b}|}$$

B Geometrische Interpretation des Skalarprodukts

Vorgegeben: $\vec{a}$ und $\vec{b}$ im $\mathbb{R}^3$. Gesucht: $\vec{n}$ mit $\vec{n} \perp \vec{a} \wedge \vec{n} \perp \vec{b}$, d.h. $\vec{n} * \vec{a} = 0 \wedge \vec{n} * \vec{b} = 0$.
Es ist also das (2;3)-LGS (I) $n_1 a_1 + n_2 a_2 + n_3 a_3 = 0$ (II) $n_1 b_1 + n_2 b_2 + n_3 b_3 = 0$ mit den Variablen n_1, n_2, n_3 zu lösen.
Vorgehensweise: (I)$\cdot b_1 -$ (II)$\cdot a_1 \wedge$ (I)$\cdot b_2 -$ (II)$\cdot a_2$ ergibt
(I′) $n_2(a_2 b_1 - a_1 b_2) + n_3(a_3 b_1 - a_1 b_3) = 0$ (II′) $n_1(a_1 b_2 - a_2 b_1) + n_3(a_3 b_2 - a_2 b_3) = 0$
Da ein (2;3)-LGS vorliegt, kann man n_3 frei wählen. Es ist sinnvoll, für n_3 den gemeinsamen Faktor $a_1 b_2 - a_2 b_1 \neq 0$ in beiden Gleichungen zu wählen. Damit erhält man:
$n_1 = a_2 b_3 - a_3 b_2$, $n_2 = a_3 b_1 - a_1 b_3$, $n_3 = a_1 b_2 - a_2 b_1$.

Durch Nachrechnen überzeugt man sich, dass mit

$$\vec{n} = \begin{pmatrix} a_2 b_3 - a_3 b_2 \\ a_3 b_1 - a_1 b_3 \\ a_1 b_2 - a_2 b_1 \end{pmatrix}$$

die obige Bedingung $\vec{n} * \vec{a} = 0 \wedge \vec{n} * \vec{b} = 0$ erfüllt ist, auch für $a_1 b_2 - a_2 b_1 = 0$.

C Normalenvektor

Es gibt neben der S-Mult. noch drei weitere Begriffe, die sich durch ihre Namengebung als **Produkte** von Vektoren ausweisen:

- **Skalarprodukt** (das Ergebnis ist ein Skalar, also eine reelle Zahl),
- **Vektorprodukt** (das Ergebnis ist ein Vektor, innere Verknüpfung) und
- **Spatprodukt** (spezielles Skalarprodukt, S. 219).

Vorausgesetzt sei der Einfachheit halber ein kart. Koordinatensystem.

Länge eines Vektors im $\mathbb{R}^2$ bzw. $\mathbb{R}^3$

Definiert man die *Länge eines Vektors* als die Länge der zugehörigen Pfeile (S. 203), so ergibt sich mit dem Satz des Pythagoras (Abb. A_1 und S. 188, Abb. A_2)

$$|\vec{a}| = \sqrt{a_1^2 + a_2^2} \text{ bzw. } |\vec{a}| = \sqrt{a_1^2 + a_2^2 + a_3^2}$$

Bsp.: Abb. A

Unter einem **Einheitsvektor** $\vec{a}^0$ versteht man einen Vektor der Länge 1. Man gewinnt $\vec{a}^0$ aus dem Vektor $\vec{a}$ durch S-Mult. mit $\frac{1}{|\vec{a}|}$:

$$\vec{a}^0 := \frac{1}{|\vec{a}|} \cdot \vec{a} \quad (\vec{a} \neq \vec{0}).$$

$$\Rightarrow |\vec{a}^0| = \left|\frac{1}{|\vec{a}|} \cdot \vec{a}\right| = \frac{1}{|\vec{a}|} \cdot |\vec{a}| = 1$$

Bsp.: Abb. A_2, A_3

Winkelberechnung im $\mathbb{R}^2$ bzw. $\mathbb{R}^3$

Nach Abb. A_4 gilt für den Winkel ε zwischen $\vec{a}$ und $\vec{b}$

$$\cos \varepsilon = \frac{a_1 b_1 + a_2 b_2}{|\vec{a}| \cdot |\vec{b}|} \text{ bzw.}$$

$$\cos \varepsilon = \frac{a_1 b_1 + a_2 b_2 + a_3 b_3}{|\vec{a}| \cdot |\vec{b}|} \quad (0 \leq \varepsilon \leq 180°)$$

Diese Gleichung erlaubt die Winkelberechnung im $\mathbb{R}^2$ bzw. $\mathbb{R}^3$.
Bsp.: S. 217

Skalarprodukt im $\mathbb{R}^2$ bzw. $\mathbb{R}^3$

$\vec{a} * \vec{b} := a_1 \cdot b_1 + a_2 \cdot b_2$ bzw.
$\vec{a} * \vec{b} := a_1 \cdot b_1 + a_2 \cdot b_2 + a_3 \cdot b_3$ heißt *Skalarprodukt von $\vec{a}$ mit $\vec{b}$ im $\mathbb{R}^2$ bzw. im $\mathbb{R}^3$*.

Es gilt auf Grund der obigen Gleichung zur Winkelberechnung die *koordinatenfreie* Fassung des Skalarprodukts
$\vec{a} * \vec{b} = |\vec{a}| \cdot |\vec{b}| \cdot \cos \sphericalangle(\vec{a}; \vec{b})$, wobei $\sphericalangle(\vec{a}; \vec{b})$ der kleinere der beiden Winkel ist. Diese Gleichung lässt sich geometrisch interpretieren:
$\vec{a} * \vec{b} = \vec{a} * \vec{b}_{\vec{a}} = \pm |\vec{a}| \cdot |\vec{b}_{\vec{a}}|$,

wobei $|\vec{b}_{\vec{a}}|$ die Länge der Projektion des Vektors $\vec{b}$ auf den Vektor $\vec{a}$ ist (Abb. B).

Eigenschaften des Skalarprodukts

$\vec{a} * \vec{b} = \vec{b} * \vec{a}$	**kommutatives Gesetz**
$\vec{a} * (\vec{b} + \vec{c}) = \vec{a} * \vec{b} + \vec{a} * \vec{c}$	**distr. Gesetz**
$(r\vec{a}) * \vec{b} = r(\vec{a} * \vec{b})$	**gemischtes Assoziativgesetz**
$\vec{a} * \vec{b} = 0 \Leftrightarrow \vec{a} = \vec{0} \ \vee \ \vec{b} = \vec{0} \vee \vec{a} \perp \vec{b}$	**Orthogonalität**

Bsp.: $(2\vec{a}) * (3\vec{b}) = 6(\vec{a} * \vec{b})$ gAG, KG
$(\vec{a} + \vec{b})^2 = \vec{a}^2 + 2(\vec{a} * \vec{b}) + \vec{b}^2$ DG, KG, gAG

mit der Vereinbarung $\vec{a}^2 := \vec{a} * \vec{a}$

Bem.: Für die Länge eines Vektors gilt:

$$|\vec{a}| = \sqrt{\vec{a} * \vec{a}} = \sqrt{\vec{a}^2}$$

für $\overrightarrow{AB} = \vec{b} - \vec{a}$ entsprechend

$$|\overrightarrow{AB}| = \sqrt{(\vec{b} - \vec{a}) * (\vec{b} - \vec{a})} = \sqrt{(\vec{b} - \vec{a})^2}$$

Beachte: Wurzelziehen und Quadrieren heben einander *nicht* auf:

$$\sqrt{\vec{a}^2} \neq \vec{a} \text{ bzw. } \sqrt{(\vec{b} - \vec{a})^2} \neq \vec{b} - \vec{a}.$$

Vektorprodukt im $\mathbb{R}^3$

Es geht geometrisch darum, einen zu zwei vorgegebenen lin. unabh. Vektoren $\vec{a}$ und $\vec{b}$ senkrechten Vektor $\vec{n}$ zu bestimmen (z.B. einen Normalenvektor einer Ebene, S. 217).
Geht man wie in Abb. C vor, so erhält man den als *Vektorprodukt* $\vec{a} \times \vec{b}$ bezeichneten Spezialfall
$\vec{a} \times \vec{b} := \begin{pmatrix} a_2 b_3 - a_3 b_2 \\ a_3 b_1 - a_1 b_3 \\ a_1 b_2 - a_2 b_1 \end{pmatrix}$ mit den Eigenschaften:

$\vec{a} \times \vec{b} = -\vec{b} \times \vec{a}$	**antikommutatives Gesetz**
$\vec{a} \times (\vec{b} + \vec{c}) = \vec{a} \times \vec{b} + \vec{a} \times \vec{c}$	**distr. Gesetz**
$(r\vec{a}) \times \vec{b} = r(\vec{a} \times \vec{b})$	**gemischtes Assoziativg.**

$\vec{a}, \vec{b}$ und $\vec{a} \times \vec{b}$ bilden in dieser Reihenfolge ein **Rechtssystem** (S. 209) (nur sinnvoll für $\vec{a}$ und $\vec{b}$ linear unabhängig).

$\vec{a} \times \vec{b} = \vec{0} \Leftrightarrow \vec{a}$ und $\vec{b}$ sind **lin. abhängig.**

$|\vec{a} \times \vec{b}| = |\vec{a}| \cdot |\vec{b}| \cdot |\sin \sphericalangle(\vec{a}; \vec{b})|$ ist der **Flächeninhalt** des von $\vec{a}$ und $\vec{b}$ aufgespannten Parallelogramms.

Bem.: Ein Vektorprodukt mit drei Vektoren ist nicht sinnvoll definierbar. Deshalb gibt es das übliche Assoziativgesetz nicht.

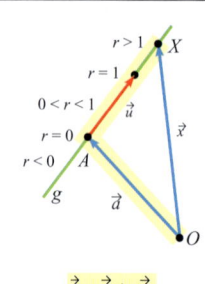

Beispiel: $A(1|2|1)$, $B(4|0|1)$

$$\vec{x} = \begin{pmatrix} 1 \\ 2 \\ 1 \end{pmatrix} + r \begin{pmatrix} 3 \\ -2 \\ 0 \end{pmatrix}$$

mit $\vec{u} = \begin{pmatrix} 4 \\ 0 \\ 1 \end{pmatrix} - \begin{pmatrix} 1 \\ 2 \\ 1 \end{pmatrix} = \begin{pmatrix} 3 \\ -2 \\ 0 \end{pmatrix}$

$$\vec{x} = \vec{a} + r\vec{u}$$

A_1 Punkt-Richtungs-Form A_2 Zwei-Punkte-Form

$$\vec{x} = \vec{a} + r(\vec{b} - \vec{a})$$

Punktprobe für $C(0|0|2)$: $C \in g(A,B)$?

Gibt es ein $r \in \mathbb{R}$, so dass gilt: $\begin{pmatrix} 0 \\ 0 \\ 2 \end{pmatrix} = \begin{pmatrix} 1 \\ 2 \\ 1 \end{pmatrix} + r \begin{pmatrix} 3 \\ -2 \\ 0 \end{pmatrix} \Leftrightarrow \begin{pmatrix} -1 \\ -2 \\ 1 \end{pmatrix} = \begin{pmatrix} 3r \\ -2r \\ 0 \end{pmatrix}$.

Wegen $1 = 0$ in der dritten Zeile kann es das geforderte r nicht geben.

     Also gilt: $C \notin g(A,B)$

A_3

A   Geradengleichungen im $\mathbb{R}^2$ oder $\mathbb{R}^3$

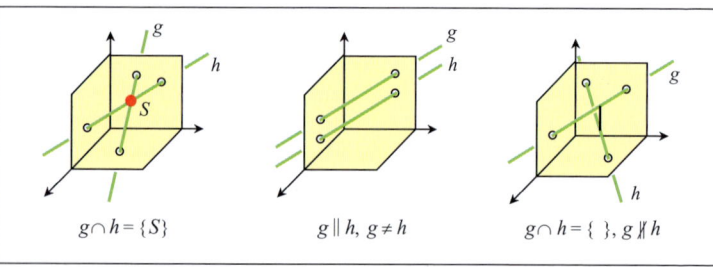

$g \cap h = \{S\}$ $g \parallel h$, $g \neq h$ $g \cap h = \{ \ \}$, $g \nparallel h$

B   Schnitt zweier Geraden im $\mathbb{R}^3$

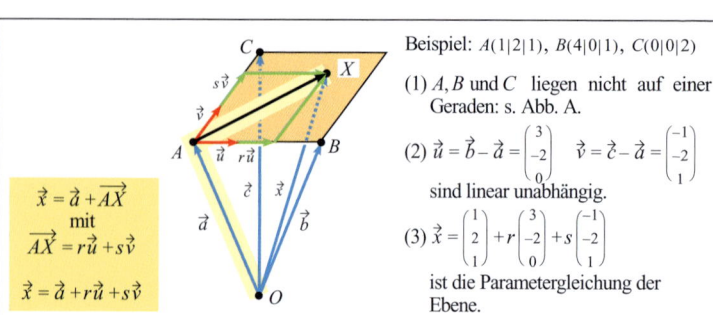

$$\vec{x} = \vec{a} + \overrightarrow{AX}$$
mit
$$\overrightarrow{AX} = r\vec{u} + s\vec{v}$$
$$\vec{x} = \vec{a} + r\vec{u} + s\vec{v}$$

Beispiel: $A(1|2|1)$, $B(4|0|1)$, $C(0|0|2)$

(1) A, B und C liegen nicht auf einer Geraden: s. Abb. A.

(2) $\vec{u} = \vec{b} - \vec{a} = \begin{pmatrix} 3 \\ -2 \\ 0 \end{pmatrix}$ $\vec{v} = \vec{c} - \vec{a} = \begin{pmatrix} -1 \\ -2 \\ 1 \end{pmatrix}$

sind linear unabhängig.

(3) $\vec{x} = \begin{pmatrix} 1 \\ 2 \\ 1 \end{pmatrix} + r \begin{pmatrix} 3 \\ -2 \\ 0 \end{pmatrix} + s \begin{pmatrix} -1 \\ -2 \\ 1 \end{pmatrix}$

ist die Parametergleichung der Ebene.

C   Ebenengleichung

Parametergleichung einer Geraden
nennt man im $\mathbb{R}^2$ oder $\mathbb{R}^3$ folgende Gleichung:

$$\vec{x} = \vec{a} + r\vec{u} \ (r \in \mathbb{R}) \ \textit{Punkt-Richtungs-Form}.$$

Dabei ist (Abb. A_1)
- $\vec{x}$ der Ortsvektor zu einem beliebigen Punkt X der Geraden,
- $\vec{a}$ der Ortsvektor zum *Aufpunkt A*,
- $\vec{u}(\neq \vec{0})$ ein *Richtungsvektor* und
- r der *Parameter*.

Zu jedem Punkt auf der Geraden gibt es genau einen Parameterwert r und umgekehrt.

Lässt sich für einen Punkt kein Parameter angeben, so liegt der Punkt nicht auf der Geraden (**Punktprobe**; *Bsp.*: Abb. A_3).
Wählt man einen anderen Geradenpunkt als Aufpunkt oder einen kollinearen Richtungsvektor, so ändert sich die Parametergleichung entsprechend. Die Gerade bleibt unverändert.
Eine Gerade ist durch zwei Punkte A und B, die auf ihr liegen, festgelegt. Mit $\vec{u} = \vec{b} - \vec{a}$ wird ein Richtungsvektor bestimmt und in die obige Gleichung eingesetzt (Abb. A_2):

$$\vec{x} = \vec{a} + r(\vec{b} - \vec{a}) \ (r \in \mathbb{R}) \ \textit{Zwei-Punkte-Form}$$

Koordinatengleichung einer Geraden im $\mathbb{R}^2$
Setzt man $\vec{x} = \begin{pmatrix} x_1 \\ x_2 \end{pmatrix}$, so kann man, zeilenweise vorgehend, die Parametergleichung in zwei Koordinatengleichungen zerlegen.
Diese enthalten die Variablen x_1, x_2 und r. Wenn r in beiden Gleichungen auftritt (das ist nur bei Parallelen zu den Koordinatenachsen nicht der Fall), kann man eine Gleichung nach r auflösen und eine Ersetzung von r in der 2. Gleichung vornehmen. Die entstehende Gleichung mit den Variablen x_1 und x_2 nennt man *Koordinatengleichung einer Geraden* im $\mathbb{R}^2$.
Wird in der entstandenen Gleichung x_1 durch x und x_2 durch y ersetzt, ergeben sich die Gleichungen von S. 79.
Bem.: Im $\mathbb{R}^3$ gibt es keine Koordinatengleichung für eine Gerade.

Lagebeziehungen zweier Geraden
Zwei Geraden im $\mathbb{R}^3$ können (Abb. B)
- genau einen Schnittpunkt besitzen,
- gleich,
- parallel und nicht gleich oder
- windschief (ohne Schnittpunkt und nicht parallel) sein.

Die Entscheidung darüber, welcher Fall vorliegt, kann mit der *vektoriellen Schnittpunktgleichung* getroffen werden. Diese Gleichung ergibt sich durch »Gleichsetzen« der beiden rechten Seiten der in Punkt-Richtungs-Form vorgegebenen Geradengleichungen:

g: $\vec{x} = \vec{a} + r\vec{u}$ und h: $\vec{x} = \vec{b} + s\vec{v}$

$$\Rightarrow \vec{a} + r\vec{u} = \vec{b} + s\vec{v} \ (\text{Schnittpunktgleichung})$$

Diese Vektorgleichung wird zeilenweise in drei Koordinatengleichungen mit den Variablen r und s zerlegt.
Für das zugehörige (3;2)-LGS gibt es, der obigen Aufzählung folgend:
- genau ein Lösungspaar (r,s),
- unendlich viele Lösungspaare,
- kein Lösungspaar und $\vec{u}$ und $\vec{v}$ sind linear abhängig,
- kein Lösungspaar und $\vec{u}$ und $\vec{v}$ sind linear unabhängig.

Parametergleichung einer Ebene
nennt man die folgende *Punkt-Richtungs-Form*:

$$\vec{x} = \vec{a} + r\vec{u} + s\vec{v} \ (r,s \in \mathbb{R}).$$

Dabei sind
- $\vec{x}$ der Ortsvektor zu einem beliebigen Punkt X der Ebene,
- $\vec{a}$ der Ortsvektor zum *Aufpunkt A*,
- $\vec{u}$ und $\vec{v}$ linear unabhängige Richtungsvektoren,
- r und s *Parameter*.

Bsp.: Abb. C

Zu jedem Punkt in der Ebene gibt es genau ein Parameterpaar $(r;s)$ und umgekehrt.

Existiert zu einem Punkt kein Parameterpaar, so liegt der Punkt nicht in der Ebene (**Punktprobe**).
Eine Ebene ist auch durch drei Punkte, die nicht auf einer Geraden liegen, festgelegt. Aus den Ortsvektoren ergeben sich zwei linear unabhängige Richtungsvektoren. Deren Einsetzung in die obige Form ergibt die *Drei-Punkte-Form*

$$\vec{x} = \vec{a} + r(\vec{c} - \vec{a}) + s \cdot (\vec{c} - \vec{b}) \ (r,s \in \mathbb{R}).$$

Verschiedene Parametergleichungen können durchaus dieselbe Ebene beschreiben. Man kann z.B. einen anderen Geradenpunkt als Aufpunkt oder zwei andere lin. unabh. Richtungsvektoren $\vec{u}^*$ und $\vec{v}^*$ wählen. Sie müssen so gewählt werden, dass sie dieselbe Ebene aufspannen. Das ist der Fall, wenn $\vec{u}, \vec{v}, \vec{u}^*$ und $\vec{u}, \vec{v}, \vec{v}^*$ *komplanar* bzw. lin. abh. sind.

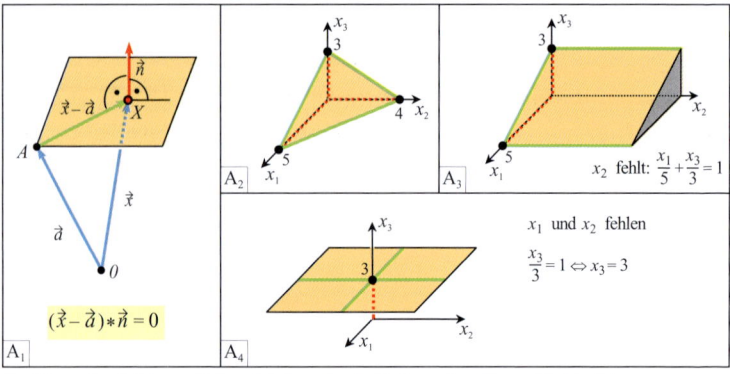

A Normalengleichung (A_1) und Achsenabschnittsform einer Ebene (A_2 bis A_4)

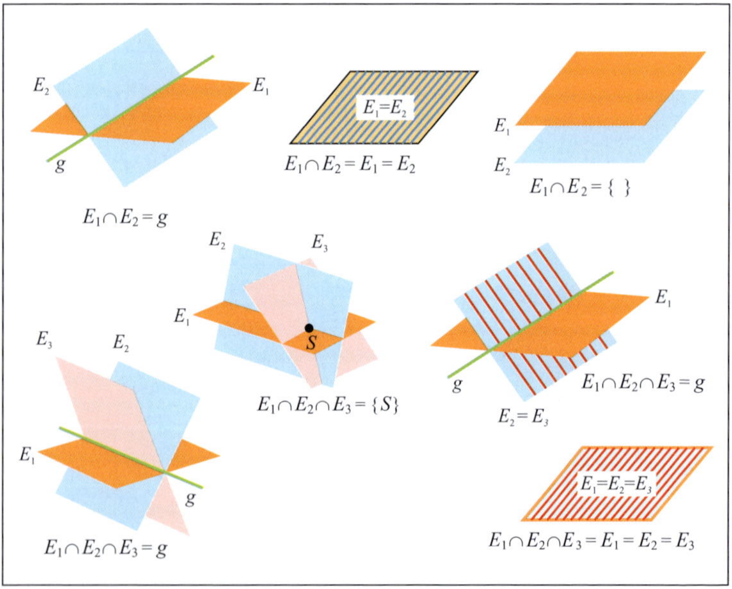

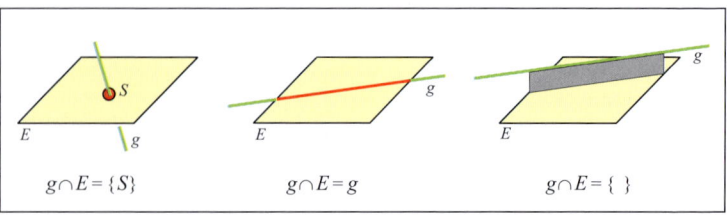

B Schnitt von zwei (drei) Ebenen

C Schnitt von Gerade und Ebene

Normalenform einer Ebenengleichung
Eine Ebene kann auch durch einen Punkt und einen zu ihr senkrechten Vektor, einen sog. *Normalenvektor,* eindeutig festgelegt werden. Es ergibt sich die sog. *Normalenform* einer Ebenengleichung (Abb. A_1)

$$(\vec{x}-\vec{a})*\vec{n}=0 \Leftrightarrow \vec{x}*\vec{n}=\vec{a}*\vec{n}$$

bzw. die allgemeine *Koordinatenform*:

$$n_1x_1+n_2x_2+n_3x_3=d \text{ mit } d=\vec{a}*\vec{n}\in\mathbb{R}.$$

Die Koeffizienten der x_i sind die Komponenten von $\vec{n}$.

Bestimmung eines Normalenvektors
mit dem Vektorprodukt (S. 211).
Als Vorgabe benötigt man
- zwei (lin. unabh.) Richtungsvektoren der Ebene oder
- drei nicht auf einer Geraden liegende Punkte der Ebene.

Der zweite Fall ist auf den ersten zurückführbar, indem man die Differenzen der Ortsvektoren bildet.
Bsp.: Die Punkte auf S. 212, Abb. C bestimmen zwei (lin. unabh.) Richtungsvektoren $\vec{u}$ und $\vec{v}$, deren Vektorprodukt $\vec{u}\times\vec{v}$

$$=\begin{pmatrix}3\\-2\\0\end{pmatrix}\times\begin{pmatrix}-1\\-2\\1\end{pmatrix}=\begin{pmatrix}(-2)\cdot1-0\cdot(-2)\\0\cdot(-1)-3\cdot1\\3\cdot(-2)-(-2)\cdot(-1)\end{pmatrix}=\begin{pmatrix}-2\\-3\\-8\end{pmatrix}$$

einen Normalenvektor $\vec{n}$ ergibt. Dieser und der Aufpunkt A(1|2|1) liefern dann die Koordinatengleichung
$$-2x_1-3x_2-4x_3=d \text{ mit } d=\vec{a}*\vec{n}=-12$$
$$\Leftrightarrow 2x_1+3x_2+4x_3=12.$$

Achsenabschnittsform einer Ebene
Kann man die Koordinatengleichung einer Ebene in die Form

$$\frac{x_1}{a}+\frac{x_2}{b}+\frac{x_3}{c}=1$$

bringen, so spricht man von der *Achsenabschnittsform.* Die Punkte $(a|0|0)$, $(0|b|0)$ und $(0|0|c)$ sind nämlich die Schnittpunkte der Ebene mit den Koordinatenachsen. Die Zahlen im Nenner sind daher die *Achsenabschnitte,* die die Ebene vom Ursprung aus auf den Koordinatenachsen abtrennt.
Bsp.: $12x_1+15x_2+20x_3=60 \quad | :60$
$$\Leftrightarrow \frac{x_1}{5}+\frac{x_2}{4}+\frac{x_3}{3}=1 \quad (\text{Abb. } A_2)$$

Spurgeraden
Setzt man eine der Variablen gleich 0, so ist die Restgleichung die Gleichung der *Spurgeraden,* in der die Ebene die Koordinatenebene der verbleibenden Variablen schneidet.

Sonderformen der Achsenabschnittsform
(Abb. A_3 und A_4):
- Fehlt eine Variable, so verläuft die Ebene parallel zur zugehörigen Achse.
Die Gleichung ist zugleich die Gleichung der Spurgeraden der Ebene in der Koordinatenebene der beiden auftretenden Variablen.
- Fehlen zwei Variablen, so verläuft die Ebene parallel zur Koordinatenebene der beiden fehlenden Variablen.

Lagebeziehungen zweier (dreier) Ebenen
(Abb. B)
Beispielrechnung für zwei Ebenen mit vorgegebenen Koordinatengleichungen:
$$E_1: x_1+2x_2-x_3=4$$
$$E_2: x_1-2x_2+3x_3=0$$
Es ist ein (2;3)-LGS zu lösen, das man durch Einfügen einer Nullzeile in der gaußschen Matrix (S. 70) zu einem (3;3)-LGS erweitern kann (x_3 ist dann frei wählbar als $x_3=r$):

$$\begin{pmatrix}1&2&-1&4\\1&-2&3&0\\0&0&0&0\end{pmatrix}\Leftrightarrow\begin{pmatrix}1&0&1&2\\0&1&-1&1\\0&0&0&0\end{pmatrix}$$

$$\Leftrightarrow\begin{matrix}x_1=2-r\\x_2=1+r\\x_3=r\end{matrix}\Rightarrow\vec{x}=\begin{pmatrix}x_1\\x_2\\x_3\end{pmatrix}=\begin{pmatrix}2-r\\1+r\\r\end{pmatrix}\Leftrightarrow$$

$$\vec{x}=\begin{pmatrix}2\\1\\0\end{pmatrix}+r\begin{pmatrix}-1\\1\\1\end{pmatrix} \text{ Gleichung der Schnittgeraden in Parameterform}$$

Bem.: Die Normalenform der Ebene ist eine lineare Gleichung mit drei Variablen (vgl. S. 71), deren Lösungsmenge also eine Darstellung als Ebene im $\mathbb{R}^3$ besitzt. Die Lösungsmöglichkeiten eines (2;3)- bzw. (3;3)-LGS hängen daher eng mit den Schnittmöglichkeiten von zwei bzw. drei Ebenen zusammen (Abb. B).

Lagebeziehungen Gerade – Ebene (Abb. C)
Beispielrechnung:
Aus den Parametergleichungen für g und E

$$\vec{x}=\begin{pmatrix}1\\0\\1\end{pmatrix}+r\begin{pmatrix}1\\1\\1\end{pmatrix}\qquad\vec{x}=\begin{pmatrix}1\\0\\2\end{pmatrix}+s\begin{pmatrix}0\\1\\1\end{pmatrix}+t\begin{pmatrix}1\\1\\0\end{pmatrix}$$

erhält man durch Gleichsetzen der rechten Seiten eine *Schnittpunktsgleichung,* die man in drei Koordinatengleichungen zerlegen kann. Deren Koeffizienten bilden nach der Umformung des (3;3)-LGS auf die Normalform die gaußsche Matrix mit den Variablen r, s, t:

$$\begin{pmatrix}1&0&-1&0\\1&-1&-1&0\\1&-1&0&0\end{pmatrix}\Leftrightarrow\begin{pmatrix}1&0&0&1\\0&1&0&0\\0&0&1&1\end{pmatrix}\Rightarrow\begin{matrix}r=1\\s=0\\t=1\end{matrix}$$

Also gilt: $g\cap E=\{(2|1|2)\}$.

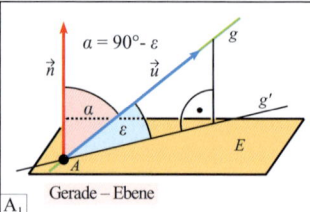

Gerade – Ebene

A₁

Als Winkel ε zwischen einer Geraden g und einer von ihr geschnittenen Ebene E (für $g \perp E$ gilt $\varepsilon = 90°$; $\varepsilon = 0°$ für $g \subset E$) bezeichnet man den Winkel zwischen der Geraden und ihrer senkrechten Projektion g' in die Ebene (g nicht senkrecht und nicht parallel zu E). Für $\alpha := \sphericalangle(\vec{n}; \vec{u})$ gilt

$$\cos \alpha = \cos(90° - \varepsilon) = \sin \varepsilon = \frac{|\vec{u} * \vec{n}|}{|\vec{u}| \cdot |\vec{n}|}.$$

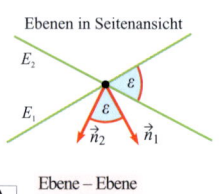

Ebene – Ebene

A₂

Gerade – Gerade

A₃

Als Schnittwinkel ε zwischen zwei sich schneidenden Ebenen (Geraden) definiert man den kleineren der beiden Winkel, den die Normalvektoren beider Ebenen (Richtungsvektoren beider Geraden) bilden.

A   Schnittwinkel

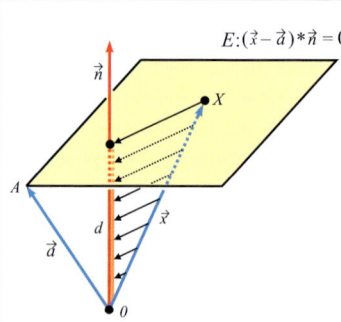

$E: (\vec{x} - \vec{a}) * \vec{n} = 0$

Abstand Ursprung – Ebene

Die senkrechte Projektion von $\vec{x}$ auf $\vec{n}$ ist für alle Punkte X der Ebene gleich, also gleich dem Abstand d der Ebene vom Ursprung. Daher gilt:

$$|\vec{n} * \vec{a}| = \vec{n} * \vec{a}_{\vec{n}} = |\vec{n}| \cdot d$$

$$\Rightarrow \frac{1}{|\vec{n}|} |\vec{a} * \vec{n}| = d$$

$$\Rightarrow d = \left| \frac{\vec{n}}{|\vec{n}|} * \vec{a} \right|$$

$$\Rightarrow \boxed{d = |\vec{n}^0 * \vec{a}|}$$

B₁

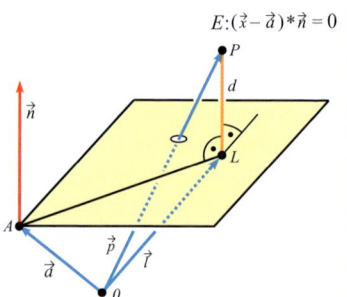

$E: (\vec{x} - \vec{a}) * \vec{n} = 0$

Abstand Punkt – Ebene

Es gilt:

$$|\overrightarrow{LP} * \vec{n}| = |\overrightarrow{LP}| \cdot |\vec{n}| = d \cdot |\vec{n}|$$

$$\Leftrightarrow d = \frac{1}{|\vec{n}|} |\vec{n} * \overrightarrow{LP}| = \frac{1}{|\vec{n}|} |\vec{n} * (\vec{p} - \vec{l})|$$

Wegen $L \in E$ folgt

$$\vec{n} * \vec{l} = \vec{n} * \vec{a} \quad \text{und damit}$$

$$\vec{n} * (\vec{p} - \vec{l}) = \vec{n} * \vec{p} - \vec{n} * \vec{l}$$

$$= \vec{n} * \vec{p} - \vec{n} * \vec{a}$$

$$= \vec{n} * (\vec{p} - \vec{a})$$

$$\Rightarrow \boxed{d = |\vec{n}^0 * (\vec{p} - \vec{a})|}$$

B₂

B   Abstandsberechnung mit dem Skalarprodukt

Winkelberechnung

g sei durch die Punkte A(2|3|1) und B(4|6|2), die Ebene E durch die Punkte A, C(3|3|3) und D(2|4|5) festgelegt. Wie groß ist der Winkel zwischen E und g?

Lösung: (Abb. A_1)

(1) Wegen $A \in g$ und $A \in E$ besitzen g und E den Schnittpunkt A.

Für den Winkel ε gilt $\sin \varepsilon = \dfrac{|\vec{n} * \vec{u}|}{|\vec{n}| \cdot |\vec{u}|}$.

(2a) Richtungsvektor $\vec{u} = \vec{b} - \vec{a} = \begin{pmatrix} 2 \\ 3 \\ 1 \end{pmatrix}$

(2b) Normalenvektor $\vec{n}$ über das Vektorprodukt zweier lin. unabh. Richtungsvektoren $\vec{v}$ und $\vec{w}$:

$\vec{v} = \vec{c} - \vec{a} = \begin{pmatrix} 1 \\ 0 \\ 2 \end{pmatrix}$ $\vec{w} = \vec{d} - \vec{a} = \begin{pmatrix} 0 \\ 1 \\ 4 \end{pmatrix}$.

$\vec{v}$ und $\vec{w}$ sind lin. unabhängig, denn wenn

$r \begin{pmatrix} 1 \\ 0 \\ 2 \end{pmatrix} + s \begin{pmatrix} 0 \\ 1 \\ 4 \end{pmatrix} = \vec{0}$ gilt, so folgt:

$r = 0 \wedge s = 0$

$\vec{n} = \vec{v} \times \vec{w} = \begin{pmatrix} 1 \\ 0 \\ 2 \end{pmatrix} \times \begin{pmatrix} 0 \\ 1 \\ 4 \end{pmatrix} = \begin{pmatrix} -2 \\ -4 \\ 1 \end{pmatrix}$

(3) $\sin \varepsilon = \dfrac{\left| \begin{pmatrix} 2 \\ 3 \\ 1 \end{pmatrix} * \begin{pmatrix} -2 \\ -4 \\ 1 \end{pmatrix} \right|}{\sqrt{14} \cdot \sqrt{21}} = \dfrac{15}{\sqrt{14} \cdot \sqrt{21}}$

$\quad = 0,8748178$

$\Rightarrow \varepsilon = 61,02°$

Wie groß ist der Winkel zwischen den Ebenen
E_1: $2x_1 + 3x_2 - 5x_3 = 5$ und
E_2: $3x_1 - 3x_2 + 5x_3 = 4$?

Lösung: (Abb. A_2)

(1) Die Faktoren der Variablen in den Ebenengleichungen bestimmen je einen möglichen Normalenvektor der Ebenen:

$\vec{n_1} = \begin{pmatrix} 2 \\ 3 \\ -5 \end{pmatrix}$, $\vec{n_2} = \begin{pmatrix} 3 \\ -3 \\ 5 \end{pmatrix}$.

(2) Nach Definition des Skalarprodukts gilt für den kleineren der beiden Winkel

$\cos \varepsilon = \dfrac{|\vec{n_1} * \vec{n_2}|}{|\vec{n_1}| \cdot |\vec{n_2}|}$

$\quad = \dfrac{|6 - 9 - 25|}{\sqrt{38} \cdot \sqrt{43}} = 0,692679$

$\Rightarrow \varepsilon = 46,16°$.

Abstand Ursprung – Ebene

Wie groß ist der Abstand der Ebene
E: $2x_1 + 3x_2 + 4x_3 = 12$ vom Ursprung des kart. Koordinatensystems?

Lösung:

(1) Wie in Abb. B_1 gezeigt wird, gilt für den Abstand d einer Ebene vom Ursprung:

$d = |\vec{n}^0 * \vec{a}|$ $(A \in E)$

(2a) Ablesen eines Normalenvektors in der Ebenengleichung

$\vec{n} = \begin{pmatrix} 2 \\ 3 \\ 4 \end{pmatrix} \Rightarrow \vec{n}^0 = \dfrac{1}{\sqrt{29}} \begin{pmatrix} 2 \\ 3 \\ 4 \end{pmatrix}$

(2b) Bestimmen eines Aufpunktes der Ebene:
$A(1|2|1)$

(3) $d = \left| \dfrac{1}{\sqrt{29}} (2 + 6 + 4) \right| = 2,23$

Abstand Punkt - Ebene

Wie groß ist der Abstand des Punktes P(2|2|3) von der in der vorangegangenen Aufgabenstellung genannten Ebene?

Lösung:

(1) Wie in Abb. B_2 gezeigt wird, gilt für den Abstand d

$d = |\vec{n}^0 * (\vec{p} - \vec{a})|$ $(A \in E)$.

(2) $\vec{n}^0, \vec{a}$ wie oben; $\vec{p} - \vec{a} = \begin{pmatrix} 1 \\ 0 \\ 2 \end{pmatrix}$

(3) $\Rightarrow d = \left| \dfrac{1}{\sqrt{29}} (2 + 0 + 8) \right| = 1,86$

Bem.: Zu gegebener Koordinatengleichung einer Ebene kann man durch die Multiplikation mit

$\dfrac{1}{|\vec{n}|}$ oder $-\dfrac{1}{|\vec{n}|}$ (äquivalente Umformung)

erreichen, dass die Faktoren der Variablen x_i einen Einheitsnormalenvektor bilden und gleichzeitig der variable freie Term in der allgemeinen Koordinatenform (S. 215) nicht negativ ist. Er gibt dann den Abstand der Ebene vom Ursprung an.

Diese Gleichungsform bezeichnet man nach L.O. HESSE (1811-74) als *hessesche Normalenform*: $\vec{n}^0 * \vec{x} = d$, falls $d \geq 0$.

Bsp.: $2x_1 - 3x_2 + 4x_3 = 12$ $\left| \cdot \left(-\dfrac{1}{\sqrt{29}} \right) \right.$

$\Leftrightarrow \dfrac{2}{\sqrt{29}} x_1 - \dfrac{3}{\sqrt{29}} x_2 + \dfrac{4}{\sqrt{29}} x_3 = \dfrac{12}{\sqrt{29}}$

Der Abstand der Ebene vom Ursprung ist

$\dfrac{12}{\sqrt{29}}$, d.h. $d = 2,23$.

Weitere Abstandsprobleme auf S. 219

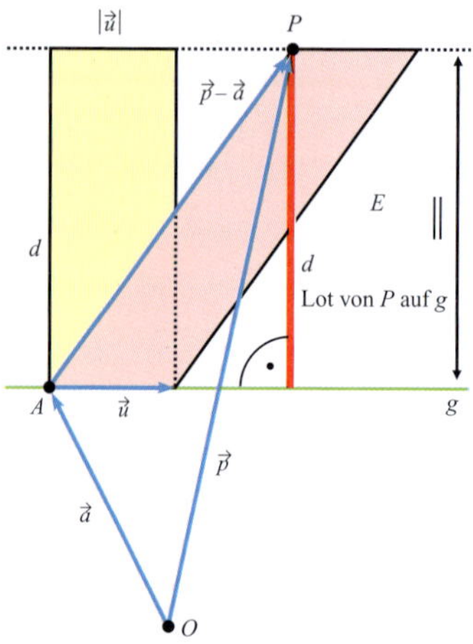

$|\vec{u}|$

P

$\vec{p} - \vec{a}$

E

d

d

Lot von P auf g

A $\vec{u}$ g

$\vec{p}$

$\vec{a}$

O

$$d \cdot |\vec{u}| = |\vec{u} \times (\vec{p} - \vec{a})|$$
$$\Rightarrow d = \left| \vec{u}^0 \times (\vec{p} - \vec{a}) \right|$$

Abstand Punkt – Gerade

A_1

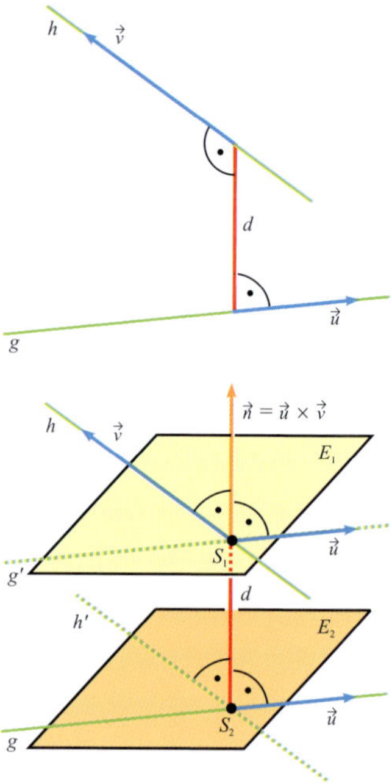

h $\vec{v}$

d

g $\vec{u}$

$\vec{n} = \vec{u} \times \vec{v}$

h $\vec{v}$ E_1

g' S_1 $\vec{u}$

d

h' E_2

g S_2 $\vec{u}$

Abstand windschiefer Geraden

A_2

A   Abstandsberechnung mit dem Vektorprodukt

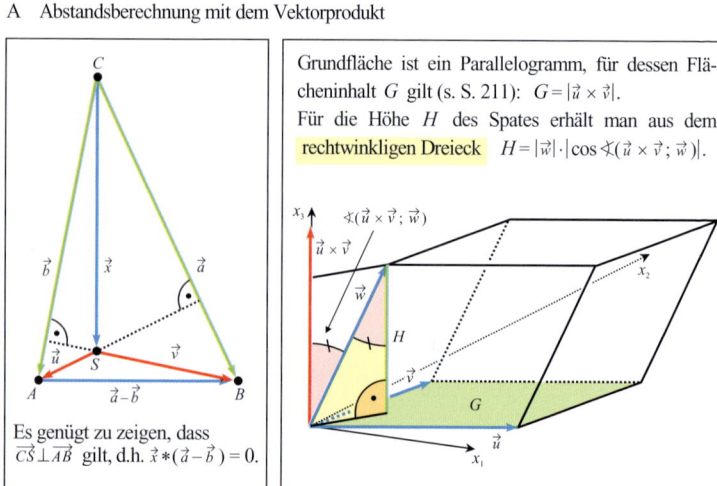

C

$\vec{b}$ $\vec{x}$ $\vec{a}$

$\vec{u}$ S $\vec{v}$

A $\vec{a} - \vec{b}$ B

Es genügt zu zeigen, dass
$\overrightarrow{CS} \perp \overrightarrow{AB}$ gilt, d.h. $\vec{x} * (\vec{a} - \vec{b}) = 0$.

B   Höhenschnittpunkt S

Grundfläche ist ein Parallelogramm, für dessen Flächeninhalt G gilt (s. S. 211): $G = |\vec{u} \times \vec{v}|$.

Für die Höhe H des Spates erhält man aus dem rechtwinkligen Dreieck $H = |\vec{w}| \cdot |\cos \sphericalangle(\vec{u} \times \vec{v}\,;\, \vec{w})|$.

x_3

$\sphericalangle(\vec{u} \times \vec{v}\,;\, \vec{w})$

$\vec{u} \times \vec{v}$

x_2

$\vec{w}$

H

$\vec{v}$

G

$\vec{u}$

x_1

C   Spatvolumen

Abstand paralleler Ebenen
Der Abstand ist gleich dem eines Punktes der einen Ebene von der anderen Ebene. Damit ist dieses Abstandsproblem bereits auf S. 217 gelöst. Es ergibt sich
$d = |\vec{n}^0 * (\vec{p} - \vec{a})|$, wobei $\vec{n}$ ein Normalenvektor beider Ebenen ist und P zur einen Ebene und A zur anderen gehört.

Abstand Punkt – Gerade im $\mathbb{R}^3$ (Abb. A_1)
Bestimme den Abstand des Punktes $P(2|2|3)$ von der Geraden durch $A(1|2|1)$ und $B(3|3|0)$.
Lösung:
(1) Als Abstand d eines Punktes P von einer Geraden g definiert man die Länge des Lotes von P auf die Gerade g.
(2) Wegen $P \notin g$ wird durch P und g eine Ebene E festgelegt, in der das Rechteck und das flächengleiche (s. S. 183) Parallelogramm der Abb. A_1 liegen.
(3) Auf Grund der Gleichheit der Flächeninhalte und der Möglichkeit, den Inhalt des Parallelogramms über das Vektorprodukt zu berechnen (S. 211), erhält man die Gleichung

$d \cdot |\vec{a}| = |\vec{a} \times (\vec{p} - \vec{a})|$

$\Leftrightarrow d = \frac{1}{|\vec{a}|} |\vec{a} \times (\vec{p} - \vec{a})| \Leftrightarrow d = |\vec{a}^0 \times (\vec{p} - \vec{a})|$,

wobei $A(1|2|1)$ für $\vec{a}$ gewählt werden kann:

$\vec{a} \times (\vec{p} - \vec{a}) = \begin{pmatrix} 2 \\ 1 \\ -1 \end{pmatrix} \times \begin{pmatrix} 1 \\ 0 \\ 2 \end{pmatrix} = \begin{pmatrix} 2 \\ -5 \\ -1 \end{pmatrix}$.

$\Rightarrow d = |\vec{a}^0 \times (\vec{p} - \vec{a})| = \frac{1}{\sqrt{6}} \sqrt{30} = \sqrt{5}$.

Abstand Gerade – Gerade im $\mathbb{R}^3$ (Abb. A_2)
Vorgegeben seien zwei Geraden im $\mathbb{R}^3$ durch
$g: \vec{x} = \vec{a} + r\vec{u}$ und $h: \vec{x} = \vec{b} + s\vec{v}$.
Fall a): Die Geraden sind parallel (vgl. S. 212, Abb. B).
Dann kann man einen Punkt auf der Geraden h auswählen und seinen Abstand von der Geraden g wie oben berechnen.
Fall b): Die Geraden sind windschief, d.h. sie haben keinen Schnittpunkt und sind nicht parallel.
Der Abstand ist festgelegt durch die kürzeste Entfernung zweier Punkte beider Geraden. Es muss sich um das gemeinsame Lot zwischen beiden Geraden handeln. Dass dieses existiert, macht die untere der beiden Darstellungen in Abb. A_2 deutlich.

Die Richtungsvektoren sind linear unabhängig (die Geraden sind nicht parallel) und legen daher zwei parallele Hilfsebenen fest, in denen jeweils eine der beiden Geraden enthalten ist. Die senkrechte Projektion g' bzw. h' von g bzw. h in die jeweils andere Ebene schneidet h bzw. g in genau einem Punkt: S_1 bzw. S_2.
Die Strecke $S_1 S_2$ ist das gesuchte gemeinsame Lot und deren Länge der Abstand der beiden parallelen Hilfsebenen und damit der Abstand der windschiefen Geraden. Damit ist das Abstandsproblem zweier windschiefer Geraden auf das Abstandsproblem paralleler Ebenen (s.o.) zurückgeführt. Es gilt:

$$d = \left| (\vec{u} \times \vec{v})^0 * (\vec{b} - \vec{a}) \right|.$$

Höhenschnittpunkt im Dreieck
Zeige, dass sich die Höhen eines Dreiecks in einem Punkt schneiden.
Beweis: (Abb. B)
Es gelten nach Vor. $\vec{u} \perp \vec{a}$, d.h. $\vec{u} * \vec{a} = 0$ und $\vec{v} \perp \vec{b}$, d.h. $\vec{v} * \vec{b} = 0$.
Außerdem gilt $\vec{x} = \vec{b} - \vec{u}$ und $\vec{x} = \vec{a} - \vec{v}$.
Daraus folgt:

$\vec{x} * (\vec{a} - \vec{b}) = \vec{x} * \vec{a} - \vec{x} * \vec{b}$

$= (\vec{b} - \vec{u}) * \vec{a} - (\vec{a} - \vec{v}) * \vec{b}$

$= \vec{a} * \vec{b} - 0 - \vec{a} * \vec{b} + 0 = 0.$ w.z.z.w.

Spatprodukt
Wie groß ist das Volumen eines »schiefen« Quaders (eines *Spates*), der von $\vec{u}$, $\vec{v}$ und $\vec{w}$ aufgespannt wird (Abb. B)?

1. Fall: $\vec{u}$, $\vec{v}$ und $\vec{w}$ seien lin. abhängig.
Dann liegt kein Körper vor; das Volumen ist 0.

2. Fall: $\vec{u}$, $\vec{v}$ und $\vec{w}$ seien lin. unabhängig.
Für das Volumen des Spates gilt (S. 199)
$V_{Spat} = G \cdot H$ mit $G = |\vec{u} \times \vec{v}|$ und
$H = |\vec{w}| \cdot |\cos \sphericalangle (\vec{u} \times \vec{v}; \vec{w})|$.
Es folgt daher:

$$V_{Spat} = |(\vec{u} \times \vec{v}) * \vec{w}|.$$

Bem.: $(\vec{u} \times \vec{v}) * \vec{w}$ wird *Spatprodukt* genannt und ist eine reelle Zahl. Die Zahl ist positiv (negativ), wenn $\vec{u}$, $\vec{v}$ und $\vec{w}$ in dieser Reihenfolge ein Rechts(Links-)system bilden. Sie ist 0 genau dann, wenn die drei Vektoren lin. abh. sind.
Man schreibt das Spatprodukt auch ohne $\times$ und $*$ in der Form $(\vec{u}; \vec{v}; \vec{w})$, weil $\times$ und $*$ vertauscht werden können, ohne den Wert des Spatprodukts zu verändern.

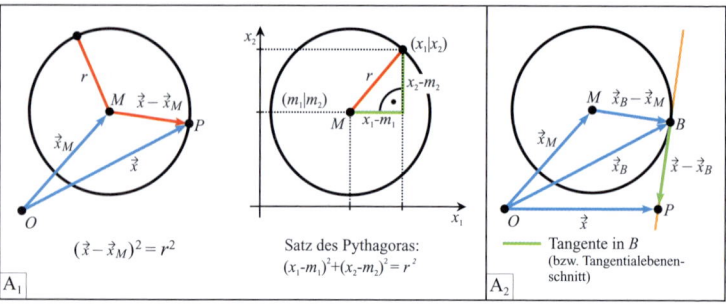

$$(\vec{x} - \vec{x}_M)^2 = r^2$$

A_1

Satz des Pythagoras:
$$(x_1 - m_1)^2 + (x_2 - m_2)^2 = r^2$$

Tangente in B
(bzw. Tangentialebenenschnitt)

A_2

A   Kreisgleichungen und Kreistangente

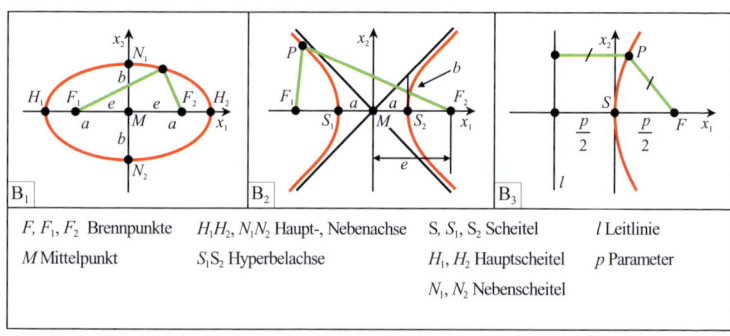

B_1 B_2 B_3

F, F_1, F_2 Brennpunkte	H_1H_2, N_1N_2 Haupt-, Nebenachse	S, S_1, S_2 Scheitel	l Leitlinie
M Mittelpunkt	S_1S_2 Hyperbelachse	H_1, H_2 Hauptscheitel	p Parameter
		N_1, N_2 Nebenscheitel	

B   Ellipse, Hyperbel und Parabel

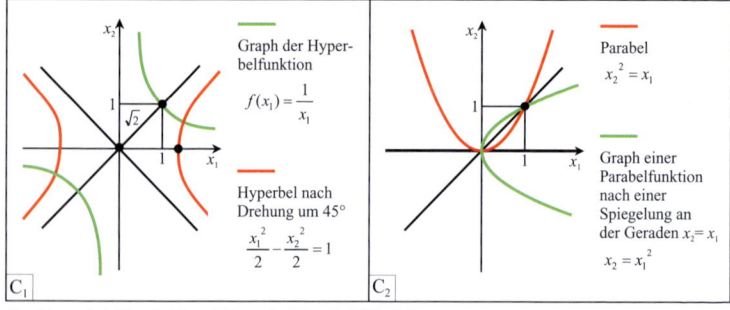

Graph der Hyperbelfunktion
$$f(x_1) = \frac{1}{x_1}$$
Hyperbel nach Drehung um 45°
$$\frac{x_1^2}{2} - \frac{x_2^2}{2} = 1$$

C_1

Parabel
$$x_2^2 = x_1$$
Graph einer Parabelfunktion nach einer Spiegelung an der Geraden $x_2 = x_1$
$$x_2 = x_1^2$$

C_2

C   Hyperbel (Parabel) und Hyperbel(Parabel-)funktion

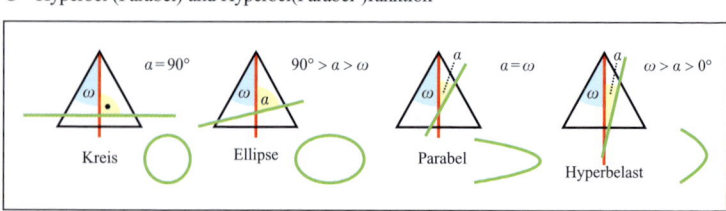

Kreis   Ellipse   Parabel   Hyperbelast

D   Kegelschnitte

Kreis (Kugel)

Im kart. Koordinatensystem gilt (Abb. A_1):

$(\vec{x} - \vec{x}_M)^2 = r^2$ *Mittelpunktsform des Kreises* mit $M(m_1|m_2)$ als Mittelpunkt bzw.
$\vec{x}^2 = r^2$ *Ursprungsform* (mit $M = (0|0)$).

Führt man Koordinaten ein, so ergeben sich die Gleichungen:

$(x_1 - m_1)^2 + (x_2 - m_2)^2 = r^2$ bzw.
$x_1^2 + x_2^2 = r^2$.

Bem.: Überträgt man die Kreisdefinition in den $\mathbb{R}^3$, so ergibt sich die *Definition* einer *Kugel*. Zu ihr gehören dieselben Vektorgleichungen wie zum Kreis. Bei den Koordinatengleichungen kommt ein entsprechender Term mit der dritten Koordinate x_3 hinzu.

Ellipse und Hyperbel

Vorgegeben seien zwei verschiedene Punkte F_1 und F_2 auf der x_1-Achse im Abstand e vom Ursprung. Die Menge aller Punkte, die von F_1 und F_2 die konstante Abstandssumme $\overline{PF_1} + \overline{PF_2} = 2a$ (Abstandsdifferenz $|\overline{PF_1} - \overline{PF_2}| = 2a$) besitzen ($e, a \in \mathbb{R}^+$), heißt *Ellipse (Hyperbel)* (Abb. B_1 u. B_2).

Die Ellipse ist für $e = 0$ ein Kreis.
Ellipsengleichung (Bezeichnung in Abb. B):

$\dfrac{x_1^2}{a^2} + \dfrac{x_2^2}{b^2} = 1$

Ursprungsform (mit $M = (0|0)$).
Mit $F_1 = (-e|0)$ und $F_2 = (e|0)$ erhält man
$\overline{PF_1} = \sqrt{(x_1 + e)^2 + x_2^2}$ und
$\overline{PF_2} = \sqrt{(e - x_1)^2 + x_2^2}$
Eingesetzt in die Abstandssumme ergibt sich:

$\sqrt{(x_1 + e)^2 + x_2^2} + \sqrt{(e - x_1)^2 + x_2^2} = 2a$
$\Leftrightarrow 2a - \sqrt{(e - x_1)^2 + x_2^2} = \sqrt{(x_1 + e)^2 + x_2^2}$
$\qquad\qquad\qquad\qquad\qquad$ | quadrieren
$\Rightarrow 4a^2 - 4ex_1 = 4a\sqrt{(e - x_1)^2 + x_2^2}$ | $: 4a$
$\Leftrightarrow a - \frac{e}{a}x_1^2 = \sqrt{(e - x_1)^2 + x_2^2}$ | quadrieren
$\Rightarrow a^2 - \frac{e^2}{a^2}x_1^2 = e^2 + x_1^2 + x_2^2$
$\Leftrightarrow (1 - \frac{e^2}{a^2})x_1^2 + x_2^2 = a^2 - e^2$
$\Leftrightarrow (a^2 - e^2)\frac{x_1^2}{a^2} + x_2^2 = e$ | $: a^2 - e^2 = b^2$
$\Leftrightarrow \frac{x_1^2}{a^2} + \frac{x_2^2}{b^2} = 1$

Die *Mittelpunktsform* lautet:
$\dfrac{(x_1 - m_1)^2}{a^2} + \dfrac{(x_2 - m_2)^2}{b^2} = 1$ mit $M(m_1|m_2)$
als Mittelpunkt.

Ein entsprechender Rechengang wie bei der Ellipse, allerdings über die Abstandsdifferenz, hat als Ergebnis die *Hyperbelgleichung*:

$\dfrac{x_1^2}{a^2} - \dfrac{x_2^2}{b^2} = 1$ *Ursprungsform* (mit $M(0|0)$)

bzw.

$\dfrac{(x_1 - m_1)^2}{a^2} - \dfrac{(x_2 - m_2)^2}{b^2} = 1$ *Mittelpunktsform*
$\qquad\qquad\qquad$ mit $M(0|0)$ als Mittelpunkt.

Bem.: Den Zusammenhang mit dem Graphen der *Hyperbelfunktion* (S. 83) erkennt man, wenn man diesen um $45°$ in Uhrzeigerrichtung dreht (Abb. C_1).
An dem Bild wird auch deutlich, dass die Hyperbel Asymptoten besitzt. Es sind die Geraden mit der Gleichung $x_2 = \pm x_1$.
Im allgemeinen Fall bildet man den Quotienten $\frac{x_2}{x_1}$ bei der Ursprungsform, d.h.

$\dfrac{x_2}{x_1} = \pm \dfrac{b}{a}\sqrt{1 - \dfrac{a^2}{x_1^2}}$ und $\lim\limits_{x_1 \to \pm\infty} \dfrac{x_2}{x_1} = \pm\dfrac{b}{a}$.

Als *Asymptoten* ergeben sich dann die beiden Geraden mit den Gleichungen $x_2 = \pm\frac{b}{a}x_1$.

Parabel

Vorgegeben sei ein Punkt F im Abstand p von einer Geraden l in der Ebene. Die Menge aller Punkte, die von F und l einen gleich großen Abstand besitzen ($p \in \mathbb{R}^+$), heißt *Parabel* (Abb. B_3).

Mit einem kart. Koordinatensystem wie in Abb. B_3 ergibt sich als *Parabelgleichung* die sog. *Scheitelform* $x_2^2 = 2px_1$.
Bem.: Nach einer Spiegelung an der Geraden mit $x_2 = x_1$ (Abb. C_2), erkennt man den Zusammenhang mit dem Graphen der Parabelfunktion: $x_2 = \frac{1}{2p}x_1^2$ (s. S. 81).

Kreistangente (Tangentialebene bei einer Kugel)

Weil die Kreistangente senkrecht zu ihrem Berührradius steht, gilt für ihre Punkte die Vektorgleichung (Abb. A_2).
$(\vec{x} - \vec{x}_B) * (\vec{x}_B - \vec{x}_M) = 0$.
Eine Ersetzung von $\vec{x}_B$ im 1. Faktor durch $\vec{x}_M + (\vec{x}_B - \vec{x}_M)$ liefert nach einer Umformung die der Kreisgleichung ähnliche Form der *Tangentengleichung*: $(\vec{x} - \vec{x}_M) * (\vec{x}_B - \vec{x}_M) = r^2$.

Bem.: Ellipse, Hyperbel und Parabel bezeichnet man auch als *Kegelschnitte*.
Man erhält sie z.B. durch ein Experiment mit einem Kegel aus Gips, den man in einer spitzen Papiertüte herstellen und längs einer Ebene unter bestimmten Winkeln zur Kegelachse zersägen kann. Die Berandung der Schnittfläche ist bis auf einige Sonderfälle eine Ellipse (speziell ein Kreis), eine Hyperbel oder eine Parabel (Abb. D bzw. AM, S. 197).

$$M = \{u; g\}$$
$$(M; +; \bullet)\ \text{Ring}$$

$$M \backslash \{g\} = \{u\}$$

$(M; +)$ kommutative
Gruppe mit dem neutralen
Element g

$(M; \bullet)$
Halbgruppe

$(M \backslash \{g\}; \bullet)$ kommutative
Gruppe mit dem neutralen
Element u

+	u	g
u	g	u
g	u	g

$\bullet$	u	g
u	u	g
g	g	g

$\bullet$	u
u	u

$u :=$ ungerade
$g :=$ gerade

$(M; +; \bullet)$ ist ein Körper mit zwei Elementen.

A₁

$\Diamond$	a	b	c	d
a	a	b	c	d
b	b	a	d	c
c	c	d	a	b
d	d	c	b	a

$\circ$	D_0	D_1	D_2	D_3	D_4	D_5
D_0	D_0	D_1	D_2	D_3	D_4	D_5
D_1	D_1	D_0	D_5	D_4	D_3	D_2
D_2	D_2	D_1	D_0	D_5	D_4	D_3
D_3	D_3	D_2	D_1	D_0	D_5	D_4
D_4	D_4	D_3	D_2	D_1	D_0	D_5
D_5	D_5	D_4	D_3	D_2	D_1	D_0

A₂   kleinsche Vierergruppe   Drehungsgruppe eines Sechsecks

A   Verknüpfungstafeln

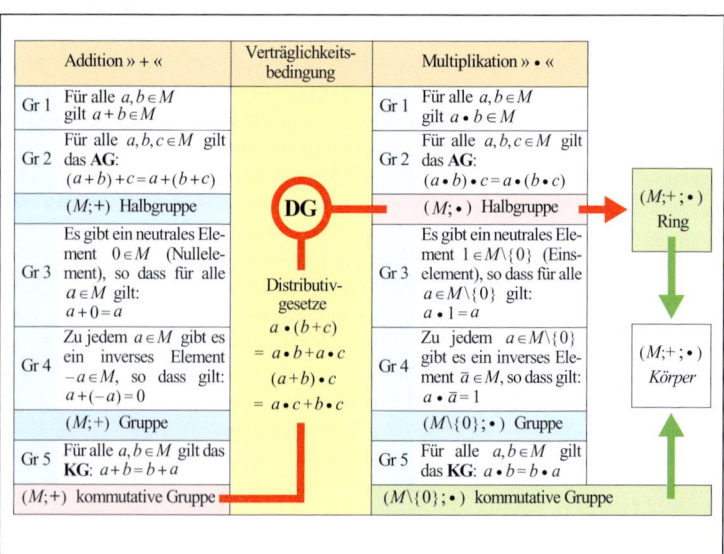

Addition » + «	Verträglichkeits-bedingung	Multiplikation » • «	
Gr 1 Für alle $a, b \in M$ gilt $a + b \in M$		**Gr 1** Für alle $a, b \in M$ gilt $a \bullet b \in M$	
Gr 2 Für alle $a, b, c \in M$ gilt das **AG**: $(a+b)+c = a+(b+c)$		**Gr 2** Für alle $a, b, c \in M$ gilt das **AG**: $(a \bullet b) \bullet c = a \bullet (b \bullet c)$	$(M; +; \bullet)$ Ring
$(M; +)$ Halbgruppe	**DG**	$(M; \bullet)$ Halbgruppe	
Gr 3 Es gibt ein neutrales Element $0 \in M$ (Nullelement), so dass für alle $a \in M$ gilt: $a + 0 = a$	Distributivgesetze $a \bullet (b+c)$ $= a \bullet b + a \bullet c$ $(a+b) \bullet c$ $= a \bullet c + b \bullet c$	**Gr 3** Es gibt ein neutrales Element $1 \in M \backslash \{0\}$ (Einselement), so dass für alle $a \in M \backslash \{0\}$ gilt: $a \bullet 1 = a$	
Gr 4 Zu jedem $a \in M$ gibt es ein inverses Element $-a \in M$, so dass gilt: $a + (-a) = 0$		**Gr 4** Zu jedem $a \in M \backslash \{0\}$ gibt es ein inverses Element $\bar{a} \in M$, so dass gilt: $a \bullet \bar{a} = 1$	$(M; +; \bullet)$ *Körper*
$(M; +)$ Gruppe		$(M \backslash \{0\}; \bullet)$ Gruppe	
Gr 5 Für alle $a, b \in M$ gilt das **KG**: $a + b = b + a$		**Gr 5** Für alle $a, b \in M$ gilt das **KG**: $a \bullet b = b \bullet a$	
$(M; +)$ kommutative Gruppe		$(M \backslash \{0\}; \bullet)$ kommutative Gruppe	

B   Ring und Körper

Wenn man in der Mathematik von einer »Gruppe« spricht, so meint man Mengen von Zahlen oder von anderen Objekten, in denen sich das »Rechnen« auf die Vorgabe bestimmter Regeln (Axiome) stützt.

Eigentlich sollte man meinen, dass das Rechnen nach Regeln allein eine Angelegenheit der Algebra sei, wie z.B. die Addition $a+b$ bzw. die Multiplikation $a \cdot b$ von reellen Zahlen. Aber schon die Menge der Vektoren ist ein Beispiel dafür, dass die Objekte des »Rechnens« nicht unbedingt Zahlen sein müssen. Bei ihnen handelt es sich um Klassen von Pfeilen, die zu Verschiebungen der Ebene oder des Raumes gehören (S. 203).

Statt »rechnen« mit den Objekten einer Menge M sagt man auch:
Eine *innere Verknüpfung,* die auf M definiert ist, wird angewendet.

Innere Verknüpfungen

Damit meint man, dass je zwei Elementen a und b aus M ($a=b$ zugelassen) eindeutig ein »Ergebnis« aus M, bei Zahlenmengen die Summe oder das Produkt, zugeordnet wird.

In diesem Sinne stellt auch die Nacheinanderausführung von Verschiebungen (die Addition von Vektoren) eine innere Verknüpfung dar, denn mit $\vec{u}$ und $\vec{v}$ ist auch $\vec{u}+\vec{v}$ wieder eine Verschiebung (ein Vektor).

Nimmt man nicht Bezug auf eine bestimmte Verknüpfung, so definiert man allgemein als Kennzeichen einer inneren Verknüpfung

> Für alle $a,b \in M$ gilt: $a \Diamond b \in M$
> (lies: a verknüpft mit b).

und schreibt $(M; \Diamond)$ (lies: Menge M mit der inneren Verknüpfung » $\Diamond$ «).

Beispiele für innere Verknüpfungen:
(a) » $+$ « und » $\cdot$ « auf $\mathbb{N}$, $\mathbb{Z}$, $\mathbb{Q}$, $\mathbb{R}$ und $\mathbb{C}$
(b) Addition von n-Tupeln (S. 206, Abb. B)
(c) Menge aller Drehungen eines Sechsecks (n-Ecks) um seinen Mittelpunkt, und zwar so, dass Ecken auf Ecken abgebildet werden; als innere Verknüpfung steht die Nacheinanderausführung zur Verfügung
(d) Verknüpfung gemäß einer Verknüpfungstafel wie in Abb. A

Gruppenaxiome

Das Anwenden einer inneren Verknüpfung erfolgt nach bestimmten Gesetzen, die aus der Algebra vertraut sind (hier in Kurzform; exakte Formulierung in Abb. B):

> **Gr1 innere Verknüpfung (iV)** $a \Diamond b \in M$

> **Gr2 Assoziativgesetz (AG)**
> $(a \Diamond b) \Diamond c = a \Diamond (b \Diamond c)$
> **Gr3 neutrales Element e (nE)** mit
> $a \Diamond e = a$
> **Gr4 inverses Element $\bar{a}$ zu a (iE)** mit
> $a \Diamond \bar{a} = e$
> **Gr5 Kommutativgesetz (KG)**
> $a \Diamond b = b \Diamond a$

Gr1 bis **Gr5** bezeichnet man als *Gruppenaxiome.* Folgende Begriffe werden definiert:

> Gelten für eine Menge M **Gr1** bis **Gr4**, so heißt $(M; \Diamond)$ *Gruppe.* Gilt außerdem noch **Gr5**, so heißt die Gruppe *kommutativ.* Gelten nur **Gr1** und **Gr2**, so spricht man von einer *Halbgruppe.*

Beispiele für Gruppen / Halbgruppen:
(1) $(\mathbb{Z};+)$, $(\mathbb{Q};+)$, $(\mathbb{C};+)/(\mathbb{N};+)$, $(\mathbb{N};\cdot)$
(2) $(\mathbb{Q}\backslash\{0\};\cdot)$, $(\mathbb{R}\backslash\{0\};\cdot)$, $(\mathbb{C}\backslash\{0\};\cdot)$
(3) nebenstehendes Beispiel (c)
(4) Die Verknüpfungstafeln der Abb. A definieren endliche Guppen.

Ergänzung von (nE) und (iE)

Bei **(nE)** und **(iE)** wird nicht ausgeschlossen, dass die Verknüpfung mit e bzw. mit $\bar{a}$ auch von links erfolgen kann. Außerdem ist nicht ausgeschlossen, dass es mehrere neutrale Elemente geben könnte oder gar mehrere inverse.

> **Satz:** In einer Gruppe $(M; \Diamond)$ gilt:
> (a) $\bar{a} \Diamond a = a \Diamond \bar{a} = e$
> (b) $e \Diamond a = a \Diamond e = a$
> (c) Es gibt genau ein neutrales Element.
> (d) Zu jedem Element gibt es genau ein inverses Element.

Die im obigen Satz genannten Eigenschaften folgen allein aus den vier Axiomen **Gr1** bis **Gr4** (Beweis, s. AM, S. 73). Man muss sie daher nicht in die Definition mit einbeziehen.

Ringe und Körper

Wie in den Kapiteln »Zahlenmengen«, S. 25f., dargestellt wird, ist das Rechnen in $\mathbb{N}$ bzw. $\mathbb{Z}$ im Vergleich zu $\mathbb{Q}$ noch unvollkommen. In $\mathbb{Z}$ ist zwar über die negativen Zahlen (das sind die in $(\mathbb{N};+)$ fehlenden inversen Elemente) eine Subtraktion definiert, jedoch fehlen noch die inversen Elemente in $(\mathbb{Z}\backslash\{0\};\cdot)$, die in $\mathbb{Q}$ enthaltenen Kehrbrüche, um eine vollständige Division zu ermöglichen.

Mit den Begriffsbildungen der Abb. B ausgedrückt, hat $(\mathbb{Z};+;\cdot)$ die algebraische Struktur eines Ringes, während $(\mathbb{Q};+;\cdot)$ die weiter reichende Struktur eines Körpers besitzt.

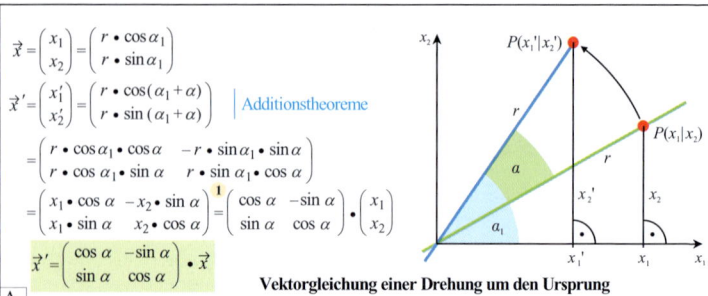

$$\vec{x} = \begin{pmatrix} x_1 \\ x_2 \end{pmatrix} = \begin{pmatrix} r \cdot \cos\alpha_1 \\ r \cdot \sin\alpha_1 \end{pmatrix}$$

$$\vec{x}' = \begin{pmatrix} x_1' \\ x_2' \end{pmatrix} = \begin{pmatrix} r \cdot \cos(\alpha_1 + \alpha) \\ r \cdot \sin(\alpha_1 + \alpha) \end{pmatrix} \quad | \text{ Additionstheoreme}$$

$$= \begin{pmatrix} r \cdot \cos\alpha_1 \cdot \cos\alpha & -r \cdot \sin\alpha_1 \cdot \sin\alpha \\ r \cdot \cos\alpha_1 \cdot \sin\alpha & r \cdot \sin\alpha_1 \cdot \cos\alpha \end{pmatrix}$$

$$= \begin{pmatrix} x_1 \cdot \cos\alpha & -x_2 \cdot \sin\alpha \\ x_1 \cdot \sin\alpha & x_2 \cdot \cos\alpha \end{pmatrix} \overset{1}{=} \begin{pmatrix} \cos\alpha & -\sin\alpha \\ \sin\alpha & \cos\alpha \end{pmatrix} \cdot \begin{pmatrix} x_1 \\ x_2 \end{pmatrix}$$

$$\vec{x}' = \begin{pmatrix} \cos\alpha & -\sin\alpha \\ \sin\alpha & \cos\alpha \end{pmatrix} \cdot \vec{x}$$

Vektorgleichung einer Drehung um den Ursprung

A_1

Die Multiplikation » • « zwischen *Matrix* und *Vektor* ist dabei folgendermaßen definiert:

Man denkt sich die Zeilen der Matrix aufgeschrieben als Spalten (Zeilenvektoren $\vec{z}_1$ und $\vec{z}_2$). Bildet man nun die Skalarprodukte $\vec{z}_1 * \vec{x}$ und $\vec{z}_2 * \vec{x}$ (s. S. 211), so erhält man gerade die 1. und 2. Komponente des Vektors ⑴ in Abb. A_1.

$$\begin{pmatrix} \cos\alpha & -\sin\alpha \\ \sin\alpha & \cos\alpha \end{pmatrix} \cdot \begin{pmatrix} x_1 \\ x_2 \end{pmatrix} = \begin{pmatrix} \vec{z}_1 * \vec{x} \\ \vec{z}_2 * \vec{x} \end{pmatrix}$$

A_2

Vorgegeben seien zwei Drehungen um den Ursprung mit den Drehwinkeln α und β,
  d.h. $\vec{x}' = D_\alpha \cdot \vec{x}$ und $\vec{x}'' = D_\beta \cdot \vec{x}'$.

Für die Nacheinanderausführung gilt dann (die erste beider Gleichungen in die zweite eingesetzt):
  $\vec{x}'' = D_\beta \cdot (D_\alpha \cdot \vec{x})$.

Wünschenswert wäre nun, dass man die Klammern umsetzen darf. Doch dazu muss zunächst angegeben werden, wie man $D_\beta \cdot D_\alpha$ berechnen soll. Definiert man das Produkt wie in Abb. B_1, so erhält man gerade $D_{\alpha+\beta}$, das gewünschte Ergebnis für die Nacheinanderausführung.

Produkt zweier Drehmatrizen

A_3

A   Drehung um einen Punkt und Drehmatrizen

Eine Verallgemeinerung des Produkts aus Matrix und Vektor ist das *Produkt beliebiger (2;2)-Matrizen:*
Man bildet die Zeilenvektoren $\vec{z}_1$ und $\vec{z}_2$ der 1. Matrix und bestimmt dann der Reihe nach die Skalarprodukte $\vec{z}_1 * \vec{s}_1$, $\vec{z}_2 * \vec{s}_1$ und $\vec{z}_1 * \vec{s}_2$, $\vec{z}_2 * \vec{s}_2$ mit den Spaltenvektoren $\vec{s}_1$ und $\vec{s}_2$ der 2. Matrix.

$$\begin{pmatrix} a_{11} & a_{12} \\ a_{21} & a_{22} \end{pmatrix} \cdot \begin{pmatrix} b_{11} & b_{12} \\ b_{21} & b_{22} \end{pmatrix} := \begin{pmatrix} \vec{z}_1 * \vec{s}_1 & \vec{z}_1 * \vec{s}_2 \\ \vec{z}_2 * \vec{s}_1 & \vec{z}_2 * \vec{s}_2 \end{pmatrix}$$

B_1

Produkte beliebiger (2;2)-Matrizen

Durch Nachrechnen bestätigt man die **Assoziativität** dieser inneren Verknüpfung.
Dagegen ist die Multiplikation von (2;2)-Matrizen **nicht kommutativ**, denn es gilt z.B.

$$\begin{pmatrix} 1 & 0 \\ 0 & 0 \end{pmatrix} \cdot \begin{pmatrix} 0 & 1 \\ 0 & 1 \end{pmatrix} = \begin{pmatrix} 0 & 1 \\ 0 & 0 \end{pmatrix} \text{ und vertauscht } \begin{pmatrix} 0 & 1 \\ 0 & 1 \end{pmatrix} \cdot \begin{pmatrix} 1 & 0 \\ 0 & 0 \end{pmatrix} = \begin{pmatrix} 0 & 0 \\ 0 & 0 \end{pmatrix}.$$

Außerdem gibt es nicht zu jeder Matrix eine inverse Matrix.

Dazu müsste mit der **neutralen** Matrix $E = \begin{pmatrix} 1 & 0 \\ 0 & 1 \end{pmatrix}$ gelten: $A \cdot \overline{A} = E$.

Diese Gleichung ist aber z.B. für $A = \begin{pmatrix} 1 & 0 \\ 0 & 0 \end{pmatrix}$ nicht lösbar, denn aus $\begin{pmatrix} 1 & 0 \\ 0 & 0 \end{pmatrix} \cdot \begin{pmatrix} x & y \\ v & w \end{pmatrix} = \begin{pmatrix} 1 & 0 \\ 0 & 1 \end{pmatrix}$
würde folgen: $0 = 1$.

Eigenschaften des Produkts beliebiger (2;2)-Matrizen

B_2

B   Produkt von (2;2)-Matrizen

Gruppe der Drehmatrizen

Die Drehung eines Punktes $P(x_1|x_2)$ um den Ursprung O eines kart. Koordinatensystems im $\mathbb{R}^2$ (Drehwinkel α) kann durch ein Schema, eine sog. (2;2)-Matrix (auch Drehmatrix D_α genannt) von zwei mal zwei, d.h. von vier Zahlen beschrieben werden. Für den Bildpunkt P' gilt nämlich die Vektorgleichung (Abb. A₁): $\vec{x}' = D_\alpha \bullet \vec{x}$ mit der Matrix

$$D_\alpha = \begin{pmatrix} \cos\alpha & -\sin\alpha \\ \sin\alpha & \cos\alpha \end{pmatrix}.$$

Dabei ist die Verknüpfung »$\bullet$« von Matrix und Vektor wie in Abb. A₂ definiert.

Eine innere Verknüpfung auf der Menge aller Drehungen um den Ursprung ist mit der *Nacheinanderausführung* gegeben. Werden zwei Drehungen um den Ursprung mit den Drehwinkeln α und β nacheinander ausgeführt, so ist das Ergebnis eine Drehung mit dem Summenwinkel $\alpha + \beta$. Übertragen auf die Darstellung der Drehungen durch Drehmatrizen ergibt sich (Abb. A₃)

$$D_{\alpha+\beta} = D_\beta \bullet D_\alpha.$$

Dabei erfolgt die Multiplikation zweier Drehmatrizen wie in Abb. B₁ angegeben. Sie ist eine innere Verknüpfung, für die gilt:

Die Menge der Drehmatrizen bildet bezüglich der Verknüpfung »$\bullet$« eine kommutative Gruppe.

Beliebige (2;2)-Matrizen

Bezüglich der in Abb. A₃ definierten inneren Verknüpfung sind nicht alle Gruppenaxiome erfüllt. Zwar gilt das **(AG)** und es gibt ein neutrales Element,

die sog. **Einheitsmatrix** $E = \begin{pmatrix} 1 & 0 \\ 0 & 1 \end{pmatrix}$,

aber nicht zu jeder Matrix gibt es eine inverse Matrix; außerdem gilt das **(KG)** nicht (Abb. B₂).

Satz: Die Menge aller (2;2)-Matrizen bildet versehen mit der Multiplikation eine nichtkommutative Halbgruppe mit neutralem Element E (S. 223).

Ring der (2;2)-Matrizen

Der Anwendungsbereich der (2;2)-Matrizen beschränkt sich nicht auf geometrische Abbildungen. Vielmehr ist es auch sinnvoll, eine Addition von (2;2)-Matrizen zu erklären, u.z. *positionsweise*. Dabei unterscheidet man bei der (2;2)-Matrix die Positionen »11«, »12«,

»21« und »22«, wobei der 1. Index für die Zeile, der 2. für die Spalte steht.

Bezüglich dieser Addition bildet die Menge aller (2;2)-Matrizen eine kommutative Gruppe.

Zusammen mit der Halbgruppeneigenschaft bezüglich der Multiplikation und der Gültigkeit der Distributivgesetze (Nachrechnen) ergibt sich:

Satz: Die Menge der (2;2)-Matrizen bildet versehen mit den oben eingeführten inneren Verknüpfungen »$+$« und »$\bullet$« einen nichtkommutativen Ring mit neutralem Element E (S. 223).

Reguläre Matrizen

Es sind die sog. *regulären* (2;2)-Matrizen, für die inverse Elemente existieren. Das sind Matrizen, deren Determinante ungleich 0 ist.

Zu $A = \begin{pmatrix} a_{11} & a_{12} \\ a_{21} & a_{22} \end{pmatrix}$ heißt die Differenz

$$\det A = a_{11} \cdot a_{22} - a_{12} \cdot a_{21}$$

Determinante von A.

Aus der Eigenschaft

$$\det(A \bullet B) = \det A \cdot \det B$$

folgt, dass die innere Verknüpfung »$\bullet$« auf der Menge aller (2;2)-Matrizen auch innere Verknüpfung auf der Teilmenge der regulären Matrizen ist. Mit $\det A \neq 0$ und $\det B \neq 0$ ergibt nämlich auch $\det(A \bullet B) \neq 0$. Es gilt sogar:

Satz: Die Teilmenge der regulären (2;2)-Matrizen bildet bezüglich der Multiplikation »$\bullet$« eine *nichtkommutative Gruppe* (sog. *reguläre Gruppe*).

Ist eine Teilmenge einer Gruppe ebenfalls eine Gruppe, so spricht man von einer *Untergruppe*.

Die Gruppe der Drehmatrizen ist also eine Untergruppe der regulären Gruppe. Bei ihr handelt es sich aber nur um einen Spezialfall ihrer möglichen Untergruppen.

Der gesamte Geometrieunterricht der Sekundarstufe I lässt sich als eine Untersuchung der Untergruppen der Ähnlichkeitsabbildungen auffassen. Sie umfasst wiederum die wichtige Untergruppe der Kongruenzabbildungen. Dabei gehören zu jeder Gruppe sog. Invariante, z.B. Punkt, Gerade, Parallelität, Streckenlänge und Winkelmaß bei den Kongruenzabbildungen.

Merkmal	Ausprägungen	Träger
Geschlecht	weiblich, männlich, sonstige	Menschen
Wahlentscheidungen	SPD, CDU/CSU, FDP, Grüne, sonstige	Wahlberechtigte
Mietzeit (Jahre)	unter 10, 10 bis 25, über 25 bis 40, über 40	Mieter
Rangfolge	Note 1, Note 2, ..., Note 6	Schüler
Würfelbild	Bilder der Augenzahlen 1, 2, ... , 6	Würfel

A   Merkmale und Ausprägungen

30-maliges Würfeln mit einem Spielzeugwürfel

Urliste: 32626 16514 36216 12661 46613 11453 ($n=30$)   arith. Mittel: 3,47

Strichliste:

1	2	3	4	5	6
₪₪₪	₪₪₪₪	₪₪₪₪	₪₪₪	₪₪	₪₪₪₪

absolute Häufigkeiten $H(a_i)$:

1	2	3	4	5	6
8	4	4	3	2	9

relative Häufigkeiten $h(a_i)$:

1	2	3	4	5	6
0,27	0,13	0,13	0,10	0,07	0,30

B_1 B_2

B   Beispiel einer Häufigkeitsverteilung

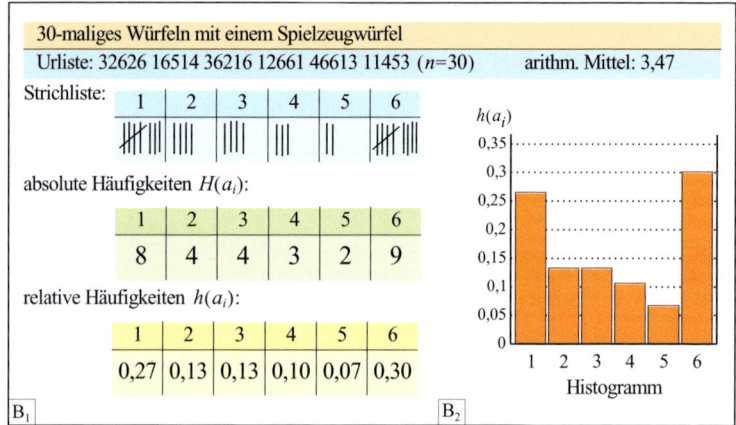

Kreis I — SPD, CDU, Grüne, FDP, sonstige — Gesamt: 100 %

1	2	3	4	5	6
0,13	0,14	0,25	0,27	0,12	0,09

arith. Mittel: 3,47

C_1 Kreisdiagramm C_2 Stabdiagramm C_3 Histogramm

C   Graphische Darstellung von Häufigkeitsverteilungen

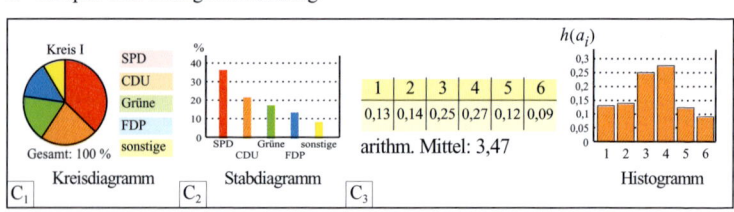

1	2	3	4	5	6
0,04	0,10	0,45	0,33	0,07	0,01

a_i	h_i	$a_i \cdot h_i$	$(a_i - \bar{e})^2 \cdot h_i$	h_i	$a_i \cdot h_i$	$(a_i - \bar{e})^2 \cdot h_i$
1	0,04	0,04	0,22	0,13	0,13	0,74
2	0,1	0,2	0,17	0,14	0,28	0,27
3	0,45	1,35	0,02	0,25	0,75	0,64
4	0,33	1,32	0,15	0,27	1,08	0,10
5	0,07	0,35	0,20	0,12	0,6	0,31
6	0,01	0,06	0,07	0,09	0,54	0,62
Summe	1	3,32	$\bar{s}^2 = 0,84$	1	3,38	$\bar{s}^2 = 2,08$
		$\bar{e} = 3,32$	$\bar{s} = 0,92$		$\bar{e} = 3,38$	$\bar{s} = 1,44$

D_1 D_2

D   Mittelwert und Standardabweichung

Statistik ist zu einem unersetzlichen Instrument von Wissenschaft, Verwaltung, Politik, Wirtschaft u.a. geworden.
Es geht zunächst um das Erfassen von Daten (*Stichproben*) und um ihre Verarbeitung (*beschreibende Statistik*).
Stichproben können Befragungen eines repräsentativen Teils einer gesellschaftlichen Gruppe sein, aber auch Versuchsergebnisse bei einem Reifentest oder beim wiederholten Würfeln mit einem Spielzeugwürfel.
Eine Befragung gilt einem bestimmten *Merkmal*, das zu verschiedenen Ausprägungen fähig ist, z.B. Lebensalter, Familienstand oder Anhänger einer Partei. Das Merkmal eines Reifentests kann z.B. »Haltbarkeit« sein, während beim Würfeln das Merkmal »Augenzahl« beobachtet wird (Abb. A).

> Eine Stichprobe richtet sich an ein bestimmtes Merkmal, zu dem eine Menge von Ausprägungen $\{a_1; a_2; \dots ; a_k\}$ gehört. Der Statistiker macht Aussagen zur prozentualen Verteilung der Ausprägungen bei einer Stichprobe.

Ob diese Aussagen auch für die Grundgesamtheit, der die Stichprobe entnommen wurde, Gültigkeit hat, ist ein Problem der *beurteilenden Statistik*, in der die Wahrscheinlichkeitsrechnung ein Hilfsmittel ist.

Häufigkeitsverteilungen
Eine Stichprobe der *Länge n*, die sich aus *n* Beobachtungen zusammensetzt, kann als *Urliste* $e_1; e_2 \dots e_n$ mit $e_i \in \{a_1; \dots ; a_k\}$ (Abb. B_1) notiert werden.
Überblick bekommt man über das Auftreten der einzelnen Ausprägungen, indem man von der Urliste über eine *Strichliste* zu einer Tabelle der *absoluten Häufigkeiten* $H(a_i)$, *kurz* H_i, übergeht (Abb. B_1).
Die prozentualen Anteile der a_i erhält man, wenn man die Quotienten $\frac{H(a_i)}{n}$ bildet.

> $h(a_i) := \frac{H(a_i)}{n}$, kurz h_i, heißt *relative Häufigkeit* von a_i.

> Eine Zuordnungstabelle mit den relativen Häufigkeiten, auch *Häufigkeitsverteilung* genannt, gibt eine Übersicht über die prozentualen Anteile der beteiligten Ausprägungen (Abb. B_1).

Aus der Definition folgt
(1) $0 \le h_i \le 1$ und (2) $h_1 + \dots + h_k = 1$

Bem.: $0,27 = \frac{27}{100} = 27\%$ $1 = 100\%$

Graphische Darstellung von Verteilungen
Verteilungen der Ausprägungen eines Merkmals können z.B. durch *Kreis-* oder *Stabdiagramme* oder mit Hilfe von *Histogrammen* (Abb. C) veranschaulicht werden. Letztere legt man so an, dass die Breite der Rechtecke über der Merkmalstärke den Wert 1 hat.

Parameter einer Verteilung
Es geht um die Charakterisierung einer Verteilung durch Mittelwerte und um ein Maß für die Abweichungen vom Mittelwert. Man unterscheidet sog.
Lage- und *Streuungsparameter*.
Es wird vorausgesetzt, dass die Ausprägungen *Zahlen* sind.

a) Arithmetisches Mittel, Zentralwert
Der wichtigste Lageparameter ist das arithmetische Mittel $\bar{e}$, auch *Durchschnittswert* genannt. Mit den absoluten (relativen) Häufigkeiten $H_i(h_i)$ von a_i ergibt sich bei einer Stichprobenlänge n:

$$\bar{e} = \frac{1}{n}(a_1 \cdot H_1 + a_2 \cdot H_2 + \dots + a_k \cdot H_k)$$
$$= a_1 \cdot h_1 + a_2 \cdot h_2 + \dots + a_k \cdot h_k$$

Auf sog. »Ausreißer« (extrem abweichende Werte) reagiert das arithmetische Mittel sehr empfindlich. Weniger stark wirken sich Ausreißer beim sog.
Zentralwert (*Median*) aus.
Man erhält den Zentralwert, indem man die Urlistenwerte der Größe nach ordnet und bei ungerader Anzahl den mittleren Wert, bei gerader Anzahl den Mittelwert aus den beiden mittleren Werten wählt.

b) Abweichungen vom Mittelwert, Streuungsmaße
Häufigkeitsverteilungen mit gleichem arithmetischem Mittel können noch sehr große Unterschiede in den Abweichungen von diesem Wert besitzen (Streuung) (Abb. B_2 und C_3).
Ein Maß für den Grad der Streuung ist der Mittelwert der Quadrate der Abweichungen vom arithmetischen Mittelwert $\bar{e}$, die sog. *Varianz*.

$$\bar{s}^2 = (a_1 - \bar{e})^2 \cdot h_1 + \dots + (a_k - \bar{e})^2 \cdot h_k$$

Zieht man die Wurzel auf beiden Seiten, so erhält man die sog. *Standardabweichung* $\bar{s}$.

Bem.: Die Quadrate der Abweichungen bewirken, dass große Abweichungen besonders stark gewichtet werden.
Eine kleinere Varianz bedeutet eine geringere Streuung (Abb. D).

1	Herr Moosbacher hat ein Kleiderproblem. Er besitzt 3 Jacken, 4 Hosen und 3 Krawatten und möchte an keinem Tag im Monat gleich gekleidet im Büro erscheinen. Ist das möglich?	$3 \cdot 4 \cdot 3 = 36$
2	Beim 11er-Fußballtoto entscheidet man sich bei jedem der 11 Tipps für eine der drei Möglichkeiten 0, 1 oder 2. Wieviele verschiedene Tipps kann man abgeben?	$3^{11} = 177147$
3	Beim Lotto 6 aus 49 kreuzt man 6 von 49 Zahlen an. Wie viele verschiedene Tipps könnte man abgeben?	$\binom{49}{6}$ $= 13983816$
4	Wie oft kann man die vier Buchstaben a, b, c und d ohne (mit) Buchstabenwiederholungen zu einem 4-buchstabigen »Wort« zusammensetzen?	$4! = 24$ $(4^4=256)$
5	Bei einer Tanzveranstaltung sind 4 Mädchen und 3 Jungen anwesend. Wieviele Tanzpaare können gebildet werden?	$4 \cdot 3 = 12$

A   Beispiele

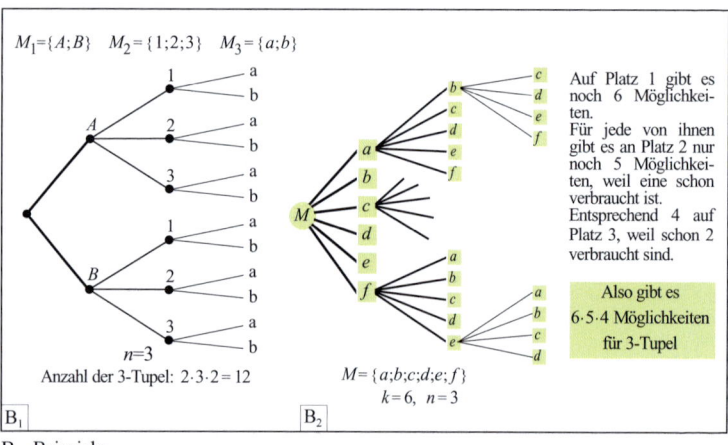

$M_1=\{A;B\}$ $M_2=\{1;2;3\}$ $M_3=\{a;b\}$

Auf Platz 1 gibt es noch 6 Möglichkeiten.
Für jede von ihnen gibt es an Platz 2 nur noch 5 Möglichkeiten, weil eine schon verbraucht ist.
Entsprechend 4 auf Platz 3, weil schon 2 verbraucht sind.

Also gibt es $6 \cdot 5 \cdot 4$ Möglichkeiten für 3-Tupel

$n=3$
Anzahl der 3-Tupel: $2 \cdot 3 \cdot 2 = 12$

$M=\{a;b;c;d;e;f\}$
$k=6,\ n=3$

B_1 B_2

B   Beispiele

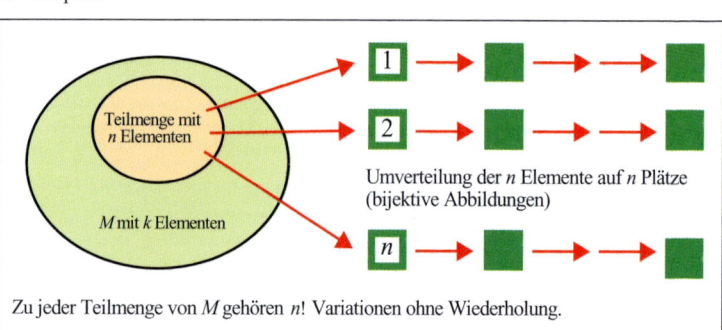

Teilmenge mit n Elementen

M mit k Elementen

Umverteilung der n Elemente auf n Plätze (bijektive Abbildungen)

Zu jeder Teilmenge von M gehören $n!$ Variationen ohne Wiederholung.

C   Zählen von Teilmengen einer Menge

In der **Kombinatorik** werden einige für die Wahrscheinlichkeitsrechnung wichtige Zählvorgänge behandelt. Im Einzelnen geht es um folgende Probleme (*Bsp.* in Abb. A):
Zählen von *n*-Tupeln und von Teilmengen.

Zählen von *n*-Tupeln

Vorgegeben seien n ($n \in \mathbb{N}$) aneinander gereihte Plätze □ □ ... □ mit den Platzbezeichnungen: Platz 1, Platz 2, ... , Platz n.
Zu jedem Platz möge es eine endliche Menge von Objekten geben, aus der man – und nur aus ihr – den Platz mit genau einem Objekt besetzen kann. Die Mengen seien den Plätzen nach mit $M_1, M_2, \ldots, M_n$ bezeichnet. Die Anzahl der Elemente in jeder der Mengen werde den Plätzen nach durch $k_1, k_2, \ldots, k_n$ angegeben.
Sind alle n Plätze aus den zugehörigen Mengen besetzt, so nennt man das Gebilde ein *n*-*Tupel* (für $n = 3$ spricht man von *Tripeln*, für $n = 2$ von *geordneten Paaren* (vgl. S. 21)).
Bsp.: Abb. B_1
Problemstellung:

> Wie groß ist die Anzahl verschiedener *n*-Tupel (zwei *n*-Tupel sind verschieden, wenn sie an mindestens einem Platz mit gleicher Platznummer verschieden besetzt sind)?

Anwort:

> Die Anzahl der *n*-Tupel ist das Produkt der Mächtigkeiten der beteiligten Mengen: $k_1 \cdot k_2 \cdot \ldots \cdot k_n$.

Das Ergebnis ist plausibel, wenn man den Baum der Abb. B_1 auf n Mengen überträgt.

Spezialfälle

Die Mengen, aus denen Besetzungen vorgenommen werden, sollen nun alle gleich M sein. Dann folgt $k_1 = k_2 = \ldots = k_n = k$ und es gilt für die **Anzahl der *n*-Tupel**:

$$A(n,k) = k^n.$$

Speziell spricht man auch von **Variationen mit Wiederholung** statt von *n*-Tupeln.

Man gelangt zu den **Variationen ohne Wiederholung**, wenn man fordert, dass die *n*-Tupel auf allen Plätzen verschiedene Besetzungen haben müssen. Für die **Anzahl der verschiedenen *n*-Tupel** gilt (Abb. B_2) unter der Voraussetzung $n \leq k$:

$$V(n,k) = k \cdot (k-1) \cdot \ldots \cdot (k-(n-1))$$
$$= \frac{k!}{(k-n)!}$$

Bem.: $k!$ ($k \geq 2$) steht für das Produkt $1 \cdot 2 \cdot \ldots \cdot k$ und $(k-n)!$ für das Produkt $1 \cdot 2 \cdot \ldots \cdot (k-n)$. Für $k < 2$: $1! = 1$, $0! = 1$.

Für $n = k$ erhält man unter den Variationen ohne Wiederholung als Spezialfall die **Permutationen**. Es handelt sich um diejenigen *n*-Tupel, bei denen n paarweise verschiedene Elemente auf n Plätze verteilt werden.
Wegen $0! = 1$ ergibt sich für die **Anzahl der Permutationen** der n Elemente einer Menge:

$$P(n) = n!.$$

Zählen von Teilmengen

Bei den *n*-Tupel-Mengen ist eine wichtige Voraussetzung, dass die Platzfolge beachtet wird. Kommt es auf diese nicht an, wie beim Beispiel 4 in Abb. A, so hat man es mit Teilmengen einer vorgegebenen Menge zu tun.
Interessiert man sich für die Anzahl der verschiedenen *n*-elementigen Teilmengen in einer *k*-elementigen Menge (zwei Teilmengen sind verschieden, wenn sie mindestens ein Element nicht gemeinsam haben), so kann man eine Verbindung zu den Variationen ohne Wiederholung herstellen (Abb. C).
Man erhält alle Variationen ohne Wiederholung, d.h. alle *n*-Tupel mit verschiedenen Besetzungen, aus der vorgegebenen *k*-elementigen Menge M durch folgende Überlegung:
(1) Wählt man eine *n*-elementige Teilmenge von M aus, besetzt man irgendwie durch ihre Elemente die Plätze 1 bis n und berücksichtigt dann die $n!$ Permutationen dieser Anordnung, so hat man alle Variationen ohne Wiederholung mit *dieser* Teilmenge erfasst.
(2) Der Vorgang unter (1) ist so oft wiederholbar, wie es verschiedene *n*-elementige Teilmengen von M gibt.
(3) Bezeichnet man die **Anzahl der verschiedenen *n*-elementigen Teilmengen** von M mit $T(n,k)$, so muss gelten:
$$T(n,k) \cdot n! = V(n,k).$$

Eingesetzt und umgeformt ergibt sich:

$$T(n,k) = \frac{k!}{n! \cdot (k-n)!}.$$

Bem.: Der rechts stehende Term ist gerade der sog. Binominalkoeffizient $\binom{k}{n}$. Der Name rührt her von dem allgemeinen binomischen Satz zu $(a+b)^k$ (s. Formelsammlung, S. 262), in der diese Terme als Faktoren auftreten.

Zufallsversuch	Art der Ergebnisse	Ergebnismenge S
Würfeln mit einem Würfel	⚀ ⚁ ⚂ ⚃ ⚄ ⚅	$\{1;2;3;4;5;6\}$
Münzwurf	Wappen Ⓦ Ⓩ Zahl	$\{W;Z\}$
Würfeln mit zwei Würfeln	⚀⚁ , ⚂⚃ ; ... usw.	$\{(1;1);(1;2); ... ;(1;6);$ $(2;1); ...$ $... ;(6;1);(6;2); ... ;(6;6)\}$
	3 ; 7 ; ... usw.	$\{2;3; ... ;11;12\}$
Reisszwecke	Kopf-lage 🔺 🔻 Spitzen-lage (auf harter Unterlage)	$\{K;S\}$

A   Zufallsversuche

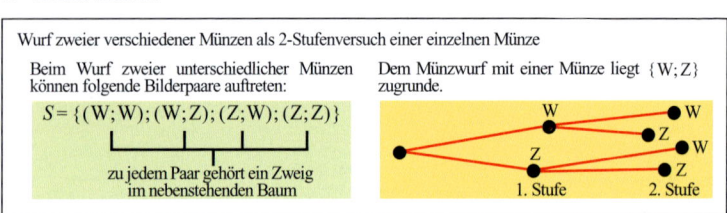

Wurf zweier verschiedener Münzen als 2-Stufenversuch einer einzelnen Münze

Beim Wurf zweier unterschiedlicher Münzen können folgende Bilderpaare auftreten:

$S = \{(W;W);(W;Z);(Z;W);(Z;Z)\}$

zu jedem Paar gehört ein Zweig im nebenstehenden Baum

Dem Münzwurf mit einer Münze liegt $\{W;Z\}$ zugrunde.

W — W
Z — W
Z — Z
1. Stufe   2. Stufe

B   Mehrstufenversuch

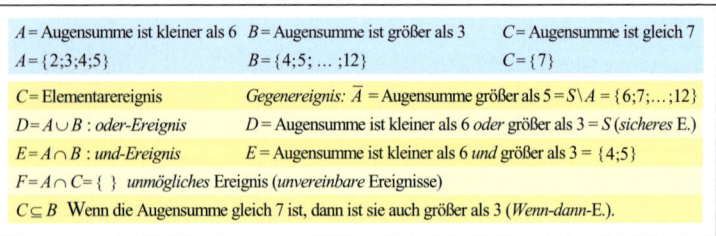

$A=$ Augensumme ist kleiner als 6 $B=$ Augensumme ist größer als 3 $C=$ Augensumme ist gleich 7

$A=\{2;3;4;5\}$ $B=\{4;5; ... ;12\}$ $C=\{7\}$

$C=$ Elementarereignis   *Gegenereignis:* $\overline{A}=$ Augensumme größer als $5 = S \setminus A = \{6;7;...;12\}$

$D=A\cup B:$ *oder*-Ereignis $D=$ Augensumme ist kleiner als 6 *oder* größer als $3 = S$ (*sicheres* E.)

$E=A\cap B:$ *und*-Ereignis $E=$ Augensumme ist kleiner als 6 *und* größer als $3 = \{4;5\}$

$F=A\cap C=\{\ \}$ *unmögliches* Ereignis (*unvereinbare* Ereignisse)

$C\subseteq B$ Wenn die Augensumme gleich 7 ist, dann ist sie auch größer als 3 (*Wenn-dann*-E.).

C   Ereignisse beim Augensummenwürfeln mit zwei Würfeln

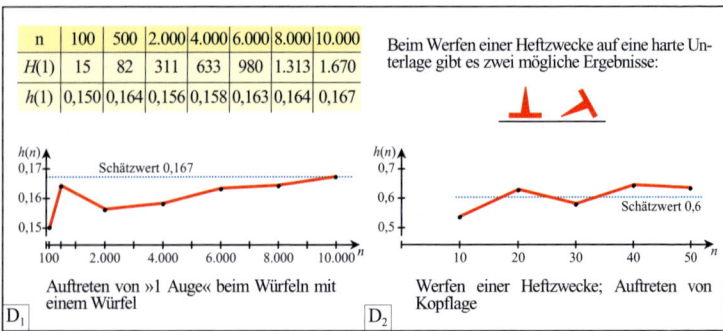

n	100	500	2.000	4.000	6.000	8.000	10.000
$H(1)$	15	82	311	633	980	1.313	1.670
$h(1)$	0,150	0,164	0,156	0,158	0,163	0,164	0,167

Beim Werfen einer Heftzwecke auf eine harte Unterlage gibt es zwei mögliche Ergebnisse:

$h(n)$
0,17 ┈ Schätzwert 0,167
0,16
0,15
100   2.000   4.000   6.000   8.000   10.000 n

D₁ Auftreten von »1 Auge« beim Würfeln mit einem Würfel

$h(n)$
0,7
0,6 ┈ Schätzwert 0,6
0,5
10   20   30   40   50 n

D₂ Werfen einer Heftzwecke; Auftreten von Kopflage

D   Relative Häufigkeit und Wahrscheinlichkeit

Grundlage für ein Verständnis des Wahrscheinlichkeitsbegriffs sind Beispiele. Das sind i. A. sog. *Zufallsversuche*, deren Ergebnisse über den Ereignisbegriff mit dem Wahrscheinlichkeitsbegriff zahlenmäßig verknüpft sind. Es genügt dem Mathematiker nicht, wenn ein Spieler auf Grund seiner Erfahrung im Umgang mit dem Zahlenlotto sagt »Ich habe wahrscheinlich wieder nichts gewonnen«, sondern diese Beurteilung muss durch das Zuordnen einer Zahl, der Wahrscheinlichkeit, gestützt werden.

Zufallsversuche

Unter einem Zufallsversuch versteht man ein Experiment mit nicht vorher bestimmbarem *Ergebnis*. Es wird vorausgesetzt, dass bei jedem Zufallsversuch eine mindestens zweielementige Menge möglicher Ergebnisse, die sog. *Ergebnismenge S*, vorgegeben ist.
Bsp.: Beim einmaligen Würfeln mit einem Würfel ist es dem Zufall überlassen, welches der Ergebnisse aus $S = \{1;2;3;4;5;6\}$ erscheint. Weitere Beispiele: Abb. A
Bem.: Die Beispiele zeigen u.a., dass die Ergebnismenge von der mit dem Versuch verbundenen Fragestellung abhängt.
Man unterscheidet *einstufige* und *mehrstufige* (*n-stufige*) Zufallsversuche.

> Ein *n*-stufiger Zufallsversuch ist eine Abfolge von n Zufallsversuchen.

Es kann sich dabei auch um die Wiederholung desselben Versuchs handeln, wie z.B. beim *n*-maligen Münzwurf.
Bsp.: Abb. B

> Da es bei einem mehrstufigen Zufallsversuch eine festgelegte Reihenfolge der beteiligten Versuche gibt, beschreibt man seine Ergebnisse als *n*-Tupel (S. 21, 229) aus den Ergebnissen der beteiligten Versuche (Abb. B).

Statt der *n*-Tupel verwendet man vorteilhaft die übersichtliche Darstellung des *Baumdiagramms* (Abb.B).

Ereignisse

Beim Würfeln mit einem Würfel kann man sich auch für das Eintreten von »mindestens 3 Augen« oder von »2 oder 6 Augen« interessieren. Diese sog. *Ereignisse* sind *eingetreten*, wenn das Ergebnis im ersten Fall zur Teilmenge $\{3;4;5;6\}$ bzw. im zweiten Fall zu $\{2;6\}$ gehört. Ein Ereignis ist also eindeutig beschrieben, wenn die Ergebnisse notiert werden, für die das Ereignis eintritt.

> Jede Teilmenge von S heißt *Ereignis*.

Dass sich die Sprache der Mengenlehre (S. 18f.) vorteilhaft verwenden lässt, zeigen die folgenden *besonderen Ereignisse*:
• sicheres Ereignis: S
• unmögliches Ereignis: $\{\ \}$
• Elementarereignis $\{e\}$: $e \in S$
• Gegenereignis $\bar{A}$ zu A: $S \setminus A$
• Und-Ereignis: $A \cap B$
• Oder-Ereignis: $A \cup B$
• mit A tritt auch B ein: $A \subseteq B$
• A und B sind unvereinbar: $A \cap B = \{\ \}$
Bsp.: Abb. C

Relative Häufigkeit, Wahrscheinlichkeit

> Die als Wahrscheinlichkeit einem Ereignis zugeordnete Zahl soll Auskunft darüber geben, mit welcher Gewissheit das Eintreten des Ereignisses zu erwarten ist.

Dieser Grad der Gewissheit kann durch den Prozentsatz angegeben werden, mit dem bei einer großen Anzahl von Wiederholungen desselben Versuches das Eintreten des Ereignisses zu erwarten ist. Dabei beschränkt man sich zunächst auf die Elementarereignisse.
Bsp.: Beim Würfeln mit einem nicht manipulierten Würfel scheint es vernünftig zu sein, den Prozentsatz für jede Augenzahl gleich groß anzusetzen, d.h. mit $16,\overline{6}\,\%$. Führt man einen »Langzeitversuch« durch, so erwartet man, dass z.B. »1 Auge« schließlich in $\frac{1}{6}$ aller Fälle auftritt (Abb. D). Man sagt: Die Wahrscheinlichkeit für »1 Auge« ist $\frac{1}{6}$.
Bei einem nicht manipulierten Münzwurf wird man jeder der beiden Seiten die Wahrscheinlichkeit 50%, d.h. $\frac{1}{2}$, zuordnen.
Für das Ziehen einer roten Kugel aus einer Urne mit 4 roten und 5 schwarzen Kugeln wird eine Wahrscheinlichkeit von $\frac{4}{9}$ angenommen, dagegen für das Ziehen einer schwarzen eine Wahrscheinlichkeit von $\frac{5}{9}$.
Aber wie steht es mit dem Wurf einer Heftzwecke, dessen Ergebnisse die Kopflage oder die Spitzenlage sein können? Hier ist man auf die relativen Häufigkeiten aus einer langen Versuchsreihe angewiesen, durch die man dann einen Schätzwert für die Wahrscheinlichkeit beider Ergebnisse erhält.
Bsp.: Abb. D
Dort erkennt man an den Graphen das sog. *Gesetz der großen Zahlen*:

> Bei einem Langzeitversuch stabilisieren sich die relativen Häufigkeiten um einen Zahlenwert.

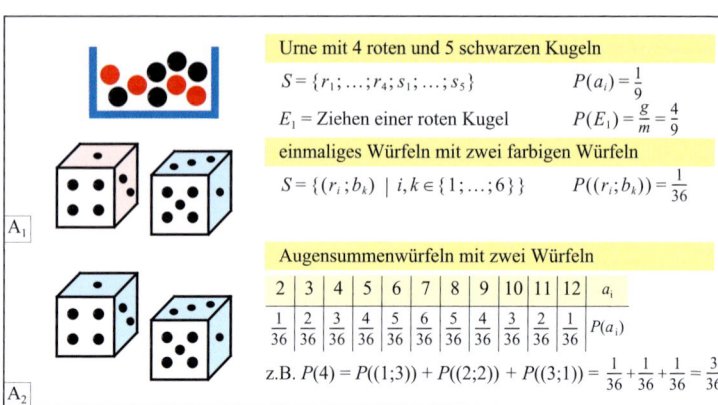

A   Laplace-Versuche (A₁), Nicht-Laplace-Versuch (A₂)

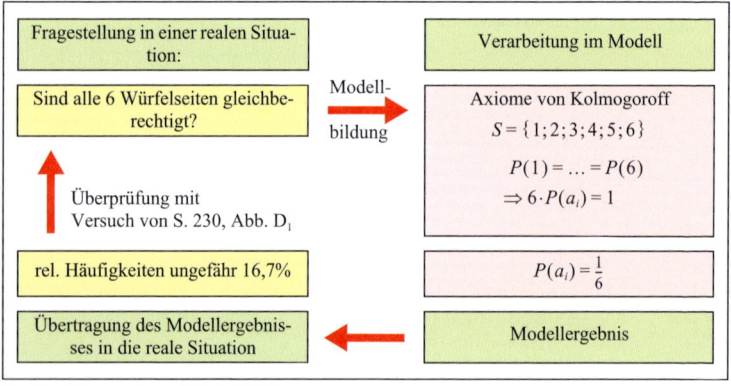

B   Zufallsversuch und Modellbildung

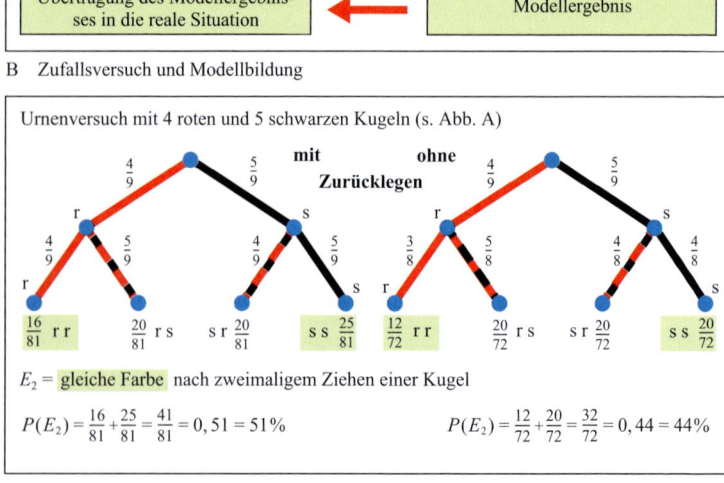

C   Ziehen aus einer Urne mit und ohne Zurücklegen

Laplace-Versuche

Der Münzwurf, das Würfeln mit einem Würfel und auch das Ziehen einer Kugel aus einer Urne sind Beispiele für Zufallsversuche, bei denen die den Elementarereignissen zugeordneten Wahrscheinlichkeiten gleich groß sind (Gleichwahrscheinlichkeit).

> Ein Zufallsversuch, bei dem alle Ergebnisse gleichwahrscheinlich sind, heißt *Laplace-Versuch,*

benannt nach dem französischen Mathematiker P. S. DE LAPLACE (1749-1827), der sich mit diesen Versuchen beschäftigt hat.

> Für einen Laplace-Versuch gilt:
> $S = \{a_1; a_2; \dots ; a_m\} \Rightarrow P(a_i) = \frac{1}{m}$

P kann als reellwertige Funktion mit S als Definitionbereich angesehen werden (vgl. Abbildungsbegriff, S. 169). Sie heißt *Laplace-Funktion* oder *Laplace-Verteilung.*

Bem.: Die Bezeichnung P kommt von dem englischen Wort »probability« für Wahrscheinlichkeit. ◁

Ist nun bei einem Laplace-Versuch ein beliebiges Ereignis E durch eine Teilmenge von S vorgegeben, so ordnet man auch E eine Wahrscheinlichkeit zuordnen:

$$P(E) = \frac{|E|}{|S|} = \frac{g}{m}.$$

Dabei sind g bzw. $|E|$ und m bzw. $|S|$ die Anzahlen der Elemente von E und S. Man sagt:

> Für E sind g von m **m**öglichen Versuchsergebnissen **g**ünstig (Abb. A).

Wahrscheinlichkeitsverteilungen, Modelle

Laplace-Versuche mit ihren Laplace-Verteilungen sind spezielle Zufallsversuche. Das Augensummenwürfeln mit zwei Würfeln ist z.B. kein Laplace-Versuch (s. Verteilungstabelle in Abb. A_2).

Auch für derartige Fälle will man eine reellwertige Funktion P haben, die auf S definiert ist und jedem Ereignis eine Wahrscheinlichkeit zuordnet.

P heißt *Wahrscheinlichkeitsfunktion* oder *Wahrscheinlichkeitsverteilung* über S, wenn folgende Eigenschaften (Axiome von Kolmogoroff (1903-1987) erfüllt sind:

> (4) $P(A) \geq 0$ für alle $A \subseteq S$ (Positivität)
> (5) $P(S) = 1$ (Normiertheit)
> (6) $A \cap B = \{\ \} \Rightarrow P(A \cup B) = P(A) + P(B)$ (Additivität)

Diese Eigenschaften lassen weitgehend offen, wie die Funktion P auf S definiert ist. Welche

Funktion die geeignete ist, muss im Abgleich mit dem tatsächlichen Zufallsversuch entschieden werden. Man erreicht so eine Bearbeitung in einem *mathematischen Modell*, in das die Problemstellung übertragen und in dem eine Lösung der Problemstellung gesucht wird, die dann hinsichtlich der realen Situation interpretiert werden muss. Diese Interpretation kann durch eine Ausführung des Versuches gestützt werden (Abb. B).

Weitere Regeln

(1) $P(\{\ \}) = 0$

(2) $P(\overline{E}) = 1 - P(E)$

(3a) $P(A \cup B) = P(A) + P(B) - P(A \cap B)$

(3b) Formel von Sylvester
$$P(A \cup B \cup C) = P(A) + P(B) + P(C)$$
$$- P(A \cap B) - P(A \cap C) - P(B \cap C)$$
$$+ P(A \cap B \cap C)$$

Pfad- und Summenregel

Eine der Hauptaufgaben der Wahrscheinlichkeitsrechnung besteht darin, aus vorgegebenen Wahrscheinlichkeiten neue zu errechnen. Das ist auch bei mehrstufigen Zufallsversuchen möglich, wenn man die Wahrscheinlichkeiten der einzelnen Stufen ermitteln kann. Dabei wird ein Baumdiagramm des Zufallsversuchs gezeichnet, in das die zu den Stufen gehörigen Wahrscheinlichkeiten eingetragen werden (Abb. C). Die Wahrscheinlichkeit für jeden Pfad ergibt sich mittels der sog.

Pfadregel für mehrstufige Zufallsversuche:

> Die Wahrscheinlichkeit eines Ergebnisses des mehrstufigen Zufallsversuches, die *Pfadwahrscheinlichkeit*, ist das Produkt der Wahrscheinlichkeiten längs des zugehörigen Pfades im Baumdiagramm.

Bsp.: Abb. C

Bem.: Dort wird deutlich, dass die Wahrscheinlichkeit aber der 2. Stufe von den Bedingungen der vorangegangenen Stufe abhängt (vgl. bedingte Wahrscheinlichkeit, S. 235). Dies muss bei der Zuordnung der Stufenwahrscheinlichkeiten berücksichtigt werden.

Entsprechend gilt für ein Ereignis E die **Summenregel** für mehrstufige Zufallsversuche (*Bsp.:* Abb. C):

> Die Wahrscheinlichkeit eines Ereignisses E ist die Summe der Pfadwahrscheinlichkeiten aller zu E gehörenden Ergebnisse.

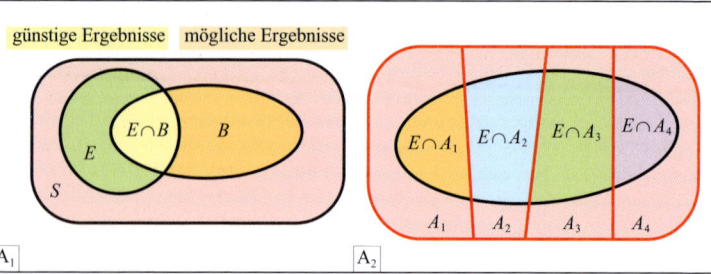

A   Bedingte Wahrscheinlichkeit (A_1), totale Wahrscheinlichkeit (A_2)

Wenn P eine Wahrscheinlichkeitsfunktion ist, d.h. die Axiome von Kolmogoroff (S. 233) erfüllt, dann gilt das auch für P_B. Es ist also zu zeigen:

(1) $P_B(A) \geq 0$ für alle $A \subseteq S$

(2) $P_B(S) = 1$

(3) $E_1 \cap E_2 = \{\ \} \Rightarrow P_B(E_1 \cap E_2) = P_B(E_1) + P_B(E_2)$

Zu (1): Wegen $P(E \cap B) \geq 0$ und $P(B) > 0$ gilt auch für den Quotienten $\dfrac{P(E \cap B)}{P(B)} \geq 0$.

Zu (2): Wegen $P(S \cap B) = P(B)$ gilt: $P_B(S) = \dfrac{P(S \cap B)}{P(B)} = \dfrac{P(B)}{P(B)} = 1$.

Zu (3): $P_B(E_1 \cup E_2) = \dfrac{P((E_1 \cup E_2) \cap B)}{P(B)} = \dfrac{P((E_1 \cap B) \cup (E_2 \cap B))}{P(B)}$ $\qquad$ nach Regel (3b), S. 20

wegen $(E_1 \cap B) \cap (E_2 \cap B) = (E_1 \cap E_2) \cap B = \{\ \} \ \cap \ B = \{\ \}$

$\Rightarrow P_B(E_1 \cup E_2) = \dfrac{P(E_1 \cap B) + P(E_2 \cap B)}{P(B)} = \dfrac{P(E_1 \cap B)}{P(B)} + \dfrac{P(E_2 \cap B)}{P(B)} = P_B(E_1) + P_B(E_2)$

B   Axiome von Kolmogoroff für die bedingte Wahrscheinlichkeit

Wie groß ist die Wahrscheinlichkeit beim zweimaligen Würfeln mit einem Laplace-Würfel für die Augensumme 8, wenn der 1. Wurf eine 4 gezeigt hat?

Der Ergebnisraum sei die Paarmenge $\{(1;1); \dots ; (1;6); \dots ; (6;6)\}$ (S. 230, Abb. A).

Da alle Ergebnisse gleich wahrscheinlich sind, gilt $P(e_i) = \dfrac{1}{36}$.

Ereignisse: $E: \Leftrightarrow$ Augensumme $= 8$ $\qquad E = \{(2;6);(3;5);(4;4);(5;3);(6;2)\}$

$\qquad\qquad B: \Leftrightarrow 4$ Augen im 1. Wurf $\quad B = \{(4;1);(4;2);(4;3);(4;4);(4;5);(4;6)\}$

$\qquad\qquad\qquad\qquad\qquad\qquad\qquad E \cap B = \{(4;4)\}$

Wahrscheinlichkeiten: $P(E) = \dfrac{5}{36} \qquad P(B) = \dfrac{6}{36} = \dfrac{1}{6} \qquad P(E \cap B) = \dfrac{1}{36}$

Gesuchte bedingte Wahrscheinlichkeit: $P_B(E) = \dfrac{P(E \cap B)}{P(B)} = \dfrac{\frac{1}{36}}{\frac{1}{6}} = \dfrac{1}{6}$

C   Beispiel

Bedingte Wahrscheinlichkeit und Laplace-Versuche

Es sei ein Laplace-Versuch mit der Ergebnismenge S vorgegeben. E und B seien zwei Ereignisse des Versuchs mit den Wahrscheinlichkeiten $P(E) = \frac{|E|}{|S|}$ und $P(B) = \frac{|B|}{|S|}$.

Wenn man von B weiß, dass es bereits eingetreten ist, so kann die sog. *Wahrscheinlichkeit* $P_B(E)$ *für E unter der Bedingung B* (auch die *durch B bedingte Wahrscheinlichkeit für E*) von $P(E)$ verschieden sein.

Folgendes Vorgehen ermöglicht eine Berechnung der bedingten Wahrscheinlichkeit:

Geht man davon aus, dass B eingetreten ist, so müssen die für E noch *möglichen* Ergebnisse aus B stammen, d.h. die Rolle des Ergebnisraumes der für E möglichen Ergebnisse reduziert sich auf B. Die für E *günstigen* Ergebnisse stammen daher aus der Schnittmenge $E \cap B$ (Abb. A_1). Da ein Laplace-Versuch vorgegeben ist, ergibt sich, falls $P(B) > 0$ gilt:

$$P_B(A) = \frac{g}{m} = \frac{|E \cap B|}{|B|} = \frac{\frac{|E \cap B|}{|S|}}{\frac{|B|}{|S|}} = \frac{P(E \cap B)}{P(B)}$$

Beispiel: Abb. C

Bedingte Wahrscheinlichkeit bei beliebigen Zufallsversuchen

Es ist üblich, die für Laplace-Versuche festgestellte Gleichung

$$P_B(E) = \frac{P(E \cap B)}{P(B)} \quad (P(B) > 0)$$

zur Definition der bedingten Wahrscheinlichkeit für Ereignisse bei einem beliebigen Zufallsversuch zu verwenden.

Für jedes Ereignis B aus S kann man dann P_B als Wahrscheinlichkeitsfunktion auffassen, denn die Axiome von Kolmogoroff (S. 233) lassen sich für P_B leicht beweisen (Abb. B). Damit sind auch alle Regeln von S. 233 für P_B anwendbar.

Multiplikationssatz

Formt man die Definitionsgleichung für die bedingte Wahrscheinlichkeit um, so ergibt sich der *Multiplikationssatz* für zwei Ereignisse A und B aus S:

$$P(A \cap B) = P(A) \cdot P_A(B) \quad \text{bzw.}$$
$$P(A \cap B) = P(B) \cdot P_B(A).$$

Die erste Gleichung gilt auch für $P(B) = 0$, die zweite auch für $P(A) = 0$.

Bem.: Der Multiplikationssatz gestattet die Berechnung der Wahrscheinlichkeit für das »Und-Ereignis«.

Disjunkte Zerlegungen der Ergebnismenge, totale Wahrscheinlichkeit

Wenn eine Zerlegung der Ergebnismenge S in eine endliche Anzahl von paarweise disjunkten Ereignissen $A_1, A_2, \ldots, A_n$ (Abb. A_2) vorgegeben ist, d.h. wenn $A_i \cap A_k = \{\ \}$ für $i \neq k$ gilt, so kann man die sog. *totale Wahrscheinlichkeit* von E ermitteln:

$$P(E) = P(E \cap A_1) + \ldots + P(E \cap A_n)$$
$$= P(A_1) \cdot P_{A_1}(E) + \ldots + P(A_n) \cdot P_{A_n}(E).$$

Satz von Bayes (1702-61)

Nimmt man von beiden Gleichungen des Multiplikationssatzes die rechten Seiten, so erhält man die Gleichung:

$$P(A) \cdot P_A(B) = P(B) \cdot P_B(A).$$

Sie gestattet die Berechnung einer bedingten Wahrscheinlichkeit, z.B.

$$P_B(A) = \frac{P(A) \cdot P_A(B)}{P(B)}$$
$$= \frac{P(A) \cdot P_A(B)}{P(A) \cdot P_A(B) + P(\overline{A}) \cdot P_{\overline{A}}(B)}$$

Dabei ist der Nenner die totale Wahrscheinlichkeit von B bezüglich der disjunkten Zerlegung A, $\overline{A}$ von S. Es handelt sich um einen Spezialfall des Satzes von Bayes (s. AM, S. 469).

Unabhängige Ereignisse

Gilt $P_B(E) = P(E)$, so hängt die Wahrscheinlichkeit von E nicht von B ab. Der Multiplikationssatz erhält dann die Form:

$$P(A \cap B) = P(A) \cdot P(B).$$

Diese Eigenschaft benutzt man, um die sog. *stochastische Unabhängigkeit* zu definieren:

Gilt $P(A \cap B) = P(A) \cdot P(B)$, so heißen die Ereignisse A und B *unabhängig.*

Beispiele für unabhängige Ereignisse treten z.B. beim Münzwurf, beim Würfeln und beim mehrmaligen Ziehen einer Kugel aus einer Urne mit Zurücklegen auf. Dagegen sind die beiden Ereignisse E und B in Abb. C nicht unabhängig, d.h. *abhängig*, weil

$$P(E \cap B) \neq P(E) \cdot P(B) \text{ gilt.}$$

Die obige Definitionsformel für zwei Ereignisse ist verallgemeinerungsfähig auf 3 und mehr Ereignisse. Für den Fall dreier Ereignisse A, B und C genügt es jedoch nicht, die Gültigkeit der Gleichung

$$P(A \cap B \cap C) = P(A) \cdot P(B) \cdot P(C)$$

zu fordern, sondern es müssen auch die entsprechenden Gleichungen für je zwei der drei Ereignisse gelten (s. Literatur).

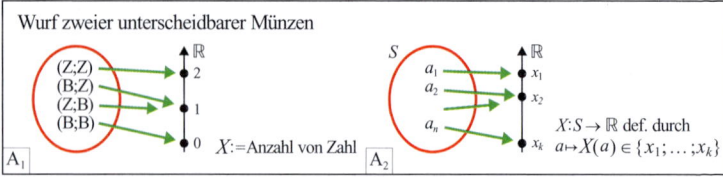

Wurf zweier unterscheidbarer Münzen

A_1 — (Z;Z), (B;Z), (Z;B), (B;B) → $\mathbb{R}$: 2, 1, 0 $X:=$Anzahl von Zahl

A_2 — S: $a_1, a_2, \ldots, a_n$ → $\mathbb{R}$: $x_1, x_2, \ldots, x_k$ $X: S \to \mathbb{R}$ def. durch $a \mapsto X(a) \in \{x_1; \ldots ; x_k\}$

A   Zufallsgröße

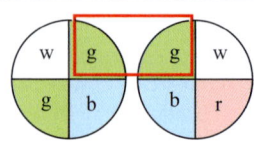

Wenn die beiden Scheiben des Glücksspielautomaten zum Stillstand kommen, rasten sie so ein, dass im Sichtfenster genau ein Viertelfarbkreis von jeder Scheibe erscheint.
Spielbedingungen: Einwurf 2 EUR pro Spiel, Auszahlung 10 EUR bei ww und bb, 5 EUR bei gg.

Kann der Betreiber des Spielautomaten mit einem Gewinn rechnen?

Analyse der Spielbedingungen

Es liegt die Zufallsgröße $X=$»Gewinn« vor, deren Werte $x_3 = 10$, $x_2 = 5$ und $x_1 = 0$ berechenbare Wahrscheinlichkeiten $P(X{=}10)$, $P(X{=}5)$ und $P(X{=}0)$ zugeordnet werden.

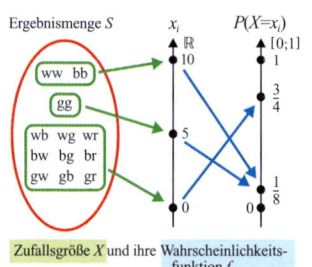

Ergebnismenge S x_i $P(X{=}x_i)$

Zufallsgröße X und ihre Wahrscheinlichkeitsfunktion f_X

Berechnung der Verteilung

(a) Berechnung der Wahrscheinlichkeiten des 2-stufigen Versuchs über einen Baum (Pfadregel):

a	ww	bb	gg	gw	gr	gb	sonst.
$P(a)$	$\frac{1}{16}$	$\frac{1}{16}$	$\frac{1}{8}$	$\frac{1}{8}$	$\frac{1}{8}$	$\frac{1}{8}$	$\frac{1}{16}$

(b) Berechnung der Wahrscheinlichkeiten von X:

x_i	0	5	10
$P(X{=}x_i)$	$\frac{3}{4}$	$\frac{1}{8}$	$\frac{1}{8}$

Berechnung des Erwartungswertes von X

$$E(X) = x_1 \cdot P(X{=}x_1) + x_2 \cdot P(X{=}x_2) + x_3 \cdot P(X{=}x_3) = 0 \cdot \frac{3}{4} + 5 \cdot \frac{1}{8} + 10 \cdot \frac{1}{8} = 1,875$$

Einem Einwurf von 2 EUR pro Spiel steht eine zu erwartende Gewinnauszahlung von 1,875 EUR gegenüber. Der Aufsteller kann also mit einer Einnahme von 0,125 EUR pro Spiel rechnen. Er geht kein großes Risiko ein.

B   Glücksspielautomat

Das Augensummenwürfeln mit zwei Würfeln (S. 232, Abb. A_2) kann als Zufallsgröße erklärt werden. Die Wahrscheinlichkeitsfunktion ist symmetrisch, wie das unten abgebildete Histogramm veranschaulicht.

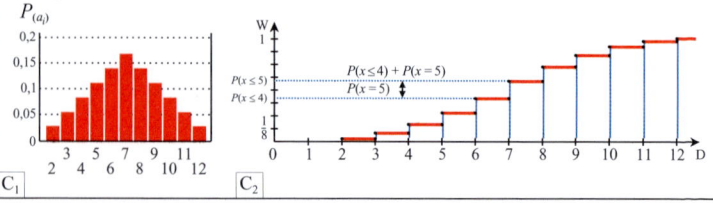

C_1 C_2

C   Wahrscheinlichkeits- (C_1) und Verteilungsfunktion (C_2)

Zufallsgröße

In der Praxis interessiert man sich häufig gar nicht direkt für die Ergebnisse eines Zufallsversuchs, sondern vielmehr für Zahlenangaben, die den Ergebnissen zugeordnet werden.

Beispiele:

(1) Beim Würfeln mit zwei unterscheidbaren Würfeln wird jedem geordneten Paar die Augensumme zugeordnet.

(2) Beim Wurf von zwei unterscheidbaren Münzen wird jedem geordneten Paar von Zahl und Bild die Anzahl von »Zahl« zugeordnet (Abb. A_1).

(3) Bei einem Glücksspielautomaten (Spielbedingungen, Abb. B) werden bestimmten Bildern oder Farben in der Anzeige Gewinne zugeordnet.

> Die Zuordnung in den Beispielen ist eine reellwertige Funktion X, die jedem Ergebnis a aus der Ergebnismenge S genau eine reelle Zahl $x_i = X(a)$ zuordnet (Abb. A_2). Da die zugeordnete Zahl vom Zufall abhängig ist, heißt X *Zufallsgröße* (auch *Zufallsvariable*).

Bem.: Der Wertebereich der Funktion X braucht keine endliche Menge zu sein. Im Folgenden trifft dies jedoch zu, weil S stets eine endliche Menge ist. Die Zufallsgröße wird auch als *diskret* bezeichnet. Bei einer derartigen Zufallsgröße kann man vereinbaren, dass o.B.d.A. $x_1 < x_2 < \dots$ gewählt wird. Zufallsgrößen werden mit großen lat. Buchstaben angegeben: $X, Y, \dots$; ihre Werte sind $x_1, x_2, \dots$ bzw. $y_1, y_2, \dots$.

Wahrscheinlichkeits- und Verteilungsfunktion einer Zufallsgröße

Wenn P eine Wahrscheinlichkeitsfunktion auf S ist, so wird auch jedem Wert $x_1, x_2, \dots, x_k$ der Zufallsgröße X eine Wahrscheinlichkeit zugeordnet:

> Man sucht in S zu jedem x_i die Urbildmenge $\{a \mid X(a) = x_i\}$. Als Teilmenge von S ist sie ein Ereignis, das durch die Kurzform $X = x_i$ beschrieben wird. Alle Ereignisse $X = x_1, \dots, X = x_k$ bilden eine disjunkte Zerlegung von S (Abb. B).
> Da P auf allen Ereignissen von S definiert ist, ergibt sich als *Wahrscheinlichkeitsfunktion f_X der Zufallsgröße X* (kurz *Verteilung*, speziell z.B. *Binominalverteilung*):
> $$f_X : x_i \mapsto P(X = x_i).$$

Beispiel: Abb. B

Mitunter vereinbart man, die Funktion an allen Stellen mit $x \neq x_i$ durch $f_X(x) = 0$ zu einer auf ganz $\mathbb{R}$ definierten Funktion fortzusetzen. I.A. dienen Histogramme der Veranschaulichung (Abb. C_1).

Sei $x_1 < \dots < x_i < \dots < x_k$ vorgegeben. Die Funktion F_X, die jedem x_i für $i = 1 \dots k$ die Summe $P(X = x_1) + \dots + P(X = x_i)$ zuordnet, heißt *Verteilungsfunktion der Zufallsgröße X* (auch *summierte Verteilung* von X).

I.A. schreibt man für den Funktionswert:

$$F_X(x_i) = P(X \le x_i).$$

Beispiel: Abb. C_2

Für Anwendungen ist F_X wichtiger als f_X (s. S. 238 und S. 241f.).

Erwartungswert einer Zufallsgröße

Bei einem Spielautomaten möchte der Betreiber gerne wissen, ob sich das Gerät für ihn auszahlt. Er muss daher auf lange Sicht durchschnittlich pro Spiel weniger als den Einwurf auszahlen, damit für ihn ein Gewinn bleibt. Dem arithmetischen Mittel (S. 227) in der Statistik entspricht der Begriff des Erwartungswertes in der Wahrscheinlichkeitsrechnung. Die rel. Häufigkeiten gehen dabei über in die Wahrscheinlichkeiten $P(X = x_i)$.

> Der *Erwartungswert einer Zufallsgröße X* ist festgelegt durch
> $$E(X) := x_1 \cdot P(X = x_1) + x_2 \cdot P(X = x_2) + \dots \\ \dots + x_k \cdot P(X = x_k).$$

Beispiel: Abb. B

Varianz einer Zufallsgröße

Bei gleichem Erwartungswert kann die »Streuung«, d.h. die Abweichungen der x_i vom Erwartungswert, sehr unterschiedlich sein. Als »Streumaß« definiert man den Begriff der *Varianz einer Zufallsgröße X* analog zu dem in der Statistik (S. 227) durch

> $$V(X) = (x_1 - E(X))^2 \cdot P(X = x_1) + \dots \\ \dots + (x_k - E(X))^2 \cdot P(X = x_k).$$

Wegen der quadratischen Abweichung vom Erwartungswert rufen große Streuungen eine größere Varianz der Zufallsgröße hervor.

$\sigma := \sqrt{V(X)}$ heißt *Standardabweichung*.

Eigenschaften

X und Y seien Zufallsgrößen zu einem Zufallsversuch mit derselben Ergebnismenge S. Dann gilt (ohne Beweis):

(1) $E(ax + b) = aE(x) + b$

(2) $E(aX + bY) = aE(X) + bE(Y)$ $(a, b \in \mathbb{R})$

(3) $V(X) = E((X - E(X))^2)$

(4) $V(aX + b) = a^2 V(X)$

(5) $V(X + Y) = V(X) + V(Y)$

$aX + bY$ ist eine auf S definierte reelle Funktion (S. 109, Def. 10).

Ein Athlet hat eine Trefferwahrscheinlichkeit im Stehendschießen von 80%, d.h. er trifft in der Regel bei 5 Schuss auf die Scheiben 4-mal. Wie groß ist die Wahrscheinlichkeit, dass er mindestens 3-mal trifft?

Es handelt sich um eine Bernoulli-Kette der Länge 5, deren Ergebnismenge eigentlich aus allen 5-Tupeln besteht, die sich aus der Menge {T;N} bilden lassen (Baum zeichnen!). Da es jedoch nicht auf die Reihenfolge der Treffer ankommt, interessieren nur die Trefferzahlen 0, 1, 2, 3, 4 und 5. Jedem Pfad, d.h. jedem Elementarereignis, wird daher die zugehörige Trefferzahl X zugeordnet (Zufallsgröße).

Es ergibt sich: $P(X=3) = \binom{5}{3} \cdot (0,8)^3 \cdot (0,2)^2 = 20,48\%$ denn

(1) es gibt genau $\binom{5}{3}$ verschiedene Pfade, die genau 3-mal mit T besetzt werden können (vgl. Teilmengenformel, S. 229; in einer Menge von 5 nummerierten Plätzen sollen 3 Plätze zur Besetzung mit T ausgewählt werden) und für die

(2) dieselbe Pfadwahrscheinlichkeit $(0,8)^3 \cdot (0,2)^2$ gilt, so dass man

(3) nach dem Summensatz das obige Produkt erhält.

Entsprechend: $\quad P(X=4) = \binom{5}{4} \cdot (0,8)^4 \cdot (0,2)^1 = 40,96\%$

$$P(X=5) = \binom{5}{5} \cdot (0,8)^5 \cdot (0,2)^0 = 32,77\%$$

Für die Wahrscheinlichkeit, mindestens drei Treffer zu erzielen, gilt dann:
$P(X \geq 3) = P(X=3) + P(X=4) + P(X=5) \approx 94\%$.
Es ist also sehr wahrscheinlich, dass der Athlet mindestens 3 Treffer macht.

A   Zufallsgröße

Bei einer Bewerbung um eine Azubi-Stelle bei einer Bank wird allen Bewerbern ein Test mit 25 Fragen vorgelegt. Zu jeder Frage werden 5 Antworten angeboten, von denen genau eine richtig ist. Der Test ist bestanden, wenn mindestens die Hälfte aller Fragen richtig beantwortet wird.

(a) Mit welcher Wahrscheinlichkeit kann ein Bewerber, der rein zufällig die Fragen beantwortet, den Test bestehen?

(b) Wie viele richtige Antworten kann man erwarten?

Analyse des Textes: Das zufällige Auswählen einer Antwort stellt einen Bernoulli-Versuch mit der Grundwahrscheinlichkeit $p = 0,20$ dar (genau eine von 5 Antworten ist richtig). Dieser Versuch wird 25-mal wiederholt mit derselben Grundwahrscheinlichkeit. Der ganze Test ist also eine Bernoulli-Kette der Länge 25. Die Zufallsgröße X ist bestimmt durch die Anzahl richtiger Antworten, d.h. X hat die Wertemenge $\{0, 1, \ldots, 25\}$. Daher kommt die Binominalverteilung mit den Parametern $n = 25$, $p = 0,2$ zur Anwendung.
Gefragt ist nach der Wahrscheinlichkeit $P(X \geq 13)$.

Ablesen der Wahrscheinlichkeit in der Tabelle
Da die Tabelle nur Werte zu $P(X \leq k)$ enthält, muss der Übergang zum Gegenereignis vollzogen werden:

$$P(X \geq 13) = 1 - P(X \leq 12) = 1 - 0,9969 = 0,0031$$
$$= 0,3\%$$

Es ist also sehr unwahrscheinlich, dass ein Bewerber ohne Kenntnisse den Test bestehen kann.

k	$P(X \leq k)$
6	7800
7	8909
8	9532
9	9827
10	9944
11	9985
12	9969
13	9999

Berechnung des Erwartungswertes von X
Der Erwartungswert ist $E(X) = n \cdot p = 25 \cdot 0,2 = 5$.
Man kann 5 zufällig richtige Antworten erwarten.

$n = 25$
$p = 0,2$

Auszug aus einer Tabelle der summierten Binominalverteilung

B   Anwendung der summierten Binominalverteilung

Bei dem auf S. 236 in Abb. B behandelten Beispiel einer Zufallsgröße muss die Wahrscheinlichkeitsfunktion f_K in einer gesonderten Rechnung für jedes x_i bestimmt werden. Es gibt aber eine Reihe von Zufallsversuchen mit Zufallsgrößen, die alle dieselbe Wahrscheinlichkeitsfunktion besitzen, die sog. Binominalverteilung.

Grundlage für die Binominalverteilung sind

Bernoulli-Versuche.
Bei den nach dem Schweizer Mathematiker J. BERNOULLI (1654-1705) benannten Versuchen, hat die Ergebnismenge genau **zwei** Ergebnisse, wie z.B.:

beim Würfeln mit einem Würfel »6 Augen« und »keine 6 Augen« oder

beim Ziehen aus einer Urne mit schwarzen und roten Kugeln »schwarz« und »rot (nicht schwarz)«.

Die beiden Ergebnisse werden häufig auch mit T (»Treffer«) und N (»Niete«) bezeichnet. Ist $P(\text{T}) = p$, so muss $P(\text{N}) = 1 - p = q$ gelten.

Bernoulli-Kette der Länge n, Binominalverteilung

Ein n-stufiger Versuch, bei dem in jeder Stufe der gleiche Bernoulli-Versuch mit der Grundwahrscheinlichkeit $P(\text{T}) = p$ wiederholt wird, heißt *Bernoulli-Kette* der Länge n.

Ihre Ergebnismenge besteht aus n-Tupeln, deren Plätze aus der Menge $\{\text{T;N}\}$ besetzt werden.

Beispiel: Abb. A
Das Beispiel der Abb. A kann verallgemeinert werden für eine Bernoulli-Kette der Länge n:

Es wird eine Zufallsgröße X eingeführt, die die Werte $0, 1, 2, \ldots, n$ annehmen kann. $P(X = k)$ mit $0 \le k \le n$ gibt die Wahrscheinlichkeit dafür an, dass das Ergebnis T genau k-mal eintritt. Um $P(X = k)$ zu berechnen, geht man von $P(\text{T}) = p$ und $P(\text{N}) = 1 - p = q$ aus. $X = k$ bedeutet also, dass im Baum alle Pfade betrachtet werden, bei denen T genau k-mal vorkommt.

Ihre Anzahl wird durch $\binom{n}{k}$ angegeben (in der Menge von n Plätzen sind Teilmengen mit k Plätzen zu bilden; s. Teilmengenformel, S. 229).

Die einzelnen Pfade besitzen alle dieselbe Wahrscheinlichkeit. Wegen der Pfadregel erhält man $p^k \cdot (1 - p)^{n-k}$ pro Pfad.

Nach der Summenregel folgt schließlich

$$P(X{=}k) = \binom{n}{k} \cdot p^k \cdot (1-p)^{n-k}$$

Man schreibt auch

$$B(n \mid p \mid k) = \binom{n}{k} \cdot p^k \cdot (1-p)^{n-k}$$

und drückt damit die Abhängigkeit von n, p und k aus. Die Binominalverteilung hat ihren Namen wegen der auftretenden Binominalkoeffizienten $\binom{n}{k}$ (S. 229) erhalten.

Der Vorteil dieser Formel ist offensichtlich. Hat man nämlich ein Problem, das als Bernoulli-Kette interpretierbar ist, so braucht man nur noch beide Parameter, z.B. $n = 20$, $p = 0,8$ und $k = 5$, anzugeben und kann dann $B(20 \mid 0,8 \mid 5)$ mit dem Rechner berechnen oder einem Tafelwerk entnehmen.

Noch vorteilhafter sind Tabellen mit der *summierten Binominalverteilung* $b(n \mid p \mid k)$. Dabei handelt es sich um tabellierte Werte der Verteilungsfunktion mit dem Funktionswert $P(X \le k)$, d.h. es gilt:
$b(n \mid p \mid k) = B(n \mid p \mid 0) + \ldots + B(n \mid p \mid k)$.

Damit ist die Wahrscheinlichkeit für das Ereignis »höchstens k Treffer« direkt aus der Tafel ablesbar und das Ereignis $P(X \ge k)$ für »mindestens k Treffer« bzw. $P(X = k)$ für »genau k Treffer« ist berechenbar mit Hilfe der folgenden Regeln:

(1) $P(X > k) = P(X \ge k+1) = 1 - b(n \mid p \mid k)$

(2) $P(X = k) = B(n \mid p \mid k)$
$\qquad\quad = b(n \mid p \mid k) - b(n \mid p \mid k-1)$

(3) $P(a \le X \le b) = b(n \mid p \mid b) - b(n \mid p \mid a-1)$

(4) $b(n \mid p \mid k) = 1 - b(n \mid 1-p \mid n-k-1)$

(5) $B(n \mid p \mid k) = B(n \mid 1-p \mid n-k)$

Beispiel: Abb. B

Erwartungswert und Varianz bei einer Binominalverteilung
Wendet man die Definitionen auf S. 237 an, so ergibt sich bei der Binominalverteilung anstelle der Summen:

$$E(X) = \mu = np \quad \text{Erwartungswert}$$

$$V(X) = np(1-p) = npq \quad \text{Varianz}$$

$$\sigma = \sqrt{np(1-p)} \quad \text{Standardabweichung}$$

in Wirklichkeit:	Entscheidung durch eine Stichprobe:	
	H_0 wird abgelehnt	H_0 wird nicht abgelehnt
H_0 ist wahr	Entscheidung falsch **Fehler 1. Art**	Entscheidung richtig
H_0 ist falsch	Entscheidung richtig	Entscheidung falsch **Fehler 2. Art**

A   Fehler 1. und 2. Art

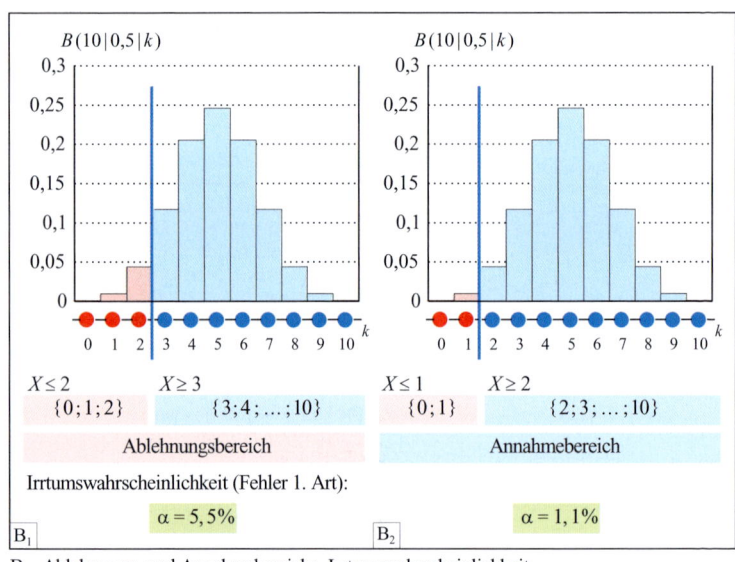

$X \leq 2$ $\{0;1;2\}$ $X \geq 3$ $\{3;4;\dots;10\}$

Ablehnungsbereich

$X \leq 1$ $\{0;1\}$ $X \geq 2$ $\{2;3;\dots;10\}$

Annahmebereich

Irrtumswahrscheinlichkeit (Fehler 1. Art):

$\alpha = 5,5\%$ $\alpha = 1,1\%$

B₁   B₂

B   Ablehnungs- und Annahmebereiche, Irrtumswahrscheinlichkeit

Die Wahrscheinlichkeit des Fehlers 1. Art α kann kleiner (größer) gemacht werden, indem der Ablehnungsbereich verkleinert (vergrößert) wird.
Als Folge wird dann die Wahrscheinlichkeit β des Fehlers 2. Art größer (kleiner).

Die senkrecht verlaufende blaue Linie verschiebt sich nach links (rechts). Damit nimmt die Anzahl der dunkelroten Balken ab (zu), die der dunkelgrünen zu (ab).

$\alpha = P(X \leq 2)$ mit $p = 0,5$

$\beta = P(X \geq 3)$ mit $p = 0,2$

C   Fehler 1. und 2. Art beim Alternativtest

Zu den einfacheren Anwendungen der beurteilenden Statistik gehören sog.

Hypothesentests.
Dabei handelt es sich bei *Hypothesen* um Behauptungen oder Vermutungen, die richtig oder wahr sein können, über deren Wahrheitsgehalt aber nur durch eine statistische Untersuchung mit der damit verbundenen Unsicherheit entschieden werden kann.
Es kann sich z.B. um eine möglicherweise gefälschte Münze (einen gefälschten Würfel), um den Inhalt einer Urne (wie viel von jeder Sorte?), um die Wirksamkeit eines Medikaments oder um die Qualität von Industrieprodukten handeln. Die folgenden Ausführungen geben lediglich einen beispielhaften Einblick in den Problemkreis.
Man stellt eine sog. *Nullhypothese H_0* auf. Bei der Untersuchung einer Münze kann die Nullhypothese $p = 0,5$ für das Münzbild »Zahl« sein, d.h. die Münze wird als ungefälscht angesehen. Entschieden werden soll z.B. durch einen 10-maligen Münzwurf mit einer geeigneten *Entscheidungsregel* (s.u.).
Jede von der Nullhypothese abweichende Hypothese heißt *Alternativhypothese H_1*. Derartige Hypothesen könnten bei der Münze z.B. $p_1 = 0,2$ oder $p_1 \neq 0,5$ sein.
Wie es auch immer sei, der Statistiker macht bei seiner Entscheidung gegen oder für die Nullhypothese immer einen Fehler.

Fehler 1. oder 2. Art. (Abb. A)
Wird gegen die Nullhypothese entschieden, obwohl sie richtig ist, so wird ein *Fehler 1. Art* begangen. Für den Fall, dass fälschlicherweise die Nullhypothese nicht abgelehnt wird, begeht man einen *Fehler 2. Art*. Derartige Entscheidungsfehler müssen möglichst klein gehalten werden (s.u.).

Eine gefälschte und eine faire Münze, einfacher Alternativtest
In einem Kasten befinden sich eine gefälschte und eine ungefälschte (faire) Münze gleichen Aussehens. Der Besitzer beider Münzen, ein Betrüger, sucht die gefälschte Münze, von der er weiß, dass sie *alternativ* zu einer fairen Münze die Zahlseite Z statt mit $p(Z) = 0,5$ mit der Wahrscheinlichkeit $p(Z) = 0,2$ anzeigt.
Er wählt eine der Münzen aus dem Kasten, wirft sie 10-mal und erhält nur 2-mal Zahl. Auf Grund dieses Ergebnisses entscheidet er, dass es sich bei der gewählten Münze um die gefälschte handelt. Doch wenn er irren sollte!

Wie groß ist sein Fehler 1. Art einzuschätzen? Der Betrüger hat seine Entscheidung nach der Regel
$$p(Z) = 0,5 \text{ falls } X \geq 3,$$
$$p(Z) = 0,2 \text{ falls } X \leq 2 \text{ getroffen.}$$
Mit diesem Testverfahren soll die **Nullhypothese** H_0: $p_0 = 0,5$ gegen die **Alternativhypothese** H_1: $p_1 = 0,2$ durch die Stichprobe abgelehnt oder bestärkt werden.
$\{0;1;2\}$ ist der **Ablehnungsbereich** (Abb. B_1), $\{3;4;5;6;7;8;9;10\}$ der **Annahmebereich**.
Da die Stichprobe in den Ablehnungsbereich fällt, ist $p(Z) = 0,5$ abzulehnen. Das aber kann ein Irrtum **(Fehler 1. Art)** sein, denn es könnte sich um eines jener seltenen, aber möglichen Ereignisse für eine faire Münze handeln. Die zugehörige Wahrscheinlichkeit $P(X \leq 2)$ bezeichnet man als **Irrtumswahrscheinlichkeit** α (X mit $n = 10$ ist binomial verteilt). Sie gibt das Risiko eines Fehlers 1. Art an. Mit Hilfe der summierten Binomialverteilung erhält man
$$\alpha = b(10 \,|\, 0,5 \,|\, 2) = 0,0547 \approx 5,5\%.$$
Die Irrtumswahrscheinlichkeit lässt sich verkleinern, wenn man den Ablehnungsbereich verkleinert (Abb. B und C). Damit vergrößert sich aber der **Fehler 2. Art**, der vorliegt, wenn die Stichprobe in den Annahmebereich fällt. Dann kann man an eine faire Münze glauben, obwohl eine falsche geworfen wurde. Die zugehörige Wahrscheinlichkeit ist
$$\beta = P(X \geq 3) \text{ mit } p = 0,2 \text{, d.h.}$$
$$\beta = 1 - P(X \leq 2)$$
$$= 1 - b(10 \,|\, 0,2 \,|\, 2) = 1 - 0,6778 \approx 32\%.$$

In der Praxis kommt eine Alternativhypothese, die durch einen einzelnen Wahrscheinlichkeitswert gekennzeichnet ist, seltener vor. Vielmehr ist H_1 z.B. durch $p_1 > p_0$, $p_1 < p_0$ bzw. $p_1 \neq p_0$ vorgegeben. Auch die Nullhypothese umfasst häufig ein Intervall, wie im folgenden Fall einer Qualitätsuntersuchung.

Einseitiger Signifikanztest
Ein Hersteller von farbigen Billigmantelknöpfen aus Kunststoff garantiert, dass bei schwierigen Farbmischungen Farbfehler höchstens bei 50% der Ware auftreten. Dies soll von Seiten der Firma getestet werden.
Man entnimmt der Produktion zufällig eine Stichprobe von 10 Knöpfen. Die Nullhypothese ist H_0: $p \leq 0,5$, die Alternativhypothese H_1: $p > 0,5$. Nach der Entscheidungsregel
$$\text{lehne } H_0 \text{ ab:} \Leftrightarrow X \geq a$$
soll entschieden werden.

Soll das Signifikanzniveau 5% betragen, so muss gelten:

$$P(X \geq a) = 1 - b(10 \mid 0,5 \mid a) \leq 0,05 \Leftrightarrow b(10 \mid 0,5 \mid a) \geq 0,95$$

Man sucht dann in der Tafel der summierten Binomialverteilung unter $n = 10$ und $p = 0,05$ diejenige Zahl, die gerade 0,95 übersteigt. Das ist bei $k = 8$ der Fall.
Man liest ab:

$$P(X \geq 8) = 1 - 0,9893 = 0,0107$$

Die Hypothese H_0 wird für $a = 8$ auf dem 5%-Niveau abgelehnt (fast auf dem 1%-Niveau), falls die Stichprobe in den Ablehnungsbereich $\{8 ; 9 ; 10\}$ fällt.

$n = 10$	$p = 0,05$
0	0,0010
1	0,0107
2	0,0547
3	0,1719
4	0,3770
5	0,6230
6	0,8281
7	0,9453
8	0,9893
9	0,9999

A   Signifikanzniveau und Entscheidungsregel

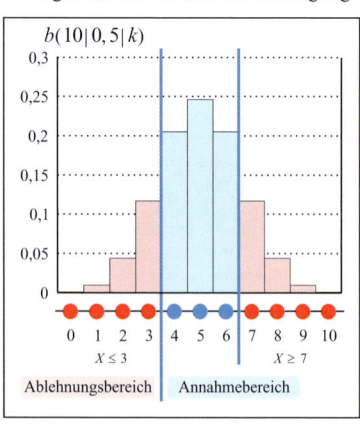

B   Zweiseitiger Hypothesentest

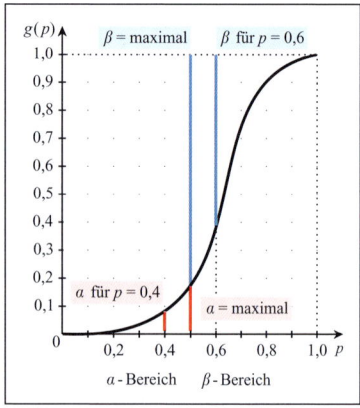

C   Gütefunktion eines einseitigen Tests

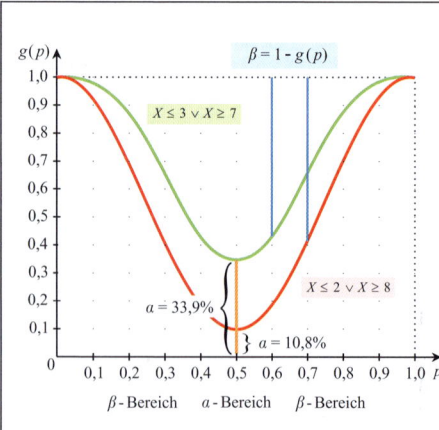

D   Gütefunktion eines zweiseitigen Tests

Wie beim einseitigen Test wird die Gütefunktion g auf dem Bereich der Wahrscheinlichkeit für den Fehler 1. Art definiert. Es sind zwei Bereiche zu berücksichtigen:

$$g(p) = P(X \leq 2) + P(X \geq 8)$$

für $p = 0,5$. Diese Funktion wird fortgesetzt auf $[0;1]$, so dass $1 - g(p)$ für $p \neq 0,5$ die Wahrscheinlichkeit eines Fehlers 2. Art bedeutet.

Der Fehler 1. Art wird mit größer werdendem Ablehnungsbereich auch größer; dagegen wird der Fehler 2. Art kleiner.

Der Ablehnungsbereich ist $\{a; a+1; \ldots; 10\}$. Für z.B. $a = 7$ wird H_0 abgelehnt, wenn die Stichprobe in den Ablehnungsbereich $\{7; 8; 9; 10\}$ fällt. X ist für $n = 10$ binomial verteilt. Für die Irrtumswahrscheinlichkeit im Falle $p = 0,5$ ergibt sich mit der summierten Binomialverteilung (Abb. A):

$$P(X \geq 7) = 1 - b(10 \,|\, 0,5 \,|\, 6)$$
$$= 1 - 0,8281 = 17,2\%$$

I.d.R. gibt man eine obere Schranke für die Irrtumswahrscheinlichkeit, ein sog. **Signifikanzniveau** vor, z.B. 5%. Gilt dann $a < 0,05$, so sagt man, die Ablehnung von H_0 sei *signifikant auf dem 5%-Niveau*. Das bedeutet, dass durchschnittlich höchstens 5 von 100 Entscheidungen, bei denen die Nullhypothese zutrifft, irrtümlich abgelehnt werden. Für $a = 7$ wird H_0 nicht einmal auf dem Signifikanzniveau 5% abgelehnt (Abb. A).

Bem.: Bei medizinischen Untersuchungen muss man das Signifikanzniveau viel geringer ansetzen, z.B. bei 0,1% oder noch niedriger.

Fehler 2. Art

Während ein Fehler 1. Art peinlich sein kann, weil etwas Wahres für falsch erklärt wird, ist ein Fehler 2. Art eher ein Reinfall, weil man etwas Falsches für wahr hält.

Vor einem derartigen Reinfall ist man umso weniger geschützt, je höher die Signifikanz ist. Abhilfe von dieser Misslichkeit kann eine Vergrößerung des Stichprobenumfangs bei Beibehaltung des Fehlers 1. Art bringen. In der Praxis verhindern die zu hohen Kosten für eine größere Stichprobenlänge allerdings häufig dieses Vorgehen.

Für den oben angegebenen einseitigen Signifikanztest kann man nicht wie bei dem Alternativtest von *einem* Wahrscheinlichkeitswert für einen Fehler 2. Art sprechen, da wegen $p_1 > 0,5$ keine Festlegung auf einen konkreten Wert für p_1 möglich ist. Hier, wie auch im folgenden zweiseitigen Test, helfen zur Beurteilung Graphen von sog. *Gütefunktionen* (*Operationscharakteristiken,* s.u.).

Ein Urnenversuch, zweiseitiger Signifikanztest $p_1 \neq p_0$

Es soll durch einen Test überprüft werden, ob in einer Urne gleich viele rote und weiße Kugeln vorhanden sind. Man weiß, dass sich insgesamt 20 Kugeln in der Urne befinden. Als Stichprobe dürfen 10 Ziehungen mit Zurücklegen vorgenommen werden.

Es geht um den Test der Nullhypothese
$$H_0: p(\text{rot}) = 0,5$$
gegen die Alternativhypothese
$$H_1: p(\text{rot}) \neq 0,5 \,.$$

Dass es mehr oder weniger rote Kugeln als weiße sein können, muss die Entscheidungsregel berücksichtigen. Der Ablehnungsbereich schließt den Annahmebereich von zwei Seiten ein. Man spricht daher von einem *zweiseitigen Test* (Abb. B).

Eine mögliche Entscheidungsregel wäre:

Lehne H_0 ab: $\Leftrightarrow X \geq 5 - a_1 \lor X \geq 5 + a_2$,

wobei a_1 und a_2 so zu bestimmen sind, dass ein vorgegebenes Signifikanzniveau, z.B. 5%, nicht überschritten wird. Dabei wird jede der beiden Seiten mit 2,5% abgesichert. Es sind also die beiden Ungleichungen

$$P(X \leq 5 - a_1) \leq 0,025 \text{ und}$$
$$P(X \geq 5 + a_2) \leq 0,025 \text{ zu lösen.}$$

Mit Hilfe der summierten Binomialverteilung ergibt sich (s. Abb. A):

$5 - a_1 = 2$ bzw. $5 + a_2 = 8$, also $a_1 = a_2 = 3$.

Fällt die Stichprobe in den Ablehnungsbereich $\{0; 1; 2; 8; 9; 10\}$, so wird H_0 auf dem 5%-Niveau abgelehnt.

Gütefunktion zum einseitigen Test

nennt man die Funktion, deren Graph in Abb. C dargestellt ist. Zu ihm gehört die Funktionsvorschrift: $g(p) = P(X \geq 7) = 1 - b(10 \,|\, p \,|\, 6)$ mit $p \in [0; 1]$. An ihm kann man die Fehler 1. und 2. Art veranschaulichen. Die Steilheit des Graphen wird mit der Zahl n größer und mit ihr verringert sich der Bereich für Fehler 2. Art. Der Fehler 2. Art wird kleiner bei gleichem Fehler 1. Art. Die Steilheit ist daher ein Maß für die »Güte« des Testverfahrens, was den Namen der Funktion erklärt.

Gütefunktion zum zweiseitigen Test

Auch für diesen Test lässt sich die Gütefunktion definieren (Abb. D). Wegen des aufgespaltenen Ablehnungsbereiches ist der Graph etwas komplexer.

Grundsätzliches Vorgehen bei Hypothesentests

(1) Ermittlung der Zufallsgröße X (hier binomial verteilt),

(2) Formulierung der Nullhypothese H_0,

(3) Festlegung eines Signifikanzniveaus,

(4) Berechnung einer Entscheidungsregel zum vorgegebenen Niveau und Bestimmung des Ablehnungsbereiches,

(5) Länge der Stichprobe vorgeben,

(6) Ausführung der Stichprobe und Entscheidung fällen.

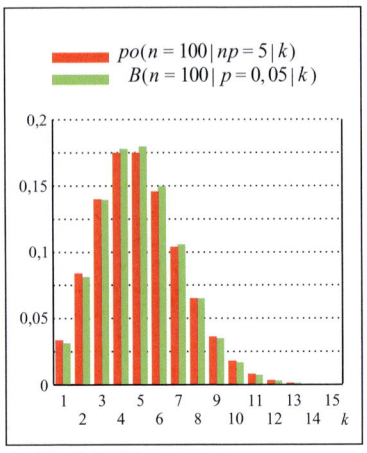

A   Vergleichshistogramm

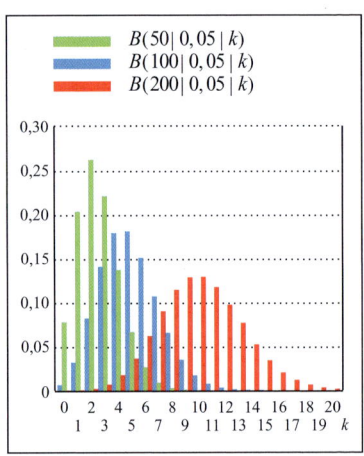

B   Binominalverteilungen

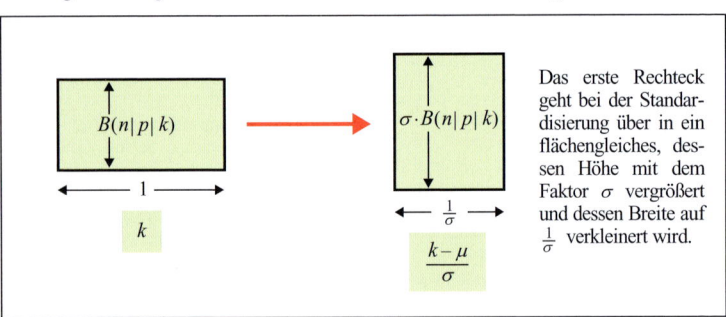

Das erste Rechteck geht bei der Standardisierung über in ein flächengleiches, dessen Höhe mit dem Faktor σ vergrößert und dessen Breite auf $\frac{1}{\sigma}$ verkleinert wird.

C   Standardisierungsvorgang

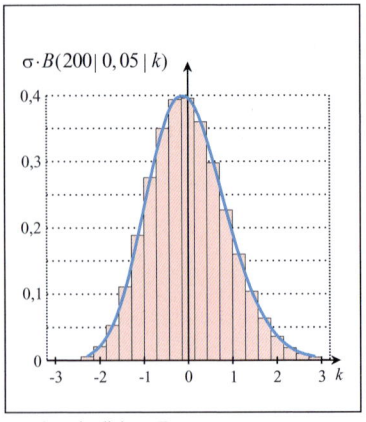

D   Standardisierte Form

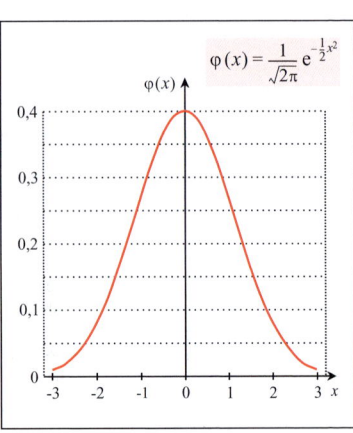

E   Gaußsche Glockenkurve

Näherung von Poisson (1781-1840)
Für große n ist die Binominalverteilung (S. 239) nur eingeschränkt verwendbar. Die Berechnungen sind sehr aufwändig. Man sucht daher nach einer anderen Funktion, die die Wahrscheinlichkeit näherungsweise zu berechnen gestattet. Z.B. ist dies für kleine p, d.h. für sog. *seltene* Ereignisse, mit der *poissonschen Näherungsformel* möglich:

$$B(n|p|k) \approx a^k \cdot \frac{e^{-a}}{k!} = po(n|a|k) \ (a=n \cdot p)$$

Zu ihr gelangt man, wenn man den Grenzwert des Terms der Binominalverteilung für $n \to \infty$ bei konstantem a bildet.
Dass schon eine recht gute Näherung der Binominalverteilung für $p = 0,05$ und $n = 100$ vorhanden ist, zeigt das vergleichende Histogramm in Abb. A. Geht man zu den »Nieten« über, so gilt das Vorherige für $p > 0,9$ u. $n \geq 100$.

Beispiel: Auf Grund langjähriger Beobachtungen erkranken 0,16% aller Tropenreisenden vor Ort an einer tödlich verlaufenden Krankheit.
Wie groß ist die Wahrscheinlichkeit, dass mindestens 4 von 4300 Urlaubern der kommenden Reisesaison an dieser Krankheit sterben?
Lösung: Es liegt bei der Erkrankung eine Bernoulli-Kette der Länge $n = 4300$ mit der Grundwahrscheinlichkeit $p = 0,0016$ vor.
Die Zufallsgröße X »Anzahl der Erkrankten« ist binominal verteilt. Gesucht ist

$$P(X \geq 4) =$$
$$1 - P(X \leq 3) = 1 - B(4300|0,0016|3).$$

Eingesetzt in die Näherungsformel ergibt sich mit $a = 4300 \cdot 0,0016 = 6,88$:

$$P(X \leq 3) = e^{-6,88} \cdot \left(1 + 6,88 + \frac{6,88^2}{2} + \frac{6,88^3}{6}\right)$$
$$= 0,0882 \text{ , d.h. } P(X \geq 4) = 91,2\%.$$

Standardisierung von Histogrammen
Ein Vergleich zweier oder mehrerer Histogramme verschiedener Zufallsgrößen ist einfacher, wenn man gleiche Parameter einrichtet, z.B. durch eine sog. *Standardisierung*. Darunter versteht man eine Veränderung der Zufallsgrößen derart, dass sie anschließend den Erwartungswert 0 und die Standardabweichung 1 besitzen.
Jede Zufallsgröße X mit dem Erwartungswert μ und der Standardabweichung σ ist standardisierbar, u.z. durch den Übergang zu

$$Y = \frac{1}{\sigma} X - \frac{\mu}{\sigma}.$$

Das folgt aus den Eigenschaften (1) und (4) von S. 237: Es gilt

$$E(Y) = \frac{1}{\sigma} E(X) + \left(-\frac{\mu}{\sigma}\right) = \frac{\mu}{\sigma} - \frac{\mu}{\sigma} = 0 \text{ und}$$

$$V(Y) = \left(\frac{1}{\sigma}\right)^2 V(X) = \frac{1}{\sigma^2} \sigma^2 = 1.$$

Anwendung der Standardisierung bei der Binominalverteilung
Stabdiagramme der Binominalverteilungen für $n = 50, 100, 200$, $p = 0,05$ enthält Abb. B. Denkt man sie um in Histogramme, so besteht jedes aus Rechtecken der Breite 1 und der Höhe $B(n|p|k)$. Das gesamte Rechtecknetz hat den Flächeninhalt 1, denn es ist

$$A_R = 1 \cdot B(n|p|1) + \ldots + 1 \cdot B(n|p|n)$$
$$= B(n|p|1) + \ldots + B(n|p|n) = 1.$$

Bei der Standardisierung verändern sich Lage und Maße der Rechtecke.
Die *Lageveränderung* erkennt man am besten, wenn man Y in die Form

$$Y = \frac{1}{\sigma} (X - \mu)$$

bringt. Der Faktor $X - \mu$ bedeutet, dass die Rechtecke um μ nach links verschoben werden, so dass das nahe bei μ gelegene Maximum nun nahe bei 0 liegt.
Mit der *Formänderung* (Abb. C) ist die Vergrößerung der Rechteckhöhe durch den Faktor σ und die Verkleinerung der Rechteckbreite mit dem Faktor $\frac{1}{\sigma}$ gemeint.
Diese Formänderung lässt den Flächeninhalt aller Rechtecke unverändert, d.h. ihre Summe ist nach wie vor 1.
Die Standardisierung ergibt für $B(200|0,05|k)$ das Histogramm der Abb. D.

Näherung von Lagrange (1736-1813)
An dem Histogramm der Abb. D fällt die »Glockenform« auf, die recht gut mit der sog. **gaußschen Glockenkurve** übereinstimmt. Damit meint man den Graphen der Funktion mit dem Funktionsterm

$$\varphi(x) = \frac{1}{\sqrt{2\pi}} e^{-\frac{1}{2}x^2} \text{ (Abb. E).}$$

Für $np(1-p) > 9$ gilt die sog. *lagrangesche Näherung* (ohne Beweis):

$$\sigma \cdot B(n|p|k) \approx \varphi(z), \text{ d.h.}$$

$$B(n|p|k) \approx \frac{1}{\sigma} \cdot \varphi(z) \text{ mit } z = \frac{k-\mu}{\sigma} \text{ und}$$

$$\mu = np; \ \sigma = \sqrt{np(1-p)}$$

Die Näherung ist umso besser, je größer n ist.

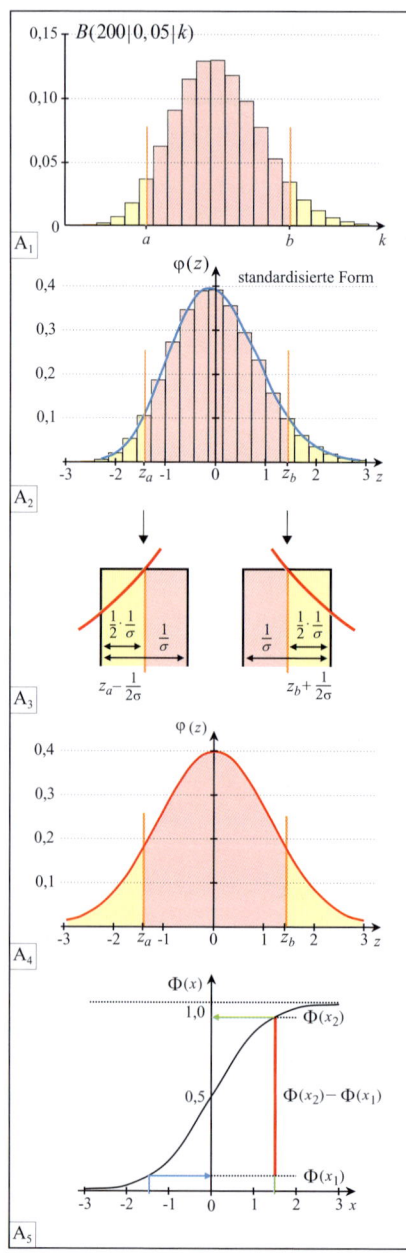

Der Flächeninhalt der zwischen a und b gelegenen Rechtecke gibt die Wahrscheinlichkeit $P(a \leq X \leq b)$ an.

In der standardisierten Form gilt dasselbe für das zugehörige Intervall $[z_a; z_b]$.

Die Rechteckhöhen sind nun näherungsweise gleich $\varphi(z)$, und damit wird die Summe der Rechteckinhalte näherungsweise durch

$$\sum_{i=a}^{b} \varphi(z_i) \cdot \frac{1}{\sigma} \simeq$$

$$\sum_{i=a}^{b} \sigma \cdot B(200 \,|\, 0,05 \,|\, i) \cdot \frac{1}{\sigma} =$$

$$\sum_{i=a}^{b} B(200 \,|\, 0,05 \,|\, i) = P(a \leq X \leq b)$$

berechnet.

Dann gilt aber auch, dass das Integral über φ in den Grenzen $z_a - \frac{1}{2\sigma}$ bis $z_b + \frac{1}{2\sigma}$ einen Näherungswert für den Flächeninhalt darstellt:

$$P(a \leq X \leq b) \simeq \int_{z_a - \frac{1}{\sigma}}^{z_b + \frac{1}{\sigma}} \varphi(t)\,dt \ .$$

Nach dem Hauptsatz der Differenzial- und Integralrechnung (S. 143) gibt es zur Funktion φ eine Stammfunktion Φ, so dass gilt:

$$\int_{z_1}^{z_2} \varphi(t)\,dt = \Phi(z_2) - \Phi(z_1)$$

Φ heißt *gaußsche Integralfunktion,* für die folgende Eigenschaften erfüllt sind:

(1) $\lim\limits_{t \to \infty} \Phi(t) = 1$

(2) $\Phi(-t) = 1 - \Phi(t)$

Auf Grund von (2) kann man sich bei der Untersuchung von Φ auf $x \geq 0$ beschränken.

Die gaußsche Integralfunktion ist nur mit numerischen Methoden näherungsweise berechenbar:

x	0	0,2	0,3	0,5
$\Phi(x)$	0,5	0,58	0,62	0,69

x	0,7	1	2	3
$\Phi(x)$	0,76	0,84	0,97	0,99

Zur integralen lagrangeschen Näherungsformel

Beispielrechnung: Bestimme die Wahrscheinlichkeit für genau 80 Treffer bei 100 Schuss unter den Bedingungen der Aufgabe auf S. 238, Abb. A.

Lösung: Gefragt ist nach

$$P(x = 80) = B(n \mid 0,8 \mid 80).$$

Die Wahrscheinlichkeit ist näherungsweise berechenbar, da

$$np(1-p) = 100 \cdot 0,8 \cdot 0,2 = 16 > 9 \text{ gilt.}$$

Man erhält mit $\mu = 80$ und $\sigma = 4$:

$$b(100 \mid 0,8 \mid 80) \approx \frac{1}{4} \varphi\left(\frac{80-80}{4}\right) = \frac{1}{4} \varphi(0)$$

$$\approx \frac{1}{4} \cdot 0,399 \approx 0,09975.$$

Mit einer Wahrscheinlichkeit von ca. 10% werden genau 80 Treffer erzielt.

Es wäre sicherlich sinnvoller, bei der obigen Beispielrechnung »mindestens 80 Treffer« statt »genau 80« zu fordern (s.u.). Aber dann hätte man einen großen Rechenaufwand zu bewältigen. Die Anwendung der lagrangeschen Näherung ist für Intervalle i.A. nicht mehr sinnvoll.
Wahrscheinlichkeiten einer binominal verteilten Zufallsgröße der Form $P(X \le a)$ oder $P(a \le X \le b)$ werden zweckmäßigerweise mit der gaußschen Integralfunktion und der sog. integralen lagrangeschen Näherungsformel berechnet.

Integrale lagrangesche Näherungsformel
Das Histogramm von S. 244, Abb. D, in standardisierter Form diene als Grundlage für ein anschauliches Gewinnen der oben genannten Näherungsformel.
Vorgegeben sei ein abgeschlossenes Trefferintervall $[a;b]$. Die Wahrscheinlichkeit $P(a \le X \le b)$ ist dann gleich dem Flächeninhalt des zum Intervall gehörenden Rechtecknetzes. Für diesen kann man einen Näherungswert angeben:

$$P(a \le X \le b) \approx \int_{z_a - \frac{1}{2\sigma}}^{z_b + \frac{1}{2\sigma}} \varphi(z)\,\mathrm{d}z.$$

Mit der *gaußschen Integralfunktion* (Graph in Abb. A_5) erhält man

$$P(a \le X \le b) \approx \Phi\left(z_b + \frac{1}{2\sigma}\right) - \Phi\left(z_a - \frac{1}{2\sigma}\right).$$

Wegen $z_b + \frac{1}{2\sigma} = \frac{b-\mu}{\sigma} + \frac{1}{2\sigma} = \frac{b-\mu+0,5}{\sigma}$ und entsprechend $z_a - \frac{1}{2\sigma} = \frac{a-\mu-0,5}{\sigma}$

ergibt sich die *integrale lagrangesche Näherungsformel*:

Für $np(1-p) > 9$ erhält man die Näherung

$$P(a \le X \le b) \approx \Phi\left(\frac{b-\mu+0,5}{\sigma}\right) - \Phi\left(\frac{a-\mu-0,5}{\sigma}\right)$$

mit $\mu = np$ und $\sigma = \sqrt{np(1-p)}$.

Speziell gilt:

(1) $P(X \le b) \approx \Phi\left(\frac{b-\mu+0,5}{\sigma}\right)$

(2) $P(X \le b) \approx \Phi\left(\frac{b-\mu}{\sigma}\right)$ für sehr große n

(3) $P(X = a) \approx \Phi\left(\frac{a-\mu+0,5}{\sigma}\right) - \Phi\left(\frac{a-\mu-0,5}{\sigma}\right)$

Bem.: Die Werte für die gaußsche Integralfunktion kann man einer Tafel entnehmen.

Beispielrechnung: Bestimme die Wahrscheinlichkeit für mindestens 80 Treffer bei 100 Schuss unter den Bedingungen der Aufgabe auf S. 238, Abb. A.

Lösung: Gefragt ist nach $P(X \ge 80)$.
Es gilt: $P(X \ge 80) = 1 - P(X \le 79)$

$$\approx 1 - \Phi\left(\frac{79-80+0,5}{4}\right) = 1 - \Phi(-0,125)$$

$$\approx 0,5498.$$

Die Wahrscheinlichkeit, mindestens 80 Treffer zu erzielen, ist ca. 55%.

Zentraler Grenzwertsatz, Normalverteilung
Die integrale Formel (2) gilt nicht nur im Zusammenhang mit Binominalverteilungen.
Vielmehr war es im Jahre 1901 dem russischen Mathematiker LJAPUNOFF gelungen zu zeigen, dass unter sog. schwachen Bedingungen für beliebig viele unabhängige Zufallsgrößen $X_1, \ldots, X_n$ mit den Erwartungswerten μ_i und den Varianzen σ_i^2 die Summenzufallsgröße $X = X_1 + \ldots + X_n$, falls n nur groß genug gewählt wird, der Näherungsformel

$$P(X \le b) \approx \Phi\left(\frac{b-\mu}{\sigma}\right)$$

immer besser genügt (zentraler Grenzwertsatz). Dabei sind die Auswirkungen einzelner Zufallsgrößen in der Summe klein (»schwach«); sie brauchen nicht binominal verteilt zu sein.
Gilt in der obigen Ungleichung statt » $\approx$ « das Gleichzeichen, so nennt man die Wahrscheinlichkeitsfunktion *Normalverteilung*.
Der zentrale Grenzwertsatz macht deutlich, warum so viele Zufallsgrößen normal (»glockenförmig«) verteilt erscheinen.

Partyproblem (1. Teil): Michael will seinen Geburtstag mit einer Party feiern. Einladen will er u.a. seinen Freund Hans und dessen Freundin Monika. Als Michael Hans einlädt, meint dieser: »Wenn Monika kommt, dann komme ich auch.«
Also ruft Michael Monika an, die zuerst sagt: »Einer von uns beiden kommt bestimmt: Hans oder ich.« Als Michael nicht locker lässt, sagt sie leicht genervt: »Hans kommt nicht oder ich komme zu deinem Geburtstag.«
Sie hat ihre Logikkenntnisse gegen Michael ausgespielt, was diesen etwas verunsichert. Michael fragt sich: »Kann ich an meinem Geburtstag wohl mit *beiden* ›rechnen‹?«
Nach der Analyse des Textes (s.u.) erfolgt im 2. Teil (S. 250, Abb. C) eine Antwort auf die Frage mit Hilfe einer sog. Wahrheitswertetafel. Im 3. Teil (S. 253) wird dann diese Antwort durch eine »Rechnung« bestätigt.

Formalisierung der wichtigen Textteile
Michael findet heraus, dass drei Bedingungen genannt werden. Es sollen gelten:

>   (1) Wenn Monika kommt, *dann* kommt Hans,
> *und* (2) Hans kommt *oder* Monika kommt,
> *und* (3) Hans kommt *nicht oder* Monika kommt.

Die Sprache, in der die Bedingungen jetzt formuliert sind, ist nicht mehr ausdrucksreich. Sie wirkt steif, weil sie genormt ist. Dafür zeichnen sich deutlich die zu Grunde liegenden Aussagen und ihre Verbindungselemente ab:
»Hans kommt«, »Monika kommt« sind die Aussagen, die mit H und M bezeichnet werden; »und«, »oder«, »wenn ..., dann ...« und »nicht« sind die verbindenden Elemente bzw. das negierende Element, für die der Reihe nach die Zeichen » $\wedge$ «, » $\vee$ «, » $\rightarrow$ « und » $\neg$ « eingeführt werden.
Es ergibt sich nun unter Verwendung von Klammern die formalisierte Schreibweise der Bedingungen:

$$\underbrace{(M \rightarrow H)}_{(1)} \wedge \underbrace{(H \vee M)}_{(2)} \wedge \underbrace{(\neg H \vee M)}_{(3)}$$

A   Verknüpfung von Aussagen und ihrer Formalisierung

Negation » $\neg$ «	
A	$\neg A$
w	f
f	w

Eingangs-spalte

Konjunktion » $\wedge$ «		
A	B	$A \wedge B$
w	w	w
w	f	f
f	w	f
f	f	f

Eingangsspalten

Disjunktion » $\vee$ «		
A	B	$A \vee B$
w	w	w
w	f	w
f	w	w
f	f	f

Eingangsspalten

Beispiele: (» | « ist Teiler von)

$2 \mid 5$	f	$2 \mid 6 \wedge 3 \mid 6$	w	$2 \mid 5 \vee 2 \mid 6$	w
$\neg 2 \mid 5$	w	$3 \mid 6 \wedge 4 \mid 6$	f	$3 \mid 5 \vee 3 \mid 4$	f

B_1 B_2 B_3

B   Definition der Negation (B_1), Konjunktion (B_2) und Disjunktion (B_3)

»Das ist doch logisch, da braucht man doch nichts zu beweisen«, so heißt es manchmal, wenn es um scheinbar klare Sachverhalte geht oder wenn einem die Argumente fehlen.

Das Wort »logisch« wird oft falsch verwendet: Logik ist kein Ersatz für einen Beweis, sondern die Form, in der der Beweis erfolgt.

Will man im Alltagsleben jemanden von einer Behauptung (Meinung) überzeugen, muss man sich der Sprache bedienen. Man wählt

(1) eine Ausgangsposition, von der man annimmt, dass sie der andere zu akzeptieren bereit ist (Voraussetzungen),

(2) um dann in einer Kette von schlüssigen Argumenten die Behauptung zu folgern.

Dies Vorgehen gelingt jedoch nicht immer: einerseits weil unsere Umgangssprache zu ungenau, oft auch mehrdeutig ist, andererseits weil bei vielen sprachlichen Elementen für jeden etwas anderes »mitschwingen« kann, ohne es sprachlich ausdrücken zu können.

Beispiele:

(1) Er hat sein Glas in einem »Zug« geleert (in einem Eisenbahnzug oder mit einmaligem Ansetzen).

(2) Ich habe »ein« Auto (*mindestens* eines oder *genau* eines).

Verwendung der Fachsprache

In der Mathematik ist das oben geschilderte Vorgehen, eine Behauptung zu begründen, dagegen äußerst erfolgreich. Es wird eine *Fachsprache* zu Grunde gelegt, in der die mathematischen Objekte eindeutig bestimmt und die Sätze präzise formuliert werden. Durch Einführung definierter Zeichen wird die Sprache *formalisiert* (Abb. A) und damit *formelhaft* dargestellt.

Aufgabe der Logik

ist es, Formen des Denkens zu formulieren, die unabhängig vom Inhalt bestehen. Man erkennt z.B. hinter dem Zusammenhang

»Wenn es schneit, wird die Straße glatt«, und »wenn die Straße glatt wird, ist das Autofahren gefährlich«, folgt: »Wenn es schneit, ist das Autofahren gefährlich«.

die *logische Regel*:

»Wenn A, dann B« und »wenn B, dann C«, so folgt »wenn A, dann C« (vgl. S. 255).

Die Anwendung derartiger logischer Regeln leitet von gesicherten Voraussetzungen zu begründeten Ergebnissen über, die somit von Mathematikern überprüft werden können.

Grundbegriffe der (Aussagen-)Logik

sind *Aussagen*, die entweder wahr (w) oder falsch (f) sind (die Zweiwertigkeit der Aussagenlogik wird vorausgesetzt) und *Aussageformen* (s. S. 15f.). Aus diesen Begriffen entwickelt man komplexere Formen (*Bsp.*: Abb. A) mit Hilfe der

Junktoren (s. S. 17) »und« ($\wedge$) , »oder« ($\vee$) , »wenn ..., dann ...« ($\rightarrow$) und »genau dann ..., wenn ...« bzw. »dann und nur dann ..., wenn ...« ($\leftrightarrow$) als verknüpfende Elemente und der **Negation** ($\neg$) als einem negierenden Element.

Während Aussagen nur »wahr« oder »falsch« sein können, ist der Wahrheitswert eines mit Junktoren verknüpften Gebildes von den Bestandteilen abhängig. Diese Abhängigkeit wird besonders gut überschaubar dargestellt durch sog. *Wahrheitswertetafeln*, die im Folgenden einerseits zur Definition von Negation, Konjunktion, Disjunktion, Subjunktion und Bijunktion dienen, andererseits die Untersuchung komplexerer Gebilde auf ihren Wahrheitswert gestatten.

Wahrheitswertetafel für die Negation

Bei der Negation einer Aussage sind in der Eingangsspalte zwei Möglichkeiten zugelassen, so dass die Negation den umgekehrten Wahrheitswert der Aussage erhält (Abb. B$_1$).

Wahrheitswertetafeln für die Junktoren

Bei der Verknüpfung zweier Aussagen kann jede unabhängig voneinander die Werte w und f annehmen. Daher sind vier Eingangskombinationen zu berücksichtigen: (w;w), (w;f), (f;w) und (f;f). Sie bilden zwei Eingangsspalten der Tafel. Bei der Definition der Junktoren wird jeder Kombination entweder w oder f zugeordnet, jeweils zum Junktor passend.

Konjunktion und Disjunktion

Passend zu der umgangssprachlichen Vorstellung von »und« und »oder« ergeben sich für die *Konjunktion* (»und«-Verknüpfung) und die *Disjunktion* (»oder«-Verknüpfung) die Zuordnungen der Tafeln in den Abb. B$_2$ und B$_3$.

Die Konjunktion $A \wedge B$ ist demnach nur wahr, wenn beide Aussagen A und B wahr sind. Für die Disjunktion (auch als Adjunktion bezeichnet) $A \vee B$ gilt, dass sie nur falsch ist, wenn beide Aussagen A und B falsch sind.

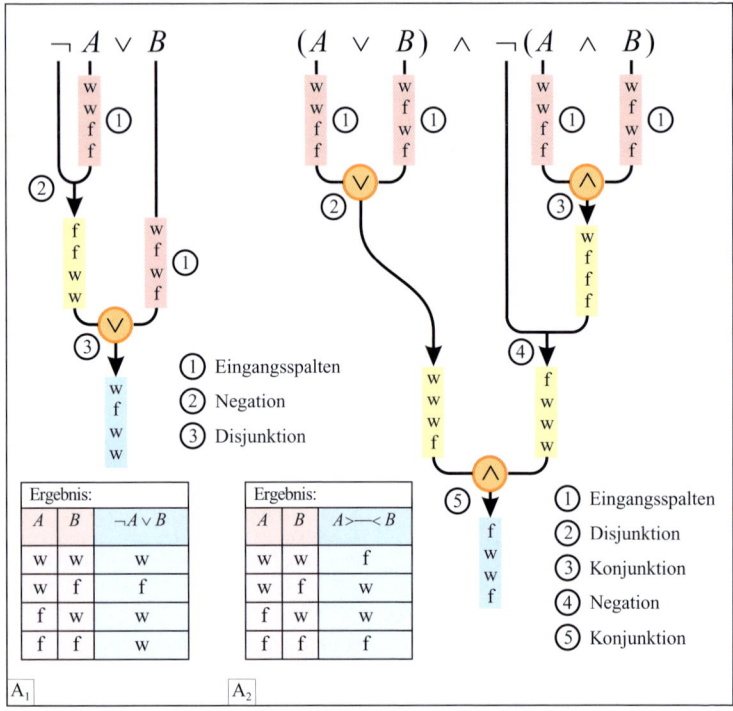

A   Beispiele aussagenlogischer Aussageformen

Subjunktion » → «		
A	B	$A \to B$
w	w	w
w	f	f
f	w	w
f	f	w

B₁

Umschreibung der Bijunktion						Bijunktion » ↔ «
A	B	$A \to B$	$\neg A$	$\neg B$	$\neg A \to \neg B$	$(A \to B) \wedge (\neg A \to \neg B)$	$A \leftrightarrow B$
w	w	w	f	f	w	w	w
w	f	f	f	w	w	f	f
f	w	w	w	f	f	f	f
f	f	w	w	w	w	w	w

B₂

B   Definition der Subjunktion (B₁) und Bijunktion (B₂)

H	M	$M \to H$	$H \vee M$	$\neg H$	$\neg H \vee M$	C
w	w	w	w	f	w	w
w	f	f	w	f	f	f
f	w	w	w	w	w	f
f	f	w	f	w	w	f

$C := (M \to H) \wedge (H \vee M) \wedge (\neg H \vee M)$
C ist nur in einem Fall (1. Zeile der Tafel) wahr, d.h. es gibt eine eindeutige Lösung.

Aus den Eingangsspalten liest man ab, dass H (Hans kommt) und M (Monika kommt) wahr sind.

C   Partyproblem, 2.Teil

Entweder ... oder ...
Bei der Disjunktion handelt es sich nicht um das »ausschließende oder«, also nicht um das »entweder ... oder ...«. Wenn man z.B. sagt »Nicole liegt in der Sonne oder liest ein Buch«, so lässt man ausdrücklich zu, dass beides gleichzeitig wahr sein kann, d.h. Nicole liegt in der Sonne und Nicole liest ein Buch.
Der Unterschied zwischen »oder« ($\vee$) und »entweder ... oder ...« ($>$—$<$) wird durch die folgende Umschreibung des »entweder ... oder ...« besonders deutlich (Abb. A_2):
$(A \vee B) \wedge \neg (A \wedge B)$ (lies: A oder B und nicht A und B zugleich).
Diese konjunktive Verknüpfung einer Disjunktion mit der Negation einer Konjunktion ist ein Beispiel für eine sog.

aussagenlogische Aussageform.
Die beiden Buchstaben A und B, ebenso die anderen großen (!) Buchstaben vom Anfang des Alphabets, stehen als Variable für Aussagen. Man nennt sie daher auch *Aussagenvariable.*
Jeder aus Aussagenvariablen, Junktoren, der Negation und/oder Klammern aufgebaute Ausdruck, der nach dem Einsetzen von Aussagen in die Variablen in eine Aussage übergeht, heißt *aussagenlogische Aussageform.*
Zu jeder aussagenlogischen Aussageform gehört eine Wahrheitswertetafel. Ausgehend von den Eingangsspalten jeder der Variablen über getrennt voneinander entwickelten Zwischenergebnissen (in den Tafeln gelb unterlegt) ergibt sich die Ergebnisspalte (Abb. B, C und S. 252, Abb. A).
Gesetzte *Klammerpaare* ( ) oder [ ] bzw. ineinander geschachtelte ([ ]) müssen beachtet werden, letztere von *innen nach außen* (wie in der Algebra). Drückt man jede Verknüpfung in einer Aussageform durch ein Klammerpaar aus, so kann das zu unübersichtlichen Schreibweisen führen. Vereinbarungen über die Rangfolge aller Junktoren (s.u.) gestatten ein Einsparen von Klammerpaaren.
Wie man mit Klammern umgehen muss, zeigt der sog. *Wahrheitswertebaum* in Abb. A_2.

Subjunktion
Die Wahrheitswertetafel für die »wenn ..., dann ...«-Verknüpfung erreicht man am besten über eine Umschreibung: »Sei nicht so frech«, so ermahnt ein Elternteil sein Kind, »oder werde ärgerlich.« Es hätte auch sagen können: »Wenn du frech bist, dann werde ich ärgerlich.«
Der erste Satz hat die Form $\neg A \vee B$, für die in

Abb. A_1 eine Tafel erstellt worden ist. Sie wird als Definitionstafel für die *Subjunktion* $A \to B$ verwendet (Abb. B_1).

Die Subjunktion $A \to B$ ist nur falsch, wenn A wahr und B falsch ist.

Auffällig an der Tafel ist die etwas gewöhnungsbedürftige Eigenschaft, dass die Subjunktion wahr ist, wenn die Wenn-Aussage falsch ist. Z.B. handelt es sich bei der folgenden Aussage
»Wenn der Mond bewohnt ist,
dann gibt es fünfbeinige Hunde«
um eine wahre.
Allerdings ist diese Eigenartigkeit im Zusammenhang mit dem Folgerungsbegriff $A \Rightarrow B$ (vgl. S. 253) sehr nützlich.
Anwendung: Lösung des Partyproblems, 2. Teil (Abb. C)

Bijunktion
»Genau dann ist Inga in der Schule, wenn Carla Schule hat.« Diese »genau dann ..., wenn ...«-Aussage umfasst zwei Subjunktionen: »Wenn Carla Schule hat, dann ist auch Inga in der Schule« und »Wenn Carla keine Schule hat, dann ist auch Inga nicht in der Schule«. Man kann also $A \leftrightarrow B$ ersetzen durch $(A \to B) \wedge (\neg A \to \neg B)$ (Abb. B_2).
Die Tafel zeigt:

Die Bijunktion ist nur wahr, wenn beide Aussagen den gleichen Wahrheitswert besitzen.

Rangordnung der Junktoren
Der Punkt-vor-Strich-Regel in der Algebra entspricht die Regel, dass $\wedge$ stärker als $\vee$ und $\to$ stärker als $\leftrightarrow$ bindet.
Außerdem wirkt $\neg$ nur direkt auf die Variable, vor der das Zeichen steht, oder falls es vor einer Klammer steht, nur auf den Inhalt des zugehörigen Klammerpaares.
Auf Grund dieser Vereinbarungen kann man bei den Aussageformen $(A \wedge B) \vee (\neg A \wedge B)$ und $(A \to B) \leftrightarrow \neg A$ die Klammerpaare weglassen, so dass sich $A \wedge B \vee \neg A \wedge B$ und $A \to B \leftrightarrow \neg A$ ergeben.
Vertauscht man dagegen die Junktoren, so ist wegen der Rangordnung das Weglassen eines Klammerpaares bei $(A \vee B) \wedge (\neg A \vee B)$ und $(A \leftrightarrow B) \to \neg A$ nicht zulässig!
Noch mehr Klammern lassen sich einsparen, wenn man zusätzlich vereinbart, dass $\vee$ stärker bindet als $\to$. Man setze jedoch um der Lesbarkeit willen eher mehr Klammern als notwendig, ohne allerdings die Rangordnung zu verletzen.

	A	B	$A \lor B$	$\neg(A \lor B)$	$\neg A$	$\neg B$	$\neg A \land \neg B$	$\neg(A \lor B) \leftrightarrow \neg A \land \neg B$
Umgangssprachlich: »Es ist nicht wahr, dass Carla in der Sonne liegt oder ein Buch liest.«	w	w	w	f	f	f	f	w
Meint dasselbe wie:	w	f	w	f	f	w	f	w
»Carla liegt nicht in der Sonne und liest kein (nicht ein) Buch.«	f	w	w	f	w	f	f	w
	f	f	f	w	w	w	w	w

Gesetz von de Morgan: $\neg(A \lor B) \Leftrightarrow \neg A \land \neg B$ bzw. $\neg(A \lor B) \leftrightarrow \neg A \land \neg B$ ist allgemein gültig

A   Beispiel

Aussagenlogische Gesetze zur Konjunktion und Disjunktion

(1a) $A \land B \Leftrightarrow B \land A$	(1b) $A \land B \Leftrightarrow B \land A$	kommutatives Gesetz
(2a) $A \land (B \land C) \Leftrightarrow (A \land B) \land C$	(2b) $A \lor (B \lor C) \Leftrightarrow (A \lor B) \lor C$	assoziatives Gesetz
(3a) $A \land (B \lor C) \Leftrightarrow (A \land B) \lor (A \land C)$	(3b) $A \lor (B \land C) \Leftrightarrow (A \lor B) \land (A \lor C)$	distributives Gesetz
(4a) $\neg(A \land B) \Leftrightarrow \neg A \lor \neg B$	(4b) $\neg(A \lor B) \Leftrightarrow \neg A \land \neg B$	Gesetz von de Morgan
(5a) $A \land A \Leftrightarrow A$	(5b) $A \lor A \Leftrightarrow A$	Gesetz der Idempotenz
(6a) $A \land (A \lor B) \Leftrightarrow A$	(6b) $A \lor (A \land B) \Leftrightarrow A$	Absorbtionsgesetz
(7a) $A \land \neg A \Leftrightarrow F$ (immer falsch) Gesetz vom Widerspruch	(7b) $A \lor \neg A \Leftrightarrow W$ (immer wahr) Gesetz vom ausgeschlossenen Dritten	
(8a) $A \land F \Leftrightarrow F$	(8b) $A \lor W \Leftrightarrow W$	
(9a) $A \land W \Leftrightarrow A$	(9b) $A \lor F \Leftrightarrow A$	

Dualität beim Austausch $\boxed{\land\ \lor}$ bzw. $\boxed{\lor\ \land}$ und $\boxed{W\ F}$ bzw. $\boxed{F\ W}$:
(1a) bis (9a) geht in (1b) bis (9b) über.

Aussagenlogische Gesetze zur Subjunktion und Bijunktion

(10) $A \to B \Leftrightarrow \neg B \to \neg A$ Kontrapositionsgesetz	(11) $A \leftrightarrow B \Leftrightarrow (A \to B) \land (B \to A)$ 1. Bijunktionsersetzung
(12) $A \to B \Leftrightarrow \neg A \lor B$ Subjunktionsersetzung	(13) $A \leftrightarrow B \Leftrightarrow (A \land B) \lor \neg(A \lor B)$ 2. Bijunktionsersetzung
(14) $(A \to B \land B \to C) \to (A \to C) \Leftrightarrow W$ Transitivität	

B   Gesetze der Aussagenlogik

$\neg \bigvee\limits_{x \in \mathbb{N}} [x^2 = 2]$ $\Leftrightarrow$	$\bigwedge\limits_{x \in \mathbb{N}} [\neg(x^2 = 2)]$ $\Leftrightarrow$	$\bigwedge\limits_{x \in \mathbb{N}} [(x^2 \neq 2)]$
Es ist nicht wahr, dass es $x \in \mathbb{N}$ gibt mit $x^2 = 2$ oder es gibt kein $x \in \mathbb{N}$ mit $x^2 = 2$.	Für alle $x \in \mathbb{N}$ gilt: Es ist nicht $x^2 = 2$.	Für alle $x \in \mathbb{N}$ ist $x^2 \neq 2$.
$\neg \bigwedge\limits_{x \in \mathbb{N}} [x^2 > x]$ $\Leftrightarrow$	$\bigvee\limits_{x \in \mathbb{N}} [\neg(x^2 > x)]$ $\Leftrightarrow$	$\bigvee\limits_{x \in \mathbb{N}} [(x^2 \leq x)]$
Nicht für alle natürlichen Zahlen gilt $x^2 > x$.	Es gibt eine natürliche Zahl, für die $x^2 > x$ nicht gilt.	Es gibt ein $x \in \mathbb{N}$ mit $x^2 \leq x$.

Negation und Quantor sind nicht vertauschbar. Es gilt:
Die »Negation des Existenz-(All-)Quantors« ist äquivalent zum »All-(Existenz-)Quantor der Negation«.

C   Negation eines Quantors

Gesetze der Aussagenlogik

Zwei aussagenlogische Aussageformen sind austauschbar, wenn sich in ihren Tafeln bei gleicher Eingangsspaltenbelegung der gleiche Wahrheitswerteverlauf in den Ergebnisspalten ergibt. Derartige Aussageformen heißen *logisch äquivalent* ($\Leftrightarrow$).

Bem.: Der Grund für die Wahl dieses Zeichens liegt darin, dass die Bijunktion zweier logisch äquivalenter Aussageformen immer w, d.h. allgemein gültig ist (s. S. 255f.).

Beispiel: Abb. A.

Man kann in einer aussagenlogischen Aussageform Umformungen vornehmen, die zu Vereinfachungen führen können, z.B. indem man den Term $\neg(A \vee B)$ durch $\neg A \wedge \neg B$, also durch einen klammerfreien Term ersetzt. Man sagt dann auch, dass die Klammern nach dem (»Rechen«-)Gesetz von DE MORGAN aufgelöst wurden. Die wichtigsten weiteren *Gesetze der Aussagenlogik* zum »Rechnen« enthält Abb. B. Diese gelten auch dann, wenn an die Stelle der Variablen A und B kompliziertere Aussageformen treten.

Anwendung: Partyproblem, 3. Teil.

Die Aussageform der S. 248, Abb. A, soll vereinfacht werden:

$$(M \to H) \wedge (H \vee M) \wedge (\neg H \vee M) \;\; | \,(12)$$
$$\Leftrightarrow (M \to H) \wedge (H \vee M) \wedge (H \to M) \;\; | \,(11)$$
$$\Leftrightarrow (M \leftrightarrow H) \wedge (H \vee M) \;\; | \,(13)$$
$$\Leftrightarrow [(M \wedge H) \vee \neg(M \vee H)] \wedge (H \vee M)$$
$$\qquad\qquad\qquad\qquad | \,(3a) \text{ und } (7a)$$
$$\Leftrightarrow [(M \wedge H) \wedge (H \vee M)] \vee F \;\; | \,(9b)$$
$$\Leftrightarrow [(M \wedge H) \wedge H] \vee [(M \wedge H) \wedge M] \;\; | \,(5a)$$
$$\Leftrightarrow (M \wedge H) \vee (M \wedge H) \;\; | \,(5b)$$
$$\Leftrightarrow M \wedge H$$

Dieses »rechnerische« Ergebnis stimmt mit der Lösung des Partyproblems, 2. Teil, S. 250, Abb. C, überein.

Quantoren

Beispiele:

(1) Es gibt eine natürliche Zahl, für die gilt: ihr Quadrat ist gleich 4.

(2) Für alle natürlichen Zahlen $x \in \mathbb{N}$ gilt: $1 + 2 + \ldots + x = \frac{1}{2}x(x+1)$

Aufgebaut sind diese Aussagen aus einer

- Aussageform $A(x)$, u.z. $x^2 = 4$ bzw. die Summenformel, mit ihrer Definitionsmenge $\mathbb{N}$ und einem

- quantifizierenden Anteil, der den Umfang (das Quantum) der Lösungen von $A(x)$

kennzeichnet:

(1) »es gibt eine ..., für die gilt« bedeutet, dass die Aussageform lösbar ist, d.h. es gibt *mindestens eine* Lösung in der Definitionsmenge (*Existenzaussage*),

(2) »für alle gilt« bedeutet, dass die Aussageform allgemein gültig ist in der Definitionsmenge ist (*Allaussage*).

Formalisiert ergeben sich die Darstellungen:

zu Bsp. (1): $\displaystyle\bigvee_{x \in \mathbb{N}} [x^2 = 4]$

zu Bsp. (2): $\displaystyle\bigwedge_{x \in \mathbb{N}} \left[1 + 2 + \ldots + x = \tfrac{1}{2}x(x+1) \right]$

Das an ein großes »oder« bzw. großes »und« erinnernde Zeichen heißt *Existenz-* bzw. *Allquantor*. Die Zeichenwahl soll daran erinnern, dass man für eine endliche Definitionsmenge beide Quantoren durch eine endliche Kette von Verknüpfungen des entsprechenden Junktors ersetzen kann.

Gebundene und freie Variable

Für die bei beiden Quantoren auftretenden Variablen x besteht ein *Einsetzungsverbot*. Man spricht von einer *gebundenen* Variablen. Im Unterschied dazu nennt man die bei reinen Aussageformen auftretenden Variablen auch *frei*.

Negation eines Quantors

Es gelten die Regeln (*Bsp.* in Abb. C):

(Q1) $\neg\displaystyle\bigvee_{x} [A(x)] \Leftrightarrow \bigwedge_{x} [\neg A(x)]$

(Q2) $\neg\displaystyle\bigwedge_{x} [A(x)] \Leftrightarrow \bigvee_{x} [\neg A(x)]$

Verknüpfung von Quantoren mit Junktoren

Bei gleichen Definitionsmengen gilt:

(Q3) $\displaystyle\bigwedge_{x} [A(x)] \wedge \bigwedge_{x} [B(x)] \Leftrightarrow$
$$\bigwedge_{x} [A(x) \wedge B(x)]$$

(Q4) $\displaystyle\bigvee_{x} [A(x)] \vee \bigvee_{x} [B(x)] \Leftrightarrow$
$$\bigvee_{x} [A(x) \vee B(x)]$$

Mehrfache Quantifizierung

bedeutet, dass gleiche oder verschiedene Quantoren nebeneinander auftreten.

Regel: Zwei oder mehr Quantoren gleichen Typs sind vertauschbar.

Bem.: Zwei Quantoren verschiedenen Typs sind nicht vertauschbar. Der Unterschied zwischen »es gibt ein Dach für alle Häuser« und »für alle Häuser gilt, dass es ein Dach gibt« ist offensichtlich.

(1) Kettenschlussregel

Prämissen

Wenn Carla in die Stadt fahren muss, *dann* nimmt sie die U-Bahn.	$A \rightarrow K$
Wenn sie die U-Bahn nimmt, *dann* verhält sie sich umweltbewusst.	$K \rightarrow B$

Konklusion

| Wenn sie in die Stadt fahren muss, dann verhält sie sich umweltbewusst. | $A \rightarrow B$ |

A_1

Anwendung der Ketten-schlussregel beim Beweis eines Satzes der Form $A \rightarrow B$:

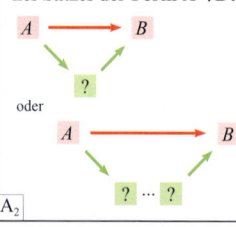

oder

Beweis des Satzes: In einem Rechteck sind die Gegensei-ten gleich lang.

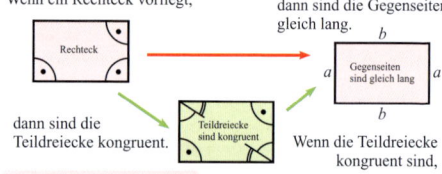

Wenn ein Rechteck vorliegt,

dann sind die Gegenseiten gleich lang.

Rechteck

dann sind die Teildreiecke kongruent.

Teildreiecke sind kongruent

Wenn die Teildreiecke kongruent sind,

Gegenseiten sind gleich lang

Kongruenzsatz WSW

A_2

(2) Abtrennungsregel

Prämissen

Wenn Carla in die Stadt fahren muss, *dann* nimmt sie die U-Bahn.	$A \rightarrow B$
Sie muss in die Stadt fahren.	A

Konklusion

| Sie nimmt die U-Bahn. | B |

A_3

A Kettenschluss- und Abtrennungsregel

Prämissen	$A \rightarrow B$	$A \rightarrow B$	$A \rightarrow K$	$\bigwedge\limits_{x \in D_x} [A(x)]$	$A(a)$
	A	$\neg B$	$K \rightarrow B$	$a \in D_x$	$a \in D_x$
Konklusion	B	$\neg A$	$A \rightarrow B$	$A(a)$	$\bigvee\limits_{x \in D_x} [A(x)]$
	Abtrennungs-regel I	Abtrennungs-regel II	Kettenschluss-regel	Spezialisie-rungsschluss	Existenz-schluss

Prämissen	A(bzw. B)	$A \wedge B$	$\neg(A \vee B)$	$\neg(A \wedge B)$
Konklusion	$A \vee B$	A(bzw. B)	$\neg A \wedge \neg B$	$\neg A \vee \neg B$
	Disjunktions-schluss	Konjunktions-schluss	Schlüsse nach DE MORGAN	

Eine Schlussregel bleibt gültig, wenn man eine Aussage durch eine *äquivalente* ersetzt.

B Weitere Schlussregeln

Mathematische Sätze

Mit der axiomatischen Methode (S. 163) werden mathematische Theorien auf der Grundlage spezieller Axiome entwickelt. Man definiert *Begriffe* (S. 261), findet neue Zusammenhänge, formuliert und beweist *mathematische Sätze*, um sie anzuwenden.

Die Suche nach neuen Zusammenhängen ist oft begleitet von subjektiven Vorstellungen. So lässt man sich in der Geometrie gelegentlich von Zeichnungen oder/und Messungen, in der Algebra von Beispielrechnungen leiten. Aber auch Transfer und Intuition spielen eine wichtige Rolle.

Nicht bewiesene neue Erkenntnisse sind lediglich *Vermutungen*. Würde man es bei diesen Vermutungen belassen, verlören die Ergebnisse der Mathematik an Überzeugungskraft, denn sie könnten fehlerhaft sein.

Wie sehr man sich täuschen kann, wenn man ohne einen Beweis zu verallgemeinern versucht, zeigt das folgende Beispiel, das auf L. EULER (1707-83) zurückgeht:

Setzt man in den Term $x^2 - x + 41$ für x natürliche Zahlen ein, z.B. nacheinander 1 bis 40, so ergeben sich nur Primzahlen (41, 43, 47, ... , 1601). Man könnte bei so vielen Beispielen versucht sein anzunehmen, dass der Term für alle natürlichen Zahlen Primzahlen liefert. Aber das wäre eine Fehlentscheidung, denn setzt man 41 ein, so ergibt sich $41^2 - 41 + 41 = 41^2$, also *keine* Primzahl.

Beweise sind in der Mathematik durch nichts ersetzbar. Allerdings kann man *beim Lernen von Mathematik* statt eines Beweises auf gut ausgewählte und überzeugende Beispiele und auf die Anschauung zurückgreifen.

Satz und Beweis

Nur wahre Aussagen werden in der Mathematik als »Sätze« bezeichnet. Ein Satz gilt als bewiesen, wenn die in ihm enthaltene Aussage unzweifelhaft den Wahrheitswert (w) erhält. Als Beweisformen bieten sich auch im Rahmen der Schulmathematik an (S. 257f.):

- direkter Beweis
- indirekter Beweis
- Beweis einer Äquivalenz
- Beweis durch Kontraposition
- Widerlegung durch Gegenbeispiel
- Beweis durch Fallunterscheidung
- Beweis durch vollständige Induktion

Ein wichtiges Hilfsmittel bei der Beweisführung sind sog.

Schlussregeln.

Mit den Schlussregeln schließt man von wahren Aussagen (*Prämissen*) auf weitere wahre Aussagen (*Konklusionen*), z.B. mit der

- Kettenschlussregel und/oder der
- Abtrennungsregel.

Als **Kettenschlussregel** bezeichnet man die folgende Schlussweise (sog. *modus barbara*):

Gelten $A \to K$ und $K \to B$ (Prämissen), so gilt auch $A \to B$ (Konklusion) (Abb. A_1),

wobei die Aussage K eine Art »Verkettung« bewirkt.

Beim Beweis eines Satzes der Form $A \to B$ nach der Kettenschlussregel sucht man eine oder mehrere verkettende Aussagen zwischenzuschalten. *Beispiel*: Abb. A_2

Bei der **Abtrennungsregel** (sog. *modus ponens*) geht es um die Anwendung eines schon bewiesenen Satzes der Form $A \to B$.

Ist in einem Satz der Form $A \to B$ die »Wenn-Aussage« wahr (Prämissen), so gilt das auch für die »Dann-Aussage« (Konklusion), d.h. man kann als Folge von »A wahr« bei $A \to B$ »B wahr« abtrennen (Abb. A_3).

Wegen der Wahrheitswerte für die Subjunktion, S. 250, Abb. B_1, sind »$A \to B$ wahr« und »A wahr« nur zugleich mit »B wahr« möglich. Aus »A wahr« folgt also »B wahr«.

Man schreibt $A \Rightarrow B$ (lies: aus A folgt B) und spricht von einer **Folgerung**. A heißt auch *Bedingung*, B *Folge*.

Statt vom Satz $A \to B$ zu sprechen, verwendet man die Schreibweise $A \Rightarrow B$ für den Satz und drückt damit aus, dass sich aus der Bedingung A die Folge B ergibt.

Bem.: Der Doppelpfeil $\Rightarrow$ ist kein Junktor; er steht für die Aussage, dass die Subjunktion $A \to B$ immer wahr ist, d.h. allgemein gültig ist.

Abb. B enthält einige wichtige Schlussregeln. Sie lassen sich auch mit dem Folgerungsbegriff notieren, z.B.

$$A \wedge B \Rightarrow A \qquad A \wedge B \Rightarrow B \qquad A \Rightarrow A \vee B$$

Struktur mathematischer Sätze

Sätze werden in der Schulmathematik sehr unterschiedlich notiert. Man kann sie aber häufig in die »Wenn-dann-Form« von Bsp. (1) bringen, wenn auch beim 3. Beispiel nur mit einem Kunstgriff (s. S. 257).

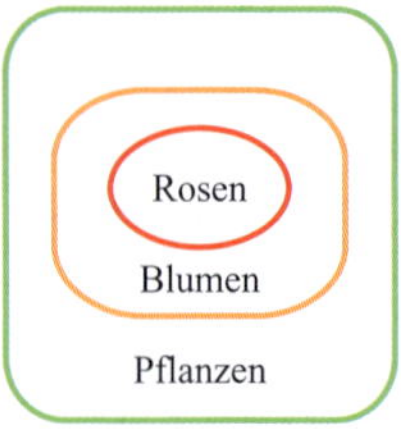

A₁

Das Mengendiagramm drückt aus:

(1) Unter den Pflanzen sind alle Rosen Blumen (Teilmengeneigenschaft).

(2) Aus »die Pflanze x ist eine Rose« folgt »x ist eine Blume« (Folgerung).

(3) Für alle Pflanzen x gilt: Wenn x eine Rose ist, dann ist x eine Blume (allgemein gültige Subjunktion).

(Rosen / Blumen / Pflanzen)

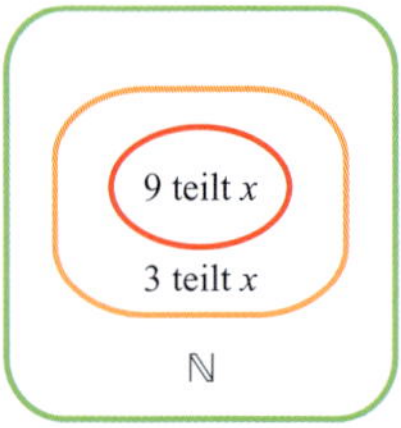

A₂

(1) Unter den natürlichen Zahlen sind alle durch 9 teilbaren Zahlen auch durch 3 teilbar (Teilmengeneigenschaft).

(2) Aus der Teilbarkeit der natürlichen Zahl x durch 9 folgt die Teilbarkeit von x durch 3 (Folgerung).

(3) Für alle natürlichen Zahlen gilt: Wenn 9 ein Teiler von x ist, dann ist auch 3 ein Teiler von x (allgemein gültige Subjunktion).

(9 teilt x / 3 teilt x / $\mathbb{N}$)

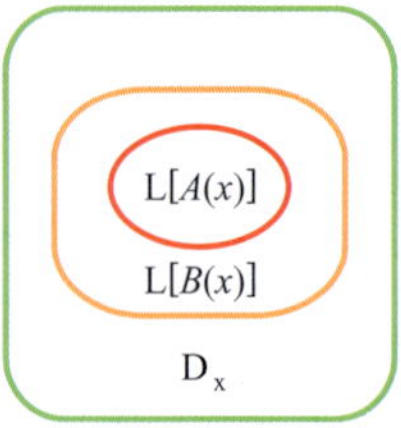

A₃

(1) Unter den Elementen aus D_x sind alle Lösungen von $A(x)$ auch Lösungen von $B(x)$ (Teilmengeneigenschaft).

(2) Aus $a \in L[A(x)]$ folgt $a \in L[B(x)]$ (Folgerung).

(3) $A(x) \to B(x)$ ist allgemein gültig, denn: für $a \in L[A(x)]$ sind $A(a)$ und $B(a)$ und damit auch $A(a) \to B(a)$ wahre Aussagen; für $a \notin L[A(x)]$ ist $A(a)$ falsch und damit $A(a) \to B(a)$ immer wahr.

(L[A(x)] / L[B(x)] / D_x)

A   Folgerungsbegriff bei Aussageformen

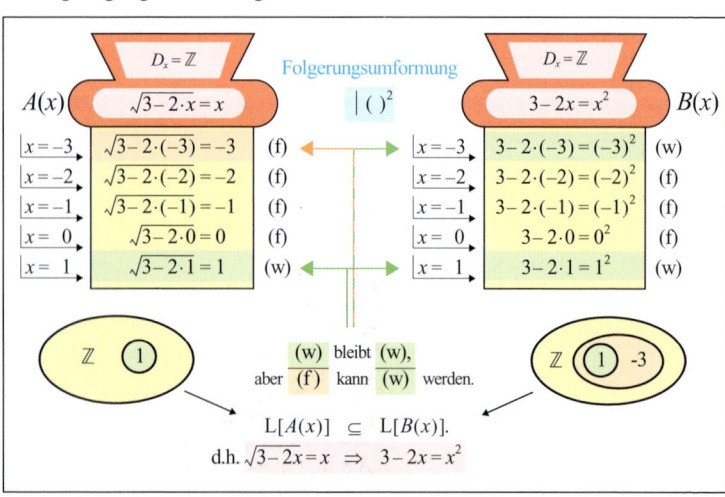

B   Beispiel einer Folgerungsumformung

Beispiele:
(1) **Für alle** $x \in \mathbb{N}$ gilt:
  wenn   3 die Quersumme von x teilt,
  dann   teilt 3 auch die Zahl x.
(2) Eine durch 9 teilbare Zahl ist auch durch 3 teilbar oder in »Wenn-dann-Form«:
  Für alle $x \in \mathbb{N}$ gilt:
  wenn x durch 9 teilbar ist,
  dann   ist x auch durch 3 teilbar.
(3) $\sqrt{2}$ ist keine rationale Zahl oder in »Wenn-dann-Form«:
  Für alle $x \in R$ gilt: $x^2 = 2 \to x \notin \mathbb{Q}$.

Die Beispiele sind von der Form $\bigwedge_x [A(x) \to B(x)]$, der sog. »Wenn-dann-Form«. Es handelt sich um die wahre Allaussage einer Subjunktion zwischen zwei *Aussageformen* (S. 15) $A(x)$ und $B(x)$ mit einer gemeinsamen Variablen x mit gleicher Definitionsmenge D_x. Dahinter versteckt sich eine Verallgemeinerung des Folgerungsbegriffs von Aussagen auf Aussageformen.

Folgerungen zwischen Aussageformen
Der Folgerungsbegriff zwischen Aussagen $A \Rightarrow B$ von S. 255 wird auf Aussageformen übertragen: $A(x) \Rightarrow B(x)$ (vgl. S. 55).
Beispiel:
  $A :=$ Kreis mit Radius 3
  $B :=$ Flächeninhalt 9π
  Es gilt: $A \Rightarrow B$
  $A(x) :\Leftrightarrow$ Kreis mit Radius x
  $B(x) :\Leftrightarrow$ Flächeninhalt $x^2 \pi$
  Es gilt: $\bigwedge_x [A(x) \to B(x)]$ $x \in \mathbb{R}^+$

Man sagt »aus $A(x)$ folgt $B(x)$« und meint damit, dass für alle $a \in D_x$ und die Aussagen $A(a)$ und $B(a)$ gilt: $A(a) \Rightarrow B(a)$, d.h. aber: $\bigwedge_x [A(x) \to B(x)]$ gilt.
Anders ausgedrückt:
Immer wenn für ein $a \in D_x$ »$A(a)$ wahr« ist, gilt dies auch für $B(a)$.
Das bedeutet aber für die Lösungsmengen der beteiligten Aussageformen:

$L[A(x)] \subseteq L[B(x)]$ (Abb. A).

Vgl. Folgerungsumformung bei Gleichungen und Ungleichungen, S. 55f.

Bem. 1: Bei einer Folgerung $A(x) \Rightarrow B(x)$ ist gesichert, dass für dieselbe Einsetzung in x aus einer wahren Aussage bei $A(x)$ eine wahre Aussage bei $B(x)$ folgt. Dagegen kann aus einer falschen Aussage bei $A(x)$ durchaus eine wahre bei $B(x)$ werden. Es können sich also bei einer Folgerung Scheinlösungen einschleichen, so dass eine Probe erforderlich ist, falls es wie bei Gleichungen oder Ungleichungen auf die Lösungsmenge ankommt (Abb. B).

Bem. 2: Ein Satz in der »Wenn-dann-Form« ist bewiesen, wenn man die Teilmengeneigenschaft $L[A(x)] \subseteq L[B(x)]$ nachgewiesen hat (Beispiele auf S. 258).

Beweis einer Folgerung $A \Rightarrow B$ bzw.
  $A(x) \Rightarrow B(x)$
a) Um $A \Rightarrow B$ nachzuweisen, ist »$A \to B$ wahr« zu zeigen. Dabei sind eigentlich die beiden Fälle »A wahr« und »A falsch« zu beachten.
  Für »A falsch« gilt jedoch »$A \to B$ wahr« unabhängig von B, so dass der Fall »A wahr« *vorausgesetzt* werden kann. Daher heißt A auch **Voraussetzung**; sie wird als wahr angenommen. Es muss nun noch die Kombination (w;f) in der Wahrheitstafel der Subjunktion (S. 250) ausgeschlossen werden. Das geschieht, indem *behauptet* wird, dass bei der Voraussetzung nur »B wahr« gelten kann. Daher heißt B auch **Behauptung**.
b) Im Falle $A(x) \Rightarrow B(x)$ schließt man von der wahren **Voraussetzung** $a \in L[A(x)]$ auf die **Behauptung** $a \in L[B(x)]$.

Beim **Beweis** einer Folgerung geht man nun folgendermaßen vor:

– Voraussetzung(en) und
– Behauptung bestimmen;
– Beweis durch Schließen von der Voraussetzung auf die Behauptung; dabei dürfen alle bereits bewiesenen Sätze verwendet werden.

Beispiele: S. 259f.

Umkehrfolgerung
Zur Umkehrfolgerung $B(x) \Rightarrow A(x)$ gelangt man, wenn man die beteiligten Aussageformen austauscht.
Geschieht dies für die obigen Beispiele (1) und (2), so stellt man fest, dass sich bei (1) eine wahre, bei (2) jedoch eine falsche Aussage ergibt (Widerlegung durch Gegenbeispiel, S. 259).
Die Umkehrfolgerung einer Folgerung ist i.A. nicht gültig. Der spezielle Fall, in dem die Umkehrfolgerung gilt, ist beweisbedürftig.
Sind sowohl Folgerung als auch Umkehrfolgerung gültig, so spricht man von einer *Äquivalenz*.

Beispiel:
Für alle natürlichen Zahlen x gilt:
Wenn 9 ein Teiler der Zahl x ist, dann ist auch 3 ein Teiler von x.

Vor.: $a \in L[A(x)]$, d.h. $9|a$ gelte.

Beh.: $a \in L[B(x)]$, d.h. $3|a$ gilt.

Beweis:

Vor. $\Rightarrow \underset{z \in \mathbb{N}}{\bigvee}[a=9z] \Rightarrow \underset{z \in \mathbb{N}}{\bigvee}[a=3(3z)] \Rightarrow \underset{y \in \mathbb{N}}{\bigvee}[a=3y] \Rightarrow$ Beh.   w.z.z.w.

$\quad\quad\quad\;\; A_1 \quad\quad\quad A_2 \quad\quad\quad\quad A_3 \quad\quad\quad\quad A_4 \quad\quad\quad\quad A_5$

$A_1 \Rightarrow A_2$ Wenn $9|a$, dann existiert ein $z \in \mathbb{N}$ mit $a = 9z$.

$A_2 \Rightarrow A_3$ Wenn ein $z \in \mathbb{N}$ existiert mit $a = 9z$, dann auch ein $z \in \mathbb{N}$ mit $a = 3(3z)$.

$A_3 \Rightarrow A_4$ Wenn ein $z \in \mathbb{N}$ existiert mit $a = 3(3z)$, dann auch ein $y \in \mathbb{N}$ mit $a = 3y$.

$A_4 \Rightarrow A_5$ Wenn ein $y \in \mathbb{N}$ existiert mit $a = 3y$, dann $3|a$.

A   Beispiel eines direkten Beweises

Satz: Die Menge der reellen Zahlen im Intervall $]0;1[$ ist nicht abzählbar.

Vor.: Sätze zur Dezimaldarstellung reeller Zahlen, Def. bijektiver Abbildungen und abzählbarer Mengen.

Beh.: $]0;1[$ ist nicht abzählbar.

Annahme: Das Gegenteil der Beh. sei wahr, d.h. $]0;1[$ ist abzählbar.

Beweis eines Widerspruchs: Wegen der Abzählbarkeit von $]0;1[$ kann *jede* Zahl mit ihrer Dezimalzahldarstellung als Element einer Folge $\mathbb{N} \to]0;1[$ notiert werden.

$1 \mapsto r_1 = 0, a_{11}\, a_{12}\, a_{13} \ldots$, z.B. $0, 1\, 3\, 3 \ldots$

$2 \mapsto r_2 = 0, a_{21}\, a_{22}\, a_{23} \ldots$, z.B. $0, 0\, 3\, 5 \ldots$

$3 \mapsto r_3 = 0, a_{31}\, a_{32}\, a_{33} \ldots$, z.B. $0, 4\, 6\, 9 \ldots$

Die folgende Zahl $r = 0, a_1 a_2 a_3 \ldots$ mit $a_i = 2$ für $a_{ii} = 1$ und sonst $a_i = 1$ ist aber nicht im Schema aufgeführt (Widerspruch), denn r unterscheidet sich von jeder der Zahlen $r_1, r_2, r_3, \ldots$ in mindestens einer Stelle (im Beispiel ist $r = 0, 211 \ldots$).   w.z.z.w.

B   Beispiel eines indirekten Beweises

Satz: Wenn n^2 ungerade ist, dann ist es auch n ($D_x = \mathbb{N}$).

Vor.: n^2 sei ungerade.

Beh.: n ist ungerade.

Kontraposition: Wenn n gerade ist, dann ist auch n^2 gerade.

K-Vor.: n sei gerade.

K-Beh.: n^2 ist gerade.

Beweis:

K-Vor. $\Rightarrow \underset{z \in \mathbb{N}}{\bigvee}[n=2z] \Rightarrow \underset{z \in \mathbb{N}}{\bigvee}[n^2=4z^2] \Rightarrow \underset{z \in \mathbb{N}}{\bigvee}[n^2=2(2z^2)] \Rightarrow \underset{y \in \mathbb{N}}{\bigvee}[n^2=2y] \Rightarrow$ K-Beh.

$\quad\quad\quad\quad\quad\quad\quad\quad\quad\quad\quad\quad\quad\quad\quad\quad\quad\quad\quad\quad\quad\quad\quad\quad\quad\quad\quad\quad\quad\quad$ W.Z.Z.W.

C   Beispiel eines Beweises durch Kontraposition

Äquivalenzbegriff bei Aussageformen

Im Falle der Äquivalenz gilt die Gleichheit der Lösungsmengen beider beteiligten Aussageformen:

$$L[A(x)] = L[B(x)].$$

Durch diese Eigenschaft wird sichergestellt, dass der Wahrheitswert der Aussagen, die bei derselben Einsetzung in $A(x)$ und $B(x)$ entstehen, derselbe ist (w oder f).

Bem. 1: Eine Äquivalenz zwischen zwei Aussageformen ist gleichbedeutend mit der Allgemeingültigkeit der Bijunktion $A(x) \rightarrow B(x)$, d.h. damit, dass die Allaussage zur Bijunktion wahr ist.

Bem. 2: Bei den für das Lösen von (Un-)Gleichungen unentbehrlichen Äquivalenzumformungen (S. 55) handelt es sich um Äquivalenzen.

Direkter Beweis

Ausgehend von einer wahren Aussage (z.B. der Voraussetzung) entsteht eine Aneinanderreihung von Folgerungen, an deren Ende die Behauptung steht.
Beispiel: Abb. A
Weitere Beispiele: S. 177, S. 189, S. 219

Indirekter Beweis

Aus der Voraussetzung A und der *Annahme*, dass das *Gegenteil der Behauptung B* gültig sei, wird ein Widerspruch der Form $C \wedge \neg C$ hergeleitet. Dabei ist auch $C=A$ bzw. $C=B$ möglich. Die Annahme ist daher unvereinbar mit den anderen schon bewiesenen Sätzen, so dass das Gegenteil der Annahme, die Behauptung, gültig sein muss.
Beispiel: Abb. B und S. 47, S. 101, S. 113

Äquivalenzbeweis

Es muss grundsätzlich in zwei Richtungen geschlossen werden:
von der Voraussetzung auf die Behauptung und umgekehrt.

Beweis durch Kontraposition

Diese Beweisform geht auf die Kontrapositionsregel (S. 252, Abb. B, (10)) zurück.
Man geht vom Gegenteil der Behauptung aus und versucht, die Voraussetzung zu erschließen, ohne die Voraussetzung zu verwenden. Das Gegenteil der Behauptung wird zur Kontrapositionsvoraussetzung (**K-Vor.**) und das Gegenteil der Voraussetzung zur Kontrapositionsbehauptung (**K-Beh.**).
Beispiel: Abb. C und S. 77

Widerlegung durch Gegenbeispiel

Um die Allaussage »Für alle natürlichen Zahlen gilt: Eine durch 2 teilbare Zahl ist auch durch 8 teilbar« als falsch zu beweisen (zu widerlegen), bedarf es nur eines Gegenbeispiels. Z.B. ist 12 zwar durch 2, aber nicht durch 8 teilbar.
Weiteres Beispiel: S. 129

Beweis durch Fallunterscheidung

Um zu entscheiden, ob die folgende Aussage »Für alle natürlichen Zahlen n ist der Term $n^2 + n$ durch 2 teilbar« wahr ist, kann man zwischen den Fällen »n gerade« und »n ungerade« unterscheiden:

$$n^2 + n = n(n+1).$$

1. Fall: n sei gerade. Dann ist n durch 2 teilbar und damit auch das Produkt $n(n+1)$.

2. Fall: n sei ungerade. Dann ist $n+1$ gerade und damit durch 2 teilbar. Also ist auch das Produkt $n(n+1)$ durch 2 teilbar.

Die obige Aussage ist daher wahr.
Weiteres Beispiel: S. 179

Beweis durch vollständige Induktion

Als Induktion bezeichnet man in der Wissenschaft ein Schließen von Beispielen auf das allgemein Gültige. In der Mathematik ist ein unzulässiges Verfahren (s. eulerscher Primzahlterm, S. 255). Ein derartiges Verfahren führt allenfalls zu Vermutungen, die aber durch einen Beweis bestätigt werden müssen.
Unter *vollständiger* Induktion versteht man die Beweisform, mit oder die Allgemeingültigkeit einer Aussageform $A(n)$ mit der Definitionsmenge $\mathbb{N}$ bzw. $\mathbb{N}^{\geq a}$ nachweisbar ist.
Begründet wird das Verfahren durch das 4. Peano-Axiom für natürliche Zahlen (S. 27, (P4)):
Der Beweis besteht aus zwei Teilen:
– dem Induktionsanfang (-beginn) und
– dem Induktionsschluss von n auf $n+1$.

1. Beispiel

$A(n):\Leftrightarrow 2^0 + 2^1 + \ldots + 2^{n-1} = 2^n - 1$ Ziel: $L = \mathbb{N}$

(I) Induktionsanfang

$A(1): 2^0 = 2^1 - 1$ ist wahr, d.h. $1 \in L$.

Gilt nun $A(1) \rightarrow A(2)$, so muss nach der Abtrennungsregel (S. 255) »A(2) wahr« und damit $2 \in L$ sein (S. 260, Abb. A).
Ebenso folgt $3 \in L$, falls $A(2) \rightarrow A(3)$ gilt.

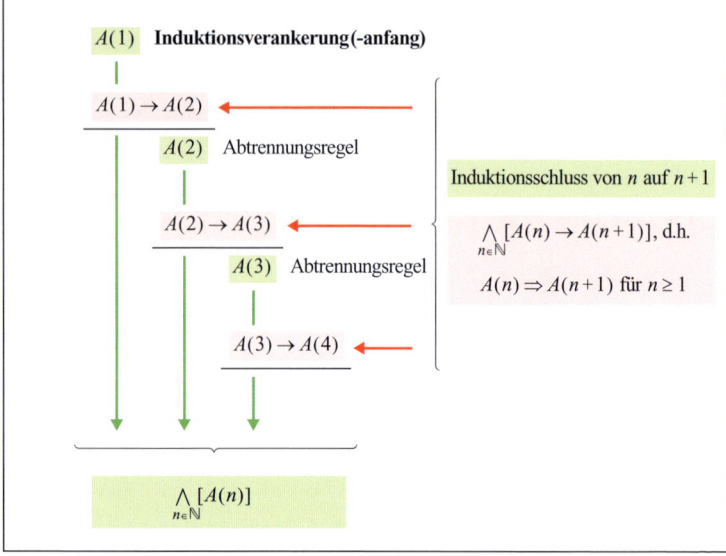

A   Schema zum Beweis durch vollständige Induktion

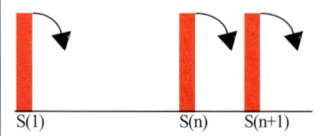

Damit ein »Kippen« der Dominosteine möglich wird, sind zwei Bedingungen zu erfüllen:
(I)   Ein Stein am Anfang muss kippen
(II) Je zwei benachbarte Steine müssen »geeignet eng« stehen (nicht zu nah beieinander und nicht zu weit voneinander entfernt!), so dass gilt:
    Wenn $S(n)$ kippt, dann kippt auch $S(n+1)$.

(I)   entspricht dem Induktionsanfang,
(II) entspricht dem Induktionsschluss von n auf $n+1$.

(Natürlich lässt sich eine »unendlich« lange Kette nur denken.)

B   Veranschaulichung des Beweises durch vollständige Induktion

Der unendliche Fortgang des Schließens ist gesichert, wenn man $A(n) \to A(n+1)$ als *allgemein gültig* in $\mathbb{N}$ nachweisen kann.

Dieser Nachweis wird als Induktionsschluss von n nach $n+1$ bezeichnet und als Folgerung $A(n) \Rightarrow A(n+1)$ beschrieben.

Ist der Nachweis möglich, so ergibt sich für $A(n)$: $L = \mathbb{N}$.

(II) Induktionsschluss von n auf $n+1$

Vor.: $A(n)$ gelte, d.h. es gelte für $n \geq 1$:
$$2^0 + 2^1 + \ldots + 2^{n-1} = 2^n - 1$$

Beh.: $A(n+1)$ gilt, d.h. es gilt für $n \geq 1$:
$$2^0 + 2^1 + \ldots + 2^n = 2^{n+1} - 1$$

Beweis: Für $n \geq 1$ erhält man die Folgerungskette

Vor. $|+2^n \quad \Rightarrow$
$$(2^0 + 2^1 + \ldots + 2^{n-1}) + 2^n = 2^n - 1 + 2^n \Rightarrow$$
$$2^0 + \ldots + 2^n = 2 \cdot 2^n - 1 \Rightarrow$$
$$2^0 + \ldots + 2^n = 2^{n+1} - 1 = \text{Beh.} \quad \text{w.z.z.w.}$$

Bem.: Vergleichbar ist der Beweisgang mit dem Kippen von Dominosteinen, die hochkant, eng genug, parallel (in Kurven nahezu parallel) in einer »unendlichen« Schlange stehen und nacheinander kippen, wenn man den ersten Stein anstößt (Abb. B).

2. Beispiel

$A(n): \Leftrightarrow 2^n > n^2$ Ziel: $L = \mathbb{N}$

Induktionsanfang: $a = 1$

$A(1): 2^1 > 1^2$ ist wahr

Induktionsschluss von n auf $n+1$

Vor.: $A(n)$ gelte, d.h. es gelte für $n \geq 1$:
$$2^n > n^2$$

Beh.: $A(n+1)$ gilt, d.h. es gilt für $n \geq 1$
$$2^{n+1} > (n+1)^2$$

Beweis: Es ergibt sich für $n \geq 1$ die Folgerungskette

Vor. $|\cdot 2 \quad \Rightarrow 2^n \cdot 2 > n^2 \cdot 2$
$$\Rightarrow 2^{n+1} > 2n^2$$
$$\Rightarrow 2^{n+1} > (n+1)^2 + 2n^2 - (n+1)^2$$
$$\Rightarrow 2^{n+1} > (n+1)^2 + 2n^2 - n^2 - 2n - 1$$
$$\Rightarrow 2^{n+1} > (n+1)^2 + n^2 - 2n + 1 - 2$$
$$\Rightarrow 2^{n+1} > (n+1)^2 \quad \text{falls } (n-1)^2 - 2 \geq 0.$$

Die Einschränkungen für n ergeben sich aus der folgenden Ungleichung:

$B(n): (n-1)^2 - 2 \geq 0 \Leftrightarrow (n-1)^2 \geq 2$
$$\Leftrightarrow |n-1| \geq \sqrt{2} \Leftrightarrow n > 1 + \sqrt{2}$$

Es gilt also: $A(n) \Rightarrow A(n+1)$ für $n \geq 3$.

Der Induktionsschritt von n auf $n+1$ ist erst ab $n = 3$ möglich. Außerdem sind $A(2)$, $A(3)$ und $A(4)$ falsch. Da $A(5)$ wahr ist, kann $a = 5$ als

Induktionsanfang gewählt werden. Es ergibt sich $\bigwedge_{n \geq 5} [2^n > n^2]$ ist wahr. w.z.z.w.

Allgemein gilt der

Satz zur vollständigen Induktion:

$A(n)$ sei eine Aussageform mit der Definitionsmenge $\mathbb{N}^{\geq a}$. Wenn

(I) $A(a)$ wahr ist und

(II) $A(n) \to A(n+1)$ für alle $n \geq a$ wahr ist,

dann ist $\bigwedge_{n \geq a} [A(n)]$ wahr.

Bem.: Auf keinen der beiden Schritte (I) und (II) kann verzichtet werden.

Wenn der Induktionsanfang a noch nicht bekannt ist, probiert man – mit 1 beginnend – für einige natürliche Zahlen, ob sich wahre Aussagen ergeben.

Wie die Beispiele zeigen, ist es beim Induktionsschluss oft vorteilhaft, durch zulässige Wandlungen der Voraussetzung Teile der Behauptung zu erzeugen. So erreicht man die notwendige »Enge« zwischen $A(n)$ und $A(n+1)$.

Formen des Definierens

Formen des Definierens können sein:

– Abkürzungen mathematischer Texte durch einbuchstabige bzw. dem Text angepasste mehrbuchstabige Zeichengebilde in Form einer *Definitionsgleichung* mit »$:=$« (lies: definitorisch gleich) zu ersetzen,

z.B.: $D := A \wedge (B \wedge C)$ oder $D := \sqrt{\dfrac{p^2}{4} - q}$

$\ln x := \int_1^x \dfrac{1}{t} \, dt$ und $|a| := \begin{cases} a & \text{für } a \geq 0 \\ -a & \text{für } a < 0 \end{cases}$

– neue *Aussagen* bzw. *Aussageformen* in Form einer Äquivalenzbeziehung »$: \Leftrightarrow$« (lies: definitorisch äquivalent),

z.B.: Viereck ist eine Raute $:\Leftrightarrow$ Viereck hat vier gleich lange Seiten

– beschreibende Formen,

z.B.: Die Menge aller Punkte im Raum, die von einem festen Punkt M gleichen Abstand haben, heißt Kugeloberfläche.

Zwei sich nicht schneidende Geraden in der Ebene nennt man Parallelpaar.

Ein Rechteck ist ein Viereck mit 3 rechten Winkeln.

Bem.: Allen Formen ist gemeinsam, dass durch ein sog. *definiens* (lat.: das Festlegende) ein sog. *definiendum* (lat.: das Festzulegende) neu bestimmt wird. Sie sind gegeneinander austauschbar.

Grundlagen

Absoluter Betrag

$$|a| = \begin{cases} a \text{ für } a \geq 0 \\ -a \text{ für } a < 0 \end{cases}$$

Dreiecks-
ungleichung
$$|a+b| \leq |a| + |b|$$

Bruchregeln

Erweitern: $\dfrac{u}{v} = \dfrac{u \cdot k}{v \cdot k}$ $(k \in \mathbb{N})$ Kürzen: $\dfrac{u}{v} = \dfrac{u : k}{v : k}$ $(k \in \mathbb{N})$

Addition und
Subtraktion: $\dfrac{u}{v} \pm \dfrac{w}{z} = \dfrac{z \cdot u \pm v \cdot w}{v \cdot z}$

Multiplikation: $\dfrac{u}{v} \cdot \dfrac{w}{z} = \dfrac{u \cdot w}{v \cdot z}$

Division: $\dfrac{u}{v} : \dfrac{w}{z} = \dfrac{u}{v} \cdot \dfrac{z}{w} = \dfrac{u \cdot z}{v \cdot w}$

Binomische Formeln und binomischer Satz

1. und 2. $(a+b)^2 = a^2 + 2ab + b^2$ $(a-b)^2 = a^2 - 2ab + b^2$

3. $(a+b) \cdot (a-b) = a^2 - b^2$

binomi-
scher
Satz: $(a+b)^n = a^n + \binom{n}{1} a^{n-1} b + \binom{n}{2} a^{n-2} b^2 + \ldots + \binom{n}{n-1} ab^{n-1} + b^n$

mit $\binom{n}{k} = \dfrac{n!}{(n-k)! \cdot k!}$ für $(k \geq 1)$

Potenzgesetze

$a^m \cdot a^n = a^{m+n}$ $\qquad a^m : a^n = a^{m-n}$ $\qquad a^n \cdot b^n = (a \cdot b)^n$

$a^n : b^n = \left(\dfrac{a}{b}\right)^n$ $\qquad (a^n)^m = a^{m \cdot n} = (a^m)^n$

Wurzelgesetze

$\sqrt[n]{a} \cdot \sqrt[n]{b} = \sqrt[n]{a \cdot b}$ $\qquad \sqrt[n]{a} : \sqrt[n]{b} = \sqrt[n]{\dfrac{a}{b}}$ $\qquad \left(\sqrt[n]{a}\right)^m = \sqrt[n]{a^m}$

$\sqrt[m]{\sqrt[n]{a}} = \sqrt[m \cdot n]{a}$ $\qquad a^{-n} = \dfrac{1}{a^n}$ $\qquad a^{\frac{m}{n}} = \sqrt[n]{a^m}$ $\qquad a^{-\frac{m}{n}} = \dfrac{1}{\sqrt[n]{a^m}}$

Logarithmische Gesetze

$\log(u \cdot v) = \log u + \log v$ $\qquad \log \dfrac{u}{v} = \log u - \log v$ $\qquad \log(u^n) = n \cdot \log u$

$\log_b u = \log_b v \cdot \log_v u$ $\qquad \lg u = \log_{10} u$ $\qquad \ln u = \log_e u$

mit $e = 2,718\ldots$ (eulersche Zahl)

Summen

$$1 + 2 + \ldots + n = \tfrac{1}{2} n(n+1)$$

$$1^2 + 2^2 + \ldots + n^2 = \tfrac{1}{6} n(n+1)(2n+1)$$

$$1^3 + 2^3 + \ldots + n^3 = \tfrac{1}{4} n^2 (n+1)^2$$

Mittelwerte

arithmetisches Mittel: $\dfrac{a+b}{2}$

geometrisches Mittel: $\sqrt{a \cdot b}$

harmonisches Mittel: $\dfrac{2ab}{a+b}$

Prozentrechnung

Prozentwert: $W = G \cdot \dfrac{p}{100} = G \cdot p\%$

Grundwert: $G = W \cdot \dfrac{100}{p} = \dfrac{W}{p\%}$

Prozentsatz: $p\% = \dfrac{W}{G} \cdot 100\% \qquad \dfrac{p\%}{100\%} = \dfrac{p}{100} = \dfrac{W}{G}$

Zinsrechnung

Jahreszinsen: $Z = j \cdot K \cdot \dfrac{p}{100} \quad (j \text{ Jahre})$

Kapital: $K = \dfrac{Z}{j} \cdot \dfrac{100}{p}$

Zinssatz: $p\% = \dfrac{Z}{j} \cdot \dfrac{100\%}{K}$

Zinsdauer: $j = \dfrac{Z}{K} \cdot \dfrac{100}{p}$

Tageszinsen: $Z_t = K \cdot \dfrac{p}{100} \cdot \dfrac{t}{360} \quad (t \text{ Tage})$

Monatszinsen: $Z_m = K \cdot \dfrac{p}{100} \cdot \dfrac{m}{12} \quad (m \text{ Monate})$

Zinseszinsrechnung

$K_n = K_0 \cdot \left(1 + \dfrac{p}{100}\right)^n \quad$ nach n Jahren

Differenzial- und Integralrechnung

Ableitung $f'(x)$

$$f'(a) = \lim_{h \to 0} \frac{f(a+h) - f(a)}{h}$$

Ableitungsregeln

Regel vom konstanten Faktor: $\quad (C \cdot f)' = C \cdot f' \quad (C \in \mathbb{R})$

Summen(Differenz-)regel: $\quad (f \pm g)' = f' \pm g'$

Produktregel: $\quad (f \cdot g)' = f' \cdot g + g' \cdot f$

Quotientenregel: $\quad \left(\dfrac{f}{g}\right)' = \dfrac{f' \cdot g - g' \cdot f}{g^2} \quad (g \neq 0)$

Umkehrfunktionsregel

$$[f^{-1}]'(f(a)) = \frac{1}{f'(a)} = \frac{1}{f'(f^{-1}(b))} \text{ mit } f(a) = b,\ f'(a) \neq 0$$

Spezielle Ableitungen

$f(x)$	$f'(x)$	$f(x)$	$f'(x)$
C	0	$\sin x$	$\cos x$
x	1	$\cos x$	$-\sin x$
x^n	$n \cdot x^{n-1} \quad n \in \mathbb{N}(\mathbb{R})$	$\tan x$	$\dfrac{1}{\cos^2 x}$ u. $\tan^2 x + 1$
$\sqrt{x}$	$\dfrac{1}{2\sqrt{x}}$	$\cot x$	$-\dfrac{1}{\sin^2 x}$
a^x	$a^x \cdot \ln a$	$\arcsin x$	$\dfrac{1}{\sqrt{1-x^2}}$
e^x	e^x	$\arccos x$	$-\dfrac{1}{\sqrt{1-x^2}}$
$\ln x$	$\dfrac{1}{x}$	$\arctan x$	$\dfrac{1}{1+x^2}$
$\log_a x$	$\dfrac{1}{\ln a} \cdot \dfrac{1}{x}$	$\text{arc cot } x$	$-\dfrac{1}{1+x^2}$

Steigen und Fallen im Intervall

$f'(x) > 0 \Rightarrow f$ streng monoton steigend

$f'(x) < 0 \Rightarrow f$ streng monoton fallend

$f'(x) \geq 0 \Rightarrow f$ monoton steigend

$f'(x) \leq 0 \Rightarrow f$ monoton fallend

Integrationsregeln (bestimmtes Integral)

$$\int\limits_a^b f(x)\,\mathrm{d}x = -\int\limits_b^a f(x)\,\mathrm{d}x \qquad \int\limits_a^c f(x)\,\mathrm{d}x + \int\limits_c^b f(x)\,\mathrm{d}x = \int\limits_a^b f(x)\,\mathrm{d}x$$

Regel vom konstanten Faktor: $\int\limits_a^b C\cdot f(x)\,\mathrm{d}x = C\cdot\int\limits_a^b f(x)\,\mathrm{d}x$

Summen(Differenz-)regel: $\int\limits_a^b f(x)\,\mathrm{d}x \pm \int\limits_a^b g(x)\,\mathrm{d}x = \int\limits_a^b [\,f(x) \pm g(x)]\,\mathrm{d}x$

partielle Integration: $\int\limits_a^b f'(x)\cdot g(x)\,\mathrm{d}x = [f(x)\cdot g(x)]_a^b - \int\limits_a^b f(x)\cdot g'(x)\,\mathrm{d}x$

Hauptsatz

$$\int\limits_a^b f(x)\,\mathrm{d}x = F(b) - F(a) = [F(x)]_a^b \ \text{ mit } F'(x) = f(x)$$

Unbestimmtes Integral

Ohne die Intervallgrenzen stellen die Regeln zum bestimmten Integral (ohne die erste Zeile) Integrationsregeln für das unbestimmte Integral dar.

Spezielle unbestimmte Integrale $F'(x)=f(x)$ bzw. $\int f(x)\,\mathrm{d}x=F(x)+C$

$f(x)$	$F(x)$	$f(x)$	$F(x)$
C	$C\cdot x$	$\cot x$	$\ln\lvert\sin x\rvert$
$x^n\,(n\neq -1)$	$\dfrac{1}{n+1}\,x^{n+1}$	$\sin^2 x$	$\dfrac{1}{2}(x-\sin x\cdot\cos x)$
$\dfrac{1}{x}\,(x\neq 0)$	$\ln\lvert x\rvert$	$\cos^2 x$	$\dfrac{1}{2}(x+\sin x\cdot\cos x)$
e^x	e^x	$\tan^2 x$	$\tan x - x$
$a^x\ \left(\begin{smallmatrix}a>0\\a\neq 1\end{smallmatrix}\right)$	$\dfrac{1}{\ln a}\,a^x$	$\cot^2 x$	$-\cot x - x$
$\ln x\ (x>0)$	$x\ln x - x$	$\dfrac{1}{(x-a)\cdot(x-b)}\ (a\neq b)$	$\dfrac{1}{a-b}\ln\left\lvert\dfrac{x-a}{x-b}\right\rvert$
$\sin x$	$-\cos x$	$\dfrac{1}{x^2-a^2}\ (\lvert x\rvert>\lvert a\rvert)$	$\dfrac{1}{2a}\ln\dfrac{x-a}{x+a}$
$\cos x$	$\sin x$	$\dfrac{1}{(x-a)^2}$	$-\dfrac{1}{x-a}$
$\dfrac{1}{\cos^2 x}$	$\tan x$	$\dfrac{1}{a^2+x^2}$	$\dfrac{1}{a}\arctan\dfrac{x}{a}$
$\dfrac{1}{\sin^2 x}$	$-\cot x$	$\dfrac{1}{\sqrt{a^2-x^2}}$	$\arcsin\dfrac{x}{a}$
$\tan x$	$-\ln\lvert\cos x\rvert$	$\dfrac{1}{\sqrt{x^2+a^2}}$	$\ln(x+\sqrt{x^2+a^2})$

Ebene Geometrie A = Flächeninhalt U = Umfang

Winkel an Geraden

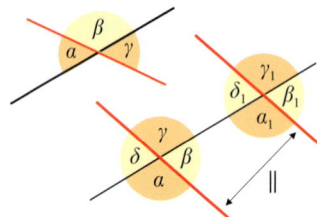

Nebenwinkel: $\alpha + \beta = 180°$
Scheitelwinkel: $\alpha = \gamma$
Stufenwinkel: $\alpha = \alpha_1$
Wechselwinkel: $\alpha = \gamma_1$

Dreieck (beliebiges)

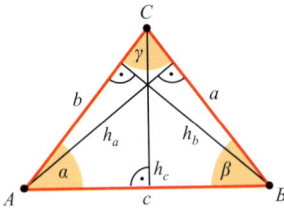

Winkelsummensatz:

$\alpha + \beta + \gamma = 180°$

$A = \frac{1}{2} \cdot a \cdot h_a = \frac{1}{2} \cdot b \cdot h_b = \frac{1}{2} \cdot c \cdot h_c$

$U = a + b + c$

Gleichseitiges Dreieck

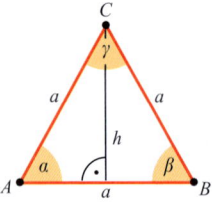

$\alpha = \beta = \gamma = 60°$

$h = \frac{1}{2} a \sqrt{3}$

$A = \frac{1}{4} a^2 \sqrt{3}$

$U = 3a$

Gleichschenkliges Dreieck

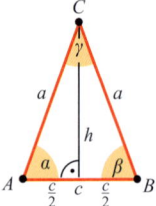

$\alpha = \beta$

Höhe auf AB ist Winkelhalbierende von γ und Mittelsenkrechte zu AB.

Rechtwinkliges Dreieck

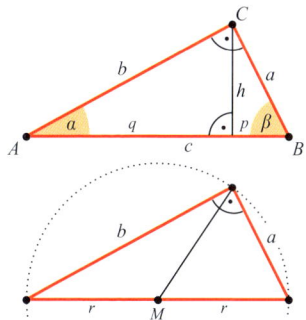

Komplementwinkel:

$\alpha + \beta = 90°$

Satz des Pythagoras:

$a^2 + b^2 = c^2$

Höhensatz:

$h^2 = p \cdot q$

Kathetensatz:

$a^2 = p \cdot c \qquad b^2 = q \cdot c$

Satz des Thales: Winkel am Halbkreis sind rechte Winkel

Kongruenzsätze für Dreiecke

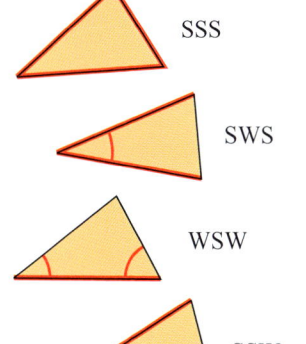

SSS

SWS

WSW

SSWg

Dreiecke sind kongruent, wenn sie übereinstimmen in

drei Seiten

zwei Seiten und dem eingeschlossenen Winkel

einer Seite und den anliegenden Winkeln

zwei Seiten und dem Winkel, der der größeren Seite gegenüberliegt

Ähnlichkeitssätze für Dreiecke   St = Streckenverhältnisse   W = Winkel

Übereinstimmung in	Ähnlichkeitssatz
drei Paaren verhältnisgleicher entsprechender Seiten	StStSt
zwei Paaren verhältnisgleicher entsprechender Seiten und in dem eingeschlossenen Winkel	StWSt
zwei Winkeln	WW
zwei Paaren verhältnisgleicher entsprechender Seiten und dem Gegenwinkel zur längeren Seite	$StStW_g$

Vierecke (beliebig)

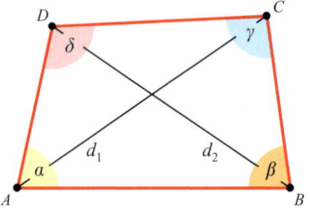

Winkelsummensatz:

$\alpha + \beta + \gamma + \delta = 360°$

Trapez

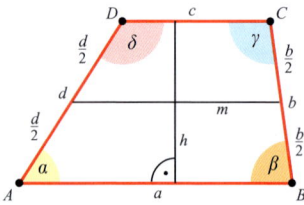

$m = \frac{1}{2}(a + c)$

$A = m \cdot h$

$U = a + b + c + d$

Parallelogramm

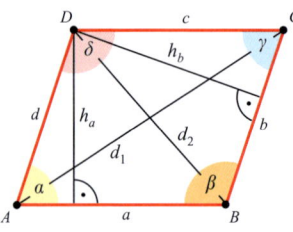

$AB \parallel CD \quad BC \parallel AD$

$\alpha = \gamma, \ \beta = \delta$

$\alpha + \beta = \gamma + \delta = 180°$

Diagonalen halbieren sich.

$A = a \cdot h_a = b \cdot h_b \quad U = 2(a + b)$

Rechteck

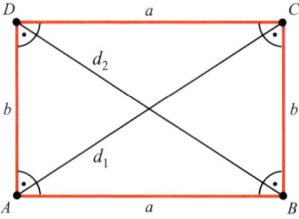

Diagonalen sind gleich lang und halbieren sich.

$A = a \cdot b$

$U = 2(a + b)$

$d = \sqrt{a^2 + b^2}$

Quadrat

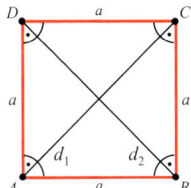

Diagonalen schneiden sich senkrecht, sind gleich lang und halbieren einander.

$$d = a\sqrt{2}$$
$$A = a^2$$
$$U = 4\,a$$

Drachen

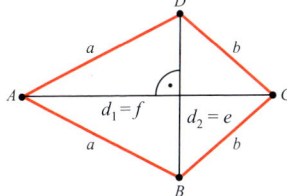

Diagonalen schneiden sich senkrecht, eine Diagonale wird halbiert.

$$A = \frac{1}{2}e \cdot f$$
$$U = 2(a+b)$$

Raute

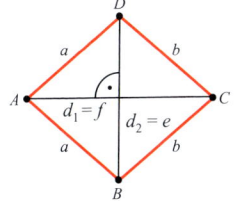

Diagonalen schneiden sich senkrecht und halbieren einander.

$$a = b$$
$$A = \frac{1}{2}e \cdot f$$
$$U = 4\,a$$

Kreis, Kreisteile

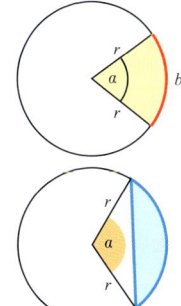

$$A = \pi \cdot r^2 = \frac{\pi}{4}d^2 \quad U = 2\pi \cdot r = \pi \cdot d$$
$$b = \pi \cdot r\,\frac{\alpha}{180°} \ (\alpha \text{ in } °)$$

Kreisausschnitt:

$$A = \frac{1}{2}br = \pi \cdot r^2 \cdot \frac{\alpha}{360°} \ (\alpha \text{ in } °)$$

Kreisabschnitt:

$$A = \frac{1}{2}r^2(\pi \cdot \frac{\alpha}{180°} - \sin\alpha) \ (\alpha \text{ in } °)$$

Räumliche Geometrie $V=$ Volumen $M=$ Mantel $O=$ Oberfläche

Quader

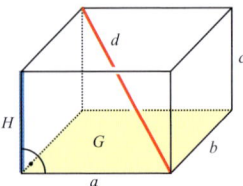

$$V = a \cdot b \cdot c = G \cdot H$$
$$O = 2(a \cdot b + a \cdot c + b \cdot c)$$
$$d = \sqrt{a^2 + b^2 + c^2}$$

Würfel

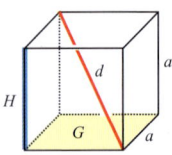

$$V = a^3 = G \cdot H$$
$$O = 6a^2$$
$$d = a\sqrt{3}$$

Prisma

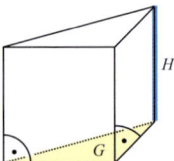

$$V = G \cdot H$$
$$O = 2G + M$$
$$M = \text{Summe der Rechteckinhalte}$$

Pyramide

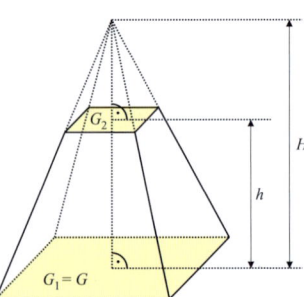

$$V = \frac{1}{3} G \cdot H$$

Pyramidenstumpf:

$$V = \frac{1}{3}(G_1 + \sqrt{G_1 \cdot G_2} + G_2) \cdot h$$

(geht über in die Pyramidenformel für $G_2 = 0$ und $h = H$)

Kreiszylinder

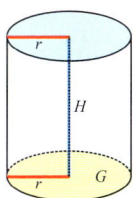

$$V = G \cdot H = \pi r^2 \cdot H$$
$$M = 2\pi r \cdot H$$
$$O = 2G + M = 2\pi r (r + H)$$

Kegel

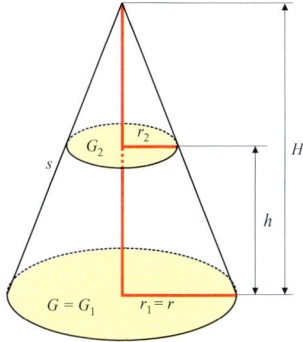

$$V = \frac{1}{3} G \cdot H = \frac{1}{3} \pi r^2 \cdot H$$
$$M = \pi r \cdot s$$
$$O = \pi r (r + s)$$

Kegelstumpf (senkrecht):

$$V = \frac{1}{3} \pi h (r_1^2 + r_1 r_2 + r_2^2)$$

(geht über in die Kegelformel für $r_2 = 0$ und $h = H$)

Kugel, Kugelteile

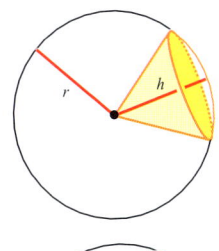

$$V = \frac{4}{3} \pi r^3 \qquad O = 4\pi r^2$$

Kugelausschnitt:

$$V = \frac{2}{3} \pi r^2 \cdot h$$

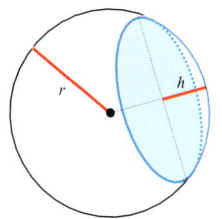

Kugelabschnitt:

$$V = \frac{1}{3} \pi h^2 (3r - h)$$

Trigonometrie

Rechtwinkliges Dreieck

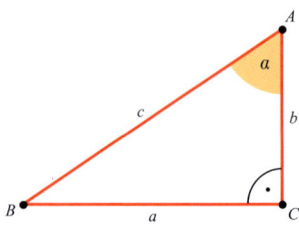

$$\sin\alpha = \frac{\text{Gegenkathete}}{\text{Hypotenuse}} \qquad \sin\alpha = \frac{a}{c}$$

$$\cos\alpha = \frac{\text{Ankathete}}{\text{Hypotenuse}} \qquad \cos\alpha = \frac{b}{c}$$

$$\tan\alpha = \frac{\text{Gegenkathete}}{\text{Ankathete}} \qquad \tan\alpha = \frac{a}{b}$$

$$\tan\alpha = \frac{\sin\alpha}{\cos\alpha}$$

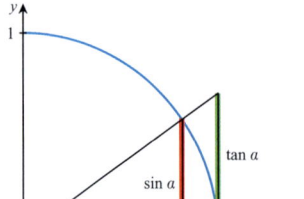

$$\cot\alpha = \frac{1}{\tan\alpha} = \frac{b}{a}$$

$$\sin^2\alpha + \cos^2\alpha = 1$$

$$\sin\alpha = \cos(90° - \alpha)$$

$$\cos\alpha = \sin(90° - \alpha)$$

$$\tan\alpha = \frac{1}{\tan(90° - \alpha)}$$

	$90° \pm \alpha$	$180° \pm \alpha$	$270° \pm \alpha$	$360° - \alpha$
sin	$\cos\alpha$	$\mp\sin\alpha$	$-\cos\alpha$	$-\sin\alpha$
cos	$\mp\sin\alpha$	$-\cos\alpha$	$\pm\sin\alpha$	$\cos\alpha$
tan	$\mp\cot\alpha$	$\pm\tan\alpha$	$\mp\cot\alpha$	$-\tan\alpha$
cot	$\mp\tan\alpha$	$\pm\cot\alpha$	$\mp\tan\alpha$	$-\cot\alpha$

Additionstheoreme

$$\sin(\alpha \pm \beta) = \sin\alpha \cdot \cos\beta \pm \cos\alpha \cdot \sin\beta$$

$$\cos(\alpha \pm \beta) = \cos\alpha \cdot \cos\beta \mp \sin\alpha \cdot \sin\beta$$

$$\tan(\alpha \pm \beta) = \frac{\tan\alpha \pm \tan\beta}{1 \mp \tan\alpha \cdot \tan\beta}$$

$$\cot(\alpha \pm \beta) = \frac{\cot\alpha \cdot \cot\beta \mp 1}{\cot\beta \pm \cot\alpha}$$

Folgerungen

$$\sin 2\alpha = 2\sin\alpha \cdot \cos\alpha \qquad\qquad \sin 3\alpha = 3\sin\alpha - 4\sin^3\alpha$$

$$\cos 2\alpha = 2\cos^2\alpha - 1 = 1 - 2 \cdot \sin^2\alpha \qquad \cos 3\alpha = 4\cos^3\alpha - 3\cos\alpha$$

Vorzeichen im Koordinatensystem

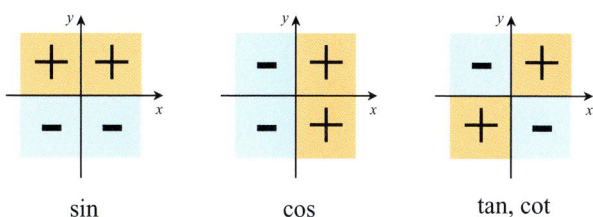

| sin | cos | tan, cot |

Beliebige Dreiecke

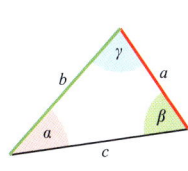

Sinussatz:

$$\frac{\sin\alpha}{\sin\beta} = \frac{a}{b}$$

$$\frac{\sin\alpha}{\sin\gamma} = \frac{a}{c}$$

$$\frac{\sin\gamma}{\sin\beta} = \frac{c}{b}$$

oder $\quad \dfrac{\sin\alpha}{a} = \dfrac{\sin\beta}{b} = \dfrac{\sin\gamma}{c} = \dfrac{1}{2r}$

$r = $ Umkreisradius

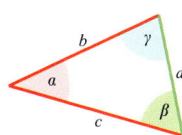

Cosinussatz:

$$a^2 = b^2 + c^2 - 2bc \cdot \cos\alpha$$

$$b^2 = a^2 + c^2 - 2ac \cdot \cos\beta$$

$$c^2 = a^2 + b^2 - 2ab \cdot \cos\gamma$$

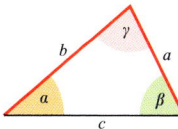

Flächeninhalt:

$$A = \frac{1}{2}ab \cdot \sin\gamma$$

$$= \frac{1}{2}bc \cdot \sin\alpha$$

$$= \frac{1}{2}ac \cdot \sin\beta$$

Analytische Geometrie und Vektorrechnung

Addition von Vektoren

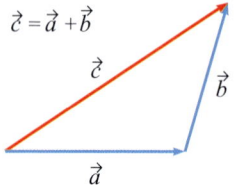

$$\vec{c} = \vec{a} + \vec{b}$$

Anfang des 2. Vektors an die Pfeilspitze des 1. Vektors ansetzen

Subtraktion von Vektoren

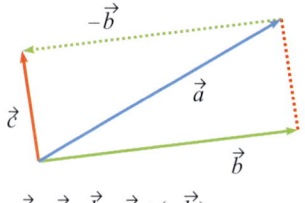

Addition des Gegenvektors ausführen

$$\vec{c} = \vec{a} - \vec{b} = \vec{a} + (-\vec{b})$$

S-Multiplikation

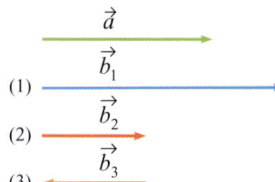

(1) Streckung ($r > 1$) bzw.

(2) Stauchung ($0 < r < 1$) ggf.

(3) Punktspiegelung ($r < 0$)

(4) $0 \cdot \vec{a} = \vec{0}$ $1 \cdot \vec{a} = \vec{a}$

Betrag eines Vektors

Betrag von $\vec{a}$: $|\vec{a}| := |\overrightarrow{AB}| = \overline{AB}$

Einheitsvektor

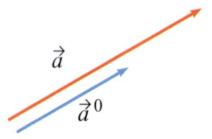

$$\vec{a}^{\,0} = \frac{1}{|\vec{a}|} \vec{a} \quad (|\vec{a}| \neq \vec{0})$$

$$|\vec{a}^{\,0}| = 1$$

Skalarprodukt

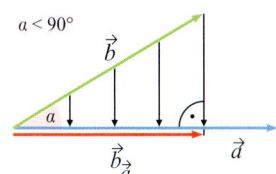

$$\vec{a} * \vec{b} = |\vec{a}| \cdot |\vec{b}| \cdot \cos \alpha$$

im kart. Koordinatensystem:

$$\vec{a} = \begin{pmatrix} a_1 \\ a_2 \\ a_3 \end{pmatrix}, \vec{b} = \begin{pmatrix} b_1 \\ b_2 \\ b_3 \end{pmatrix} \Rightarrow$$

$$\vec{a} * \vec{b} = a_1 \cdot b_1 + a_2 \cdot b_2 + a_3 \cdot b_3$$

bzw. $a_1 \cdot b_1 + a_2 \cdot b_2$ im $\mathbb{R}^2$

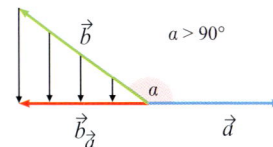

$$\vec{a} * \vec{b} = \begin{cases} |\vec{a}| \cdot |\vec{b}| & \text{für } \alpha < 90° \\ -|\vec{a}| \cdot |\vec{b}| & \text{für } \alpha > 90° \end{cases}$$

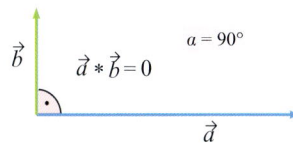

$$\vec{a} * \vec{b} = 0 \Leftrightarrow \vec{a} \perp \vec{b} \text{ oder}$$

$$\vec{a} = \vec{0} \text{ oder } \vec{b} = \vec{0}.$$

Vektorprodukt

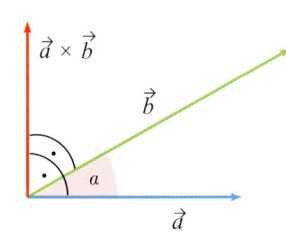

im kart. Koordinatensystem:

$$\vec{a} = \begin{pmatrix} a_1 \\ a_2 \\ a_3 \end{pmatrix}, \vec{b} = \begin{pmatrix} b_1 \\ b_2 \\ b_3 \end{pmatrix} \Rightarrow$$

$$\vec{a} \times \vec{b} = \begin{pmatrix} a_2 b_3 - a_3 b_2 \\ a_3 b_1 - a_1 b_3 \\ a_1 b_2 - a_2 b_1 \end{pmatrix}$$

$$|\vec{a} \times \vec{b}| = |\vec{a}| \cdot |\vec{b}| \cdot \sin \alpha = A_p$$

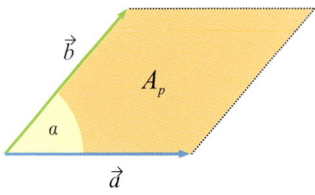

$$\vec{a} \times \vec{b} = 0 \Leftrightarrow \vec{a} \parallel \vec{b} \text{ oder}$$

$$\vec{a} = \vec{0} \text{ oder } \vec{b} = \vec{0}.$$

$$\vec{a} \times \vec{b} = -\vec{b} \times \vec{a}$$

$$\vec{a} \times (\vec{b} + \vec{c}) = \vec{a} \times \vec{b} + \vec{a} \times \vec{c}$$

$$(r\vec{a}) \times \vec{b} = \vec{a} \times (r\vec{b}) = r(\vec{a} \times \vec{b})$$

Spatprodukt

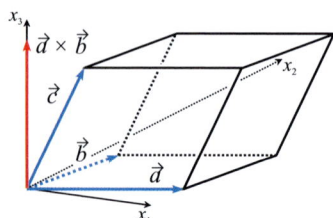

$$(\vec{a}\,;\,\vec{b}\,;\,\vec{c}\,) = (\vec{a}\times\vec{b}\,)*\vec{c} =$$
$$(\vec{c}\times\vec{b}\,)*\vec{a} = (\vec{c}\times\vec{a}\,)*\vec{b}$$

Volumen des von $\vec{a}$, $\vec{b}$ und $\vec{c}$ aufgespannten Spates.

Gerade im $\mathbb{R}^2$ (kart. Koordinatensystem)

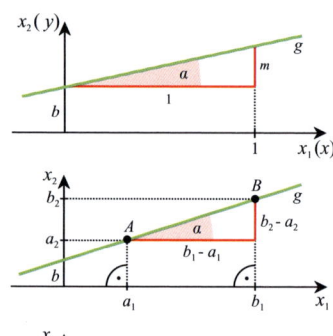

Normalform:
$$x_2 = mx_1 + b \quad \text{oder} \quad y = mx + b$$
mit
$$m = \frac{b_2 - a_2}{b_1 - a_1} = \tan\alpha \quad \text{(Steigung)}$$

Punkt-Steigungs-Form:
$$\frac{x_2 - a_2}{x_1 - a_1} = m \quad \text{oder} \quad \frac{y - y_1}{x - x_1} = m$$

Achsenabschnittsform:
$$\frac{x_1}{a} + \frac{x_2}{b} = 1$$

vektoriell: wie im $\mathbb{R}^3$

Gerade im $\mathbb{R}^3$

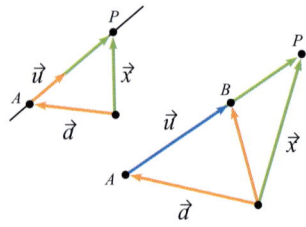

Punkt-Richtungs-Form:
$$\vec{x} = \vec{a} + r \cdot \vec{u}$$

Zwei-Punkte-Form:
$$\vec{x} = \vec{a} + r \cdot (\vec{b} - \vec{a}\,)$$

Ebene im $\mathbb{R}^3$

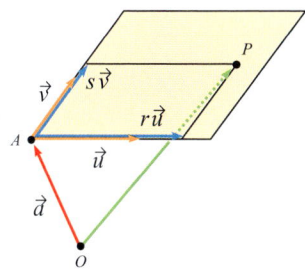

Punkt-Richtungs-Form:

$$\vec{x} = \vec{a} + r \cdot \vec{u} + s \cdot \vec{v}$$

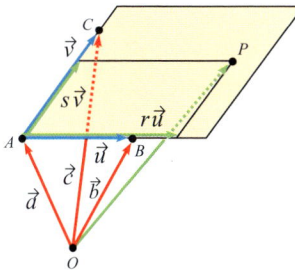

Drei-Punkte-Form:

$$\vec{x} = \vec{a} + r \cdot (\vec{b} - \vec{a}) + s \cdot (\vec{c} - \vec{a})$$

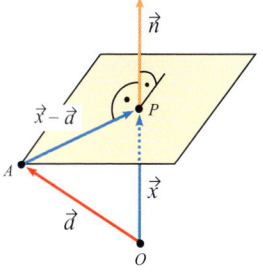

im kart. Koordinatensystem:
Normalen-Form:

$$n_1 x_1 + n_2 x_2 + n_3 x_3 = d \Leftrightarrow$$

$$\vec{n} * \vec{x} = \vec{n} * \vec{a} \Leftrightarrow \vec{n} * (\vec{x} - \vec{a}) = 0$$

mit $\vec{n} = \begin{pmatrix} n_1 \\ n_2 \\ n_3 \end{pmatrix}$

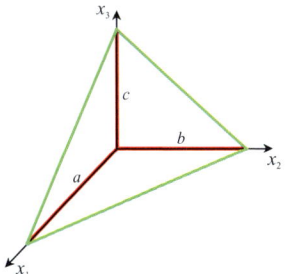

im kart. Koordinatensystem:
Achsenabschnittsform:

$$\frac{x_1}{a} + \frac{x_2}{b} + \frac{x_3}{c} = 1$$

Literaturverzeichnis

Allgemeine
Basiswissen Schule, Mathematik, Bibliographisches Institut

dtv-Atlas Mathematik, Band 1 und 2, Deutscher Taschenbuch Verlag

Falken Handbuch Mathematik, Falken Verlag

Goldmann Lexikon Mathematik, Bertelsmann Lexikographisches Institut

Grude, D.: Mathematik 1 und 2, Auer Verlag

Grundwissen Mathematik, Gymnasium Sek. I, Klett Verlag

Mathematiklexikon, Begriffe, Definitionen und Zusammenhänge, Cornelsen Lernhilfen

Meyers kleine Enzyklopädie Mathematik, Bibliographisches Institut

Schülerduden, Die Mathematik I. Ein Lexikon zur Schulmathematik Sekundarstufe I
(5. bis 10. Schuljahr), Bibliographisches Institut

Schülerduden, Die Mathematik II. Ein Lexikon zur Schulmathematik Sekundarstufe II
(11. bis 13. Schuljahr), Bibliographisches Institut

Wissensspeicher Mathematik, Cornelsen Verlag

Brüning, A.: Handbuch zur Analysis, Schroedel Verlag 1994

Dirks, W., u.a.: Grundbegriffe der modernen Schulmathematik, Schroedel Verlag 1974

Freudenthal, H.: Mathematik als pädagogische Aufgabe, Band 1 und 2, Klett Verlag 1973

Gerster, H.: Aussagenlogik, Mengen, Relationen, Franzbecker Verlag 1998

Holland, G.: Geometrie in der Sekundarstufe, Spektrum Verlag 1996

Padberg, F.: Einführung in die Mathematik, Bd. 1, Arithmetik, Spektrum Verlag 1997

Pfeiffer, J., u.a.: Wege und Irrwege - Eine Geschichte der Mathematik, Birkhäuser Verlag 1994

Schulbücher der Sekundarstufe I:
Elemente der Mathematik, 5. bis 10. Schuljahr, Schroedel Verlag

Lambacher-Schweizer, Mathematisches Unterrichtswerk für das Gymnasium, 5. bis 10.
Schuljahr, Klett Verlag

Schulbücher der Sekundarstufe II:
Hahn/Dzewas: Mathematik für die Sekundarstufe II, Leistungskurs Stochastik,
Westermann Schulbuchverlag

Krämer, H., u.a.: Analytische Geometrie und lineare Algebra, Diesterweg Verlag

Lambacher-Schweizer, Sekundarstufe II, Neubearbeitung, Analytische
Geometrie und lineare Algebra, Klett Verlag

Lambacher-Schweizer, Sekundarstufe II, Neubearbeitung, Analysis, Klett Verlag

Mathematik heute, Einführung in die Analysis 1 und 2, Leistungskurs, Schroedel Verlag

Mathematik heute, Sekundarstufe II, Leistungskurs Stochastik, Schroedel Verlag

Auf die Angabe von Erscheinungsdaten wurde verzichtet, wenn es sich um ständig neu aufge-
legte Werke handelt.

Register

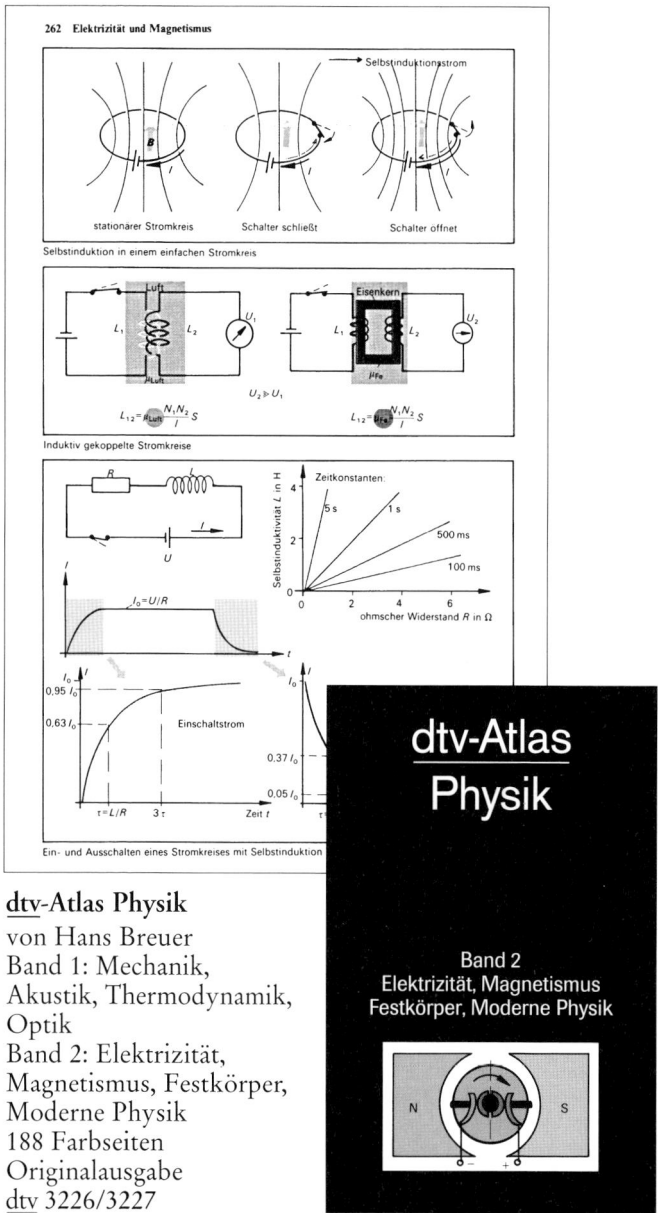

Selbstinduktionsstrom

stationärer Stromkreis   Schalter schließt   Schalter öffnet

Selbstinduktion in einem einfachen Stromkreis

$L_{12} = \mu_{Luft} \dfrac{N_1 N_2}{l} S$ $L_{12} = \mu_{Fe} \dfrac{N_1 N_2}{l} S$

$U_2 \gg U_1$

Induktiv gekoppelte Stromkreise

Selbstinduktivität L in H

Zeitkonstanten:

ohmscher Widerstand R in Ω

$I_0 = U/R$

$0.95\,I_0$

$0.63\,I_0$ Einschaltstrom

$0.37\,I_0$

$0.05\,I_0$

$\tau = L/R$ 3τ Zeit t

Ein- und Ausschalten eines Stromkreises mit Selbstinduktion

dtv-Atlas Physik
von Hans Breuer
Band 1: Mechanik,
Akustik, Thermodynamik,
Optik
Band 2: Elektrizität,
Magnetismus, Festkörper,
Moderne Physik
188 Farbseiten
Originalausgabe
dtv 3226/3227

dtv-Atlas

Physik

Band 2
Elektrizität, Magnetismus
Festkörper, Moderne Physik

N   S

−   +

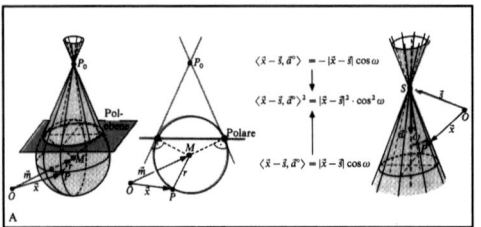

Kugel, Kreis im $\mathbb{R}^2$, Kegel, Doppelkegel

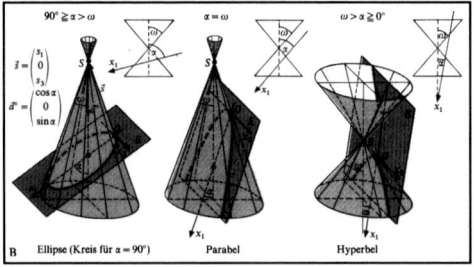

B Ellipse (Kreis für $\alpha = 90°$)   Parabel   Hyperbel

Schnitt von Doppelkegel und Ebene

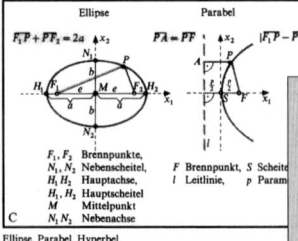

C Ellipse, Parabel, Hyperbel

dtv-Atlas Mathematik
von F. Reinhardt und
H. Soeder
Band 1: Grundlagen.
Algebra und Geometrie
Band 2: Analysis und
angewandte Mathematik
222 Farbseiten von
Gerd Falk
Originalausgabe
dtv 3007/3008

dtv-Atlas
Mathematik

Band 2
Analysis und
angewandte Mathematik

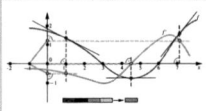